RESISTENCIA DE MATERIALES

Para estudiantes de ingeniería civil

Tomás Wilson Alemán Ramírez

Acceda a www.marcombo.info
para descargar gratis
el contenido adicional
complemento imprescindible de este libro

Código: RESISTENCIA24

RESISTENCIA DE MATERIALES

Para estudiantes de ingeniería civil

Tomás Wilson Alemán Ramírez

Resistencia de materiales

© 2024 Tomás Wilson Alemán Ramírez

Primera edición, 2024

© 2024 MARCOMBO, S. L.
www.marcombo.com

Ilustración de cubierta: Jotaká
Maquetación: Reverte-Aguilar, S. L.
Corrección: Haizea Beitia
Directora de producción: M.ª Rosa Castillo

ISBN: 978-84-267-3749-6
D.L.: B 2447-2024

Impreso en Servicepoint
Printed in Spain

Libro ecológico
Impreso con papel procedente de bosques gestionados de manera eficiente, libre de cloro

Tu recuerdo, amor y ejemplo de vida me inspiran a seguir escribiendo. A la memoria de mi madre, Martha Ramírez Cáceres (†).

Antes de comenzar a leer este libro

El contenido de cada capítulo fue diseñado pensado en las competencias que deben lograr los ingenieros civiles para analizar, calcular y verificar la resistencia y rigidez en diferentes tipos de estructuras; también se consideró la importancia que tiene esta asignatura como soporte de otras materias como, por ejemplo, Estructuras de Madera, Estructuras Metálicas, Hormigón Armado, Hormigón Pretensado y otras.

Las fórmulas deducidas y los ejercicios ilustrativos han sido desarrollados cuidadosamente, combinando procedimientos matemáticos y esquemas gráficos, de tal manera que el lector pueda asimilar correctamente la mecánica de cálculos y los criterios aplicados, pero también para que pueda reconocer los alcances y limitaciones de cada fórmula al momento de utilizarla.

Para un adecuado aprendizaje es muy importante que aborde cada capítulo párrafo por párrafo, sin saltarse ningún concepto o ejercicio propuesto.

Contenido

ESTABILIDAD EN COLUMNAS 547
8.1. Introducción 547
8.2. Conceptos previos 548
8.2.1. Pandeo 548
8.2.2. Inestabilidad 548
8.2.3. Fuerza crítica de pandeo 549
8.3. Clasificación de las
columnas 549
8.4. Carga crítica de Euler 550
8.5. Fórmula de Euler 552
8.5.1. Apoyo de la columna:
Articulado-Articulado 552
8.5.2. Apoyo de la columna:
Empotrado-Libre 555
8.5.3. Apoyo de la columna:
Empotrado-Empotrado 558
8.5.4. Apoyo de la columna:
Empotrado-Articulado 561
8.6. Criterios de verificación de
resistencia y estabilidad en
columnas 565

ANEXO
GLOSARIO TÉCNICO 573

MARCOMBO   *TOMÁS ALEMÁN*

Prólogo

Uno de los primeros pasos que debe dar un estudiante de ingeniería civil es el de entender el comportamiento mecánico de los materiales cuando estos son sometidos a procesos de deformación mediante la aplicación de solicitaciones externas.

Conceptos como compresión, tracción, cortante, torsión, flexión, deformación y pandeo, por citar algunos, son los que acompañan el ejercicio de la profesión de una o de otra manera, ya sea en el análisis de puentes, edificios, túneles y muros de contención o en el diseño de tuberías, presas y toda obra relacionada a la ingeniería civil.

El presente texto representa un gran aporte del autor al entendimiento de los fenómenos mecánicos de los materiales con un enfoque aplicado a la ingeniería civil. Su contenido explicativo incorpora la didáctica, experiencia y capacidad docente del autor para entregar al medio profesional y estudiantil una obra de alta calidad que merece el reconocimiento del plantel docente de la Universidad Católica Boliviana San Pablo.

Es para mí un gusto poder dirigir unas palabras dedicadas al texto del profesor Tomás Alemán, quien, aparte de ser un destacado profesional, es una persona digna de admirar por sus principios de nobleza, claridad y transparencia.

Dr. Mauricio Prudencio

Agradecimientos

Agradezco a Dios, que me ha mostrado el camino y a las personas precisas para que pueda compartir mi experiencia profesional y docente a través de la publicación de un libro, que es el fruto de más de 20 años de ejercicio profesional.

CAPÍTULO 1

TENSIÓN SIMPLE

1.1. ESFUERZOS INTERNOS

Supongamos que tenemos un cuerpo genérico en el espacio sometido a un conjunto de fuerzas (F1, F2, F3 y F4) y sustentado por vínculos externos (apoyos) que garanticen su estado de equilibrio (fuerza resultante cero), tal como se muestra a continuación:

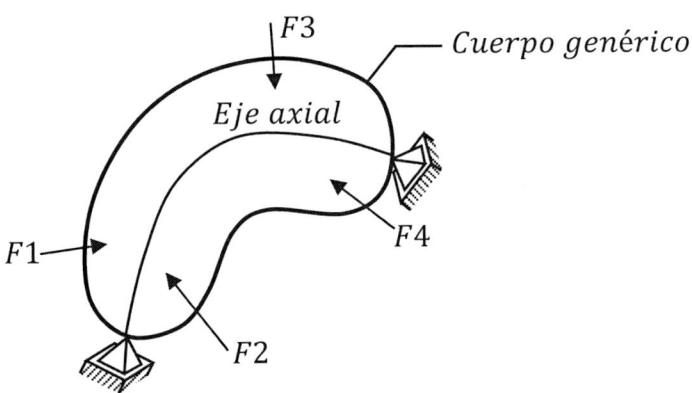

Figura 1.1 Cuerpo genérico en equilibrio.

Para conocer las fuerzas que se desarrollan en el interior de este cuerpo vamos a efectuar un corte imaginario a través de un plano transversal que divida al cuerpo en dos porciones, A y B. Véase la siguiente figura:

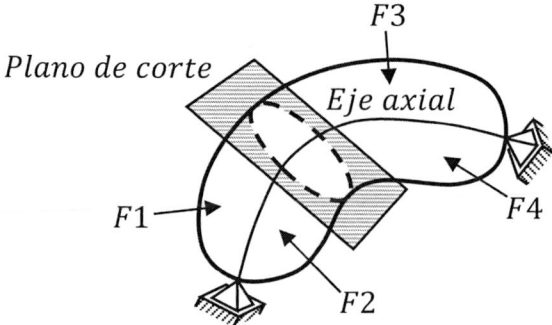

Figura 1.2 Cuerpo seccionado por plano de corte.

Es importante aclarar que el plano de corte adquiere la cualidad de ser transversal cuando es perpendicular a la curva del eje axial en el punto de corte. Esto se envidencia a través de la recta tangente a la curva en el punto G, el cual, a su vez, resulta ser el baricentro de la sección generada por el corte. Obsérvese la siguiente figura:

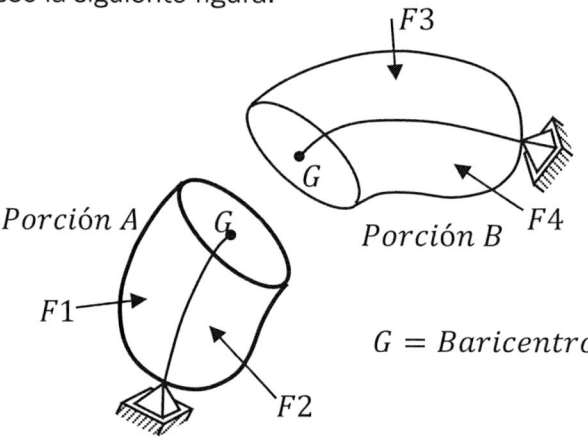

Figura 1.3 Cuerpo subdividido en dos porciones.

Como la división es imaginaria, debemos suponer que ambos cuerpos permanecen en equilibrio, pero también debemos comprender que la porción A interactúa con la porción B, por lo tanto, cada porción aporta al equilibrio de la otra. Bajo este razonamiento podemos afirmar que para mantener el equilibrio traslacional y rotacional en ambas porciones debemos sustituir su parte complementaria por una fuerza y momento que garanticen su equilibrio.

En teoría, ambas porciones interactúan entre sí a través de la sección de corte, por lo cual podemos también afirmar que, según la tercera ley de Newton (acción-reacción), las fuerzas y momentos que sustituyan a la porción complementaria deberán ser iguales y con sentidos contrarios en cada porción del cuerpo.

El punto G de cada sección será el encargado de hospedar a la fuerza (F) y el momento (M), los cuales, al tratarse de un problema espacial, estarán direccionados también en un entorno espacial, tal como se muestra en la figura siguiente:

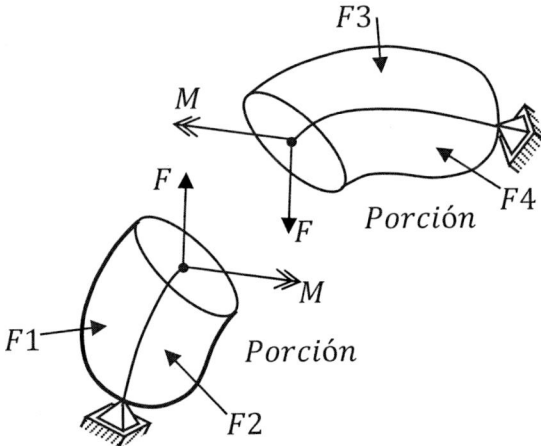

Figura 1.4 Fuerza y momento en el interior de la sección cortada.

Para entender un poco más la existencia de F y M, diremos que la fuerza y el momento ubicados en la porción A son los transmitidos por la porción B, para que ambas porciones mantengan el equilibrio. Con la fuerza y el momento del otro lado ocurre algo similar, pues estos esfuerzos son los necesarios para garantizar el equilibrio traslacional y rotacional en el sistema.

En la porción izquierda vamos a introducir un sistema ortogonal (x, y, z) de referencia en el baricentro de la sección. Una característica importante de este sistema de referencia es que el eje x es perpendicular a la sección s-s y, por ende, los otros ejes quedarán direccionados de manera tangencial. Véase la siguiente figura:

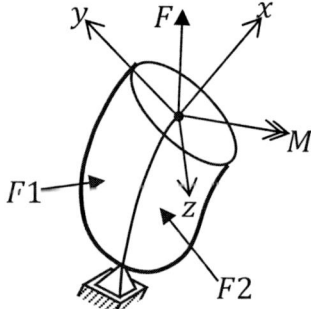

Figura 1.5 Sistema ortogonal de referencia en la sección.

Descompongamos la fuerza (F) y el momento (M) en los ejes de referencia x, y y z. Empecemos primero por el vector F; a sus componentes los denominaremos esfuerzo normal (N), esfuerzo cortante en y (Qy) y esfuerzo cortante en z (Qz). Obsérvese la siguiente figura:

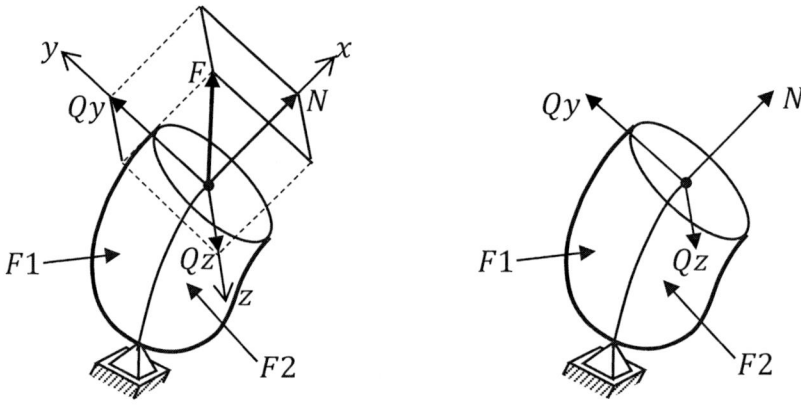

Figura 1.6 Descomposición de F en N, Qx y Qy.

La característica principal de estos esfuerzos internos es que N es perpendicular a la sección (axial), mientras que Qy y Qz son tangenciales, es decir, están contenidos en la sección.

Realicemos la misma operación con el momento (M), tal como se muestra a continuación:

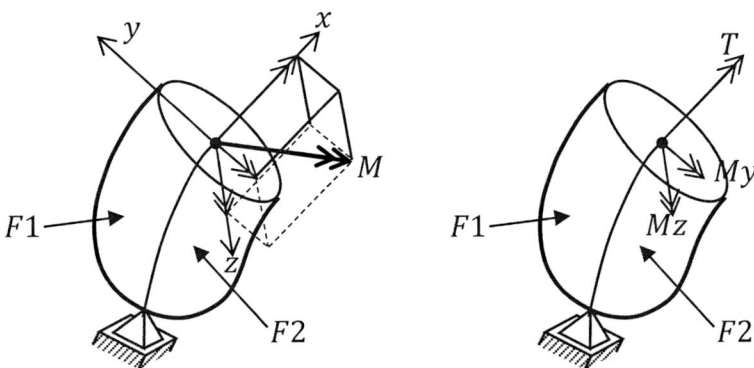

Figura 1.7 Descomposición de M en T, Mx y My.

El componente T se denomina Esfuerzo de torsión y la principal cualidad de este esfuerzo es que es perpendicular a la sección s-s. Los otros esfuerzos se denominan momentos flectores alrededor de los ejes y y z, los cuales son tangenciales a la sección s-s.

También es importante aclarar que, por la facilidad que supone, hemos representado el momento (M) de manera vectorial; sin embargo, el lector puede esquematizarlo de forma rotacional mediante la aplicación de la regla de la mano derecha para su mejor comprensión, tal como se presenta en el siguiente gráfico:

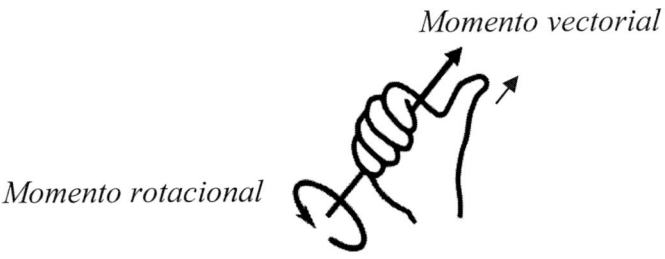

Figura 1.8 Representación vectorial del momento mediante la regla de la mano derecha.

Supongamos ahora que tenemos un sistema estructural coplanario donde el cuerpo, cargas y vínculos están ubicados geométricamente en un sistema de referencias xy, tal como se muestra a continuación:

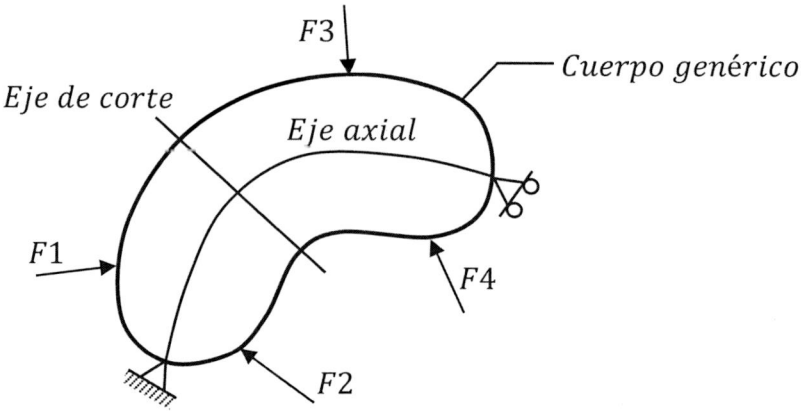

Figura 1.9 Cuerpo plano con eje de corte.

En estas estructuras, la situación es más sencilla de ver: cuando efectuamos un corte transversal imaginario en una sección arbitraria aparecen en total tres esfuerzos que garantizan el equilibrio de ambas porciones, un esfuerzo normal, otro cortante y un momento flector. Estos tres esfuerzos garantizan que el cuerpo estará en equilibrio traslacional en x e y pero además conservará el equilibrio rotacional sobre el plano xy. Véase la siguiente figura:

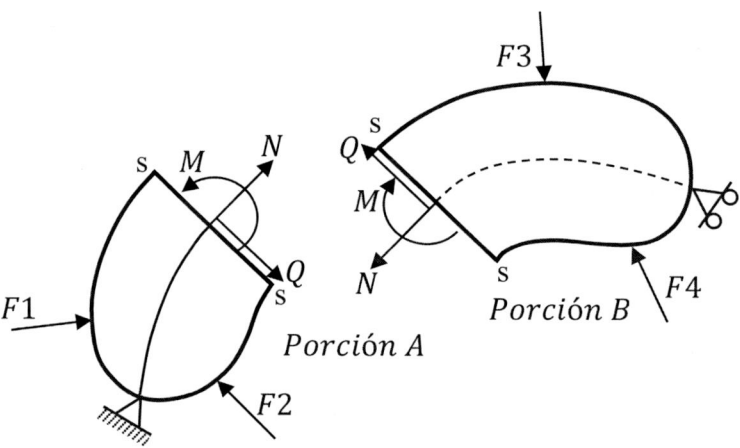

Figura 1.10 Cuerpo plano subdividido en dos porciones.

El esfuerzo normal se caracteriza por ser perpendicular a la sección s-s, mientras que el esfuerzo cortante es perpendicular al esfuerzo normal y tangente a la sección s-s.

Los esfuerzos N, Q y M ubicados en la porción B se calculan con las fuerzas F1, F2 y las reacciones del apoyo fijo que se encuentran en la porción A, y los esfuerzos de la porción A se calculan con las fuerzas F3, F4 y la reacción del apoyo móvil de la porción B.

Para calcular la magnitud de estos esfuerzos realizaremos una sumatoria de fuerzas y momentos según el siguiente convenio internacional de signos.

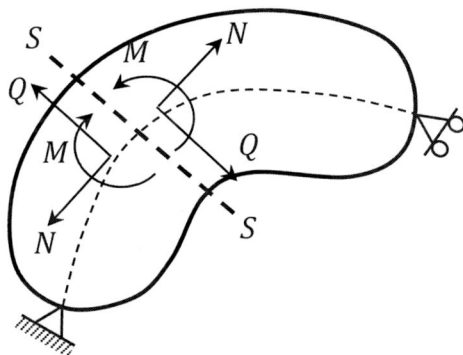

Figura 1.11 Sentidos convencionales de los esfuerzos internos.

Es decir, si calculamos los esfuerzos internos con las fuerzas de la porción A (lado izquierdo), los sentidos positivos para la sumatoria serán los siguientes:

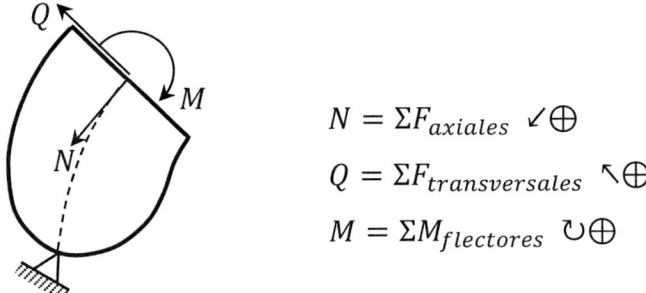

$$N = \Sigma F_{axiales} \quad \swarrow \oplus$$
$$Q = \Sigma F_{transversales} \quad \nwarrow \oplus$$
$$M = \Sigma M_{flectores} \quad \circlearrowright \oplus$$

Figura 1.12 Esfuerzos internos en la porción izquierda del cuerpo.

En la porción B (lado derecho) ocurre algo similar.

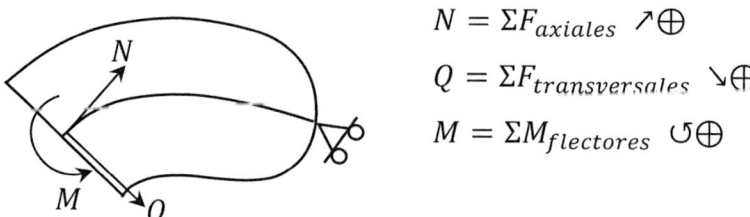

$$N = \Sigma F_{axiales} \nearrow \oplus$$

$$Q = \Sigma F_{transversales} \searrow \oplus$$

$$M = \Sigma M_{flectores} \circlearrowleft \oplus$$

Figura 1.13 Esfuerzos internos en la porción derecha del cuerpo.

Según lo anteriormente expuesto, para el caso de barras horizontales (vigas) se adoptarán los siguientes sentidos positivos para calcular sus esfuerzos internos:

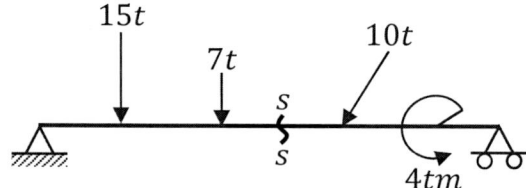

Figura 1.14 Viga con sección s-s para el análisis de sus esfuerzos internos.

Lado izquierdo de la sección s-s.

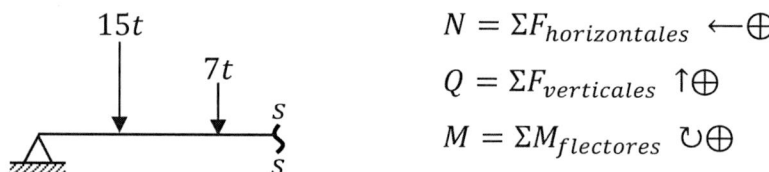

$$N = \Sigma F_{horizontales} \leftarrow \oplus$$

$$Q = \Sigma F_{verticales} \uparrow \oplus$$

$$M = \Sigma M_{flectores} \circlearrowright \oplus$$

Figura 1.15 Porción izquierda de la viga.

Lado derecho de la sección s-s

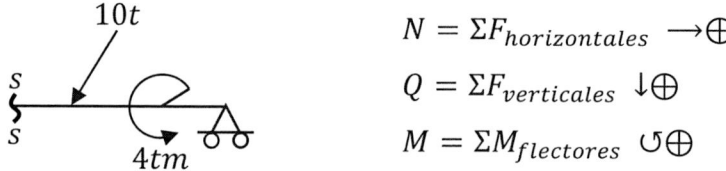

$$N = \Sigma F_{horizontales} \rightarrow \oplus$$

$$Q = \Sigma F_{verticales} \downarrow \oplus$$

$$M = \Sigma M_{flectores} \circlearrowleft \oplus$$

Figura 1.16 Porción derecha de la viga.

En resumen, el convenio de signos para vigas o barras horizontales es el siguiente:

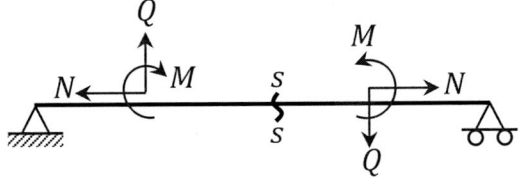

Lado izquierdo   Lado derecho

Figura 1.17 Sentidos positivos convencionales de los esfuerzos internos.

En las estructuras porticadas resulta importante considerar un vector de recorrido en función a la numeración de los nudos, para luego determinar los sentidos positivos de los esfuerzos internos.

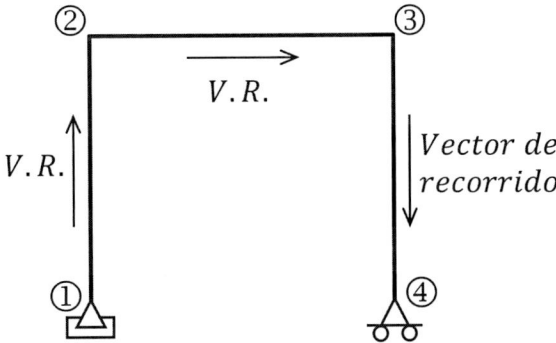

Figura 1.18 Pórtico con sus vectores de recorrido.

Para la barra 1-2, marcamos una sección s-s y consideramos el siguiente convenio de signos:

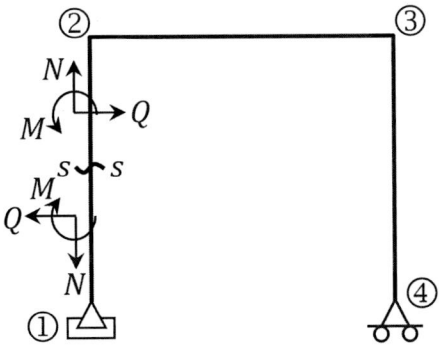

Figura 1.19 Sentidos positivos de los esfuerzos internos en el tramo 1-2.

Para la barra 2-3, el convenio de signos es igual que para vigas. Finalmente, según el vector de recorrido se adoptará el siguiente convenio de signos para la barra 3-4:

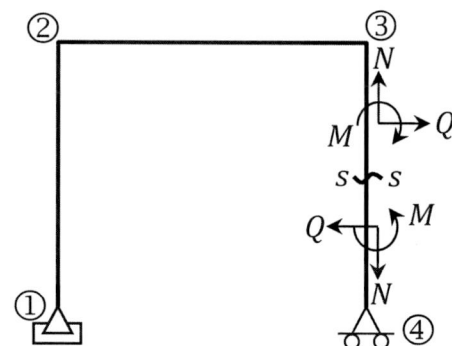

Figura 1.20 Sentidos positivos de los esfuerzos internos en el tramo 3-4.

EJEMPLO 1

Calcular los esfuerzos internos en la sección s-s.

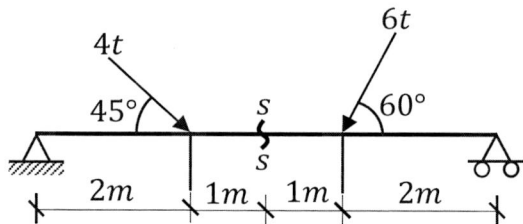

Figura 1.21 Viga con sección s-s.

Paso 1: Descomposición de fuerzas

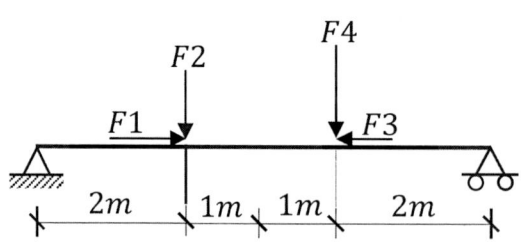

$$F1 = 4 \cdot cos45 = 2,828\ t$$

$$F2 = 4 \cdot sen45 = 2,828\ t$$

$$F3 = 6 \cdot cos60 = 3\ t$$

$$F4 = 6 \cdot sen60 = 5,196\ t$$

Paso 2: Cálculo de reacciones

$\Sigma F_H = 0 \rightarrow \oplus$

$H1 + 2{,}828 - 3 = 0$

$H1 = 0{,}172\ t$

$\Sigma M_1 = 0 \circlearrowright \oplus$

$2{,}828 \cdot 2 + 5{,}196 \cdot 4 - V2 \cdot 6 = 0$

$V2 = 4{,}407\ t$

$\Sigma F_V = 0 \uparrow \oplus$

$V1 - 2{,}828 - 5{,}196 + 4{,}407 = 0$

$V1 = 3{,}617\ t$

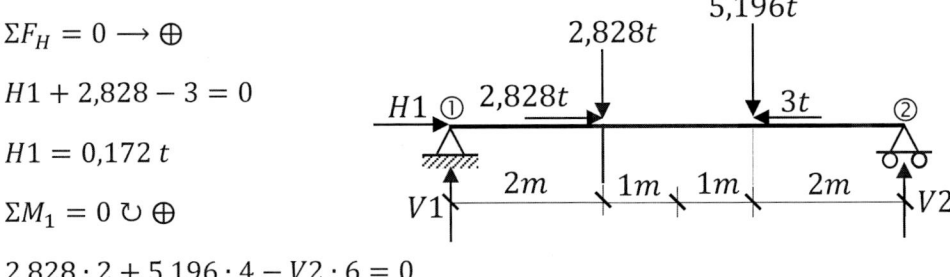

Paso 3: Cálculo de esfuerzos Internos

Considerando el lado izquierdo, tenemos:

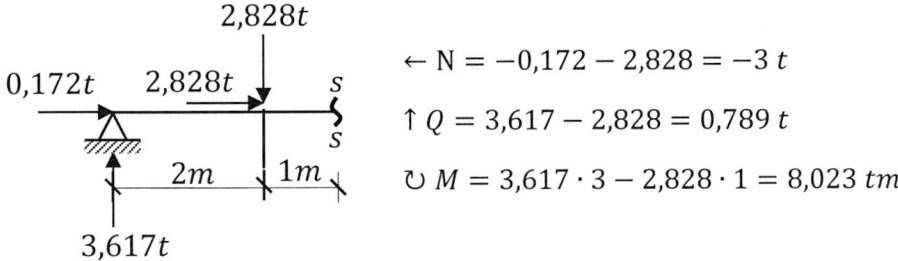

$\leftarrow N = -0{,}172 - 2{,}828 = -3\ t$

$\uparrow Q = 3{,}617 - 2{,}828 = 0{,}789\ t$

$\circlearrowright M = 3{,}617 \cdot 3 - 2{,}828 \cdot 1 = 8{,}023\ tm$

Estos resultados se grafican en la sección del lado derecho.

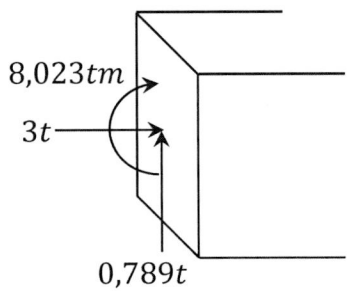

EJEMPLO 2

Calcular los esfuerzos internos en la sección s-s.

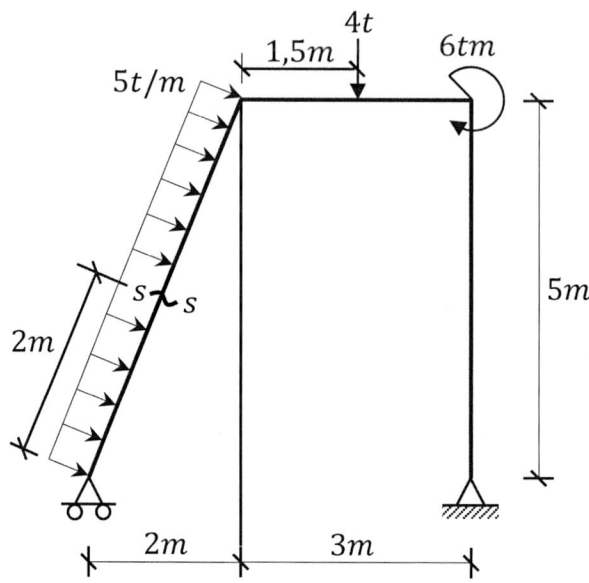

Figura 1.22 Pórtico con sección s-s.

Paso 1: Cálculo de la resultante y descomposición de fuerzas

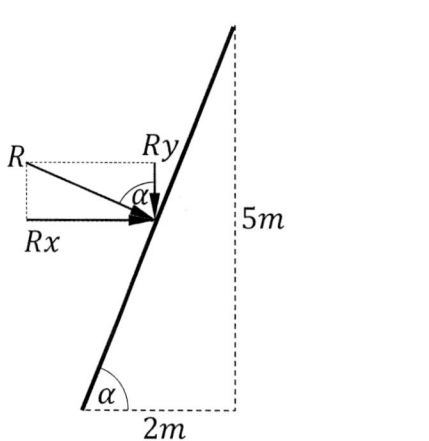

$$L = \sqrt{2^2 + 5^2}$$

$$L = 5,385 \ m$$

$$R = 5 \cdot 5,385$$

$$R = 26,925 \ t$$

$$Tag\alpha = \frac{5}{2}$$

$$\alpha = arctag\left(\frac{5}{2}\right)$$

$$\alpha = 68,199°$$

$$Rx = R \cdot sen(\alpha)$$

$$Rx = 26,925 \cdot sen(68,199) = 25\ t$$

$$Ry = R \cdot cos(\alpha)$$

$$Ry = 26,925 \cdot cos(68,199) = 10\ t$$

Paso 2: Cálculo de reacciones

Asumimos el sentido de las reacciones.

$\Sigma F_H = 0 \rightarrow \oplus$

$25 - H2 = 0$

$H2 = 25t$

$\Sigma M_1 = 0 \circlearrowleft \oplus$

25·2,5+10·1+4·3,5+6-V2·5=0

$V2 = 18,5\ t$

$\Sigma F_V = 0 \uparrow \oplus$

$V1 - 10 - 4 + 18,5 = 0$

$V1 = -4,5$

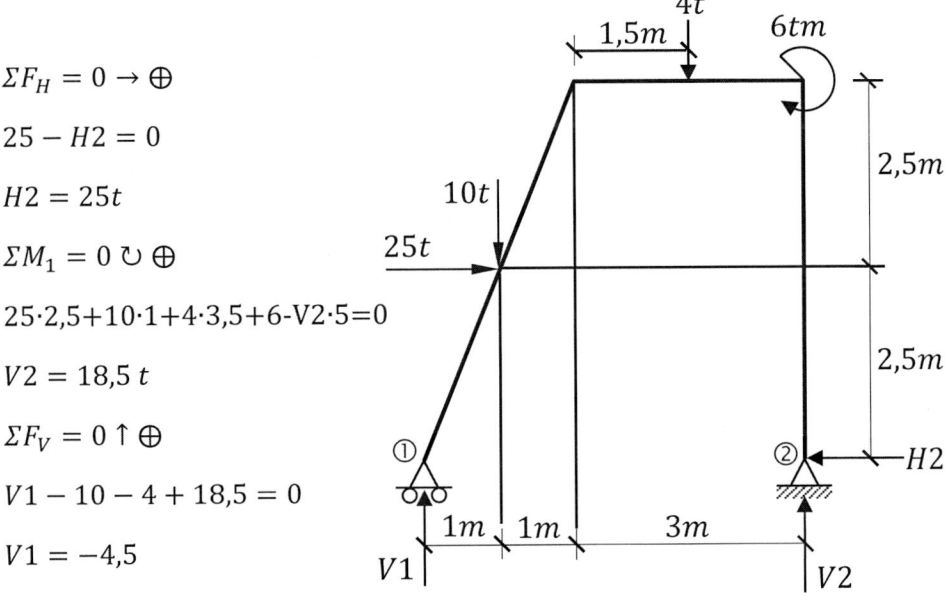

El signo negativo de V1 indica que su sentido es contrario.

Paso 3: Cálculo de esfuerzos internos en la sección s-s

Para realizar este cálculo consideremos el lado izquierdo de la sección s-s.

Descompongamos las fuerzas en dirección axial y transversal.

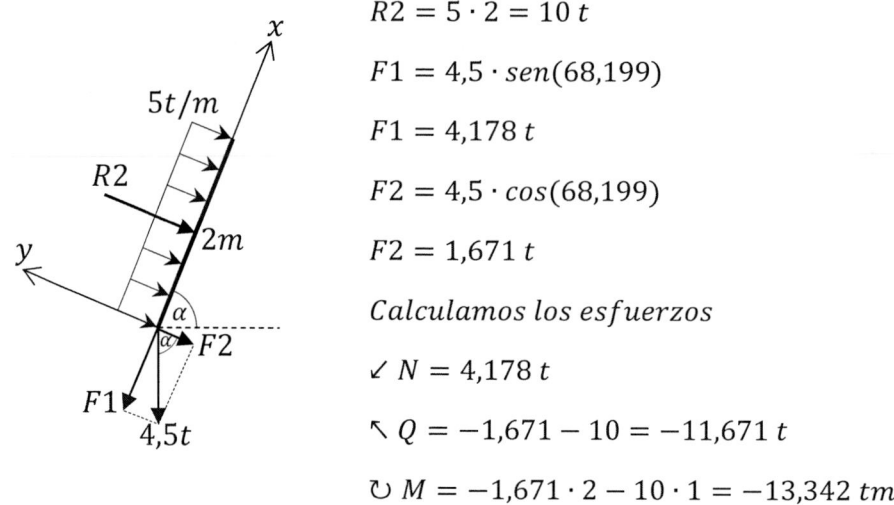

$$R2 = 5 \cdot 2 = 10 \ t$$

$$F1 = 4,5 \cdot sen(68,199)$$

$$F1 = 4,178 \ t$$

$$F2 = 4,5 \cdot cos(68,199)$$

$$F2 = 1,671 \ t$$

Calculamos los esfuerzos

$$\swarrow N = 4,178 \ t$$

$$\nwarrow Q = -1,671 - 10 = -11,671 \ t$$

$$\circlearrowleft M = -1,671 \cdot 2 - 10 \cdot 1 = -13,342 \ tm$$

Estos resultados se grafican en la sección del lado derecho.

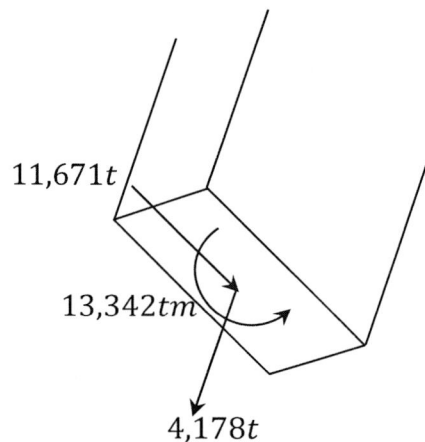

11,671t

13,342tm

4,178t

1.2. TENSIÓN AXIAL SIMPLE (TENSIÓN NORMAL)

Consiste en distribuir de manera uniforme el esfuerzo normal en toda la superficie de la sección transversal.

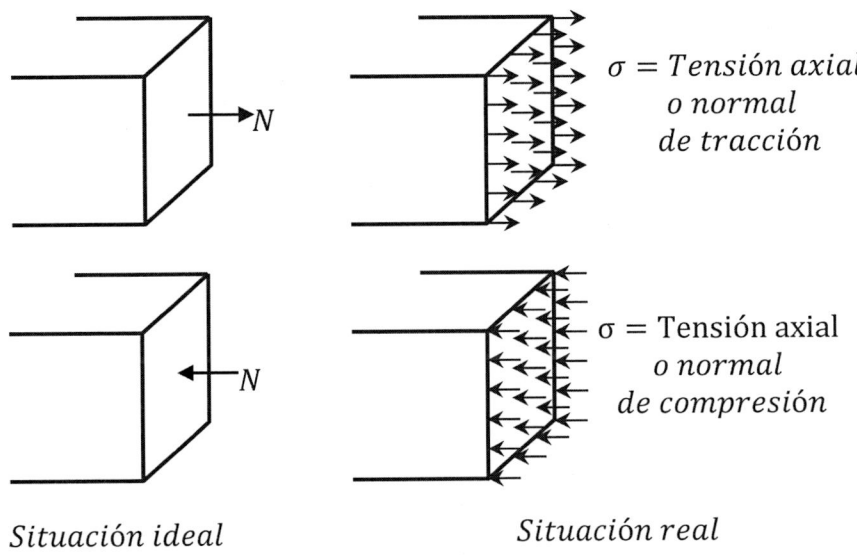

Figura 1.23 Transformación del esfuerzo normal N en tensión σ.

La tensión axial se define matemáticamente como el cociente entre el esfuerzo normal y el área de la sección transversal.

$$\sigma = \frac{N}{A}$$

$\sigma = Tensión\ axial\ o\ normal$

$N = Esfuerzo\ normal$

$A = Área\ de\ la\ sección\ transversal$

A continuación, se muestran algunas secciones y sus áreas:

Tabla 1: Área de diferentes secciones

Sección	Figura	Fórmula
Rectangular		$A = b \cdot h$
Circular		$A = \pi \cdot R^2 = \dfrac{\pi \cdot D^2}{4}$
Tubular		$A = \pi \cdot (Re^2 - Ri^2)$ $A = \dfrac{\pi}{4} \cdot (De^2 - Di^2)$
Elíptica		$A = \pi \cdot a \cdot b$ $A = \dfrac{\pi}{4} \cdot A \cdot B$

La fórmula de tensión axial es un referente para medir la resistencia en piezas sometida a tracción y compresión. Esta fórmula solo se puede aplicar cuando el esfuerzo normal cae en el baricentro de la sección y no en cargas excéntricas.

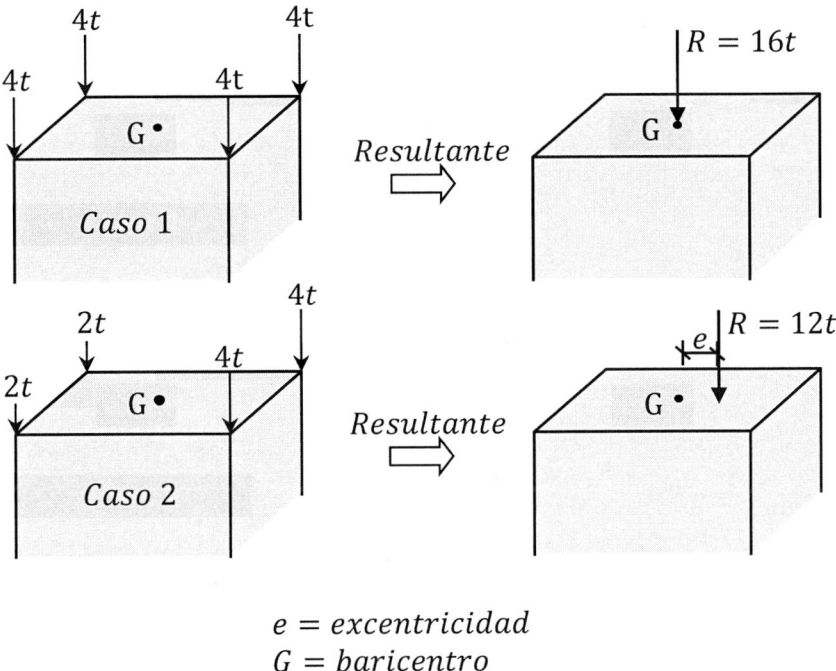

$$e = excentricidad$$
$$G = baricentro$$

Figura 1.24 Resultante de fuerzas paralelas.

El primer caso genera una tensión axial simple porque su resultante se ubica en el baricentro G.

El segundo caso genera una tensión axial compuesta porque su resultante genera un momento con respecto al baricentro (M = 12·e), es decir:

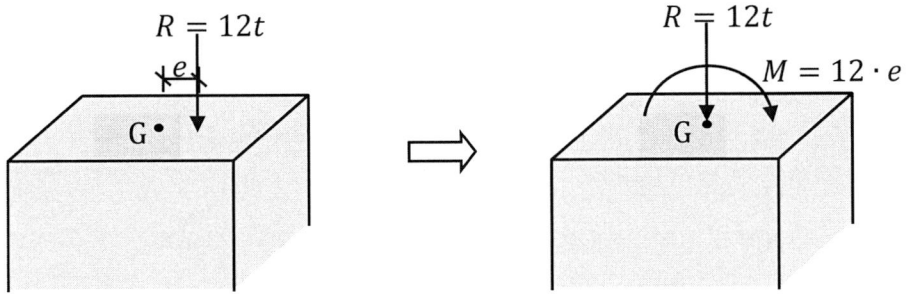

Figura 1.25 Traslación de fuerzas resultante R.

EJEMPLO 3

Las siguientes barras de acero experimentan su máxima tensión axial. Indicar cuál es más resistente.

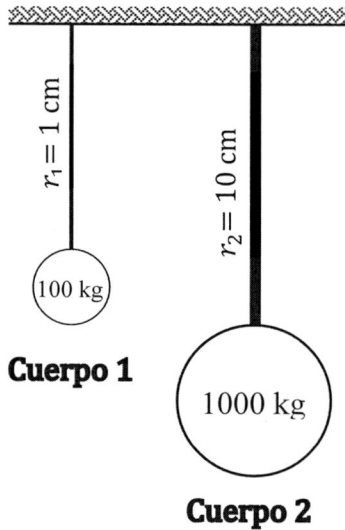

Figura 1.26 Cuerpos esféricos suspendidos por cables.

Calculamos la tensión en cada barra:

$$\sigma = \frac{N}{A}$$

$$\sigma_1 = \frac{100\ kg}{\pi \cdot 1^2} = 31,831\ \frac{kg}{cm^2}$$

$$\sigma_2 = \frac{1000\ kg}{\pi \cdot 10^2} = 3,183\ \frac{kg}{cm^2}$$

La barra 1 experimenta 10 veces mayor tensión que la barra 2, por lo tanto, es la de mayor resistencia.

∴ Como $\sigma_1 > \sigma_2$, el cuerpo 1 es más resistente que el cuerpo 2.

EJEMPLO 4

Para la siguiente estructura, obtener:

a) Diagrama de esfuerzo normal
b) Diagrama de tensión axial

Datos

$\emptyset_1 = 10\ cm$

$\emptyset_2 = 20\ cm$

$\emptyset_3 = 30\ cm$

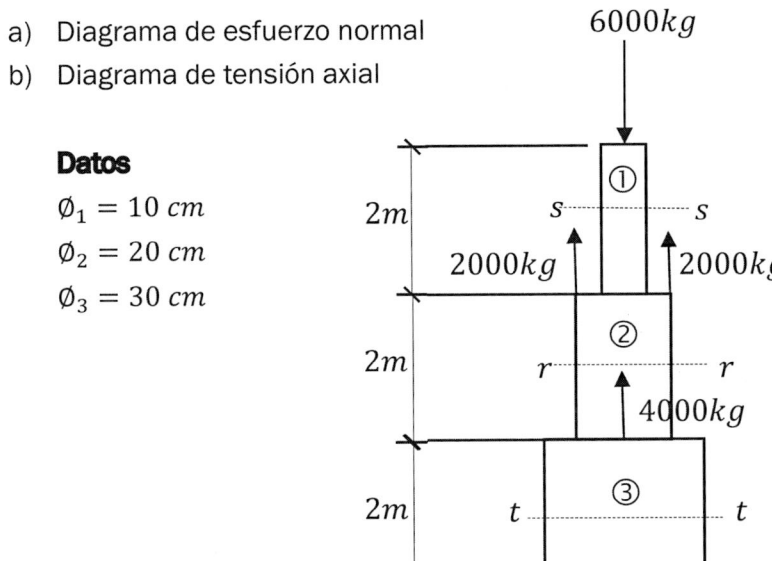

Figura 1.27 Sistema unidimensional de barras.

Paso 1: Cálculo de normales

Considerando las fuerzas por encima de la sección s-s:

$\uparrow \oplus N_1 = -6000\ kg$ (compresión)

Considerando las fuerzas por encima de la sección r-r:

$\uparrow \oplus N_2 = 2000 + 2000 - 6000 = -2000\ kg$ (compresión)

Considerando las fuerzas por encima de la sección t-t:

$\uparrow \oplus N_3 = 4000 + 2000 + 2000 - 6000 = 2000\ kg$ (Tracción)

Paso 2: Diagrama del esfuerzo normal

Escalas:

Longitud: 1 m = 1 cm

Tensión: 2000 kg/cm² = 1 cm

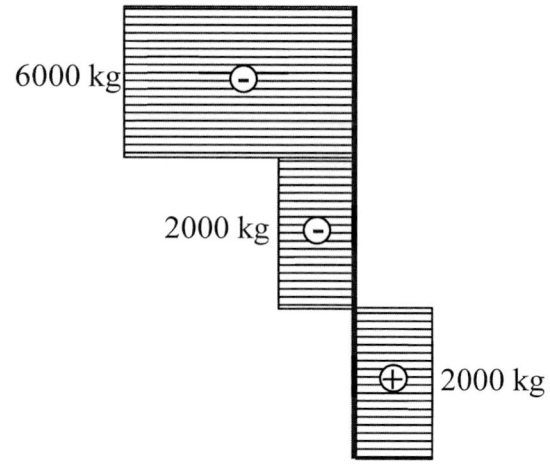

6000 kg

2000 kg

2000 kg

Paso 3: Cálculo de tensión axial

$$\sigma_1 = \frac{N1}{A1} = \frac{-6000}{\frac{\pi}{4} \cdot 10^2} = -76,39 \frac{kg}{cm2} \ (compresión)$$

$$\sigma_2 = \frac{N2}{A2} = \frac{-2000}{\frac{\pi}{4} \cdot 20^2} = -6,37 \frac{kg}{cm2} \ (compresión)$$

$$\sigma_3 = \frac{N3}{A3} = \frac{2000}{\frac{\pi}{4} \cdot 30^2} = 2,83 \frac{kg}{cm2} \ (tracción)$$

Paso 4: Diagrama de tensión axial

Escalas:

Longitud: 1 m = 1 cm

Tensión: 20 kg/cm² = 1 cm

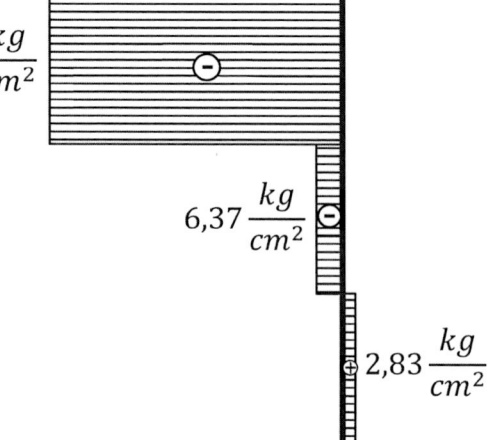

$76,39 \frac{kg}{cm^2}$

$6,37 \frac{kg}{cm^2}$

$2,83 \frac{kg}{cm^2}$

EJEMPLO 5

Obtener el diagrama de tensión para la siguiente pieza.

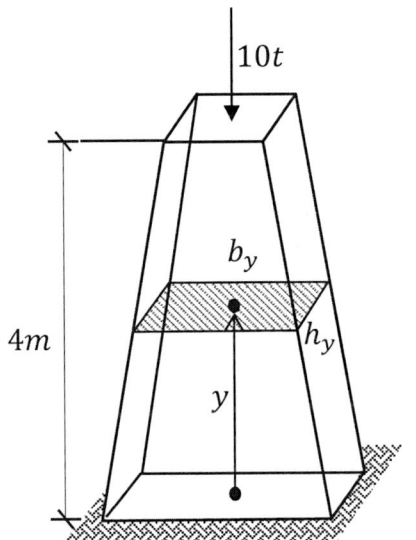

Sección superior

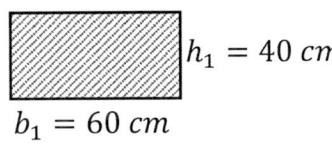
$h_2 = 20\ cm$

$b_2 = 30\ cm$

Sección inferior

$h_1 = 40\ cm$

$b_1 = 60\ cm$

Figura 1.28 Cuerpo de sección variable con carga axial.

Paso 1: Ecuación de base (b$_y$) y altura (h$_y$)

La ecuación de la base es:

$b_y = m \cdot y + n$ ①

Aplicamos condiciones de borde en la base.

$y = 0 \implies b_y = b_1 = 60\ cm$

Reemplazamos en la ecuación 1.

$60 = m \cdot 0 + n \implies n = 60\ cm$

Aplicamos condiciones de borde en la parte superior.

Reemplazamos en la ecuación 1.

$30 = m \cdot 400 + 60 \implies m = \dfrac{-3}{40}$

Reemplazamos m y n en la ecuación 1.

$$b_y = \frac{-3}{40} \cdot y + 60$$

Realizamos la misma operación para la ecuación h_y.

$$h_y = r \cdot y + s \quad ②$$

Aplicamos condiciones de borde en la base.

$$y = 0 \rightarrow h_y = h_1 = 40 \; cm$$

Reemplazamos en la ecuación 2.

$$40 = r \cdot 0 + s \quad \Longrightarrow \quad s = 40$$

Condiciones de borde en la parte superior.

$$y = 400 \; cm \rightarrow h_y = h_2 = 20 \; cm$$

Reemplazamos en la ecuación 2.

$$20 = r \cdot 400 + 40$$

$$r = \frac{20 - 40}{400} = \frac{-1}{20}$$

Reemplazamos m y n en la ecuación 2.

$$h_y = -\frac{1}{20} \cdot y + 40$$

Paso 2: Ecuación de la tensión

$$\sigma = \frac{N}{b_y \cdot h_y}$$

$$\sigma = \frac{-10000}{\left(-\frac{3}{40} \cdot y + 60\right)\left(-\frac{1}{20} \cdot y + 40\right)}$$

Haciendo operaciones obtenemos:

$$\sigma = \frac{-8 \cdot 10^6}{3 \cdot y^2 - 4800 \cdot y + 1920000} \quad \left[\frac{kg}{cm^2}\right]$$

Paso 3: Representación gráfica de las tensiones

Escalas:

Longitud: 1 m = 1,5 cm

Tensión: 5 kg/cm² = 1 cm

y [cm]	σ [kg/cm²]
0	-4,167
100	-5,442
200	-7,407
300	-10,667
400	-16,667

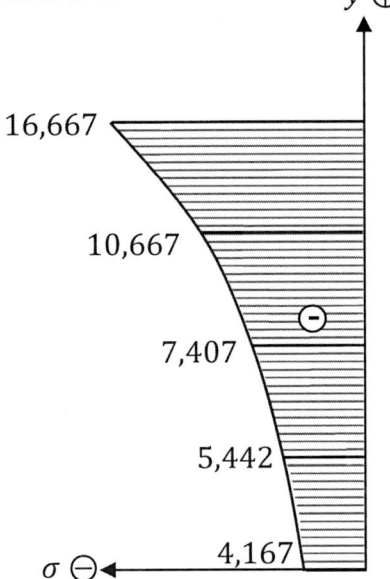

EJEMPLO 6

Para el siguiente sistema, obtener el diagrama de tensión axial en kg/cm² debido a su propio peso.

Datos

$$\gamma = 2500 \frac{kg}{m^3}$$

Sección cuadrada

$a = 60$ cm
$b = 20\ cm$

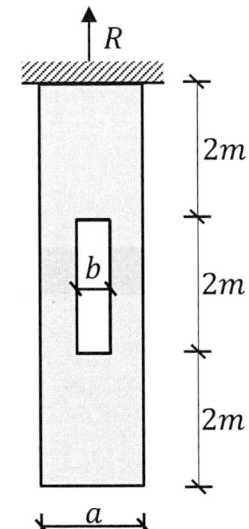

Figura 1.29 Cuerpo con orificio rectangular.

Paso 1: Cálculo de la reacción

Primero calculamos el peso de la pieza.

$$P = \gamma \cdot V = \gamma \cdot (V_{total} - V_{orificio})$$

$$P = 2500 \cdot [(0,6 \cdot 0,6 \cdot 6) - (0,2 \cdot 0,6 \cdot 2)]$$

$$P = 4800 \; kg$$

Calculamos la reacción en el apoyo.

$$\Sigma F_V = 0 \uparrow \oplus$$

$$R - P = 0$$

$$R - 4800 = 0$$

$$R = 4800 \; kg$$

Paso 2: Cálculo del esfuerzo normal

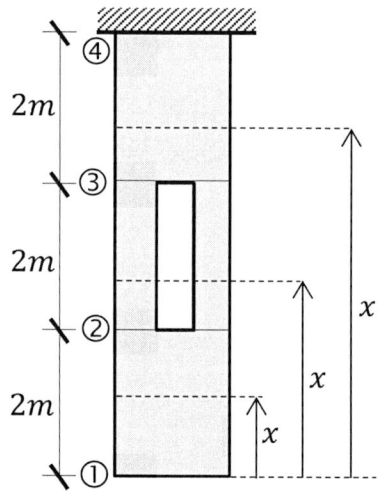

a) **Tramo 1-2 ($0 \leq x \leq 2$)**

$$\downarrow \oplus N_{1-2} = 2500 \cdot (0,6 \cdot 0,6 \cdot x)$$

$$\downarrow \oplus N_{1-2} = 900 \cdot x$$

b) **Tramo 2-3 ($2 \leq x \leq 4$)**

$$\downarrow \oplus N_{2-3} = 2500 \cdot [(0,6 \cdot 0,6 \cdot x) - 0,2 \cdot 0,6 \cdot (x - 2)]$$

$$\downarrow \oplus N_{2-3} = 600 \cdot x + 600$$

c) Tramo 3-4 $(4 \leq x \leq 6)$

$$\downarrow \oplus N_{3-4} = 2500 \cdot [(0,6 \cdot 0,6 \cdot x) - (0,2 \cdot 0,6 \cdot 2)]$$

$$\downarrow \oplus N_{3-4} = 2500 \cdot (0,36 \cdot x - 0,24)$$

$$\downarrow \oplus N_{3-4} = 900 \cdot x - 600$$

Paso 3: Ecuaciones de tensiones

$$\sigma = \frac{N}{A}$$

Para transformar de kg/m² a kg/cm² dividimos el resultado entre 10^4.

$$\sigma_{1-2} = \frac{900 \cdot x}{0,6 \cdot 0,6} = 2500 \cdot x \left[\frac{kg}{m^2}\right] \Rightarrow 0,250 \cdot x \left[\frac{kg}{cm^2}\right]$$

$$\sigma_{2-3} = \frac{600 \cdot x + 600}{0,6 \cdot 0,6 - 0,2 \cdot 0,6} = 2500 \cdot x + 2500 \left[\frac{kg}{m^2}\right] \Rightarrow 0,250 \cdot x + 0,250 \left[\frac{kg}{cm^2}\right]$$

$$\sigma_{3-4} = \frac{900 \cdot x - 600}{0,6 \cdot 0,6} = 2500 \cdot x - 1666,667 \left[\frac{kg}{m^2}\right] \Rightarrow 0,250 \cdot x - 0,167 \left[\frac{kg}{cm^2}\right]$$

Paso 4: Diagrama de tensión

Escalas:

Longitud: 1 m = 1 cm

Tensión: 0,5 kg/cm² = 1 cm

Tramo	x	$\sigma\,[\text{kg/cm}^2]$
1-2	0	0
	2	0,50
2-3	2	0,75
	4	1,25
3-4	4	0,833
	6	1,333

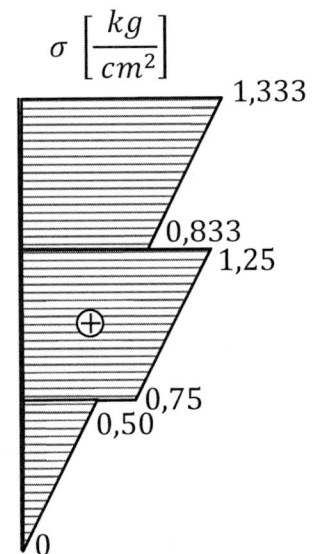

EJEMPLO 7

Graficar la variación de tensión axial a lo largo de la siguiente pieza, sin considerar el peso propio (resultado en t/m²).

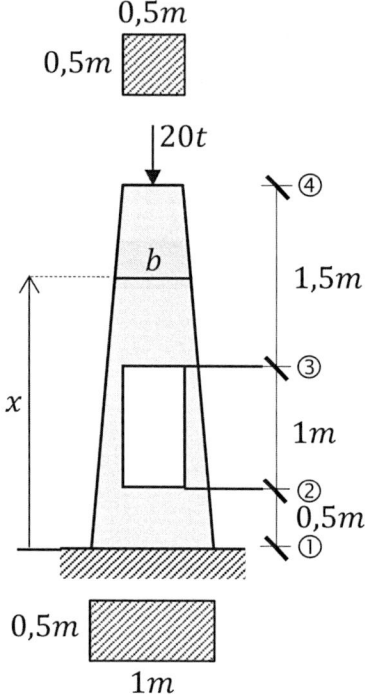

Figura 1.30 Cuerpo de sección variable con orificio rectangular.

Paso 1: Cálculo de la base como función de x

$$b = m \cdot x + n$$

$$x = 0 \ \rightarrow b = 1\,m$$

$$1 = m(0) + n$$

$$n = 1$$

$$x = 3 \ \rightarrow b = 0,5\,m$$

$$0,5 = m(3) + 1$$

$$m = -0,1667$$

$$b = -0,1667 \cdot x + 1$$

Paso 2: Áreas por tramo

$a)\ Tramo\ 1-2$

$$A = (-0{,}1667 \cdot x + 1) \cdot 0{,}5 = -0{,}08335 \cdot x + 0{,}5$$

$b)\ Tramo\ 2-3$

$$A = ((-0{,}1667 \cdot x + 1) - 0{,}5) \cdot 0{,}5 = -0{,}08335 \cdot x + 0{,}25$$

$c)\ Tramo\ 3-4$

$$A = (-0{,}1667 \cdot x + 1) \cdot 0{,}5 = -0{,}08335 \cdot x + 0{,}5$$

Paso 3: Ecuación de tensión

$a)\ Tramo\ 1-2$

$$\sigma_{1-2} = \frac{-20}{-0{,}08335x + 0{,}5}$$

$b)\ Tramo\ 2-3$

$$\sigma_{2-3} = \frac{-20}{-0{,}08335 \cdot x + 0{,}25}$$

$c)\ Tramo\ 3-4$

$$\sigma_{3-4} = \frac{-20}{-0{,}08335 \cdot x + 0{,}5}$$

Paso 4: Diagrama de tensión axial

Escalas: 1 m = 1 cm y 50 t/m² = 1 cm

Tramo	x(m)	σ(t/m²)
1-2	0	-40
	0,5	-43,64
2-3	0,5	-96
	1	-120
	1,5	-160
3-4	1,5	-53,34
	2	-60
	2,5	-68,58
	3	-80

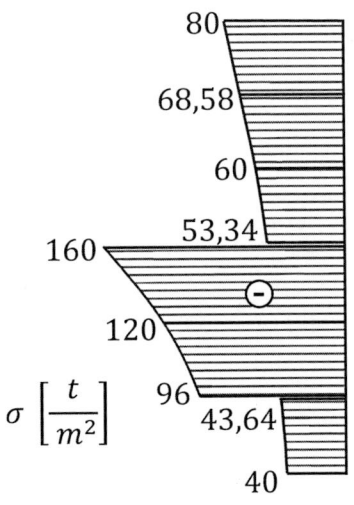

EJEMPLO 8

Diagramar tensión axial para la siguiente pieza debido a su propio peso.

Dato

$$\gamma = 2{,}5 \ \frac{t}{m^3}$$

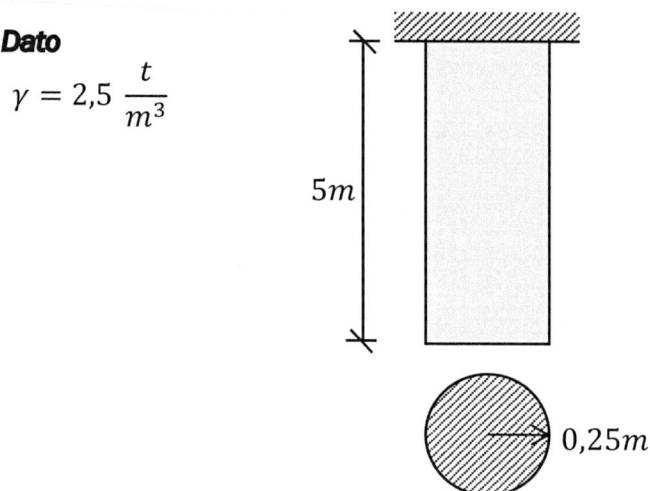

Figura 1.31 Cuerpo cilíndrico sometido a su propio peso.

Paso 1: Fuerza normal generada por el peso

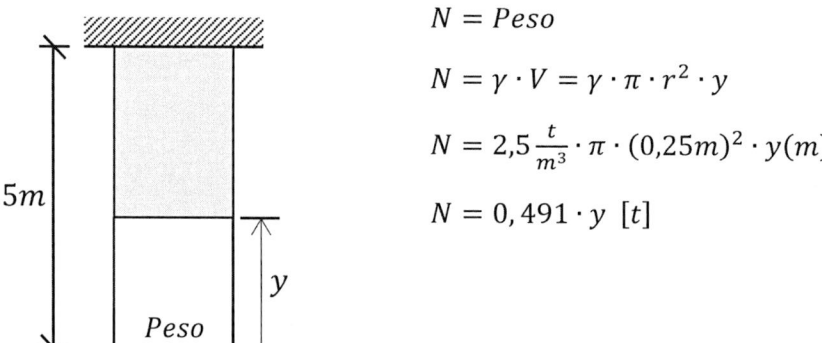

$$N = Peso$$

$$N = \gamma \cdot V = \gamma \cdot \pi \cdot r^2 \cdot y$$

$$N = 2{,}5\frac{t}{m^3} \cdot \pi \cdot (0{,}25m)^2 \cdot y(m)$$

$$N = 0{,}491 \cdot y \ [t]$$

Paso 2: Función de tensión axial

$$\sigma = \frac{N}{A}$$

$$\sigma = \frac{0{,}491 \cdot y}{\pi \cdot (0{,}25)^2} = 2{,}5 \cdot y$$

Paso 3: Diagrama de tensión axial

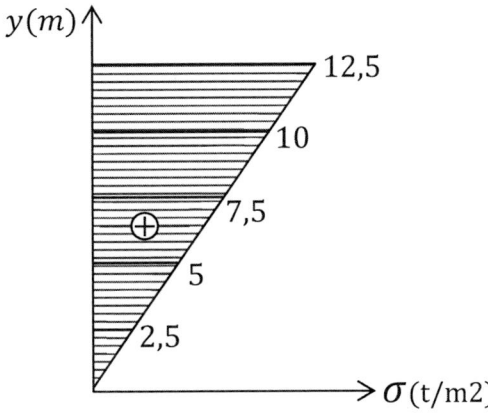

y (m)	σ (t/m²)
0	0
1	2,5
2	5
3	7,5
4	10
5	12,5

Conclusión

La sección más crítica se da en el apoyo porque tiene que soportar todo el peso del elemento.

EJEMPLO 9

Verificar la resistencia en los cables del siguiente sistema estructural sabiendo que σ_{adm} = 1000 kg/cm².

Datos

$\emptyset_1 = 1''$

$\emptyset_2 = 1''$

$\emptyset_3 = 1,5''$

$\emptyset_4 = 2''$

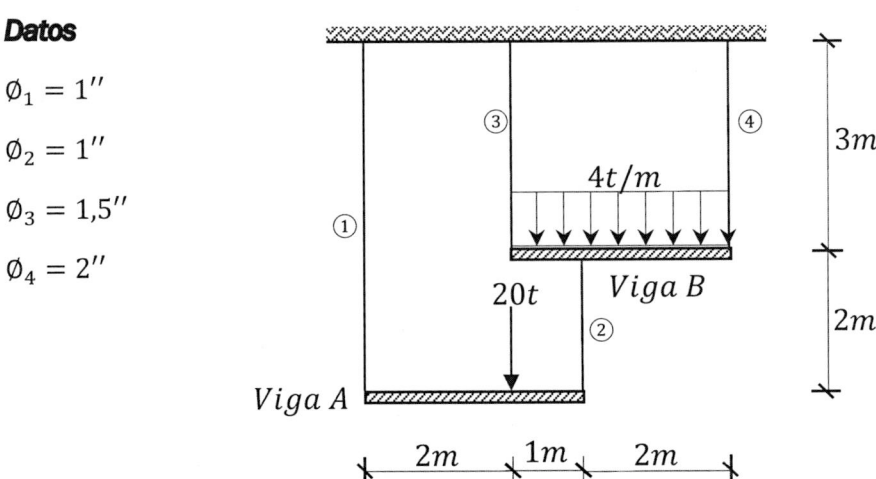

Figura 1.32 Sistema de vigas y cables.

Paso 1: Cálculo de normales

a) Diagrama de cuerpo libre de la viga A

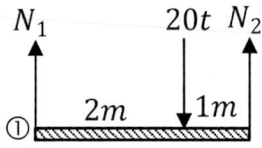

$\Sigma M_1 = 0 \circlearrowleft \oplus$

$20 \cdot 2 - N_2 \cdot 3 = 0$

$N_2 = 13,333 \ t$

$\Sigma F_V = 0 \uparrow \oplus$

$N_1 - 20 + 13,333 = 0$

$N_1 = 6,667 \ t$

b) Diagrama de cuerpo libre de la viga B

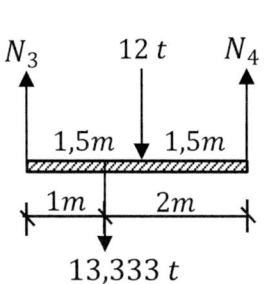

$\Sigma M_3 = 0 \circlearrowleft \oplus$

$13,333 \cdot 1 + 12 \cdot 1,5 - N_4 \cdot 3 = 0$

$N_4 = 10,444 \ t$

$\Sigma F_V = 0 \uparrow \oplus$

$N_3 - 12 + 10,444 - 13,333 = 0$

$N_3 = 14,889 \ t$

Paso 2: Cálculo de tensiones

$$Condición: \boldsymbol{\sigma} \leq \boldsymbol{\sigma_{adm}} \ para \ resistir, siendo \ \sigma = \frac{N}{A}$$

$$\sigma_1 = \frac{6667 \ kg}{\dfrac{\pi \cdot (1 \cdot 2,54)^2}{4}} = 1315,746 \ \frac{kg}{cm^2}$$

$$\sigma_2 = \frac{13333 \ kg}{\dfrac{\pi \cdot (1 \cdot 2,54)^2}{4}} = 2631,295 \ \frac{kg}{cm^2}$$

$$\sigma_3 = \frac{14889 \ kg}{\dfrac{\pi \cdot (1,5 \cdot 2,54)^2}{4}} = 1305,944 \ \frac{kg}{cm^2}$$

$$\sigma_4 = \frac{10444 \ kg}{\dfrac{\pi \cdot (2 \cdot 2,54)^2}{4}} = 515,286 \ \frac{kg}{cm^2}$$

Las tensiones deben ser menores a las admisibles para garantizar su resistencia:

$$\sigma_1, \sigma_2, \sigma_3 \geq \sigma_{adm} \ \therefore Colapsan$$

$$\sigma_4 \leq \sigma_{adm} \ \therefore Resiste$$

EJEMPLO 10

Proponer un diámetro comercial de sección única para que los cables del ejemplo anterior resistan $\left(di\acute{a}metro\ comercial\ c/\frac{1}{4}"\right)$

Trabajaremos con el cable de mayor esfuerzo:

$$N_{max} = N_3 = 14889\ kg$$

$$\sigma_{max} = \frac{N_{max}}{A} = \frac{14889}{\frac{\pi \cdot \emptyset^2}{4}}$$

Apliquemos la condición de resistencia:

$$\sigma_{max} \leq \sigma_{adm}$$

$$\frac{14889}{\frac{\pi \cdot \emptyset^2}{4}} \leq 1000$$

Despejamos el diámetro:

$$\emptyset \geq \sqrt{\frac{4 \cdot 14889}{\pi \cdot 1000}}$$

$$\emptyset \geq 4{,}354\ cm$$

Seleccionamos el diámetro comercial que sea igual o mayor al requerido.

$\emptyset$ (pulg)	$\emptyset$ (cm)
1	2,54
1 1/4	3,175
1 1/2	3,81
1 3/4	**4,445**
2	5,08

$$\emptyset = 1\frac{3}{4}\ pulg$$

EJEMPLO 11

Calcular las tensiones en los cables.

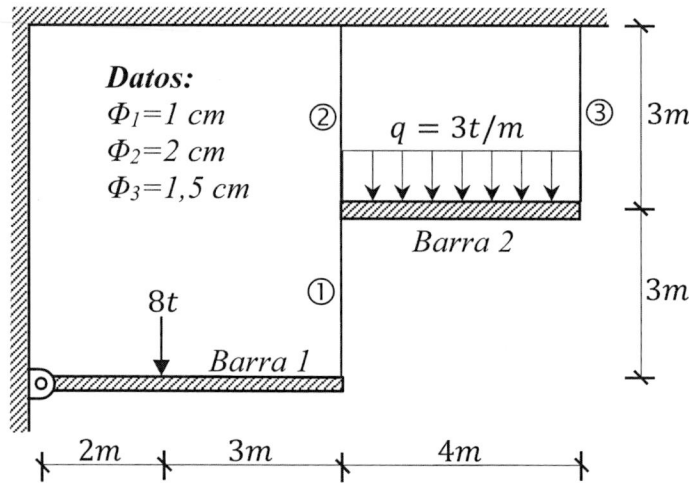

Figura 1.33 Sistema de vigas y cables.

Paso 1: Cálculo de esfuerzos normales en los cables

a) D.C.L. de la barra 1

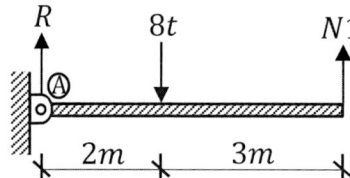

$\Sigma M_A = 0 \ \circlearrowleft \oplus$

$8 \cdot 2 - N_1 \cdot 5 = 0$

$N_1 = 3{,}2t = 3200 \ kg \ (tracción)$

No se requiere calcular R.

b) D.C.L. de la barra 2

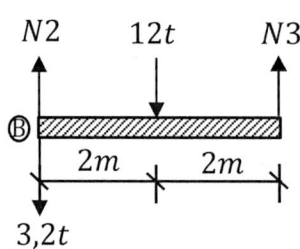

$\Sigma M_B = 0 \ \circlearrowleft \oplus$

$12 \cdot 2 - N_3 \cdot 4 = 0$

$N_3 = 6t = 6000 \ kg \ (tracción)$

$\Sigma F_v = 0 \uparrow \oplus$

$N_2 - 3{,}2 - 12 + 6 = 0$

$N_2 = 9{,}2 \ t = 9200 \ kg \ (tracción)$

Paso 2: Cálculo de tensiones axiales

$$\sigma = \frac{N}{A}$$

$$\sigma_1 = \frac{3200kg}{\dfrac{\pi \cdot (1cm)^2}{4}} = 4074{,}357 \, \frac{kg}{cm^2} \; (tracción)$$

$$\sigma_2 = \frac{9200kg}{\dfrac{\pi \cdot (2cm)^2}{4}} = 2928{,}444 \, \frac{kg}{cm^2} \; (tracción)$$

$$\sigma_3 = \frac{6000kg}{\dfrac{\pi \cdot (1{,}5cm)^2}{4}} = 3395{,}298 \, \frac{kg}{cm^2} \; (tracción)$$

1.3. TENSIÓN MÁXIMA O RESISTENCIA CARACTERÍSTICA DEL MATERIAL

Es la máxima tensión que puede soportar un material que admita un comportamiento elástico. La elasticidad en los materiales es la capacidad que tienen los cuerpos para revertir su deformación una vez es retirada la fuerza que la produce. Respecto a este concepto tan elemental, nos queda preguntarnos qué materiales son elásticos. Sin lugar a duda, algunos dirán que todos los materiales son elásticos y otros, que ningún material es perfectamente elástico. Ambas respuestas tienen mucho de cierto, porque todos los materiales bajo ciertas condiciones de carga pueden comportarse de esta manera; sin embargo, si queremos aplicar este concepto de forma mucho más estricta, diremos que un material para ser considerado perfectamente elástico debe cumplir las siguientes hipótesis:

a) *Hipótesis de homogeneidad*

    Esta hipótesis no considera la estructura molecular de la materia, es decir, considera que la misma se distribuye de manera uniforme. Esto se traduce en iguales propiedades físicas para cualquier muestra arbitraria obtenida de un mismo cuerpo.

b) *Hipótesis de continuidad*

La materia se distribuye sin dejar espacios vacíos, fisuras u oquedades, por lo cual se asume que las tensiones generadas en su interior se distribuyen de manera continua.

c) *Hipótesis de isotropía.*

Dos porciones arbitrarias obtenidas de un mismo cuerpo mantendrán las mismas cualidades mecánicas (resistencia y elasticidad) sin importar la dirección en la que son examinadas.

Según estas hipótesis, el material que más se aproxima a cumplir con estas cualidades es el acero. Por ejemplo, un acero A-36, según su fabricante, presenta una resistencia característica de 36 KSI o 2530 kg/cm². Esto se debe interpretar como la concentración máxima de carga que admite una unidad de área.

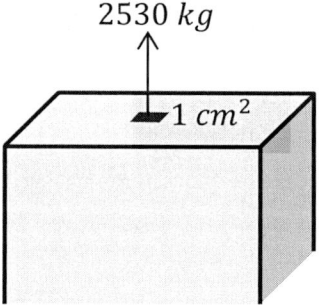

Figura 1.34 Representación de la intensidad de tensión

1.4. TENSIÓN ADMISIBLE O RESISTENCIA DE DISEÑO DE MATERIALES

La tensión admisible no es más que la minoración de la resistencia característica del material obtenida en laboratorio (límite elástico lineal). El material se ve afectado por un coeficiente de seguridad que contempla dos niveles de incertidumbre.

Un primer nivel de incertidumbre se refiere a las condiciones en las cuales se obtiene el valor de la resistencia característica del material; estas condiciones suelen ser procesos rigurosamente controlados que en todos los casos difieren de las condiciones reales en las cuales estará siendo tensionado el material.

Un segundo nivel de incertidumbre está referido a la estimación de las cargas, pues estas son aproximaciones que sugieren un comportamiento que no es cien por ciento real, por lo cual, para este caso, deberá contemplarse un margen de acción de cargas no consideradas.

Estos dos niveles de incertidumbre definen el valor del coeficiente de minoración (α) que afecta directamente a la tensión elástica lineal. Este coeficiente en muchos casos suele asumir el valor de 0,9; sin embargo, depende del contexto donde se aplica y el tipo de material que se emplea.

$$\sigma_{adm} = \alpha \cdot \sigma_{el}$$

donde:

σ_{adm} = Tensión admisible

σ_{el} = Tensión elástica lineal

α = Coeficiente de seguridad

1.5. TIPOS DE PROBLEMAS EN RESISTENCIA DE MATERIALES

En la ingeniería de estructuras aparecen tres tipos de problemas a partir de la caracterización del material, es decir, una vez sea conocida su tensión admisible. Estos problemas se resumen en los siguientes casos:

a) *Verificación de la resistencia del material*

Es una simple comparación entre la máxima tensión producida en el sistema estructural con la tensión admisible del material. Para verificar esta situación se deberá cumplir con la siguiente desigualdad:

$$\sigma_{max} \leq \sigma_{adm}$$

La expresión anterior es sinónimo de que el sistema resiste las cargas impuestas.

b) Mínima área de la sección

A partir de la condición de resistencia es posible conocer el área necesaria de la sección transversal que garantice la resistencia del sistema.

$$\sigma_{max} \leq \sigma_{adm}$$

$$\frac{N_{max}}{A} \leq \sigma_{adm}$$

$$A \geq \frac{N_{max}}{\sigma_{adm}}$$

En el caso de que la sección de los elementos sea circular, podemos determinar su diámetro mínimo:

$$A \geq \frac{N_{max}}{\sigma_{adm}}$$

$$\frac{\pi \cdot \emptyset^2}{4} \geq \frac{N_{max}}{\sigma_{adm}}$$

$$\emptyset \geq \sqrt{\frac{4 \cdot N_{max}}{\pi \cdot \sigma_{adm}}}$$

También es posible trabajar con otras formas de sección, como, por ejemplo, la sección rectangular.

- Conociendo la base (b) de la sección, podemos determinar su altura (h):

$$A \geq \frac{N_{max}}{\sigma_{adm}}$$

$$b \cdot h \geq \frac{N_{max}}{\sigma_{adm}}$$

$$h \geq \frac{N_{max}}{b \cdot \sigma_{adm}}$$

- Conociendo la altura (h) de la sección podemos determinar su base (b):

$$b \geq \frac{N_{max}}{h \cdot \sigma_{adm}}$$

Máxima carga admisible

En estos casos, el máximo esfuerzo normal (N_{max}) deberá estar en función de la carga, para luego aplicar la condición de resistencia y así obtener su magnitud.

$$\sigma_{max} \leq \sigma_{adm}$$

$$\frac{N_{max}}{A} \leq \sigma_{adm}$$

$$N_{max} = f_{(P \, o \, q)}$$

En la expresión anterior se utilizará P para cargas puntuales y q para cargas distribuidas.

$$\frac{f_{(p \, o \, q)}}{A} \leq \sigma_{adm}$$

$$f_{(p \, o \, q)} \leq A \cdot \sigma_{adm}$$

EJEMPLO 12

Verificar la resistencia de las siguientes barras.

Datos

$$\sigma_{adm} = 350 \frac{kg}{cm^2}$$

$$b1/h1 = 5 \, cm/15 \, cm$$

$$b2/h2 = 5 \, cm/20 \, cm$$

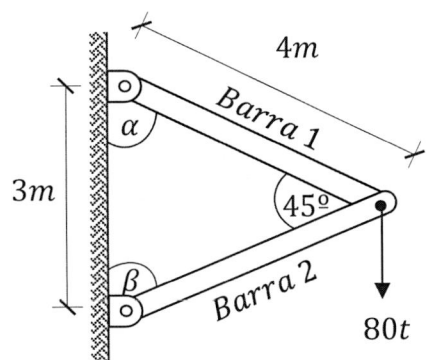

Figura 1.35 Barras articuladas.

Paso 1: Cálculo de α y β

Aplicamos la ley de senos para calcular β.

$$\frac{Sen \, \beta}{4} = \frac{Sen(45)}{3}$$

$$\beta = ArcSen\left(\frac{4 \cdot sen(45)}{3}\right) = 70{,}529°$$

Aplicamos suma de ángulos interiores en triángulos.

$$\alpha + \beta + 45° = 180°$$
$$\alpha = 64{,}471°$$

Paso 2: Cálculo de esfuerzos normales

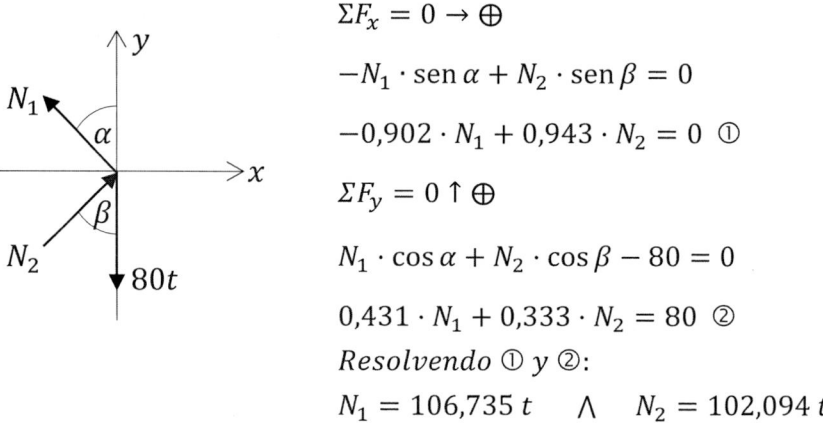

$$\Sigma F_x = 0 \rightarrow \oplus$$

$$-N_1 \cdot sen\,\alpha + N_2 \cdot sen\,\beta = 0$$

$$-0{,}902 \cdot N_1 + 0{,}943 \cdot N_2 = 0 \quad ①$$

$$\Sigma F_y = 0 \uparrow \oplus$$

$$N_1 \cdot cos\,\alpha + N_2 \cdot cos\,\beta - 80 = 0$$

$$0{,}431 \cdot N_1 + 0{,}333 \cdot N_2 = 80 \quad ②$$

$$Resolviendo\ ①\ y\ ②:$$

$$N_1 = 106{,}735\ t \quad \wedge \quad N_2 = 102{,}094\ t$$

Paso 3: Cálculo de tensiones

$$\sigma = \frac{N}{A}$$

$$\sigma_1 = \frac{106735\ kg}{5\ cm \cdot 15cm} = 1423{,}133\ \frac{kg}{cm^2}$$

$$\sigma_2 = \frac{102094\ kg}{5\ cm \cdot 20cm} = 1020{,}940\ \frac{kg}{cm^2}$$

Paso 4: Verificación de resistencia

$$Condicion:\ \sigma_{max} \leq \sigma_{ADM}$$

$$1423{,}133\,\frac{kg}{cm^2} \leq 350\,\frac{kg}{cm^2},no\ cumple \quad \therefore No\ resiste$$

$$1020{,}940\,\frac{kg}{cm^2} \leq 350\,\frac{kg}{cm^2},no\ cumple \quad \therefore No\ resiste$$

$$\therefore El\ sistema\ colapsa$$

EJEMPLO 13

Calcular el diámetro mínimo de los cables sabiendo que σ_{adm} = 2277 kg/cm²
y que su diámetro comercial varía cada ¼ de pulgada.

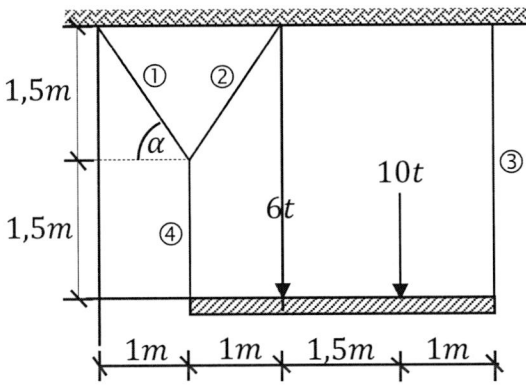

Figura 1.36 Sistema de viga y cables.

Paso 1: Cálculo de esfuerzos normales en los cables

a) Diagrama de cuerpo libre de la barra:

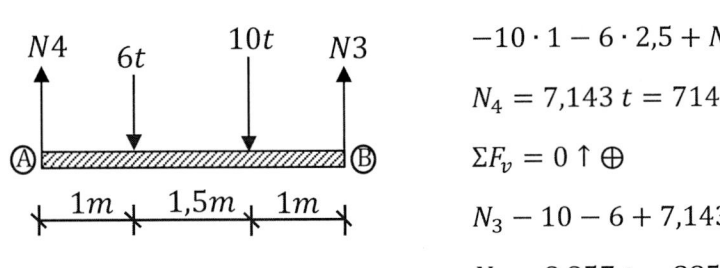

$$\Sigma M_B = 0 \circlearrowright \oplus$$

$$-10 \cdot 1 - 6 \cdot 2{,}5 + N_4 \cdot 3{,}5 = 0$$

$$N_4 = 7{,}143\ t = 7143\ kg$$

$$\Sigma F_v = 0 \uparrow \oplus$$

$$N_3 - 10 - 6 + 7{,}143 = 0$$

$$N_3 = 8{,}857\ t = 8857\ kg$$

b) Diagrama de cuerpo libre de la unión de cables:

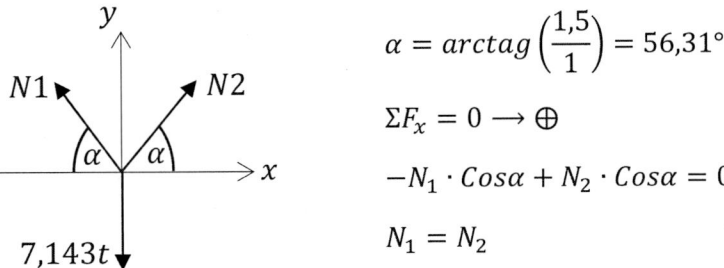

$$\alpha = arctag\left(\frac{1{,}5}{1}\right) = 56{,}31°$$

$$\Sigma F_x = 0 \rightarrow \oplus$$

$$-N_1 \cdot Cos\alpha + N_2 \cdot Cos\alpha = 0$$

$$N_1 = N_2$$

$$\Sigma F_y = 0 \uparrow \oplus$$

$$2 \cdot N_1 \cdot Sen\alpha - 7,143 = 0$$

$$N_1 = 4,292 \; t = 4292 \; kg$$

$$N_2 = 4,292 \; t = 4292 \; kg$$

Paso 2: Cálculo del diámetro

$$\sigma \leq \sigma_{adm}$$

$$\frac{N}{A} \leq \sigma_{adm}$$

$$\frac{N}{\dfrac{\pi \cdot \varnothing^2}{4}} \leq \sigma_{adm}$$

Despejamos el diámetro.

$$\varnothing \geq \sqrt{\frac{4 \cdot N}{\pi \cdot \sigma_{adm}}}$$

Reemplazamos los datos de los cables 1, 2, 3 y 4.

$$\varnothing_1 = \sqrt{\frac{4 \cdot 4292}{\pi \cdot 2277}} = 1,549 \; cm$$

$$\varnothing_2 = 1,549 cm$$

$$\varnothing_3 = \sqrt{\frac{4 \cdot 8857}{\pi \cdot 2277}} = 2,225 \; cm$$

$$\varnothing_4 = \sqrt{\frac{4 \cdot 7143}{\pi \cdot 2277}} = 1,998 \; cm$$

Respuesta: De todos los diámetros, seleccionamos el más grande. Esto se debe a que, si elegimos el más pequeño, aquellos cables que exijan mayor sección van a colapsar; es decir, el diámetro a considerar es de 2,225 cm. Sin embargo, esta medida no existe comercialmente, por lo tanto, debemos buscar un diámetro comercial que se aproxime. Veamos la siguiente lista:

Pulg.	cm
1/4	0,635
1/2	1,270
3/4	1,905
1	**2,540**
1 1/4	3,175
1 1/2	3,810
1 3/4	4,445
2	5,080

Siempre el valor elegido debe estar por encima del calculado, nunca por debajo, por más que exista mayor aproximación. Por lo tanto, el diámetro buscado es de 1 pulgada.

EJEMPLO 14

Determinar la máxima fuerza (P) que pueden soportar los cables sabiendo que el cable ① resiste 200 Mpa y el cable ② 100Mpa a tracción.

Datos

$A_1 = 20 \ mm^2$

$A_2 = 15 \ mm^2$

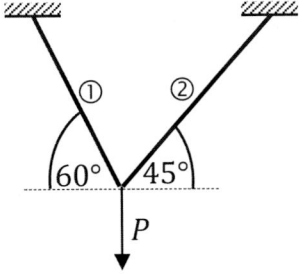

Figura 1.37 Cables afectados por una carga P.

Paso 1: Cálculo de esfuerzos normales

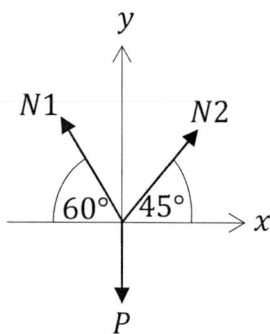

$\Sigma F_x = 0 \rightarrow \oplus$

$-N1 \cdot \cos(60) + N2 \cdot \cos(45) = 0$

$N2 = N1 \cdot \dfrac{\cos(60)}{\cos(45)}$ ①

$\Sigma F_y = 0 \uparrow \oplus$

$N1 \cdot sen(60) + N2 \cdot sen(45) - P = 0$ ②

Reemplazamos ① en ②:

$N1 \cdot sen(60) + (N1 \cdot \cos(60)) \cdot \tan(45) = P$

$N1 = \dfrac{P}{sen(60) + \cos(60) \cdot tan(45)} = \dfrac{P}{1{,}366}$

Reemplazamos ③ en ①:

$N2 = \dfrac{P}{1{,}366} \cdot \dfrac{\cos(60)}{\cos(45)} = \dfrac{0{,}707 \cdot P}{1{,}366}$

Paso 2: Cálculo de esfuerzos normales

$\sigma1 = 200 \; Mpa = 200 \; N/mm^2$

a) **Para el cable 1:**

$\sigma1 = \dfrac{N1}{A1}$

Reemplazamos valores:

$200 = \dfrac{\dfrac{P}{1{,}366}}{20}$

Despejamos P:

$P = 200 \cdot 20 \cdot 1{,}366 = 5464 \; N$

b) **Para el cable 2:**

$\sigma2 = 100 \; Mpa = 100 \; N/mm^2$

$\sigma2 = \dfrac{N2}{A2}$

$100 = \dfrac{\dfrac{0{,}707 \cdot P}{1{,}366}}{15}$

$$100 = \frac{0{,}707 \cdot P}{15 \cdot 1{,}366}$$

$$P = \frac{100 \cdot 15 \cdot 1{,}366}{0{,}707} = 2898{,}16 \ N$$

Respuesta: Elegimos la menor carga porque, si tomamos la mayor, el cable 2 colapsará por tener menor capacidad de resistencia. Por lo tanto, la respuesta es:

$$P = \mathbf{2898{,}16 \ N}$$

EJEMPLO 15

Determinar la altura (h) de las barras 1, 3 y 5 sabiendo que la resistencia a compresión del acero es 300 Mpa y la resistencia a tracción es 400 Mpa.

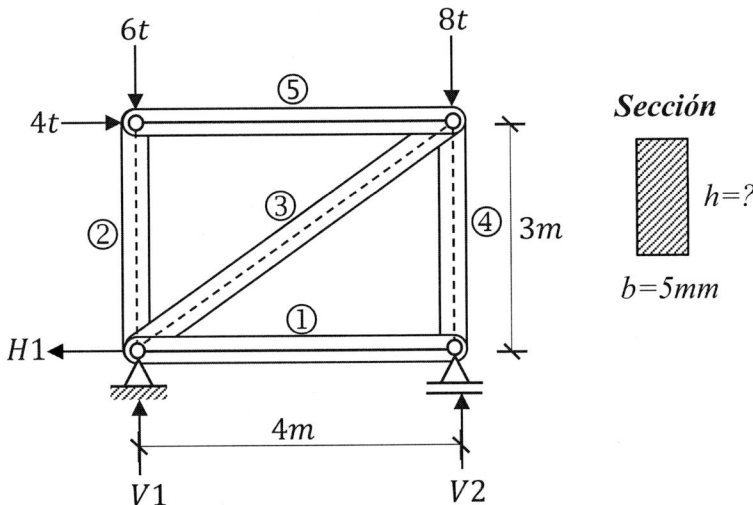

Figura 1.38 Reticulado 2D.

Paso 1: Cálculo de reacciones

$\Sigma F_H = 0 \rightarrow \oplus$

$-H1 + 4 = 0$

$H1 = 4 \ t$

$\Sigma M_1 = 0 \ \circlearrowleft \ \oplus$

$4 \cdot 3 + 8 \cdot 4 - V2 \cdot 4 = 0$

$V2 = 11 \ t$

$\Sigma F_V = 0 \uparrow \oplus$

$V1 - 6 - 8 + 11 = 0$

$V1 = 3 \ t$

Paso 2: Cálculo de esfuerzos normales (Ritter)

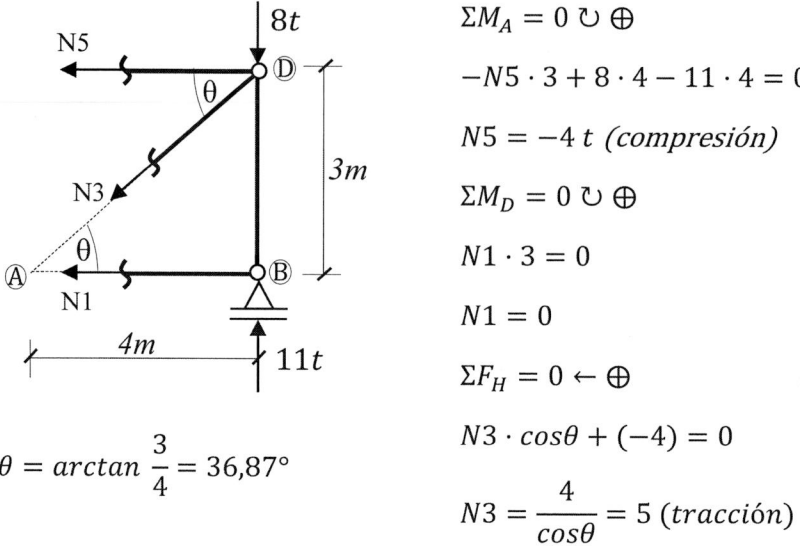

$$\Sigma M_A = 0 \; \circlearrowleft \oplus$$

$$-N5 \cdot 3 + 8 \cdot 4 - 11 \cdot 4 = 0$$

$$N5 = -4 \; t \; (compresión)$$

$$\Sigma M_D = 0 \; \circlearrowleft \oplus$$

$$N1 \cdot 3 = 0$$

$$N1 = 0$$

$$\Sigma F_H = 0 \leftarrow \oplus$$

$$N3 \cdot cos\theta + (-4) = 0$$

$$\theta = arctan \; \frac{3}{4} = 36{,}87°$$

$$N3 = \frac{4}{cos\theta} = 5 \; (tracción)$$

Paso 3: Cálculo de áreas

$$\sigma = \frac{N}{b \cdot h}$$

$$b \cdot h = \frac{N}{\sigma}$$

$$h = \frac{N}{b \cdot \sigma}$$

Transformamos los datos de tensión a N/mm² y los datos de esfuerzos normales a Newton.

$$\sigma_t = 400 \; Mpa = 400 \; N/mm^2$$

$$\sigma_c = 300 \; Mpa = 300 \; N/mm^2$$

$$N3 = 5 \; t \cdot \frac{1000 \; kg}{1 \; t} \cdot \frac{9{,}8 \; N}{1 \; kg} = 49000 \; N \; (tracción)$$

$$N5 = 4 \; t \cdot \frac{1000 \; kg}{1 \; t} \cdot \frac{9{,}8 \; N}{1 \; kg} = 39200 \; N \; (compresión)$$

Finalmente, calculamos la altura (h) de las secciones:

$$h_3 = \frac{49000}{5 \cdot 400} = 24{,}5 \; mm^2$$

$$h_5 = \frac{39200}{5 \cdot 300} = 26{,}133 \; m$$

Asumimos la mayor altura de todas las opciones porque con esta dimensión se garantiza la resistencia de sus barras. Por lo tanto, las dimensiones buscadas son las siguientes:

$h=26,133mm$

$b=5mm$

La altura obtenida es una dimensión teórica que debe ser ajustada a una medida con características prácticas, para lo cual se sugiere completar su magnitud a una cantidad entera superior. Véase nuestra propuesta.

$h=27mm$

$b=5mm$

EJEMPLO 16

Determinar la máxima carga (P) que pueden soportar los cables.

Datos

$$\sigma_{adm} = 1000 \; \frac{kg}{cm^2}$$

$$\emptyset_1 = 1 \; 1/2''$$

$$\emptyset_2 = 1''$$

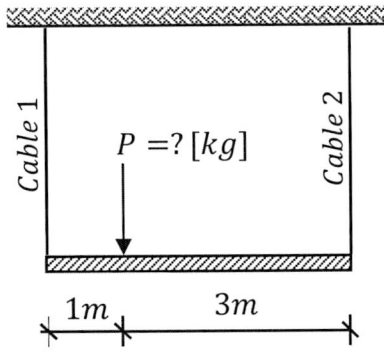

Figura 1.39 Viga suspendida por dos cables.

Paso 1: Cálculo de normales

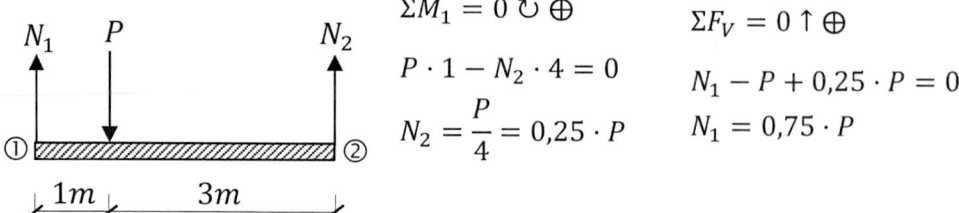

$$\Sigma M_1 = 0 \ \circlearrowleft \oplus$$

$$P \cdot 1 - N_2 \cdot 4 = 0$$

$$N_2 = \frac{P}{4} = 0{,}25 \cdot P$$

$$\Sigma F_V = 0 \uparrow \oplus$$

$$N_1 - P + 0{,}25 \cdot P = 0$$

$$N_1 = 0{,}75 \cdot P$$

Paso 2: Cálculo de P

Realizamos el cambio de unidad de los diámetros:

$$\emptyset_1 = 1 \ 1/2'' = 3{,}81 \ cm$$
$$\emptyset_2 = 1'' = 2{,}54 \ cm$$

Aplicamos la condición de resistencia:

$$\sigma_{max} \leq \sigma_{adm}$$

a) Cable 1

$$\frac{0{,}75 \cdot P}{\frac{\pi \cdot 3{,}81^2}{4}} \leq 1000$$

$$P \leq \frac{1000 \cdot \pi \cdot 3{,}81^2}{0{,}75 \cdot 4}$$

$$P \leq 15201{,}224 \ kg$$

b) Cable 2

$$\frac{0{,}25 \cdot P}{\frac{\pi \cdot 2{,}54^2}{4}} \leq 1000$$

$$P \leq \frac{1000 \cdot \pi \cdot 2{,}54^2}{0{,}25 \cdot 4}$$

$$P \leq 20268{,}347 \ kg$$

La máxima carga que soportarían ambos cables es de 15 201,260 kg, porque si elegimos la más grande el cable 1 colapsaría.

EJEMPLO 17

Para la siguiente pieza de 2 pulgadas de espesor, calcular el valor de P máximo sabiendo que σ_{adm}=200 kg/cm².

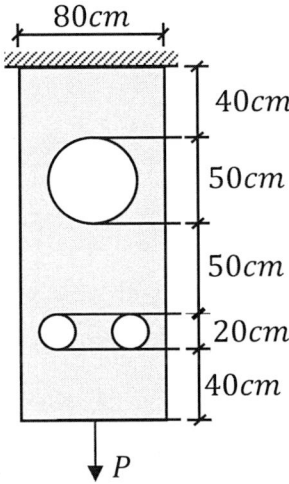

Figura 1.40 Barra con orificios sometidos a carga axial.

Paso 1: Cálculo de áreas

a) Para la sección s-s:

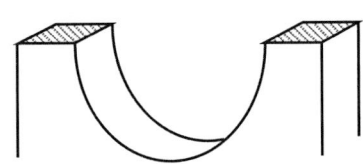

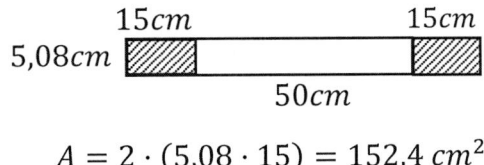

$$A = 2 \cdot (5,08 \cdot 15) = 152,4 \; cm^2$$

b) Para la sección r-r:

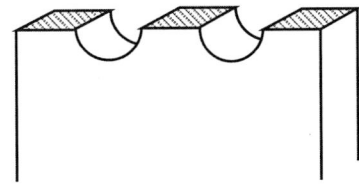

$$A = 3 \cdot (13,333 \cdot 5,08)$$

$$A = 203,195 \; cm^2$$

Paso 2: Cálculo de P máximo

$$\sigma_{max} \geq \sigma_{adm}$$

$$\frac{P}{A} \geq \sigma_{adm}$$

$$P \geq \sigma_{adm} \cdot A$$

a) **Para la sección s-s:**

$$P \geq 200 \cdot 152{,}400$$

$$P \geq 30480 \, kg$$

b) **Para la sección r-r:**

$$P \geq 200 \cdot 203{,}195$$

$$P \geq 40639 \, kg$$

De los valores de P obtenidos seleccionamos el menor para evitar el colapso de la sección con menor área (menor resistencia).

$$\therefore P = 30480 \, kg$$

1.6. TENSIÓN SIMPLE EN DEPÓSITO DE PARED DELGADA SOMETIDO A UNA PRESIÓN UNIFORME

Los depósitos de pared delgada pueden ser cilíndricos de sección circular, de sección elíptica o esféricos. Veamos cómo analizar cada uno de estos casos.

1.6.1. Depósito cilíndrico de sección circular

Cuando un depósito cilíndrico es afectado por una presión interna puede colapsar de manera longitudinal o transversal debido a las tensiones traccionantes que se generan. Véanse las siguientes figuras:

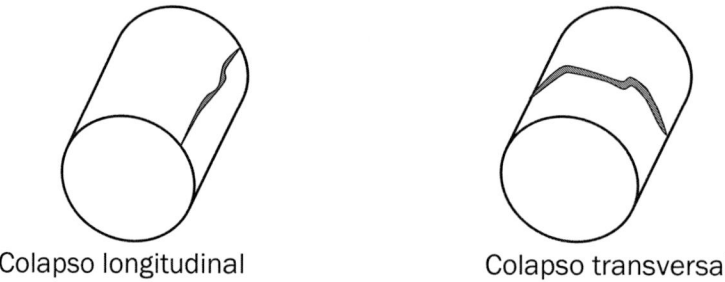

Colapso longitudinal   Colapso transversal

Figura 1.41 Depósitos fisurados.

Para analizar las tensiones que producen estas roturas debemos realizar un corte imaginario en la ruta de colapso y relacionar los valores geométricos del recipiente, su presión interna y las tensiones producidas. Veamos cómo realizar este análisis.

a) Tensión longitudinal

Realizamos un corte longitudinal manteniendo la trayectoria de la posible rotura del recipiente; en la parte cortada aparecerá una tensión longitudinal σ_L, tal como se muestra a continuación:

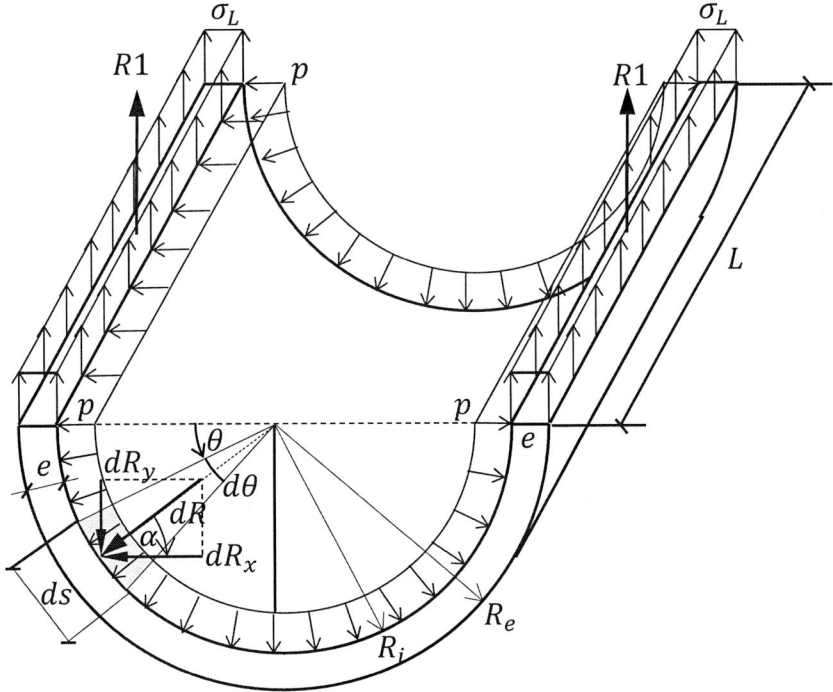

Figura 1.42 Presión y tensión en la pared de un depósito cilíndrico.

$$\alpha = \theta + \frac{d\theta}{2} \quad ①$$

Calculamos R1 debido a la tensión σ_L.

$$R_1 = \sigma_L \cdot e \cdot L$$

Calculamos R debido a la presión (p).

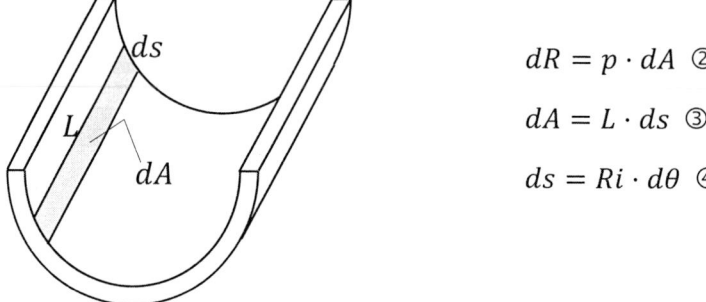

$$dR = p \cdot dA \quad ②$$

$$dA = L \cdot ds \quad ③$$

$$ds = Ri \cdot d\theta \quad ④$$

Figura 1.43 Franja de análisis Da.

Sustituir ④ en ③:

$$dA = Ri \cdot L \cdot d\theta \quad ⑤$$

Sustituir ⑤ en ②:

$$dR = p \cdot Ri \cdot L \cdot d\theta \quad ⑥$$

Descomponemos la resultante:

$$dR_x = dR \cdot cos\alpha$$

$$dR_y = dR \cdot sen\alpha \quad ⑦$$

La componente dRx se eliminará en el proceso de integración debido a la simetría del problema, es decir, que la Rx del lado izquierdo, que tendrá signo negativo, se eliminará con la Rx del lado derecho, que tendrá signo positivo; por lo tanto, únicamente calcularemos Ry.

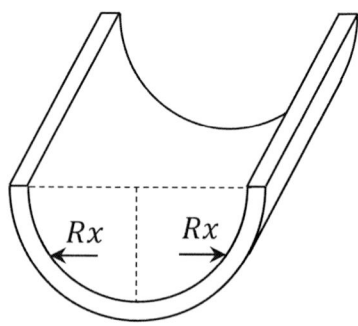

Figura 1.44 Resultante en x en las paredes de un depósito cilíndrico.

Sustituir ① y ⑥ en ⑦:

$$dR_y = p \cdot Ri \cdot L \cdot d\theta \cdot sen\left(\theta + \frac{d\theta}{2}\right)$$

Aplicamos la siguiente identidad trigonométrica:

$$sen(A + B) = sen\,A \cdot \cos B + sen\,B \cdot \cos A$$

$$dR_y = p \cdot Ri \cdot L \cdot d\theta \cdot \left(sen\,\theta \cdot \cos\left(\frac{d\theta}{2}\right) + \cos\theta \cdot sen\left(\frac{d\theta}{2}\right)\right)$$

Cuando:

$$d\theta \to 0 \quad \therefore \cos\left(\frac{d\theta}{2}\right) = 1 \;\wedge\; sen\left(\frac{d\theta}{2}\right) = 0$$

Por lo tanto:

$$dR_y = p \cdot Ri \cdot L \cdot d\theta \cdot sen\theta$$

Si integramos desde 0 hasta π:

$$\int dR_y = \int_0^\pi p \cdot Ri \cdot L \cdot sen\,\theta \cdot d\theta$$

$$R_y = p \cdot Ri \cdot L \cdot \int_0^\pi sen\,\theta \cdot d\theta$$

$$R_y = p \cdot Ri \cdot L \cdot \left[-\cos\theta\right]_0^\pi$$

$$R_y = p \cdot Ri \cdot L \cdot [-\cos\pi + \cos 0]$$

$$R_y = p \cdot Ri \cdot L \cdot [-(-1) + 1]$$

$$R_y = 2 \cdot p \cdot Ri \cdot L$$

La expresión anterior se puede resumir en el siguiente criterio:

La resultante en *y*, debido a una presión constante *p* (ortogonal a la pared de un recipiente), es equivalente al producto de *p* con su área proyectada (Ap).

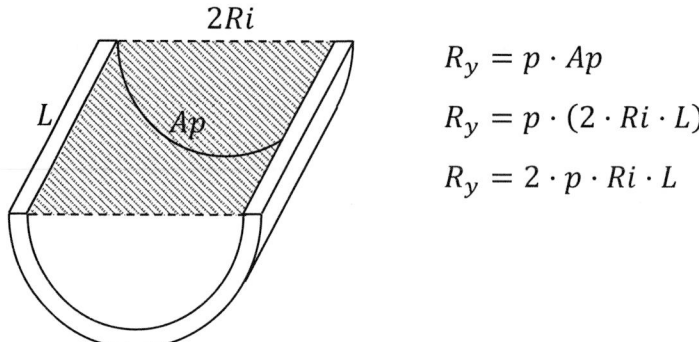

$$R_y = p \cdot Ap$$
$$R_y = p \cdot (2 \cdot Ri \cdot L)$$
$$R_y = 2 \cdot p \cdot Ri \cdot L$$

Figura 1.45 Área proyectada de la superficie curva.

Finalmente, aplicando la primera ley de Newton:

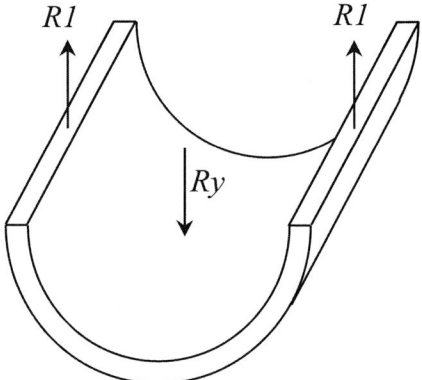

Figura 1.46 Resultante R1 debido a la tensión y Ry debido a la presión.

$$\sum Fy = 0 \uparrow \oplus$$

$$2 \cdot R_1 - R_y = 0$$

Sustituimos R1 y Ry:

$$2 \cdot \sigma_L \cdot e \cdot L - 2 \cdot p \cdot Ri \cdot L = 0$$

Despejamos σL:

$$\boxed{\sigma_L = \frac{p \cdot Ri}{e}}$$

Donde:

σ_L = *Tensión longitudinal (traccionante)*

p = Presión uniforme al interior del recipiente

Ri = Radio interior

e = Espesor de la pared del recipiente

b) Tensión transversal

Efectuamos un corte transversal al recipiente y analizamos la relación entre la tensión en las paredes y la presión al interior del mismo. Véase la siguiente figura:

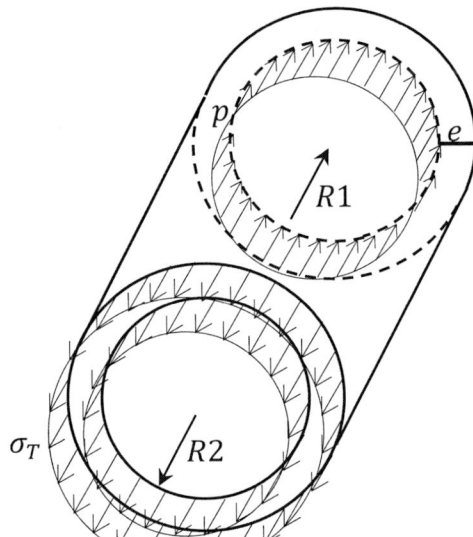

p = Presión
σ_T = *Tensión transversal*
Re = Radio exterior
Ri = Radio interior
e = Espesor
R1 = Resultante del diagrama de presiones
R2 = Resultante de la tensión σ_T

Figura 1.47 Resultante R2 de la tensión y R1 de la presión.

Calculamos R1:

$$R1 = p \cdot \pi \cdot Ri^2$$

Calculamos R2:

$$R2 = \sigma_T \cdot \pi \cdot (Re^2 - Ri^2)$$

Aplicando la primera ley de Newton:

$$\Sigma F_H = 0 \nearrow \oplus$$

$$R1 - R2 = 0$$

$$p \cdot \pi \cdot Ri^2 - \sigma_T \cdot \pi \cdot (Re^2 - Ri^2) = 0$$

Despejamos σт:

$$\sigma_T = \frac{p \cdot Ri^2}{Re^2 - Ri^2}$$

1.6.2. Depósito cilíndrico de sección elíptica

Estos depósitos pueden colapsar longitudinalmente en dos direcciones y transversalmente en una sola dirección.

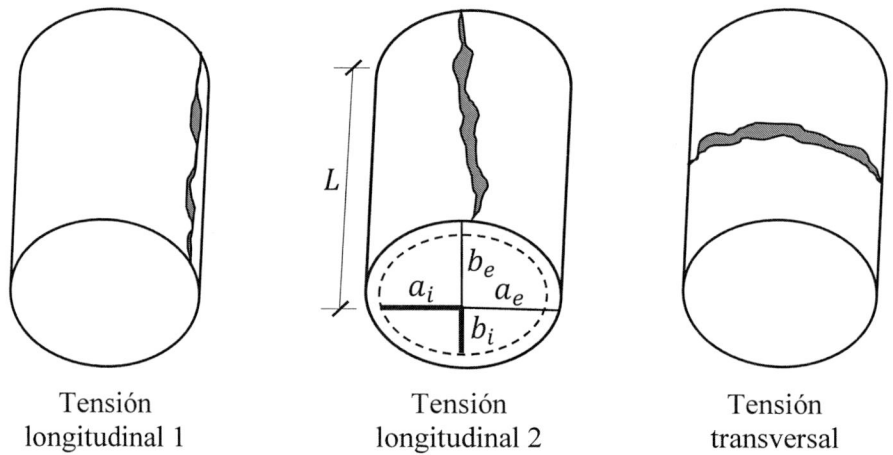

Tensión   Tensión   Tensión
longitudinal 1   longitudinal 2   transversal

Figura 1.48 Modos de fisuración de un tanque cilíndrico de sección elíptica.

Datos de entrada:

ai y bi = semiejes interiores $e = ae - ai$

ae y be = semiejes exteriores $e = be - bi$

e = espesor

L = longitud del depósito

p = presión en su interior

a) Tensión longitudinal 1

$$R_1 = \sigma_L \cdot e \cdot L$$
$$R_2 = p \cdot 2ai \cdot L$$

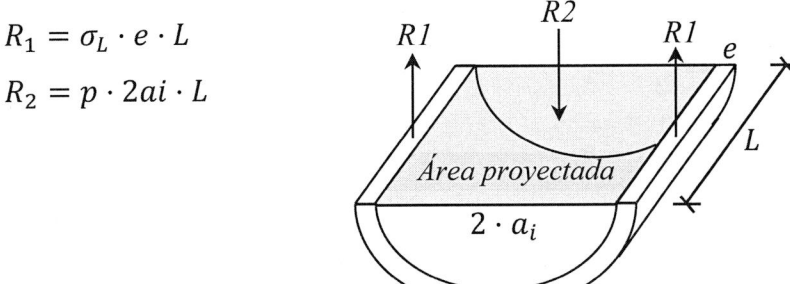

Figura 1.49 Área proyectada de la superficie curvilínea.

Aplicando la primera ley de Newton:

$$\Sigma F_V = 0 \uparrow \oplus$$

$$2 \cdot R_1 - R_2 = 0$$

$$2 \cdot \sigma_L \cdot e \cdot L - p \cdot 2 \cdot ai \cdot L+= 0$$

Despejamos la tensión transversal:

$$\sigma_L = \frac{p \cdot ai}{e}$$

b) Tensión longitudinal 2

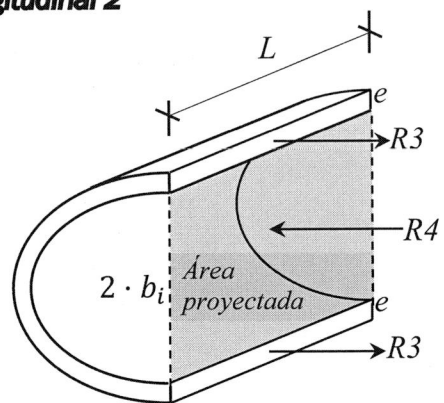

Figura 1.50 Área proyectada de la superficie curva.

Calculamos las resultantes:

$$R_3 = \sigma_L \cdot e \cdot L$$

$$R_4 = p \cdot 2 \cdot bi \cdot L$$

Aplicamos la primera ley de Newton:

$$\Sigma F_H = 0 \rightarrow \oplus$$

$$2 \cdot R_3 - R_4 = 0$$

$$2 \cdot \sigma_L \cdot e \cdot L - p \cdot 2 \cdot b_i \cdot L = 0$$

$$\boxed{\sigma_L = \frac{p \cdot bi}{e}}$$

c) *Tensión transversal*

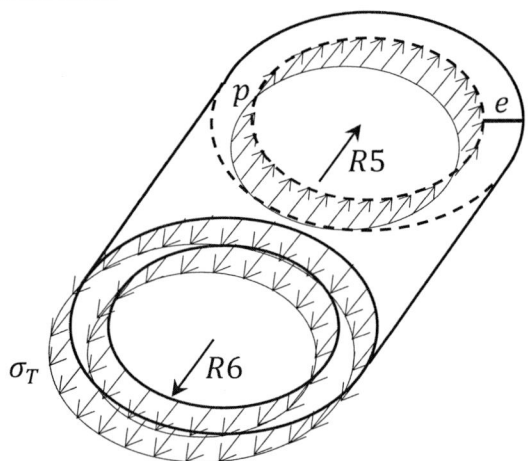

Figura 1.51 Resultante R6 de tensión y R5 de presión.

Calculamos las resultantes:

$$R_5 = p \cdot \pi \cdot ai \cdot bi$$

$$R_6 = \sigma_T \cdot \pi \cdot (ae \cdot be - ai \cdot bi)$$

Aplicamos la primera ley de Newton:

$$\Sigma F = 0 \swarrow \oplus$$

$$R_6 - R_5 = 0$$

$$\sigma_T \cdot \pi \cdot (ae \cdot be - ai \cdot bi) - p \cdot \pi \cdot ai \cdot bi = 0$$

$$\boxed{\sigma_T = \frac{p \cdot ai \cdot bi}{ae \cdot be - ai \cdot bi}}$$

1.6.3. Depósito esférico

Los depósitos de esta forma colapsan por la trayectoria más larga en su geometría, es decir, diametralmente. Véase la siguiente figura:

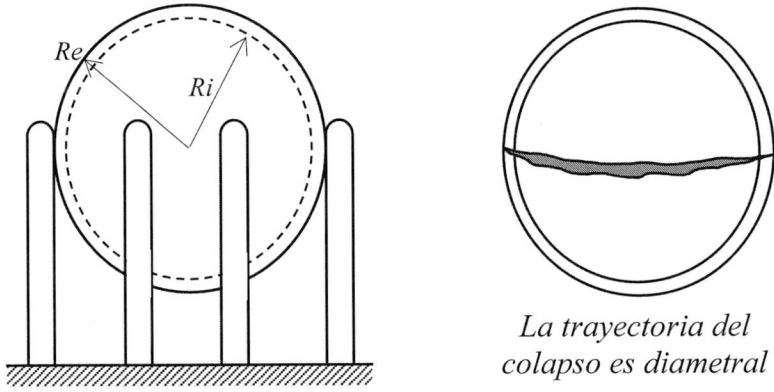

La trayectoria del colapso es diametral

Figura 1.52 Depósito esférico y trayectoria de colapso.

Para analizar la tensión que genera este colapso realizaremos el siguiente corte:

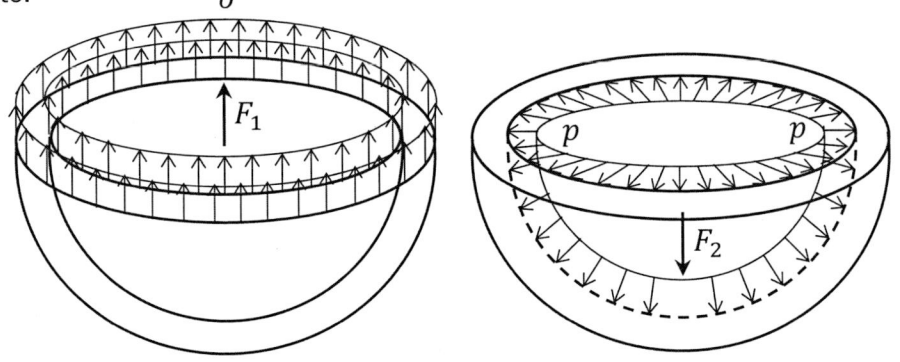

Figura 1.53 Diagrama de tensión σ y presión p.

Calculamos las fuerzas resultantes en el diagrama de tensiones y en el diagrama de presiones:

$$F_1 = \sigma \cdot A_1$$

$$\sigma = Tensión$$

$$A_1 = Área \; donde \; actúa \; la \; tensión$$

$$F_1 = \sigma \cdot \pi \cdot (Re^2 - Ri^2)$$

$$F_2 = p \cdot A_p$$

$$p = Presión \; interior \; del \; depósito$$

$$A_p = Área \; proyectada \; de \; la \; superficie \; donde \; actúa$$

$$la \; presión.$$

$$F_2 = p \cdot \pi \cdot Ri^2$$

Aplicamos la primera ley de Newton:

$$\Sigma F_V = 0 \uparrow \oplus$$

$$F_1 - F_2 = 0$$

Sustituimos F_1 y F_2:

$$\sigma \cdot \pi \cdot (Re^2 - Ri^2) - p \cdot \pi \cdot Ri^2 = 0$$

Despejamos tensión:

$$\boxed{\sigma = \frac{p \cdot Ri^2}{Re^2 - Ri^2}}$$

Σ = Tensión diametral

p = Presión al interior del depósito

Ri = Radio interior

Re = Radio exterior

MARCOMBO

EJEMPLO 18

Verificar la resistencia del siguiente depósito cilíndrico de sección elíptica sabiendo que su tensión admisible es de 2000 kg/cm².

Datos

$e = 1''$

$p = 50 \dfrac{kg}{cm^2}$

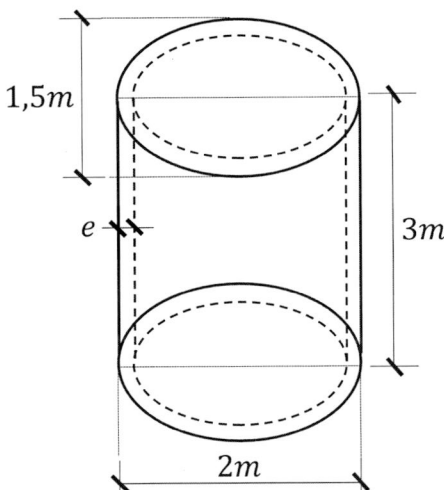

Figura 1.54 Depósito cilíndrico de sección elíptica.

Paso 1: Aplicamos la condición de resistencia

$$\sigma \leq \sigma_{adm}$$

Cálculo de tensión 1:

$$\sigma_1 = \frac{p \cdot ai}{e}$$

$$ai = \frac{200 - 2 \cdot 2{,}54}{2} = 97{,}46 \ cm$$

$$\sigma_1 = \frac{50 \cdot 97{,}46}{2{,}54} = 1918{,}5 \frac{kg}{cm^2}$$

$$1918{,}5 \leq 2000 \ \textit{Cumple, } \therefore \textit{ resiste}$$

Cálculo de tensión 2:

$$\sigma_2 = \frac{p \cdot bi}{e}$$

$$bi = \frac{150 - 2 \cdot 2{,}54}{2} = 72{,}46 \; cm$$

$$\sigma_2 = \frac{50 \cdot 72{,}46}{2{,}54} = 1426{,}38 \frac{kg}{cm^2}$$

$1426{,}38 \leq 2000$ *cumple, ∴ resiste*

Cálculo de tensión 3:

$$\sigma_3 = \frac{p \cdot ai \cdot bi}{ae \cdot be - ai \cdot bi}$$

$$ae = ai + e = 97{,}46 + 2{,}54 = 100 \; cm$$

$$be = bi + e = 72{,}46 + 2{,}54 = 75 \; cm$$

$$\sigma_3 = \frac{50 \cdot 97{,}46 \cdot 72{,}46}{100 \cdot 75 - 97{,}46 \cdot 72{,}46} = 806{,}07 \frac{kg}{cm^2}$$

$806{,}07 \leq 2000$ *cumple, ∴ resiste*

Conclusión: El depósito es resistente porque cumple todas las condiciones.

EJEMPLO 19

Calcular el espesor mínimo resistente del siguiente depósito, sabiendo que su tensión admisible es $2500 \frac{kg}{cm^2}$ y que los espesores comerciales varían cada ¼".

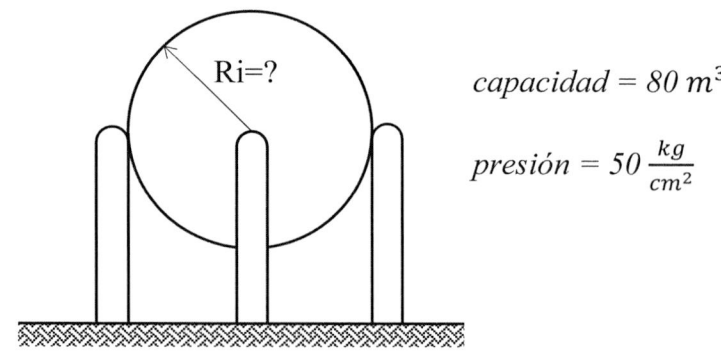

$$capacidad = 80 \; m^3$$

$$presión = 50 \frac{kg}{cm^2}$$

Figura 1.55 Depósito esférico.

Paso 1: Volumen Interior (capacidad)

$$V = \frac{4}{3} \cdot \pi \cdot Ri^3$$

$$Ri = \sqrt[3]{\frac{3 \cdot V}{4 \cdot \pi}} = \sqrt[3]{\frac{3 \cdot 80}{4 \cdot \pi}} = 2{,}67 \ m$$

Paso 2: Condición de resistencia

$$\sigma \leq \sigma_{adm}$$

$$\frac{p \cdot Ri^2}{Re^2 - Ri^2} \leq \sigma_{adm}$$

Despejamos el radio exterior Re:

$$Re \geq \sqrt[3]{\frac{p \cdot Ri^2}{\sigma_{adm}} + Ri^2}$$

$$Re \geq \sqrt[3]{\frac{50 \cdot 267^2}{2500} + 267^2}$$

$$Re \geq 269{,}66 \ cm$$

$$Re = 269{,}66$$

Del intervalo de solución, el espesor mínimo resistente es 269,66 cm.

$$Re = 269{,}66 \ cm$$

$$e = Re - Ri$$

$$e = 269{,}66 - 267 = 2{,}66 \ cm \ (espesor \ calculado)$$

Debemos encontrar el valor inmediato superior considerando variaciones de espesor cada ¼ de pulgada.

$$+ \quad \begin{array}{l} 1" = 2{,}54 \ cm \\ \hline \frac{1}{4}" = 0{,}635 \ cm \\ \hline 1\,\frac{1}{4}" = 3{,}175 \ cm \end{array}$$

$$\therefore e = 1\frac{1}{4}" \ (espesor \ comercial)$$

EJEMPLO 20

Verificar la resistencia del siguiente depósito de sección circular.

Datos

$$\sigma_{Adm} = 2000 \ \frac{kg}{cm^2}$$

$$P = 30 \frac{kg}{cm^2}$$

$$Capacidad = 10 \ m^3$$

$$e = 1''$$

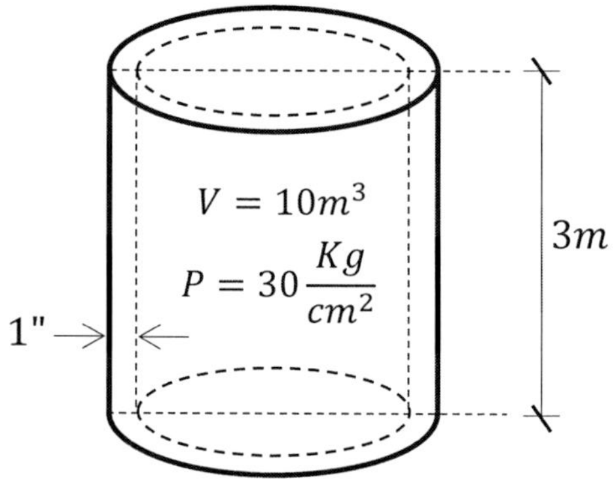

$$V = 10m^3$$
$$P = 30 \frac{Kg}{cm^2}$$

Figura 1.56 Depósito cilíndrico de sección circular.

Paso 1: Cálculo de Ri y Re

$$V = \pi \cdot (R_i)^2 \cdot h \quad (volumen \ interior)$$

Despejamos Ri:

$$R_i = \sqrt{\frac{V}{\pi \cdot h}}$$

Reemplazamos datos considerando que V = capacidad:

$$R_i = \sqrt{\frac{10}{\pi \cdot 3}} = 1{,}030 \ m$$

$$R_e = R_i + e$$

Reemplazamos Ri y e:

$$R_e = 1,030 \, m + 0,0254 \, m = 1,055 \, m$$

Paso 2: Verificación de resistencia

Primera condición:

$$\frac{P \cdot R_i}{e} \leq \sigma_{adm} \left[\frac{kg}{cm^2}\right]$$

$$\frac{30 \cdot 103}{2,54} \leq 2000$$

$$1216,535 \, \frac{kg}{cm^2} \leq 2000 \, \frac{kg}{cm^2} \quad Cumple \therefore Resiste$$

Segunda condición:

$$\frac{P \cdot R_i{}^2}{R_e{}^2 - R_i{}^2} \leq \sigma_{adm} \left[\frac{kg}{cm^2}\right]$$

$$\frac{30 \cdot 103^2}{105,5^2 - 103^2} \leq 2000$$

$$610,590 \, \frac{kg}{cm^2} \leq 2000 \, \frac{kg}{cm^2} \quad Cumple \therefore Resiste$$

$\therefore$ Cumplen ambas condiciones, por lo tanto, es resistente.

EJEMPLO 21

Calcular el espesor mínimo de la pared del siguiente recipiente cilíndrico de sección circular para que resista.

Datos

$$\sigma_{adm} = 2530 \, \frac{kg}{cm^2}$$

$$D_i = 2 \, m$$

$$P = 80 \, \frac{kg}{cm^2}$$

$$L_i = 3 \, m$$

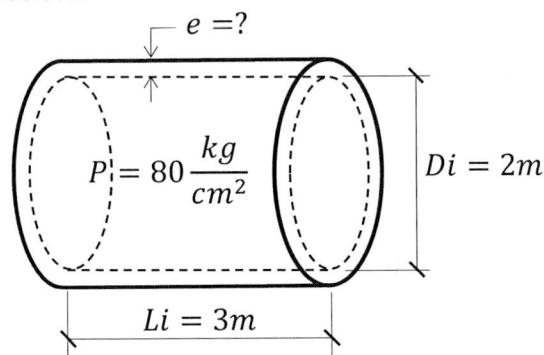

Figura 1.57 Depósito cilíndrico de sección circular.

Paso 1: Primera condición

$$\frac{P \cdot R_i}{e} \leq \sigma_{adm}$$

Despejamos el espesor (e):

$$e \geq \frac{P \cdot R_i}{\sigma_{adm}}$$

Reemplazamos datos:

$$e \geq \frac{80 \cdot 100}{2530}$$

$$e \geq 3,162 \; cm$$

Paso 1: Segunda condición

$$\frac{P \cdot R_i^2}{R_e^2 - R_i^2} \leq \sigma_{adm}$$

Despejamos radio exterior (Re):

$$R_e \geq \sqrt{\frac{P \cdot R_i^2}{\sigma_{adm}} + R_i^2}$$

Sabiendo que Re = Ri + e:

$$R_i + e \geq \sqrt{\frac{P \cdot R_i^2}{\sigma_{adm}} + R_i^2}$$

$$e \geq \sqrt{\frac{P \cdot R_i^2}{\sigma_{adm}} + R_i^2} - R_i$$

$$e \geq \sqrt{\frac{80 \cdot 100^2}{2530} + 100^2} - 100$$

$$e \geq 1,569 \; cm$$

Para el cálculo de espesor siempre seleccionamos, por seguridad, el mayor valor, es decir: 3,162 cm.

EJEMPLO 22

Para el siguiente depósito cilíndrico de sección circular, calcular la máxima presión que resista.

Datos

$\sigma_{adm} = 3000 \dfrac{kg}{cm^2}$

$e = 1''$

$h_i = 3,5\ m$

$R_i = 1,2\ m$

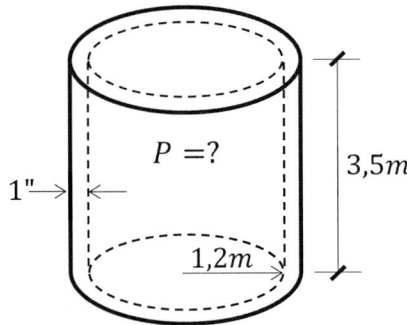

Figura 1.58 Depósito cilíndrico de sección circular.

Paso 1: Primera condición

$$P \leq \frac{\sigma_{adm} \cdot e}{R_i}$$

$$P \leq \frac{3000 \cdot 2,54}{120}$$

$$P \leq 63,500 \frac{kg}{cm^2}$$

Paso 2: Segunda condición

$$P \leq \frac{\sigma_{adm} \cdot \left(R_e{}^2 - R_i{}^2\right)}{R_i{}^2}$$

Sabiendo que Re = Ri + e = 122,540:

$$P \leq \frac{3000 \cdot (122,540^2 - 120^2)}{120^2}$$

$$P \leq 128,344 \frac{kg}{cm^2}$$

Por seguridad siempre seleccionamos la menor presión:

$\therefore$ La presión máxima resistente es $63,500\ \dfrac{kg}{cm^2}$

1.7. TENSIÓN CORTANTE SIMPLE

Consiste en distribuir el esfuerzo cortante en toda la superficie de la sección donde actúa. Cuando esta tensión es superior a la admisible, se produce una fractura donde dos secciones adyacentes se deslizan de manera contraria y producen deslizamiento, denominado cizallamiento. Véanse los siguientes ejemplos:

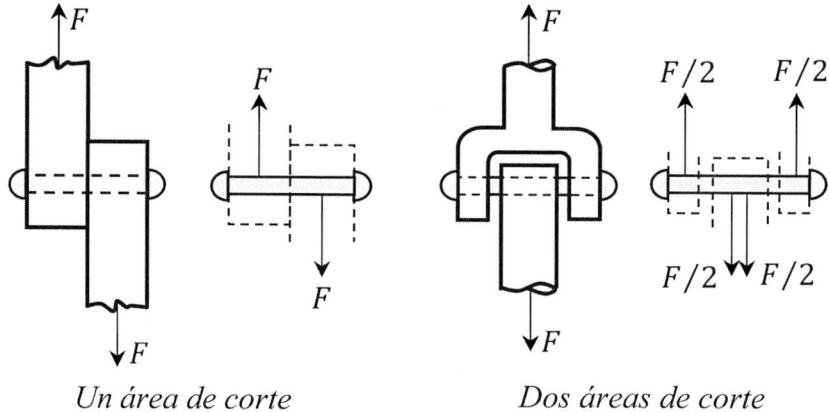

Un área de corte   *Dos áreas de corte*

Figura 1.59 Fuerzas sobre pernos de una y dos áreas de corte.

La distribución del esfuerzo cortante en la sección afectada en ningún caso es uniforme, sin embargo, es posible admitir una solución uniforme cuando el problema cumple las siguientes condiciones:

- La sección afectada por el esfuerzo cortante es pequeña.
- La distancia que separa la fuerza de corte es pequeña.

Los ejemplos anteriores cumplen ambas condiciones.

En el primer caso, el perno tiene una sola sección de posible colapso, por lo tanto, la expresión que define su tensión es la siguiente:

$$\tau = \frac{F}{A}$$

τ = Tensión cortante o tangencial

F = Fuerza de corte

A = Área de la sección transversal del perno

En el segundo caso, el perno tiene dos secciones de posible colapso, por lo tanto, para cada sección de colapso la tensión que se produce es:

$$\tau = \frac{F/2}{A} \quad \Rightarrow \quad \tau = \frac{F}{2 \cdot A}$$

En el siguiente caso tenemos una unión con varios pernos, dos barras alineadas y dos placas que las abrazan.

Analicemos por simple condición de equilibrio las fuerzas que se concentran en cada perno.

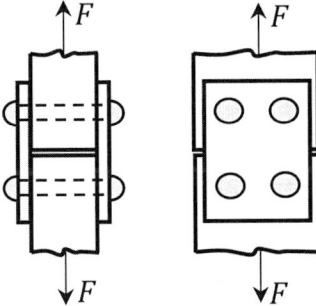

Figura 1.60 Unión con placa y pernos.

La fuerza (F) primero se transmite a la parte central de cada placa en F/2 y esta luego se transmite a los pernos en cada costado en F/4. Para entender mejor lo descrito realicemos un corte en el medio de la pieza (A-A) y analicemos su equilibrio.

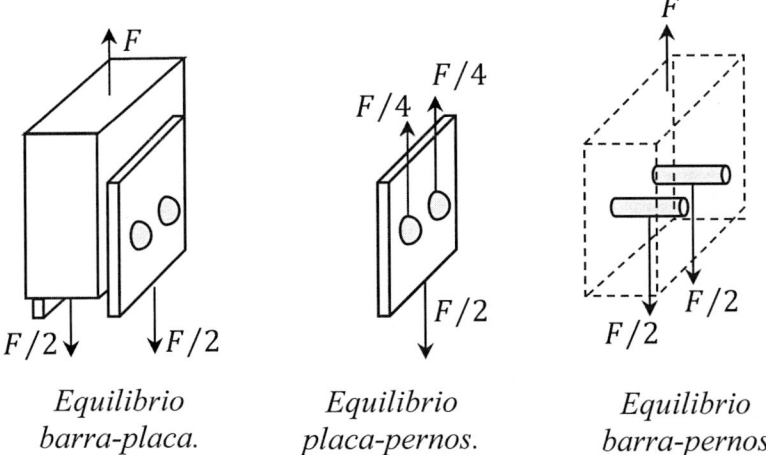

Equilibrio barra-placa. *Equilibrio placa-pernos.* *Equilibrio barra-pernos*

Figura 1.61 Equilibrio de fuerzas entre los elementos de la unión.

Por lo tanto, cada perno soportará los siguientes esfuerzos:

Figura 1.62 Fuerza de corte en el perno.

Cada perno tiene dos secciones de colapso por corte (s-s y r-r), por lo tanto, la expresión que representa esta tensión es:

$$\tau = \frac{F/4}{A}$$

$$\tau = \frac{F}{4 \cdot A}$$

Con la finalidad de facilitar el cálculo de tensiones en este tipo de unión, podemos hacer uso de la siguiente expresión:

$$\tau = \frac{F}{m \cdot n \cdot A}$$

donde:

τ = Tensión cortante o tangencial

F = Fuerza de corte

A = Área de la sección transversal del perno

m = Número de secciones de colapso en cada perno

n = Número de pernos

Veamos el siguiente ejemplo:

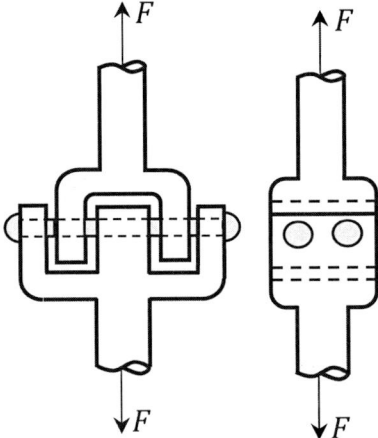

Figura 1.63 Unión empernada con varias áreas de corte.

El valor de *m* es 4 y el valor de *n,* 2, por lo tanto, la fórmula de tensión cortante queda como sigue:

$$\tau = \frac{F}{4 \cdot 2 \cdot A}$$

$$\tau = \frac{F}{8 \cdot A}$$

1.7.1. Punzonamiento

Otro tipo de esfuerzo por corte es el punzonamiento, el cual es una tensión de corte donde una pieza generalmente vertical ejerce fuerza sobre una placa, intentando atravesarla por perforación, tal como se muestra en la siguiente figura:

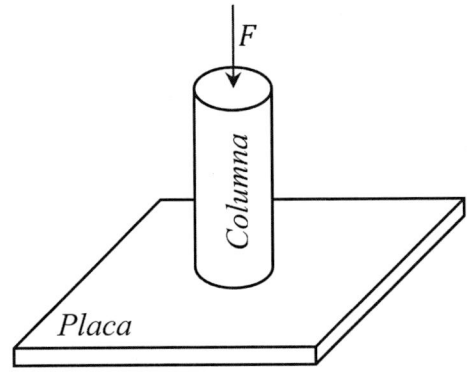

Figura 1.64 Placa y columna en interacción.

Si la placa colapsa por la columna, se producirán tensiones de corte en el contorno del orificio, tal como se muestra en la siguiente figura:

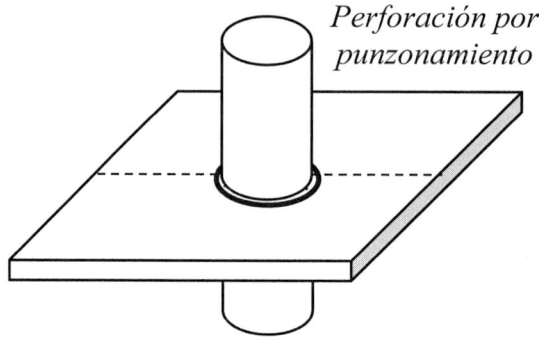

Perforación por punzonamiento

Figura 1.65 Placa perforada por punzonamiento.

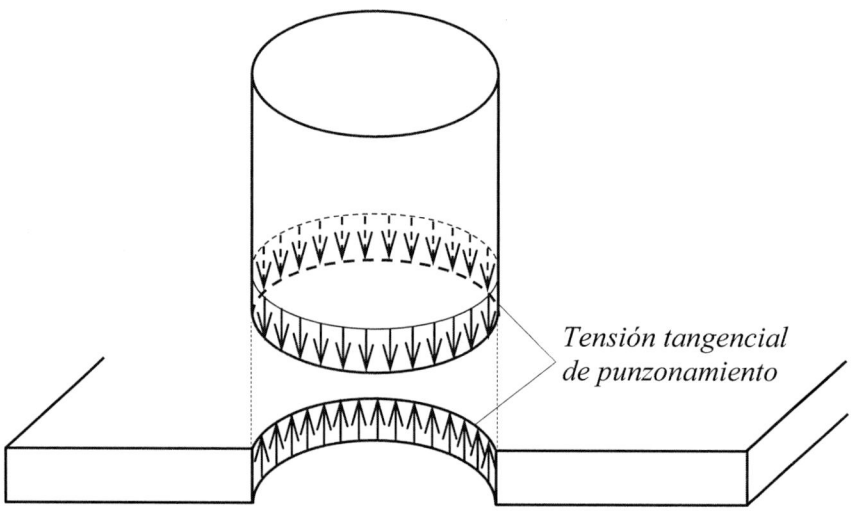

Tensión tangencial de punzonamiento

Figura 1.66 Tensión de punzonamiento entre placa y columna.

Como se indicó anteriormente, la distribución de la fuerza cortante en ningún caso es uniforme o lineal, sin embargo, tiende a serlo cuando existen las condiciones explicadas en el apartado 7.

Por lo tanto, en los casos anteriormente expuestos podemos calcular su tensión como cociente entre la fuerza de corte y el área que la soporta.

$$\tau = \frac{F}{A}; \qquad A = P \cdot e$$

donde:

τ = Tensión cortante o tangencial

F = Fuerza de corte

A = Área de la sección transversal

P = Perímetro del orificio

e = Espesor de la placa

Por lo tanto, tenemos:

$$\tau = \frac{F}{P \cdot e}$$

EJEMPLO 23

Determinar el espesor de la siguiente placa sabiendo que su resistencia a punzonamiento es de 50 Mpa.

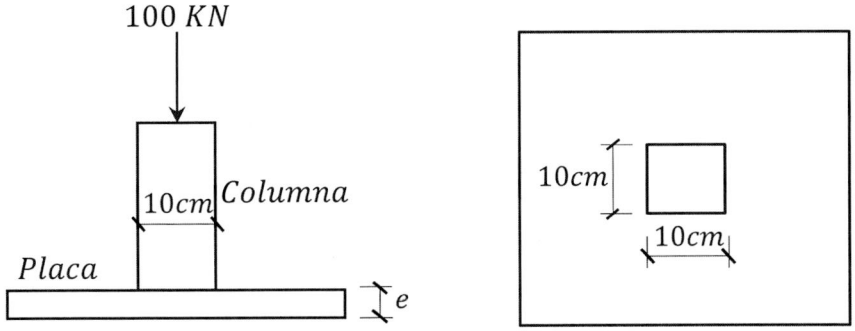

Figura 1.67 Placa y columna en interacción.

Paso 1: Transformación de unidades

$$F = 100 \, KN \cdot \frac{1000N}{1KN} = 1 \cdot 10^5 N$$

$$\tau = 50 \, MPa = 50 \frac{N}{mm^2}$$

Paso 2: Cálculo del espesor (e)

$$\tau = \frac{F}{P \cdot e}$$

$$e = \frac{F}{P \cdot \tau}$$

Calculamos el perímetro: $P = 4 \cdot 10 = 40 \; cm = 400 \; mm$

$$e = \frac{1 \cdot 10^5}{400 \cdot 50} = 5 \; mm$$

$$e = \; 5 \; mm$$

1.8. TENSIÓN DE APLASTAMIENTO

Es la tensión que se genera en la superficie de contacto entre dos cuerpos.

Véase la siguiente figura:

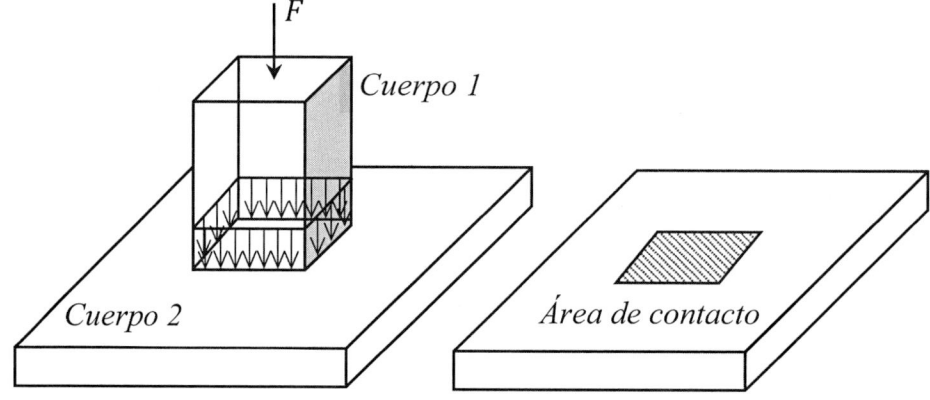

Figura 1.68 Interacción entre cuerpo 1 y cuerpo 2.

Otro caso de aplastamiento se produce en la superficie de contacto entre un perno y una barra o placa; en este caso el aplastamiento se produce en la barra o placa y el perno experimenta tensión de corte. Véase la siguiente figura:

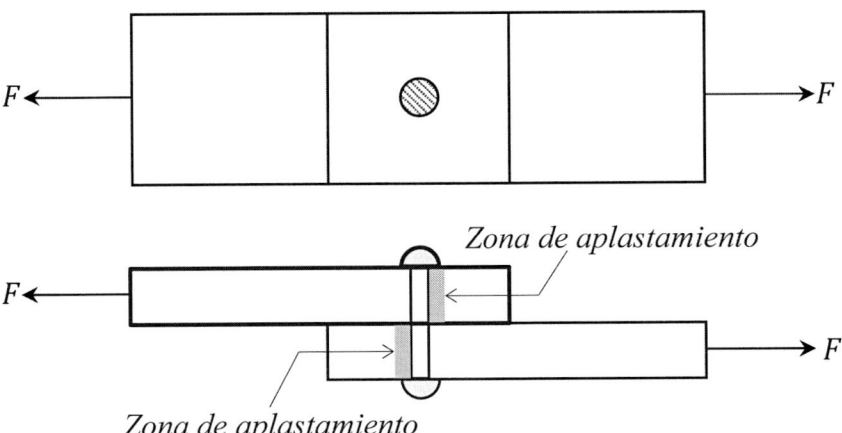

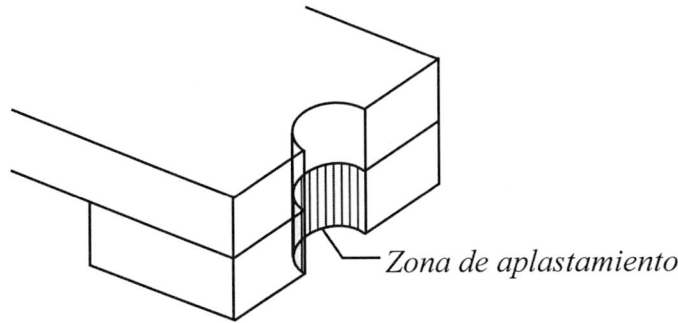

Figura 1.69 Aplastamiento entre perno y barra.

En la siguiente figura se muestra la superficie o zona de aplastamiento:

Figura 1.70 Superficie de aplastamiento.

En el primer caso, la distribución de la fuerza de compresión es uniforme, es decir:

$$\sigma_a = \frac{F}{A}$$

Donde:

σ_a = Tensión de aplastamiento

F = Fuerza de compresión

A = Área de aplastamiento o área de contacto

En el segundo caso, la tensión es cero en los costados del área de aplastamiento y máxima en su parte central, sin embargo, podemos admitir una distribución uniforme cuando se utiliza en el cálculo su área proyectada.

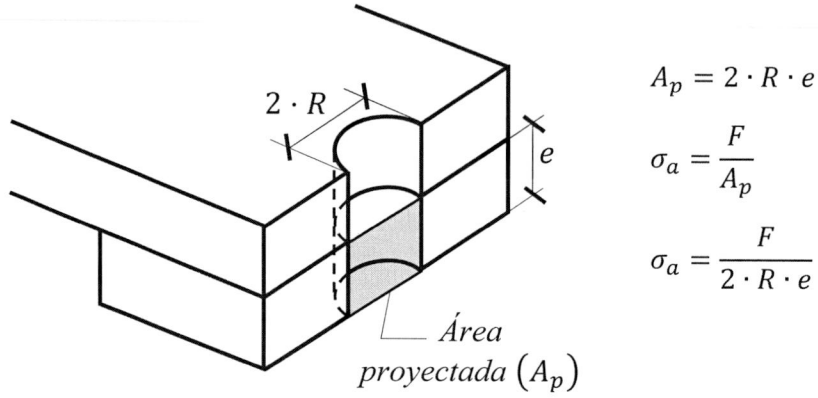

$$A_p = 2 \cdot R \cdot e$$

$$\sigma_a = \frac{F}{A_p}$$

$$\sigma_a = \frac{F}{2 \cdot R \cdot e}$$

Figura 1.71 Área proyectada de la superficie de aplastamiento.

EJEMPLO 24

Para la siguiente unión, calcular las tensiones en los pernos.

Datos

$\emptyset = 2''$

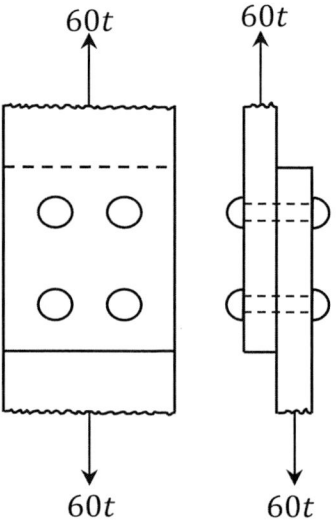

Figura 1.72 Unión de barra por pernos.

Paso 1: Cálculo de tensión cortante

$$\tau = \frac{F}{m \cdot n \cdot A}$$

m = 1 sección de colapso

n = 4 número de pernos

$$\tau = \frac{60000}{1 \cdot 4 \cdot \dfrac{\pi \cdot (2 \cdot 2,54)^2}{4}}$$

$$\tau = 740,070 \ \frac{kg}{cm^2}$$

EJEMPLO 25

Calcular el número mínimo de pernos que requiere la siguiente unión.

Datos

$F = 100 \ t$

$\emptyset = 1\dfrac{1}{2}^{"} \ (pernos)$

$\tau_{Adm} = 1000 \ \dfrac{kg}{cm^2}$

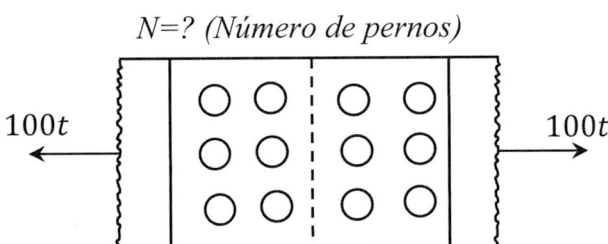

$N{=}?$ *(Número de pernos)*

100t — 100t

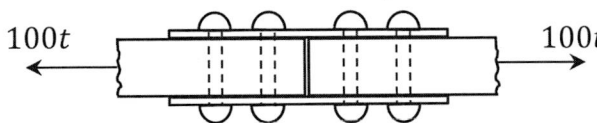

100t — 100t

Figura 1.73 Unión de barras, placas y pernos.

$$\tau = \frac{F}{m \cdot n \cdot A}$$

$$\emptyset = 1\frac{1}{2}" = 1,5 \cdot 2,54 \ cm = 3,81 \ cm$$

$$A = \frac{\pi \cdot \phi^2}{4} = \frac{\pi \cdot 3,81^2}{4} = 11,401 \ cm^2$$

Despejamos n de la siguiente fórmula:

$$\tau = \frac{F}{m \cdot n \cdot A}$$

$$n = \frac{F}{m \cdot A \cdot \tau}$$

$$n = \frac{100000}{2 \cdot 11,401 \cdot 1000} = 4,386 \approx 5\ pernos$$

$$\therefore Son\ necesarios\ 10\ pernos\ en\ total$$

EJEMPLO 26

Calcular el diámetro mínimo (c/¼'') que requiere la siguiente unión.

Datos

$$\tau = 1200\ \frac{kg}{cm^2}$$

$8\ Pernos$

$Placas\ a\ ambos\ lados$

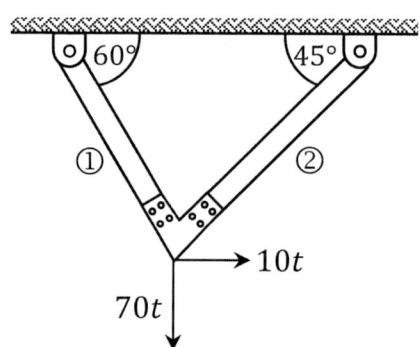

Figura 1.74 Unión de barras con placas y pernos.

Paso 1: Cálculo de fuerzas

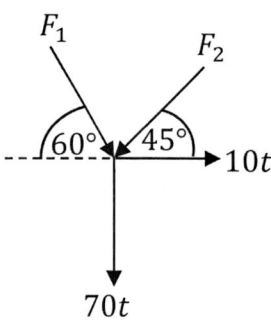

$$\sum F_H = 0 \rightarrow \oplus$$

$$10 + F_1 \cdot cos\ 60° - F_2 \cdot cos\ 45° = 0$$

$$F_1 \cdot cos\ 60° - F_2 \cdot cos\ 45° = -10$$

$$0,5 \cdot F_1 - 0,707 \cdot F_2 = -10\ \text{①}$$

$$\sum F_V = 0 \uparrow \oplus$$

$$-70 - F_1 \cdot sen\ 60° - F_2 \cdot sen\ 45° = 0$$

$$F_1 \cdot sen\ 60° + F_2 \cdot sen\ 45° = -70$$

$$0{,}866 \cdot F_1 + 0{,}707 \cdot F_2 = -70 \;②$$

Resolviendo ① *y* ②:

$$F_1 = -58{,}565 \; t \; (tracci\acute{o}n)$$
$$F_2 = -27{,}274 \; t \; (tracci\acute{o}n)$$

Paso 2: Cálculo del diámetro

$$\tau = \frac{F}{m \cdot n \cdot A} = \frac{F}{m \cdot n \cdot \dfrac{\pi \cdot Ø_1{}^2}{4}}$$

Despejamos el diámetro $Ø_1$:

$$Ø_1 = \sqrt{\frac{4 \cdot F}{\pi \cdot \tau \cdot m \cdot n}} = \sqrt{\frac{4 \cdot 58565}{\pi \cdot 1200 \cdot 2 \cdot 4}} = 2{,}787 \; cm$$

$$Ø_1 = 1 \; 1/4'' \; (medida \; comercial)$$

Calculamos el segundo diámetro $Ø_2$:

$$Ø_2 = \sqrt{\frac{4 \cdot F}{\pi \cdot \tau \cdot m \cdot n}} = \sqrt{\frac{4 \cdot 27274}{\pi \cdot 1200 \cdot 2 \cdot 4}} = 1{,}902 \; cm$$

$$Ø_2 = 3/4'' \; (medida \; comercial)$$

Escogemos el diámetro mayor porque, si adoptamos el menor, no resistirá la primera barra.

$$\therefore \; El \; di\acute{a}metro \; m\acute{i}nimo \; para \; la \; uni\acute{o}n \; es \; 1\frac{1}{4''}.$$

EJEMPLO 27

Verificar la resistencia del siguiente sistema, sabiendo que la tensión admisible de las barras es 2000 kg/cm², la tensión cortante de las uniones es de 800 kg/cm² y la tensión de aplastamiento de las placas, de 1200 kg/cm².

Datos

Apoyo

$\emptyset_1 = 3"$ *(perno)*

Barra

$b = 10"$

$h = 2"$

Unión

$\emptyset_2 = 2"$ *(perno)*

Placa

$e = 1"$

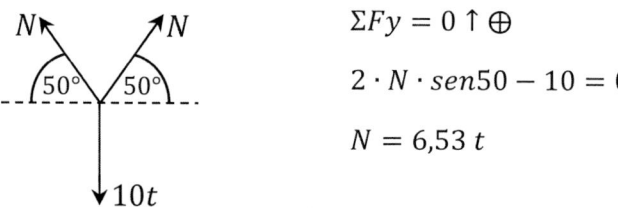

Figura 1.75 Unión de barras por placas y pernos.

Considere una holgura en los orificios del perno de 1/16".

Paso 1: Esfuerzos en las barras

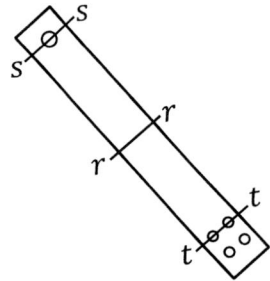

$\Sigma Fy = 0 \uparrow \oplus$

$2 \cdot N \cdot sen50 - 10 = 0$

$N = 6{,}53 \ t$

Paso 2: Verificación de la resistencia

De las tres secciones la más crítica es la sección t-t.

$$D_2 = \phi_2 + \frac{1}{16}$$

$$D_2 = \left(2 + \frac{1}{16}\right) \cdot 2{,}54 = 5{,}24 \ cm$$

Calculamos el área efectiva de la sección t-t de la barra:

$2" = 5,08 \ cm$

$10" = 25,4 \ cm$

$A = 5,08 \cdot 25,4 - 2 \cdot (5,24 \cdot 5,08)$

$A = 75,79 \ cm^2$

$\sigma = \dfrac{N}{A} = \dfrac{6530 \ kg}{75,79 \ cm^2}$

$\sigma = 86,160 \dfrac{kg}{cm^2}$

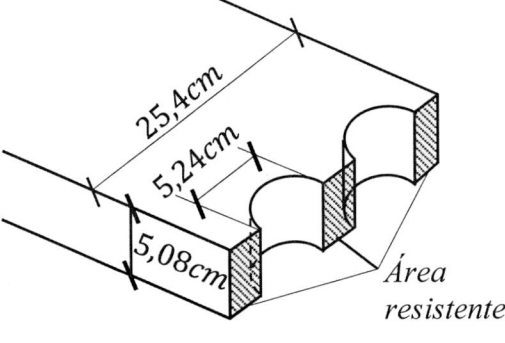

Área resistente

Condición:

$$\sigma \leq \sigma_{adm}$$

$$86,16 \ \frac{kg}{cm^2} \leq 2000 \ \frac{kg}{cm^2} \quad cumple \ \therefore Resiste$$

Paso 3: Verificación de resistencia en los pernos

a) Apoyo:

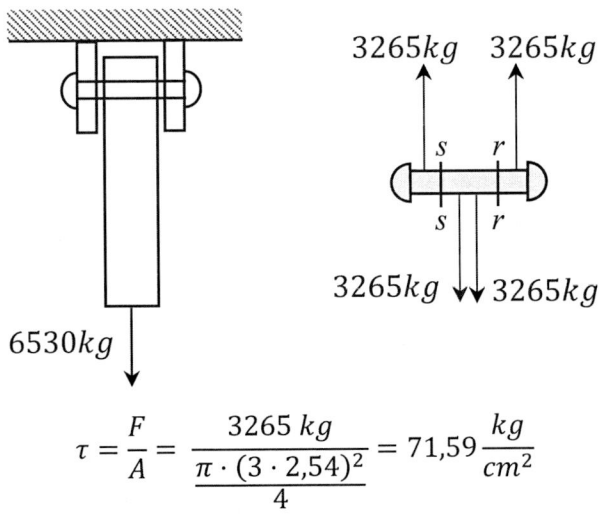

$$\tau = \frac{F}{A} = \frac{3265 \ kg}{\dfrac{\pi \cdot (3 \cdot 2,54)^2}{4}} = 71,59 \ \frac{kg}{cm^2}$$

$$Condición: \ \tau \leq \tau_{adm}$$

$$71,59 \ \frac{kg}{cm^2} \leq 800 \ \frac{kg}{cm^2} \quad cumple \ \therefore resiste$$

b) Unión:

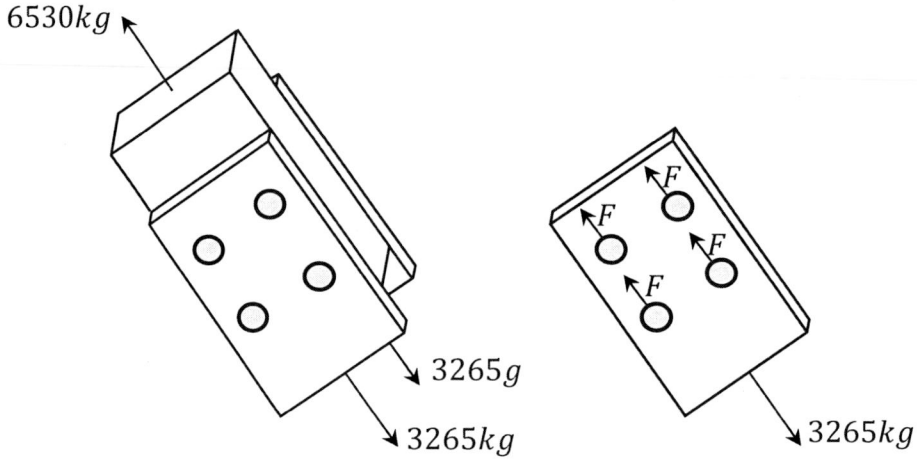

Por lo tanto, cada perno estará sometido a la siguiente fuerza de corte:

$$\Sigma F = 0 \nwarrow \oplus$$

$$F + F + F + F - 3265 = 0$$

$$F = \frac{3265}{4} = 816,25 \ kg$$

Calculamos la tensión de corte:

$$\tau = \frac{F}{A} = \frac{816,25 \ kg}{\dfrac{\pi \cdot (5,08)^2}{4}}$$

$$\tau = 40,27 \ \frac{kg}{cm^2}$$

$$40,27 \ \frac{kg}{cm^2} \leq 800 \ \frac{kg}{cm^2} \quad cumple \ \therefore resiste$$

Paso 4: Verificación de las placas de unión

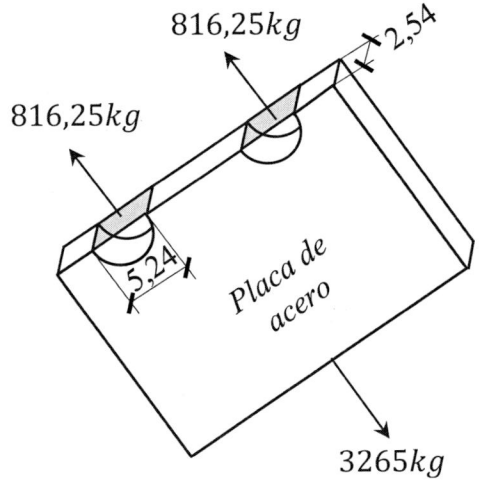

$$\sigma = \frac{F}{A} = \frac{816{,}25 \; kg}{5{,}24 \cdot 2{,}54 \; cm^2}$$

$$\sigma = 61{,}33 \frac{kg}{cm^2}$$

$$Condición: \; \sigma \leq \sigma_{adm}$$

$$61{,}33 \frac{kg}{cm^2} \leq 1200 \frac{kg}{cm^2}$$

$$cumple \; \therefore resiste$$

EJEMPLO 28

Calcular la tensión de aplastamiento en la siguiente unión.

Datos

$\phi = 1/2"$ *(pernos)*

$e = 0{,}2 \; cm$ *(placa)*

$b/h = 2"/4"$ *(barra)*

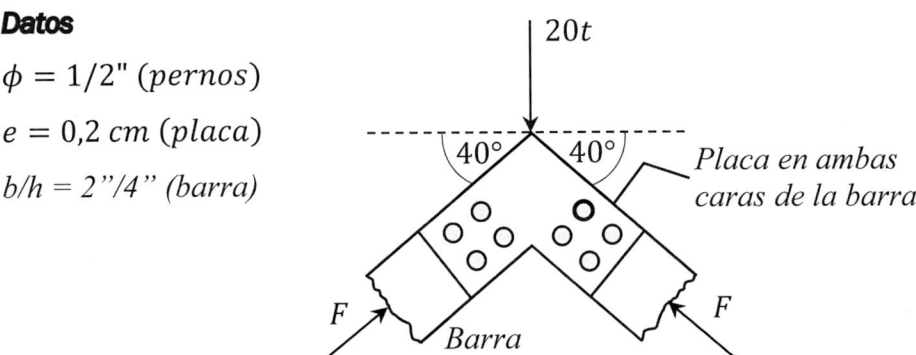

Figura 1.76 Unión con placa y pernos.

Paso 1: Cálculo de F

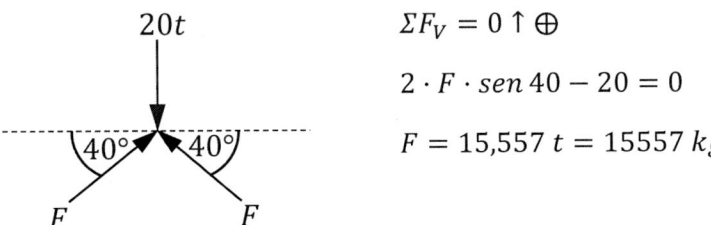

$$\Sigma F_V = 0 \uparrow \oplus$$

$$2 \cdot F \cdot sen \; 40 - 20 = 0$$

$$F = 15{,}557 \; t = 15557 \; kg$$

Paso 2: Fuerza en cada perno

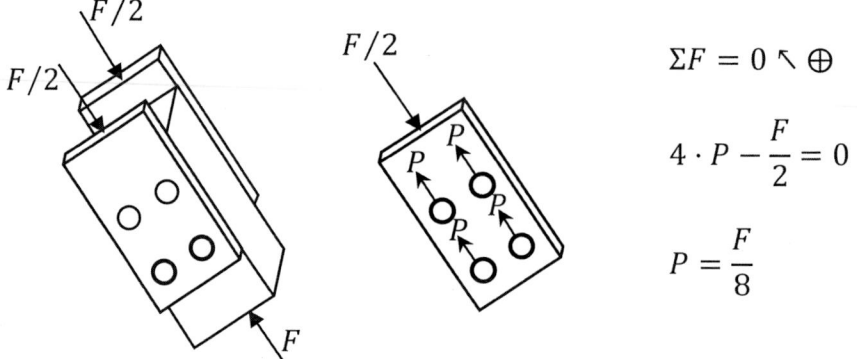

$$\Sigma F = 0 \nwarrow \oplus$$

$$4 \cdot P - \frac{F}{2} = 0$$

$$P = \frac{F}{8}$$

Paso 3: Tensión de aplastamiento

a) En las placas de acero:

$$\sigma_a = \frac{\frac{F}{8}}{\phi \cdot e} = \frac{F}{8 \cdot \phi \cdot e}$$

$$\sigma_a = \frac{15557 \ kg}{8 \cdot (1{,}27 \ cm) \cdot 0{,}2 \ cm}$$

$$\sigma_a = 7656{,}004 \ \frac{kg}{cm^2}$$

b) En las vigas de madera:

$$\sigma_a = \frac{\frac{F}{4}}{b \cdot \emptyset} = \frac{F}{4 \cdot b \cdot \emptyset}$$

$$\sigma_a = \frac{15557 \ kg}{4 \cdot (5{,}08 \ cm) \cdot 1{,}27 \ cm}$$

$$\sigma_a = 602{,}835 \ \frac{kg}{cm^2}$$

EJEMPLO 29

Verificar la resistencia de la siguiente estructura sabiendo que la tensión admisible axial del cable es 200 kg/cm² y la tensión admisible cortante de los pernos es 100 kg/cm².

Datos

Pernos

$\emptyset_A = 1" = 2,54\ cm$

$\emptyset_B = 3/4" = 1,905\ cm$

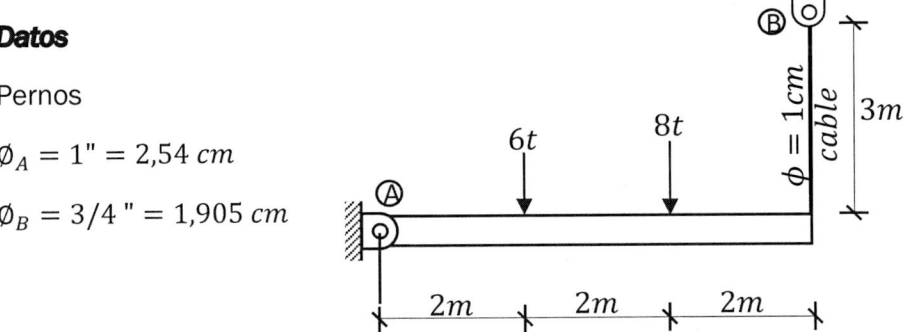

Figura 1.77 Viga suspendida por cable.

Los apoyos son placas dobles que sujetan la viga y el cable.

Paso 1: Esfuerzo normal en el cable

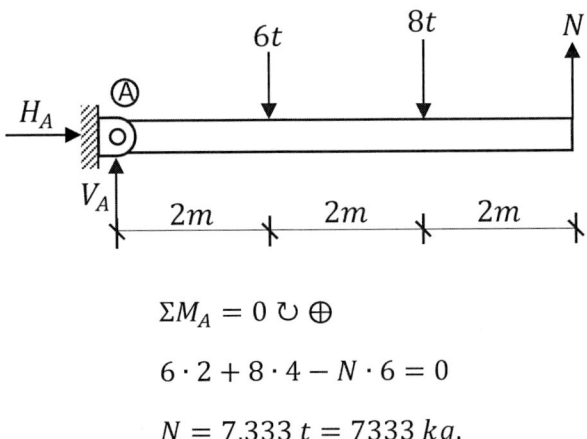

$$\Sigma M_A = 0 \circlearrowleft \oplus$$

$$6 \cdot 2 + 8 \cdot 4 - N \cdot 6 = 0$$

$$N = 7,333\ t = 7333\ kg.$$

Paso 2: Verificar la tensión axial en el cable

$$\sigma = \frac{N}{A} = \frac{7333}{\dfrac{\pi \cdot 1^2}{4}} = 9336,64\ \frac{kg}{cm^2}$$

$$Condición:\ \sigma\ \leq\ \sigma_{adm}$$

$$9336{,}64\,\frac{kg}{cm^2} \le 200\,\frac{kg}{cm^2}$$

$$No\ cumple\ \therefore colapsa$$

Paso 3: Esfuerzo cortante en los pernos

Perno A

$$\Sigma FV = 0 \uparrow \oplus$$

$$VA - 6 - 8 + 7{,}333 = 0$$

$$VA = QA = 6{,}667\ t = 6667\ kg$$

Perno B

$$QB = N = 7333\ kg$$

Paso 4: Verificar la tensión cortante en los pernos

Perno A

$$\tau_A = \frac{Q_A}{2A} = \frac{6667}{\dfrac{2 \cdot \pi \cdot (2{,}54)^2}{4}} = 657{,}873\ \frac{kg}{cm^2}$$

$$Condición:\ \tau_A \le \tau_{adm}$$

$$657{,}873 \le 100\ No\ cumple\ \therefore colapsa$$

Perno B

$$\tau_B = \frac{Q_B}{2A} = \frac{7333}{\dfrac{2 \cdot \pi \cdot (1{,}905)^2}{4}} = 1286{,}385\ \frac{kg}{cm^2}$$

$$Condición:\ \tau_B \le \tau_{adm}$$

$$1286{,}385 \le 100\ No\ cumple\ \therefore colapsa$$

Colapsan el cable y los pernos de los apoyos A y B.

EJEMPLO 30

Determinar el diámetro comercial (c/1/4") del perno del nudo B sabiendo que su resistencia a corte es 4000 Mpa (despreciar el peso propio).

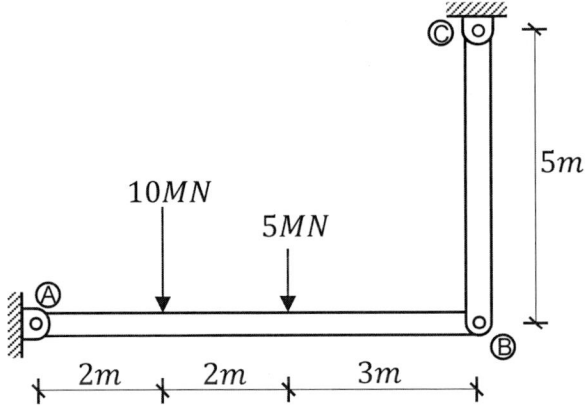

Figura 1.78 Viga suspendida por barra.

Paso 1: Diagrama de cuerpo libre de la barra AB

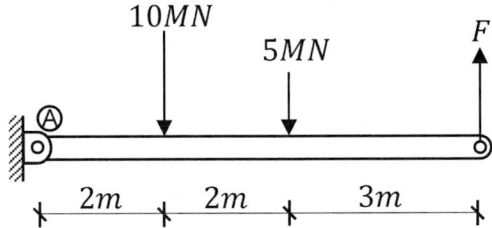

Paso 2: Cálculo de F

$$\Sigma M_A = 0 \ \circlearrowleft \ \oplus$$

$$10 \cdot 2 + 5 \cdot 4 - F \cdot 7 = 0$$

$$F = 5{,}714 \ MN$$

Paso 3: Cálculo del diámetro

Caso de tensión simple.

$$\tau = \frac{F}{A}$$

El área de la sección del perno es:

$$A = \frac{\pi \cdot \phi^2}{4}$$

Reemplazamos la fórmula de área en la de tensión:

$$\tau = \frac{F}{\dfrac{\pi \cdot \text{Ø}^2}{4}} = \frac{4 \cdot F}{\pi \cdot \text{Ø}^2}$$

La condición de resistencia:

$$\tau \leq \tau_{adm}$$

$$\frac{4 \cdot F}{\pi \cdot \text{Ø}^2} \leq \tau_{adm}$$

Despejamos el diámetro Ø:

$$\text{Ø} = \sqrt{\frac{4 \cdot F}{\pi \cdot \tau_{adm}}}$$

Reemplazamos los datos:

$$\tau_{adm} = 4000 \, MPa = 4000 \frac{N}{mm^2}$$

$$F = 5{,}714 \cdot 10^6 N$$

$$\text{Ø} = \sqrt{\frac{4 \cdot 5{,}71 \cdot 10^6}{\pi \cdot 4000}} = 42{,}633 \, mm$$

Este diámetro hay que transformarlo a un diámetro comercial (cada ¼"):

1 1/2"	38,1 mm
1 3/4"	44,45 mm
2"	50,8 mm

Seleccionamos el diámetro de 1 ¾".

EJEMPLO 31

Determinar la máxima carga P (en KN) que puede soportar el perno del nudo A si su resistencia cortante admisible es 150 Mpa (despreciar el peso de la barra).

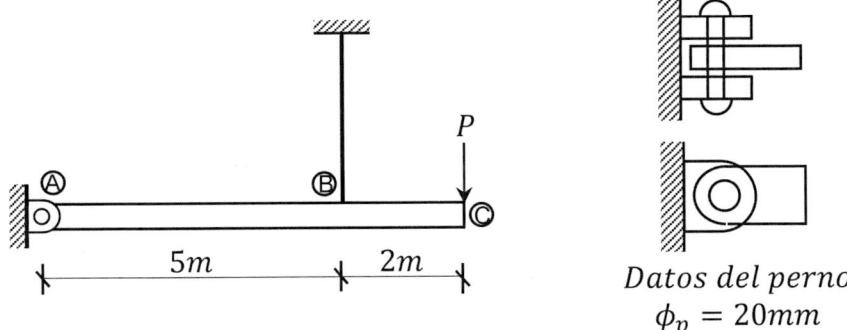

$$\phi_p = 20mm$$

Datos del perno

Figura 1.79 Viga con voladizo suspendida por un cable.

Paso 1: Cálculo de fuerza de corte en el perno

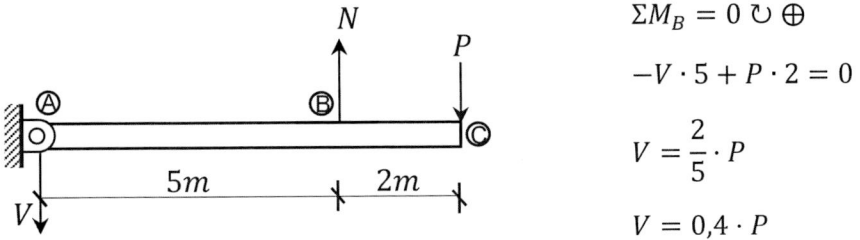

$$\Sigma M_B = 0 \circlearrowleft \oplus$$

$$-V \cdot 5 + P \cdot 2 = 0$$

$$V = \frac{2}{5} \cdot P$$

$$V = 0,4 \cdot P$$

Paso 2: Aplicamos la fórmula de tensión tangencial

$$\tau = \frac{V}{2 \cdot A}$$

$$\tau = 150 Mpa = 150 \frac{N}{mm^2}$$

$$A = \frac{\pi}{4}(20mm)^2 = 314,16 \ mm^2$$

$$150 = \frac{0.4 \cdot P}{2 \cdot 314,16}$$

Despejamos P:

$$P = \frac{150 \cdot 2 \cdot 314,16}{0,4} = 235620 \ N$$

$$P = 235,62 \ KN$$

EJEMPLO 32

Determinar el número de pernos necesarios para resistir la carga mostrada. Considere que la tensión admisible es 2000 kg/cm². Cada perno debe tener un diámetro de 1/4" (0,635 cm).

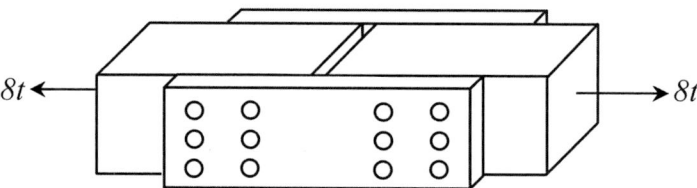

Figura 1.80 Unión de barras por placas y pernos.

Paso 1: Cálculo de tensión

$$\sigma = \frac{F}{m \cdot n \cdot A}$$

$$\sigma = \frac{8000}{2 \cdot n \cdot \dfrac{\pi \cdot 0,635^2}{4}}$$

$$\sigma = \frac{12630,532}{n} \left[\frac{kg}{cm^2}\right]$$

Paso 2: Cálculo de número de pernos

$$\sigma \leq \sigma_{adm}$$

$$\frac{12630,562}{n} \leq 2000$$

$$n \geq 6,315$$

$$n = 7 \ pernos$$

En total se requiere de 14 pernos para la unión.

EJEMPLO 33

Calcular las diferentes tensiones que se generan en el sistema mostrado.

Datos

Madera

bxh = 3" x 6"

Acero

exh = 1/2" x 6"

Pernos

ϕ =3/4"

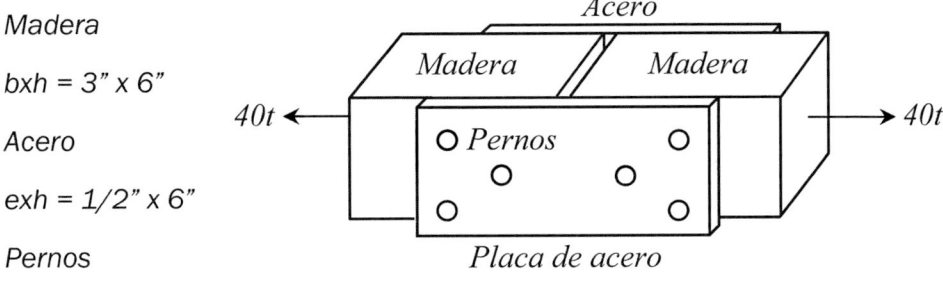

Figura 1.81 Unión de barras, placas y pernos.

Las tensiones que se producen en esta unión son:

σ_m = Tensión axial en la madera

σ_{am} = Tensión de aplastimiento en la madera

σ_a = Tensión axial en el acero

σ_{aa} = Tensión de aplastimiento en el acero

τ_p = Tensión tangencial en los pernos

Paso 1: Cálculo de tensiones en la pieza de madera

Realizamos un cambio de unidad:

$F = 40\ t = 40\ 000\ kg$

$b = 3" = 7,62\ cm$

$h = 6" = 15,24\ cm$

$\phi = 3/4" = 1,905\ cm$

a) Sección neta:

$$\sigma_{m1} = \frac{40000}{7,62 \cdot 15,24}$$

$$\sigma_{m1} = 344,445 \frac{kg}{cm^2}$$

b) Sección efectiva 1:

$$\sigma_{m2} = \frac{40000}{7,62 \cdot 15,24 - 2 \cdot (1,905 \cdot 7,62)}$$

$$\sigma_{m2} = 459,26 \frac{kg}{cm^2}$$

c) Sección efectiva 2:

$$\sigma_{m3} = \frac{40000}{7,62 \cdot 15,24 - 1 \cdot (1,905 \cdot 7,62)}$$

$$\sigma_{m3} = 393,652 \frac{kg}{cm^2}$$

d) Tensión por aplastamiento entre la madera y los pernos de acero:

La fuerza concentrada en cada perno en la madera es:

$$F = \frac{40000}{3} = 13333,333 \; kg$$

En la sección 1 = sección 2

$$\sigma_{am} = \frac{F}{A}$$

$$\sigma_{am} = \frac{13333,333}{7,62 \cdot 1,905}$$

$$\sigma_{am} = 918,52 \frac{kg}{cm^2}$$

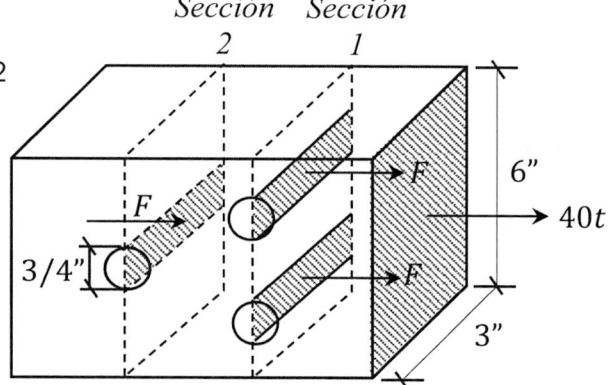

Paso 2: Cálculo de tensiones en la pieza de acero

Calculamos la fuerza concentrada en cada placa:

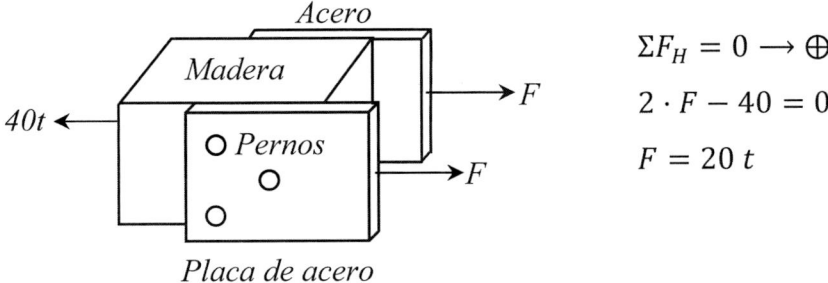

$$\Sigma F_H = 0 \rightarrow \oplus$$

$$2 \cdot F - 40 = 0$$

$$F = 20\ t$$

Calculamos la tensión axial en la placa de acero:

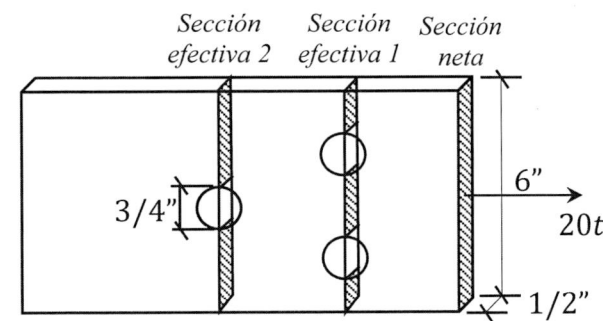

$F = 20\ t = 20\ 000\ kg$

$e = 1/2" = 1,27\ cm$

$h = 6" = 15,24\ cm$

$\phi = 3/4" = 1,905\ cm$

a) Sección neta:

$$\sigma_{a1} = \frac{20\ 000}{1,27 \cdot 15,24} = 1033,335\ \frac{kg}{cm^2}$$

b) Sección efectiva 1:

$$\sigma_{a2} = \frac{20\ 000}{1,27 \cdot 15,24 - 2 \cdot (1,905 \cdot 1,27)} = 1377,781\ \frac{kg}{cm^2}$$

c) Sección efectiva 2:

$$\sigma_{a3} = \frac{20\ 000}{1,27 \cdot 15,24 - 1 \cdot (1,905 \cdot 1,27)} = 1180,955\ \frac{kg}{cm^2}$$

d) Tensión por aplastamiento entre el acero y los pernos de acero:

La fuerza concentrada en cada perno en la madera es:

$$F = \frac{20\,000}{3} = 6666,667 \; kg$$

Tensión de aplastamiento en la placa de acero:

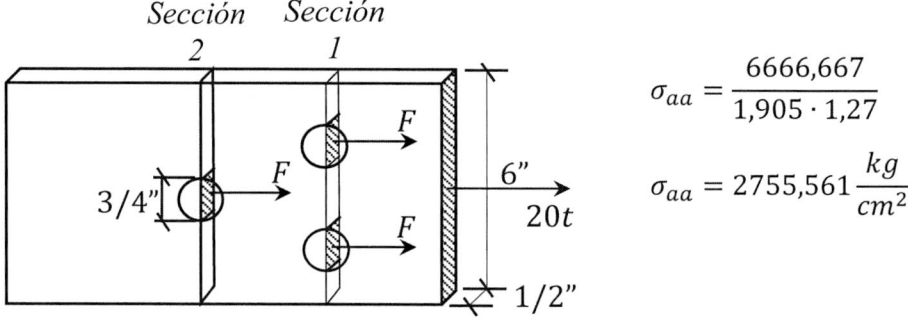

$$\sigma_{aa} = \frac{6666,667}{1,905 \cdot 1,27}$$

$$\sigma_{aa} = 2755,561 \; \frac{kg}{cm^2}$$

Paso 3: Cálculo de tensión de corte en los pernos

La fuerza de corte en cada perno que tiene dos secciones de colapso es:

$$F_{perno} = \frac{20\,000}{3} = 6666,667$$

$$\tau_p = \frac{F_{perno}}{A_{perno}} = \frac{6666,667}{\dfrac{\pi \cdot (1,905)^2}{4}} = 2338,988 \; \frac{kg}{cm^2}$$

CAPÍTULO 2

DEFORMACIÓN SIMPLE

2.1. CONCEPTO DE DEFORMACIÓN

La deformación el cambio de forma que experimenta un cuerpo cuando es afectado por una o varias cargas.

Consiste en el reacomodo que sufren las partículas en el interior de un material cuando es afectado por un agente externo como su propio peso, fuerzas externas, variaciones térmicas, etc.

Las estructuras experimentan diversos tipos de deformaciones según las cargas que actúan sobre ellas, por ejemplo, en el esqueleto de un edificio son muy comunes las deformaciones de compresión y flexión debido a las cargas gravatorias, así como las deformaciones laterales producidas por cargas como la del viento. Véanse las siguientes figuras:

Figura 2.1 Deformaciones debidas a carga gravitacional y carga lateral.

Las estructuras en general se deforman, sin embargo, estas configuraciones son tan pequeñas que no son percibidas a simple vista y requieren de equipos digitales de alta precisión para su medición.

Una función muy importante del ingeniero civil al momento de diseñar cualquier tipo de estructura consiste en controlar las deformaciones en los diferentes elementos que la componen, de tal manera que estas no sean superiores a las admisibles y, por lo tanto, no puedan ser percibidas por el ojo del usuario, pues, sin lugar a dudas, esto podría afectar a la estética de la estructura; a los elementos que sustenta, como muros, pisos y otros, y, sobre todo, a la sensación de seguridad de los usuarios.

En la práctica suelen construirse elementos estructurales con una geometría antideformativa, es decir, con una deformación opuesta previa para que, al momento de cargar el elemento, sus deformaciones puedan reducirse o incluso anularse. Este tipo de práctica es muy común en vigas de gran longitud y losas de grandes luces. Estos elementos suelen contar con una armadura de acero preesforzada o pretensada, y al material que componen estos elementos se lo conoce como hormigón pretensado.

2.2. TIPOS DE DEFORMACIONES

a) Deformación axial (normal o lineal)

Son deformaciones por alargamiento o acortamiento producidas en la dirección longitudinal de una barra.

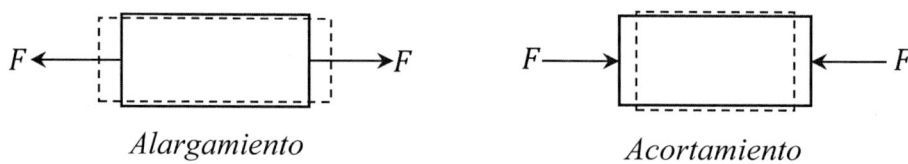

Alargamiento   *Acortamiento*

Figura 2.2 Deformación axial.

b) Flexión

Curvatura que se produce en un elemento tipo barra debido a una carga transversal a su eje central.

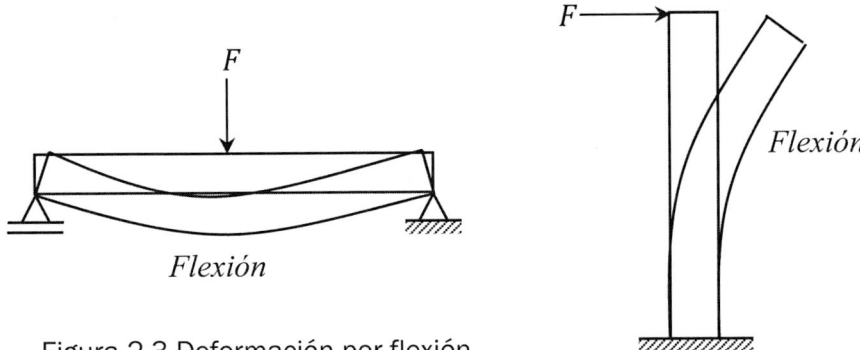

Figura 2.3 Deformación por flexión.

c) *Distorsión angular*

Deformación tipo rosca producida por momentos que giran alrededor del eje central de la barra.

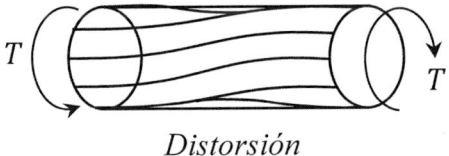

Figura 2.4 Deformación debida al momento de torsión.

En este tema estudiaremos las deformaciones simples, es decir, la de alargamiento y la de acortamiento.

2.3. CURVA TENSIÓN-DEFORMACIÓN

Supongamos que tenemos la siguiente probeta, a la cual aplicaremos fuerza axial de manera paulatina.

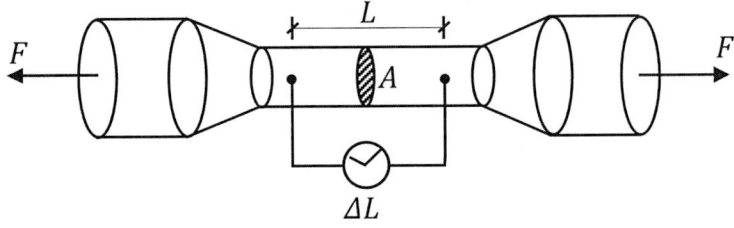

Figura 2.5 Probeta para ensayo a tracción.

De manera continua se medirán su tensión y deformación unitaria:

Tensión axial:

$$\sigma = \frac{F}{A}$$

Deformación unitaria:

$$\varepsilon = \frac{\Delta L}{L}$$

Con estos valores se forman pares ordenados (ε, σ) y con ellos se ajusta la siguiente curva de tensiones y deformaciones:

F	**σ**	**ε**	**(ε, σ)**
F_1	σ_1	ε_1	ε_1, σ_1
F_2	σ_2	ε_2	ε_2, σ_2
F_3	σ_3	ε_3	ε_3, σ_3
F_4	σ_4	ε_4	ε_4, σ_4
F_5	σ_5	ε_5	ε_5, σ_5
F_n	σ_n	ε_n	ε_n, σ_n

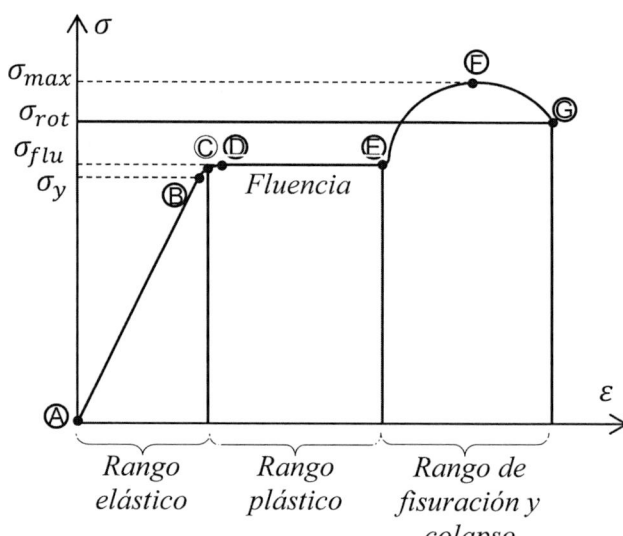

Figura 2.6 Curva tensión vs. deformación.

Donde:

A = Inicio de ensayo

B = Límite de proporcionalidad o linealidad

C = Límite elástico

D = Inicio de fluencia

E = Fin de fluencia

F = Punto de máxima tensión

G = Colapso (fin de ensayo)

Las tensiones más representativas de este ensayo son:

σ_y = Resistencia o tensión característica del rango elástico

σ_{flu} = Tensión de fluencia

σ_{rot} = Tensión de rotura

σ_{max} = Tensión máxima

Los rangos de comportamiento producidos durante el ensayo son:

a) *Rango elástico*

En este rango el material tiene la capacidad de revertir su deformación cuando la carga que la produce es retirada.

b) *Rango plástico*

El material pierde la capacidad de revertir su deformación; también se observa un tramo significativo de fluencia, la cual se caracteriza por mantener una deformación prolongada sin que se modifique su tensión.

c) *Rango de fisuración y colapso*

En este rango el material empieza a adquirir su límite máximo de tensión y se generan fisuras, grietas, hasta concluir en el colapso.

Estudiaremos las deformaciones dentro del rango elástico adoptando el límite de proporcionalidad:

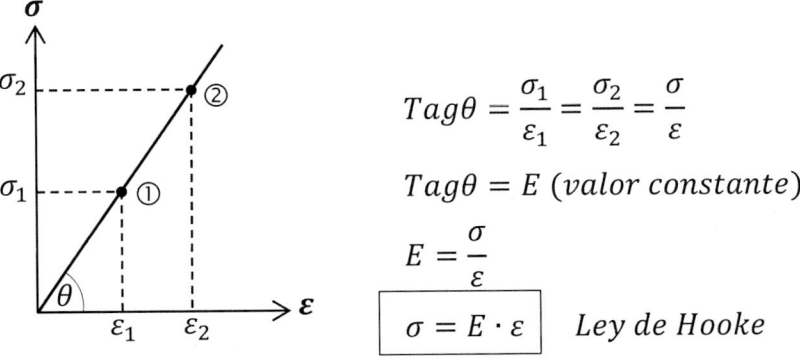

$$Tag\theta = \frac{\sigma_1}{\varepsilon_1} = \frac{\sigma_2}{\varepsilon_2} = \frac{\sigma}{\varepsilon}$$

$$Tag\theta = E \; (valor \; constante)$$

$$E = \frac{\sigma}{\varepsilon}$$

$$\boxed{\sigma = E \cdot \varepsilon} \quad Ley \; de \; Hooke$$

Figura 2.7 Rango elástico.

Donde:

σ = Tensión

E = Módulo de elasticidad longitudinal

ϵ = Deformación unitaria

La ley de Hooke nos indica que dentro del rango elástico las tensiones son directamente proporcionales al producto del módulo de elasticidad con las deformaciones unitarias.

2.4. DEDUCCIÓN DE LA FÓRMULA PARA CALCULAR DEFORMACIÓN AXIAL

Supongamos que tenemos una barra con carga axial en equilibrio:

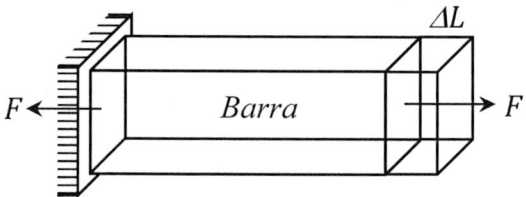

Figura 2.8 Deformación axial.

Según el material y su comportamiento elástico lineal, tenemos las siguientes expresiones:

$$\sigma = E \cdot \varepsilon \quad ①$$

$$\sigma = \frac{F}{A} \quad ②$$

$$\varepsilon = \frac{\Delta L}{L} \quad ③$$

Sustituir ② y ③ en ①:

$$\frac{F}{A} = E \cdot \frac{\Delta L}{L}$$

Despejando ΔL:

$$\boxed{\Delta L = \frac{F \cdot L}{E \cdot A}}$$

Donde:

ΔL = Deformación axial

L = Longitud inicial

F = Fuerza normal o axial

A = Área de la sección transversal

E = Módulo de elasticidad del material

2.5. ELEMENTOS DEFORMABLES E INDEFORMABLES

Los sistemas estructurales que analizaremos en este tema contendrán los siguientes tipos de elementos:

a) Elementos rígidos o indeformables

Son elementos que no se deforman, pero pueden desplazarse longitudinal y angularmente. Esto dependerá del tipo de apoyo o unión que contengan. Este tipo de elementos se representan a través de figuras bidimensionales rellenadas con líneas de sombras o líneas de achurado. Véase la figura siguiente:

Figura 2.9 Barras indeformables.

b) Elementos deformables

Representados por cables flexibles o barras sin rellenos, estos elementos se deforman axialmente y también se desplazan longitudinal y angularmente. Se representan como sigue:

Figura 2.10 Elementos deformables.

2.6. REPRESENTACIÓN GRÁFICA DE LAS DEFORMACIONES

2.6.1. Criterio de Williot

Las barras o cables que forman las estructuras al girar un pequeño ángulo α describen una trayectoria circular, en la cual, al descomponerse en un desplazamiento perpendicular y otro paralelo a la barra, se evidencia que el desplazamiento que es paralelo a la barra tiende a cero y, por lo tanto, es despreciable. Véanse los siguientes ejemplos:

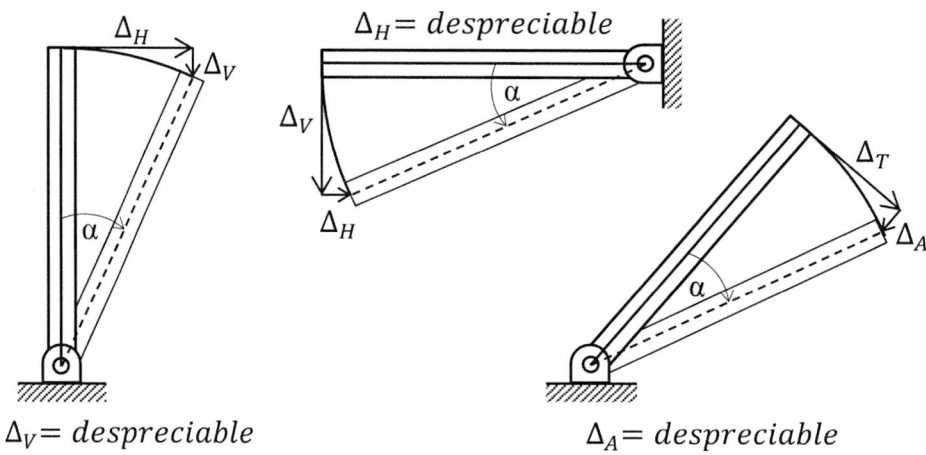

Figura 2.11 Rotación con trayectoria circular.

Aplicando el criterio de Williot, el desplazamiento de estas barras quedará como sigue:

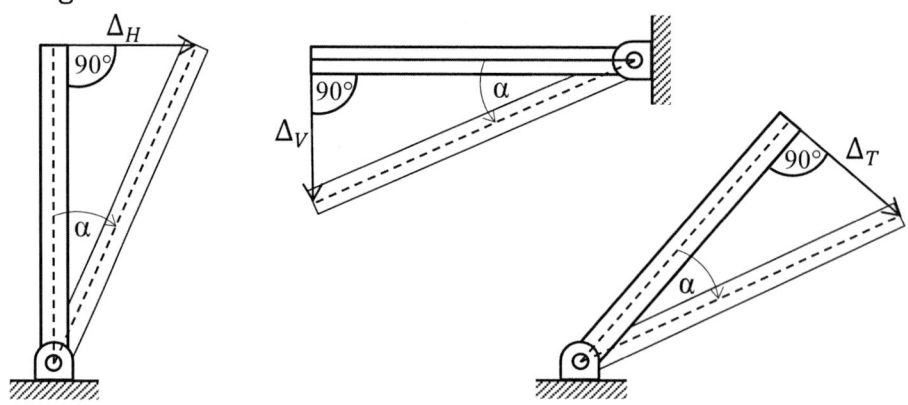

Figura 2.12 Rotación con trayectoria perpendicular.

Para sintetizar el criterio de Williot, diremos que toda barra o cable al girar un pequeño ángulo α describe una trayectoria que es perpendicular al eje central de la barra.

2.6.2. Desplazamientos *versus* deformaciones

Las deformaciones de una barra o un cable describen desplazamientos longitudinales o angulares en otros elementos cuyos sustentos dependen de los primeros. Veamos los siguientes casos:

Caso1: La barra 1 al deformarse (acortamiento) produce el desplazamiento de la barra 2 (traslación vertical). Obsérvese que la barra 2 no tiene una carga encima y, por lo tanto, no se deforma.

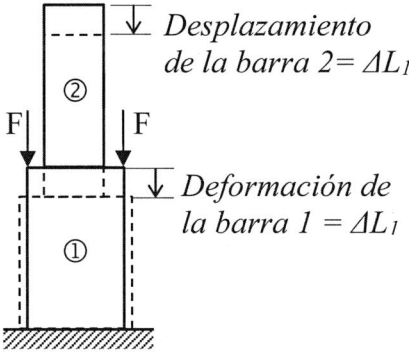

Figura 2.13 Deformación y desplazamiento axial.

Caso 2: El cable al deformarse (alargamiento) produce el giro de la barra (desplazamiento angular θ) y el desplazamiento del punto A (traslación vertical).

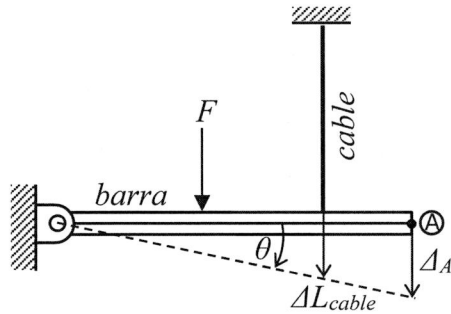

Figura 2.14 Rotación de barra por deformación del cable.

Caso 3: La deformación de los cables 1 y 2 (ΔL_1 y ΔL_2), debido a la fuerza F, se transmite a través de los cables 3 y 4, lo que produce la traslación vertical Δ y el giro θ de la barra 2. Obsérvese que la barra 2 no tiene carga y, por lo tanto, los cables 3 y 4 no se deforman.

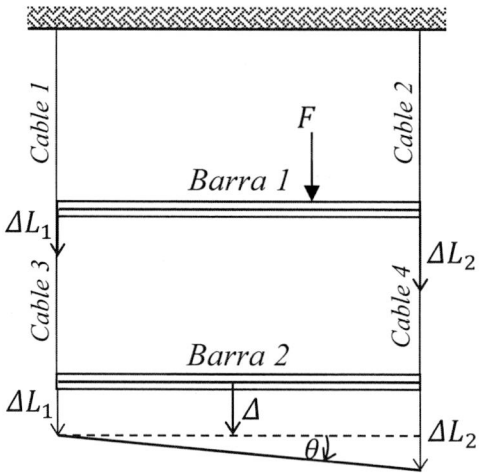

Figura 2.15 Deformación de un sistema de vigas y cables.

Caso 4: Dos cables o barras de característica simétricas (misma geometría, mismo material y carga simétrica) se deforman y luego giran de manera perpendicular a su propio eje, lo que produce un desplazamiento vertical en el nudo A.

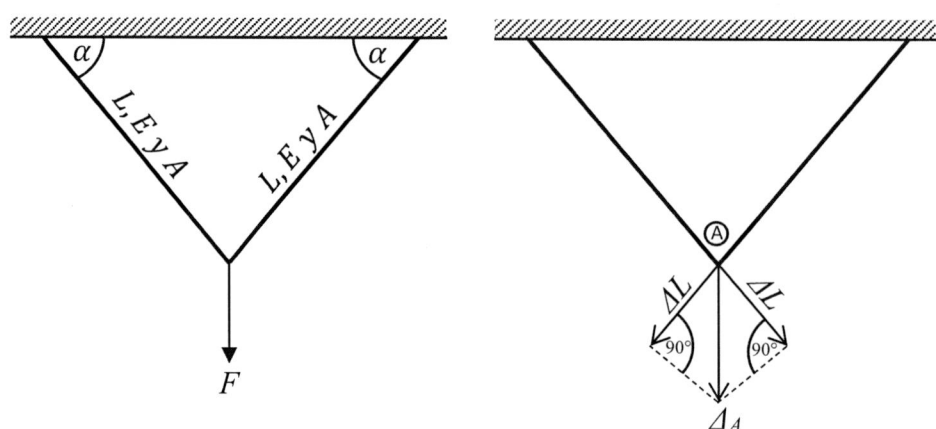

Figura 2.16 Deformación de un par de cables.

$L = Longitud$

$E = Módulo\ de\ elasticidad$

$A = Área\ de\ la\ sección$

Caso 5: Dos barras de características asimétricas se deforman y luego giran de manera perpendicular a su propio eje, lo que produce un desplazamiento vertical y otro horizontal.

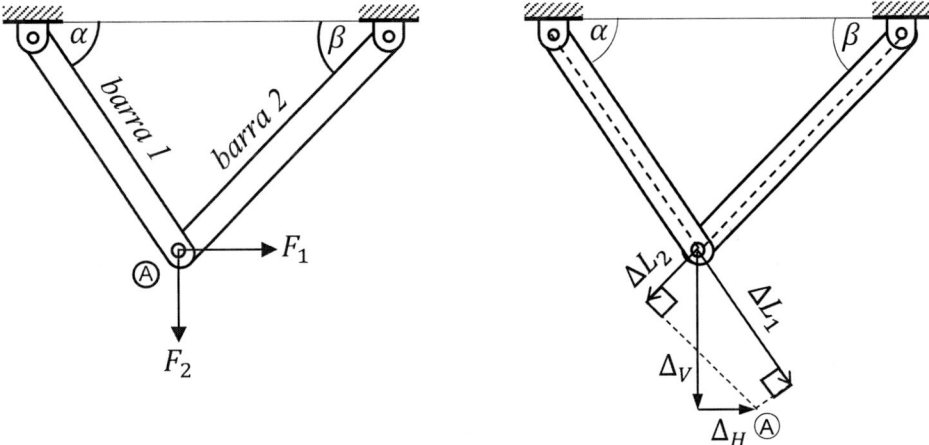

Figura 2.17 Deformación de un par de barras.

Caso 6: Un marco rígido constituido por dos o más barras solo puede desplazarse longitudinal y angularmente sin experimentar deformación. En este caso, el cable, al deformarse debido a la fuerza F, produce la rotación θ de la barra 1 y su correspondiente desplazamiento Δ_1. Luego, la segunda barra mantiene el giro θ, generando así el segundo desplazamiento Δ_2. Finalmente, la barra 3 primero se traslada verticalmente por influencia del desplazamiento de la barra 2; luego gira el mismo ángulo θ para, al fin, producir el desplazamiento Δ_3. Véase el siguiente gráfico:

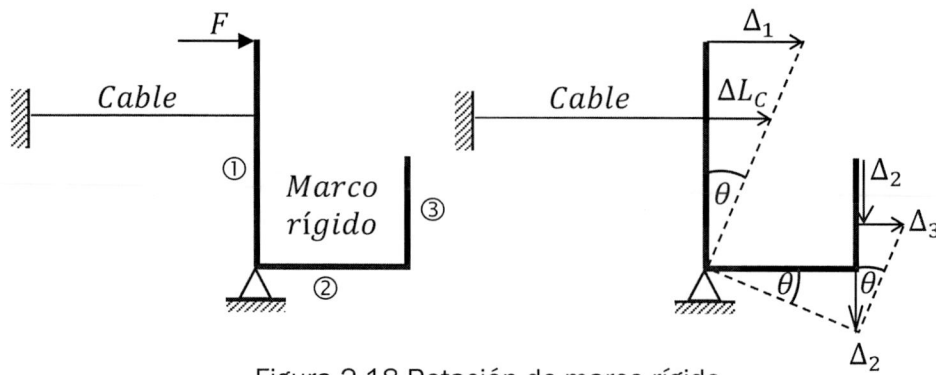

Figura 2.18 Rotación de marco rígido.

Caso 7: Cuando una barra tiene un elemento rígido curvo, para su analisis puede sustituirse por uno o más elementos rectos sin modificar su comportamiento. Esto es posible porque este tipo de elementos, al ser rigidos, no se deforman, únicamente se desplazan y rotan un mismo ángulo en cada una de sus partes. Véase el siguiente ejemplo:

En la siguiente estructura se quiere calcular el desplazamiento del punto A. Para esto es posible sustituir el arco por elementos rectos que vinculen el apoyo fijo con el cable, la carga y el punto A.

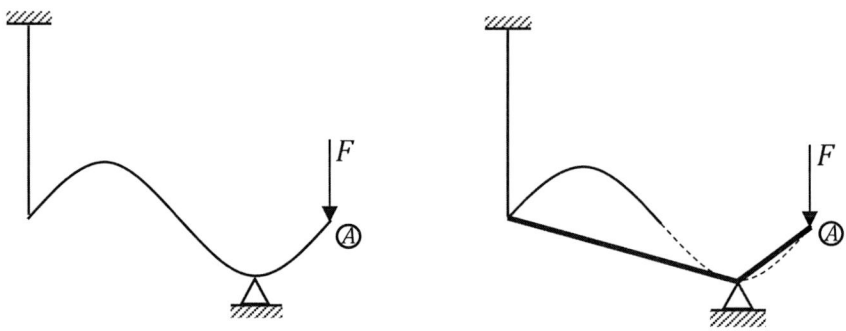

Figura 2.19 Sustitución de arco por elemento rectilíneo.

En este ejemplo se quiere calcular el desplazamiento del punto A, para lo cual se puede sustituir el arco por elementos rectos que vinculen el apoyo fijo al cable, al punto A y a la carga F.

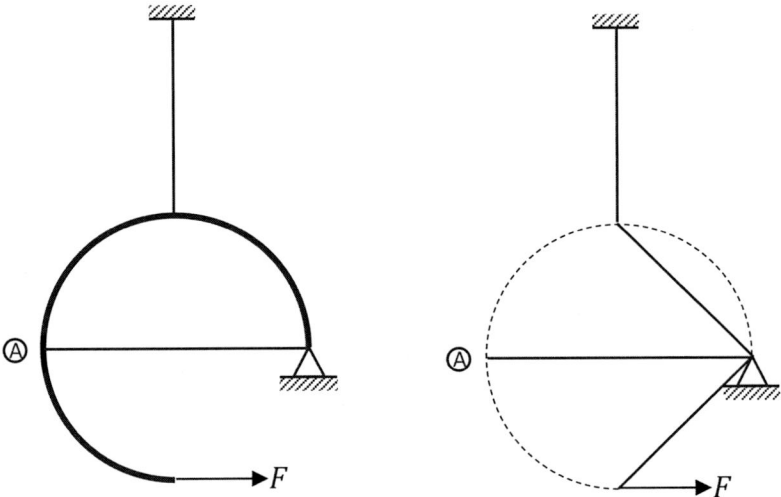

Figura 2.20 Sustitución de arco por elementos rectilíneos.

EJEMPLO 34

Calcular la deformación unitaria de cada tramo y calcular el desplazamiento vertical del punto A.

Datos

$E = 2 \cdot 10^6 \ t/m^2$

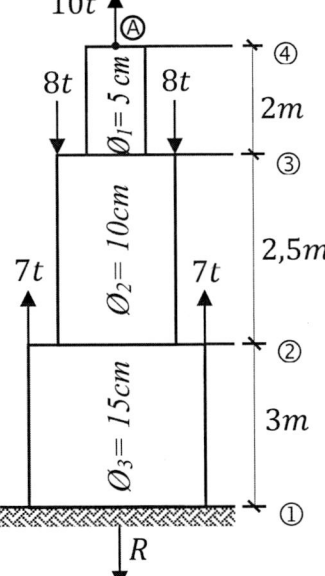

Figura 2.21 Sistema unidimensional.

Paso 1: Cálculo de esfuerzos normales

Primero calculamos la reacción R:

$$\Sigma Fy = 0 \uparrow \oplus$$

$$-R + 7 + 7 - 8 - 8 + 10 = 0$$

$$R = 8$$

Calculemos los esfuerzos normales de cada tramo considerando las cargas por debajo de cada sección.

$$\oplus \downarrow N_{12} = 8 \ t \ (tracción)$$

$$\oplus \downarrow N_{23} = 8 - 7 - 7 = -6 \ t \ (compresión)$$

$$\oplus \downarrow N_{34} = 8 - 7 - 7 + 8 + 8 = 10 \ t \ (tracción)$$

Paso 2: Cálculo de la deformación axial

Aplicamos la siguiente fórmula:

$$\Delta L = \frac{F \cdot L}{E \cdot A}$$

$$\Delta L_{12} = \frac{8 \cdot 3}{2 \cdot 10^6 \cdot \frac{\pi \cdot 0{,}15^2}{4}} = 6{,}79 \cdot 10^{-4} \ m = 0{,}68 \ mm \ (alargam.)$$

$$\Delta L_{23} = \frac{6 \cdot 2{,}5}{2 \cdot 10^6 \cdot \frac{\pi \cdot 0{,}1^2}{4}} = 9{,}55 \cdot 10^{-4} \ m = 0{,}955 \ mm \ (acortam.)$$

$$\Delta L_{34} = \frac{10 \cdot 2}{2 \cdot 10^6 \cdot \frac{\pi \cdot 0{,}05^2}{4}} = 5{,}09 \cdot 10^{-3} \ m = 5{,}09 \ mm \ (alargam.)$$

Paso 3: Cálculo de la deformación unitaria

$$\varepsilon = \frac{\Delta L}{L}$$

$$\varepsilon_{12} = \frac{\Delta L_{1-2}}{L_{1-2}} = \frac{0{,}68 \ mm}{3 \ m} = 0{,}226 \frac{mm}{m}$$

$$\varepsilon_{23} = \frac{\Delta L_{2-3}}{L_{2-3}} = \frac{0{,}955 \ mm}{2{,}5 \ m} = 0{,}382 \frac{mm}{m}$$

$$\varepsilon_{34} = \frac{\Delta L_{3-4}}{L_{3-4}} = \frac{5,09 \ mm}{2 \ m} = 2,545 \frac{mm}{m}$$

Paso 4: Desplazamiento del punto A

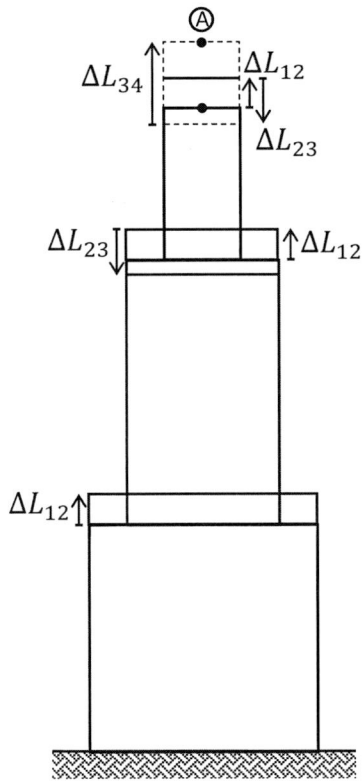

El desplazamiento del punto A es:

$$\Delta_A = \Delta L_{12} - \Delta L_{23} + \Delta L_{34}$$

$$\Delta_A = 0,68 - 0,955 + 5,09$$

$$\Delta_A = 4,815 \ mm \ (\uparrow) \ hacia \ arriba.$$

EJEMPLO 35

Calcular el desplazamiento del punto A.

Datos

$$E = 2{,}1 \cdot 10^6 \; \frac{kg}{cm2}$$

$$\phi = 2 \; cm \; (cables)$$

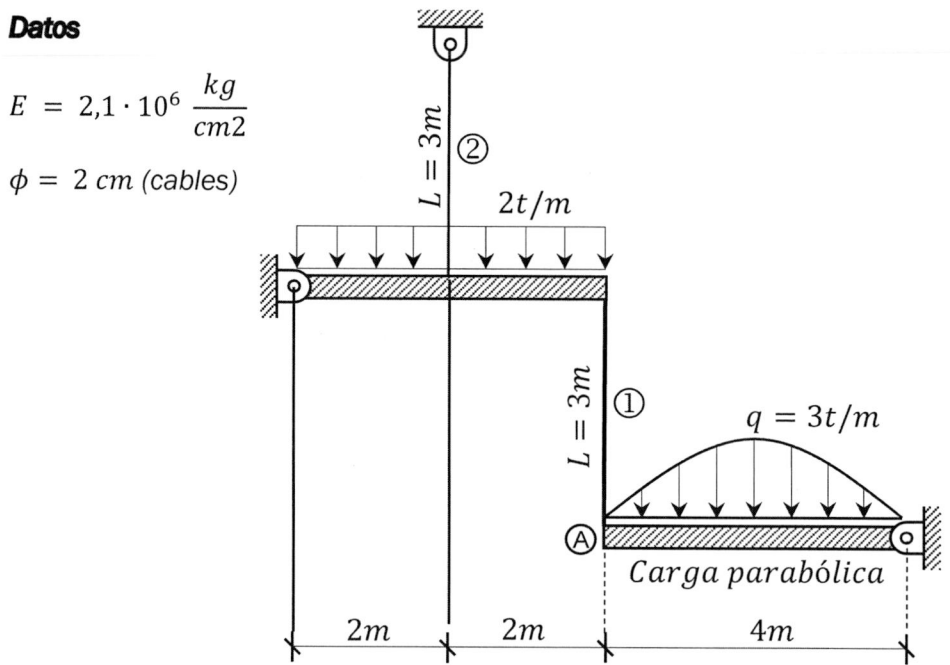

Figura 2.22 Sistema de barras y cables.

Paso 1: Cálculo de esfuerzos normales en los cables

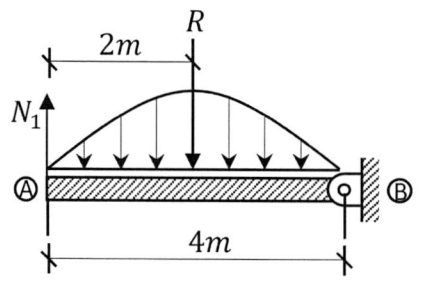

Ecuación de la parábola:

$$(x - h)^2 = -4a(y - k)$$

Datos:

$$V(h, k) = \left(\frac{L}{2}, q\right)$$

$$P(x, y) = (0,0)$$

Reemplazamos los datos:

$$\left(0 - \frac{L}{2}\right)^2 = -4 \cdot a \cdot (0 - q)$$

$$a = \frac{L^2}{16 \cdot q}$$

Reemplazamos la distancia *a* y el vértice en la ecuación de la parábola:

$$\left(x - \frac{L}{2}\right)^2 = -4 \cdot \left(\frac{L^2}{16 \cdot q}\right) \cdot (y - q)$$

$$x^2 - x \cdot L + \frac{L^2}{4} = \frac{L^2}{4 \cdot q} \cdot y + \frac{L^2}{4}$$

$$y = -\frac{4 \cdot q}{L^2} \cdot x^2 + \frac{4 \cdot q}{L} \cdot x$$

$$R = \int_0^L y \, dx = \int_0^L \left(-\frac{4 \cdot q}{L^2} \cdot x^2 + \frac{4 \cdot q}{L} \cdot x\right) \cdot dx$$

$$R = \left[-\frac{4 \cdot q \cdot x^3}{3 \cdot L^2} + \frac{2 \cdot q \cdot x^2}{L}\right]_0^L = -\frac{4 \cdot q \cdot L^3}{3 \cdot L^2} + \frac{2 \cdot q \cdot L^2}{L}$$

$$R = q \cdot L \left[-\frac{4}{3} + 2\right] = \frac{2 \cdot q \cdot L}{3}$$

Reemplazamos datos:

$$R = \frac{2 \cdot 3 \cdot 4}{3} = 8 \, t$$

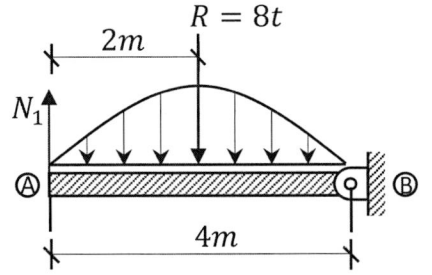

$$\Sigma M_B = 0 \, \circlearrowleft \oplus$$

$$N1 \cdot 4 - 8 \cdot 2 = 0$$

$$N1 = 4 \, t = 4000 \, kg \, (tracción)$$

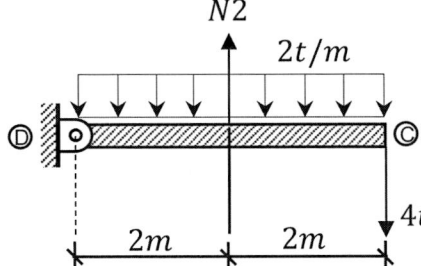

$$\Sigma M_D = 0 \, \circlearrowleft \oplus$$

$$8 \cdot 2 + 4 \cdot 4 - N2 \cdot 2 = 0$$

$$N2 = 16 \, t$$

$$N2 = 16 \, 000 \, kg \, (tracción)$$

Paso 2: Cálculo de las deformaciones axiales

$$\Delta L = \frac{N \cdot L}{E \cdot A}$$

$$\Delta L_1 = \frac{4000 \cdot 300}{2,1 \cdot 10^6 \cdot \dfrac{\pi \cdot 2^2}{4}} = 0,18189 \; cm$$

$$\Delta L_1 = 1,819 \; mm \quad (alargamiento)$$

$$\Delta L_2 = \frac{16\,000 \cdot 300}{2,1 \cdot 10^6 \cdot \dfrac{\pi \cdot 2^2}{4}} = 0,7276 \; cm$$

$$\Delta L_2 = 7,276 \; mm \; (alargamiento)$$

Paso 3: Análisis gráfico y cálculo del desplazamiento

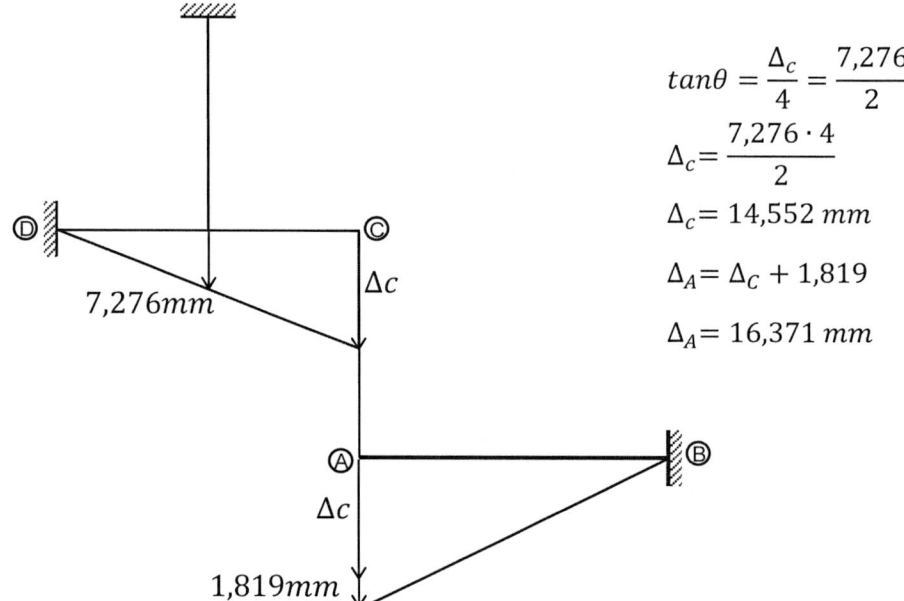

$$tan\theta = \frac{\Delta_c}{4} = \frac{7,276}{2}$$

$$\Delta_c = \frac{7,276 \cdot 4}{2}$$

$$\Delta_c = 14,552 \; mm$$

$$\Delta_A = \Delta_c + 1,819$$

$$\Delta_A = 16,371 \; mm$$

EJEMPLO 36

Calcular el vector de desplazamiento del punto A.

Datos

$E = 2 \cdot 106 \, t/m2$

$b/h = 5/10$

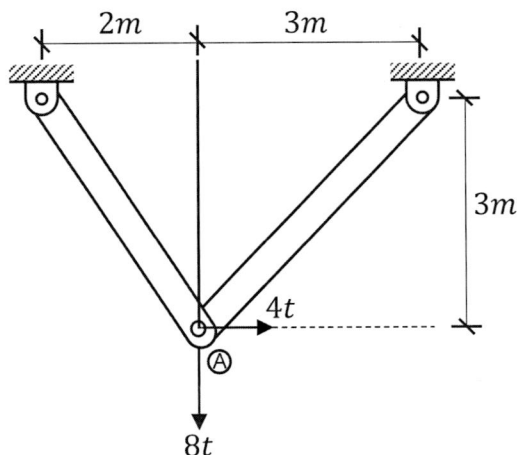

Figura 2.23 Barras articuladas.

Paso 1: Cálculo de los esfuerzos normales

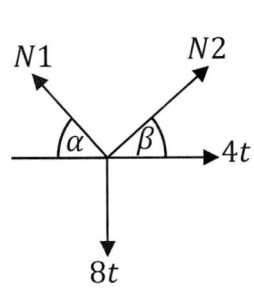

$$\alpha = arctan\left(\frac{3}{2}\right) = 56{,}31°$$

$$\beta = arctan\left(\frac{3}{3}\right) = 45°$$

$$\Sigma F_H = 0 \rightarrow \oplus$$

$$-N1 \cdot cos\alpha + N2 \cdot cos\beta + 4 = 0 \quad ①$$

$$\Sigma F_V = 0 \uparrow \oplus$$

$$N1 \cdot sen\alpha + N2 \cdot sen\beta - 8 = 0 \quad ②$$

Despejamos N2 en ②:

$$N2 = \frac{8 - N1 \cdot sen\alpha}{sen\beta} \quad ③$$

Reemplazamos ③ en ①:

$$-N1 \cdot cos\alpha + \left(\frac{8 - N1 \cdot sen\alpha}{sen\beta}\right) cos\beta + 4 = 0$$

$$-N1 \cdot cos\alpha + 8 \cdot ctan\beta - N1 \cdot sen\alpha \cdot ctan\beta + 4 = 0$$

$$-N1 \cdot (cos\alpha + sen\alpha \cdot ctan\beta) = -4 - 8 \cdot ctan\beta \quad (-1)$$

$$N1 = \frac{4 + 8 \cdot ctan\beta}{cos\alpha + sen\alpha \cdot ctan\beta}$$

$$N1 = \frac{4 + 8 \cdot ctan\,45}{cos\,56,3 + sen\,56,3 \cdot ctan\,45}$$

$$N1 = 8,653\,t = 8653\,kg\,(tracción) \quad ④$$

Reemplazamos ④ en ③:

$$N2 = \frac{8 - 8,653 - sen\,56,3}{sen\,45}$$

$$N2 = 1,133\,t = 1133\,kg\,(tracción)$$

Paso 2: Cálculo de las deformaciones

Transformamos los datos a un solo sistema de unidades:

$$\Delta L_1 = \frac{8653 \cdot \sqrt{13} \cdot 100}{2 \cdot 10^5 \cdot 5 \cdot 10} = 0,312\,cm = 3,12\,mm\,(alargamiento)$$

$$\Delta L_2 = \frac{1133 \cdot \sqrt{18} \cdot 100}{2 \cdot 10^5 \cdot 5 \cdot 10} = 0,0481\,cm = 0,481\,mm\,(alargamiento)$$

Paso 3: Análisis gráfico

Adoptamos una escala para dibujar la estructura y otra para dibujar las deformaciones:

Se dibujarán los desplazamientos ΔL_1 y ΔL_2 y luego se trazarán rectas perpendiculares a estos desplazamientos hasta que se intersecten.

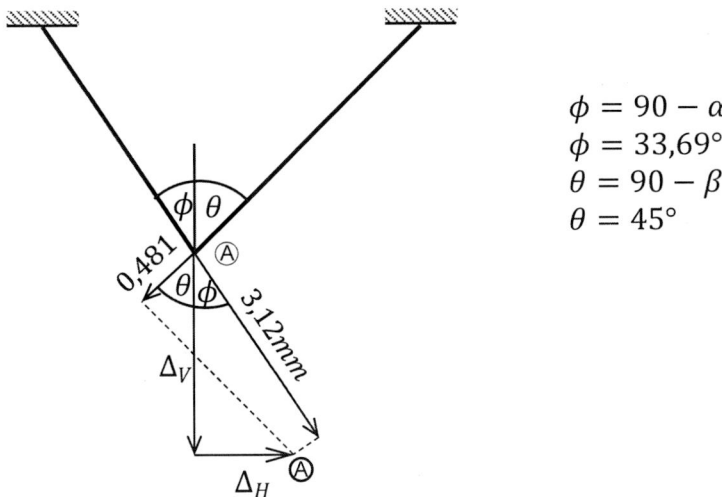

$$\phi = 90 - \alpha$$
$$\phi = 33,69°$$
$$\theta = 90 - \beta$$
$$\theta = 45°$$

Analizamos primero la deformación ΔL_1 = 3,118 mm

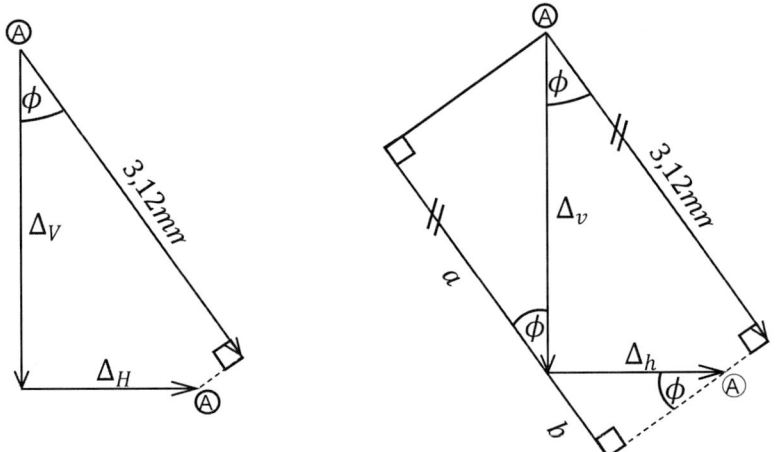

Proyectamos los desplazamientos Δ_h y Δ_v sobre una recta paralela a ΔL_1:

$$a + b = 3,12$$

$$\Delta v \cdot cos\phi + \Delta h \cdot sen\phi = 3,12$$

$$0,832 \cdot \Delta v + 0,555 \cdot \Delta h = 3,12 \quad ①$$

Para el segundo desplazamiento tenemos:

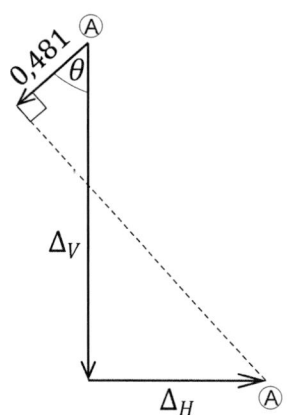
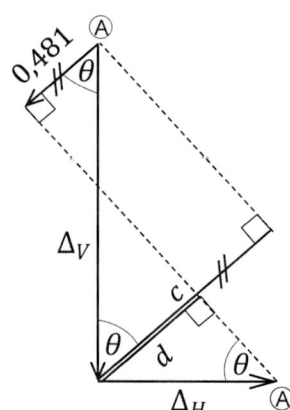

Proyectamos los desplazamientos Δ_h y Δ_v sobre una recta paralela a ΔL_2:

$$c - d = 0{,}481$$

$$\Delta v \cdot cos\theta - \Delta h \cdot sen\theta = 0{,}481$$

$$0{,}707 \cdot \Delta v - 0{,}707 \cdot \Delta h = 0{,}481 \quad ②$$

Resolviendo ① con ② obtenemos:

$$\Delta_v = 2{,}522 \; mm$$

$$\Delta_h = 1{,}841 \; mm$$

Calculamos el desplazamiento total aplicando el teorema de Pitágoras:

$$\Delta = \sqrt{2{,}522^2 + 1{,}841^2}$$

$$\Delta = 3{,}122 \; mm$$

$$\gamma = arctan\left(\frac{2{,}522}{1{,}841}\right)$$

$$\gamma = 53{,}87°$$

EJEMPLO 37

Calcular el desplazamiento del punto A.

Datos

$E = 2 \cdot 10^6 \dfrac{t}{m^2}$

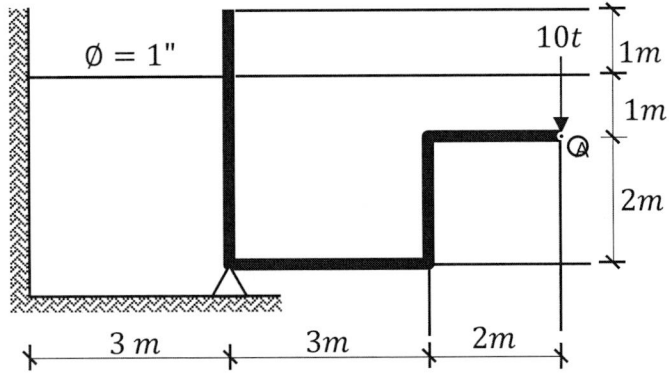

Figura 2.24 Sistema de marco rígido y cable.

Paso 1: Cálculo del esfuerzo normal en el cable

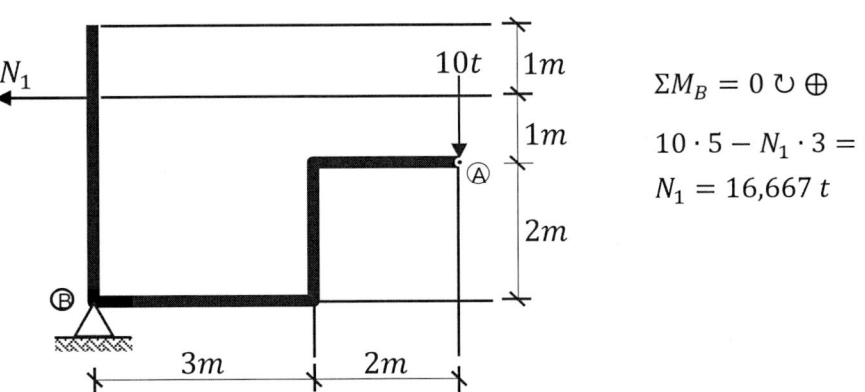

$\Sigma M_B = 0 \circlearrowleft \oplus$

$10 \cdot 5 - N_1 \cdot 3 = 0$

$N_1 = 16,667\ t$

Paso 2: Cálculo de la deformación axial

$$\triangle L = \frac{N \cdot L}{E \cdot A}$$

$$\Delta L = \frac{16,667 \cdot 3}{2 \cdot 10^6 \cdot \dfrac{\pi \cdot (0,0254)^2}{4}}$$

$$\Delta L = 0,04934\ m$$

$$\Delta L = 4,934\ cm$$

Paso 3: Cálculo del desplazamiento del punto A

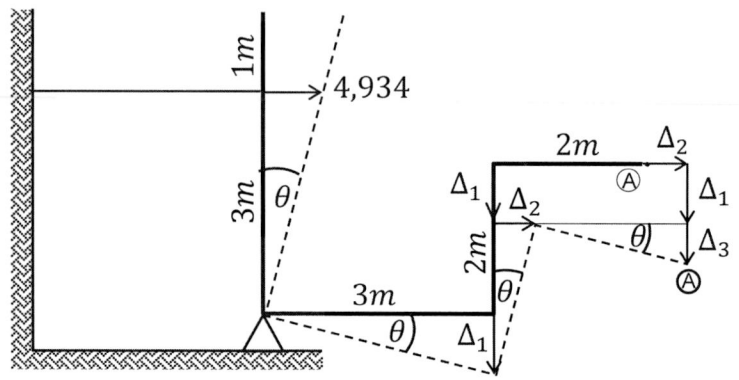

Todas las barras giran el mismo ángulo θ.

$$\tan \theta = \frac{4,934 \; mm}{3 \; m} = 1,6447 \frac{mm}{m}$$

$$\tan \theta = \frac{\Delta_1}{3} = 1,6447 \quad \Rightarrow \quad \Delta_1 = 4,934 \; mm$$

$$\tan \theta = \frac{\Delta_2}{2} = 1,6447 \quad \Rightarrow \quad \Delta_2 = 3,289 \; mm$$

$$\tan \theta = \frac{\Delta_3}{2} = 1,6447 \quad \Rightarrow \quad \Delta_3 = 3,289 \; mm$$

De la figura obtenemos que el desplazamiento del punto A es:

$$\Delta_H = \Delta_2 = 3,289 \; mm$$

$$\Delta_V = \Delta_1 + \Delta_3 = 4,934 + 3,289 = 8,223 \; mm$$

$$\Delta_A = \sqrt{\Delta_H{}^2 + \Delta_V{}^2} = \sqrt{3,289^2 + 8,223^2} = 8,856 \; mm$$

EJEMPLO 38

Calcular el desplazamiento del punto A y el giro en la barra ①.

Datos

$\emptyset_1 = \emptyset_2 = 1''$

$\emptyset_3 = \emptyset_4 = 1,5''$

$E = 2 \cdot 10^7 \dfrac{t}{m^2}$

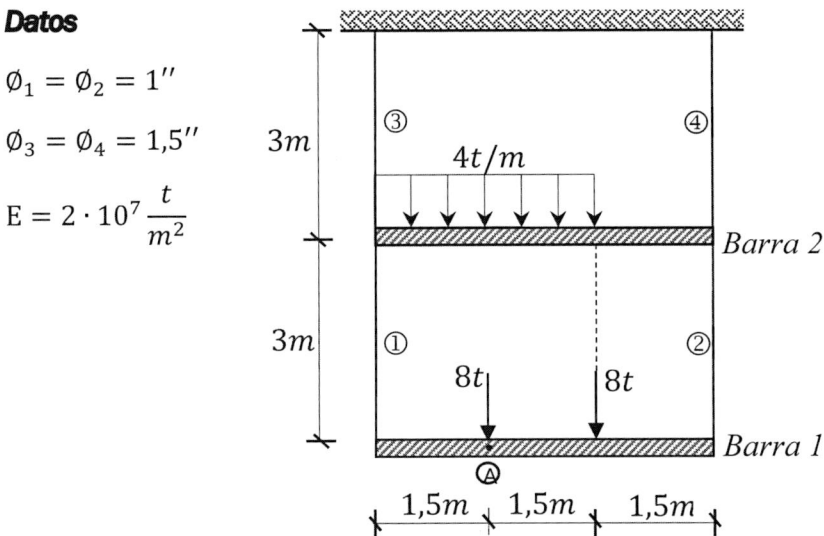

Figura 2.25 Sistema de barras y cables.

Paso 1: Cálculo de los esfuerzos en los cables

a) Barra 1

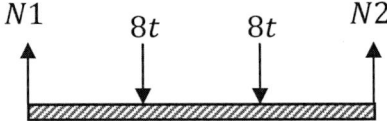

Por simetría:

$N1 = N2 = 8\ t$

b) Barra 2

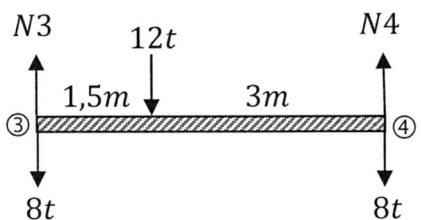

$\Sigma M_3 = 0 \circlearrowleft \oplus$

$12 \cdot 1,5 + 8 \cdot 4,5 - N4 \cdot 4,5 = 0$

$N4 = 12\ t$ *(tracción)*

$\Sigma F_V = 0 \uparrow \oplus$

$N3 - 8 - 12 - 8 + 12 = 0$

$N3 = 16\ t$ *(tracción)*

Paso 2: Deformaciones axiales en los cables

$$\Delta L_1 = \Delta L_2 = \frac{8 \cdot 3}{2 \cdot 10^7 \cdot \dfrac{\pi \cdot (0,0254)^2}{4}} = 0,002368 \ m$$

$\Delta L_1 = \Delta L_2 = 2,368 \ mm \ (alargamiento)$

$$\Delta L_3 = \frac{16 \cdot 3}{2 \cdot 10^7 \cdot \dfrac{\pi \cdot (0,0381)^2}{4}} = 0,002105 \ m$$

$\Delta L_3 = 2,105 \ mm \ (alargamiento)$

$$\Delta L_4 = \frac{12 \cdot 3}{2 \cdot 10^7 \cdot \dfrac{\pi \cdot (0,0381)^2}{4}} = 0,001579 \ m$$

$\Delta L_4 = 1,579 \ mm \ (alargamiento)$

Paso 3: Cálculo del desplazamiento y giro

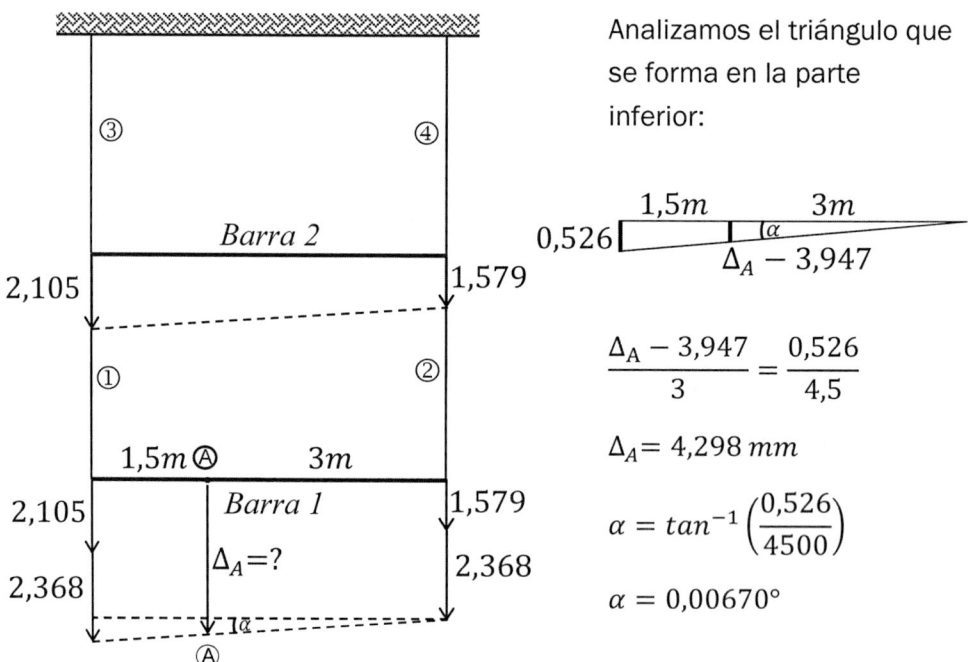

Analizamos el triángulo que se forma en la parte inferior:

$$\frac{\Delta_A - 3,947}{3} = \frac{0,526}{4,5}$$

$\Delta_A = 4,298 \ mm$

$$\alpha = tan^{-1} \left(\frac{0,526}{4500} \right)$$

$\alpha = 0,00670°$

EJEMPLO 39

Calcular el desplazamiento del punto A.

Datos

$E = 2 \cdot 10^7 \dfrac{t}{m^2}$

$\emptyset_1 = 1"$

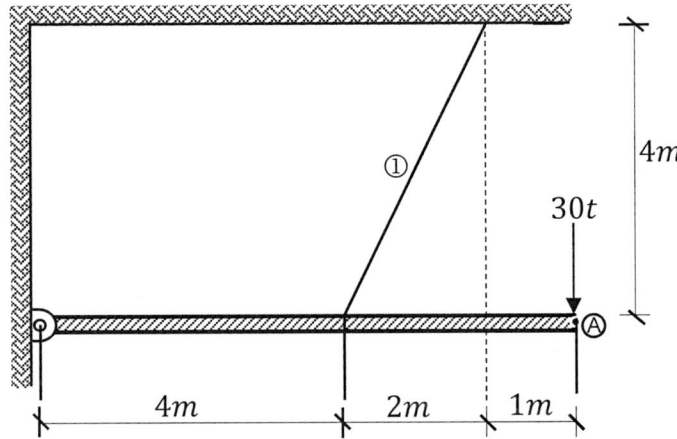

Figura 2.26 Sistema de viga y cable.

Paso 1: Cálculo del esfuerzo normal en el cable 1

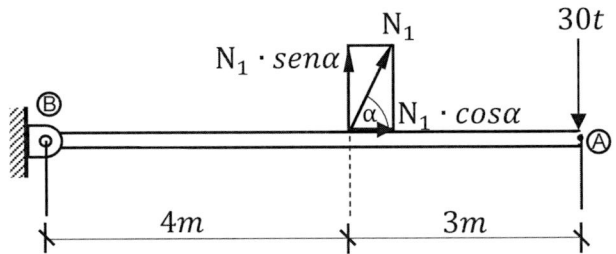

$\alpha = Arctag \left(\dfrac{4}{2}\right)$

$\alpha = 63,435°$

$\Sigma M_B = 0 \circlearrowright \oplus$

$-N_1 \cdot Sen(63,435) \cdot 4 + 30 \cdot 7 = 0$

$N_1 = 58,697 \ t$

Paso 2: Cálculo de la deformación axial

$$\Delta L = \dfrac{N \cdot L}{E \cdot A}$$

$$\Delta L_1 = \frac{58,697 \cdot \sqrt{2^2 + 4^2}}{2 \cdot 10^7 \cdot \dfrac{\pi \cdot (0,0254)^2}{4}} = 0,0259 \; m$$

$$\Delta L_1 = 2,59 \; cm$$

Paso 3: Cálculo del desplazamiento del punto A

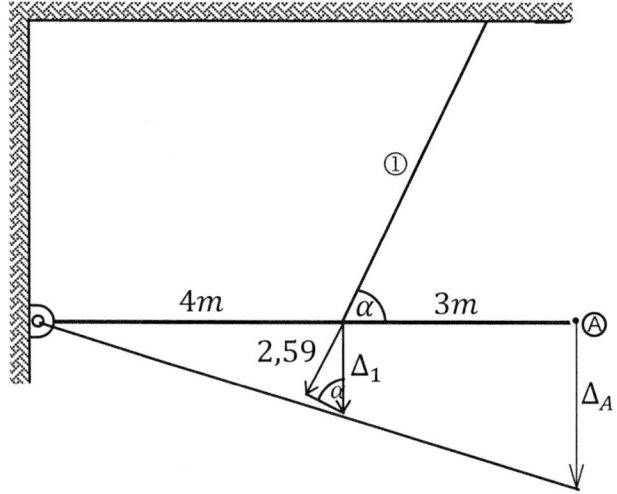

Del triángulo rectángulo pequeño obtenemos Δ_1.

$$Sen \; \alpha = \frac{2,59}{\Delta_1}$$

$$\Delta_1 = \frac{2,59}{Sen(63,435)} = 2,896 \; cm$$

Del triángulo rectángulo mayor obtenemos Δ_A, aplicando relación de triángulos:

$$\frac{\Delta_A}{7} = \frac{2,896}{4}$$

$$\Delta_A = 5,068 \; cm$$

EJEMPLO 40

Calcular el desplazamiento total del punto A.

Datos

Barras deformables

$$\left(\frac{b}{h}\right)_2 = \frac{10\ cm}{30\ cm}$$

$$\left(\frac{b}{h}\right)_3 = \frac{10\ cm}{30\ cm}$$

$$E = 2 \cdot 10^6\ \frac{t}{m^2}$$

Cable

$$\phi = 1"$$

$$E = 6 \cdot 10^7\ \frac{t}{m^2}$$

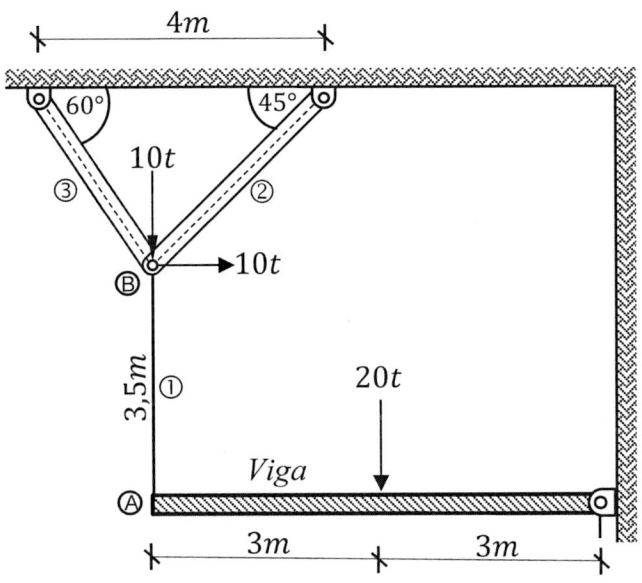

Figura 2.27 Sistema de viga, barras y cable.

Paso 1: Cálculo del esfuerzo en los cables

a) Análisis de la viga

$$\Sigma M_C = 0 \circlearrowleft \oplus$$

$$N1 \cdot 6 + 20 \cdot 3 = 0$$

$$N1 = 10\ t$$

b) Análisis de la unión B

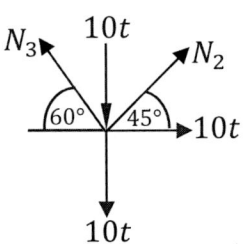

$$\Sigma F_H = 0 \rightarrow \oplus$$

$$-N3 \cdot \cos 60 + N2 \cdot \cos 45 + 10 = 0$$

$$-\frac{1}{2} \cdot N3 + \frac{\sqrt{2}}{2} \cdot N2 = -10 \quad ①$$

$$\Sigma F_V = 0 \uparrow \oplus$$

$$N3 \cdot sen\ 60 + N2 \cdot sen\ 45 - 20 = 0$$

$$\frac{\sqrt{3}}{2} \cdot N3 + \frac{\sqrt{2}}{2} \cdot N2 = 20$$

Resolviendo ① con ②, obtenemos:

$$N3 = 21{,}962\ t \quad (tracción)$$

$$N2 = 1{,}388\ t \quad (tracción)$$

Paso 2: Cálculo de las deformaciones

Primero calculamos las longitudes de las barras 2 y 3:

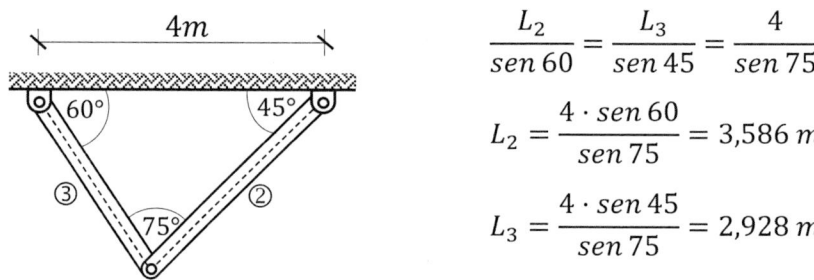

$$\frac{L_2}{sen\ 60} = \frac{L_3}{sen\ 45} = \frac{4}{sen\ 75}$$

$$L_2 = \frac{4 \cdot sen\ 60}{sen\ 75} = 3{,}586\ m$$

$$L_3 = \frac{4 \cdot sen\ 45}{sen\ 75} = 2{,}928\ m$$

Utilizando la siguiente fórmula calculamos las deformaciones:

$$\Delta L = \frac{N \cdot L}{E \cdot A}$$

$$\Delta L_1 = \frac{10 \cdot 3{,}5}{6 \cdot 10^6 \cdot \dfrac{\pi \cdot (0{,}0254)^2}{4}} = 0{,}00115\ m$$

$$\Delta L_1 = 1{,}15\ mm \quad (alargamiento)$$

$$\Delta L_2 = \frac{1{,}388 \cdot 3{,}586}{2 \cdot 10^6 \cdot (0{,}1 \cdot 0{,}3)} = 0{,}000083\ m$$

$$\Delta L_2 = 0{,}083\ mm \quad (alargamiento)$$

$$\Delta L_3 = \frac{21{,}962 \cdot 2{,}928}{2 \cdot 10^6 \cdot (0{,}1 \cdot 0{,}3)} = 0{,}00107\ m$$

$$\Delta L_3 = 1{,}07\ mm \quad (alargamiento)$$

Paso 3: Cálculo del desplazamiento del punto A

a) Desplazamiento de la unión B

Las barras 2 y 3 se deforman y luego giran de manera perpendicular a su propio eje hasta intersectarse en la nueva ubicación del punto B.

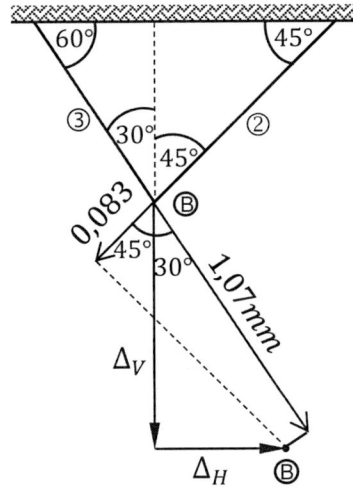

Primero analizamos la relación entre Δ_H y Δ_V con la deformación de 1,07mm. Para esto proyectamos los desplazamientos Δ_H y Δ_V sobre una recta paralela a la deformación.

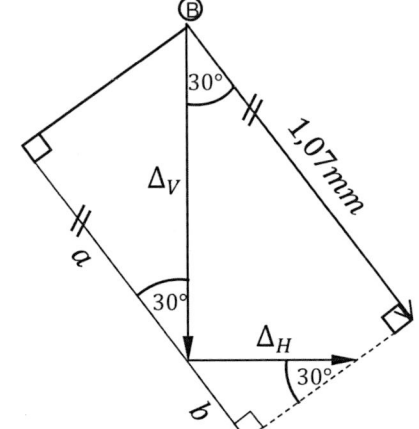

$$cos\, 30 = \frac{a}{\Delta V}$$

$$a = 0,866 \cdot \Delta V$$

$$sen\, 30 = \frac{b}{\Delta H}$$

$$b = 0,5 \cdot \Delta H$$

$$a + b = 1,07$$

$$0,866 \cdot \Delta V + 0,5 \cdot \Delta H = 1,07 \quad ①$$

Ahora analicemos la relación entre Δ_H y Δ_V con el desplazamiento de 0,083 mm. Para esto proyectamos los desplazamientos Δ_H y Δ_V sobre una recta paralela a la deformación.

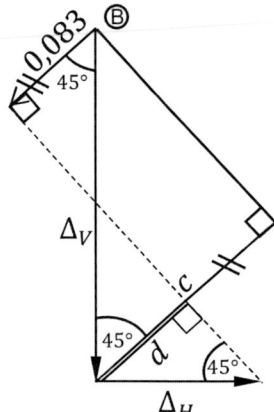

$$cos\ 45 = \frac{c}{\Delta V}$$

$$c = 0,707 \cdot \Delta V$$

$$sen45 = \frac{d}{\Delta H}$$

$$d = 0,707 \cdot \Delta H$$

$$c - d = 0,083$$

$$0,707 \cdot \Delta V - 0,707 \cdot \Delta H = 0,083 \quad ②$$

Resolviendo ① con ②, obtenemos:

$$\Delta V_B = 0,826\ mm$$

$$\Delta H_B = 0,709\ mm$$

Analizamos la transmisión del desplazamiento vertical del punto B en el punto A de la viga:

$$\Delta_A = \Delta V_B + \Delta L_1$$

$$\Delta_A = 0,826 + 1,15$$

$$\Delta_A = 1,976\ mm\ (\downarrow)$$

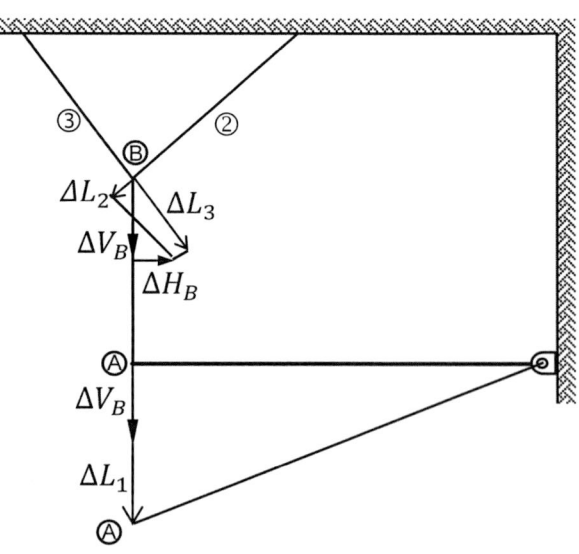

EJEMPLO 41

Calcular el desplazamiento total del punto ©.

Datos del cable:

$E = 2 \cdot 10^6 \dfrac{t}{m^2}$

$\emptyset = 1"$

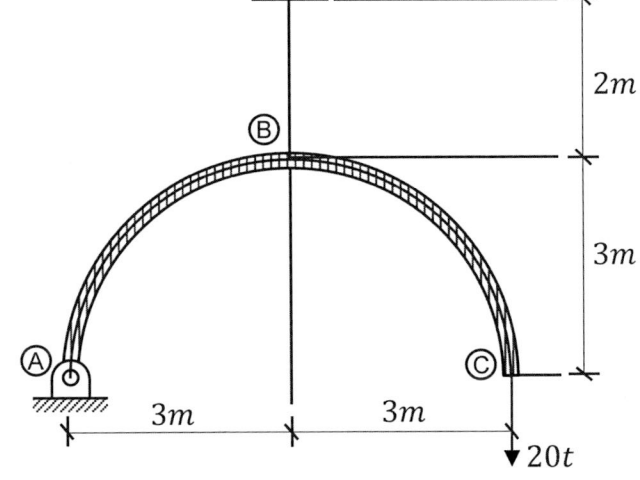

Figura 2.28 Arco rígido suspendido por cable.

Paso 1: Cálculo del esfuerzo en el cable

$\Sigma M_A = 0 \; \circlearrowleft \; \oplus$

$-N \cdot 3 + 20 \cdot 6 = 0$

$N = 40 \; t$

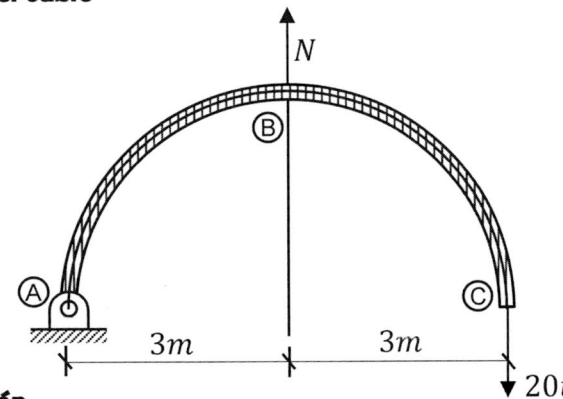

Paso 2: Cálculo de la deformación

$$\Delta L = \frac{N \cdot L}{E \cdot A}$$

$$\Delta L = \frac{40 \cdot 2}{2 \cdot 10^6 \cdot \dfrac{\pi \cdot (0{,}0254)^2}{4}}$$

$$\Delta L = 0{,}0789 \; m = 7{,}89 \; cm$$

Paso 3: Cálculo del desplazamiento

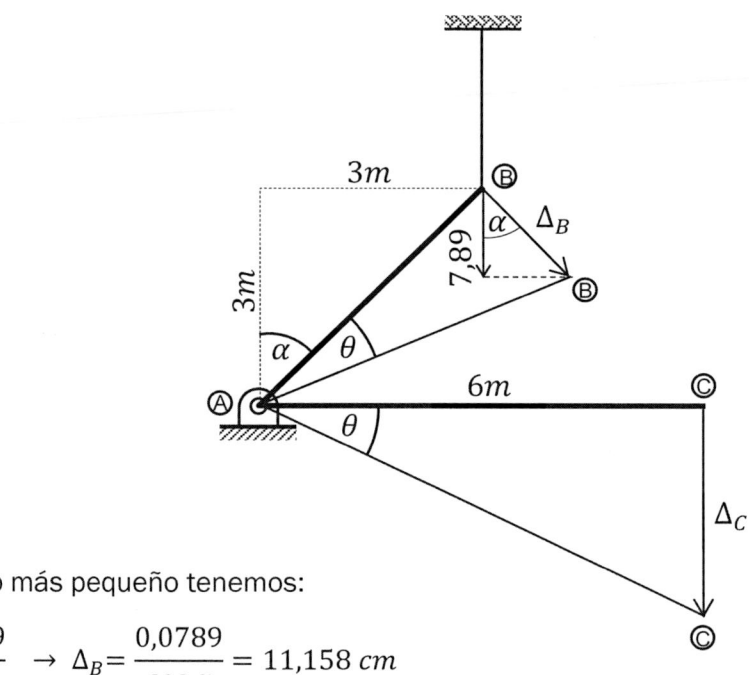

$$tan\,\alpha = \frac{3}{3}$$

$$\alpha = 45°$$

Del triángulo más pequeño tenemos:

$$cos\,\alpha = \frac{7,89}{\Delta_B} \quad \rightarrow \quad \Delta_B = \frac{0,0789}{cos\,\alpha} = 11,158\ cm$$

La longitud A-B:

$$L_{AB} = \sqrt{3^2 + 3^2} = 4,243\ m$$

Del triángulo ABB:

$$tan\,\theta = \frac{11,158}{424,3} \quad \rightarrow \quad \theta = 1,506°$$

Del triángulo ACC:

$$tan\,\theta = \frac{\Delta_C}{6} \quad \rightarrow \quad \Delta_C = 6 \cdot tan(1,506) = 0,1577\ m$$

$$\Delta_C = 15,77\ cm$$

EJEMPLO 42

Calcular el desplazamiento horizontal y vertical del punto ©.

Datos del cable:

$$E = 2 \cdot 10^6 \frac{t}{m^2}$$

$$\emptyset = 2"$$

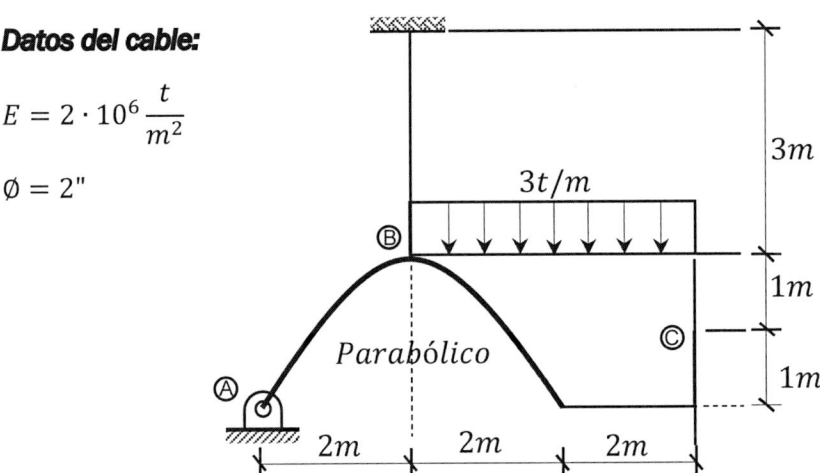

Figura 2.29 Arco parabólico suspendido por cable.

Paso 1: Cálculo del esfuerzo en el cable

$$\Sigma M_A = 0 \; \circlearrowleft \; \oplus$$

$$-N \cdot 2 + (3 \cdot 4) \cdot 4 = 0$$

$$N = 24 \; t$$

Paso 2: Cálculo de la deformación

$$\Delta L = \frac{N \cdot L}{E \cdot A} = \frac{24 \cdot 3}{2 \cdot 10^6 \cdot \dfrac{\pi \cdot (0,0508)^2}{4}}$$

$$\Delta L = 0,0178 \; m = 1,78 \; cm$$

Paso 3: Cálculo del desplazamiento

Cálculo de ángulos α y β:

$$\alpha = Arctag\left(\frac{2}{2}\right) = 45°$$

$$\beta = Arctag\left(\frac{1}{6}\right) = 9,462°$$

Cálculo de longitudes L_{AB} y L_{AC}:

$$L_{AB} = \sqrt{2^2 + 2^2} = \sqrt{8}$$

$$L_{AB} = 2,828\ m = 282,8\ cm$$

$$L_{AC} = \sqrt{6^2 + 1^2} = \sqrt{37}$$

$$L_{AC} = 6,083\ m = 608,3\ cm$$

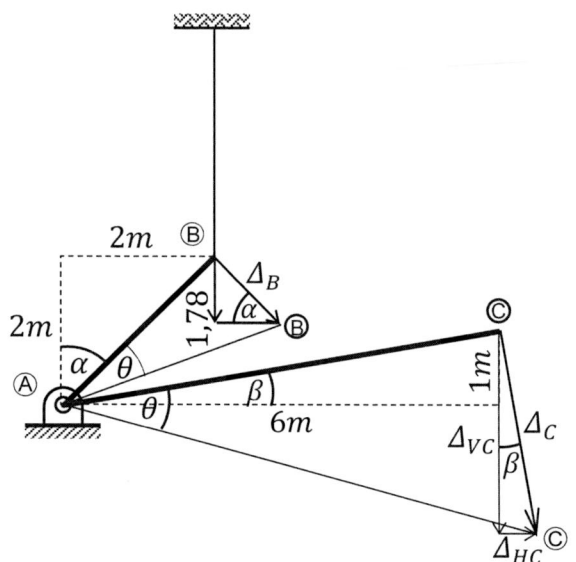

Cálculo del desplazamiento en B:

$$Sen\ \alpha = \frac{1,78}{\Delta_B} \implies \Delta_B = \frac{1,78}{Sen\ \alpha} = 2,517cm$$

Cálculo del ángulo θ:

$$Sen\ \theta = \frac{\Delta_B}{282,8} = \frac{2,517}{282,8} \implies \theta = 0,51°$$

Cálculo del desplazamiento en ©:

$$Sen\ \theta = \frac{\Delta_C}{608,3} \implies \Delta_C = 608,3 \cdot Sen(0,51) = 5,415\ cm$$

Descomposición del desplazamiento del punto ©:

$$Sen\phi = \frac{\Delta_{HC}}{\Delta_C} = \frac{\Delta_{HC}}{5,415}$$

$$\Delta_{HC} = 5,415 \cdot Sen(9,462) = 0,890\ cm$$

$$Cos\phi = \frac{\Delta_{VC}}{\Delta_C} = \frac{\Delta_{VC}}{5,415}$$

$$\Delta_{VC} = 5,415 \cdot Cos(9,462) = 5,341\ cm$$

2.7. PROBLEMAS HIPERESTÁTICOS

Un problema es hiperestático cuando, al intentar calcular los esfuerzos normales en los cables, estos no pueden calcularse porque superan en número a las ecuaciones de equilibrio posibles y, por ende, no tienen una solución directa.

Los siguientes son ejemplos hiperestáticos:

a) Sistema de cuatro cables concurrentes sometidos a una fuerza F.

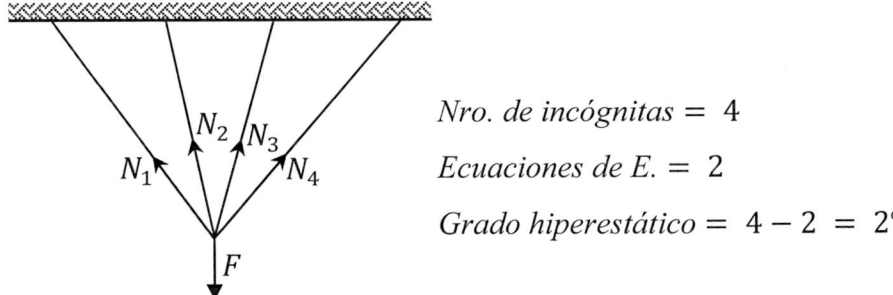

$Nro.\ de\ incógnitas\ =\ 4$

$Ecuaciones\ de\ E.\ =\ 2$

$Grado\ hiperestático\ =\ 4-2\ =\ 2°$

Figura 2.30 Sistema de cables hiperestático.

b) Sistema de vigas rígidas suspendidas por un conjunto de cables paralelos.

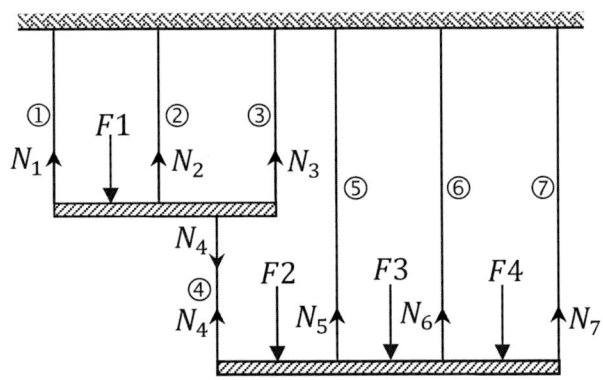

Figura 2.31 Sistema hiperestático de barras y cables.

$Nro.\ de\ incógnitas\ =\ 7$

$Ecuaciones\ de\ E.\ =\ 4\ (2\ por\ c/viga)$

$Grado\ hiperestático\ =\ 7-4\ =\ 3°$

c) Viga articulada por un apoyo y sujeta por un conjunto de cables paralelos y concurrentes.

Nro. de incógnitas = 10

Ecuaciones de E. = 6

Grado hiperestático = 10-6 = 4°

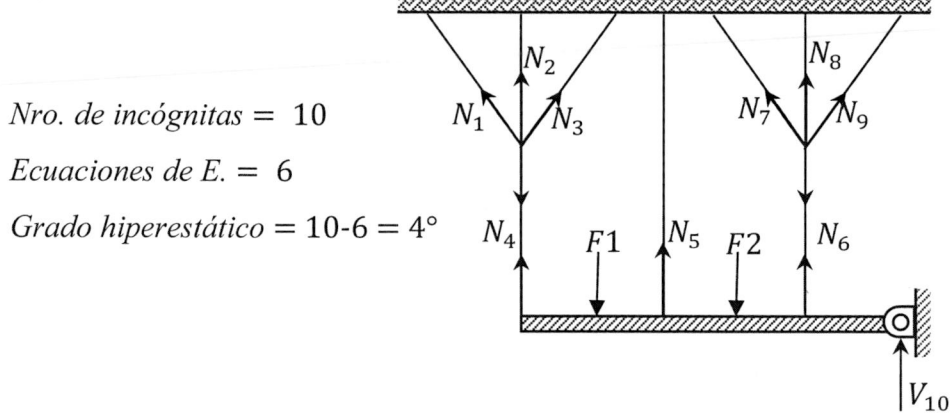

Figura 2.32 Sistema hiperestático de barras y cables.

a) Marco rígido en L articulado por un apoyo y sujeto por un conjunto de cables paralelos.

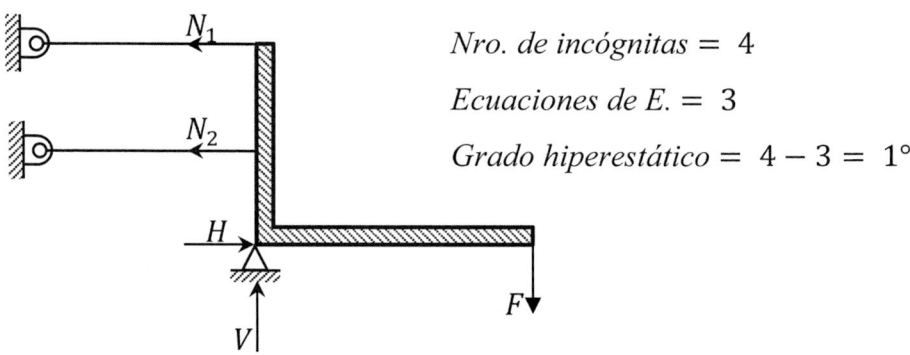

Nro. de incógnitas = 4

Ecuaciones de E. = 3

Grado hiperestático = 4 − 3 = 1°

Figura 2.33 Sistema compuesto de marco rígido y cables.

Para resolver estructuras hiperestáticas debemos proceder de la siguiente manera.

PRIMERO: Según nuestra experiencia en el análisis de las deformaciones en sistemas isostáticos, proponer una deformación coherente para el conjunto de elementos rígidos y deformables en los sistemas hiperestáticos. Veamos los siguientes ejemplos:

a) Sistema de cables concurrentes con características simétricas

En este caso todos los cables se deforman de manera axial y luego giran de manera perpendicular a su propio eje hasta definir un desplazamiento vertical Δ para el punto ©.

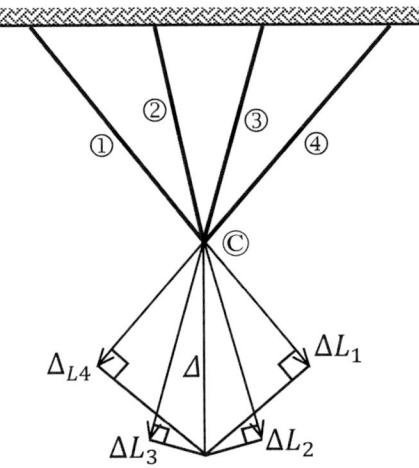

Figura 2.34 Deformación de cables.

b) Sistema de cables concurrentes con características asimétricas

Los cables se deforman de manera axial y luego giran de manera perpendicular definiendo un desplazamiento vertical y otro horizontal para el punto ©.

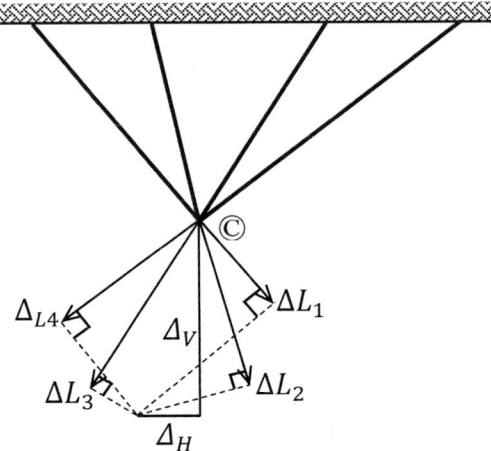

Figura 2.35 Deformación de cables.

c) Sistema de vigas suspendidas por cables paralelos

Los cables se deforman axialmente haciendo que las barras se desplacen y giren un pequeño ángulo. Además, la viga 1-3 al trasladarse transmite a través del cable 4 un desplazamiento Δ a la viga 4-6.

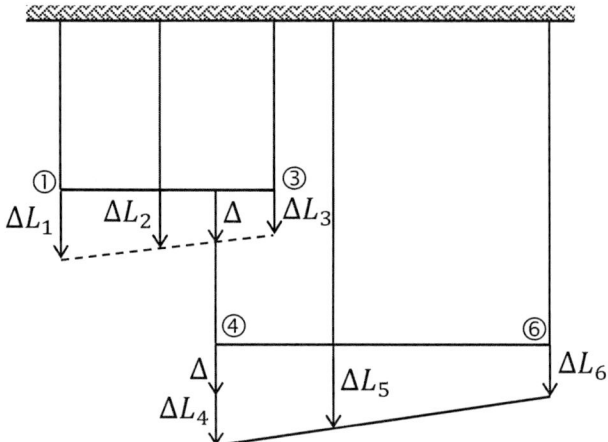

Figura 2.36 Deformación de sistema compuesto de barras y cables.

d) Viga suspendida por cables paralelos y concurrentes

Por la simetría de los cables concurrentes se producen únicamente desplazamientos verticales en A y B, que luego se trasmiten a la viga, la cual gira a partir de su extremo articulado.

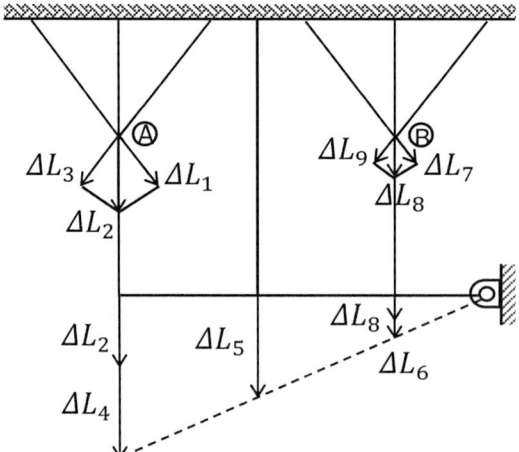

Figura 2.37 Deformación de sistema compuesto de barra y cables.

e) Marco rígido sujeto por cables paralelos

El marco rígido gira un mismo ángulo θ en torno al apoyo articulado al mismo tiempo que se producen las deformaciones de los cables.

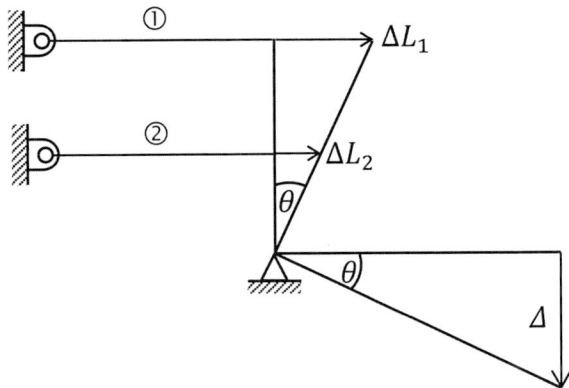

Figura 2.38 Deformación de cables y rotación de marco rígido.

SEGUNDO: Analizando los diferentes triángulos rectángulos que se forman en la deformación de la estructura, deducimos ecuaciones de compatibilidad entre las deformaciones y los desplazamientos que se producen. Esto se consigue aplicando funciones trigonométricas simples (seno, coseno y tangente) y otras expresiones que son propias de la solución de los triángulos rectángulos.

En algunos casos se necesitará encontrar más de una ecuación de compatibilidad; esto es fácilmente reconocible porque es equivalente al grado hiperestático de la estructura. Véanse los siguientes ejemplos:

a) Sistema de cables concurrentes con características asimétricas

Este sistema está constituido por cuatro cables y únicamente es posible aplicar dos ecuaciones de equilibrio (ΣF_H y ΣF_V), lo cual significa que su grado hiperestático es de 2. En este caso es indispensable deducir un par de ecuaciones de compatibilidad que relacionen las deformaciones de los cuatro cables con sus correspondientes desplazamientos horizontal y vertical. Estas dos ecuaciones de compatibilidad de las deformaciones, junto a las ecuaciones de equilibrio, nos permitirán resolver la hiperestaticidad del problema.

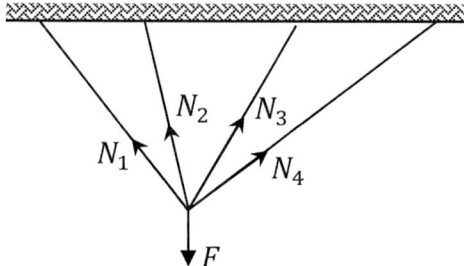

Figura 2.39 Esfuerzos normales en unión.

b) Vigas suspendidas por cables paralelos

Para este sistema se necesita deducir tres ecuaciones de compatibilidad debido a que su grado hiperestático es 3.

La viga 1 está suspendida por tres cables, y en esta viga solo es posible aplicar dos ecuaciones de equilibrio (ΣF_V y ΣM) por lo tanto, tenemos que adicionar una ecuación de compatibilidad; en cambio, la viga 2 está suspendida de cuatro cables y en ella podemos aplicar dos ecuaciones de equilibrio (ΣF_V y ΣM), por lo tanto, debemos adicionar dos ecuaciones de compatibilidad. En total se tendrán cuatro ecuaciones de equilibrio y tres ecuaciones de compatibilidad que resolverán la hiperestaticidad en los siete cables.

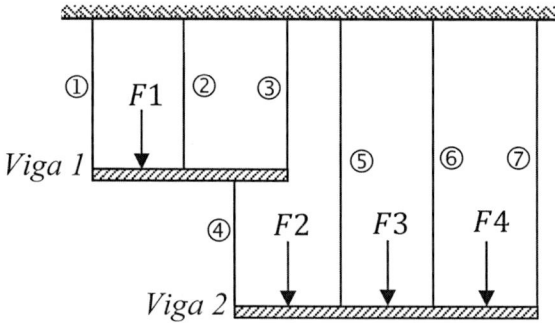

Figura 2.40 Sistema hiperestático compuesto de vigas y cables.

c) Viga suspendida por cables paralelos y concurrentes

En el siguiente ejemplo el grado de hiperestaticidad es 4, por lo tanto, se deberán deducir cuatro ecuaciones de compatibilidad.

En cada unión de los cables concurrentes A y B tenemos un total de tres esfuerzos normales y solo podemos aplicar dos ecuaciones de equilibrio (ΣF_H y ΣF_V), por lo tanto, se requiere adicionar para cada unión una ecuación de compatibilidad. En el caso de la viga se tienen cuatro incógnitas frente a dos ecuaciones de equilibrio (ΣF_V y ΣM), por lo cual es necesario adicionar dos ecuaciones de compatibilidad.

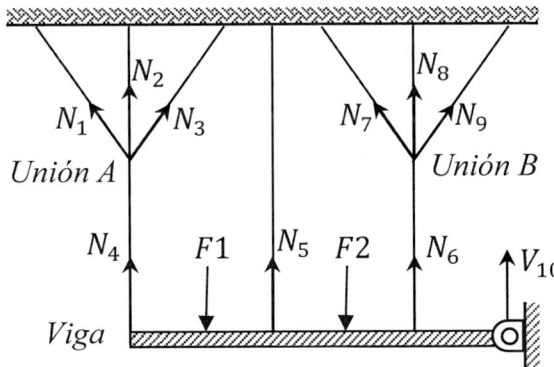

Figura 2.41 Esfuerzo normal en sistema hiperestático.

d) Marco rígido sujeto por un par de cables paralelos

El grado hiperestático de este sistema es 1, por lo tanto, únicamente debemos deducir una ecuación de compatibilidad, considerando que tenemos cuatro incógnitas $(N1, N2, H\ y\ V)$ frente a tres ecuaciones de equilibrio (ΣFH, $\Sigma FV\ y\ \Sigma M$).

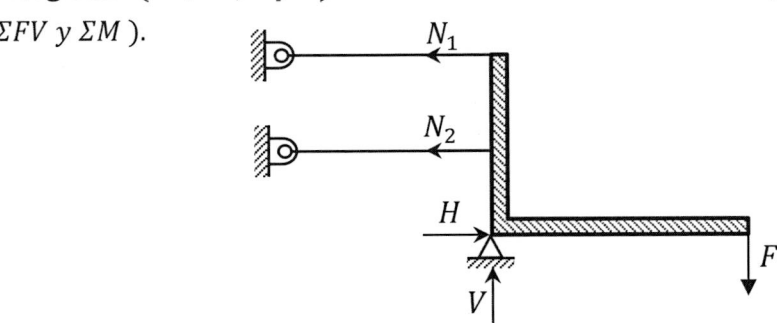

Figura 2.42 Normales en sistema hiperestático.

TERCERO: Para todos los elementos que no son rígidos (cables y barras deformables) calculamos sus deformaciones colocando como incógnita sus correspondientes esfuerzos normales.

La fórmula que se utilizará en este paso es la siguiente:

$$\Delta L = \frac{N \cdot L}{E \cdot A}$$

Al aplicar está formula se reemplazarán los datos de L, E y A, dejando como incógnita el esfuerzo normal N, es decir:

$$\Delta L = \left(\frac{L}{E \cdot A}\right) \cdot N$$

CUARTO: En este paso sustituiremos las expresiones obtenidas en el paso 3 en las ecuaciones de compatibilidad de las deformaciones deducidas en el paso 2.

QUINTO: Tras realizar el diagrama de cuerpo libre en cada unión o viga aplicaremos las ecuaciones de equilibrio necesarias. En este paso debemos asumir obligatoriamente el sentido de los esfuerzos normales con sentido contrario a sus correspondientes deformaciones (adoptadas en el paso 1), tal como se muestra en la siguiente figura:

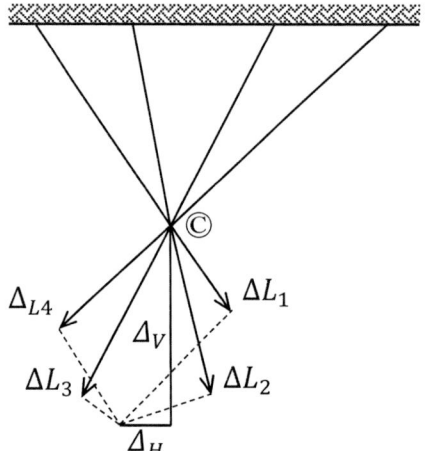
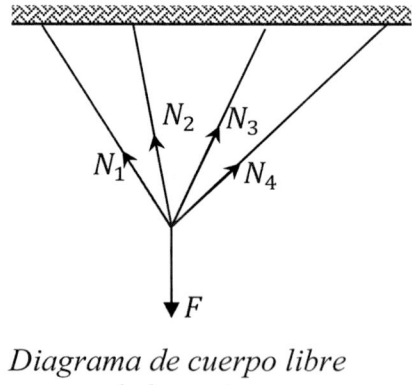

Diagrama de cuerpo libre
de la unión

Figura 2.43 Deformación y esfuerzos normales en sistema de cables.

SEXTO: El problema hiperestático queda resuelto al darle solución al sistema de ecuaciones conformado en el cuarto y quinto paso. A partir de aquí, el problema se enfrentará según los requerimientos adicionales que se soliciten en el problema, como, por ejemplo, el cálculo de sus tensiones o desplazamientos en un punto específico de la estructura.

EJEMPLO 43

Para la siguiente viga, calcular las tensiones en cada barra.

Datos

$$E = 2 \cdot 10^6 \, \frac{t}{m^2}$$

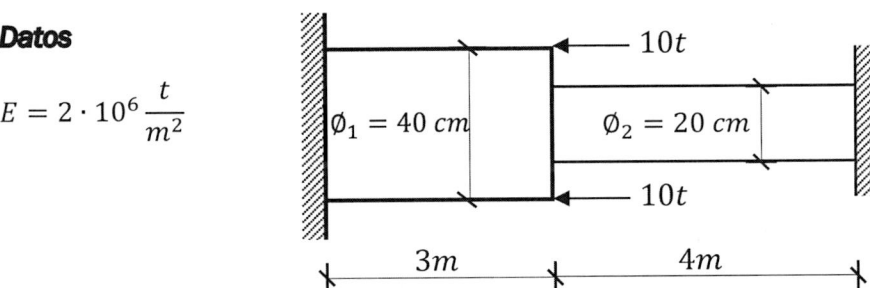

Figura 2.44 Sistema unidimensional.

Paso 1: Asumimos una deformación coherente

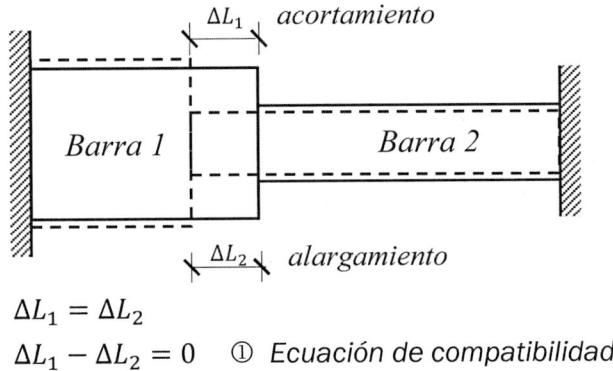

$$\Delta L_1 = \Delta L_2$$
$$\Delta L_1 - \Delta L_2 = 0 \quad \text{①} \quad \textit{Ecuación de compatibilidad}$$

Paso 2: Ecuación de equilibrio

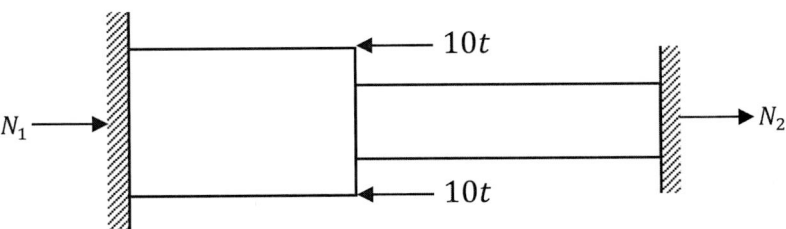

$$\Sigma F_H = 0 \rightarrow \oplus$$

$$N_1 + N_2 - 10 - 10 = 0$$

$$N_1 + N_2 = 20 \quad ② \quad \text{Ecuación de equilibrio}$$

Paso 3: Cálculo de las deformaciones

$$\Delta L = \frac{N \cdot L}{E \cdot A}$$

$$\left.\begin{array}{l} \Delta L_1 = \dfrac{N_1 \cdot 3}{2 \cdot 10^6 \cdot \dfrac{\pi \cdot 0,4^2}{4}} = 1,194 \cdot 10^{-5} \, N_1 \\[20pt] \Delta L_2 = \dfrac{N_2 \cdot 4}{2 \cdot 10^6 \cdot \dfrac{\pi \cdot 0,2^2}{4}} = 6,366 \cdot 10^{-5} \, N_2 \end{array}\right\} ③$$

Paso 4: Cálculo de los esfuerzos normales

Sustituir ③ en ①:

$$1,194 \cdot 10^{-5} \cdot N_1 - 6,366 \cdot 10^{-5} \cdot N_2 = 0 \quad * (10^5)$$
$$1,194 \cdot N_1 - 6,366 \cdot N_2 = 0 \quad ④$$

Resolver ④ y ②:

$$N_1 = 16,841 \, t$$

$$N_2 = 3,159 \, t$$

Paso 5: Cálculo de tensiones

$$\sigma = \frac{N}{A}$$

$$\sigma_1 = \frac{16841}{\dfrac{\pi \cdot 40^2}{4}} = 13,402 \, \frac{kg}{cm^2}$$

$$\sigma_2 = \frac{3159}{\dfrac{\pi \cdot 20^2}{4}} = 10,055 \, \frac{kg}{cm^2}$$

EJEMPLO 44

Calcular los esfuerzos normales y las tensiones en los cables.

Datos

$E = 2 \cdot 10^6 \dfrac{t}{m^2}$

$\varnothing = 5 \; cm$

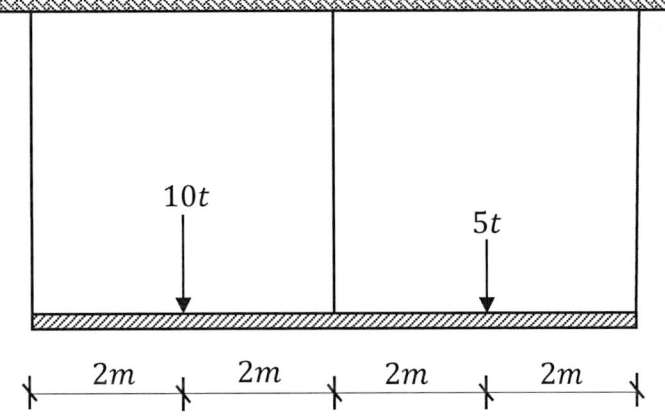

Figura 2.45 Sistema compuesto de viga y cables.

Paso 1: Proponemos una deformación coherente

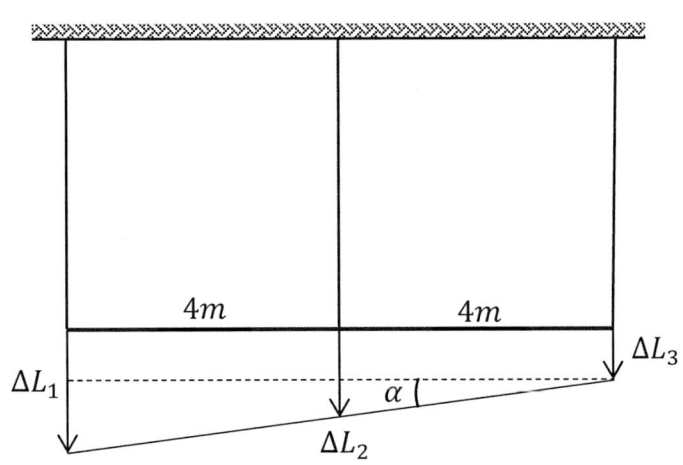

$$tan \; \alpha = \frac{\Delta L2 - \Delta L3}{4} = \frac{\Delta L1 - \Delta L3}{8}$$

$$2 \cdot \Delta L2 - \; 2 \cdot \Delta L3 \; = \; \Delta L1 - \; \Delta L3$$

$$-\Delta L1 \; + \; 2 \cdot \Delta L2 - \Delta L3 \; = \; 0 \quad * (-1)$$

$$\Delta L1 \; - \; 2 \cdot \Delta L2 + \Delta L3 \; = \; 0 \quad ① \quad \textit{Ecuación de compatibilidad}$$

Paso 2: Ecuaciones de equilibrio estático

El sentido de los esfuerzos normales viene a ser contrario a sus deformaciones.

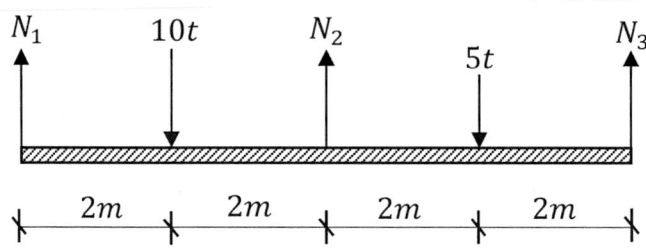

$\Sigma F_V = 0 \uparrow \oplus$

$N1 + N2 + N3 - 10 - 5 = 0$

$N1 + N2 + N3 = 15$ ②

$\Sigma M_A = 0 \circlearrowright \oplus$

$N2 \cdot 4 + N3 \cdot 8 - 10 \cdot 2 - 5 \cdot 6 = 0$

$4 \cdot N2 + 8 \cdot N3 - 50 = 0 \quad \div 2$

$2 \cdot N2 + 4 \cdot N3 = 25$ ③

Paso 3: Cálculo de las deformaciones

$$\Delta L = \frac{N \cdot L}{E \cdot A}$$

$$\Delta L1 = \frac{N1 \cdot 4}{2 \cdot 10^6 \cdot \frac{\pi \cdot 0{,}05^2}{4}} = 1{,}019 \cdot 10^{-3}\, N1$$

$$\Delta L2 = \frac{N2 \cdot 4}{2 \cdot 10^6 \cdot \frac{\pi \cdot 0{,}05^2}{4}} = 1{,}019 \cdot 10^{-3}\, N2 \qquad \Big\} \; ④$$

$$\Delta L3 = \frac{N3 \cdot 4}{2 \cdot 10^6 \cdot \frac{\pi \cdot 0{,}05^2}{4}} = 1{,}019 \cdot 10^{-3}\, N3$$

Paso 4: Cálculo de los esfuerzos normales

Sustituir las ecuaciones ④ en la ecuación ①:

$$1{,}019 \cdot 10^{-3} \cdot N1 - 2 \cdot (1{,}019 \cdot 10^{-3} \cdot N2) + 1{,}019 \cdot 10^{-3} \cdot N3 = 0$$

Dividir entre 10^{-3}:

$N1 - 2 \cdot (N2) + N3 = 0$ ⑤

Si resumimos las ecuaciones obtenidas (②, ③ y ⑤):

$$N1 + N2 + N3 = 15$$

$$2 \cdot N2 + 4 \cdot N3 = 25$$

$$N1 - 2 \cdot (N2) + N3 = 0$$

Al resolver este sistema de ecuaciones obtenemos:

$$N1 = 6,25 \, t$$

$$N2 = 5 \, t$$

$$N3 = 3,75 \, t$$

Paso 5: Cálculo de tensiones

$$\sigma = \frac{N}{A}$$

$$\sigma_1 = \frac{6,25}{\frac{\pi \cdot 0,05^2}{4}} = 3183,09 \, \frac{t}{m^2}$$

$$\sigma_2 = \frac{5}{\frac{\pi \cdot 0,05^2}{4}} = 2546,47 \, \frac{t}{m^2}$$

$$\sigma_3 = \frac{3,75}{\frac{\pi \cdot 0,05^2}{4}} = 1909.85 \, \frac{t}{m^2}$$

EJEMPLO 45

En el siguiente sistema de cables, calcular sus deformaciones unitarias y los desplazamientos de la unión ©.

Dato

$$E = 2 \cdot 10^6 \ \frac{t}{m^2}$$

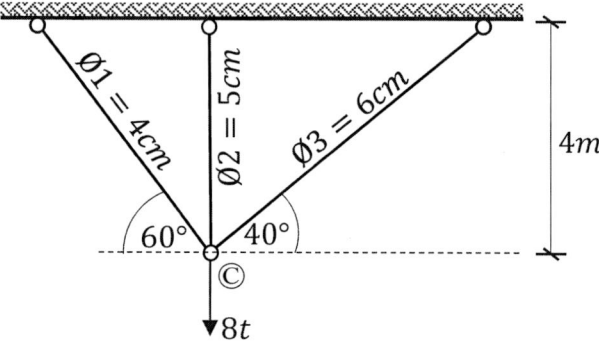

Figura 2.46 Sistema de cables.

Paso 1: Proponemos una deformación coherente

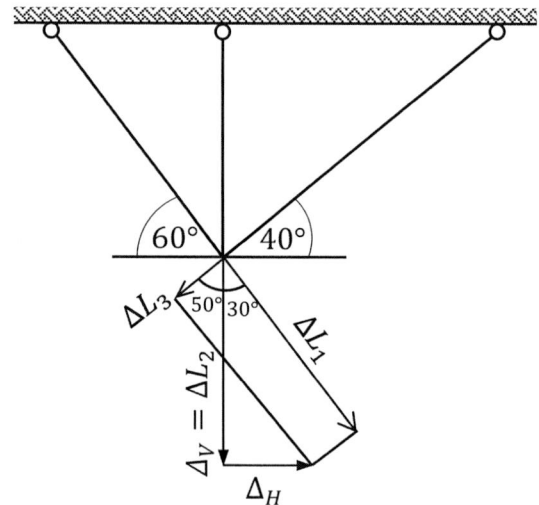

$\Delta L2 = \Delta v$ ①

Analizamos la deformación del cable 1:

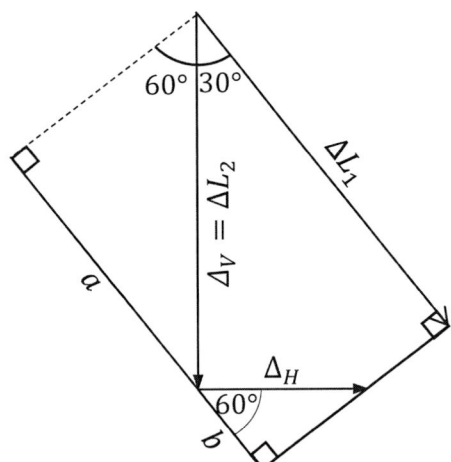

$$a = \Delta V \cdot sen\ 60$$

$$b = \Delta H \cdot cos\ 60$$

$$a + b = \Delta L1$$

Reemplazamos a y b:

$$\Delta V \cdot sen\ 60 + \Delta H \cdot cos\ 60 = \Delta L1 \ ②$$

Reemplazamos ① en ②:

$$\Delta L2 \cdot sen\ 60 + \Delta H \cdot cos\ 60 = \Delta L1$$

$$\Delta H = \frac{\Delta L1 - \Delta L2 \cdot sen\ 60}{cos\ 60} \ ③$$

Analizamos la deformación del cable 3:

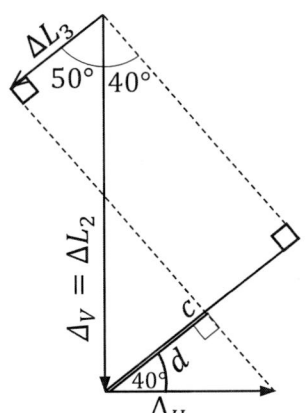

$$c = \Delta V \cdot sen\ 40$$

$$d = \Delta H \cdot cos\ 40$$

$$c - d = \Delta L3$$

Reemplazamos c y d:

$$\Delta V \cdot sen\ 40 - \Delta H \cdot cos\ 40 = \Delta L_3 \ ④$$

Reemplazamos ① y ③ en ④:

$$\Delta L2 \cdot sen\ 40 - \frac{\Delta L1 - \Delta L2 \cdot sen\ 60}{cos\ 60} \cdot cos\ 40 = \Delta L3$$

Reducimos a la mínima expresión:

$$\Delta L2 \cdot sen\ 40 - \frac{\Delta L1 \cdot cos\ 40}{cos\ 60} + \Delta L2 \cdot tag\ 60 \cdot cos\ 40 - \Delta L3 = 0$$

$$- \Delta L1 \cdot \frac{cos\ 40}{cos\ 60} + \Delta L2 \cdot (sen\ 40 + tag\ 60 \cdot cos\ 40) - \Delta L3 = 0$$

$1,532 \cdot \Delta L1 - 1,97 \cdot \Delta L2 - \Delta L3 = 0$ ⑤ *Ecuación de compatibilidad*

Paso 2: Ecuaciones de equilibrio estático

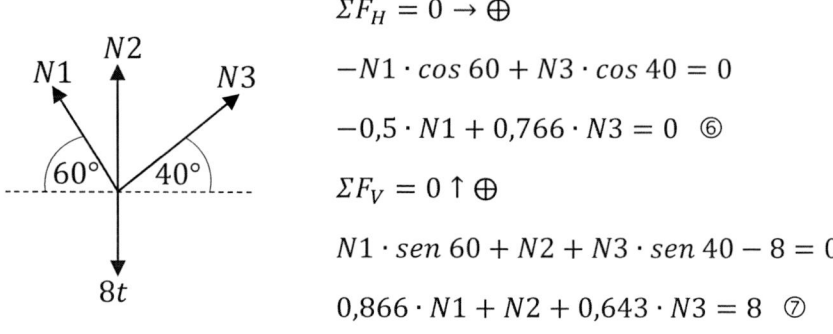

$$\Sigma F_H = 0 \rightarrow \oplus$$

$$-N1 \cdot cos\ 60 + N3 \cdot cos\ 40 = 0$$

$$-0,5 \cdot N1 + 0,766 \cdot N3 = 0 \quad ⑥$$

$$\Sigma F_V = 0 \uparrow \oplus$$

$$N1 \cdot sen\ 60 + N2 + N3 \cdot sen\ 40 - 8 = 0$$

$$0,866 \cdot N1 + N2 + 0,643 \cdot N3 = 8 \quad ⑦$$

Paso 3: Cálculo de las deformaciones

$$\Delta L = \frac{N \cdot L}{E \cdot A}$$

$$sen\ 60 = \frac{4}{L1} => L1 = \frac{4}{sen\ 60} = 4,619\ m$$

$$sen\ 40 = \frac{4}{L3} => L3 = \frac{4}{sen\ 40} = 6,223\ m$$

$$\Delta L1 = \frac{N1 \cdot 4,62}{2 \cdot 10^6 \cdot \frac{\pi \cdot 0,04^2}{4}} = 1,838 \cdot 10^{-3} \cdot N1$$

$$\Delta L2 = \frac{N2 \cdot 4}{2 \cdot 10^6 \cdot \frac{\pi \cdot 0,05^2}{4}} = 1,019 \cdot 10^{-3} \cdot N2 \quad\left.\right\} ⑧$$

$$\Delta L3 = \frac{N3 \cdot 6,223}{2 \cdot 10^6 \cdot \frac{\pi \cdot 0,06^2}{4}} = 1,1 \cdot 10^{-3} \cdot N3$$

Paso 4: Cálculo de los esfuerzos normales

Sustituir ⑧ en ⑤:

$$1,532 \cdot 1,838 \cdot 10^{-3} \cdot N1 - 1,97 \cdot 1,019 \cdot 10^{-3} \cdot N2 - 1,1 \cdot 10^{-3} \cdot N3 = 0$$

La ecuación anterior se divide entre 10^{-3}

$2,816 \cdot N1 - 2,007 \cdot N2 - 1,1 \cdot N3 = 0$ ⑨

Al resolver ⑥, ⑦ y ⑨ se obtiene:

$$N1 = 3,342\ t$$

$$N2 = 3,588\ t$$

$$N3 = 2,240\ t$$

Paso 5: Cálculo de las deformaciones unitarias

De las ecuaciones ⑤, tenemos:

$$\varepsilon = \frac{\Delta L}{L}$$

$$\varepsilon_1 = \frac{\Delta L_1}{L} = \frac{1,838 \cdot 10^{-3} \cdot (3,342)}{4,619} = 0,00133$$

$$\varepsilon_2 = \frac{\Delta L_2}{L} = \frac{1,019 \cdot 10^{-3} \cdot (3,588)}{4} = 0,000914$$

$$\varepsilon_3 = \frac{\Delta L_3}{L} = \frac{1,1 \cdot 10^{-3} \cdot (2,240)}{6,223} = 0,000396$$

Paso 6: Cálculo de los desplazamientos de la unión

De las ecuaciones ① y ⑧, tenemos:

$$\Delta_V = \Delta L_2 = 1,019 \cdot 10^{-3} \cdot (3,588) = 0,00366\ m = 3,66\ mm$$

De las ecuaciones ③ y ⑧, tenemos:

$$\Delta H = \frac{\Delta L1 - \Delta L2 \cdot sen\ 60}{cos\ 60}$$

$$\Delta H = \frac{1,838 \cdot 10^{-3} \cdot (3,342) - 1,019 \cdot 10^{-3} \cdot (3,588) \cdot sen\ 60}{cos\ 60} = 0,00595\ m$$

$$\Delta H = 5,95\ mm$$

EJEMPLO 46

En el siguiente sistema, calcular el desplazamiento del punto B.

Datos

$$E = 2 \cdot 10^6 \frac{t}{m^2}$$

$$\phi = 2 \ cm$$

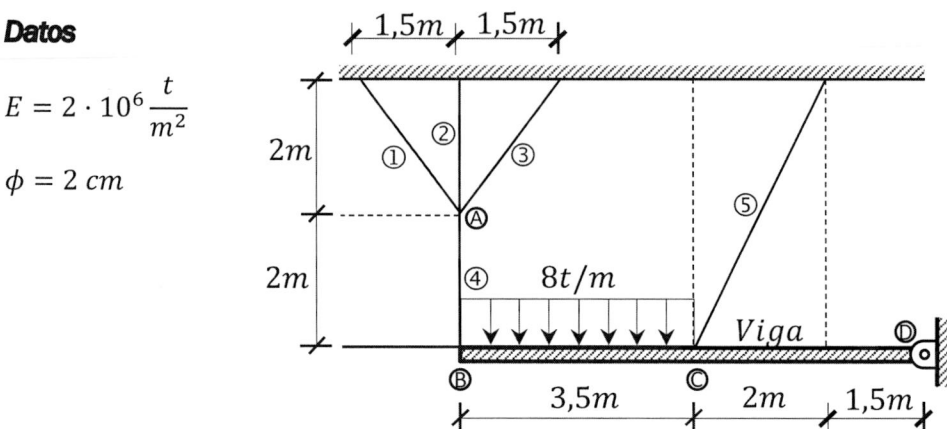

Figura 2.47 Sistema compuesto de viga y cables.

Paso 1: Proponemos una deformación coherente

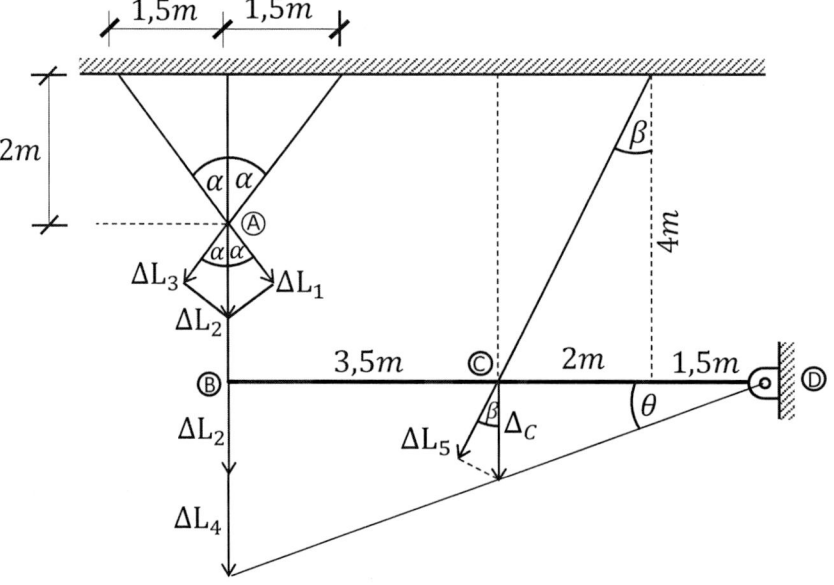

Cálculo de los ángulos α y β.

$$\alpha = Arctag\left(\frac{1,5}{2}\right) = 36,870°$$

$$\beta = Arctag\left(\frac{2}{4}\right) = 26{,}565°$$

Relación de las deformaciones en la unión A.

$$Cos\ \alpha = \frac{\Delta L_1}{\Delta L_2}$$

Despejamos ΔL_2:

$$\Delta L_2 = \frac{\Delta L_1}{Cos\ \alpha} = \frac{\Delta L_1}{Cos(36{,}870)} = 1{,}25 \cdot \Delta L_1$$

$$1{,}25 \cdot \Delta L_1 - \Delta L_2 = 0 \ ①$$

Cálculo del desplazamiento Δ_C.

$$Cos\ \beta = \frac{\Delta L_5}{\Delta_C}$$

Despejamos Δ_C:

$$\Delta_C = \frac{\Delta L_5}{Cos\ \beta} = \frac{\Delta L_5}{Cos\ (26{,}565)} = 1{,}118 \cdot \Delta L_5 \ ②$$

Relación de las deformaciones en la viga:

$$Tag\ \theta = \frac{\Delta_C}{3{,}5} = \frac{\Delta L_2 + \Delta L_4}{7} \quad *(7)$$

$$2 \cdot \Delta_C - \Delta L_2 - \Delta L_4 = 0 \ ③$$

Reemplazamos ② en ③:

$$2 \cdot (1{,}118 \cdot \Delta L_5) - \Delta L_2 - \Delta L_4 = 0 \quad *(-1)$$

$$\Delta L_2 + \Delta L_4 - 2{,}236 \cdot \Delta L_5 = 0 \ ④$$

Paso 2: Ecuaciones de equilibrio estático

a) Análisis en el nudo A:

$$\Sigma F_x = 0 \rightarrow \oplus$$

$$-N1 \cdot sen\ \alpha + N3 \cdot sen\ \alpha = 0 \quad \div (sen\alpha)$$

$$N1 - N3 = 0 \ ⑤$$

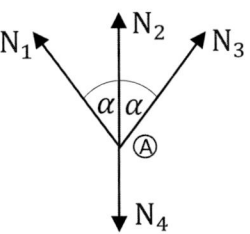

$$\Sigma F_y = 0 \uparrow \oplus$$

$$N1 \cdot \cos \alpha + N2 + N3 \cdot \cos \alpha - N4 = 0 \quad \div (\boldsymbol{\cos \alpha})$$

$$N1 + \frac{N2}{\cos \alpha} + N3 - \frac{N4}{\cos \alpha} = 0$$

$$N1 + 1{,}25 \cdot N2 + N3 - 1{,}25 \cdot N4 = 0 \quad ⑥$$

b) Análisis en la viga:

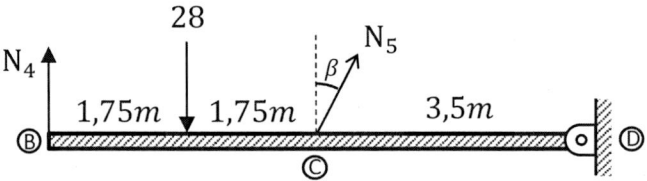

$$\Sigma M_D = 0 \circlearrowleft \oplus$$

$$N_4 \cdot 7 - 28 \cdot 5{,}25 + N_5 \cdot \cos \beta \cdot 3{,}5 = 0$$

$$7 \cdot N_4 + 3{,}13 \cdot N_5 = 147 \quad ⑦$$

Paso 3: Cálculo de las deformaciones

Primero calculamos las longitudes de los cables:

$$L_1 = L_3 = \sqrt{1{,}5^2 + 2^2} = 2{,}5 \ m$$

$$L_2 = L_4 = 2 \ m$$

$$L_5 = \sqrt{2^2 + 4^2} = 4{,}472 \ m$$

$$\Delta L = \frac{N \cdot L}{E \cdot A}$$

$$\Delta L_1 = \frac{N_1 \cdot 2{,}5}{2 \cdot 10^6 \cdot \dfrac{\pi \cdot 0{,}02^2}{4}} = 0{,}00398 \cdot N_1$$

$$\Delta L_2 = \frac{N_2 \cdot 2}{2 \cdot 10^6 \cdot \dfrac{\pi \cdot 0{,}02^2}{4}} = 0{,}00318 \cdot N_2$$

$$⑧$$

$$\Delta L_3 = \frac{N_3 \cdot 2,5}{2 \cdot 10^6 \cdot \dfrac{\pi \cdot 0,02^2}{4}} = 0,00398 \cdot N_3$$

$$\Delta L_4 = \frac{N_4 \cdot 2}{2 \cdot 10^6 \cdot \dfrac{\pi \cdot 0,02^2}{4}} = 0,00318 \cdot N_4 \qquad \Big\}\;⑧$$

$$\Delta L_5 = \frac{N_5 \cdot 4,472}{2 \cdot 10^6 \cdot \dfrac{\pi \cdot 0,02^2}{4}} = 0,00712 \cdot N_5$$

Paso 4: Cálculo de los esfuerzos normales

Reemplazamos las ecuaciones de ⑧ en ①:

$1,25 \cdot (0,00398 \cdot N_1) - (0,00318 \cdot N_2) = 0 \quad * (\mathbf{1000})$

$4,975 \cdot N_1 - 3,18 \cdot N_2 = 0$ ⑨

Reemplazamos las ecuaciones de ⑧ en ④:

$(0,00318 \cdot N_2) + (0,00318 \cdot N_4) - 2,236 \cdot (0,00712 \cdot N_5) = 0 \; * (\mathbf{1000})$

$3,18 \cdot N_2 + 3,18 \cdot N_4 - 15,92 \cdot N_5 = 0$ ⑩

Resumiendo, las ecuaciones ⑤, ⑥, ⑦, ⑨ y ⑩ de esfuerzos internos obtenidas:

$N1 - N3 = 0$

$N1 + 1,25 \cdot N2 + N3 - 1,25 \cdot N4 = 0$

$7 \cdot N_4 + 3,13 \cdot N_5 = 147$

$4,975 \cdot N_1 - 3,18 \cdot N_2 = 0$

$3,18 \cdot N_2 + 3,18 \cdot N_4 - 15,92 \cdot N_5 = 0$

Al resolver el sistema de ecuaciones obtenemos:

$$N_1 = 5,855 \; t$$

$$N_2 = 9,160 \; t$$

$$N_3 = 5,855 \; t$$

$$N_4 = 18,527\ t$$

$$N_5 = 5,530\ t$$

Paso 5: Cálculo del desplazamiento del punto B

Del gráfico del paso 2 obtenemos:

$$\Delta_B = \Delta L_2 + \Delta L_4$$

De las fórmulas ⑧:

$$\Delta L_2 = 0,00318 \cdot N_2 = 0,00318 \cdot 9,160$$

$$\Delta L_2 = 0,0291\ m = 2,91\ cm$$

$$\Delta L_4 = 0,00318 \cdot N_4 = 0,00318 \cdot 18,527$$

$$\Delta L_4 = 0,0589\ m = 5,89\ cm$$

El desplazamiento del punto B es:

$$\Delta_B = 2,91 + 5,89$$

$$\Delta_B = 8,8\ cm$$

EJEMPLO 47

Calcular el desplazamiento horizontal y vertical del punto B.

Datos

$$E = 2 \cdot 10^6 \frac{t}{m^2}$$

$$\emptyset = 2\ cm$$

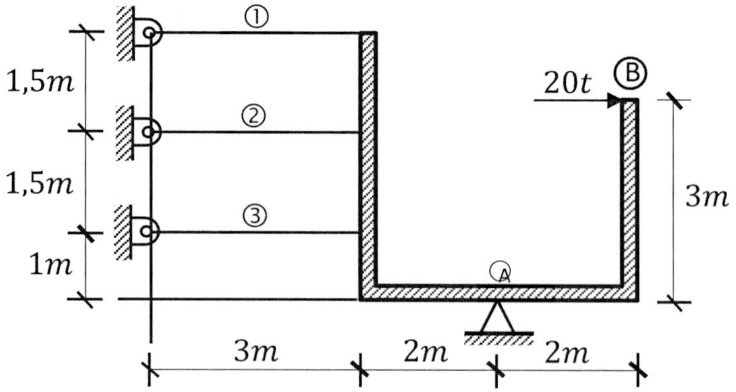

Figura 2.48 Sistema compuesto de marco rígido y cables.

Paso 1: Proponemos una deformación coherente

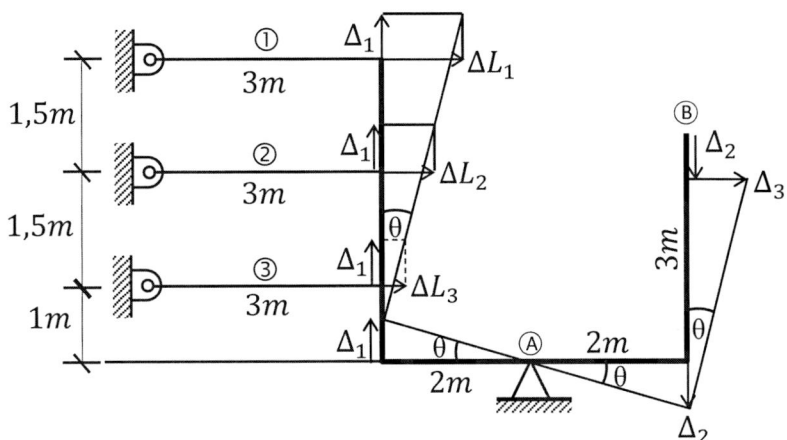

$$Tag\ \theta = \frac{\Delta L_1}{4} = \frac{\Delta L_2}{2,5} = \frac{\Delta L_3}{1}$$

De esta expresión podemos obtener dos ecuaciones de compatibilidad:

$$\frac{\Delta L_1}{4} = \frac{\Delta L_3}{1}$$

$$\Delta L_1 - 4 \cdot \Delta L_3 = 0 \quad ①$$

$$\frac{\Delta L_2}{2,5} = \frac{\Delta L_3}{1}$$

$$\Delta L_2 - 2,5 \cdot \Delta L_3 = 0 \quad ②$$

Paso 2: Ecuaciones de equilibrio estático

$$\Sigma M_A = 0 \circlearrowleft \oplus$$

$$N_1 \cdot 4 + N_2 \cdot 2,5 + N_3 \cdot 1 - 20 \cdot 3 = 0$$

$$4 \cdot N_1 + 2,5 \cdot N_2 + N_3 = 60 \quad ③$$

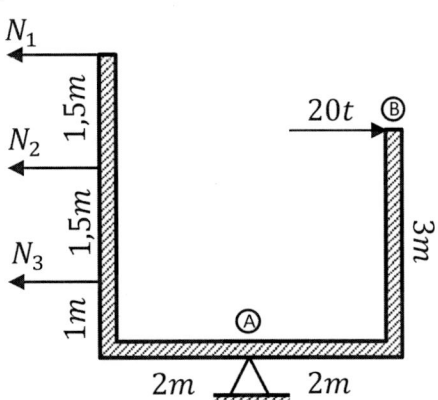

Paso 3: Cálculo de las deformaciones

$$\Delta L = \frac{N \cdot L}{E \cdot A}$$

$$\Delta L_1 = \frac{N_1 \cdot 3}{2 \cdot 10^6 \cdot \dfrac{\pi \cdot 0,02^2}{4}} = 0,00477 \cdot N_1$$

$$\Delta L_2 = \frac{N_2 \cdot 3}{2 \cdot 10^6 \cdot \dfrac{\pi \cdot 0,02^2}{4}} = 0,00477 \cdot N_2 \qquad ④$$

$$\Delta L_3 = \frac{N_3 \cdot 3}{2 \cdot 10^6 \cdot \dfrac{\pi \cdot 0,02^2}{4}} = 0,00477 \cdot N_3$$

Paso 4: Cálculo de los esfuerzos normales

Reemplazamos las ecuaciones de ④ en ①:

$(0,00477 \cdot N_1) - 4 \cdot (0,00477 \cdot N_3) = 0 \qquad \div \mathbf{0,00477}$

$N_1 - 4 \cdot N_3 = 0 \quad ⑤$

Reemplazamos las ecuaciones de ④ en ②:

$\Delta L_2 - 2,5 \cdot \Delta L_3 = 0$

$(0,00477 \cdot N_2) - 2,5 \cdot (0,00477 \cdot N_3) = 0 \quad \div \mathbf{0,00477}$

$N_2 - 2,5 \cdot N_3 = 0 \quad ⑥$

Resumiendo, las ecuaciones de esfuerzos normales son las siguientes:

$4 \cdot N_1 + 2,5 \cdot N_2 + N_3 = 60$

$N_1 - 4 \cdot N_3 = 0$

$N_2 - 2,5 \cdot N_3 = 0$

Si resolvemos el sistema de ecuaciones, obtenemos:

$N_1 = 10,323 \, t$

$N_2 = 6,452 \, t$

$N_3 = 2,581 \, t$

Paso 5: Cálculo del desplazamiento del punto B

Del gráfico del paso 2 obtenemos:

$$Tag\ \theta = \frac{\Delta L_1}{4} = \frac{\Delta_2}{2} = \frac{\Delta_3}{3}$$

Reemplazamos ΔL_1 de las ecuaciones ⑧:

$$\Delta_2 = 2\left(\frac{\Delta L_1}{4}\right) = 2\left(\frac{0,00477 \cdot N_1}{4}\right) = 2\left(\frac{0,00477 \cdot 10,323}{4}\right) = 0,0246\ m$$

$$\Delta_3 = 3\left(\frac{\Delta L_1}{4}\right) = 3\left(\frac{0,00477 \cdot N_1}{4}\right) = 3\left(\frac{0,00477 \cdot 10,323}{4}\right) = 0,0369\ m$$

Del gráfico del paso 1, los desplazamientos del punto B son:

$$\Delta_H = \Delta_3 = 3,69\ cm$$

$$\Delta_V = \Delta_2 = 2,46\ cm$$

EJEMPLO 48

Calcular los esfuerzos normales en los cables del siguiente sistema.

Datos

$$E = 1 \cdot 10^6 \frac{t}{m^2}$$

$$\emptyset = 3\ cm$$

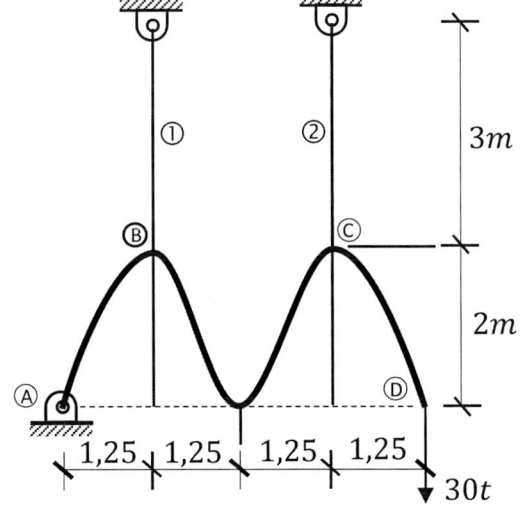

Figura 2.49 Arco suspendido por cables.

Paso 1: Proponemos una deformación coherente

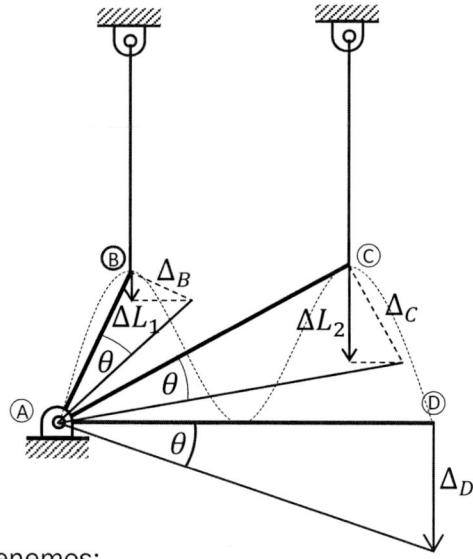

Del gráfico anterior tenemos:

$$Tag\ \theta = \frac{\Delta_B}{L_{AB}} = \frac{\Delta_C}{L_{AC}} \quad ①$$

Del gráfico siguiente calculamos las longitudes AB y AC.

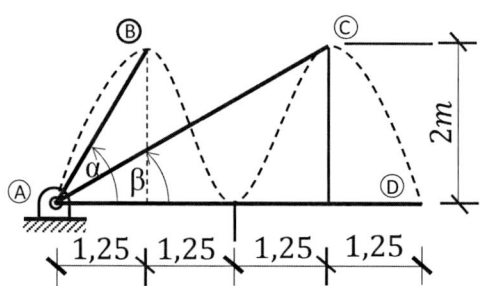

$$L_{AB} = \sqrt{1{,}25^2 + 2^2} = 2{,}358\ m$$

$$L_{AC} = \sqrt{3{,}75^2 + 2^2} = 4{,}25\ m$$

$$\alpha = Arctag\left(\frac{2}{1{,}25}\right) = 57{,}995°$$

$$\beta = Arctag\left(\frac{2}{3{,}75}\right) = 28{,}072°$$

Calculamos Δ_B y Δ_C en función a las deformaciones de los cables.

$$Cos\ \alpha = \frac{\Delta L_1}{\Delta_B}$$

$$\Delta_B = \frac{\Delta L_1}{Cos\ \alpha}$$

$$\Delta_B = 1,887 \cdot \Delta L_1$$

$$Cos\ \beta = \frac{\Delta L_2}{\Delta_C}$$

$$\Delta_C = \frac{\Delta L_2}{Cos\ \beta}$$

$$\Delta_C = 1,133 \cdot \Delta L_2$$

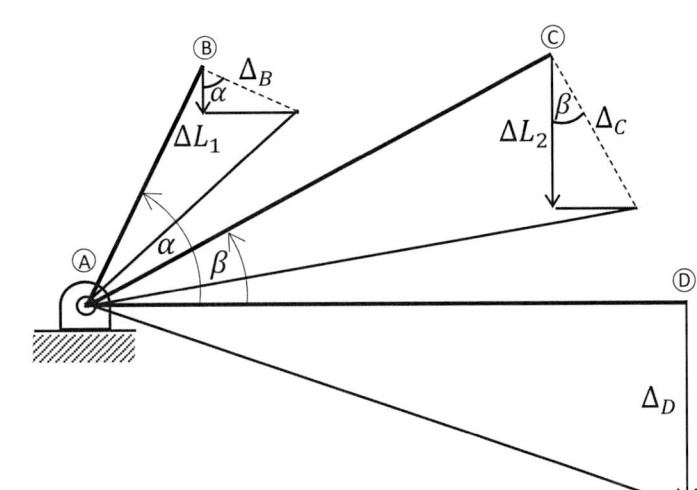

Reemplazamos Δ_B, Δ_C, L_{AB} y L_{AC} en la ecuación ①.

$$Tag\ \theta = \frac{1,887 \cdot \Delta L_1}{2,358} = \frac{1,133 \cdot \Delta L_2}{4,25}$$

$$4,25 \cdot (1,887 \cdot \Delta L_1) = 2,358 \cdot (1,133 \cdot \Delta L_2)$$

$$8,02 \cdot \Delta L_1 - 2,672 \cdot \Delta L_2 = 0 \ ② \ \textit{Ecuación de compatibilidad}$$

Paso 2: Ecuaciones de equilibrio estático

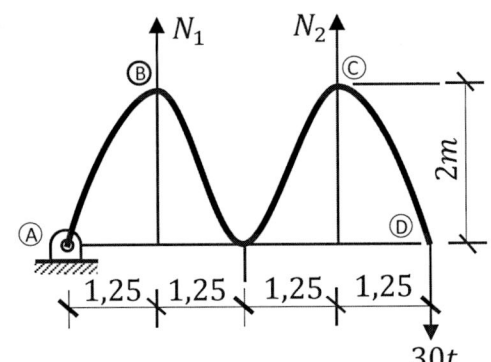

$$\Sigma M_A = 0 \ \circlearrowleft \oplus$$

$$N_1 \cdot 1,25 + N_2 \cdot 3,75 - 30 \cdot 5 = 0$$

Si dividimos entre 1,25.

$$N_1 + 3 \cdot N_2 = 120 \ ③$$

Paso 3: Cálculo de las deformaciones

$$\Delta L = \frac{N \cdot L}{E \cdot A}$$

$$\Delta L_1 = \frac{N_1 \cdot 3}{1 \cdot 10^6 \cdot \frac{\pi \cdot 0{,}03^2}{4}} = 0{,}00424 \cdot N_1$$

$$\Delta L_2 = \frac{N_2 \cdot 3}{1 \cdot 10^6 \cdot \frac{\pi \cdot 0{,}03^2}{4}} = 0{,}00424 \cdot N_2$$

④

Paso 4: Cálculo de los esfuerzos normales

Reemplazamos las ecuaciones de ④ en ②:

$$8{,}02 \cdot (0{,}00424 \cdot N_1) - 2{,}672 \cdot (0{,}00424 \cdot N_2) = 0$$

Si dividimos entre 0,00424, tenemos:

$$8{,}02 \cdot N_1 - 2{,}672 \cdot N_2 = 0 \quad ⑤$$

Al resolver ③ y ⑤, obtenemos:

$$N_1 = 11{,}995 \; t$$

$$N_2 = 36{,}002 \; t$$

2.8. CÁLCULO DE LA DEFORMACIÓN AXIAL POR INTEGRALES

En el cálculo de la deformación de un elemento es necesario recurrir al uso de integrales en los siguientes casos:

- Cuando el esfuerzo normal no es constante a lo largo de la barra donde actúa.
- Cuando el área de la sección varía en función de su longitud.

Para estos casos es necesario analizar la variación de la deformación $d\Delta L$ para un diferencial de longitud dx, tal como se muestra a continuación.

$$\Delta L = \frac{N \cdot L}{E \cdot A} \quad \Rightarrow \quad d\Delta L = \frac{N \cdot dx}{E \cdot A}$$

Cuando N es función de x:

$$d\Delta L = \frac{N_x \cdot dx}{E \cdot A}$$

Si integramos ambos miembros:

$$\Delta L = \frac{1}{E \cdot A} \cdot \int_0^L N_x dx$$

Cuando A es función de x:

$$d\Delta L = \frac{N \cdot dx}{E \cdot A_x}$$

Si integramos ambos miembros:

$$\Delta L = \frac{N}{E} \cdot \int_0^L \frac{1}{A_x} dx$$

Cuando N y A son funciones de x:

$$d\Delta L = \frac{N_x \cdot dx}{E \cdot A_x}$$

Si integramos ambos miembros:

$$\Delta L = \frac{1}{E} \cdot \int_0^L \frac{N_x}{A_x} dx$$

EJEMPLO 49

Calcular la deformación de la siguiente pieza despreciando su peso propio.

Datos

$$E = 291241 \ \frac{kg}{cm^2}$$

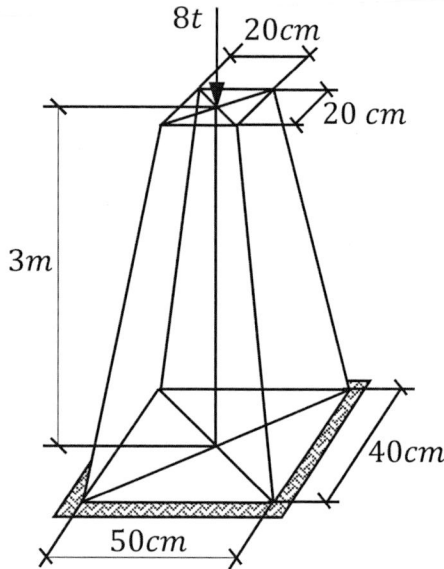

Figura 2.50 Barra de sección variable.

Paso 1: Función del área

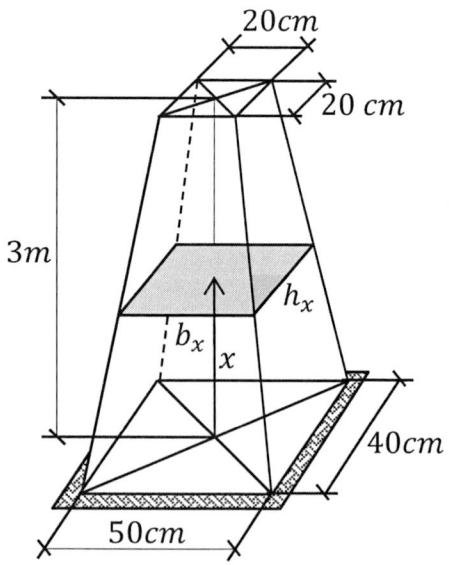

Analizamos la función del área.

$$A_x = b_x \cdot h_x \;\; \text{①}$$

Analizamos primero la base como función de x.

$$b_x = m \cdot x + n$$

$$Cuando \; x = 0 \;\; \Rightarrow \;\; b_x = 50 \; cm$$

$$50 = m \cdot 0 + n$$

$$n = 50$$

$$Cuando \; x = 300 \; cm \;\; \Rightarrow \; b_x = 20 \; cm$$

$$20 = m \cdot (300) + 50$$

$$m = -\frac{1}{10}$$

$$\therefore b_x = -\frac{1}{10} \cdot x + 50 \;\; \text{②}$$

Ahora analizamos la altura de la sección como función de x.

$$h_x = p \cdot x + q$$

$$Cuando \; x = 0 \;\; \Rightarrow \;\; h_x = 40 \; cm$$

$$40 = p \cdot 0 + q$$

$$q = 40$$

$$Cuando \; x = 300 \; cm \;\; \Rightarrow \; h_x = 20 \; cm$$

$$20 = p \cdot (300) + 40$$

$$p = \frac{20 - 40}{300} = -\frac{2}{30}$$

$$\therefore h_x = -\frac{2}{30} \cdot x + 40 \;\; \text{③}$$

Reemplazamos ② y ③ en ①:

$$A = b_x \cdot h_x$$

$$A = \left(-\frac{1}{10} \cdot x + 50\right) \cdot \left(-\frac{2}{30} \cdot x + 40\right)$$

$$A = \frac{1}{150} \cdot x^2 - 4 \cdot x - \frac{10}{3} \cdot x + 2000$$

$$A = \frac{1}{150} \cdot x^2 - \frac{22}{3} \cdot x + 2000$$

Paso 2: Cálculo de la deformación

Datos

$N = 8\,t = 8000\,kg$

$E = 291241\,\dfrac{kg}{cm^2}$

$L = 3\,m = 300\,cm$

$$\Delta L = \frac{N}{E} \cdot \int_0^L \frac{1}{A_x}\,dx$$

$$\Delta L = \frac{8000}{291241} \cdot \int_0^{300} \frac{1}{\dfrac{1}{150} \cdot x^2 - \dfrac{22}{3} \cdot x + 2000}\,dx$$

$$\Delta L = 0{,}0092\,cm \ \ (acortamiento)$$

EJEMPLO 50

Calcular la deformación de la siguiente pieza debida a su propio peso.

Datos

$E = 291241\,\dfrac{kg}{cm^2}$

$\gamma = 2{,}4\,\dfrac{t}{m^3}$

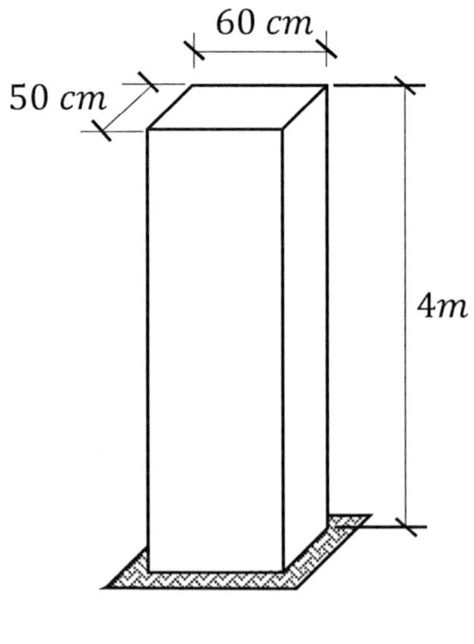

Figura 2.51 Columna de sección constante.

Paso 1: Función del esfuerzo normal

Primero calculamos la variación del volumen como una función de x.

$$V_x = 50 \cdot 60 \cdot (400 - x)$$
$$V_x = 1{,}2 \cdot 10^6 - 3000 \cdot x$$

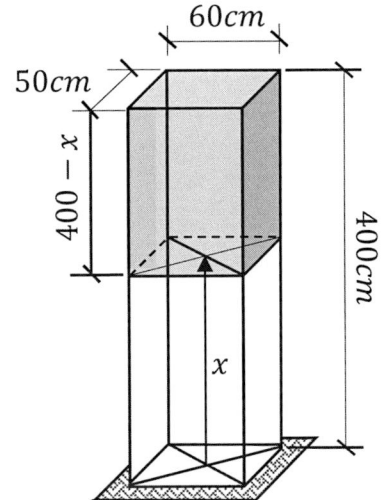

Analizamos el esfuerzo normal como peso del volumen.

$$N_x = Peso = \gamma \cdot V_x$$

Transformamos el peso específico de t/m³ a kg/cm³.

$$\gamma = 2{,}4 \frac{t}{m^3} \cdot \frac{1000 \ kg}{1 \ t} \cdot \frac{1 \ m^3}{10^6 \ cm^3}$$

$$\gamma = 2{,}4 \cdot 10^{-3} \frac{kg}{cm^3}$$

$$N_x = 2{,}4 \cdot 10^{-3} \cdot (1{,}2 \cdot 10^6 - 3000 \cdot x)$$
$$N_x = 2880 - 7{,}2 \cdot x$$

Paso 2: Cálculo de la deformación

Datos

$$N = 2880 - 7{,}2 \cdot x \quad [kg]$$

$$E = 291241 \ kg/cm^2$$

$$A = 50 \cdot 60 = 3000 \ cm^2$$

$$L = 400 \ cm$$

Utilizando la siguiente expresión calculamos la deformación:

$$\Delta L = \frac{1}{E \cdot A} \cdot \int_0^L N_x dx$$

$$\Delta L = \frac{1}{291241 \cdot 3000} \cdot \int_0^{400} (2880 - 7{,}2 \cdot x) dx$$

$$\Delta L = 6{,}6 \cdot 10^{-4} \ cm \quad (acortamiento)$$

EJEMPLO 51

Calcular la deformación debida a una carga axial rectangular en una barra de sección variable. Desprecie el peso propio.

Datos

$$E = 1,5 \cdot 10^6 \frac{t}{m^2}$$

$$r = 20 \; cm$$

$$R = 40 \; cm$$

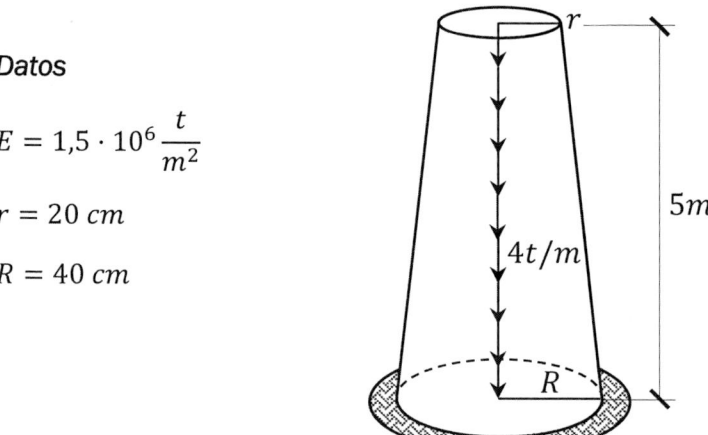

Figura 2.52 Columna tronco-cónica.

Paso 1: Función del esfuerzo normal

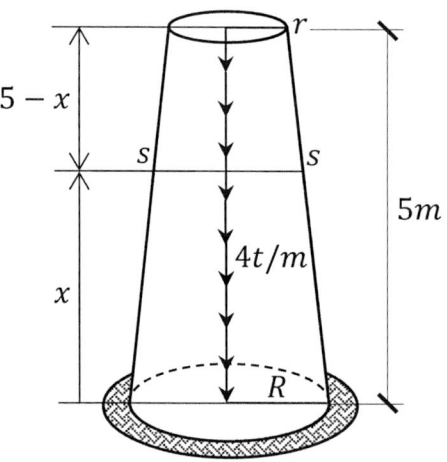

Para evitar calcular la reacción vertical en el apoyo, consideramos las cargas por encima de la sección s-s.

$$N_x = 4 \cdot (5 - x)$$

$$N_x = 20 - 4 \cdot x \quad [t]$$

Paso 2: Cálculo del área como función de x

$$A_x = \pi \cdot R_x{}^2$$

Analizamos la función del radio.

$R_x = a \cdot x + b$ *función lineal*

$Cuando\ x = 0\ \Rightarrow\ R_x = 0,4\ m$

$0,4 = a \cdot 0 + b$

$b = 0,4$

$Cuando\ x = 5\ m\ \Rightarrow\ R_x = 0,2\ m$

$0,2 = a \cdot 5 + 0,4$

$a = -0,04$

$\therefore R_x = -0,04 \cdot x + 0,4$

$A_x = \pi \cdot (-0,04 \cdot x + 0,4)^2 = \pi \cdot (0,0016 \cdot x^2 - 0,032 \cdot x + 0,16)$

$A_x = 0,0016 \cdot \pi \cdot x^2 - 0,032 \cdot \pi \cdot x + 0,16 \cdot \pi \quad [m^2]$

Paso 3: Cálculo de la deformación

Datos

$$E = 1,5 \cdot 10^6 \frac{t}{m^2}$$

$$N_x = 20 - 4 \cdot x \quad [t]$$

$$A_x = 0,0016 \cdot \pi \cdot x^2 - 0,032 \cdot \pi \cdot x + 0,16 \cdot \pi \quad [m^2]$$

$$\Delta L = \frac{1}{E} \cdot \int_0^L \frac{N_x}{A_x} dx$$

$$\Delta L = \frac{1}{1,5 \cdot 10^6} \cdot \int_0^5 \frac{20 - 4 \cdot x}{0,0016 \cdot \pi \cdot x^2 - 0,032 \cdot \pi \cdot x + 0,16 \cdot \pi} dx$$

$$\Delta L = 0,0001025\ m = 0,1025\ mm$$

2.9. ECUACIÓN DIFERENCIAL DE LOS DESPLAZAMIENTOS AXIALES

Supongamos que tenemos una barra sometida a un esfuerzo normal *N* y una sección *s-s* arbitraria definida en su posición por una variable *x*. A una distancia *dx* de la sección s-s ubicamos una sección *r-r*; la distancia entre ambas secciones tiende a cero.

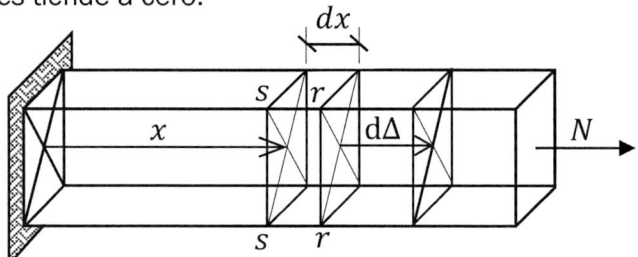

Figura 2.53 Secciones adyacentes.

Si en este elemento de longitud *dx* calculamos la deformación *dΔ*, esta será equivalente al desplazamiento de la sección *s-s*. Esto es fácilmente entendible, ya que las distancias entre ambas secciones son prácticamente cero.

$$\Delta L = \frac{N \cdot L}{E \cdot A}$$

$$d\Delta = \frac{N \cdot dx}{E \cdot A}$$

Esta expresión se escribe normalmente como una ecuación de variables separables:

$$d\Delta = \left(\frac{N}{E \cdot A}\right) dx$$

Para determinar las constantes de integración de estas ecuaciones diferenciales debemos aplicar condiciones de borde en los apoyos, sabiendo que sus desplazamientos son nulos en estas posiciones.

La solución de esta ecuación dará como resultado una función *Δ* con respecto a *x*, la cual describe la variación de los desplazamientos para cualquier sección de la barra.

EJEMPLO 52

Diagramar la variación de los desplazamientos axiales.

Datos

$E = 2 \cdot 10^6 \, t/m^2$

$b/h = 20 \, cm/30 \, cm$

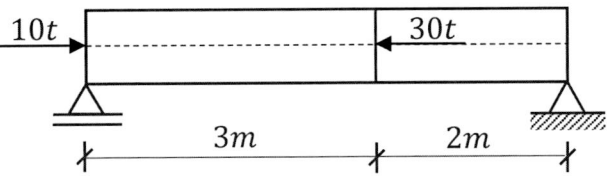

Figura 2.54 Viga con carga axial.

Paso 1: Cálculo de los esfuerzos normales

$\leftarrow \oplus N_{1-2} = -10$

$\leftarrow \oplus N_{2-3} = -10 + 30$

$N_{2-3} = 20$

Paso 2: Ecuaciones de los desplazamientos

a) Tramos 1-2 (0 ≤ x ≤ 3)

$N_{1-2} = -10 \, t$

$E \cdot A = 2 \cdot 10^6 \cdot 0,2 \cdot 0,3 = 120000$

$$d\Delta = \frac{N}{E \cdot A} dx$$

$$d\Delta = \frac{-10}{120000} dx$$

$$\Delta = \frac{-x}{12000} + c1$$

b) Tramos 2-3 (3 ≤ x ≤ 5)

$N_{2-3} = 20 \, t$

$E \cdot A = 2 \cdot 10^6 \cdot 0,2 \cdot 0,3 = 120000$

$$d\Delta = \frac{N}{E \cdot A} dx$$

$$d\Delta = \frac{20}{120000} dx$$

$$\Delta = \frac{x}{6000} + c2$$

c) Condiciones de borde

1ª condición

$Cuando: x = 5\,m \rightarrow \Delta = 0$

Reemplazamos en la ecuación del tramo 2-3:

$$0 = \frac{5}{6000} + c2$$

$$c2 = \frac{-1}{1200}$$

2ª condición

$Cuando: x = 3\,m \rightarrow \Delta = \Delta_{1-2} = \Delta_{2-3}$

$$\frac{-3}{12000} + c1 = \frac{3}{6000} + c2$$

$$\frac{-3}{12000} + c1 = \frac{3}{6000} - \frac{1}{1200}$$

$$c1 = \frac{-1}{12000}$$

d) Resultados

Tramo 1-2 (0 ≤ x ≤ 3):

$$\Delta = \frac{-x}{12000} - \frac{1}{12000}$$

Tramo 2-3 (3 ≤ x ≤ 5):

$$\Delta = \frac{x}{6000} - \frac{1}{1200}$$

Paso 3: Diagrama de los desplazamientos axiales

Tramo	x	Δ [m]	Δ [mm]
1-2	0	-8,33E-05	-0,0833
	1	-1,67E-04	-0,167
	2	-2,50E-04	-0,250
	3	-3,33E-04	-0,333
2-3	3	-3,33E-04	-0,333
	4	-1,67E-04	-0,167
	5	0	0

Debemos adoptar una escala y luego diagramar los datos del cuadro anterior.

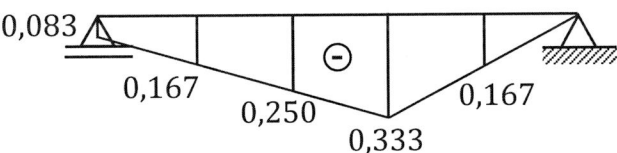

0,083

0,167

0,250

0,333

0,167

EJEMPLO 53

Calcular el desplazamiento total del punto A debido a su propio peso y obtener el diagrama de los desplazamientos.

Datos

Sección circular

$$E = 2 \cdot 10^6 \frac{t}{m^2}$$

$$\gamma = 7,85 \frac{t}{m^3}$$

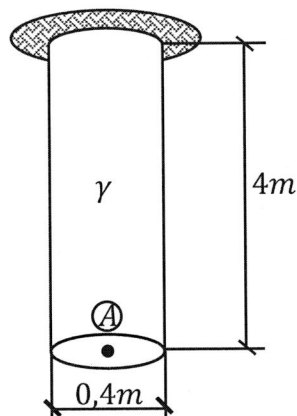

γ

4m

0,4m

Figura 2.55 Barra de sección circular.

Caso 1: Cálculo del esfuerzo normal

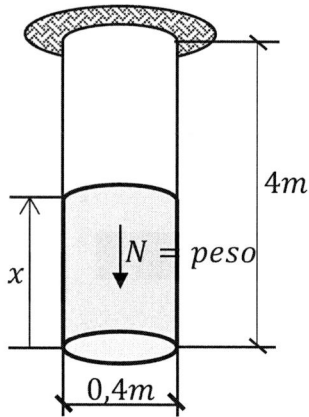

$N = Peso$

$N = \gamma \cdot V$

$N = 7{,}85 \cdot \left(\dfrac{\pi \cdot 0{,}4^2}{4} \cdot x \right)$

$N = 0{,}986 \cdot x$

4m

x

$\downarrow N = peso$

$0{,}4m$

Paso 2: Función de los desplazamientos

$$E \cdot A = 2 \cdot 10^6 \cdot \frac{\pi \cdot (0{,}4)^2}{4} = 251328$$

$$d\Delta = \frac{0{,}986 \cdot x}{251328}$$

$$d\Delta = 3{,}923 \cdot 10^{-6} \cdot x \, dx$$

Si integramos ambos miembros:

$$\Delta = 3{,}923 \cdot 10^{-6} \cdot \frac{x^2}{2} + C$$

$$\Delta = 1{,}962 \cdot 10^{-6} \cdot x^2 + C$$

Condición de borde:

$$cuando \; x = 4 \;\; \rightarrow \Delta = 0$$

$$0 = 1{,}962 \cdot 10^{-6} \cdot 4^2 + C$$

$$C = -3{,}139 \cdot 10^{-5}$$

Ecuación de los desplazamientos:

$$\Delta = 1{,}962 \cdot 10^{-6} \cdot x^2 - 3{,}139 \cdot 10^{-5}$$

Paso 3: Diagrama de los desplazamientos

Adoptamos una escala para poder graficar.

x	$\Delta \left[10^{-5}\right]$ m
0	−3,139
1	−2,943
2	−2,354
3	−1,373
4	0

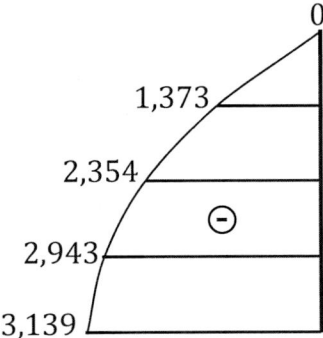

El desplazamiento total del punto A es $-3,139 \cdot 10^{-5}\, m$.

EJEMPLO 54

Calcular el desplazamiento axial en las posiciones: $x = 1,2\, m, x = 1,4\, m\, y\, x = 1,6\, m$.

Datos

Sección cuadrada

$E = 2 \cdot 10^6 \dfrac{t}{m^2}$

$Y = 2,5 \dfrac{t}{m^3}$

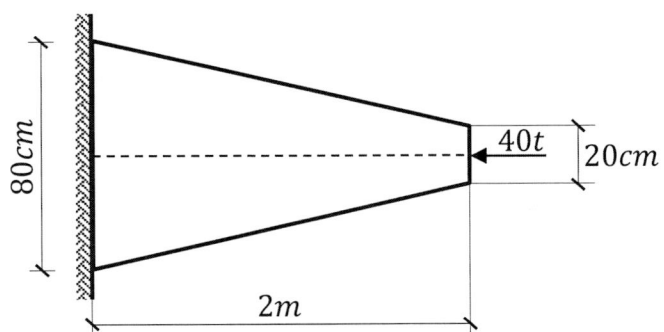

Figura 2.56 Viga de sección variable.

Paso 1: Cálculo del esfuerzo normal

$$N = -40\ t\ (valor\ constante)$$

Paso 2: Cálculo del área en función de x

$$A = a^2$$
$$a = m \cdot x + n\ \ (función\ lineal)$$

$$Cuando\ x = 0 \rightarrow a = 0{,}8\ [m]$$

$$0{,}8 = m \cdot 0 + n$$

$$n = 0{,}8$$

$$Cuando\ x = 2\ [m] \rightarrow a = 0{,}2\ [m]$$

$$0{,}2 = m \cdot 2 + 0{,}8$$

$$m = -0{,}3$$

$$\therefore a = -0{,}3 \cdot x + 0{,}8$$

La función del área es:

$$A = a^2 = (-0{,}3 \cdot x + 0{,}8)^2$$

Paso 3: Función de los desplazamientos

$$d\Delta = \frac{N}{E \cdot A} dx$$

$$d\Delta = \frac{-40}{2 \cdot 10^6 \cdot (-0{,}3 \cdot x + 0{,}8)^2} dx$$

$$d\Delta = \frac{-40}{2 \cdot 10^6 \cdot (-0{,}3)^2 (x - 2{,}667)^2} dx$$

$$d\Delta = \frac{-2{,}222 \cdot 10^{-4}}{(x - 2{,}667)^2} dx$$

Si integramos ambos miembros:

$$\Delta = \frac{2{,}222 \cdot 10^{-4}}{x - 2{,}667} + c$$

Condición de borde:

$$Cuando\ x = 0 \rightarrow \Delta = 0$$

$$0 = \frac{2{,}222 \cdot 10^{-4}}{0 - 2{,}667} + c$$

$$c = 8{,}331 \cdot 10^{-5}$$

Por lo tanto, la ecuación es:

$$\Delta = \frac{2{,}222 \cdot 10^{-4}}{x - 2{,}667} + 8{,}331 \cdot 10^{-5}$$

Paso 4: Diagrama de los desplazamientos

x	Δ[10⁻⁵]m
0	0
0,6	-2,419
1,2	-6,816
1,4	-9,206
1,6	-12,494
2	-24,982

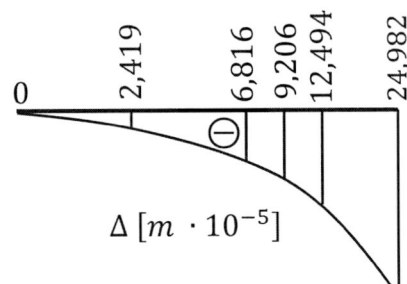

$$\Delta_{x=1,2} = -6,816 \cdot 10^{-5} \; m$$

$$\Delta_{x=1,4} = -9,206 \cdot 10^{-5} \; m$$

$$\Delta_{x=1,6} = -12,494 \cdot 10^{-5} \; m$$

2.10. PROBLEMAS HIPERESTÁTICOS RESUELTOS POR LA ECUACIÓN DIFERENCIAL DE LOS DESPLAZAMIENTOS

Los sistemas estructurales hiperestáticos constituidos por elementos unidireccionales pueden resolverse aplicando la ecuación diferencial de los desplazamientos, considerando las reacciones hiperestáticas incógnitas durante casi todo el proceso, para, finalmente, obtener su magnitud a través de la aplicación de las condiciones de borde.

EJEMPLO 55

Calcular reacciones horizontales.

Datos

$$E_{1-2} = 2 \cdot 10^6 \; t/m^2$$

$$\emptyset_{1-2} = 30 \; cm$$

$$E_{2-3} = 2,5 \cdot 10^6 \; t/m^2$$

$$\emptyset_{2-3} = 40 \; cm$$

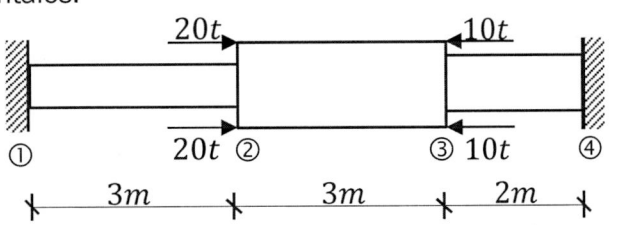

Figura 2.57 Viga hiperestática con carga axial.

$E_{3-4} = 3 \cdot 10^6 \ t/m^2$

$\emptyset_{3-4} = 35 \ cm$

Paso 1: Ecuación de equilibrio estático

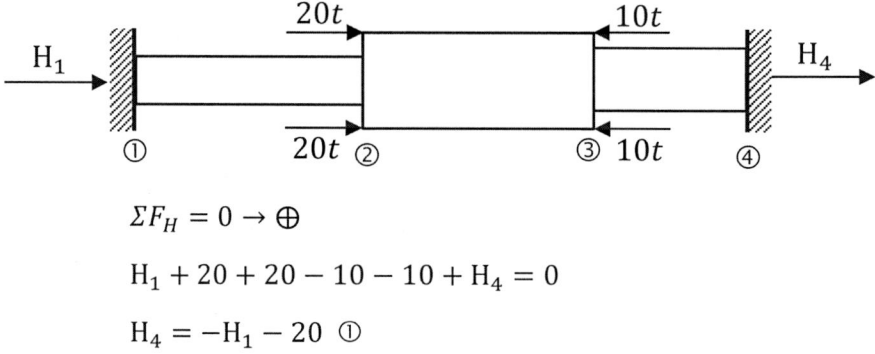

$$\Sigma F_H = 0 \rightarrow \oplus$$

$$H_1 + 20 + 20 - 10 - 10 + H_4 = 0$$

$$H_4 = -H_1 - 20 \ \text{①}$$

Paso 2: Cálculo de los esfuerzos normales

a) Tramos 1-2 (0 ≤ x ≤ 3)

$$\leftarrow \oplus N = -H_1$$

b) Tramos 2-3 (3 ≤ x ≤ 6)

$$\leftarrow \oplus N = -H_1 - 20 - 20 = -H_1 - 40$$

c) Tramos 3-4 (6 ≤ x ≤ 8)

$$\leftarrow \oplus N = -H_1 - 20 - 20 + 10 + 10$$

$$N = -H_1 - 20$$

Paso 3: Funciones de los desplazamientos

$$d\Delta = \left(\frac{N}{E \cdot A}\right) dx$$

$$(E \cdot A)_{1-2} = 2 \cdot 10^6 \cdot \frac{\pi \cdot 0{,}3^2}{4} = 141372$$

$$(E \cdot A)_{2-3} = 2{,}5 \cdot 10^6 \cdot \frac{\pi \cdot 0{,}4^2}{4} = 314160$$

$$(E \cdot A)_{3-4} = 3 \cdot 10^6 \cdot \frac{\pi \cdot 0{,}35^2}{4} = 288634{,}5$$

a) Tramos 1-2 (0 ≤ x ≤ 3)

$$d\Delta= \left(\frac{-H_1}{141372}\right) dx$$

$$\Delta= \left(\frac{-H_1}{141372}\right) \cdot x + c1 \quad ②$$

b) Tramos 2-3 (3 ≤ x ≤ 6)

$$d\Delta= \left(\frac{-H_1 - 40}{314160}\right) dx$$

$$\Delta= \left(\frac{-H_1 - 40}{314160}\right) \cdot x + c2 \quad ③$$

c) Tramos 3-4 (6 ≤ x ≤ 8)

$$d\Delta= \left(\frac{-H_1 - 20}{288634,5}\right) dx$$

$$\Delta= \left(\frac{-H_1 - 20}{288634,5}\right) \cdot x + c3 \quad ④$$

d) Condiciones de borde

$Cuando\ x = 0 \rightarrow \Delta= 0$ (Tramo 1-2)

$$0 = \left(\frac{-H_1}{141372}\right) \cdot (0) + c1$$

$$c1 = 0$$

$Cuando\ x = 8 \rightarrow \Delta= 0$ (Tramo 3-4)

$$0 = \left(\frac{-H_1 - 20}{288634,5}\right) \cdot 8 + c3$$

$$c3 = \left(\frac{8 \cdot H_1 + 160}{288634,5}\right)$$

$$c3 = 2,772 \cdot 10^{-5} \cdot H_1 + 5,543 \cdot 10^{-4}$$

$Cuando\ x = 3 \rightarrow \Delta_{1-2}= \Delta_{2-3}$

$$\left(\frac{-H_1}{141372}\right) \cdot (3) + c1 = \left(\frac{-H_1 - 40}{314160}\right) \cdot (3) + c2$$

$$\left(\frac{-3 \cdot H_1}{141372}\right) = \left(\frac{-3 \cdot H_1 - 120}{314160}\right) + c2$$

$$\frac{-3 \cdot H_1}{141372} + \frac{3 \cdot H_1}{314160} + \frac{120}{314160} = c2$$

$$c2 = 3{,}820 \cdot 10^{-4} - 2{,}122 \cdot 10^{-5} \cdot H_1 + 9{,}549 \cdot 10^{-6} \cdot H_1$$

$$c2 = -1{,}167 \cdot 10^{-5} \cdot H_1 + 3{,}820 \cdot 10^{-4}$$

Cuando $x = 6 \;\rightarrow\; \Delta_{2-3} = \Delta_{3-4}$

$$\left(\frac{-H1 - 40}{314160}\right) \cdot 6 + C2 = \left(\frac{-H1 - 20}{288634{,}5}\right) \cdot 6 + C3$$

Reemplazamos C2 y C3:

$$\left(\frac{-H1 - 40}{314160}\right) \cdot 6 + (-1{,}167 \cdot 10^{-5} \cdot H_1 + 3{,}820 \cdot 10^{-4}) =$$

$$= \left(\frac{-H1 - 20}{288634{,}5}\right) \cdot 6 + (2{,}772 \cdot 10^{-5} \cdot H_1 + 5{,}543 \cdot 10^{-4})$$

$$-1{,}901 \cdot 10^{-5} \cdot H1 - 7{,}639 \cdot 10^{-4} - 1{,}167 \cdot 10^{-5} \cdot H1 + 3{,}820 \cdot 10^{-4} =$$

$$= -2{,}079 \cdot 10^{-5} \cdot H1 - 4{,}158 \cdot 10^{-4} + 2{,}772 \cdot 10^{-5} \cdot H1 + 5{,}543 \cdot 10^{-4}$$

Al multiplicar por 10^5

$$-1{,}901 H_1 - 76{,}39 - 1{,}167 H_1 + 38{,}2 = -2{,}079 H_1 - 41{,}58 + 2{,}772 H_1 + 55{,}43$$

$$-3{,}068 \cdot H1 - 38{,}19 = 0{,}693 \cdot H1 + 13{,}85$$

$$-3{,}761 \cdot H1 = 52{,}04$$

$$H1 = -13{,}837 \; t$$

Reemplazamos H1 en ①:

$$H4 = -(-13{,}837) - 20$$

$$H4 = -6{,}163 \; t$$

Representación gráfica de las reacciones:

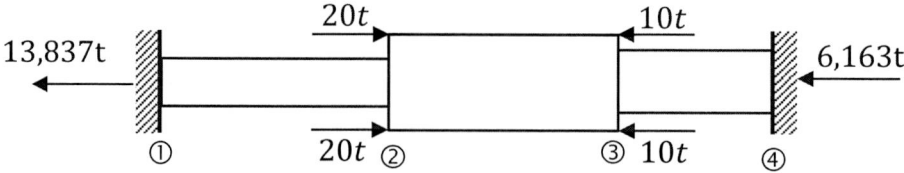

EJEMPLO 56

En el siguiente sistema de carga axial, calcular sus reacciones horizontales y obtener los diagramas de esfuerzos normales y de sus desplazamientos.

Datos

$$E = 2 \cdot 10^6 \frac{t}{m^2}$$

$$b/h = 20 \ cm/40 \ cm$$

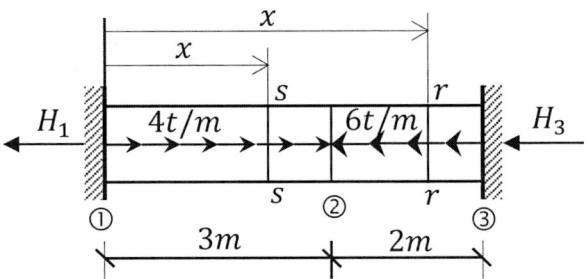

Figura 2.58 Viga con carga axial distribuida.

Paso 1: Ecuación de los esfuerzos normales

Asumimos el sentido de las reacciones.

a) Tramo 1-2 (0 ≤ x ≤ 3)

$$\oplus\leftarrow N_{1-2} = H_1 - 4 \cdot x \ ①$$

b) Tramo 1-2 (3 ≤ x ≤ 5)

$$\oplus\leftarrow N_{2-3} = H_1 - 4 \cdot 3 + 6 \cdot (x - 3)$$

$$N_{2-3} = H_1 - 30 + 6 \cdot x \ ②$$

Paso 2: Ecuaciones de los desplazamientos

$$d\Delta = \left(\frac{N}{E \cdot A}\right) dx$$

$$(E \cdot A)_{1-2} = (E \cdot A)_{2-3} = 2 \cdot 10^6 \cdot 0{,}2 \cdot 0{,}4 = 160000$$

a) Tramos 1-2 (0 ≤ x ≤ 3)

$$d\Delta = \left(\frac{H_1 - 4 \cdot x}{160000}\right) dx$$

$$\Delta = \left(\frac{H_1}{160000}\right) \cdot x - \left(\frac{1}{80000}\right) \cdot x^2 + c1 \quad ③$$

b) Tramos 2-3 (3 ≤ x ≤ 5)

$$d\Delta = \left(\frac{H_1 - 30 + 6 \cdot x}{160000}\right) dx$$

$$\Delta = \left(\frac{H_1}{160000}\right) \cdot x - \left(\frac{3}{16000}\right) \cdot x + \left(\frac{3}{160000}\right) \cdot x^2 + c2 \quad ④$$

Paso 3: Cálculo de reacciones

Aplicamos las condiciones de borde:

$$Cuando\ x = 0 \rightarrow \Delta = 0\ \text{(Tramo 1-2)}$$

$$0 = \left(\frac{H_1}{160000}\right) \cdot 0 - \left(\frac{1}{80000}\right) \cdot 0^2 + c1$$

$$c1 = 0$$

$$Cuando\ x = 5 \rightarrow \Delta = 0\ \text{(Tramo 2-3)}$$

$$0 = \left(\frac{H_1}{160000}\right) \cdot 5 - \left(\frac{3}{16000}\right) \cdot 5 + \left(\frac{3}{160000}\right) \cdot 5^2 + c2$$

$$c2 = \frac{3}{6400} - \frac{H_1}{32000}$$

$Cuando\ x = 3 \rightarrow \Delta_{1-2} = \Delta_{2-3}$

$$\left(\frac{H_1}{160000}\right) \cdot 3 - \left(\frac{1}{80000}\right) \cdot 3^2 + c1 =$$

$$= \left(\frac{H_1}{160000}\right) \cdot 3 - \left(\frac{3}{16000}\right) \cdot 3 + \left(\frac{3}{160000}\right) \cdot 3^2 + c2$$

Reemplazamos c1 y c2 y despejamos H₁:

$$-\frac{9}{80000} = -\frac{9}{16000} + \frac{27}{160000} + \frac{3}{6400} - \frac{H_1}{32000}$$

$$H_1 = 6\ t$$

d) Condiciones de equilibrio

$$\Sigma F_H = 0 \rightarrow \oplus$$

$$-6 + 4 \cdot 3 - 6 \cdot 2 - H_3 = 0$$

$$H_3 = -6t$$

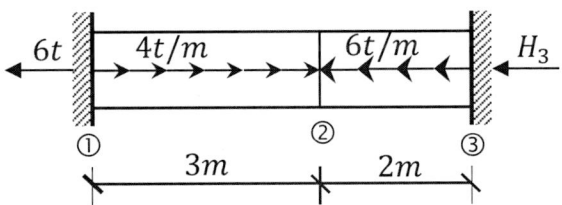

Paso 4: Diagrama de los esfuerzos normales

Reemplazamos en ① y ② el valor de H₁:

$$N_{1-2} = H_1 - 4 \cdot x$$

$$N_{1-2} = 6 - 4 \cdot x$$

$$N_{2-3} = H_1 - 30 + 6 \cdot x$$

$$N_{2-3} = -24 + 6 \cdot x$$

Tramo	x	N
1-2	0	6
	1	2
	2	-2
	3	-6
2-3	3	-6
	4	0
	5	6

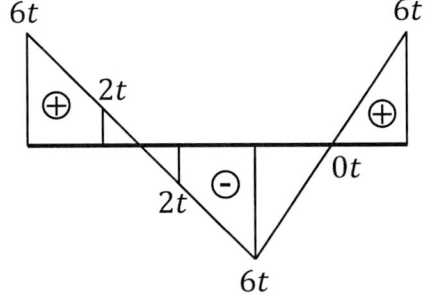

Paso 5: Diagrama de los desplazamientos

Reemplazamos en ③ y ④ las magnitudes de H_1, c1 y c2:

a) Tramo 1-2

$$\Delta = \left(\frac{H_1}{160000}\right) \cdot x - \left(\frac{1}{80000}\right) \cdot x^2 + c1$$

$$\Delta = \left(\frac{6}{160000}\right) \cdot x - \left(\frac{1}{80000}\right) \cdot x^2$$

b) Tramo 2-3

$$\Delta = \left(\frac{H_1}{160000}\right) \cdot x - \left(\frac{3}{16000}\right) \cdot x + \left(\frac{3}{160000}\right) \cdot x^2 + c2$$

$$\Delta = \left(\frac{6}{160000}\right) \cdot x - \left(\frac{3}{16000}\right) \cdot x + \left(\frac{3}{160000}\right) \cdot x^2 + \frac{3}{6400} - \frac{6}{32000}$$

$$\Delta = \frac{9}{32000} - \left(\frac{3}{20000}\right) \cdot x + \left(\frac{3}{160000}\right) \cdot x^2$$

Tramo	x	Δ[10⁻⁵m]
	0	0
	1	2,5
1-2	1,5	2,813
	2	2,5
	3	0
	3	0
2-3	4	-1,875
	5	0

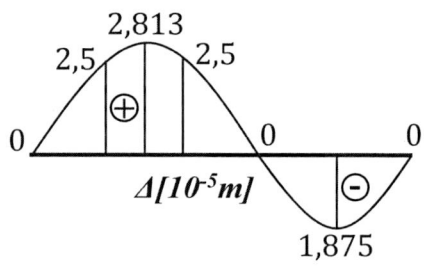

2.11. CARGA TÉRMICA

Cuando un cuerpo tipo barra está sometido a una variación de temperatura ΔT, es muy común mencionar que este cuerpo se dilatará o alargará cuando su temperatura aumente y se contraerá o acortará cuando disminuya.

Cuando estas barras forman parte de un sistema isostático, las deformaciones de temperatura se traducen en traslaciones y rotaciones de los diferentes componentes que forman la estructura.

En estructuras hiperestáticas las deformaciones por temperatura suelen estar restringidas de manera parcial o total debido a la mayor cantidad de restricciones. Estas restricciones disminuyen o anulan la magnitud de estas deformaciones transformándolas en esfuerzos normales.

La magnitud de la deformación Δl dependerá del coeficiente de dilatación térmica del material α. Este coeficiente representa la deformación de una barra de un metro de longitud cuando su temperatura se incrementa en un grado centígrado. Por lo tanto, para una barra de longitud L cuya variación de temperatura es ΔT, la deformación Δl se determinará mediante la aplicación de una regla de tres compuesta.

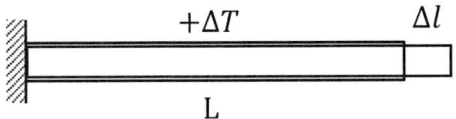

Figura 2.59 Viga con incremento

de temperatura.

$$1\,m \rightarrow \ 1°C \rightarrow \alpha$$

$$L \ \ \rightarrow \ \Delta T \ \rightarrow \Delta l = \ ?$$

$$\frac{\Delta l}{\alpha} = \frac{\Delta T}{1} \cdot \frac{L}{1}$$

$$\boxed{\Delta l = \alpha \cdot \Delta T \cdot L}$$

Si restringimos el extremo derecho de la anterior viga, la deformación ΔL se transforma en un esfuerzo normal N de compresión para incrementos de temperatura.

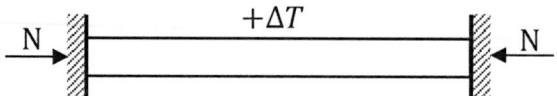

Figura 2.60 Viga con aumento de temperatura.

Para determinar la magnitud de esta fuerza utilizaremos las siguientes expresiones:

$$\Delta L = \frac{N \cdot L}{E \cdot A}$$

Despejamos el esfuerzo N:

$$N = \left(\frac{E \cdot A}{L}\right) \cdot \Delta L \quad ①$$

La deformación por temperatura es:

$$\Delta l = \alpha \cdot \Delta T \cdot L \quad ②$$

Reemplazando ② en ①, obtenemos:

$$N = \left(\frac{E \cdot A}{L}\right) \alpha \cdot \Delta T \cdot L$$

$$\boxed{N = \alpha \cdot \Delta T \cdot E \cdot A}$$

La misma fórmula se utiliza cuando la barra experimenta una disminución en su temperatura, pero en ese caso el esfuerzo normal que se produce es de tracción.

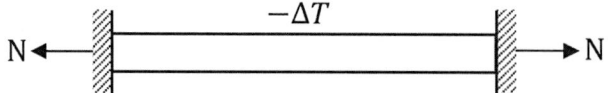

Figura 2.61 Viga con reducción de temperatura.

En este caso la barra ① del siguiente sistema experimenta una variación de temperatura +ΔT, la cual produce una deformación que, al intentar desarrollarse, se encuentra con dos barras (② y ③) que se oponen a esta deformación y la restringen de manera parcial. Estas barras (② y ③), según el tipo de material y las dimensiones de su sección, reducirán la deformación térmica de la barra ① y la transformarán en esfuerzos normales.

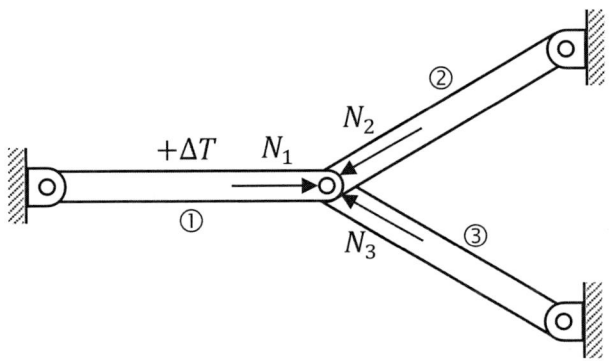

Figura 2.62 Comportamiento de barras debido a +ΔT.

Es importante diferenciar los problemas isostáticos de los hiperestáticos, pues en el primer caso el análisis se reduce a graficar las deformaciones por temperatura, las cuales a partir de una simple deducción geométrica definen de manera directa la posición final de sus uniones y barras. Para este análisis se siguen los criterios estudiados hasta el momento en problemas isostáticos. Además, se debe aclarar que en estos sistemas no se desarrollan reacciones en los apoyos ni esfuerzos normales en los cables o barras.

Cuando el problema es hiperestático, las deformaciones por temperatura no representan las deformaciones finales de los elementos, como ocurre en los sistemas isostáticos. Una barra, al intentar dilatarse o contraerse y al estar unida a otros elementos, se encuentra con otras barras que en el mismo intento por deformarse interactúan entre sí hasta encontrar un punto de equilibrio que dependerá de la rigidez de cada elemento. Para resolver este tipo de problema se mantendrán los criterios estudiados hasta el momento en cuanto a la solución de problemas hiperestáticos, pero con la única variación de que se incluirán de entrada las deformaciones por temperatura.

EJEMPLO 57

Calcular el desplazamiento del punto A en el siguiente sistema isostático.

Datos

$\alpha = 2,5 \cdot 10^{-5} {}^{\circ}C^{-1}$

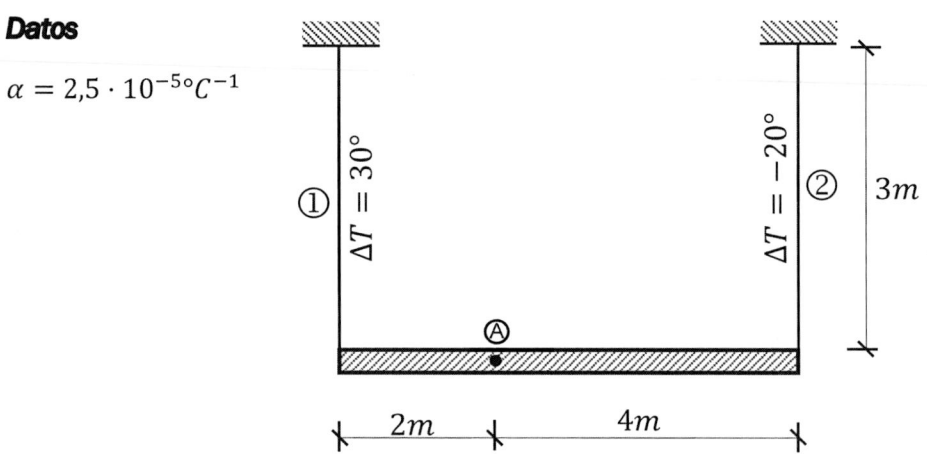

Figura 2.63 Viga suspendida por cables.

Paso 1: Cálculo de las deformaciones térmicas

$$\Delta l_1 = 2,5 \cdot 10^{-5} \cdot 30 \cdot 3000 = 2,25 \, mm \, (alargamiento)$$

$$\Delta l_2 = 2,5 \cdot 10^{-5} \cdot (-20) \cdot 3000 = -1,5 \, mm \, (acoramiento)$$

Paso 2: Cálculo del desplazamiento

Mantenemos las deformaciones en mm y la longitud de la barra en m.

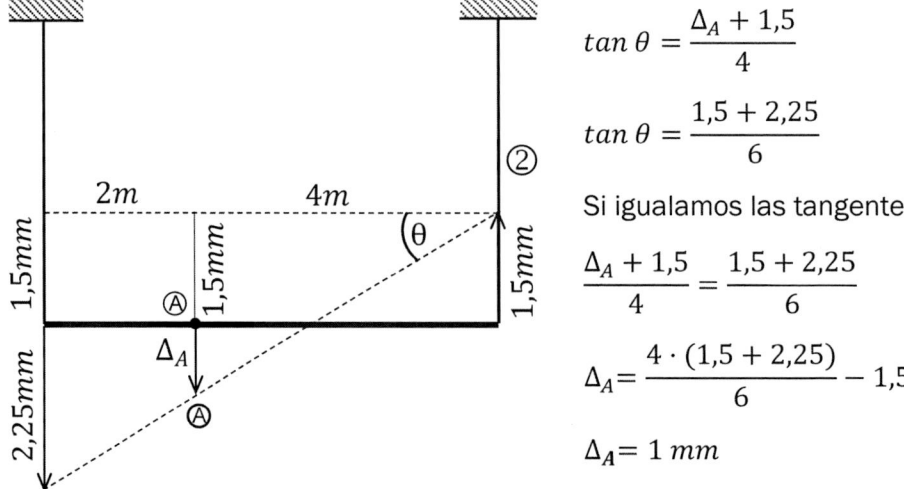

$$\tan \theta = \frac{\Delta_A + 1,5}{4}$$

$$\tan \theta = \frac{1,5 + 2,25}{6}$$

Si igualamos las tangentes:

$$\frac{\Delta_A + 1,5}{4} = \frac{1,5 + 2,25}{6}$$

$$\Delta_A = \frac{4 \cdot (1,5 + 2,25)}{6} - 1,5$$

$$\Delta_A = 1 \, mm$$

EJEMPLO 58

En el siguiente sistema isostático, calcular el desplazamiento del punto A.

Datos

$\alpha = 2 \cdot 10^{-5}{}^{\circ}C^{-1}$

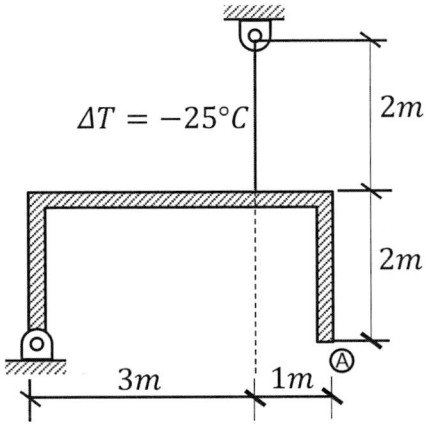

Figura 2.64 Marco rígido suspendido por cable.

Paso 1: Cálculo de las deformaciones térmicas

$$\Delta l = \alpha \cdot \Delta T \cdot L$$

$$\Delta l = 2 \cdot 10^{-5} \cdot (-25) \cdot 2000 = -1 \, mm \, (acortamiento)$$

Paso 2: Cálculo de los desplazamientos

Mantenemos las deformaciones en mm y la longitud de la barra en m.

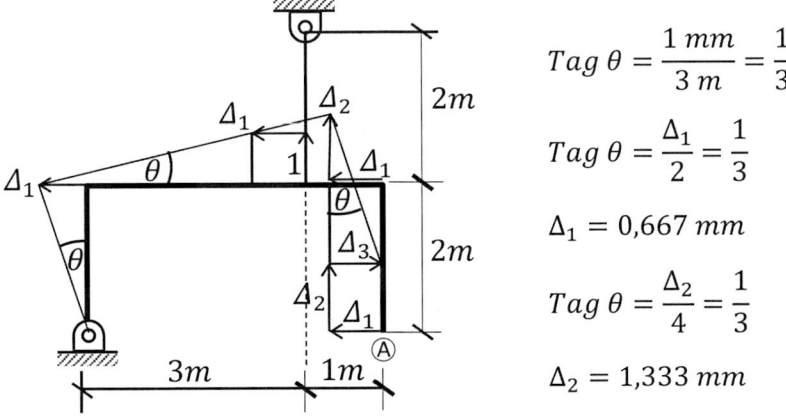

$$Tag \, \theta = \frac{1 \, mm}{3 \, m} = \frac{1}{3}$$

$$Tag \, \theta = \frac{\Delta_1}{2} = \frac{1}{3}$$

$$\Delta_1 = 0,667 \, mm$$

$$Tag \, \theta = \frac{\Delta_2}{4} = \frac{1}{3}$$

$$\Delta_2 = 1,333 \, mm$$

$$Tag\ \theta = \frac{\Delta_3}{2} = \frac{1}{3}$$

$$\Delta_3 = 0{,}667\ mm$$

$$\Delta_{HA} = \Delta_3 - \Delta_1 = 0$$

$$\Delta_{VA} = \Delta_2 = 1{,}333\ mm$$

EJEMPLO 59

Calcular los esfuerzos normales y el desplazamiento de la unión.

Datos

$$E = 2 \cdot 10^6 \frac{t}{m^2}$$

$$\alpha = 1 \cdot 10^{-5}{}^{\circ}C^{-1}$$

$$b/h = 5\ cm/10\ cm$$

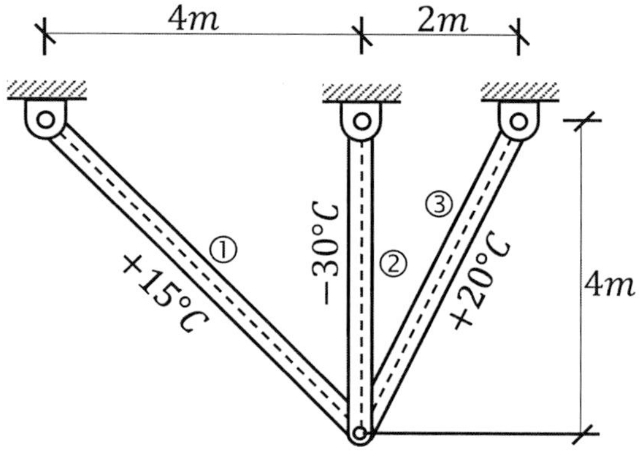

Figura 2.65 Sistema de barras concurrentes.

Paso 1: Cálculo de las deformaciones térmicas

$$\Delta l = \alpha \cdot \Delta T \cdot L$$

$$\Delta l_1 = 1 \cdot 10^{-5} \cdot (15) \cdot 5{,}657$$

$$\Delta l_1 = 8{,}49 \cdot 10^{-4}\ m\ \text{(alargamiento)}$$

$$\Delta l_2 = 1 \cdot 10^{-5} \cdot (-30) \cdot 4$$

$$\Delta l_2 = -1{,}2 \cdot 10^{-3}\ m\ \text{(acortamiento)}$$

$$\Delta l_3 = 1 \cdot 10^{-5} \cdot (20) \cdot 4{,}472$$

$$\Delta l_3 = 8{,}94 \cdot 10^{-4}\ m\ \text{(alargamiento)}$$

Paso 2: Proponer una deformación coherente

$\alpha = Arctag\left(\dfrac{4}{4}\right)$

$\alpha = 45°$

$\beta = Arctag\left(\dfrac{2}{4}\right)$

$\beta = 26,565°$

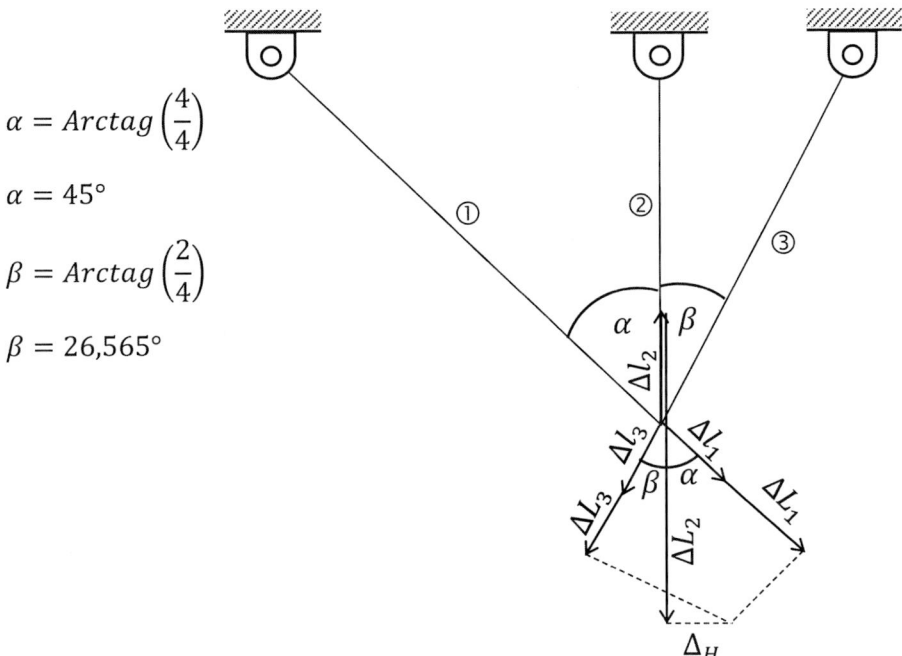

De la figura analizamos la siguiente parte del gráfico:

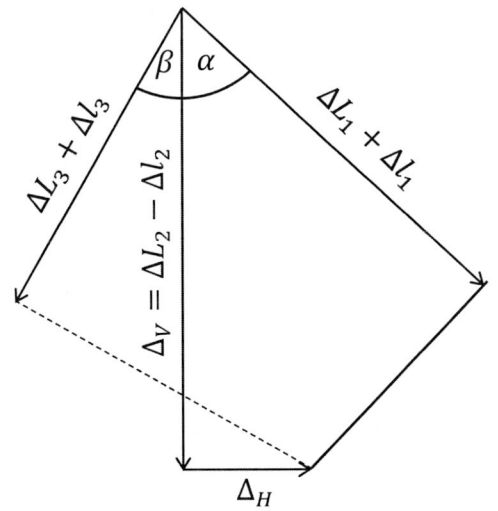

$$\Delta_V = \Delta L_2 - \Delta l_2 = \Delta L_2 - 1,2 \cdot 10^{-3} \ ⓞ$$

Analicemos la deformación de la barra ①:

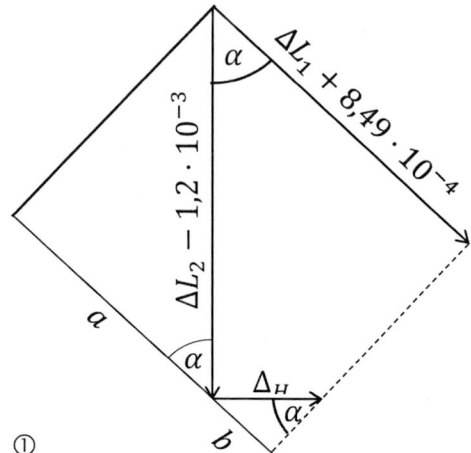

$a + b = \Delta L_1 + 8,49 \cdot 10^{-4}$ ①

$a = (\Delta L_2 - 1,2 \cdot 10^{-3}) \cdot \cos \alpha = 0,707 \cdot \Delta L_2 - 8,485 \cdot 10^{-4}$ ②

$b = \Delta_H \cdot sen\, \alpha = 0,707 \cdot \Delta_H$ ③

Reemplazamos ② y ③ en ①:

$0,707 \cdot \Delta L_2 - 8,485 \cdot 10^{-4} + 0,707 \cdot \Delta_H = \Delta L_1 + 8,49 \cdot 10^{-4}$

Despejamos Δ_H:

$\Delta_H = 1,414 \cdot \Delta L_1 - \Delta L_2 + 2,401 \cdot 10^{-3}$ ④

Analizamos la deformación de la barra ②:

$c - d = \Delta L_3 + 8,94 \cdot 10^{-4}$ ⑤

$c = (\Delta L_2 - 1,2 \cdot 10^{-3}) \cdot \cos \beta$

$c = 0,894 \cdot \Delta L_2 - 1,073 \cdot 10^{-3}$ ⑥

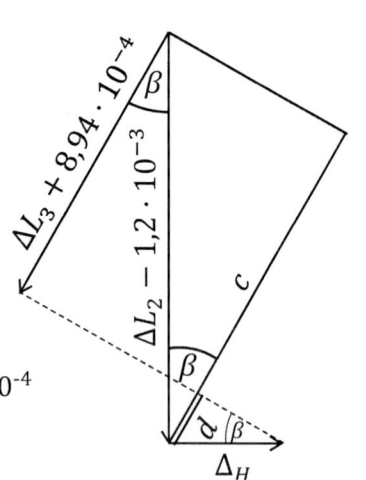

$d = \Delta_H \cdot sen\, \beta = 0,447 \cdot \Delta_H$ ⑦

Reemplazamos ⑥ y ⑦ en ⑤:

$0,894 \cdot \Delta L_2 - 1,073 \cdot 10^{-3} - 0,447 \cdot \Delta_H = \Delta L_3 + 8,94 \cdot 10^{-4}$

Despejamos Δ_H:

$\Delta_H = 2 \cdot \Delta L_2 - 2,237 \cdot \Delta L_3 - 4,400 \cdot 10^{-3}$ ⑧

Igualamos ④ con ⑧:

$$1{,}414 \cdot \Delta L_1 - \Delta L_2 + 2{,}401 \cdot 10^{-3} = 2 \cdot \Delta L_2 - 2{,}237 \cdot \Delta L_3 - 4{,}400 \cdot 10^{-3}$$

$$1{,}414 \cdot \Delta L_1 - 3 \cdot \Delta L_2 + 2{,}237 \cdot \Delta L_3 = -6{,}801 \cdot 10^{-3} \quad \text{⑨ Ecu. compat.}$$

Paso 3: Ecuaciones de equilibrio estático

Los esfuerzos normales se asumen con sentido contrario a las deformaciones.

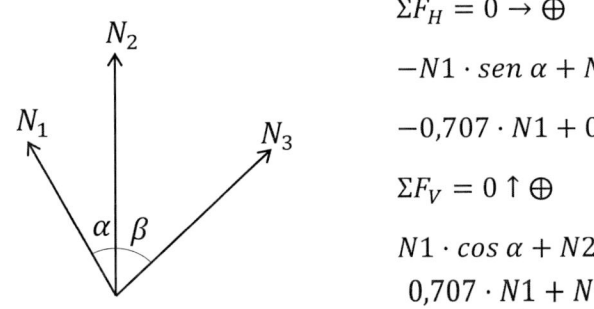

$$\Sigma F_H = 0 \rightarrow \oplus$$

$$-N1 \cdot sen\,\alpha + N3 \cdot sen\,\beta = 0$$

$$-0{,}707 \cdot N1 + 0{,}447 \cdot N3 = 0 \quad ⑩$$

$$\Sigma F_V = 0 \uparrow \oplus$$

$$N1 \cdot cos\,\alpha + N2 + N3 \cdot cos\,\beta = 0$$

$$0{,}707 \cdot N1 + N2 + 0{,}894 \cdot N3 = 0 \quad ⑪$$

Paso 4: Cálculo de las deformaciones

$$\Delta L = \frac{N \cdot L}{E \cdot A}$$

$$E \cdot A = 2 \cdot 10^6 \cdot 0{,}05 \cdot 0{,}1 = 10000$$

$$\left. \begin{array}{l} \Delta L_1 = \dfrac{N1 \cdot 5{,}657}{10000} = 5{,}657 \cdot 10^{-4} \cdot N1 \\[2mm] \Delta L_2 = \dfrac{N2 \cdot 4}{10000} = 4 \cdot 10^{-4} \cdot N2 \\[2mm] \Delta L_3 = \dfrac{N3 \cdot 4{,}472}{10000} = 4{,}472 \cdot 10^{-4} \cdot N3 \end{array} \right\} ⑫$$

Paso 5: Cálculo de los esfuerzos normales

Reemplazamos ⑫ en ⑨:

$$1{,}414 \cdot \Delta L_1 - 3 \cdot \Delta L_2 + 2{,}237 \cdot \Delta L_3 = -6{,}801 \cdot 10^{-3}$$

$$1{,}414 \cdot (5{,}657 \cdot 10^{-4} \cdot N1) - 3 \cdot (4 \cdot 10^{-4} \cdot N2) + \cdots$$

$$\ldots + 2{,}237 \cdot (4{,}472 \cdot 10^{-4} \cdot N3) = -6{,}801 \cdot 10^{-3}$$

Multiplicamos la ecuación por 10^4:

$$8 \cdot N1 - 12 \cdot N2 + 10 \cdot N3 = -68{,}01 \quad ⑬$$

Resumen de las ecuaciones de equilibrio:

$-0,707 \cdot N1 + 0,447 \cdot N3 = 0$

$0,707 \cdot N1 + N2 + 0,894 \cdot N3 = 0$

$8 \cdot N1 - 12 \cdot N2 + 10 \cdot N3 = -68,01$

Si resolvemos este sistema de ecuaciones, obtenemos:

$N1 = -1,380\ t$ *(compresión)*

$N2 = 2,928\ t$ *(tracción)*

$N3 = -2,183\ t$ *(compresión)*

Paso 6: Cálculo de los desplazamientos

Primero calculamos las deformaciones:

$\Delta L_1 = 5,657 \cdot 10^{-4} \cdot (-1,380) = -7,807 \cdot 10^{-4}\ m$

$\Delta L_2 = 4 \cdot 10^{-4} \cdot (2,928) = 1,1712 \cdot 10^{-3}\ m$

$\Delta L_3 = 4,472 \cdot 10^{-4} \cdot (-2,183) = -9,762 \cdot 10^{-4}\ m$

Reemplazamos estos desplazamientos en las ecuaciones ⑩ y ④:

$\Delta_V = \Delta L_2 - 1,2 \cdot 10^{-3} = 1,1712 \cdot 10^{-3} - 1,2 \cdot 10^{-3}$

$\Delta_V = -2,88 \cdot 10^{-5}\ m$

$\Delta_H = 1,414 \cdot \Delta L_1 - \Delta L_2 + 2,401 \cdot 10^{-3}$

$\Delta_H = 1,414 \cdot (-7,807 \cdot 10^{-4}) - (1,1712 \cdot 10^{-3}) + 2,401 \cdot 10^{-3}$

$\Delta_H = 1,26 \cdot 10^{-4}\ m$

EJEMPLO 60

Calcular los esfuerzos normales en las barras deformables.

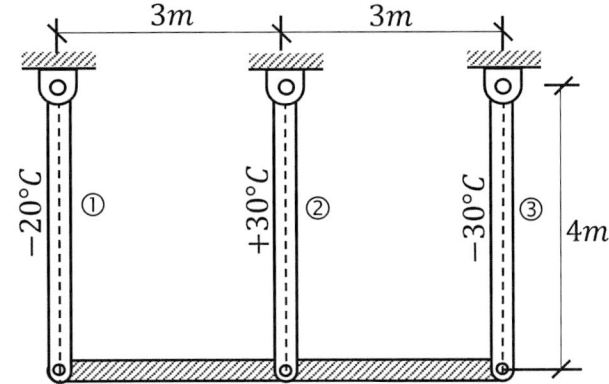

Datos

$E = 1 \cdot 10^6 \dfrac{t}{m^2}$

$\alpha = 2 \cdot 10^{-4} \, {}^\circ C^{-1}$

$b/h = 5 \, cm/10 \, cm$

Figura 2.66 Viga rígida suspendida por barras deformables.

Paso 1: Cálculo de las deformaciones térmicas

$\Delta l = \alpha \cdot \Delta T \cdot L$

$\Delta l_1 = 2 \cdot 10^{-4} \cdot (-20) \cdot 4 = -1,6 \cdot 10^{-2} \, m \, (acortamiento)$

$\Delta l_2 = 2 \cdot 10^{-4} \cdot (30) \cdot 4 = 2,4 \cdot 10^{-2} \, m \, (alargamiento)$

$\Delta l_3 = 2 \cdot 10^{-4} \cdot (-30) \cdot 4 = -2,4 \cdot 10^{-2} \, m \, (acortamiento)$

Paso 2: Proponer una deformación coherente

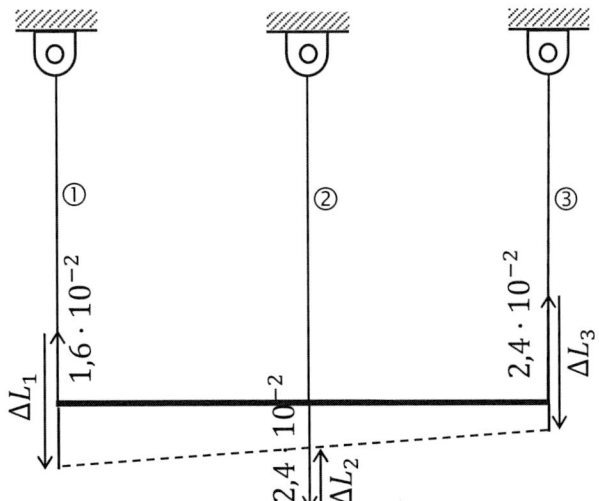

Analicemos la parte desplazada de la viga.

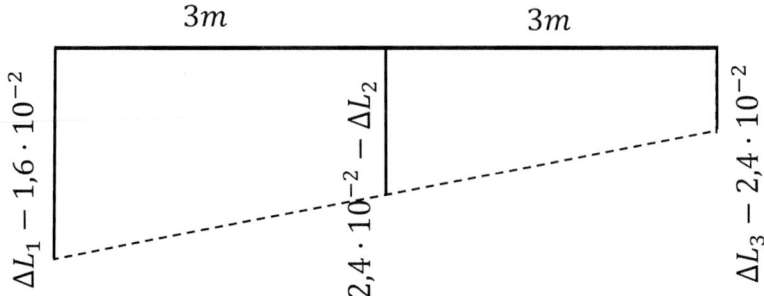

Como la deformación de la barra 2 se encuentra en el medio de la figura trapezoidal, podemos utilizar un promedio de las tres alturas.

$$2,4 \cdot 10^{-2} - \Delta L_2 = \frac{\Delta L_1 - 1,6 \cdot 10^{-2} + \Delta L_3 - 2,4 \cdot 10^{-2}}{2}$$

$$4,8 \cdot 10^{-2} - 2 \cdot \Delta L_2 = \Delta L_1 - 1,6 \cdot 10^{-2} + \Delta L_3 - 2,4 \cdot 10^{-2}$$

$$\Delta L_1 + 2 \cdot \Delta L_2 + \Delta L_3 = 8,8 \cdot 10^{-2} \quad \text{①} \text{ Ecuación de compatibilidad.}$$

Paso 3: Ecuaciones de equilibrio estático

$\Sigma F_V = 0 \uparrow \oplus$

$N1 - N2 + N3 = 0 \quad \text{②}$

$\Sigma M_① = 0 \circlearrowleft \oplus$

$-N2 \cdot 3 + N3 \cdot 6 = 0 \quad \div 3$

$-N2 + 2 \cdot N3 = 0 \quad \text{③}$

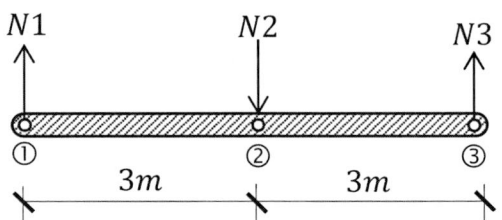

Paso 4: Cálculo de las deformaciones

$$\Delta L = \frac{N \cdot L}{E \cdot A}$$

$$E \cdot A = 1 \cdot 10^6 \cdot 0,05 \cdot 0,1 = 5000$$

$$\Delta L_1 = \frac{N1 \cdot 4}{5000} = 8 \cdot 10^{-4} \cdot N1$$

$$\Delta L_2 = \frac{N2 \cdot 4}{5000} = 8 \cdot 10^{-4} \cdot N2 \left.\right\} \quad ④$$

$$\Delta L_3 = \frac{N3 \cdot 4}{5000} = 8 \cdot 10^{-4} \cdot N3$$

Paso 5: *Cálculo de los esfuerzos normales*

Reemplazamos las ecuaciones ④ en ①:

$$(8 \cdot 10^{-4} \cdot N1) + 2 \cdot (8 \cdot 10^{-4} \cdot N2) + (8 \cdot 10^{-4} \cdot N3) = 8,8 \cdot 10^{-2}$$

Al dividir la ecuación por 8·10⁻⁴:

$$N1 + 2 \cdot N2 + N3 = 110$$

Resumiendo, el sistema de ecuaciones de esfuerzos normales es el siguiente:

$$N1 - N2 + N3 = 0$$

$$-N2 + 2 \cdot N3 = 0$$

$$N1 + 2 \cdot N2 + N3 = 110$$

Al resolver el sistema de ecuaciones se obtiene:

$$N1 = 18,333 \, t$$

$$N2 = 36,667 \, t$$

$$N3 = 18,333 \, t$$

EJEMPLO 61

Calcular los esfuerzos normales en las barras ① y ② y el desplazamiento en el punto ©.

Datos

$$E = 4 \cdot 10^6 \frac{t}{m^2}$$

$$\alpha = 3 \cdot 10^{-5} \text{°}C^{-1}$$

$$b/h = 5 \ cm/10 \ cm$$

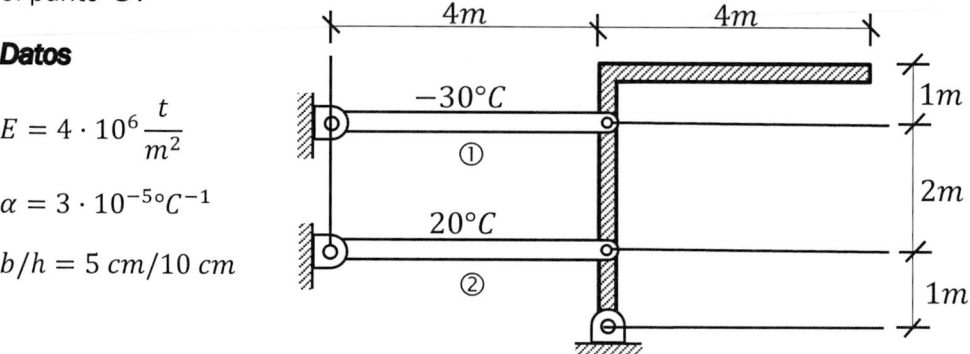

Figura 2.67 Sistema de elementos rígidos y deformables.

Paso 1: Cálculo de las deformaciones térmicas

$$\Delta l = \alpha \cdot \Delta T \cdot L$$

$$\Delta l_1 = 3 \cdot 10^{-5} \cdot (-30) \cdot 4 = -3{,}6 \cdot 10^{-3} \ m \ (acortamiento)$$

$$\Delta l_2 = 3 \cdot 10^{-5} \cdot (20) \cdot 4 = 2{,}4 \cdot 10^{-3} \ m \ (alargamiento)$$

Paso 2: Proponer una deformación coherente

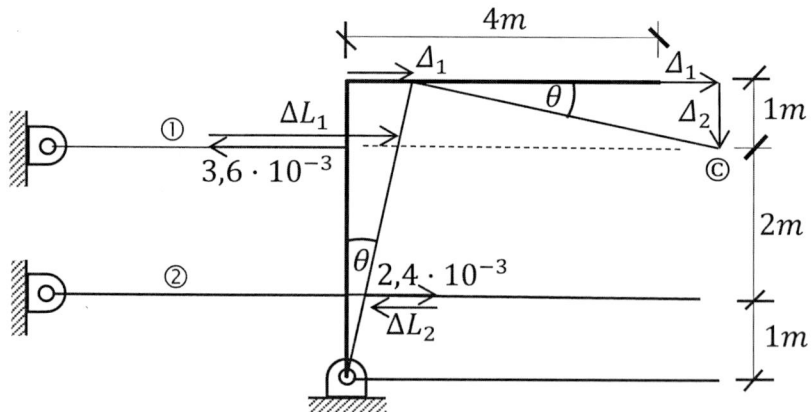

$$Tag \ \theta = \frac{2{,}4 \cdot 10^{-3} - \Delta L_2}{1} = \frac{\Delta L_1 - 3{,}6 \cdot 10^{-3}}{3}$$

Multiplicando por 3:

$$7,2 \cdot 10^{-3} - 3 \cdot \Delta L_2 = \Delta L_1 - 3,6 \cdot 10^{-3}$$

$$\Delta L_1 + 3 \cdot \Delta L_2 = 1,08 \cdot 10^{-2} \quad ① \ \text{Ecuación de compatibilidad}$$

Paso 3: Ecuaciones de equilibrio estático

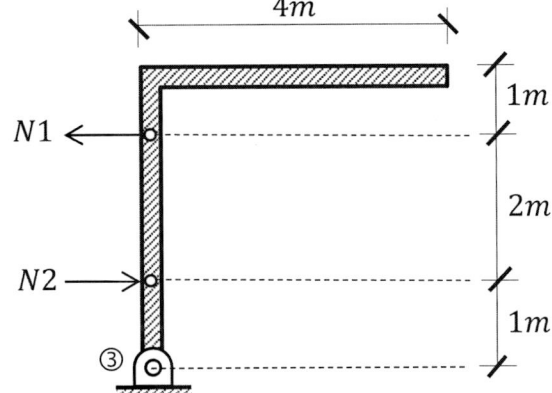

$$\Sigma M_{③} = 0 \ ↺ \oplus$$

$$-N2 \cdot 1 + N1 \cdot 3 = 0$$

$$3 \cdot N1 - N2 = 0 \quad ②$$

Paso 4: Cálculo de las deformaciones

$$\Delta L = \frac{N \cdot L}{E \cdot A}$$

$$E \cdot A = 4 \cdot 10^6 \cdot 0,05 \cdot 0,1 = 20000$$

$$\left. \begin{array}{l} \Delta L_1 = \dfrac{N1 \cdot 4}{20000} = 2 \cdot 10^{-4} \cdot N1 \\[3mm] \Delta L_2 = \dfrac{N2 \cdot 4}{20000} = 2 \cdot 10^{-4} \cdot N2 \end{array} \right\} \ ③$$

Paso 5: Cálculo de los esfuerzos normales

Reemplazamos las ecuaciones ③ en ①:

$$(2 \cdot 10^{-4} \cdot N1) + 3 \cdot (2 \cdot 10^{-4} \cdot N2) = 1,08 \cdot 10^{-2} \ \div (\mathbf{2 \cdot 10^{-4}})$$

$$N1 + 3 \cdot N2 = 54 \quad ④$$

Si resumimos las ecuaciones ② y ④:

$$3 \cdot N1 - N2 = 0$$

$$N1 + 3 \cdot N2 = 54$$

Al resolver el sistema de ecuaciones obtenemos:

$N1 = 5,4\ t$

$N2 = 16,2\ t$

Paso 6: Cálculo de los desplazamientos

Primero calculamos el ángulo θ:

$$Tag\ \theta = \frac{2,4 \cdot 10^{-3} - \Delta L_2}{1}$$

$$\Delta L_2 = 2 \cdot 10^{-4} \cdot 16,2 = 3,24 \cdot 10^{-3}$$

$$Tag\ \theta = 2,4 \cdot 10^{-3} - 3,24 \cdot 10^{-3} = -8,4 \cdot 10^{-4}$$

Calculamos Δ_1 y Δ_2:

$$Tag\ \theta = \frac{\Delta_1}{4} = \frac{\Delta_2}{4}$$

$$\Delta_1 = \Delta_2 = 4 \cdot Tag\ \theta = 4 \cdot (-8,4 \cdot 10^{-4}) = -3,36 \cdot 10^{-3}\ m$$

$$\Delta_1 = \Delta_2 = 3,36\ mm$$

Los desplazamientos del punto © son:

$$\Delta_{HC} = \Delta_1 = 3,36\ mm\ (\leftarrow)$$

$$\Delta_{VC} = \Delta_2 = 3,36\ mm\ (\uparrow)$$

2.12. ERROR DE MONTAJE O ERROR DE LONGITUD

El error de longitud ocurre cuando las piezas o barras que forman una estructura son manufacturadas en un taller y por errores humanos o instrumentales son elaboradas un poco más largas o cortas de lo previsto. Esto, sin lugar a duda, modifica en cierta medida la geometría de la estructura y, al mismo tiempo, genera la aparición de esfuerzos internos adicionales en sistemas estructurales hiperestáticos.

En el siguiente sistema la pieza central (barra ①) fue cortada un poco más corta de lo previsto (ε), por lo que para ensamblar el sistema se tendrán que forzar las tres piezas para luego articularlas en la unión a través de un perno. Los errores de longitud son magnitudes pequeñas que bordean los milímetros, sin embargo, sus efectos pueden ser perjudiciales al momento de verificar la resistencia de los elementos que forman el esqueleto de la estructura.

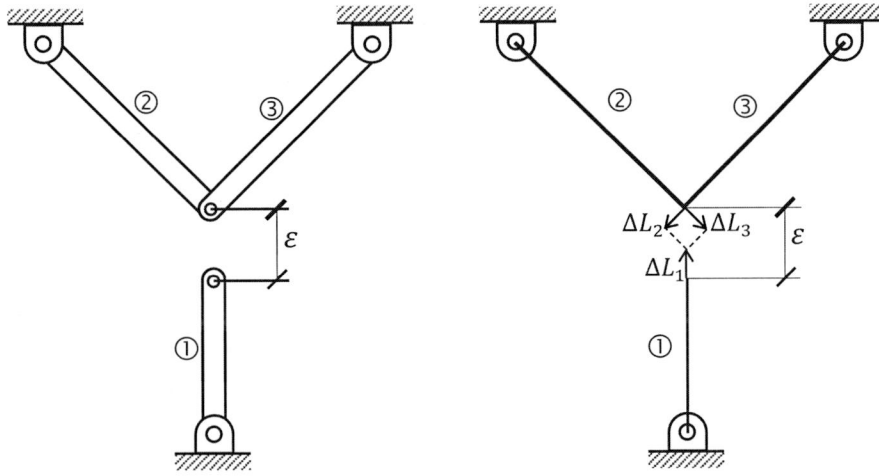

Figura 2.68 Sistema con error de longitud.

Las deformaciones ΔL_1, ΔL_2 y ΔL_3 producen esfuerzos normales N1, N2 y N3. Para determinar estos esfuerzos se deben aplicar los procedimientos estudiados para resolver estructuras hiperestáticas, con la única variante de que la ecuación de compatibilidad de las deformaciones estará en función al error de longitud ε.

EJEMPLO 62

Calcular los esfuerzos normales en las barras ① y ② y el giro en la viga indeformable.

Datos

$$E = 2 \cdot 10^6 \frac{t}{m^2}$$

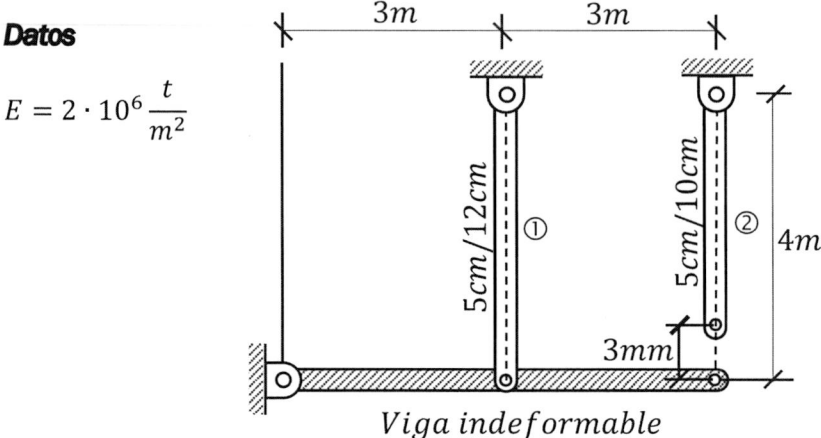

Figura 2.69 Sistema de error de longitud.

Paso 1: Proponer una deformación coherente

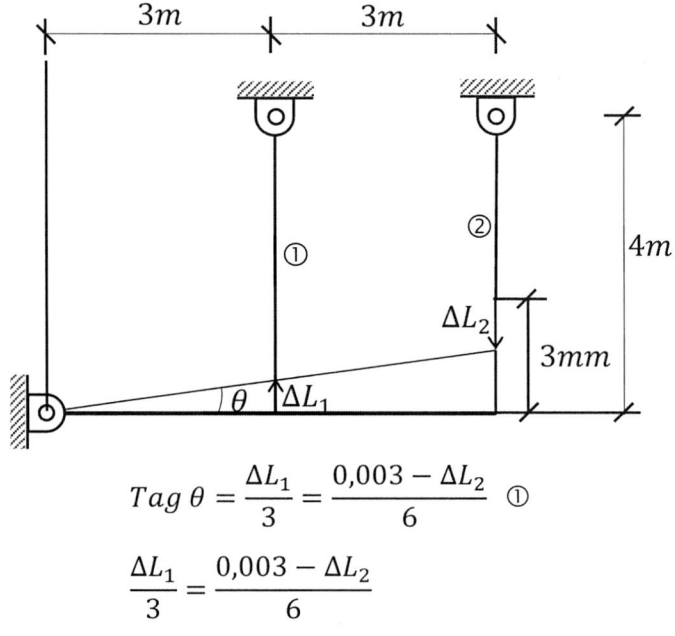

$$Tag\ \theta = \frac{\Delta L_1}{3} = \frac{0{,}003 - \Delta L_2}{6} \quad ①$$

$$\frac{\Delta L_1}{3} = \frac{0{,}003 - \Delta L_2}{6}$$

Si multiplicamos por 6:

$$2 \cdot \Delta L_1 = 0{,}003 - \Delta L_2$$

$$2 \cdot \Delta L_1 + \Delta L_2 = 0{,}003 \quad ②$$

Paso 2: Ecuaciones de equilibrio estático

Los esfuerzos N1 y N2 se orientan con sentido contrario a las deformaciones ΔL_1 y ΔL_2.

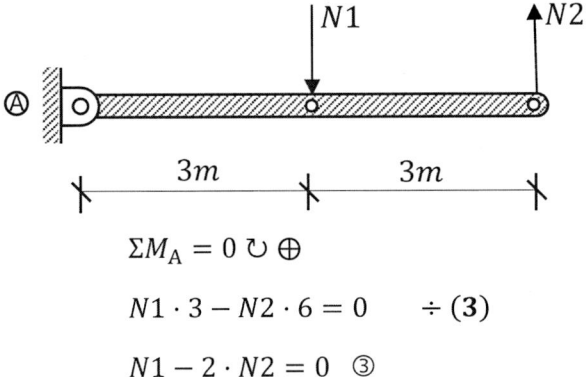

$$\Sigma M_A = 0 \circlearrowleft \oplus$$

$$N1 \cdot 3 - N2 \cdot 6 = 0 \qquad \div (3)$$

$$N1 - 2 \cdot N2 = 0 \quad ③$$

Paso 3: Cálculo de las deformaciones

$$\Delta L = \frac{N \cdot L}{E \cdot A}$$

$$(E \cdot A)_1 = 2 \cdot 10^6 \cdot 0{,}05 \cdot 0{,}12 = 12\,000$$

$$(E \cdot A)_2 = 2 \cdot 10^6 \cdot 0{,}05 \cdot 0{,}10 = 10\,000$$

$$\left.\begin{array}{l} \Delta L_1 = \dfrac{N1 \cdot 4}{12\,000} = 3{,}333 \cdot 10^{-4} \cdot N1 \\[3mm] \Delta L_2 = \dfrac{N2 \cdot 4}{10\,000} = 4 \cdot 10^{-4} \cdot N2 \end{array}\right\} ④$$

Paso 4: Cálculo de los esfuerzos normales

Reemplazamos ④ en ②:

$$2 \cdot \Delta L_1 + \Delta L_2 = 0{,}003$$

$$2 \cdot (3{,}333 \cdot 10^{-4} \cdot N1) + (4 \cdot 10^{-4} \cdot N2) = 0{,}003$$

$$6{,}666 \cdot 10^{-4} \cdot N1 + 4 \cdot 10^{-4} \cdot N2 = 0{,}003 \quad *(10^4)$$

$$6{,}666 \cdot N1 + 4 \cdot N2 = 30 \quad ⑤$$

Resumen de las ecuaciones de esfuerzos ③ y ⑤:

$$N1 - 2 \cdot N2 = 0$$

$$6{,}666 \cdot N1 + 4 \cdot N2 = 30$$

Si resolvemos el sistema de ecuaciones tenemos:

$$N1 = 3{,}462 \; t$$

$$N2 = 1{,}731 \; t$$

Paso 5: Cálculo del giro de la viga

Primero calculamos la deformación ΔL_1:

$$\Delta L_1 = 3{,}333 \cdot 10^{-4} \cdot 3{,}462 = 1{,}154 \cdot 10^{-3} \; m$$

Reemplazamos ΔL_1 en la ecuación ①:

$$Tag\,\theta = \frac{\Delta L_1}{3} \quad ①$$

$$Tag\,\theta = \frac{1{,}154 \cdot 10^{-3}}{3}$$

$$\theta = 0{,}022°$$

EJEMPLO 63

Calcular los esfuerzos normales en las barras ①, ② y ③.

Datos

$$E = 2 \cdot 10^6 \frac{t}{m^2}$$

$$b/h = 5 \, cm/10 \, cm$$

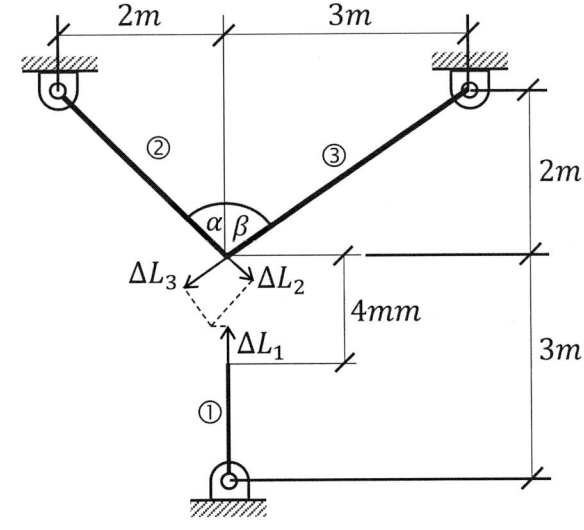

Figura 2.70 Sistema con error de longitud.

Paso 1: Proponer una deformación coherente

$$\alpha = Arctag\left(\frac{2}{2}\right)$$

$$\alpha = 45°$$

$$\beta = Arctag\left(\frac{3}{2}\right)$$

$$\beta = 56,31°$$

Analizamos la deformación en la unión:

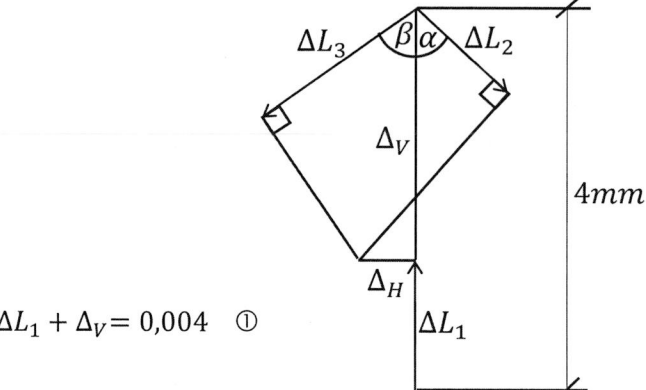

$\Delta L_1 + \Delta_V = 0,004$ ①

Analicemos la deformación ΔL_2:

$a - b = \Delta L_2$ ②

$a = \Delta_V \cdot \cos \alpha = 0,707 \cdot \Delta_V$

$b = \Delta_H \cdot \operatorname{sen} \alpha = 0,707 \cdot \Delta_H$

Sustituimos a y b en ②:

$0,707 \cdot \Delta_V - 0,707 \cdot \Delta_H = \Delta L_2$

Despejamos Δ_H:

$\Delta_H = \Delta_V - 1,414 \cdot \Delta L_2$ ③

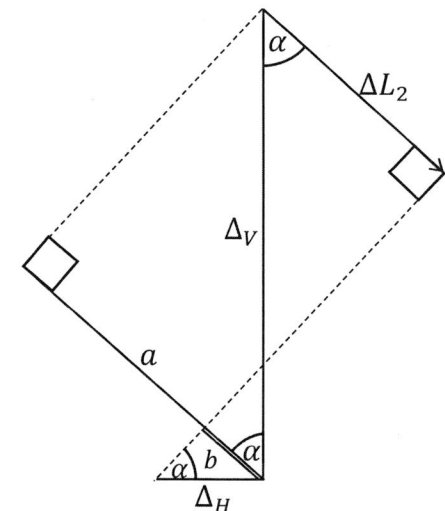

Analicemos la deformación ΔL_3:

$c + d = \Delta L_3$ ④

$c = \Delta_H \cdot \operatorname{sen} \beta = 0,832 \cdot \Delta_H$

$d = \Delta_V \cdot \cos \beta = 0,555 \cdot \Delta_V$

Sustituimos c y d en ④:

$0,832 \cdot \Delta_H - 0,555 \cdot \Delta_V = \Delta L_3$

Despejamos Δ_H:

$\Delta_H = 0,667 \cdot \Delta_V + 1,202 \cdot \Delta L_3$ ⑤

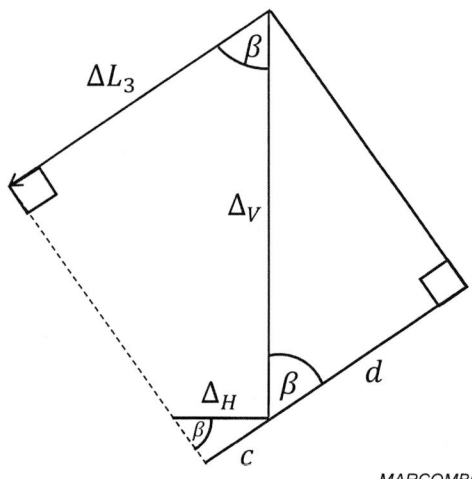

Igualamos ③ con ⑤:

$$\Delta_V - 1{,}414 \cdot \Delta L_2 = 0{,}667 \cdot \Delta_V + 1{,}202 \cdot \Delta L_3$$

Despejamos Δ_V:

$$\Delta_V = 4{,}246 \cdot \Delta L_2 + 3{,}61 \cdot \Delta L_3 \quad ⑥$$

Sustituimos ⑥ en ①:

$$\Delta L_1 + \Delta_V = 0{,}004$$

$$\Delta L_1 + 4{,}246 \cdot \Delta L_2 + 3{,}61 \cdot \Delta L_3 = 0{,}004 \quad ⑦ \text{ Ecuación de compatibilidad}$$

Paso 2: Ecuaciones de equilibrio estático

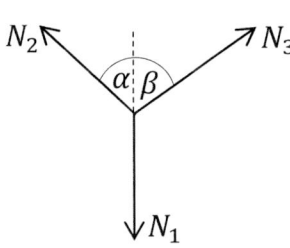

$$\Sigma F_H = 0 \rightarrow \oplus$$

$$-N2 \cdot sen\, \alpha + N3 \cdot sen\, \beta = 0$$

$$-0{,}707 \cdot N2 + 0{,}832 \cdot N3 = 0 \quad ⑧$$

$$\Sigma F_V = 0 \uparrow \oplus$$

$$-N1 + N2 \cdot cos\, \alpha + N3 \cdot cos\, \beta = 0$$

$$-N1 + 0{,}707 \cdot N2 + 0{,}555 \cdot N3 = 0 \quad ⑨$$

Paso 3: Cálculo de las deformaciones

$$L_1 = 3\, m$$

$$L_2 = 2{,}828\, m$$

$$L_3 = 3{,}606\, m$$

$$E \cdot A = 2 \cdot 10^6 \cdot 0{,}05 \cdot 0{,}1 = 10\,000$$

$$\Delta L_1 = \frac{N1 \cdot 3}{10\,000} = 3 \cdot 10^{-4} \cdot N1$$

$$\Delta L_2 = \frac{N2 \cdot 2{,}828}{10\,000} = 2{,}828 \cdot 10^{-4} \cdot N2 \quad\left.\begin{array}{c} \\ \\ \end{array}\right\} ⑩$$

$$\Delta L_3 = \frac{N3 \cdot 3{,}606}{10\,000} = 3{,}606 \cdot 10^{-4} \cdot N3$$

Paso 4: Cálculo de los esfuerzos normales

Reemplazamos ⑩ en ⑦:

$$\Delta L_1 + 4{,}246 \cdot \Delta L_2 + 3{,}61 \cdot \Delta L_3 = 0{,}004$$

$$(3 \cdot 10^{-4} N1) + 4{,}246(2{,}828 \cdot 10^{-4} N2) + 3{,}61(3{,}606 \cdot 10^{-4} N3) = 0{,}004$$

Multiplicamos por 10^4:

$$3 \cdot N1 + 12{,}008 \cdot N2 + 13{,}018 \cdot N3 = 40$$

Resumimos las ecuaciones de esfuerzos normales:

$$-0{,}707 \cdot N2 + 0{,}832 \cdot N3 = 0$$

$$-N1 + 0{,}707 \cdot N2 + 0{,}555 \cdot N3 = 0$$

$$3 \cdot N1 + 12{,}008 \cdot N2 + 13{,}018 \cdot N3 = 40$$

Al resolver el sistema de ecuaciones obtenemos:

$$N1 = 1{,}772 \, t$$

$$N2 = 1{,}503 \, t$$

$$N3 = 1{,}278 \, t$$

EJEMPLO 64

Calcular los esfuerzos normales en las barras ① y ②. Además, determine el desplazamiento de la unión de la barra A.

Datos

$$E = 1 \cdot 10^6 \frac{t}{m^2}$$

$$b/h = 6 \ cm/12 \ cm$$

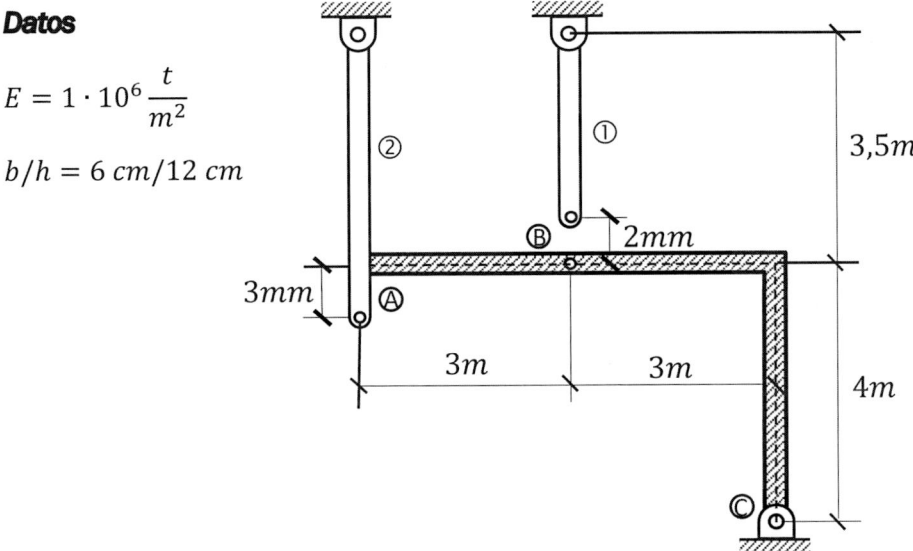

Figura 2.71 Sistema con doble error de longitud.

Paso 1: Proponer una deformación coherente

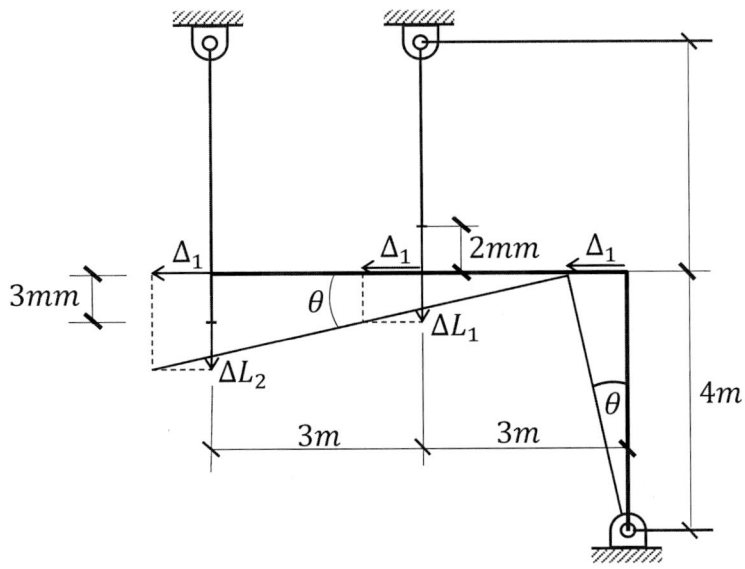

Analicemos la deformación en la barra horizontal.

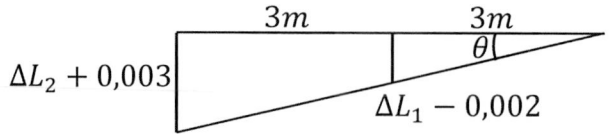

$$Tag\ \theta = \frac{\Delta L_1 - 0,002}{3} = \frac{\Delta L_2 + 0,003}{6}$$

$$\frac{\Delta L_1 - 0,002}{3} = \frac{\Delta L_2 + 0,003}{6}$$

Si multiplicamos por 6:

$$2 \cdot \Delta L_1 - 0,004 = \Delta L_2 + 0,003$$

$$2 \cdot \Delta L_1 - \Delta L_2 = 0,007 \quad ①$$

Paso 2: Ecuaciones de equilibrio estático

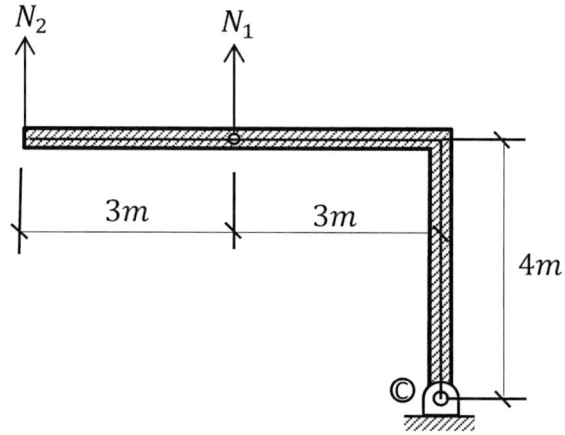

$$\Sigma M_C = 0 \circlearrowleft \oplus$$

$$N1 \cdot 3 + N2 \cdot 6 = 0 \qquad \div (3)$$

$$N1 + 2 \cdot N2 = 0 \quad ②$$

Paso 3: Cálculo de las deformaciones

$$\Delta L = \frac{N \cdot L}{E \cdot A}$$

$$E \cdot A = 1 \cdot 10^6 \cdot 0,06 \cdot 0,12 = 7200$$

$$\left. \begin{array}{l} \Delta L_1 = \dfrac{N1 \cdot 3,5}{7200} = 4,861 \cdot 10^{-4} \cdot N1 \\[3mm] \Delta L_2 = \dfrac{N2 \cdot 3,5}{7200} = 4,861 \cdot 10^{-4} \cdot N2 \end{array} \right\} ③$$

Paso 4: Cálculo de los esfuerzos normales

Reemplazamos ③ en ①:

$$2 \cdot \Delta L_1 - \Delta L_2 = 0,007$$

$$2 \cdot (4,861 \cdot 10^{-4} \cdot N1) - (4,861 \cdot 10^{-4} \cdot N2) = 0,007$$

Si dividimos entre $4,861 \cdot 10^{-4}$:

$$2 \cdot N1 - N2 = 14,4 \ ④$$

Resumimos las ecuaciones ② y ④:

$$N1 + 2 \cdot N2 = 0$$

$$2 \cdot N1 - N2 = 14,4$$

Al resolver el sistema de ecuaciones tenemos:

$$N1 = 5,76 \ t \ (tracción)$$

$$N2 = -2,88 \ t \ (compresión)$$

Paso 5: Cálculo de los desplazamientos del nudo A

Del gráfico del paso 1, tenemos:

$$\Delta_{HA} = \Delta_1 \ ⑤$$

$$\Delta_{VA} = \Delta L_2 + 0,003 \ ⑥$$

Calculamos ΔL₂ sustituyendo N2 en ③:

$$\Delta L_2 = 4,861 \cdot 10^{-4} \cdot (-2,88) = 1,4 \cdot 10^{-3} \ m \ ⑦$$

Del gráfico del paso 1, calculamos la tangente de θ:

$$Tag\ \theta = \frac{\Delta L_2 + 0,003}{6} = \frac{\Delta_1}{4} \quad ⑧$$

Reemplazamos ΔL_2 y despejamos Δ_1 en ⑧:

$$\Delta_1 = \frac{2}{3} \cdot (\Delta L_2 + 0,003) = \frac{2}{3} \cdot (1,4 \cdot 10^{-3} + 0,003)$$

$$\Delta_1 = 2,933 \cdot 10^{-3}\ m \quad ⑨$$

Reemplazamos ⑦ en ⑥ y ⑨ en ⑤:

$$\Delta_{VA} = 1,4 \cdot 10^{-3} + 0,003$$

$$\Delta_{VA} = 0,0044\ m = 4,4\ mm$$

$$\Delta_{HA} = 2,933 \cdot 10^{-3}\ m = 2,933\ mm$$

CAPÍTULO 3

MOMENTO DE TORSIÓN

3.1. INTRODUCCIÓN

Cuando observamos una escalera con gradas en voladizo arriostradas en una robusta viga inclinada, estamos en presencia de una viga que recibe de cada escalón un significativo momento de torsión producida por la carga muerta de las gradas y el tránsito de personas y objetos que hacen uso de este segmento de una vivienda o edificio. Véase la siguiente figura:

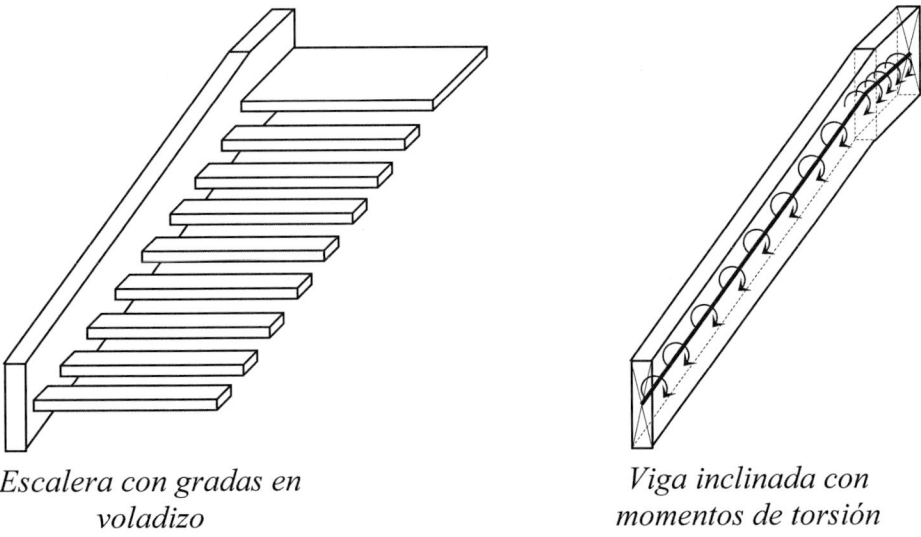

Escalera con gradas en
voladizo

Viga inclinada con
momentos de torsión

Figura 3.1 Transmisión de momento de torsión en escalera.

Las dimensiones de la viga inclinada y sus armaduras de refuerzos exigen que realicemos un analisis de sus esfuerzos internos, tensiones y deformaciones que se producen en el interior del elemento, para lo cual es necesario la obtención de los siguientes resultados:

- Diagramas del esfuerzo de torsión debido a momentos puntuales y distribuidos
- Diagrama de las variaciones del giro torsional
- Tensiones tangenciales máximas positivas y negativas

Estos resultados, sin lugar a duda, nos permitirán tomar las decisiones más adecuadas para garantizar la resistencia, la seguridad y la durabilidad de nuestra escalera.

3.2. CONCEPTO DE MOMENTO DE TORSIÓN

Es un momento que actúa girando alrededor del eje axial de una barra y que provocasobre las fibras de este elemento un efecto deformativo tipo rosca denominado distorsión angular. En este tipo de elementos el momento de torsión genera tensiones tangenciales direccionadas alrededor de círculos concéntricos en cada sección que modifican la posición angular de las infinitas secciones transversales.

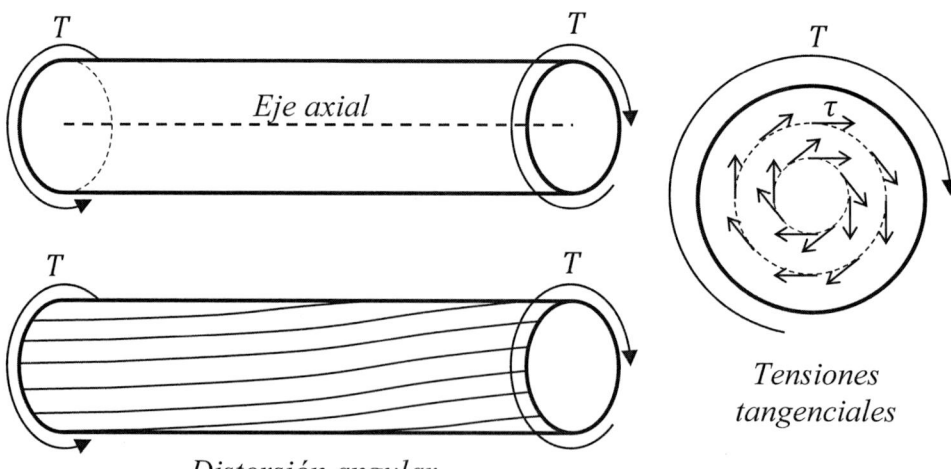

Figura 3.2 Deformación y tensión debidas al momento de torsión.

En este capítulo limitaremos nuestro estudio al análisis de elementos o barras de sección circular, dejando el estudio de otros tipos de secciones para cursos superiores, donde se abordarán nuevos métodos que nos permitirán hacer un análisis más adecuado del efecto de torsión en elementos de secciones no circulares.

3.3. CONCEPTOS GENERALES

3.3.1. Regla de la mano derecha

A través de este concepto podemos hacer la representación vectorial de los momentos de torsión. Véanse las siguientes figuras:

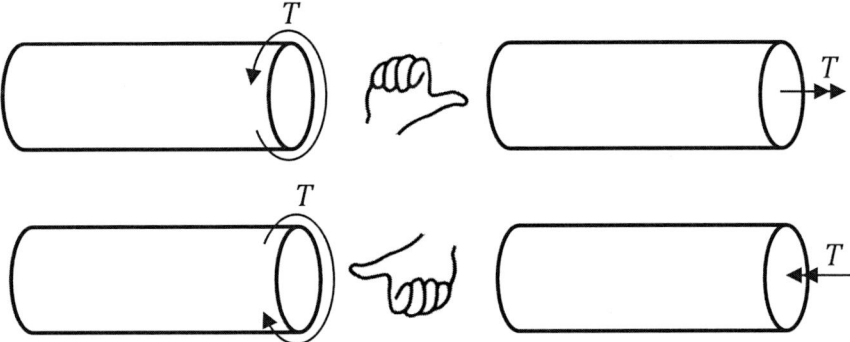

Figura 3.3 Regla de la mano derecha.

3.3.2. Distorsión angular

Se define como la abertura o ángulo limitado por una fibra sin deformar con la misma fibra deformada.

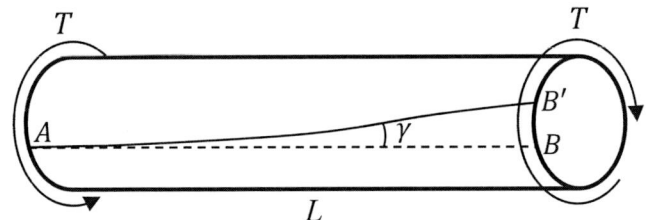

Figura 3.4 Distorsión angular.

$BB' = \Delta t$ = Desplazamiento tangencial

γ = Distorsión angular

$$Tan\,(\gamma) = \frac{BB'}{L} = \frac{\Delta t}{L}$$

$$Como\,\gamma \to 0 \implies Tag\,(\gamma) = \gamma \Leftrightarrow \gamma = [rad]$$

$$\therefore \boxed{\gamma = \frac{\Delta t}{L}}$$

γ = Distorsión angular

Δt = Desplazamiento tangencial

L = Longitud de la barra afectada por el momento de torsión T

3.3.3. Ley de Hooke para tensiones tangenciales

Esta ley nos dice que las tensiones tangenciales son directamente proporcionales al producto del módulo de elasticidad transversal con la distorsión angular.

$$\tau = G \cdot \gamma$$

τ = Tensión tangencial

G = Módulo de elasticidad transversal

γ = Distorsión angular

3.3.4. Inercia polar en sección circular

Para una sección circular la inercia polar es la suma de sus inercias en x y en y.

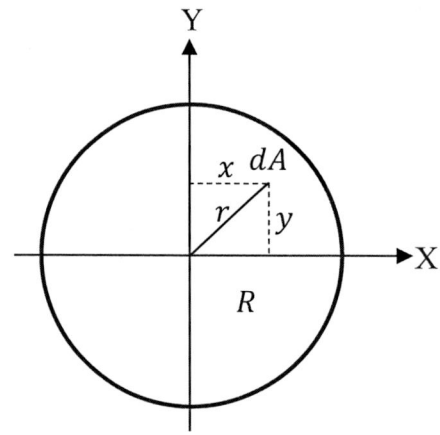

Figura 3.5 Sección circular.

$$I_P = I_x + I_y$$

$$I_P = \int y^2\,dA + \int x^2\,dA$$

$$I_P = \int (x^2 + y^2)dA \quad ①$$

Del gráfico:

$$r^2 = x^2 + y^2 \quad ②$$

Reemplazando ② en ①:

$$I_P = \int r^2 dA$$

MARCOMBO

Apliquemos la fórmula anterior para los datos de una sección circular.

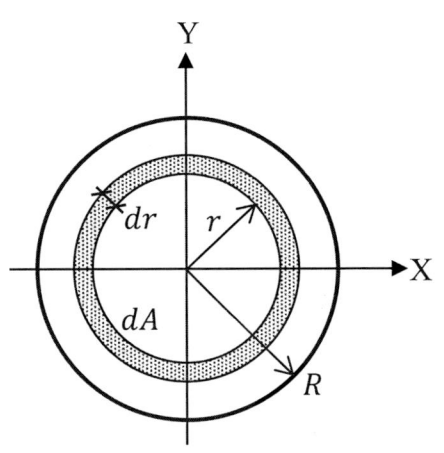

Figura 3.6 Franja de integración.

$$I_P = \int r^2 dA$$

$$dA = 2 \cdot \pi \cdot r \cdot dr$$

$$I_P = \int_0^R r^2 \cdot (2 \cdot \pi \cdot r) dr$$

$$I_P = \int_0^R r^2 \cdot 2 \cdot \pi \cdot r \cdot dr$$

$$I_P = \int_0^R 2 \cdot \pi \cdot r^3 \cdot dr$$

$$I_P = \left[\frac{2 \cdot \pi \cdot r^4}{4} \right]_0^R$$

$$I_P = \frac{\pi \cdot R^4}{2} = \frac{\pi \cdot D^4}{32}$$

3.3.5. Giro torsional nulo

El giro torsional en apoyos empotrados es nulo, tal como se muestra en la siguiente figura:

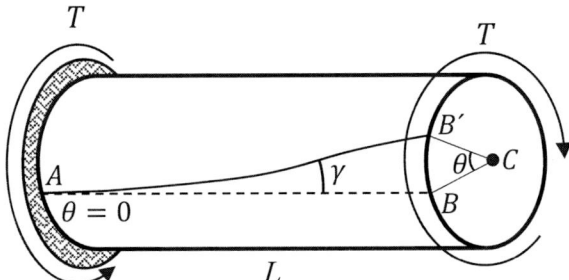

Figura 3.7 Giro torsional en la sección circular.

θ = Giro torsional

3.3.6. Continuidad de giros

Los giros en dos secciones adyacentes son de igual magnitud y sentido; en caso contrario, se tiene que presumir que la pieza ha colapsado por dicha sección. Véase la siguiente figura:

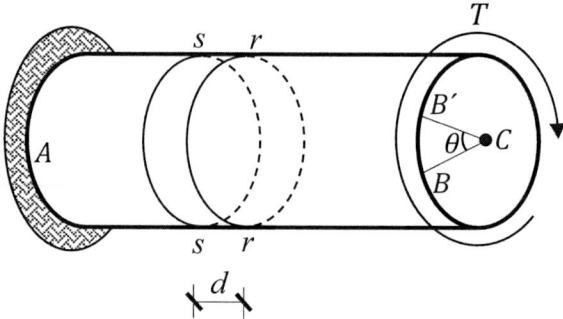

Figura 3.8 Secciones adyacentes.

$$Cuando:\ \ d \to 0 \ \Rightarrow\ \theta_{s-s} = \theta_{r-r}$$

3.4. DIAGRAMA DE TORSIÓN

Para diagramar la variación del momento de torsión deberá procederse como sigue:

- Representar vectorialmente los momentos de torsión aplicando la regla de la mano derecha.
- Calcular la reacción debida a la torsión en el apoyo aplicando la correspondiente ecuación de equilibrio.
- Identificar los tramos de esfuerzos colocando una numeración donde existan apoyos, momentos puntuales de torsión y también al inicio y final de una carga distribuida de torsión.
- Marcar una sección arbitraria en cada tramo y calcular el momento de torsión a la izquierda o a la derecha, considerando como positivos aquellos momentos que producen un efecto aparente de tracción.

Figura 3.9 Sentidos convencionales del momento de torsión.

- Graficar las ecuaciones obtenidas en el paso anterior en el siguiente sistema de referencia.

Figura 3.10 Ejes de referencia para diagrama de momento de torsión.

EJEMPLO 65

Obtener el diagrama de momentos de torsión.

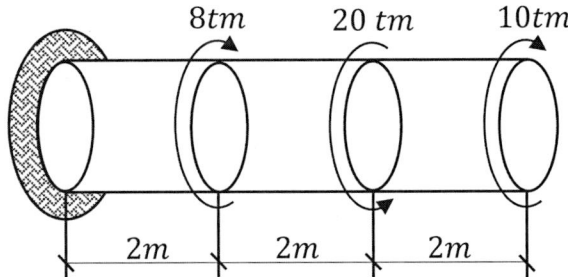

Figura 3.11 Barra con momentos puntuales.

Paso 1: Representación vectorial

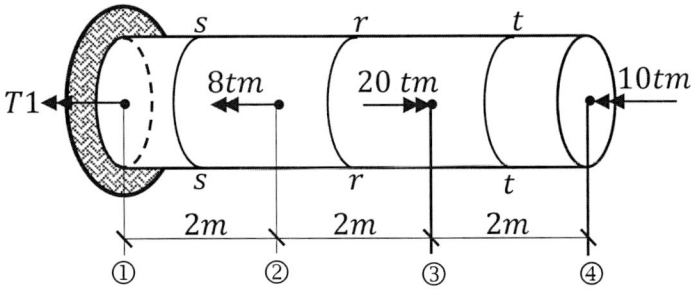

Paso 2: Cálculo de reacción

$$\Sigma T = 0 \;\twoheadrightarrow\; \oplus$$

$$-T1 - 8 + 20 - 10 = 0$$

$$T1 = 2\ tm$$

Paso 3: Cálculo de esfuerzo torsional

a) Tramo1-2 ($0 \le x \le 2$) sección s-s, cargas izquierdas

$$\twoheadleftarrow \oplus T_{1-2} = 2 \ tm$$

b) Tramo2-3 ($2 \le x \le 4$) sección r-r, cargas izquierdas

$$\twoheadleftarrow \oplus T_{2-3} = 2 + 8 = 10 \ tm$$

c) Tramo3-4 ($4 \le x \le 6$) sección t-t, cargas izquierdas

$$\twoheadleftarrow \oplus T_{3-4} = 2 + 8 - 20 = -10 \ tm$$

Paso 4: Diagrama de torsión

Escala:

1 m = 1cm / 4 tm = 1 cm

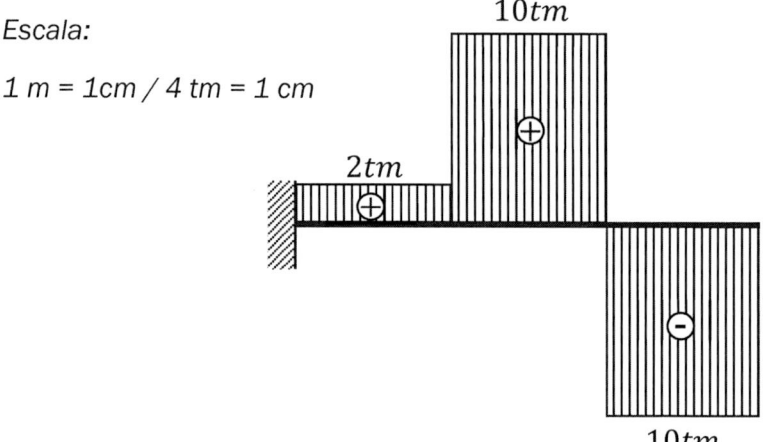

EJEMPLO 66

Obtener el diagrama de momento de torsión para la siguiente barra.

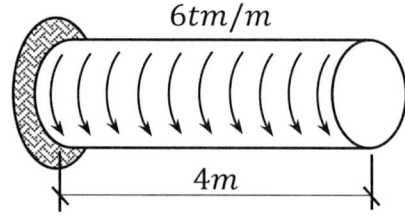

Figura 3.12 Barra con momento distribuido.

Paso 1: Representación vectorial del momento de torsión

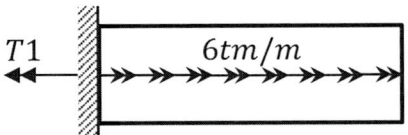

Paso 2: Cálculo de reacción

$$\Sigma T = 0 \twoheadrightarrow \oplus$$

$$-T1 + 6 \cdot 4 = 0$$

$$T1 = 24 \ tm$$

Paso 3: Ecuación del momento de torsión

Considerando cargas a la izquierda:

$$\leftarrow \oplus T = 24 - 6 \cdot x$$

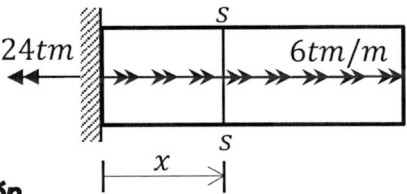

Paso 4: Diagrama de momento de torsión

x	$T[tm]$
0	24
1	18
2	12
3	6
4	0

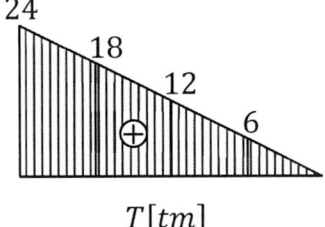

EJEMPLO 67

Obtener el diagrama de momento de torsión para la siguiente barra.

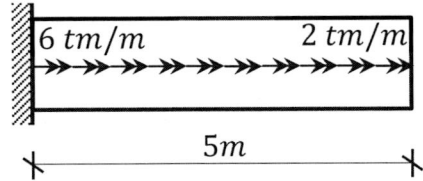

Figura 3.13 Barra con momento distribuido.

Paso 1: Cálculo de reacción

La carga de torsión distribuida es de variación trapezoidal, por lo tanto, su resultante es el promedio de sus cargas por la longitud.

$\Sigma T = 0 \twoheadrightarrow \oplus$

$-T1 + \left(\dfrac{6+2}{2}\right) \cdot 5 = 0$

$T1 = 20 \ tm$

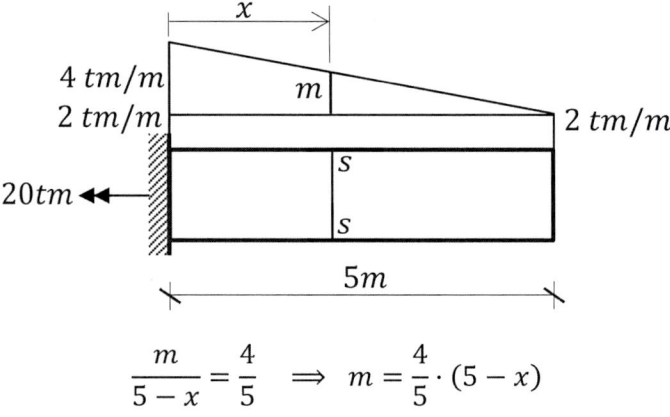

Paso 2: Ecuación de momento de torsión

La carga distribuida de torsión es de forma trapezoidal, por lo que, para su análisis, debe dividirse en una carga rectangular y otra triangular.

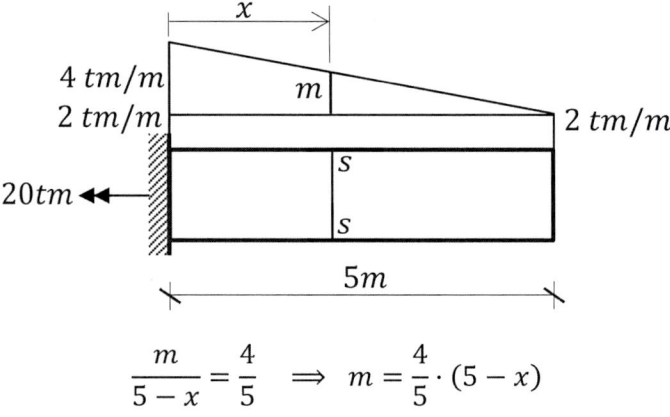

$$\frac{m}{5-x} = \frac{4}{5} \quad \Longrightarrow \quad m = \frac{4}{5} \cdot (5-x)$$

Al considerar las cargas a la derecha de la sección s-s:

$$\twoheadrightarrow \oplus T = 2 \cdot (5-x) + \frac{4}{5} \cdot (5-x) \cdot \frac{(5-x)}{2}$$

$$T = 10 - 2 \cdot x + 0{,}4 \cdot (25 - 10 \cdot x + x^2)$$

$$T = 10 - 2 \cdot x + 10 - 4 \cdot x + 0{,}4 \cdot x^2$$

$$T = 20 - 6 \cdot x + 0{,}4 \cdot x^2$$

Realizamos una tabla de valores y adoptando una escala realizamos el diagrama de momento de torsión.

Escalas: 1 m = 1 cm / 10 tm = 1 cm

x [m]	T [tm]
0	20
1	14,4
2	9,6
3	5,6
4	2,4
5	0

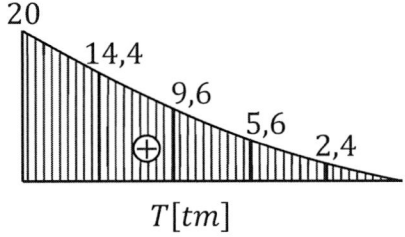

EJEMPLO 68

Obtener el diagrama de momento de torsión

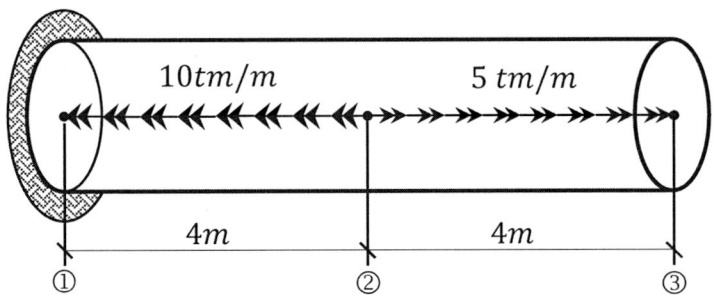

Figura 3.14 Barra con momentos distribuidos.

Paso 1: Cálculo de reacciones

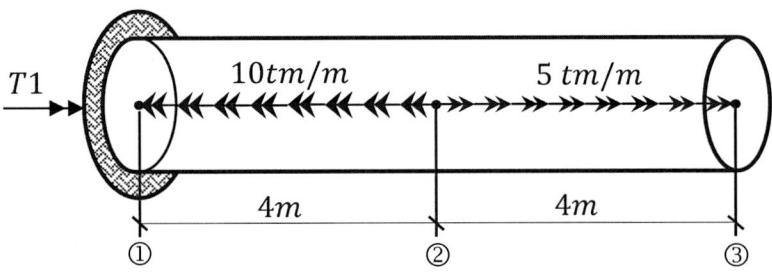

$$\Sigma T = 0 \twoheadrightarrow \oplus$$

$$T1 - 10 \cdot 4 + 5 \cdot 4 = 0$$

$$T1 = 20 \ tm$$

Paso 2: Ecuaciones de momento de torsión

a) Tramo 1-2 (0≤ x ≤ 4)

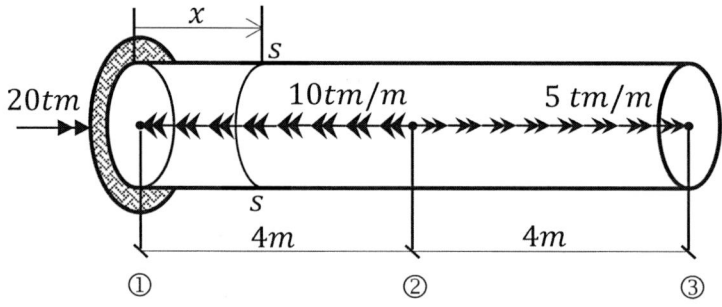

Consideramos las cargas izquierdas:

$$\leftarrow \oplus T = -20 + 10 \cdot x (lineal)$$

b) Tramo 2-3 (4≤ x ≤ 8)

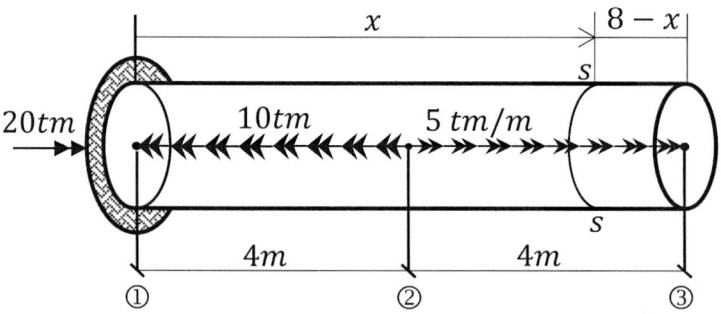

Consideramos las cargas derechas:

$$\twoheadrightarrow \oplus T = 5 \cdot (8 - x)$$

$$T = 40 - 5 \cdot x$$

Paso 3: Diagrama de momento de torsión

Escalas: 1 m = 1 cm / 10 tm = 1 cm

Tramo	x	T[tm]
1-2	0	-20
	1	-10
	2	0
	3	10
	4	20
2-3	4	20
	5	15
	6	10
	7	5
	8	0

EJEMPLO 69

Obtener el diagrama de momento de torsión.

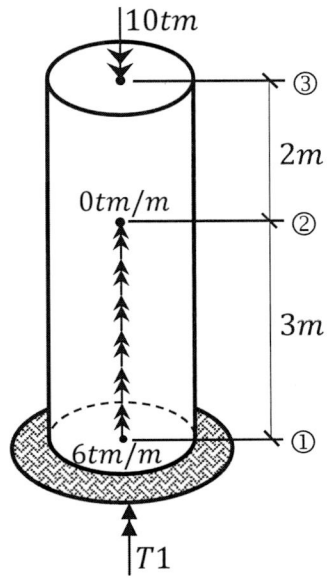

Figura 3.15 Barra con momento puntual y distribuido.

Paso 1: Cálculo de reacción

$$\Sigma T = 0 \uparrow \oplus$$

$$T1 + \frac{6 \cdot 3}{2} - 10 = 0$$

$$T1 = 1 \, tm$$

Paso 2: Ecuaciones de momentos de torsión

a) Tramo 1-2 (0≤ x ≤ 3)

Primero tenemos que interpolar la carga distribuida triangular de torsión.

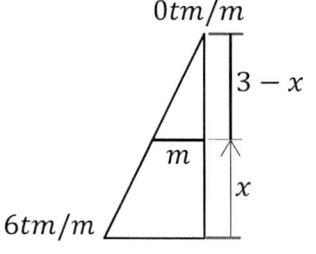

$$\frac{m}{3 - x} = \frac{6}{3}$$

$$m = 2 \cdot (3 - x) \quad ①$$

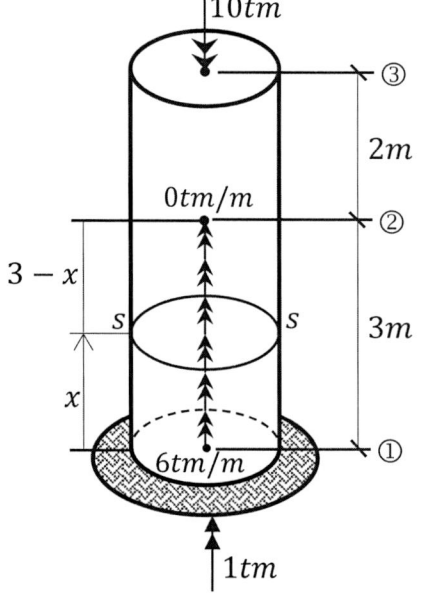

Consideramos las cargas por encima de la sección s-s.

$$\uparrow \oplus T = -10 + m \cdot \frac{(3 - x)}{2}$$

Reemplazamos la ecuación ①:

$$T = -10 + 2 \cdot (3 - x) \cdot \frac{(3 - x)}{2}$$

$$T = -10 + 9 - 6 \cdot x + x^2$$

$$T = -1 - 6 \cdot x + x^2$$

a) Tramo 2-3 (3≤ x ≤ 5)

Consideramos las cargas por encima de la sección r-r.

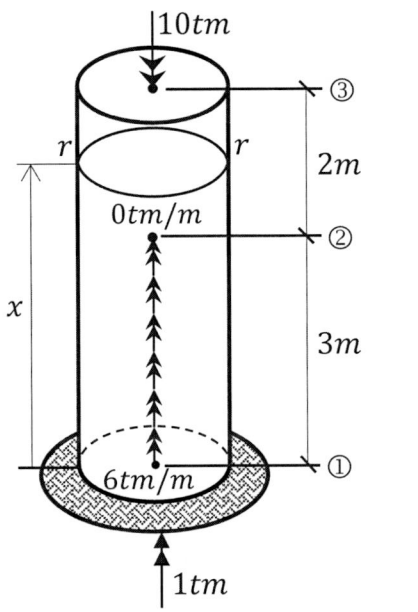

$$\uparrow \oplus T = -10$$

Paso 3: Diagrama de momentos de torsión

Escalas: 1 m = 1 cm / 4 tm = 1 cm

Tramo	x	T [tm]
1-2	0	-1
	1	-6
	2	-9
	3	-10
2-3	3	-10
	4	-10
	5	-10

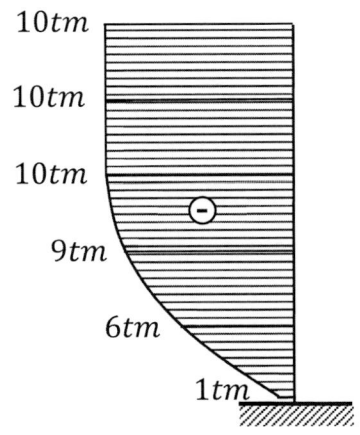

EJEMPLO 70

Obtener el diagrama de momentos de torsión.

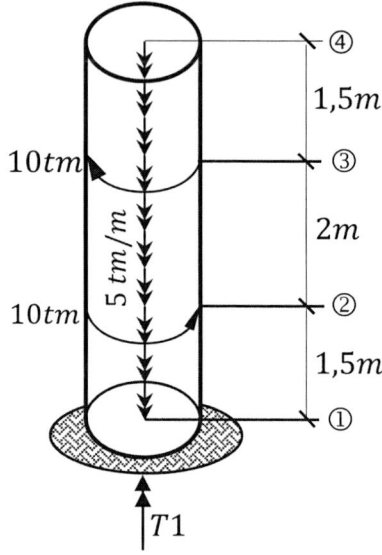

Figura 3.16 Barra con momentos puntuales y distribuidos.

Paso 1: Cálculo de reacción

$$\Sigma T = 0 \uparrow \oplus$$

$$T1 - 5 \cdot 5 + 10 - 10 = 0$$

$$T1 = 25 \ tm$$

Paso 2: Momentos de torsión

a) Tramo 1-2 (0 ≤ x ≤ 1,5)

Cargas por debajo de s-s.

$$\downarrow \oplus T = -25 + 5 \cdot x$$

b) Tramo 2-3 (1,5≤ x ≤ 3,5)

Cargas por debajo de r-r.

$$\downarrow \oplus T = -25 - 10 + 5 \cdot x$$

$$T = -35 + 5 \cdot x$$

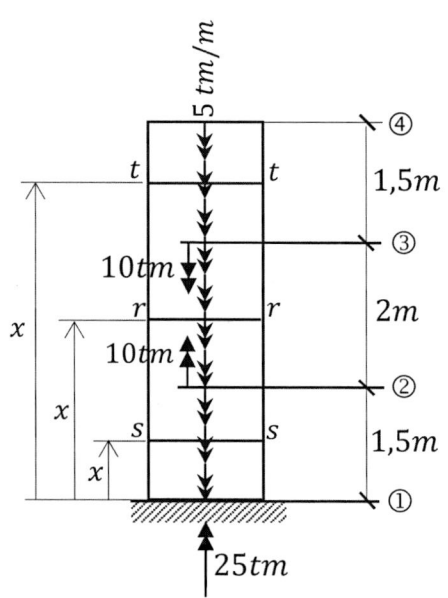

c) Tramo 3-4 (3,5 ≤ x ≤ 5)

Calculamos con las cargas por

encima de la sección t-t.

$\uparrow \oplus T = -5 \cdot (5 - x)$

$T = -25 + 5 \cdot x$

Paso 3: Diagrama de momento de torsión

Escala: 1 m = 1 cm / 10 tm = 1 cm

Tramo	x[m]	T [t·m]
1-2	0	-25
	1,5	-17,5
2-3	1,5	-27,5
	3,5	-17,5
3-4	3,5	-7,5
	5	0

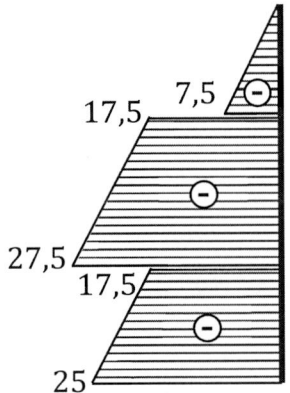

3.5. DEDUCCION DE LAS FÓRMULAS DE TENSIÓN Y GIRO TORSIONAL

Supongamos que tenemos una barra de sección circular sometida a torsión.

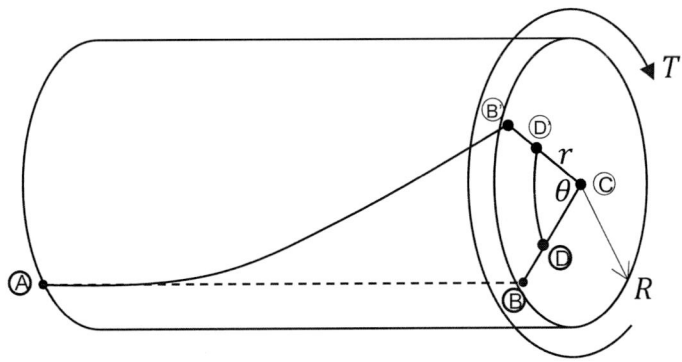

Figura 3.17 Barra de sección circular con giro torsional.

$$0 \leq r \leq R$$

Distorsión angular para los puntos B y D.

$$\gamma_B = \frac{\overline{BB'}}{L} \quad \text{①}$$

$$\gamma_D = \frac{\overline{DD'}}{L} \quad \text{②}$$

$$\overline{DD'} = r.\theta \quad \text{③}$$

Si sustituimos ③ en ②:

$$\gamma_D = \frac{r.\theta}{L} \quad \text{④}$$

Ley de Hooke:

$$\tau = G \cdot \gamma_D \quad \text{⑤}$$

Si sustituimos ④ en ⑤:

$$\tau = \frac{G \cdot r \cdot \theta}{L} \quad \text{⑥}$$

$$\frac{\tau}{r} = \frac{G.\theta}{L} \quad \text{⑦}$$

Incidencia de momento de torsión en el punto D.

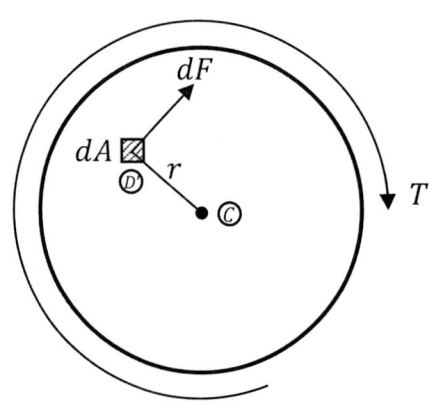

$$dT = dF.r \quad \text{⑧}$$

$$\tau = \frac{dF}{dA} \quad \text{⑨}$$

Sustituir ⑥ en ⑨ y despejar dF:

$$\frac{G \cdot r \cdot \theta}{L} = \frac{dF}{dA}$$

$$dF = \frac{G \cdot r \cdot \theta}{L} \cdot dA \quad \text{⑩}$$

Sustituir ⑩ en ⑧:

Figura 3.18 Sección circular
con diferencial de fuerza.

$$dT = \frac{G.r.\theta}{L} \cdot dA \cdot r$$

$$dT = \frac{G.\theta}{L} \cdot r^2 \cdot dA$$

Al integrar ambos miembros tenemos:

$$T = \frac{G \cdot \theta}{L} \cdot \int r^2 \cdot dA$$

$$T = \frac{G \cdot \theta}{L} \cdot Ip \quad \text{⑪}$$

$$\boxed{\theta = \frac{T \cdot L}{G \cdot Ip}} \qquad \textit{Ecuación de giro torsional}$$

Donde:

$\theta = Giro\ torsional\ (rad)$

$T = Torsión\ (kg \cdot cm\ o\ t \cdot m)$

$L = Logitud\ de\ la\ barra\ (m\ o\ cm)$

$G = Módulo\ de\ elasticidad\ transversal\ (kg/cm^2\ o\ t/m^2)$

$Ip = Inercia\ polar\ (cm^4\ o\ m^4)$

La inercia polar para secciones circulares y tubulares es:

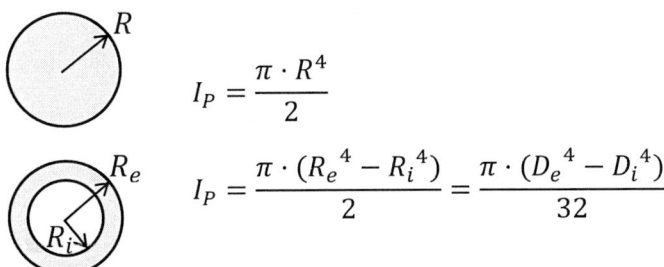

$$I_P = \frac{\pi \cdot R^4}{2}$$

$$I_P = \frac{\pi \cdot (R_e{}^4 - R_i{}^4)}{2} = \frac{\pi \cdot (D_e{}^4 - D_i{}^4)}{32}$$

Sustituir ⑦ en la ecuación ⑪:

$$T = \frac{\tau}{r} \cdot Ip$$

Despejando τ, tenemos:

$$\boxed{\tau = \frac{T \cdot r}{Ip}}$$

Donde:

$\tau = $ Tensión en un punto en el interior de la sección (kg/cm^2 o t/m^2)
$T = $ Torsión en una sección ($kg \cdot cm$ o $t \cdot m$)
$r = $ Radio que define la ubicación del punto © (cm o m)
$Ip = $ Inercia polar (cm^4 o m^4)

La máxima tensión tangencial se produce en el perímetro de la sección circular, es decir, cuando r = R.

$$\tau_{max} = \frac{T \cdot R}{Ip}$$

Para graficar la variación de tensiones en la sección procederemos como sigue:

1- Calculamos la tensión máxima (r = R).

2- Adoptamos una escala, dibujamos la sección s-s y sobre esta definimos un segmento diametral, el cual puede ser vertical, horizontal o en cualquier otra posición.

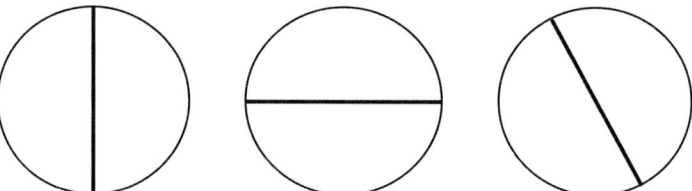

Figura 3.19 Secciones circulares con segmento diametral.

3- Con dirección perpendicular al segmento diametral dibujamos a escala el valor de la tensión máxima siguiendo el sentido del momento de torsión.

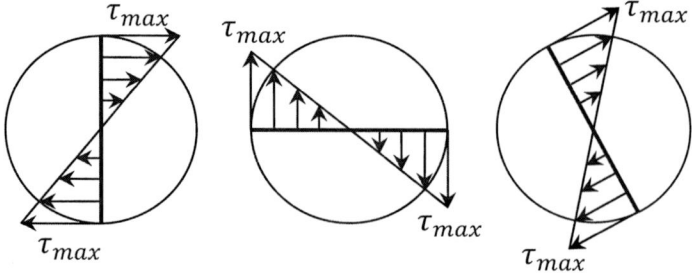

Figura 3.20 Tensiones en segmento diametral.

EJEMPLO 71

Para la siguiente barra, graficar la variación del giro torsional.

Datos

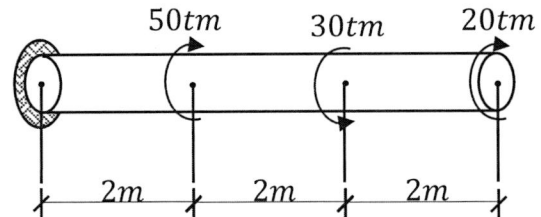

Figura 3.21 Barra con momentos puntuales.

$G = 8 \cdot 10^5 \dfrac{t}{m^2}$

$\emptyset = 30\ cm$

Paso 1: Representación vectorial y cálculo de reacción

$\Sigma T = 0 \twoheadrightarrow \oplus$

$T1 - 50 + 30 - 20 = 0$

$T1 = 40\ tm$

Paso 2: Momentos de torsión

Consideramos las cargas a la izquierda de cada sección:

$$\oplus\twoheadleftarrow T_{1-2} = -40\ tm$$

$$\oplus\twoheadleftarrow T_{2-3} = -40 + 50 = 10\ tm$$

$$\oplus\twoheadleftarrow T_{3-4} = -40 + 50 - 30 = -20\ tm$$

Paso 3: Giro torsional

$$\theta = \frac{T \cdot L}{G \cdot I_p}$$

$$\theta_{1-2} = \frac{-40 \cdot 2}{8 \cdot 10^5 \cdot \dfrac{\pi \cdot 0{,}30^4}{32}} = -0{,}126\ rad$$

$$\theta_{2-3} = \frac{10 \cdot 2}{8 \cdot 10^5 \cdot \dfrac{\pi \cdot 0{,}30^4}{32}} = 0{,}031\ rad$$

$$\theta_{3-4} = \frac{-20 \cdot 2}{8 \cdot 10^5 \cdot \dfrac{\pi \cdot 0.30^4}{32}} = -0.063 \, rad$$

$$\theta_1 = 0$$

$$\theta_2 = \theta_1 + \theta_{1-2} = -0.126 \, rad$$

$$\theta_3 = \theta_2 + \theta_{2-3} = -0.126 + 0.031 = -0.095 \, rad$$

$$\theta_4 = \theta_3 + \theta_{3-4} = -0.095 - 0.063 = -0.158 \, rad$$

Paso 4: Diagrama de giro torsional

$Esc. \, (1 \, m = 1 \, cm \, ; 0.05 \, rad = 1 \, cm)$

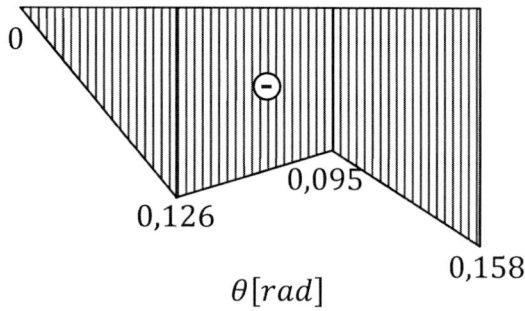

EJEMPLO 72

Para la siguiente barra, graficar la variación del giro torsional.

Datos

$\emptyset_1 = 40 \, cm$

$\emptyset_2 = 20 \, cm$

$G = 8 \cdot 10^5 \dfrac{t}{m^2}$

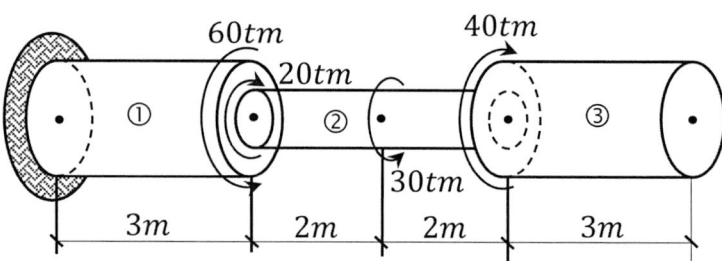

Figura 3.22 Barra con momentos puntuales.

Paso 1: Representación vectorial

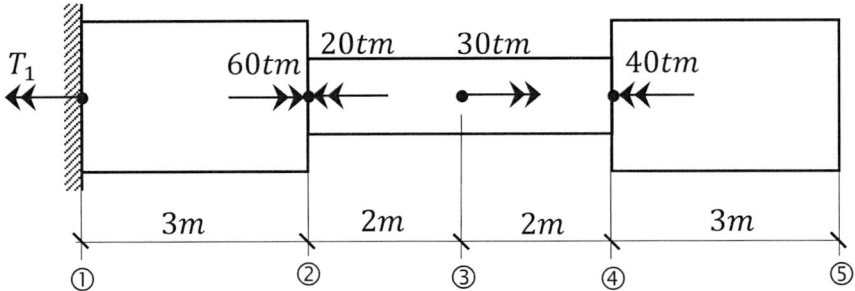

Paso 2: Cálculo de reacción

$$\Sigma T = 0 \twoheadrightarrow \oplus$$
$$-T1 + 60 - 20 + 30 - 40 = 0$$
$$T1 = 30 \ tm$$

Paso 3: Cálculo del momento de torsión

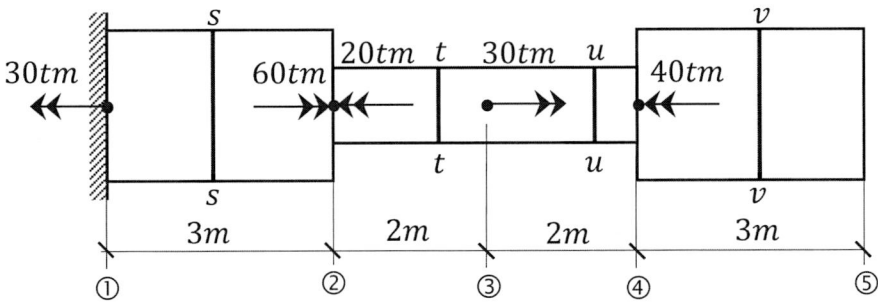

Calculamos utilizando las cargas a la izquierda de la sección.

$$\leftarrow \oplus T_{1-2} = 30 \ tm$$
$$\leftarrow \oplus T_{2-3} = 30 - 60 + 20 = -10 \ tm$$

Calculamos utilizando las cargas a la derecha de la sección.

$$\twoheadrightarrow \oplus T_{3-4} = -40 \ tm$$
$$\twoheadrightarrow \oplus T_{4-5} = 0$$

Paso 4: Cálculo del giro torsional

a) Análisis por tramo

$$\theta = \frac{T \cdot L}{G \cdot I_p}$$

$$\theta_{1-2} = \frac{30 \cdot 3}{8 \cdot 10^5 \cdot \dfrac{\pi \cdot 0{,}4^4}{32}} = 0{,}0447 \, rad$$

$$\theta_{2-3} = \frac{-10 \cdot 2}{8 \cdot 10^5 \cdot \dfrac{\pi \cdot 0{,}2^4}{32}} = -0{,}1592 \, rad$$

$$\theta_{3-4} = \frac{-40 \cdot 2}{8 \cdot 10^5 \cdot \dfrac{\pi \cdot 0{,}2^4}{32}} = -0{,}6366 \, rad$$

$$\theta_{4-5} = 0 \, rad$$

b) Análisis por nudo

$$\theta_1 = 0 \, rad$$
$$\theta_2 = \theta_1 + \theta_{1-2} = 0{,}0447 \, rad$$
$$\theta_3 = \theta_2 + \theta_{2-3} = -0{,}1145 \, rad$$
$$\theta_4 = \theta_3 + \theta_{3-4} = -0{,}7511 \, rad$$
$$\theta_5 = \theta_4 + \theta_{4-5} = -0{,}7511 \, rad$$

Paso 5: Diagrama de giro torsional

Adoptamos una escala para la longitud y otra para los giros.

Escala: 1 m = 1 cm / 0,05 rad = 1 cm

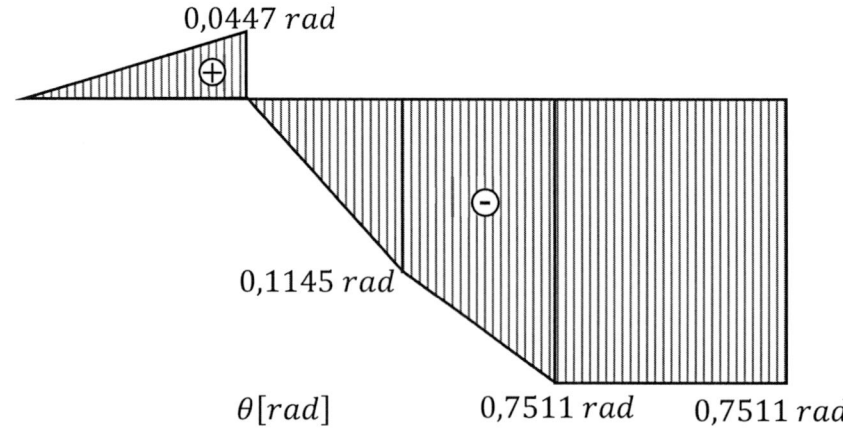

EJEMPLO 73

Para el siguiente sistema, obtener:

- Diagrama de momento de torsión
- Diagrama de giro torsional en grados sexagesimales
- Diagrama de tensión en la sección a-a
- Tensión tangencial en el punto P

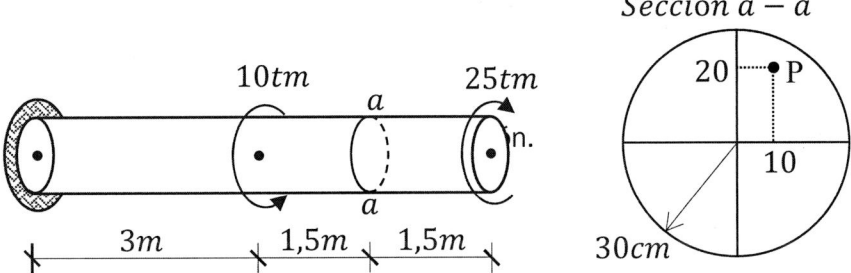

Figura 3.23 Barra de sección circular con momentos puntuales.

Dato

$$G = 8{,}5 \cdot 10^5 \ t/m^2$$

Paso 1: Cálculo de reacción

$$\Sigma T = 0 \rightarrow \oplus$$

$$T1 + 10 - 25 = 0$$

$$T1 = 15 \ tm$$

Paso 2: Diagrama del momento de torsión

a) Tramo 1-2 ($0 \le x \le 3$)

$$T_{1-2} = -15 \ tm$$

b) Tramo 2-3 ($3 \le x \le 6$)

$$T_{2-3} = -25 \ tm$$

Escala: 1 m = 1 cm / 10 tm = 1 cm

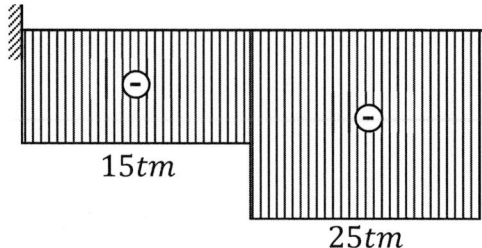

15tm

25tm

Paso 3: Diagrama de giros

a) Análisis por tramo

$$\theta_{i-j} = \frac{T \cdot L}{G \cdot Ip}$$

$$\theta_{1-2} = \frac{-15 \cdot 3}{8,5 \cdot 10^5 \cdot \dfrac{\pi \cdot 0,3^4}{2}} = -4,16 \cdot 10^{-3} \, rad$$

$$\theta_{2-3} = \frac{-25 \cdot 3}{8,5 \cdot 10^5 \cdot \dfrac{\pi \cdot 0,3^4}{2}} = -6,93 \cdot 10^{-3} \, rad$$

b) Análisis por nudo

$$\theta_1 = 0$$

$$\theta_2 = \theta_1 + \theta_{1-2} = -4,16 \cdot 10^{-3} \, rad \cdot \frac{180}{\pi} = -0,24°$$

$$\theta_3 = \theta_2 + \theta_{2-3} = -4,16 \cdot 10^{-3} - 6,93 \cdot 10^{-3} = -0,0111 \, rad \cdot \frac{180}{\pi}$$

$$\theta_3 = -0,64°$$

Escala: 1 m = 1 cm / 0,32° = 1 cm

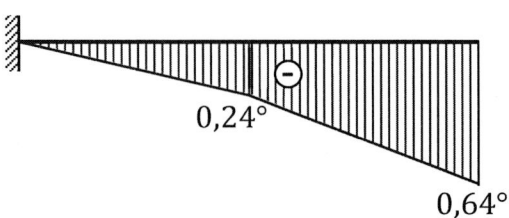

0,24°

0,64°

Paso 4: Diagrama de tensiones tangenciales

$$\tau_{max} = \frac{T \cdot R}{Ip}$$

$$\tau_{max} = \frac{25 \cdot 0,3}{\dfrac{\pi \cdot 0,3^4}{2}} = 589,46 \; t/m^2$$

Escalas: 10 cm = 0,8 cm / 589,46 t/m² = 2 cm

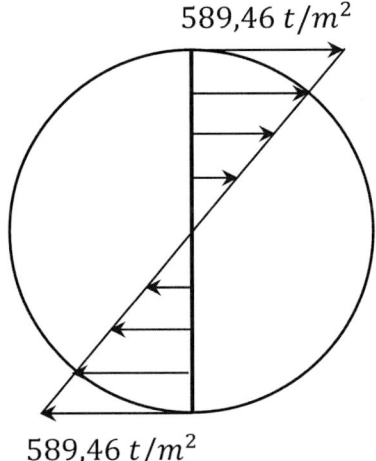

$$589,46 \; t/m^2$$

$$589,46 \; t/m^2$$

Paso 5: Tensión en el punto P

$$r = \sqrt{20^2 + 10^2} = 22,36 \; cm$$

$$\tau_p = \frac{T \cdot r}{Ip}$$

$$\tau_p = \frac{25 \cdot 0,2236}{\dfrac{\pi}{2} \cdot 0,3^4}$$

$$\tau_p = 439,345 \; t/m^2$$

EJEMPLO 74

Obtener el diagrama de tensión tangencial para la sección circular s-s.

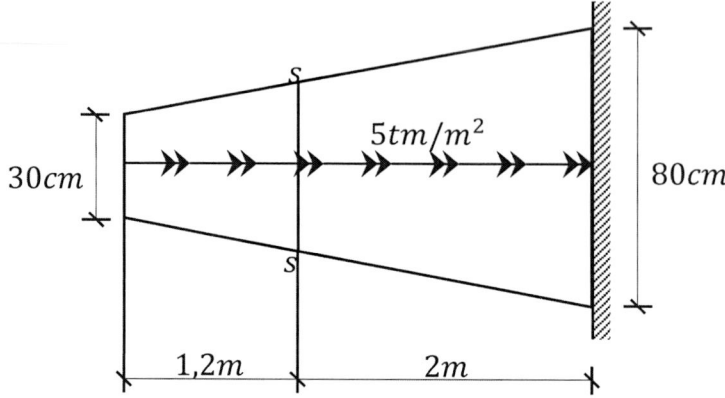

Figura 3.24 Barra de sección variable.

Paso 1: Cálculo del momento de torsión en s-s

$$\leftarrow T_{s-s} = -5 \cdot 1,2$$
$$T_{s-s} = -6 \; tm$$

Paso 2: Cálculo del radio en s-s

$$\frac{D - 30}{1,2} = \frac{80 - 30}{3,2}$$
$$D = \frac{50}{3,2} \cdot 1,2 + 30$$
$$D = 48,75 \; cm \rightarrow R = 24,375 \; cm$$

Paso 3: Cálculo de tensión para s-s

$$\tau = \frac{T \cdot R}{I_p}$$
$$\tau = \frac{-6 \cdot 0,24375}{\dfrac{\pi \cdot 0,24375^4}{2}}$$
$$\tau = -263,752 \frac{t}{m^2} \; \circlearrowleft$$

Paso 4: Diagrama de tensión para s-s

Escalas:

10 cm = 1,25 cm

263,752 t/m² = 2 cm

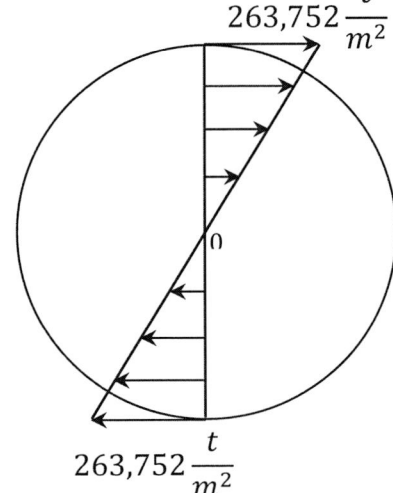

$$263,752 \, \frac{t}{m^2}$$

$$263,752 \, \frac{t}{m^2}$$

EJEMPLO 75

Para la siguiente barra obtener el diagrama longitudinal de tensiones tangenciales máximas.

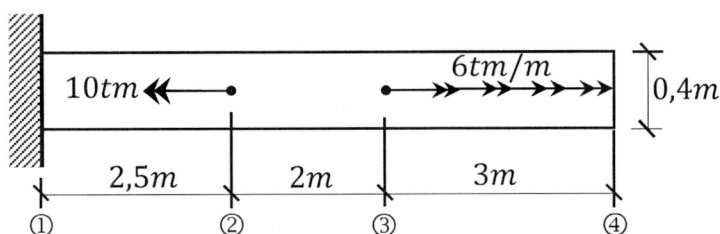

Figura 3.25 Barra con momento puntual y distribuido.

Paso 1: Momentos de torsión

Consideramos las cargas a la derecha de cada sección.

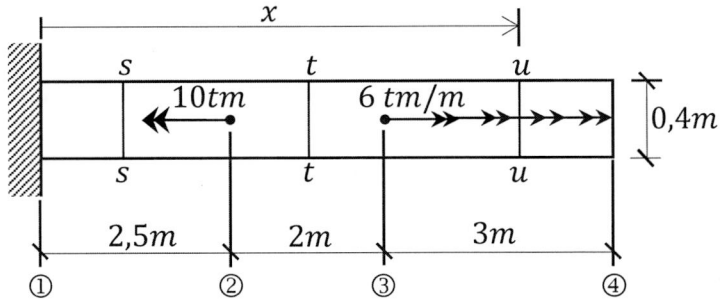

$$\twoheadrightarrow \oplus T_{1-2} = -10 + 6 \cdot 3 = 8 \ tm$$

$$\twoheadrightarrow \oplus T_{2-3} = 6 \cdot 3 = 18 \ tm$$

$$\twoheadrightarrow \oplus T_{3-4} = 6 \cdot (7,5 - x) = 45 - 6 \cdot x$$

Paso 2: Tensiones tangenciales máximas

$$\tau = \frac{T \cdot r}{Ip}$$

$$\tau_{1-2} = \frac{8 \cdot 0,2}{\dfrac{\pi \cdot (0,2)^4}{2}} = 636,62 \ t/m^2$$

$$\tau_{2-3} = \frac{18 \cdot 0,2}{\dfrac{\pi \cdot (0,2)^4}{2}} = 1432,391 \ t/m^2$$

$$\tau_{3-4} = \frac{(45 - 6 \cdot x) \cdot 0,2}{\dfrac{\pi \cdot (0,2)^4}{2}} = 3580,977 - 477,464 \cdot x$$

Paso 3: Diagrama longitudinal de tensiones tangenciales máximas

Tramo	x [m]	τ [t/m²]
1-2	0 a 2,5	636,62
2-3	2,5 a 4,5	1432,391
3-4	4,5	1432,391
	7,5	0

Adoptamos escalas:

$$L \to 1 \ m = 1 \ cm$$

$$\tau \to 500 \frac{t}{m^2} = 0,5 \ cm$$

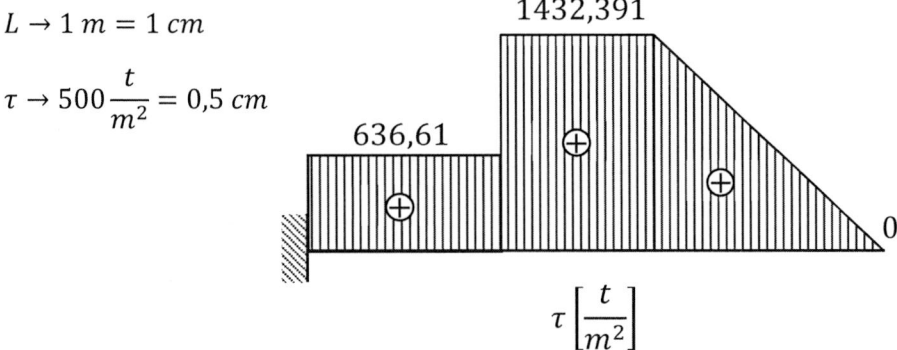

EJEMPLO 76

Para la siguiente barra, graficar la variación del giro torsional y la variación de tensión tangencial máxima a lo largo de la barra.

Datos

Acero:

$$G_A = 8 \cdot 10^5 \frac{t}{m^2}$$

$R_i = 15\ cm$
$R_e = 30\ cm$

Madera:

$$G_m = 4 \cdot 10^5 \frac{t}{m^2}$$

$R = 40\ cm$

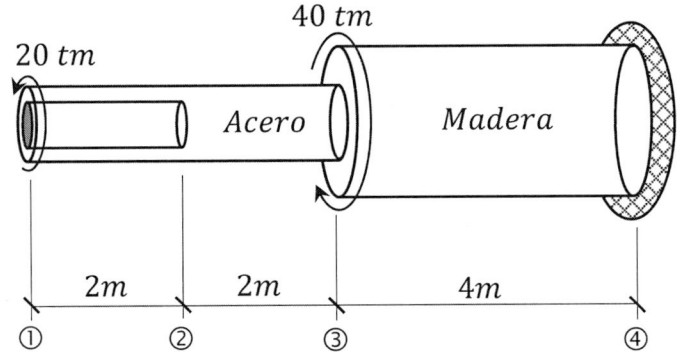

Figura 3.26 Barra con sección hueca y maciza.

Paso 1: Representación vectorial

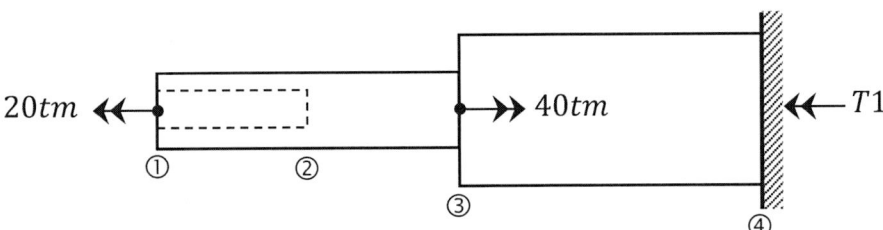

Paso 2: Cálculo de reacción

$$\Sigma T = 0 \leftarrow \oplus$$
$$20 - 40 + T1 = 0$$
$$T1 = 20\ tm$$

Paso 3: Cálculo de los momentos de torsión

Si consideramos las cargas a la izquierda:

$$\leftarrow \oplus T_{1-2} = 20\ tm$$
$$\leftarrow \oplus T_{2-3} = 20\ tm$$
$$\leftarrow \oplus T_{3-4} = 20 - 40 = -20\ tm$$

Paso 4: Cálculo del giro torsional

a) Análisis por tramo

$$\theta = \frac{T \cdot L}{G \cdot I_p}$$

$$\theta_{1-2} = \frac{20 \cdot 2}{8 \cdot 10^5 \left(\dfrac{\pi \cdot 0,3^4}{2} - \dfrac{\pi \cdot 0,15^4}{2}\right)} = 4,192 \cdot 10^{-3} \, rad$$

$$\theta_{2-3} = \frac{20 \cdot 2}{8 \cdot 10^5 \cdot \dfrac{\pi \cdot 0,3^4}{2}} = 3,930 \cdot 10^{-3} \, rad$$

$$\theta_{3-4} = \frac{-20 \cdot 4}{4 \cdot 10^5 \cdot \dfrac{\pi \cdot 0,4^4}{2}} = -4,974 \cdot 10^{-3} \, rad$$

b) Análisis por nudo

$$\theta_4 = 0 \, rad$$
$$\theta_3 = \theta_4 + \theta_{3-4} = -4,974 \cdot 10^{-3} \, rad$$
$$\theta_2 = \theta_3 + \theta_{2-3} = -1,044 \cdot 10^{-3} \, rad$$
$$\theta_1 = \theta_2 + \theta_{1-2} = 3,148 \cdot 10^{-3} \, rad$$

Paso 5: Diagrama de giro torsional

Escalas:

1 m = 1 cm / 2·10⁻³ rad = 1 cm

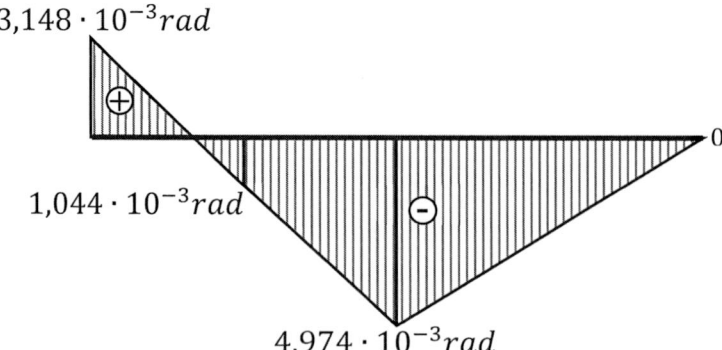

Paso 6: Cálculo de tensiones tangenciales máximas

$$\tau = \frac{T \cdot R}{I_P}$$

$$\tau_{1-2} = \frac{20 \cdot 0{,}30}{\dfrac{\pi \cdot (0{,}30^4 - 0{,}15^2)}{2}} = 503\,\frac{t}{m^2}$$

$$\tau_{2-3} = \frac{20 \cdot 0{,}30}{\dfrac{\pi \cdot 0{,}30^4}{2}} = 471{,}569\,\frac{t}{m^2}$$

$$\tau_{2-3} = \frac{-20 \cdot 0{,}40}{\dfrac{\pi \cdot 0{,}40^4}{2}} = -198{,}943\,\frac{t}{m^2}$$

Paso 7: Diagrama de tensiones tangenciales máximas.

Escalas: 1 m = 1 cm / 500 t/m² = 1 cm

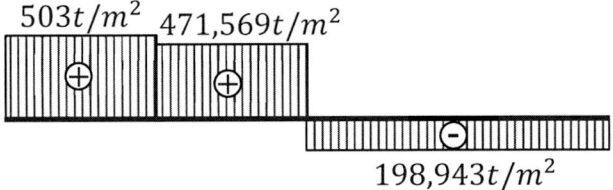

3.6. ECUACIÓN DIFERENCIAL DEL GIRO TORSIONAL

La ecuación de giro torsional utilizada hasta el momento se transforma en una ecuación diferencial de variables separables cuando se tienen que encarar los siguientes problemas:

- Cuando existen cargas distribuidas de torsión.
- Cuando la sección circular es variable a lo largo de la barra.
- Cuando la estructura es hiperestática en dirección torsional.

Para comprender la transformación de la ecuación de giro torsional, imaginemos una barra de sección circular en equilibrio, tal como se muestra a continuación:

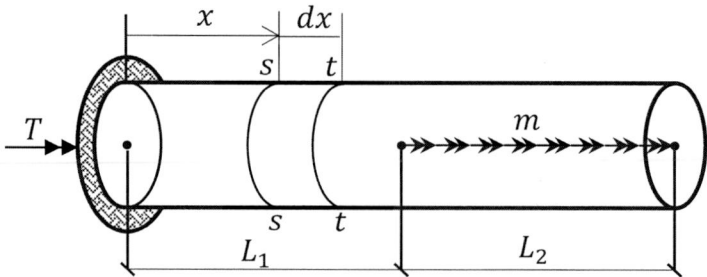

Figura 3.27 Barra con secciones adyacentes.

Si aplicamos la fórmula de giro torsional al segmento dx, el giro θ será equivalente a un diferencial de θ y su longitud L igual al diferencial de x.

$$\theta = \frac{T \cdot L}{G \cdot I_p}$$

$$d\theta = \frac{T \cdot dx}{G \cdot I_p}$$

$$d\theta = \left(\frac{T}{G \cdot Ip}\right) dx \qquad ó \qquad (G \cdot Ip)d\theta = (T)dx$$

3.6.1. Cargas distribuidas de torsión

EJEMPLO 77

Para la siguiente barra:

   a) Diagramar torsión

   b) Diagramar giros

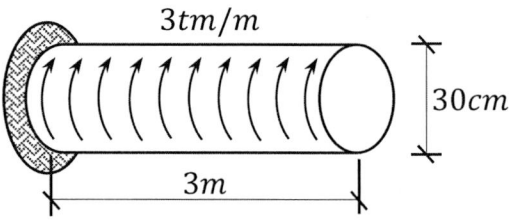

Datos

$$G = 8 \cdot 10^5 \, \frac{kg}{cm^2}$$

Figura 3.28 Barra con momento distribuido.

Paso 1: Cálculo de reacción

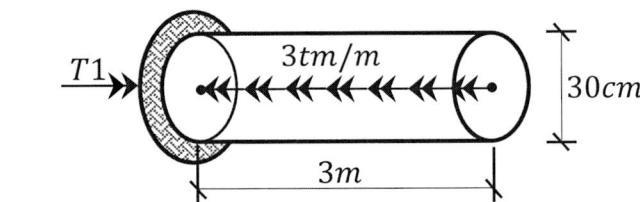

$T1 - 3 \cdot 3 = 0$

$T1 = 9\ tm$

Paso 2: Ecuación de momentos de torsión

Si consideramos las cargas a la izquierda de la sección s-s:

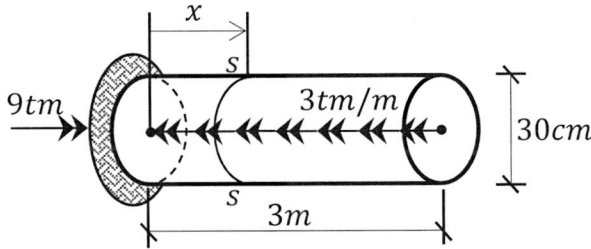

$\twoheadleftarrow \oplus T = -9 + 3 \cdot x$

Paso 3: Diagrama del momento de torsión

Escala: 1 m = 2 cm / 4,5 tm = 1 cm

x	T [t·m]
0	-9
1	-6
2	-3
3	0

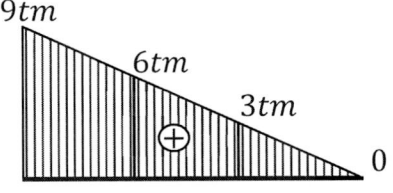

Paso 4: Diagrama del giro torsional

$$G \cdot Ip \cdot d\theta = T \cdot dx$$

$$G \cdot Ip \cdot d\theta = (-9 + 3 \cdot x)dx$$

$$G \cdot Ip \int d\theta = \int (-9 + 3 \cdot x)dx$$

$$G \cdot Ip \cdot \theta = -9 \cdot x + \frac{3 \cdot x^2}{2} + C1$$

Paso 5: Condiciones de borde

$$Cuando\ x = 0\ ;\ \theta = 0$$

$$G \cdot I_p \cdot (0) = -9 \cdot (0) + \frac{3 \cdot (0)^2}{2} + C1$$

$$C1 = 0$$

$$G \cdot I_P = 8 \cdot 10^6 \cdot \frac{\pi \cdot (0,3)^4}{32} = 6361,74$$

$$6361,74 \cdot \theta = -9 \cdot x + 1,5 \cdot x^2$$

$$\theta = \frac{-9 \cdot x + 1,5 \cdot x^2}{6361,74}$$

$$\theta = -0,001415 \cdot x + 0,0002358 \cdot x^2$$

Escala: 1 m = 2 cm / 1·10⁻³ = 1 cm

x	θ [mrad]
0	0
1	-1,179
2	-1,887
3	-2,123

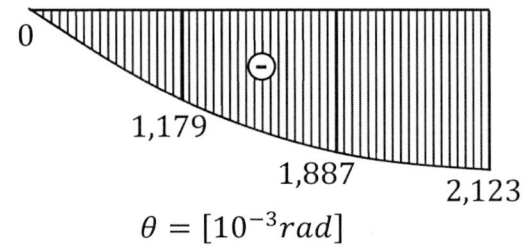

$$\theta = [10^{-3} rad]$$

EJEMPLO 78

Para la siguiente barra, graficar giro torsional y calcular θmax.

Datos

$$G = 8,5 \cdot 10^5 \ ^t/_{m^2}$$

$$Re = 20 \ cm$$

$$Ri = 15 \ cm$$

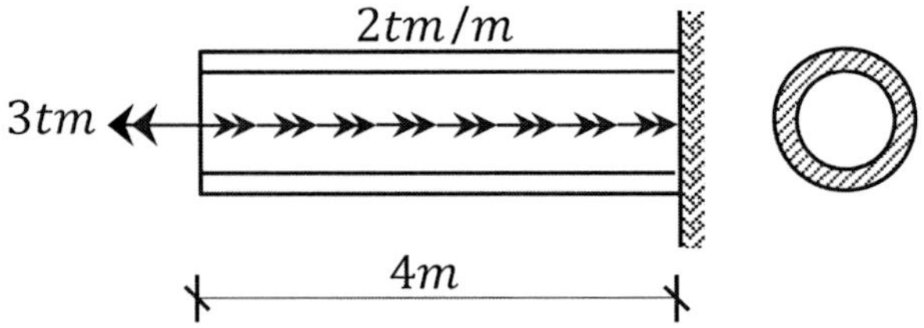

Figura 3.29 Sección tubular con momento distribuido.

Paso 1: Cálculo de reacción

$$\sum T = 0 \leftarrow \oplus$$

$$3 - 2 \cdot 4 + T2 = 0$$

$$T2 = 5 \; tm$$

Paso 2: Ecuación de momento de torsión

Consideramos las cargas a la izquierda de s-s.

$$T = 3 - 2 \cdot x$$

Paso 3: Giro torsional

$$G \cdot I_P \; \frac{d\theta}{dx} = T$$

$$G \cdot I_P \; \frac{d\theta}{dx} = 3 - 2 \cdot x$$

$$G \cdot I_P \cdot \theta = 3 \cdot x - x^2 + C1$$

Paso 4: Condición de borde

$$Cuando: x = 4 \rightarrow \theta = 0$$

$$G \cdot I_P \cdot 0 = 3 \cdot 4 - 4^2 + C1 \quad ①$$

$$C1 = 4 \quad ②$$

Calculamos la constante $G \cdot I_P$:

$$G \cdot I_P = 8{,}5 \cdot 10^5 \cdot \frac{\pi \cdot (0{,}2^4 - 0{,}15^4)}{2} = 1460{,}353 \quad ③$$

Sustituir ② y ③ en ①:

$$1460{,}353 \cdot \theta = 3 \cdot x - x^2 + 4$$

Despejamos el giro torsional:

$$\theta = 2{,}0543 \cdot 10^{-3} \cdot x - 6{,}8477 \cdot 10^{-4} \cdot x^2 + 2{,}7391 \cdot 10^{-3}$$

Paso 5: Diagrama de giro torsional

Escalas: 1 m = 1 cm / 2·10⁻³ rad = 1 cm

x	θ [10⁻³ rad]
0	2,739
1	4,109
2	4,109
3	2,739
4	0

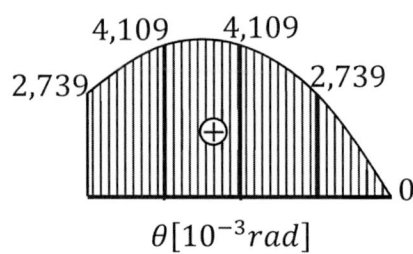

EJEMPLO 79

Graficar el diagrama de momento de torsión y la variación de giro torsional.

Datos

$$G = 8 \cdot 10^5 \ \frac{kg}{cm^2}$$

$$R = 15 \ cm$$

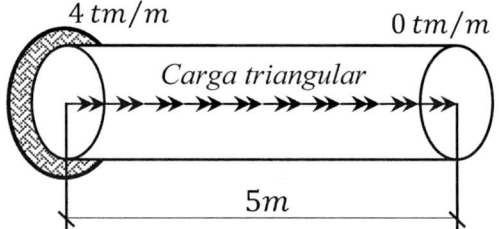

Figura 3.30 Barra con momento distribuido.

Paso 1: Cálculo de la ecuación de momento de torsión

Primero analicemos la variación de la carga distribuida de torsión.

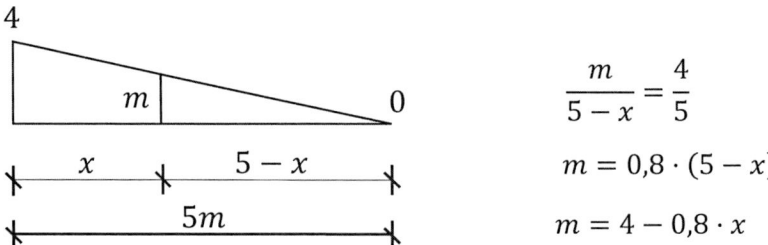

$$\frac{m}{5-x} = \frac{4}{5}$$

$$m = 0,8 \cdot (5-x)$$

$$m = 4 - 0,8 \cdot x$$

Calculamos la ecuación de torsión considerando una sección arbitraria y las cargas a la derecha.

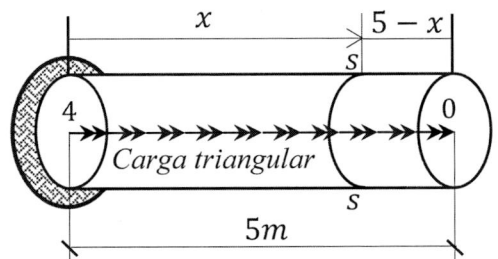

$$\twoheadrightarrow \oplus T = \frac{m \cdot (5 - x)}{2}$$

$$T = \frac{(4 - 0,8 \cdot x) \cdot (5 - x)}{2}$$

$$T = \frac{20 - 4 \cdot x - 4 \cdot x + 0,8 \cdot x^2}{2}$$

$$T = 0,4 \cdot x^2 - 4 \cdot x + 10 \quad [tm]$$

Paso 2: Diagrama del momento de torsión

Escalas: 1 m = 1 cm / 10 tm = 1 cm

x (m)	T (t·m)
0	10
1	6,4
2	3,6
3	1,6
4	0,4
5	0

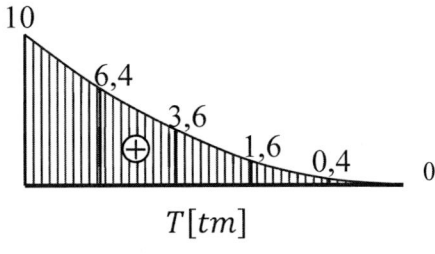

Paso 3: Ecuación de giros

$$G \cdot I_P = 8 \cdot 10^6 \cdot \frac{\pi \cdot (0,15)^4}{2} = 6361,74$$

De la ecuación diferencial de giro torsional:

$$d\theta = \left(\frac{T}{G \cdot I_P}\right) dx$$

Escribimos esta ecuación como sigue:

$$G \cdot I_P \cdot \frac{d\theta}{dx} = T$$

Reemplazamos los datos:

$$6361,74 \cdot \frac{d\theta}{dx} = 0,4 \cdot x^2 - 4 \cdot x + 10$$

$$6361,74 \cdot \theta = 0,1333 \cdot x^3 - 2 \cdot x^2 + 10 \cdot x + c$$

$$Cuando: x = 0 \;\rightarrow\; \theta = 0$$

$$6361,74 \cdot 0 = 0,1333 \cdot 0^3 - 2 \cdot 0^2 + 10 \cdot 0 + c$$

$$c = 0$$

$$\therefore \;\; \theta = \frac{1}{6361,725} \cdot (0,1333 \cdot x^3 - 2 \cdot x^2 + 10 \cdot x)$$

Paso 4: Diagrama de giros

Escalas: 1 m = 1 cm / 2·10⁻³ rad = 1 cm

x(m)	$\theta \left[10^{-3} \text{ rad}\right]$
0	0
1	1,278
2	2,054
3	2,452
4	2,599
5	2,619

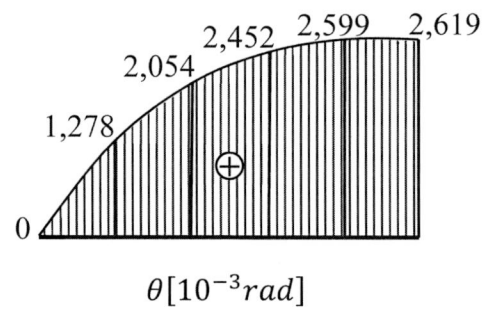

$$\theta[10^{-3}rad]$$

EJEMPLO 80

Graficar el giro torsional a lo largo de la barra (resultado en grados sexagesimales).

Datos

$$G = 8 \cdot 10^5 \frac{t}{m^2}$$

$$R = 0,30\ m$$

$$e = 0,50\ m$$

$$q1 = 3\ t/m$$

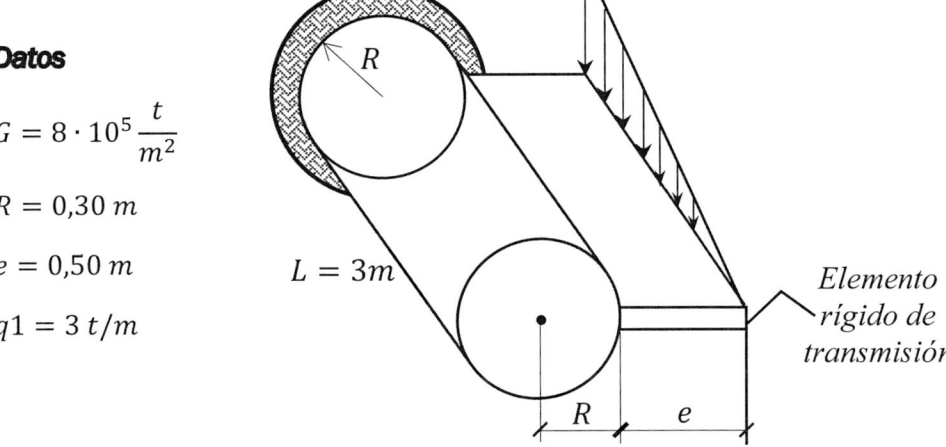

Figura 3.31 Barra con carga triangular excéntrica.

Paso 1: Idealización de la carga torsional

$$m1 = q1 \cdot (e + R)$$

$$m1 = 3 \cdot (0,5 + 0,30) = 2,4\frac{tm}{m}$$

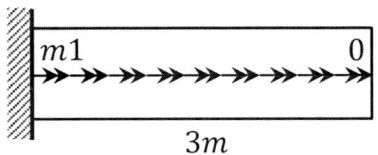

Paso 2: Ecuación del momento de torsión

Primero analicemos la variación de la carga distribuida de torsión.

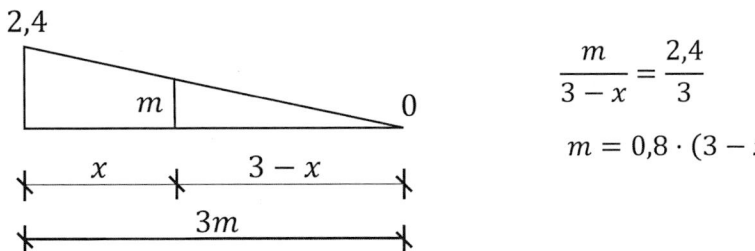

$$\frac{m}{3-x} = \frac{2,4}{3}$$

$$m = 0,8 \cdot (3 - x)$$

Calculamos la ecuación de torsión considerando las cargas a la derecha de la sección s-s.

$$\twoheadrightarrow \oplus T = \frac{m \cdot (3-x)}{2}$$

$$T = \frac{0,8 \cdot (3-x) \cdot (3-x)}{2}$$

$$T = 0,4 \cdot (3-x)^2$$

$$T = 3,6 - 2,4 \cdot x + 0,4 \cdot x^2$$

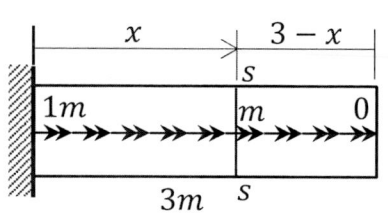

Paso 3: Ecuación de giros

$$G \cdot I_p \cdot d\theta = (3,6 - 2,4 \cdot x + 0,4 \cdot x^2)dx$$

$$G \cdot I_p \cdot \theta = 3,6 \cdot x - 1,2 \cdot x^2 + 0,133 \cdot x^3 + c_1$$

$$Cuando: x = 0 \;\rightarrow\; \theta = 0$$

$$G \cdot I_P(0) = 3,6 \cdot (0) - 1,2 \cdot (0)^2 + 0,133 \cdot (0)^3 + c_1$$

$$c_1 = 0$$

$$G \cdot I_p = 8 \cdot 10^5 \cdot \left(\frac{\pi \cdot (0,3)^4}{2}\right) = 10178,784$$

$$\theta = 3,537 \cdot 10^{-4} \cdot x - 1,179 \cdot 10^{-4} \cdot x^2 + 1,307 \cdot 10^{-5} \cdot x^3$$

Para transformar a grados sexagesimales multiplicamos por 180/π.

$$\theta = 0,0203 \cdot x - 6,755 \cdot 10^{-3} \cdot x^2 + 7,489 \cdot 10^{-4} \cdot x^3$$

Paso 4: Diagrama de giros torsional

Escalas: 1 m = 1 cm / 0,01° = 1 cm

x (m)	θ (grados)
0	0
1	0,0143
2	0,0196
3	0,0203

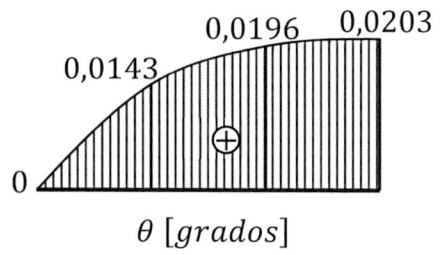

EJEMPLO 81

Diagramar la variación de giro torsional.

Datos

$G = 8 \cdot 10^5\, {}^t/_{m^2}$

$\emptyset = 30\ cm$

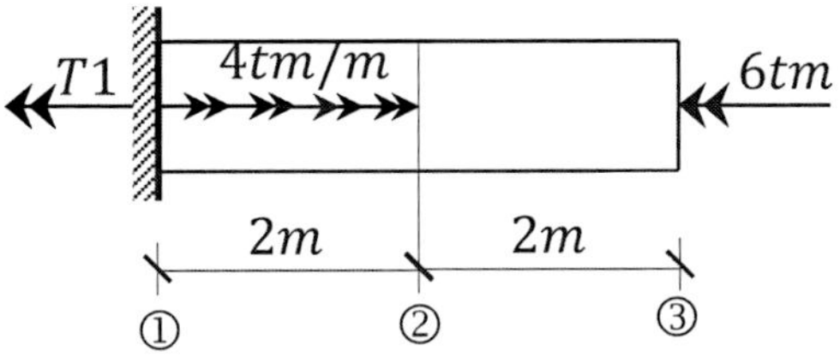

Figura 3.32 Barra con carga distribuida y puntual.

Paso 1: Cálculo de reacción

$$\Sigma T = 0 \twoheadrightarrow \oplus$$

$$-T1 + 4 \cdot 2 - 6 = 0$$

$$T1 = 2\ tm$$

Paso 2: Ecuaciones de momentos de torsión

a) Tramo 1 − 2 (0 ≤ x ≤ 2) *cargas a la izquierda*

$$\leftarrow \oplus T_{1-2} = 2 - 4 \cdot x$$

b) Tramo 2 − 3 (2 ≤ x ≤ 4) *cargas a la izquierda*

$$\twoheadrightarrow \oplus T_{2-3} = -6$$

Paso 3: Ecuaciones de giros

a) Tramo 1 − 2 (0 ≤ x ≤ 2)

$$G \cdot I_P = 8 \cdot 10^5 \cdot \frac{\pi \cdot (0,3)^4}{32} = 636,174$$

$$d\theta = \left(\frac{T_{1-2}}{G \cdot I_P}\right) dx$$

Reemplazamos los datos:

$$d\theta = \frac{2 - 4 \cdot x}{636,174} \cdot dx$$

Integramos ambos miembros:

$$\theta = \frac{1}{636,174} \cdot (2 \cdot x - 2 \cdot x^2) + C_1$$

b) Tramo 2 − 3 (2 ≤ x ≤ 4)

$$d\theta = \left(\frac{T_{2-3}}{G \cdot I_P}\right) dx$$

Reemplazamos los datos:

$$d\theta = \frac{-6}{636,174} \cdot dx$$

Integramos ambos miembros:

$$\theta = \frac{-6}{636,174} \cdot x + C_2$$

Paso 4: Condiciones de borde o contorno

$Cuando: x = 0 \longrightarrow \theta = 0$

$$0 = \frac{1}{636,174} \cdot (2 \cdot 0 - 2 \cdot 0^2) + C_1$$

$$C_1 = 0$$

$Cuando: x = 2 \longrightarrow -\theta_{1-2} = \theta_{2-3}$

$$\frac{1}{636,174} \cdot [2 \cdot (2) - 2 \cdot (2)^2] + 0 = \frac{-6}{636,174} \cdot (2) + C_2$$

$$-6,288 \cdot 10^{-3} = -1,886 \cdot 10^{-2} + C_2$$

$$C_2 = 1,257 \cdot 10^{-2}$$

Las ecuaciones de giro torsional son:

a) Tramo 1 − 2 (0 ≤ x ≤ 2)

$$\theta = \frac{1}{636,174} \cdot (2 \cdot x - 2 \cdot x^2)$$

b) *Tramo* 2 − 3 (2 ≤ x ≤ 4)

$$\theta = -\frac{6 \cdot x}{636{,}174} + 1{,}257 \cdot 10^{-2}$$

Paso 5: Diagrama de giros de torsión

Tramo	x	θ [rad]	θ [mrad]
	0	0	0
	0,5	$0{,}786 \cdot 10^{-3}$	0,786
1-2	1	0	0
	2	$-6{,}29 \cdot 10^{-3}$	−6,29
	2	$-6{,}29 \cdot 10^{-3}$	−6,29
2-3	3	$-15{,}72 \cdot 10^{-3}$	−15,72
	4	$-25{,}16 \cdot 10^{-3}$	−25,16

Escalas: 0,5 m = 1 cm / 10 mrad = 1 cm

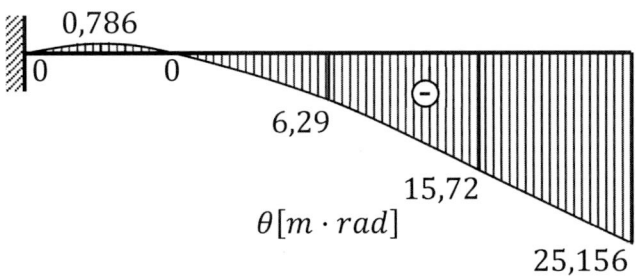

$\theta[m \cdot rad]$

0 ≤ x ≤ 1
La sección gira en sentido antihorario

1 ≤ x ≤ 4
La sección gira en sentido horario

EJEMPLO 82

Graficar la variación del giro torsional.

Datos

$G = 8 \cdot 10^5 \dfrac{t}{m^2}$

$R = 20 \; cm$

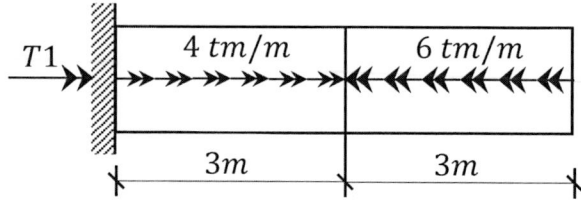

Figura 3.33 Barra con cargas distribuidas.

Paso 1: Cálculo de reacción

$$\Sigma T = 0 \twoheadrightarrow \oplus$$

$$T1 + 4 \cdot 3 - 6 \cdot 3 = 0$$

$$T1 = 6 \; tm$$

Paso 2: Ecuaciones del momento de torsión

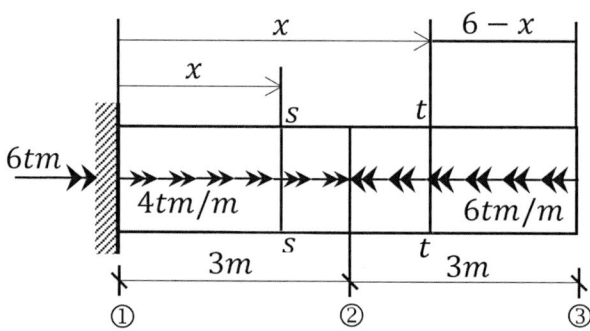

$$\oplus \twoheadleftarrow T_{1-2} = -6 - 4 \cdot x \quad \text{(Cargas a la izquierda de s-s)}$$

$$\oplus \twoheadrightarrow T_{2-3} = -6 \cdot (6 - x) \quad \text{(Cargas a la derecha de t-t)}$$

$$T_{2-3} = 6 \cdot x - 36$$

Paso 3: Ecuación de giro torsional

$$G \cdot I_p \cdot d_\theta = T \cdot d_x$$

$$G \cdot I_p = 8 \cdot 10^5 \cdot \frac{\pi \cdot 0{,}2^4}{2} = 2010{,}624$$

a) Tramo 1-2 $(0 \leq x \leq 3)$

$$2010{,}624 \cdot d_\theta = (-6 - 4 \cdot x) \cdot d_x$$

$$2010{,}624 \cdot \theta = -6 \cdot x - 2 \cdot x^2 + C_1$$

b) Tramo 2-3 $(3 \leq x \leq 6)$

$$2010{,}624 \cdot d_\theta = (6 \cdot x - 36) \cdot d_x$$

$$2010{,}624 \cdot \theta = 3 \cdot x^2 - 36 \cdot x + C_2$$

1ª condición de borde, cuando $x = 0 \rightarrow \theta = 0$

$$0 = -6 \cdot 0 - 2 \cdot 0^2 + C_1$$

$$C_1 = 0$$

2ª condición de borde, cuando $x = 3 \rightarrow \theta_{1-2} = \theta_{2-3}$

$$-6 \cdot 3 - 2 \cdot 3^2 = 3 \cdot 3^2 - 36 \cdot 3 + C_2$$

$$C_2 = 45$$

$$\therefore \theta_{1-2} = \frac{1}{2010{,}624} \cdot (-6 \cdot x - 2 \cdot x^2)$$

$$\theta_{2-3} = \frac{1}{2010{,}624} \cdot (3 \cdot x^2 - 36 \cdot x + 45)$$

Paso 4: Representación gráfica del giro torsional

Tramo	x	θ [10^{-3}]
1-2	0	0
	1	−3,979
	2	−9,947
	3	−17,905
2-3	3	−17,905
	4	−25,365
	5	−29,841
	6	−31,333

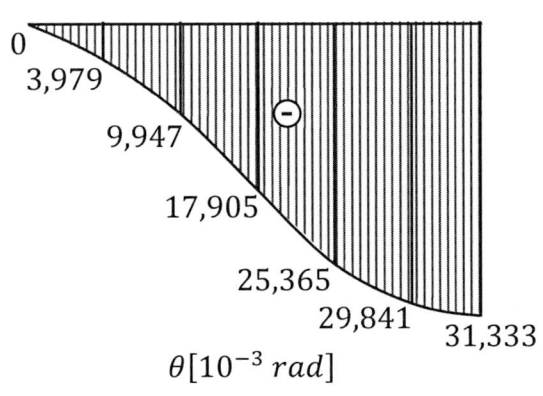

3.6.2. Barras de sección variable

EJEMPLO 83

Calcular el giro en la sección del nudo 3 (módulo y sentido).

Datos

Sección circular:

$R1 = 30\ cm$

$R4 = 15\ cm$

$G = 8 \cdot 10^5 \dfrac{kg}{cm2}$

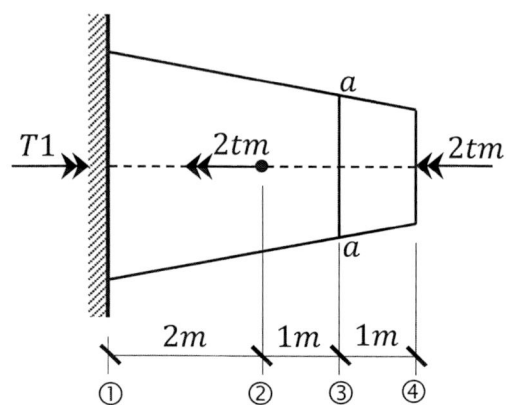

Figura 3.34 Barra de sección variable.

Paso 1: Cálculo del momento de torsión

Consideramos para este cálculo las cargas a la derecha.

a) *Tramo 1-2 (0 ≤ x ≤ 2)*

$$\twoheadrightarrow \oplus T_{1-2} = -2 - 2 = -4\ tm = -4 \cdot 10^5\ kgcm$$

b) *Tramo 2-3 = Tramo 3-4 (2 ≤ x ≤ 4)*

$$\twoheadrightarrow \oplus T_{2-3} = T_{3-4} = -2\ tm = -2 \cdot 10^5\ kgcm$$

Paso 2: Ecuación de inercia polar

$$R = a \cdot x + b$$

$$x = 0\ \rightarrow R1 = 30\ cm$$

$$30 = a \cdot (0) + b$$

$$b = 30$$

$$x = 4\ \rightarrow R4 = 15\ cm$$

$$15 = a \cdot (4) + 30$$

$$a = -3,75$$

$$\therefore R = -3,75 \cdot x + 30$$

$$I_P = \frac{\pi \cdot R^4}{2} = \frac{\pi \cdot (30 - 3,75 \cdot x)^4}{2}$$

Paso 3: Cálculo del giro

a) *Análisis por tramo*

$$d\theta = \left(\frac{T}{G \cdot Ip}\right) dx$$

$$\theta_{i-j} = \int_i^j \left(\frac{T}{G \cdot Ip}\right) dx$$

$$\theta_{1-2} = \int_0^2 \frac{-4 \cdot 10^5}{8 \cdot 10^5 \cdot \left(\frac{\pi \cdot (30 - 3,75 \cdot x)^4}{2}\right)} dx$$

$$\theta_{1-2} = -\frac{1}{\pi} \cdot \int_0^2 \frac{dx}{(30 - 3,75 \cdot x)^4}$$

$$\theta_{1-2} = -1,436 \cdot 10^{-6} \, rad$$

$$\theta_{2-3} = \int_2^3 \frac{-2 \cdot 10^5}{8 \cdot 10^5 \cdot \left(\frac{\pi \cdot (30 - 3,75 \cdot x)^4}{2}\right)} dx$$

$$\theta_{1-2} = -\frac{1}{2 \cdot \pi} \cdot \int_0^2 \frac{dx}{(30 - 3,75 \cdot x)^4}$$

$$\theta_{2-3} = -9,042 \cdot 10^{-7} \, rad$$

b) *Análisis por nudo (cálculo del giro en a-a)*

$$\theta_1 = 0 \; (apoyo \; empotrado)$$

$$\theta_2 = \theta_1 + \theta_{1-2} = -1,436 \cdot 10^{-6} \, rad$$

$$\theta_3 = \theta_2 + \theta_{2-3} = -1,436 \cdot 10^{-6} - 9,042 \cdot 10^{-7}$$

$$\theta_3 = -2,34 \cdot 10^{-6} rad \;\; (horario) \; \textbf{Giro en a-a}$$

EJEMPLO 84

Calcular la variación del giro torsional.

Datos

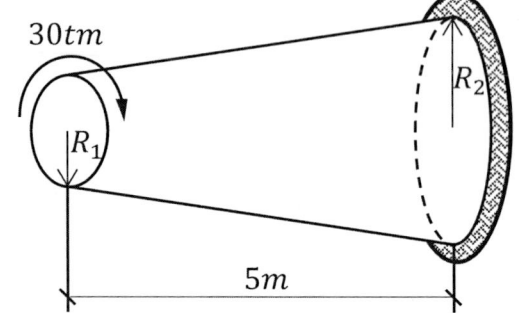

$G = 8 \cdot 10^5 \dfrac{t}{m^2}$

$R_1 = 15 \; cm$

$R_2 = 30 \; cm$

Figura 3.35 Barra de sección variable.

Paso 1: Representación vectorial

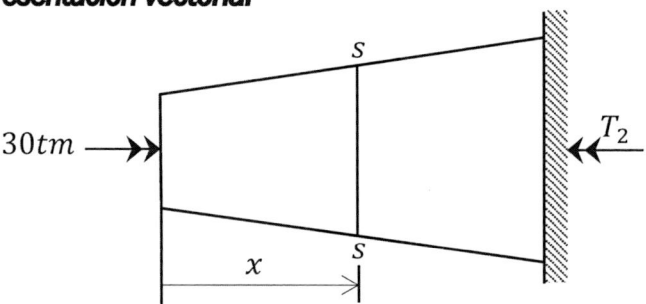

Paso 2: Cálculo de reacción y ecuación de torsión

$$\Sigma T = 0 \twoheadrightarrow \oplus$$

$$30 - T2 = 0$$

$$T2 = 30 \; tm$$

Si consideramos las cargas a la izquierda de la sección s-s:

$$\twoheadleftarrow \oplus T = -30$$

Paso 3: Cálculo de Inercia polar

$$I_P = \frac{\pi \cdot R^4}{2}$$

$$R = a \cdot x + b \quad (\textit{Función lineal})$$

$Cuando: x = 0 \rightarrow R = 0,15 \, [m]$

$0,15 = a \cdot 0 + b$

$b = 0,15$

$Cuando: x = 5 \, [m] \rightarrow R = 0,3 \, [m]$

$0,3 = a \cdot 5 + 0,15$

$a = 0,03$

$R = 0,03 \cdot x + 0,15$

$$\therefore I_P = \frac{\pi \cdot (0,03 \cdot x + 0,15)^4}{2}$$

$$I_P = \frac{\pi \cdot (0,03)^4 \cdot (x+5)^4}{2}$$

Paso 4: Cálculo de ecuación del giro torsional

$$G \cdot I_p \cdot d\theta = T \cdot dx$$

Reemplazamos datos:

$$8 \cdot 10^5 \cdot \frac{\pi \cdot (0,03)^4 \cdot (x+5)^4}{2} \cdot d\theta = -30 \cdot dx$$

$$1,018 \cdot (x+5)^4 \cdot d\theta = -30 \cdot dx$$

$$d\theta = \frac{-30}{1,018 \cdot (x+5)^4} \cdot dx$$

$$d\theta = \frac{-29,47}{(x+5)^4} \cdot dx$$

Si integramos ambos miembros:

$$\theta = \frac{9,823}{(x+5)^3} + c$$

Condición de borde:

$Cuando: x = 5 \rightarrow \theta = 0$

$$0 = \frac{9,823}{(5+5)^3} + c$$

$$c = -9,823 \cdot 10^{-3}$$

$$\therefore \theta = \frac{9,823}{(x+5)^3} - 9,823 \cdot 10^{-3}$$

Paso 5: Diagrama del giro torsional

Escala: 1 m = 1 cm / 20·10⁻³ rad = 1 cm

x	θ [10⁻³rad]
0	68,761
1	35,654
2	18,815
3	9,362
4	3,652
5	0

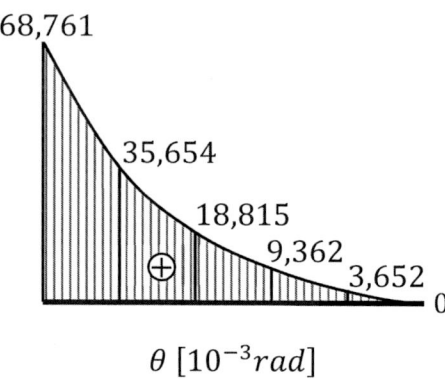

3.6.3. Problemas hiperestáticos

EJEMPLO 85

Para la siguiente estructura calcular reacciones de torsión

Datos

$G \cdot I_P = k$

Figura 3.36 Barra hiperestática con momento distribuido.

Paso 1: Ecuaciones de momentos de torsión

$a)$ $\boldsymbol{Tramo\ 1-2\ (0 \leq x \leq 3)}$

$$T_{1-2} = T_1$$

$b)$ $\boldsymbol{Tramo\ 2-3\ (3 \leq x \leq 6)}$

$$T_{2-3} = T_1 - 4 \cdot (x - 3) = T_1 - 4 \cdot x + 12$$

Paso 2: Ecuaciones de giro

a) **Tramo 1 − 2 (0 ≤ x ≤ 3)**

$$d\theta = \left(\frac{T_{1-2}}{G \cdot I_P}\right) dx$$

$$d\theta = \frac{T_1}{k} \cdot dx$$

$$\theta = \frac{T_1}{k} \cdot x + C_1 \quad ①$$

b) **Tramo 2 − 3 (3 ≤ x ≤ 6)**

$$d\theta = \left(\frac{T_{2-3}}{G \cdot I_P}\right) dx$$

$$d\theta = \frac{T_1 - 4 \cdot x + 12}{k} dx$$

$$\theta = \frac{1}{k} \cdot (T_1 \cdot x - 2 \cdot x^2 + 12 \cdot x) + C_2 \quad ②$$

Paso 3: Condiciones de borde

Cuando: $x = 0 \to \theta = 0$, reemplazar en ①

$$0 = \frac{T_1}{k} \cdot 0 + C_1$$

$$C_1 = 0$$

Cuando: $x = 6 \to \theta = 0$, reemplazar en ②

$$\theta = \frac{1}{k} \cdot (T_1 \cdot 6 - 2 \cdot 6^2 + 12 \cdot 6) + C_2$$

$$C_2 = -\frac{1}{k} \cdot (6 \cdot T_1)$$

Cuando: $x = 3 \to \theta_{1-2} = \theta_{2-3}$, reemplazar en ① y ②

$$\frac{T_1}{k} \cdot (3) + 0 = \frac{1}{k} \cdot (T_1 \cdot 3 - 2 \cdot 3^2 + 12 \cdot 3) - \frac{1}{k} \cdot (6 \cdot T_1) \quad *(k)$$

$$3 \cdot T_1 = 3 \cdot T_1 - 18 + 36 - 6 \cdot T_1$$

$6 \cdot T_1 = 18$

$T_1 = 3 \, tm$

Paso 4: Condición de equilibrio

$\Sigma T = 0 \rightarrow \oplus$

$-3 + 4 \cdot 3 - T_3 = 0$

$T_3 = 12 - 3$

$T_3 = 9 \, tm$

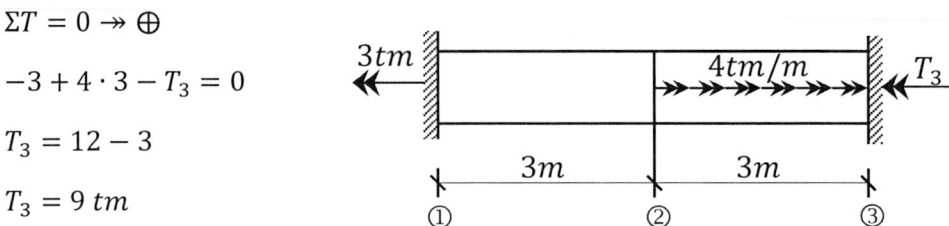

EJEMPLO 86

Calcular las reacciones torsionales.

Datos

$G = 8 \cdot 10^6 \, t/m^2$

$\emptyset 1 = 30 \, cm$

$\emptyset 2 = 40 \, cm$

Figura 3.37 Barra hiperestática con momento puntual.

Paso 1: Reacciones y ecuaciones de torsión

$\Sigma T = 0 \rightarrow \oplus$

$T1 + T3 - 7 = 0$

$T1 + T3 = 7 \; \textcircled{1}$

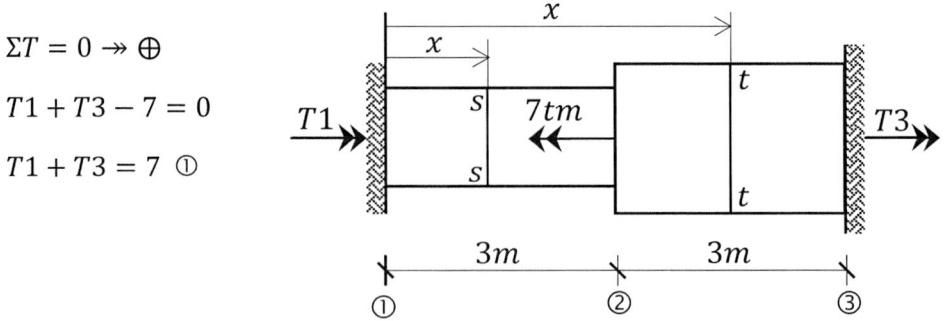

a) **Tramo 1-2** ($0 \leq x \leq 3$) *Cargas a la izquierda*

$$\leftarrow \oplus T_{1-2} = -T1$$

b) **Tramo 2-3** ($3 \leq x \leq 6$) *Cargas a la derecha*

$$\leftarrow \oplus T_{2-3} = -T1 + 7$$

Paso 2: Ecuaciones de giro

$$G \cdot I_P \frac{d\theta}{dx} = T$$

a) Tramo 1-2 ($0 \leq x \leq 3$)

$$8 \cdot 10^6 \cdot \frac{\pi \cdot (0,3)^4}{32} \cdot \frac{d\theta}{dx} = -T1$$

Si integramos:

$$6361,74 \cdot \theta = -T1 \cdot x + C1 \ \text{②}$$

b) Tramo 2-3 ($3 \leq x \leq 6$)

$$8 \cdot 10^6 \cdot \frac{\pi \cdot (0,4)^4}{32} \cdot \frac{d\theta}{dx} = -T1 + 7$$

Si integramos:

$$20106,24 \cdot \theta = (-T1 + 7) \cdot x + C2 \ \text{③}$$

Como son tres incógnitas (T1, C1, C2), tres condiciones de borde.

c) Condiciones de borde

$$Cuando: x = 0 \rightarrow \theta = 0$$

$$6361,74 \cdot 0 = -T1 \cdot 0 + C1$$

$$C1 = 0$$

$$Cuando: x = 3 \rightarrow \theta_{1-2} = \theta_{2-3}$$

$$\frac{-T1 \cdot (3) + 0}{6361,74} = \frac{(-T1 + 7) \cdot (3) + C2}{20106,24}$$

$$C2 = -21 - 6,4815 \cdot T1 \ \text{④}$$

$Cuando: x = 6 \rightarrow \theta = 0$

$20106{,}24 \cdot (0) = (-T1 + 7) \cdot (6) + C2$ ⑤

Sustituir ④ en ⑤:

$0 = -6 \cdot T1 + 42 - 21 - 6{,}4815 \cdot T1$

$T1 = 1{,}6825 \, tm$ ⑥

Sustituir ⑥ en ①:

$1{,}6825 + T3 = 7$

$T3 = 5{,}3175 \, tm.$

EJEMPLO 87

Para la siguiente barra calcular sus reacciones.

Datos

$G = 8 \cdot 10^5 \dfrac{t}{m^2}$

$R_2 = 25 \, cm$

$R_1 = 15 \, cm$

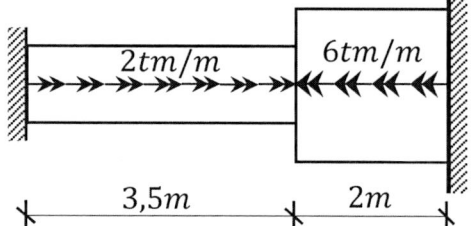

Figura 3.38 Barra hiperestática con momentos distribuidos.

Paso 1: Cálculo del momento de torsión

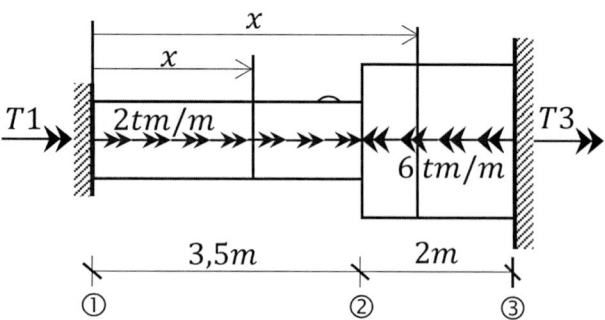

$$\leftarrow \oplus T_{1-2} = -T_1 - 2 \cdot x$$

$$\leftarrow \oplus T_{2-3} = -T_1 - 2 \cdot 3,5 + 6 \cdot (x - 3,5)$$

$$\leftarrow \oplus T_{2-3} = -T_1 + 6 \cdot x - 28$$

Paso 2: Giro torsional

$$G \cdot I_P \cdot d\theta = T \cdot d_x$$

a) Tramo 1-2 $(0 \le x \le 3,5)$

$$8 \cdot 10^5 \cdot \frac{\pi \cdot 0,15^4}{2} \cdot d\theta = (-T_1 - 2 \cdot x) \cdot d_x$$

$$636,174 \cdot d\theta = (-T_1 - 2 \cdot x) \cdot d_x$$

Si integramos:

$$636,174 \cdot \theta = -T_1 \cdot x - x^2 + C_1 \quad ①$$

b) Tramo 2-3 $(3,5 \le x \le 5,5)$

$$8 \cdot 10^5 \cdot \frac{\pi \cdot 0,25^4}{2} \cdot d\theta = (-T_1 + 6 \cdot x - 28) \cdot d_x$$

$$4908,75 \cdot d\theta = (-T_1 + 6 \cdot x - 28) \cdot d_x$$

Si integramos:

$$4908,75 \cdot \theta = -T_1 \cdot x + 3 \cdot x^2 - 28 \cdot x + C_2 \quad ②$$

Paso 3: Condiciones de borde

Cuando: $x = 0 \Longrightarrow \theta = 0$

$$636,174 \cdot 0 = -T_1 \cdot 0 - 0^2 + C_1$$

$$\therefore C_1 = 0$$

Cuando: $x = 5,5 \Longrightarrow \theta = 0$

$$4908,75 \cdot 0 = -T_1 \cdot 5,5 + 3 \cdot (5,5)^2 - 28 \cdot 5,5 + C_2$$

$$C_2 = 5,5 \cdot T_1 + 63,25 \quad ③$$

3° condición, cuando $x = 3,5 \Longrightarrow \theta_{1-2} = \theta_{2-3}$

$$\frac{-T_1 \cdot x - x^2 + 0}{636,174} = \frac{-T_1 \cdot x + 3 \cdot x^2 - 28 \cdot x + 5,5 \cdot T_1 + 63,25}{4908,75}$$

$$\frac{-T_1 \cdot 3,5 - 3,5^2}{636,174} = \frac{-T_1 \cdot 3,5 + 3 \cdot 3,5^2 - 28 \cdot 3,5 + 5,5 \cdot T_1 + 63,25}{4908,75}$$

Despejando T_1, tenemos:

$$T_1 = -3,328 \ tm$$

Paso 4: Condición de equilibrio

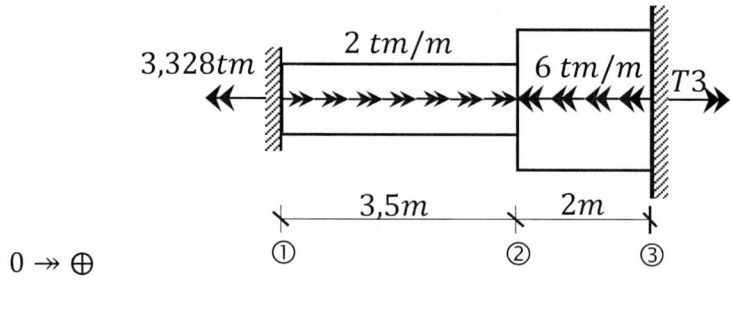

$$\Sigma T = 0 \twoheadrightarrow \oplus$$

$$-3,328 + 2 \cdot 3,5 - 6 \cdot 2 + T_3 = 0$$

$$T_3 = 8,328 \ tm$$

EJEMPLO 88

Para la siguiente estructura calcular sus reacciones de momentos.

Datos

$$G = 8 \cdot 10^5 \ \frac{t}{m^2}$$

$$R = 15 \ cm$$

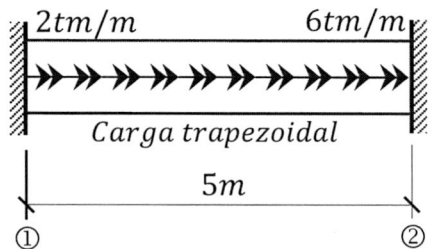

Figura 3.39 Barra hiperestática.

Paso 1: Cálculo de reacción

$$\Sigma T = 0 \leftarrow \oplus$$

$$T_1 + T_3 - \left(\frac{2+6}{2}\right) \cdot 5 = 0$$

$$T_1 + T_3 = 20 \quad \text{①}$$

Paso 2: Ecuación de momento de torsión

Primero analizamos la carga distribuida trapezoidal:

$$\frac{m}{x} = \frac{4}{5}$$

$$m = 0,8 \cdot x$$

$$\leftarrow \oplus T = T_1 - 2 \cdot x - \frac{m \cdot x}{2}$$

$$T = T_1 - 2 \cdot x - \frac{(0,8 \cdot x) \cdot x}{2}$$

$$T = T_1 - 2 \cdot x - 0,4 \cdot x^2$$

Paso 3: Ecuación diferencial de giros

$$G \cdot I_P \cdot \frac{d\theta}{dx} = T$$

$$G \cdot I_P \cdot \frac{d\theta}{dx} = T_1 - 2 \cdot x - 0,4 \cdot x^2$$

$$G \cdot I_P \cdot \theta = T_1 \cdot x - x^2 - 0,133 \cdot x^3 + C_1$$

1ª condición de borde, $cuando\ x\ =\ 0\ \rightarrow\ \theta = 0$

$$G \cdot I_P \cdot 0 = T_1 \cdot 0 - 0^2 - 0{,}133 \cdot 0^3 + C_1$$

$$C_1 = 0$$

2ª condición de borde, $cuando\ x\ =\ 5\ m\ \rightarrow\ \theta = 0$

$$G \cdot I_P \cdot 0 = T_1 \cdot 5 - 5^2 - 0{,}133 \cdot 5^3 + 0$$

$$T_1 = 8{,}325\ tm$$

Paso 4: Reacciones finales

Reemplazamos T₁ en la ecuación ①:

$$T_1 + T_3 = 20$$

$$8{,}325 + T_3 = 20$$

$$T_3 = 11{,}675\ tm$$

3.7. PROBLEMAS USUALES DE LA RESISTENCIA DE MATERIALES

Cuando tenemos que abordar la solución de un problema vinculado a la resistencia de materiales pueden presentarse los siguientes casos:

Caso 1: Verificar la resistencia de una barra en las condiciones actuales de cargas, sección y tensión admisible.

$$\frac{T \cdot R}{I_P} \leq \tau_{adm}$$

Caso 2: Determinar la máxima carga de torsión considerando que las tensiones tangenciales máximas no superen las admitidas por el material.

$$T \leq \frac{\tau_{adm} \cdot I_P}{R}$$

Caso 3: Determinar las dimensiones mínimas de la sección de una barra sin superar la tensión admisible de su material.

$$I_P \geq \frac{T \cdot R}{\tau_{adm}}$$

Para secciones circulares:

$$\frac{\pi \cdot R^4}{2} \geq \frac{T \cdot R}{\tau_{adm}}$$

$$R \geq \sqrt[3]{\frac{2 \cdot T}{\pi \cdot \tau_{adm}}}$$

Caso 4: Determinar la máxima carga de torsión considerando un límite máximo en su giro torsional.

Caso 5: Determinar las dimensiones mínimas de la sección controlando que las deformaciones angulares no superen un límite impuesto.

EJEMPLO 89

Verificar la resistencia de la siguiente tubería sabiendo que su tensión admisible tangencial es 1400 kg/cm².

Datos

Re = 30 cm

Ri = 25 cm

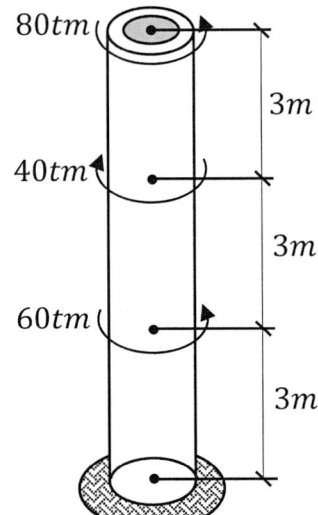

Figura 3.40 Barra tubular con momentos puntuales.

Paso 1: Cálculo de momento de torsión

Realizamos el cálculo considerando las cargas por encima de cada sección.

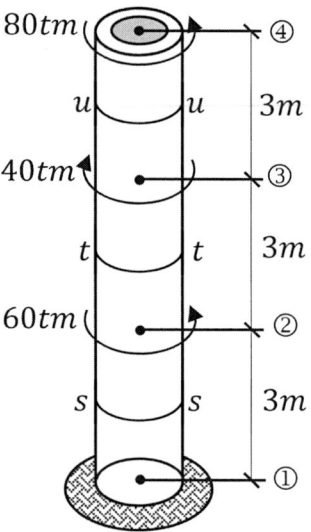

$\uparrow \oplus T_{1-2} = 60 - 40 + 80$

$T_{1-2} = 100\ tm$

$\uparrow \oplus T_{2-3} = -40 + 80$

$T_{2-3} = 40\ tm$

$\uparrow \oplus T_{3-4} = 80$

$T_{3-4} = 80\ tm$

Paso 2: Verificación de resistencia

Este cálculo se realizará con la situación más crítica, en este caso en el tramo donde el momento de torsión es máximo (tramo 1-2).

Cálculo de máxima tensión tangencial:

$$T_{max} = 100\ tm = 10000000\ kgcm = 10^7\ kgcm$$

$$\tau_{max} = \frac{T_{max} \cdot R_e}{I_P}$$

$$\tau_{max} = \frac{10^7 \cdot 30}{\dfrac{\pi \cdot (30^4 - 25^4)}{2}}$$

$$\tau_{max} = 455{,}405\ \frac{kg}{cm^2}$$

Condición de resistencia:

$$\tau_{max} \leq \tau_{adm}$$

$$455{,}405\ \frac{kg}{cm^2} \leq 1400\ \frac{kg}{cm^2}$$

Cumple, por lo tanto, resiste.

EJEMPLO 90

Para la siguiente barra, determinar el máximo valor de T para que la máxima tensión tangencial no supere el valor admisible de $2000\frac{t}{m^2}$.

Datos

$G = 8 \cdot 10^5 \frac{t}{m^2}$

$r = 20\ cm$

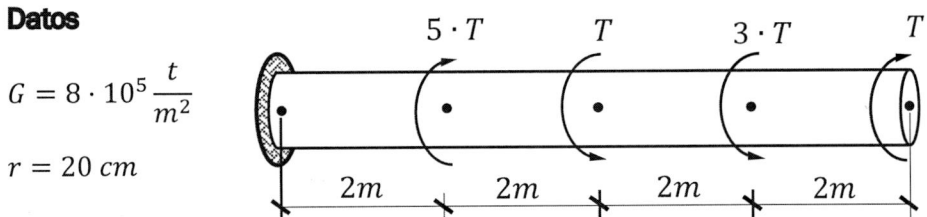

Figura 3.41 Barra maciza de sección circular con momentos puntuales.

Paso 1: Representación vectorial

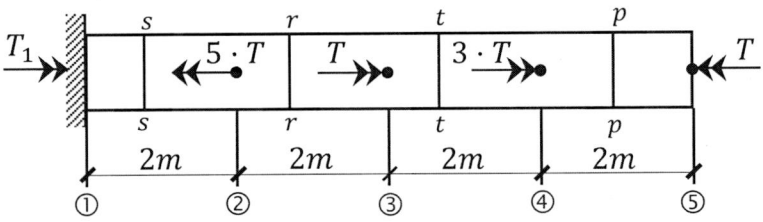

Paso 2: Cálculo de reacción

$$\Sigma T = 0 \twoheadrightarrow \oplus$$
$$T_1 - 5 \cdot T + T + 3 \cdot T - T = 0$$
$$T_1 = 2 \cdot T$$

Paso 3: Cálculo de momentos de torsión

Consideramos las cargas a la izquierda de cada sección.

$$\leftarrow \oplus T_{1-2} = -2 \cdot T$$
$$\leftarrow \oplus T_{2-3} = -2 \cdot T + 5 \cdot T = 3 \cdot T$$

Consideramos las cargas a la derecha.

$$\twoheadrightarrow \oplus T_{3-4} = -2 \cdot T + 5 \cdot T - T = 2 \cdot T$$
$$\twoheadrightarrow \oplus T_{4-5} = -2 \cdot T + 5 \cdot T - T - 3 \cdot T = -T$$

Paso 4: Cálculo de la carga T

Analizamos en el segmento más crítico, es decir $T_{2\text{-}3}$.

$$\frac{T_{max} \cdot R}{I_P} \leq \tau_{adm}$$

$$\frac{(3 \cdot T) \cdot 0{,}2}{\dfrac{\pi \cdot 0{,}2^4}{2}} \leq 2000$$

$$T \leq 8{,}378 \; tm$$

El máximo valor de torsión es 8,378 tm.

EJEMPLO 91

Determinar el mínimo radio exterior de la sección sabiendo que su tensión admisible es 1800 kg/cm².

Datos

$Re = ?$

$Ri = 15 \; cm$

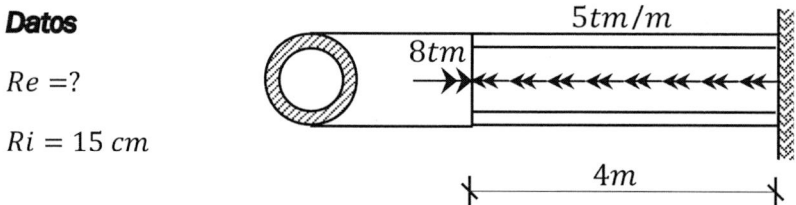

Figura 3.42 Barra tubular.

Paso 1: Ecuación de momento de torsión

Considerando las cargas a la derecha de la sección s-s, tenemos:

$$\leftarrow \oplus T = -8 + 5 \cdot x$$

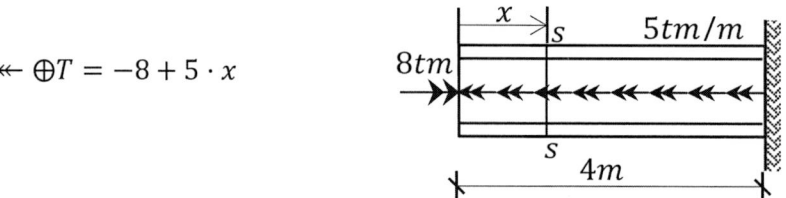

Paso 2: Momento de torsión máximo

Como la función es lineal, su magnitud máxima puede estar al inicio o al final de la barra.

$$x = 0 \rightarrow T = -8 + 5 \cdot 0 = -8\ tm$$

$$x = 4\ m \rightarrow T = -8 + 5 \cdot 4 = 12\ tm$$

El máximo momento de torsión es $12\ tm$ o $1,2 \cdot 10^6\ kgcm$

Paso 3: Cálculo del radio exterior

$$\frac{T_{max} \cdot R}{I_P} \leq \tau_{adm}$$

$$\frac{1,2 \cdot 10^6 \cdot Re}{\dfrac{\pi \cdot (Re^4 - 15^4)}{2}} \leq 1800$$

$$\frac{2}{\pi} \cdot \left(\frac{1,2 \cdot 10^6 \cdot Re}{1800} \right) \leq Re^4 - 15^4$$

$$424,412 \cdot Re \leq Re^4 - 50625$$

$$Re^4 - 424,412 \cdot Re - 50625 \geq 0$$

Al resolver la desigualdad, tenemos:

$$Re \geq 15,5\ cm$$

El radio exterior mínimo es 15,5 cm.

EJEMPLO 92

Para la siguiente barra, calcular el valor de la carga T para que la sección ① gire 0,8 grados sexagesimales.

Datos

$$G = 8 \cdot 10^5 \frac{t}{m^2}$$

$$R_2 = 30\ cm$$

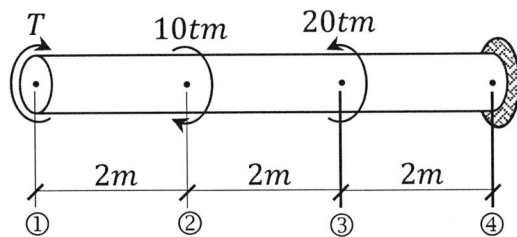

Figura 3.43 Barra de sección circular.

Paso 1: Representación vectorial

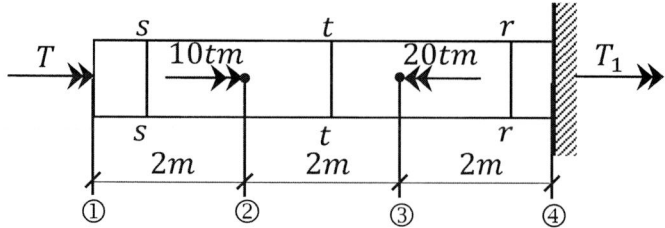

Paso 2: Cálculo de momentos de torsión

Considere las cargas a la izquierda de cada sección:

$$\twoheadleftarrow \oplus T_{1-2} = -T$$

$$\twoheadleftarrow \oplus T_{2-3} = -T - 10$$

$$\twoheadleftarrow \oplus T_{2-3} = -T - 10 + 20 = 10 - T$$

Paso 3: Giro torsional

Analizamos el giro en cada tramo:

$$\theta_{i-j} = \frac{T \cdot L}{G \cdot I_P}$$

$$\theta_{1-2} = \frac{-T \cdot 2}{G \cdot I_P} = \frac{-2 \cdot T}{G \cdot I_P}$$

$$\theta_{2-3} = \frac{(-T - 10) \cdot 2}{G \cdot I_P} = \frac{-2 \cdot T - 20}{G \cdot I_P}$$

$$\theta_{3-4} = \frac{(10 - T) \cdot 2}{G \cdot I_P} = \frac{20 - 2T}{G \cdot I_P}$$

Analizamos el giro acumulado en cada nudo a partir del apoyo.

$$\theta_4 = 0$$

$$\theta_3 = \theta_4 + \theta_{3-4} = 0 + \frac{20 - 2 \cdot T}{G \cdot I_P} = \frac{20 - 2 \cdot T}{G \cdot I_P}$$

$$\theta_2 = \theta_3 + \theta_{2-3} = \frac{20 - 2 \cdot T}{G \cdot I_P} + \frac{-2 \cdot T - 20}{G \cdot I_P} = \frac{-4 \cdot T}{G \cdot I_P}$$

$$\theta_1 = \theta_2 + \theta_{1-2} = \frac{-4 \cdot T}{G \cdot I_P} + \frac{-2 \cdot T}{G \cdot I_P} = \frac{-6 \cdot T}{G \cdot I_P}$$

Si $\theta_1 = 0,8° = 0,01396\ rad$, entonces sustituimos en la ecuación anterior.

$$\frac{-6 \cdot T}{G \cdot I_P} = 0,01396$$

$$T = -\frac{0,01396 \cdot G \cdot I_P}{6}$$

$$T = -\frac{0,01396 \cdot 8 \cdot 10^5 \cdot \frac{\pi \cdot 0,3^4}{2}}{6}$$

$$T = -23,683\ tm\ \text{(sentido horario visto desde la derecha)}$$

EJEMPLO 93

Calcular el diámetro comercial (cada pulgada) considerando que el máximo giro torsional es equivalente a 0,02 radianes.

Datos

$$G = 8 \cdot 10^5 \frac{t}{m^2}$$

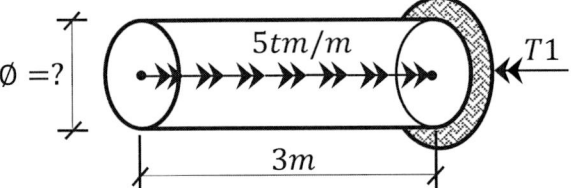

Figura 3.44 Barra de sección circular con momento distribuido.

Paso 1: Ecuación del momento de torsión

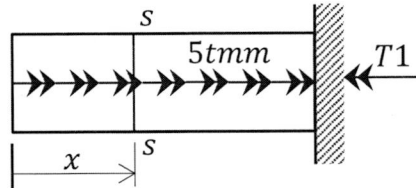

Considerando las cargas a la izquierda de la sección s-s:

$$\leftarrow \oplus T = -5 \cdot x$$

Paso 2: Ecuación del giro torsional

$$G \cdot I_P \cdot \frac{d\theta}{dx} = T$$

$$G \cdot I_P \cdot \frac{d\theta}{dx} = -5 \cdot x$$

$$G \cdot I_P \cdot \theta = -2,5 \cdot x^2 + C$$

$$Cuando: x = 3 \rightarrow \theta = 0$$

$$G \cdot I_P \cdot 0 = -2,5 \cdot 3^2 + C$$

$$C = 22,5$$

Por lo tanto, la ecuación de giros será:

$$G \cdot I_P \cdot \theta = -2,5 \cdot x^2 + 22,5$$

Graficando la función de segundo grado del segundo miembro de la ecuación anterior observaremos que el giro máximo se produce en el extremo libre del voladizo, es decir, cuando x=0.

x	θ
0	22,5
1	20
2	12,5
3	0

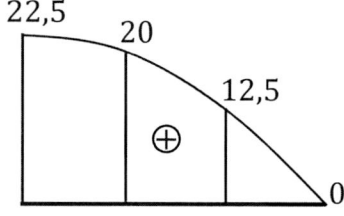

$$G \cdot I_P \cdot \theta_{maz} = -2,5 \cdot 0^2 + 22,5$$

Reemplazamos los datos en la ecuación anterior y, sabiendo que $\theta_{maz} = 0,02$, tenemos:

$$8 \cdot 10^5 \cdot \frac{\pi \cdot \emptyset^4}{32} \cdot 0,02 = 22,5$$

$$\emptyset = \sqrt[4]{\frac{22,5 \cdot 32}{8 \cdot 10^5 \cdot \pi \cdot 0,02}} = 0,346 \, m = 34,6 \, cm$$

$$\emptyset = 14 \, pulgadas$$

CAPÍTULO 4

TENSIÓN EN VIGAS

4.1. INTRODUCCIÓN

En el esqueleto estructural de un edificio las vigas se reconocen porque son elementos horizontales que sirven de sustento a las losas y muros. Además, permiten que las cargas que se concentran en cada planta puedan ser transmitidas a las columnas (elementos verticales), para que luego estas las disipen en el suelo a través de sus fundaciones. Véanse las siguientes figuras:

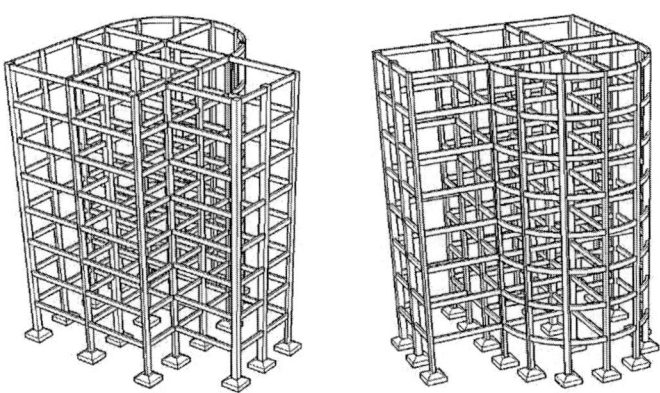

Figura 4.1 Esqueleto de un edificio de varios pisos.

Cuando analizamos una viga es necesario conocer las cargas que actúan sobre esta para determinar los siguientes comportamientos:

- Diagramas de tensiones axiales debidas al momento flector.

- Diagramas de tensiones tangenciales debidas al esfuerzo cortante.
- Verificación de la resistencia de la viga debida a flexión y corte.

Estos resultados permitirán al proyectista definir en la viga sus dimensiones transversales (tamaño y forma). Además, su correcta interpretación será decisiva para definir la cantidad de elementos de refuerzo (barras de acero) en caso de tratarse de una viga de hormigón armado.

4.2. CONCEPTOS GENERALES

4.2.1. Concepto de viga

Una viga es la más simple de las estructuras. Está formada por un conjunto de barras colineales que están apoyadas en uno o más puntos estratégicos.

Las vigas, generalmente, están dispuestas de manera horizontal y su función principal es soportar esfuerzos de flexión (momento y corte).

4.2.2. Tensión

Los esfuerzos internos (N, Q y M) son la representación ideal de las fuerzas que actúan de manera puntual en el interior de un elemento resistente. Estas se consideran concentradas en el baricentro de cada sección; en cambio, las tensiones (axial y tangencial) son la representación real de las fuerzas que actúan de manera distribuida al interior de la sección transversal de un elemento resistente.

En términos más concretos, diremos que la tensión es la distribución de los esfuerzos internos (N, Q y M) en toda la superficie de la sección donde actúan, por ejemplo, en una viga, el momento flector en una sección en particular se distribuye en tensiones axiales para cada uno de los puntos materiales que componente la sección, produciendo en la misma efectos de tracción y compresión.

4.2.3. Inercia o momento de inercia

Es una característica geométrica de la sección que define su capacidad para soportar esfuerzos de flexión; es decir, a mayor inercia, mayor resistencia a flexión.

La inercia se define matemáticamente a través de la siguiente fórmula:

$$I_x = \int y^2 dA \quad (Inercia\ gravitacional)$$

$$I_y = \int x^2 dA \quad (Inercia\ lateral)$$

4.2.4. Momento estático

Es una característica geométrica de la sección que define su resistencia a corte. Geométricamente se expresa como el producto del área de la sección por la distancia que existe desde su baricentro a un eje de referencia.

Matemáticamente se representa a través de la siguiente expresión:

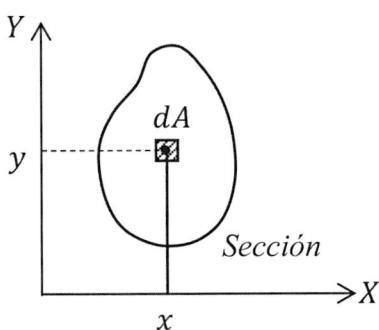

Figura 4.2 Sección genérica.

$$dSx = dA \cdot y$$

$$Sx = \int y \cdot dA$$

$Sx = $ Momento estático en x

$$dSy = dA \cdot x$$

$$Sy = \int x \cdot dA$$

$Sy = $ Momento estático en y

Por ejemplo, calculemos los momentos estáticos para la siguiente figura:

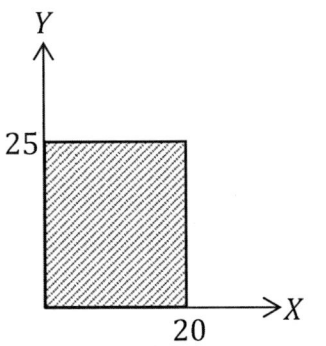

Figura 4.3 Sección rectangular.

$$A = 20 \cdot 25 = 500\ cm^2$$

$$Sx = A \cdot yg$$

$$Sx = 500 \cdot 12{,}5 = 6250\ cm^3$$

$$Sy = A \cdot xg$$

$$Sy = 500 \cdot 10 = 5000\ cm^3$$

4.2.5. Deformación unitaria

Es el cociente entre la deformación axial de una barra y su longitud. Esta magnitud define el grado de deformación de una barra o elemento por cada unidad de longitud. Por ejemplo, una deformación unitaria de 3 mm/m significa que por cada metro de barra la deformación esperada será de 3 mm.

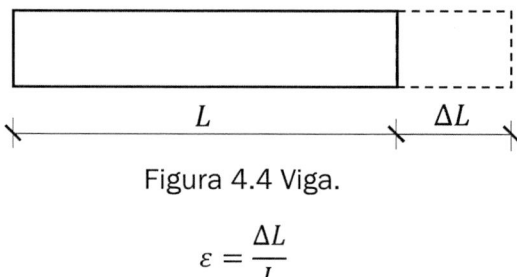

Figura 4.4 Viga.

$$\varepsilon = \frac{\Delta L}{L}$$

ε = Deformación unitaria

ΔL = Deformación por acortamiento o alargamiento

L = Longitud inicial de la barra

4.2.6. Relación esfuerzo cortante y momento flector

Si en una viga aislamos un elemento diferencial de longitud y analizamos el equilibrio estático de su momento flector y esfuerzo cortante, tendríamos lo siguiente:

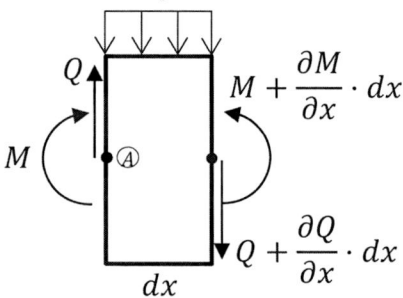

Figura 4.5 Porción de viga.

$$\Sigma M_A = 0 \circlearrowleft \oplus$$

$$(q \cdot dx) \cdot \frac{dx}{2} + \left(Q + \frac{\partial Q}{\partial x} \cdot dx\right) \cdot dx + M - \left(M + \frac{\partial M}{\partial x} \cdot dx\right) = 0$$

$$q \cdot \frac{(dx)^2}{2} + Q \cdot dx + \frac{\partial Q}{\partial x} \cdot (dx)^2 + M - M - \frac{\partial M}{\partial x} \cdot dx = 0$$

Los diferenciales de segundo grado son despreciables frente a los diferenciales de primer grado:

$$Q \cdot dx - \frac{\partial M}{\partial x} \cdot dx = 0$$

$$Q = \frac{\partial M}{\partial x}$$

$$Q = \frac{dM}{dx}$$

4.3. TENSIONES EN VIGAS

Las tensiones en vigas son producidas por el momento flector y el esfuerzo cortante. El primero actúa de manera axial a la viga o perpendicular a la sección y, el segundo, de manera perpendicular al eje axial de la viga o tangencial a la sección. Véanse las siguientes figuras:

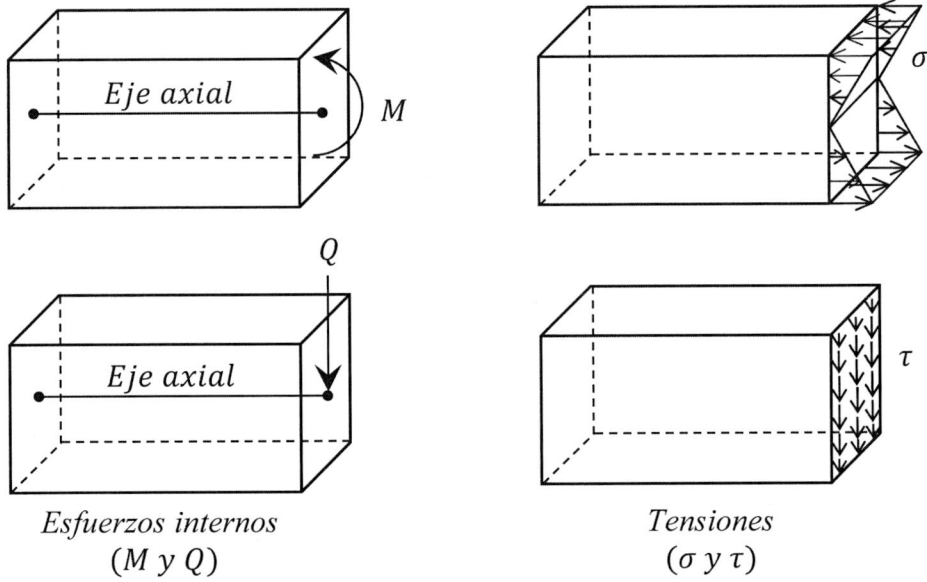

Esfuerzos internos
(M y Q)

Tensiones
(σ y τ)

Figura 4.6 Transformación de M y Q en σ y τ.

4.4. TENSIÓN AXIAL DEBIDA AL MOMENTO FLECTOR

Supongamos que tenemos la siguiente viga en equilibrio estático y en ella dos secciones, s-s y r-r, pero separadas por una distancia diferencial dx.

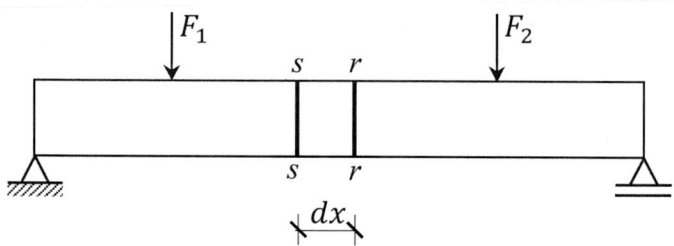

Figura 4.7 Vigas con dos secciones adyacentes.

Las fuerzas F1 y F2 deformarán la viga haciendo rotar las secciones s-s y r-r en sentido contrario.

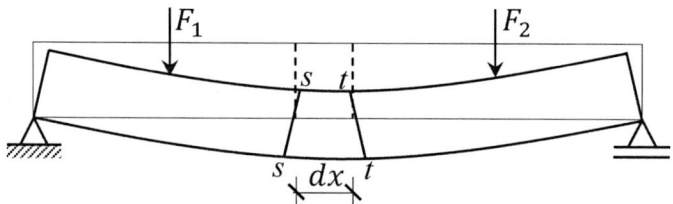

Figura 4.8 Vigas flexionadas.

Aislamos la porción deformada para realizar el siguiente análisis:

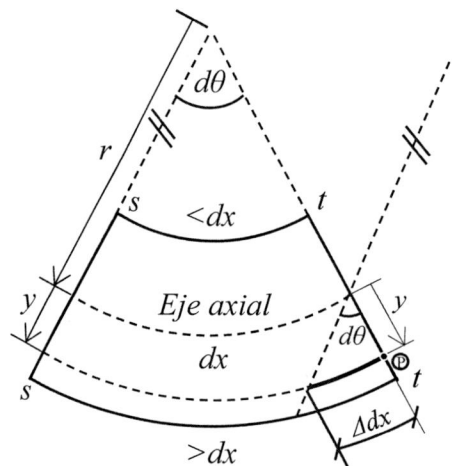

Figura 4.9 Porción de viga deformada.

$$dx = r \cdot d\theta \quad ①$$

$$\Delta dx = y \cdot d\theta \quad ②$$

Deformación unitaria:

$$\varepsilon = \frac{\Delta dx}{dx} \quad ③$$

Sustituir ① y ② en ③:

$$\varepsilon = \frac{y \cdot d\theta}{r \cdot d\theta}$$

$$\varepsilon = \frac{y}{r} \quad ④$$

La ley de Hooke:

$$\sigma = E \cdot \varepsilon \quad ⑤$$

Reemplazar ④ en ⑤:

$$\sigma = E \cdot \frac{y}{r} \quad ⑥$$

$$\frac{\sigma}{E \cdot y} = \frac{1}{r} \quad ⑦$$

Analizamos en la sección r-r la tensión en el punto P:

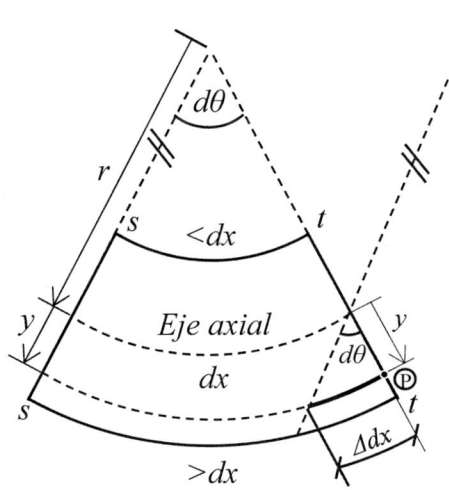

Figura 4.10 Porción de viga deformada.

$$\sigma = \frac{dF}{dA}$$

$$dF = \sigma \cdot dA \quad ⑧$$

$$dM = dF \cdot y \quad ⑨$$

Sustituir ⑥ en ⑧:

$$dF = E \cdot \frac{y}{r} \cdot dA \quad ⑩$$

Sustituir ⑩ en ⑨:

$$dM = \frac{E \cdot y}{r} \cdot dA \cdot y$$

Integrando:

$$\int dM = \int \frac{E}{r} \cdot y^2 dA$$

$$M = \frac{E}{r} \cdot \int y^2 \, dA$$

$$M = \frac{E}{r} \cdot Ix$$

$$\frac{M}{E \cdot Ix} = \frac{1}{r} \quad ⑪$$

Igualar ⑦ con ⑪

$$\frac{\sigma}{E \cdot y} = \frac{M}{E \cdot Ix}$$

$$\sigma = \frac{M \cdot y}{Ix}$$

σ = Tension axial o normal debida al momento flector

M = Momento flector en la sección solicitada

Ix = Inercia en x

y = Distancia definida a partir del baricentro de la sección

4.5. DIAGRAMA DE TENSIONES AXIALES PARA UNA SECCIÓN

La fórmula de tensión axial σ es una función lineal que es nula en el baricentro de la sección y máxima en las fibras más alejadas. Por lo tanto, para graficar su diagrama de tensiones se deberán calcular sus tensiones máximas $\sigma1$ y $\sigma2$, tal como se muestra a continuación.

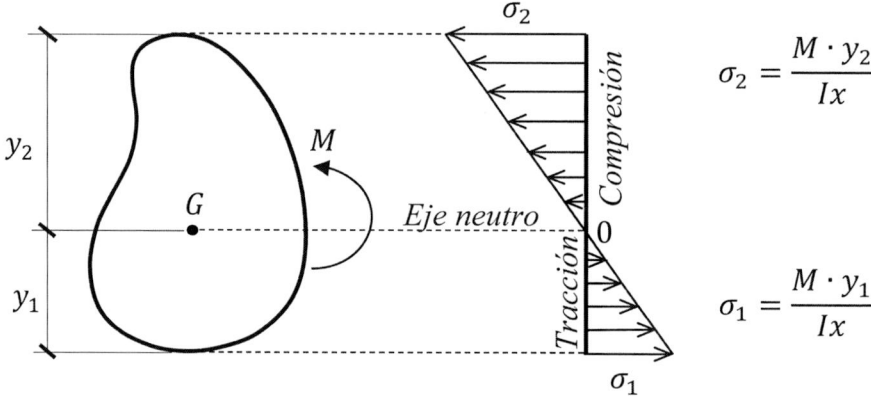

Figura 4.11 Diagrama de tensión axial.

Para graficar el diagrama de tensión axial se trazará un segmento de línea vertical que represente la altura de la sección y en sus extremos inicial y final se calcularán las tensiones axiales (σ_1 y σ_2), las cuáles serán positivas cuando traccionen y negativas cuando compriman. Estas magnitudes se dibujarán a la derecha cuando sean positivas y a la izquierda cuando sean negativas, tal como se muestran en la figura anterior.

Todo diagrama de tensión axial tiene un segmento traccionado y otro comprimido; para identificar esta situación es importante comprender cómo actúa el momento flector en la sección.

Según el convenio de signos para momentos flectores, los momentos positivos traccionan la fibra inferior de la sección (σ_1) y comprimen su fibra superior (σ_2). Véase la siguiente figura:

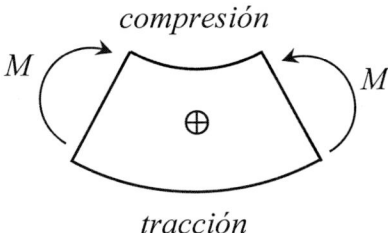

Figura 4.12 Convenio para momentos positivos.

Los momentos negativos tienen una acción contraria a la anterior, es decir, comprimen la fibra inferior de la sección (σ_1) y traccionan su fibra superior (σ_2). Véase la siguiente figura:

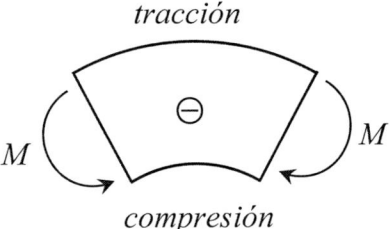

Figura 4.13 Convenio para momentos negativos.

Entre la fibra traccionada y la comprimida existe una fibra donde las tensiones axiales son nulas. Esta fibra se conoce con el nombre de eje neutro. La posición del eje neutro coincide con la posición de la coordenada y_G del centro de gravedad de la sección; es decir, cuando la sección es simétrica con respecto a un eje horizontal, el valor de y_G será equivalente a la mitad de la altura de la sección. En estos casos las tensiones axiales de tracción y compresión presentan la misma magnitud.

EJEMPLO 94

Para la siguiente viga, diagramar sus tensiones axiales para la sección s-s.

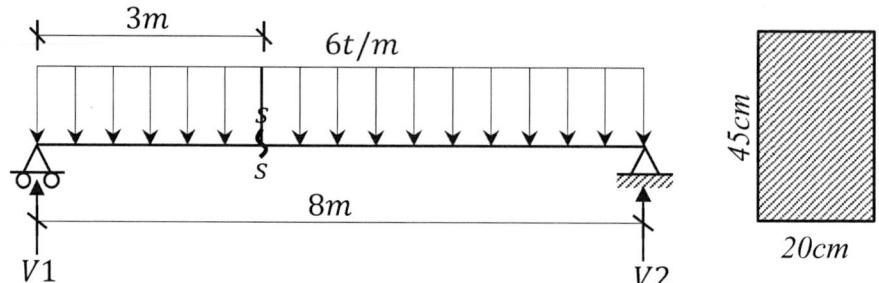

Figura 4.14. Viga simplemente apoyada.

Paso 1: Cálculo de reacciones

Por simetría:

$$V_1 = V_2 = \frac{6 \cdot 8}{2} = 24\ t$$

Paso 2: Momento en la sección s-s

$$\circlearrowleft M = 24 \cdot 3 - 6 \cdot 3 \cdot 1{,}5 = 45\ tm$$

El convenio de signos para el momento flector es el siguiente:

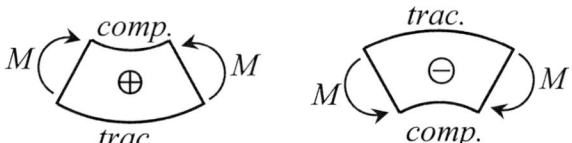

Los momentos positivos siempre traccionan el borde inferior (σ_1) y comprimen el borde superior (σ_2); los momentos negativos son opuestos.

Paso 3: Cálculo de baricentro

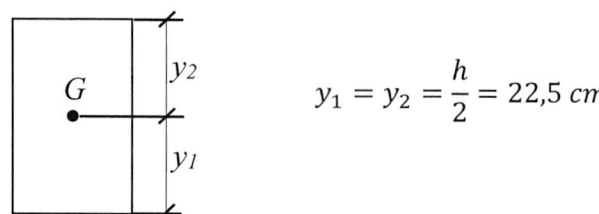

$$y_1 = y_2 = \frac{h}{2} = 22{,}5\ cm$$

Paso 4: Cálculo de Inercia en x

$$Ix = \frac{b \cdot h^3}{12}$$

$$Ix = \frac{20 \cdot 45^3}{12}$$

$$Ix = 151\,875\ cm^4$$

Paso 5: Diagrama de tensión axial

Datos

$y_1 = y_2 = 22{,}5\ cm$

$Ix = 151\,875\ cm^4$

$M = 45\ tm = 45 \cdot 10^5\ kgcm$

$$\sigma_1 = \sigma_2 = \frac{45 \cdot 10^5 \cdot 22{,}5}{151\,875} = 666{,}667\ \frac{kg}{cm^2}$$

Adoptamos las siguientes escalas:

$Escala\ sección:\ 10\ cm = 1\ cm$

$Escala\ tensión:\ 666{,}7\ \dfrac{kg}{cm^2} = 2\ cm$

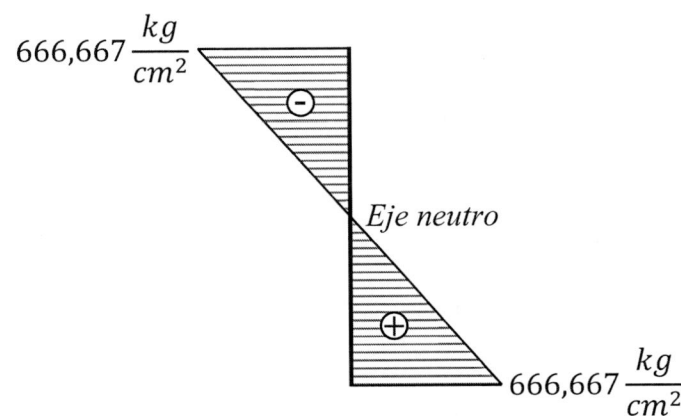

EJEMPLO 95

Para la sección s-s graficar su diagrama de tensión axial por flexión.

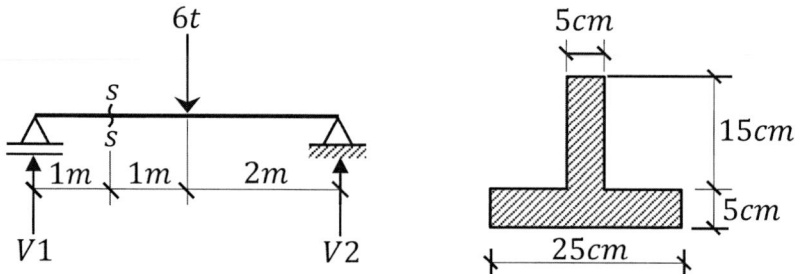

Figura 4.15 Viga con carga puntual de sección T invertida.

Paso 1: Cálculo de reacciones

$$Por\ simetría: V1 = V2 = 3\ t$$

Paso 2: Cálculo de momento en s-s

$$\circlearrowleft M_{s-s} = 3 \cdot 1 = 3\ tm$$

$$M_{s-s} = 3 \cdot 10^5\ kgcm$$

Los momentos positivos siempre traccionan el borde inferior (σ_1) y comprimen el borde superior (σ_2).

Paso 3: Cálculo de baricentro

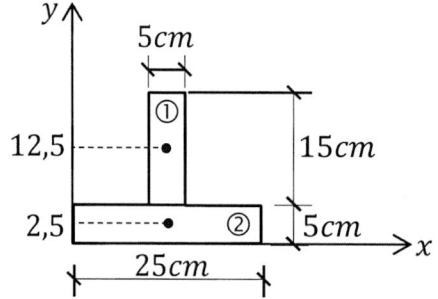

Figura	A	y	Ay
1	75	12,5	937,5
2	125	2,5	312,5
Σ	200		1250

$$y_G = \frac{1250}{200} = 6,25\ cm$$

$$y_1 = 6,25\ cm$$

$$y_2 = 13,75\ cm$$

Paso 4: Cálculo de Inercia

$$I_x = \sum_{i=1}^{2} \left[I_{x_i} + A_i (y_G - y_i)^2 \right]$$

$$I_x^{①} = \frac{5 \cdot (15)^3}{12} + 75 \cdot (6{,}25 - 12{,}5)^2 = 4335{,}94$$

$$I_x^{②} = \frac{25 \cdot (5)^3}{12} + 125 \cdot (6{,}25 - 2{,}5)^2 = 2018{,}23$$

$$I_x = I_x^{①} + I_x^{②} = 6354{,}167 \; cm^4$$

Paso 5: Diagrama de tensión

$$\sigma_1 = \frac{M \cdot y}{I_x} = \frac{3 \cdot 10^5 \cdot 6{,}25}{6354{,}167} = 295{,}08 \; \frac{kg}{cm^2} \, (Tracción)$$

$$\sigma_2 = \frac{M \cdot y}{I_x} = \frac{3 \cdot 10^5 \cdot 13{,}75}{6354{,}167} = 649{,}18 \; \frac{kg}{cm^2} \, (Compresión)$$

Adoptamos las siguientes escalas:

$Escala\ sección:\ 5\ cm = 1\ cm$

$Escala\ tensión:\ 250\,\dfrac{kg}{cm^2} = 1\ cm$

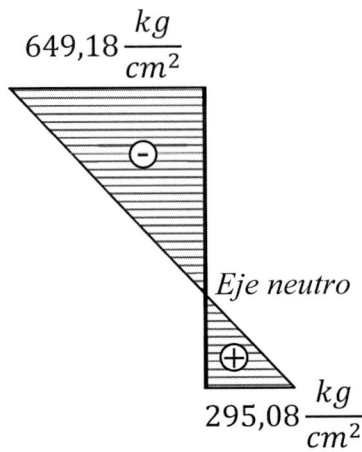

$649{,}18\,\dfrac{kg}{cm^2}$

$Eje\ neutro$

$295{,}08\,\dfrac{kg}{cm^2}$

EJEMPLO 96

En la siguiente viga para la sección s-s, obtener el diagrama de tensión axial por flexión.

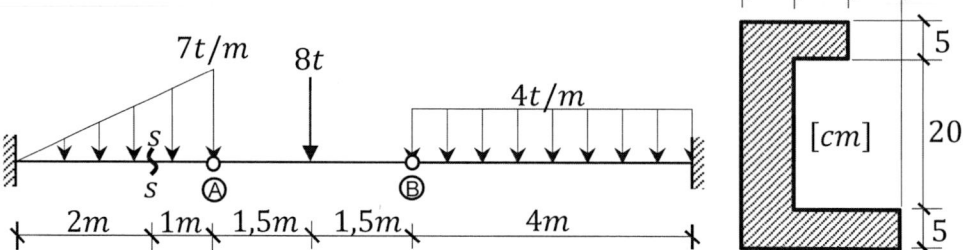

Figura 4.16 Viga Gerberg.

Paso 1: Cálculo de reacciones

Calculamos las reacciones necesarias para calcular el momento en s-s.

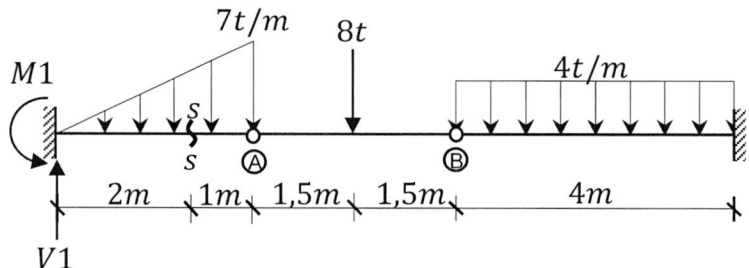

$$\Sigma M_A = 0 \circlearrowright \oplus (Izq)$$

$$V_1 \cdot 3 - M_1 - 10,5 \cdot 1 = 0$$

$$3 \cdot V_1 - M_1 = 10,5 \; ①$$

$$\Sigma M_B = 0 \circlearrowright \oplus (Izq)$$

$$V_1 \cdot 6 - M_1 - 10,5 \cdot 4 - 8 \cdot 1,5 = 0$$

$$6 \cdot V_1 - M_1 = 54 \; ②$$

Al resolver ① y ②:

$$V_1 = 14,5 \; t$$

$$M_1 = 33 \; t$$

Paso 2: Momento en s-s

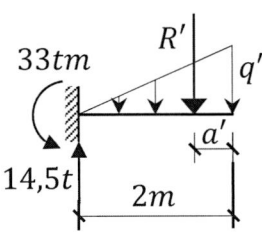

$$\frac{q'}{2} = \frac{7}{3} \quad \Rightarrow \quad q' = \frac{14}{3}$$

$$R' = \frac{\frac{14}{3} \cdot 2}{2} = \frac{14}{3}$$

$$a' = \frac{1}{3} \cdot 2 = \frac{2}{3}$$

$$M_{s-s} = 14{,}5 \cdot 2 - 33 - \frac{14}{3} \cdot \frac{2}{3}$$

$$M_{s-s} = -7{,}111 \ tm$$

Los momentos negativos comprimen el borde inferior (σ_1) y traccionan el borde superior (σ_2).

Paso 3: Cálculo del baricentro

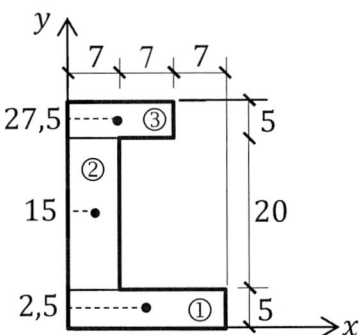

Figura	A	y	A·y
1	105	2,5	262,5
2	140	15	2100
3	70	27,5	1925
Σ	315		4287,5

$$y_G = \frac{4287{,}5}{315}$$

$$y_G = 13{,}611 \ cm$$

$$y_1 = y_G = 13{,}611 \ cm$$

$$y_2 = h - y_G = 30 - 13{,}611$$

$$y_2 = 16{,}389 \ cm$$

Paso 4: Cálculo de Ix

$$I_x = \sum_{i=1}^{n}\left[I_{x_i} + A_i \cdot (y_G - y_i)^2\right]$$

$$I_x^{①} = \frac{21 \cdot 5^3}{12} + 105 \cdot (13{,}611 - 2{,}5)^2 = 13181{,}454 \; cm^4$$

$$I_x^{②} = \frac{7 \cdot 20^3}{12} + 140 \cdot (13{,}611 - 15)^2 = 4936{,}772 \; cm^4$$

$$I_x^{③} = \frac{14 \cdot 5^3}{12} + 70 \cdot (13{,}611 - 27{,}5)^2 = 13649{,}136 \; cm^4$$

$$I_x = I_x^{①} + I_x^{②} + I_x^{③}$$

$$I_x = 31767{,}362 \; cm^4$$

Paso 5: Diagrama de tensión

$$\sigma_1 = \frac{7{,}111 \cdot 10^5 \cdot 13{,}611}{31767{,}362} = 304{,}677 \, \frac{kg}{cm^2} \quad (Compresión)$$

$$\sigma_2 = \frac{7{,}111 \cdot 10^5 \cdot 16{,}389}{31767{,}362} = 366{,}861 \, \frac{kg}{cm^2} \quad (Tracción)$$

Adoptamos las siguientes escalas:

$$L \Rightarrow 6 \; cm = 1 \; cm$$

$$\sigma \Rightarrow 150 \; \frac{kg}{cm^2} = 1 \; cm$$

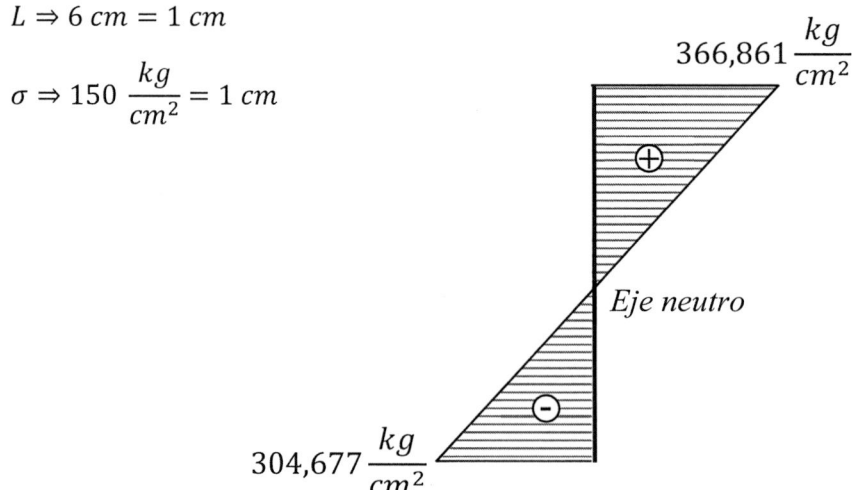

$$366{,}861 \, \frac{kg}{cm^2}$$

$\oplus$

Eje neutro

$\ominus$

$$304{,}677 \, \frac{kg}{cm^2}$$

EJEMPLO 97

Para la sección más solicitada, obtener el diagrama de tensión axial por flexión.

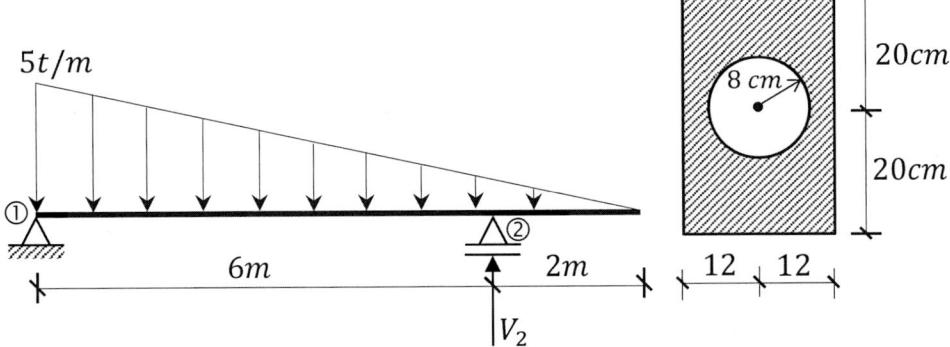

Figura 4.17 Viga con voladizo derecho.

Paso 1: Cálculo de reacciones

Calculemos las reacciones necesarias para obtener la ecuación de momento.

$$\Sigma M_1 = 0 \circlearrowleft \oplus$$
$$20 \cdot 2{,}667 - V_2 \cdot 6 = 0$$
$$V_2 = 8{,}890 \ t$$

Paso 2: Cálculo de M_{max}

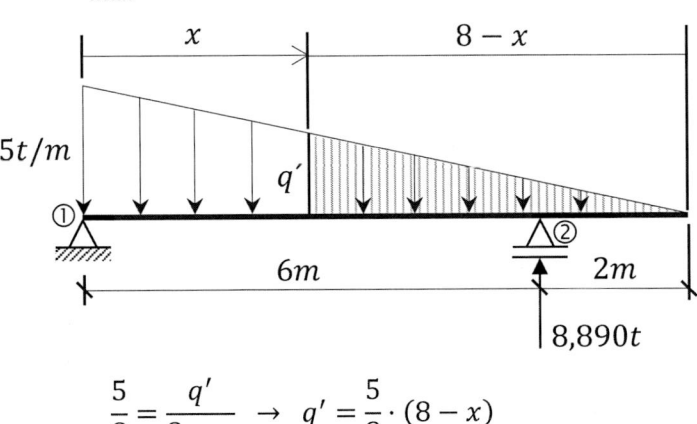

$$\frac{5}{8} = \frac{q'}{8-x} \quad \rightarrow \quad q' = \frac{5}{8} \cdot (8-x)$$
$$R = q' \cdot \frac{(8-x)}{2}$$

$$R = \frac{5}{8} \cdot (8 - x) \cdot \frac{(8 - x)}{2}$$

$$R = \frac{5}{16} \cdot (8 - x)^2$$

Considerando las cargas a la derecha de la sección, las ecuaciones de momento son:

a) Tramo 1-2 ($0 \leq x \leq 6$)

$$M = -\frac{5}{16} \cdot (8 - x)^2 \cdot \frac{(8 - x)}{3} + \big((8 - x) - 2\big) \cdot 8{,}890$$

$$M = \frac{5}{48} \cdot x^3 - 2{,}5 \cdot x^2 + 11{,}110 \cdot x$$

b) Tramo 2-3 ($6 \leq x \leq 8$)

$$M = -\frac{5}{16} \cdot (8 - x)^2 \cdot \frac{(8 - x)}{3}$$

$$M = -\frac{5}{48} \cdot (8 - x)^3$$

Tramo	x	M
	0	0
	1	8,714
	2	13,053
1-2	3	13,643
	4	11,104
	5	6,071
	6	-0,834
	6	-0,834
2-3	7	-0,104
	8	0

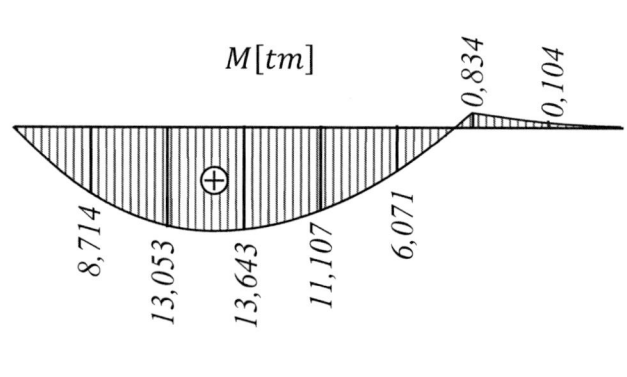

Para determinar con precisión el valor de M_{max} derivamos la ecuación de momento para realizar un análisis de valores máximos.

$$\frac{dM}{dx} = \frac{15}{48} \cdot x^2 - 5 \cdot x + 11{,}111 = 0$$

Si resolvemos:

$$x_1 = 2{,}667 \ m$$

$$M_{max} = \frac{5}{48} \cdot (2{,}667)^3 - 2{,}5 \cdot (2{,}667)^2 + 11{,}110 \cdot (2{,}667) + 6{,}667 \cdot 10^{-4}$$

$$M_{max} = 13{,}824 \ tm$$

Los momentos positivos traccionan el borde inferior (σ_1) y comprimen el borde superior (σ_2).

Paso 3: Cálculo de tensión axial

$$\sigma = \frac{M \cdot y}{I_x}$$

$$\sigma = \frac{13{,}827 \cdot 10^5 \cdot 20}{\dfrac{24 \cdot 40^3}{12} - \dfrac{\pi \cdot 8^4}{4}} = 221{,}569 \ \frac{kg}{cm^2}$$

Paso 4: Diagrama de tensión axial

Adoptamos las siguientes escalas:

$$L \Rightarrow 8 \ cm = 1 \ cm$$

$$\sigma \Rightarrow 221{,}569 \ \frac{kg}{cm^2} = 2 \ cm$$

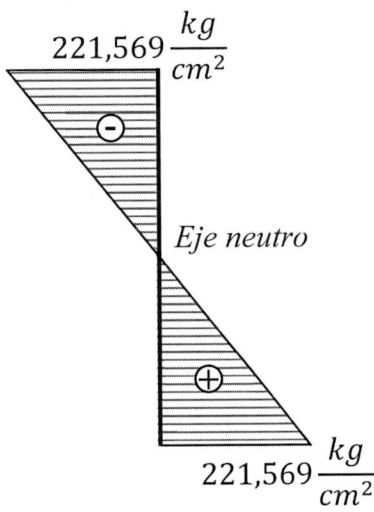

$$221{,}569 \ \frac{kg}{cm^2}$$

Eje neutro

$$221{,}569 \ \frac{kg}{cm^2}$$

4.6. TENSIÓN TANGENCIAL DEBIDA AL ESFUERZO CORTANTE

Imaginemos una viga afectada por un conjunto de cargas y en estado de equilibrio, y además supongamos que hay dos secciones, s-s y t-t, separadas por una distancia diferencial dx.

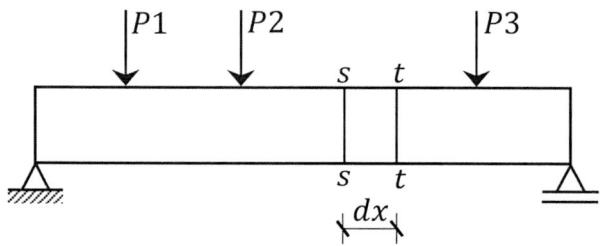

Figura 4.18 Viga con dos secciones adyacentes.

Aislamos la porción de viga limitada por las secciones s-s y t-t.

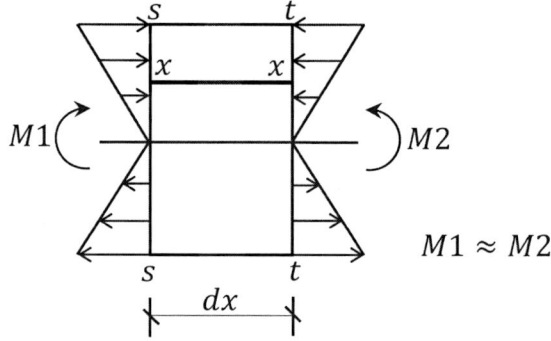

Figura 4.19 Porción de viga de ancho dx.

Si cortamos en la dirección x-x:

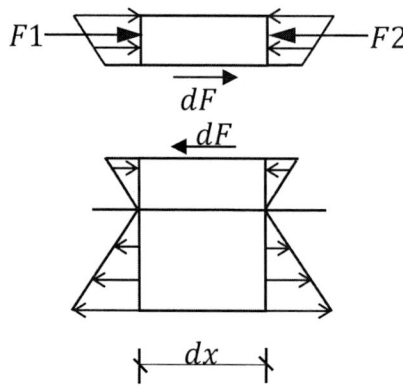

Figura 4.20 Seccionado en x-x.

En la parte superior de la pieza realizamos la siguiente operación:

$$\Sigma F_H = 0 \rightarrow \oplus$$

$$F_1 + dF - F_2 = 0$$

$$dF = F_2 - F_1 \quad ①$$

$$\sigma_2 = \frac{dF_2}{dA}$$

$$dF_2 = \sigma_2 \cdot dA$$

$$F_2 = \int \sigma_2 \, dA \ \ ②$$

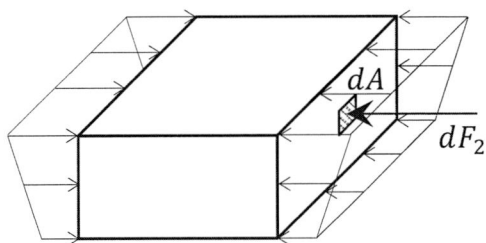

De manera similar, obtenemos:

Figura 4.21 Tensión en un punto.

$$F_1 = \int \sigma_1 \, dA \ \ ③$$

Sustituir ② y ③ en ①:

$$dF = \int \sigma_2 \, dA - \int \sigma_1 \, dA$$

$$dF = \int (\sigma_2 - \sigma_1) \, dA \ \ ④$$

Las fórmulas de tensión por flexión son:

$$\sigma_1 = \frac{M_1 y}{Ix} \ \ ⑤$$

$$\sigma_2 = \frac{M_2 y}{Ix} \ \ ⑤$$

Sustituir ⑤ en ④:

$$dF = \int \left(\frac{M_2 \cdot y}{Ix} - \frac{M_1 \cdot y}{Ix} \right) dA$$

$$dF = \frac{M_2 - M_1}{Ix} \cdot \int y \cdot dA$$

$$\int y \cdot dA = Sx = \text{Momento estático en x}$$

$$dM = M_2 - M_1$$

$$dF = \frac{dM \cdot Sx}{Ix} \ \ ⑥$$

Analizamos la sección x-x de la parte inferior.

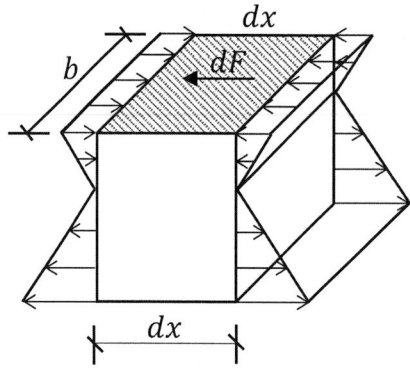

Figura 4.22 Fuerza en
sección x-x.

$$dA = b \cdot dx \quad ⑦$$

$$\tau_H = \frac{dF}{dA}$$

Despejamos dF:

$$dF = \tau_H \cdot dA \quad ⑧$$

Reemplazamos ⑦ en ⑧:

$$dF = \tau_H \cdot b \cdot dx \quad ⑨$$

Igualar ⑥ con ⑨:

$$\tau_H \cdot b \cdot dx = \frac{dM \cdot Sx}{Ix}$$

$$\tau_H = \left(\frac{dM}{dx}\right) \cdot \frac{Sx}{b \cdot Ix}$$

$$\tau_H = \frac{Q \cdot Sx}{b \cdot Ix} \quad ⑩$$

Considerando un dy a partir de la sección x-x verificamos el equilibrio rotacional.

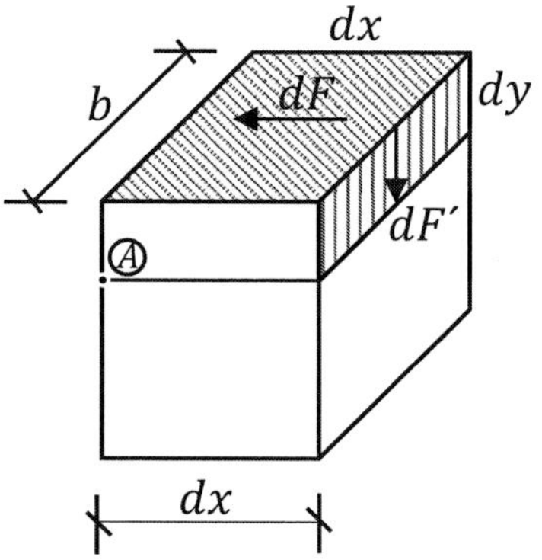

$$\left. \begin{array}{l} dF = \tau_H \cdot b \cdot dx \\ dF' = \tau_V \cdot b \cdot dy \end{array} \right\} ⑪$$

Calculamos el momento en el punto A.

$$\Sigma M_A = 0 \; ↻ \; ⊕$$

$$dF' \cdot dx - dF \cdot dy = 0 \quad ⑫$$

Reemplazamos ⑫ en ⑪:

Figura 4.23 Fuerzas dF y dF´.

$$\tau_V \cdot b \cdot dx \cdot dy - \tau_H \cdot b \cdot dx \cdot dy = 0 \quad \div (\boldsymbol{b \cdot dx \cdot dy})$$

$$\tau_V - \tau_H = 0$$

$$\tau_V = T_H \quad ⑬$$

Reemplazamos ⑩ en ⑬:

$$\tau = \frac{Q \cdot Sx}{b \cdot Ix}$$

Donde:

τ = Tension tangencial debida al esfuerzo cortante

Q = Esfuerzo cortante

Ix = Inercia en x

Sx = Momento estático en x

b = Ancho de base de la sección

4.7. DIAGRAMA DE TENSIÓN TANGENCIAL

Para obtener el diagrama de tensión tangencial debida al esfuerzo cortante debemos analizar de manera puntual las tensiones donde exista un cambio repentino en el ancho de su base y también en la posición del centro de gravedad. Véase la siguiente figura:

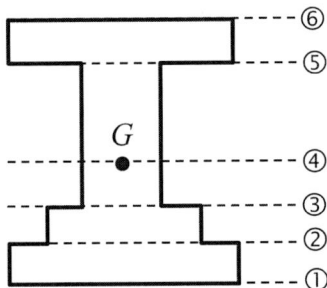

Figura 4.24 Fibras para análisis de tensión tangencial.

En las fibras inicial y final (① y ⑥) las tensiones tangenciales son nulas; por el contrario, en las fibras donde existe el cambio repentino de base (②, ③ y ⑤) se realizan dos cálculos de tensiones tangenciales. Esto es debido a sus dos bases distintas. Finalmente, en la fibra que pasa por el baricentro (G) se calculará un solo valor de tensión, que, en la mayoría de los casos, representa el máximo valor de tensión tangencial.

Para graficar el diagrama de tensiones tangenciales se trazará un segmento de recta vertical que represente la altura de la sección y en cada fibra de análisis se dibujará a escala el valor de la tensión tangencial (τ), que se dibujará a la derecha cuando sea positivo y a la izquierda cuando sea negativo (ver figura siguiente). Finalmente, se trazará el diagrama a partir de estos puntos considerando que su variación es siempre no lineal.

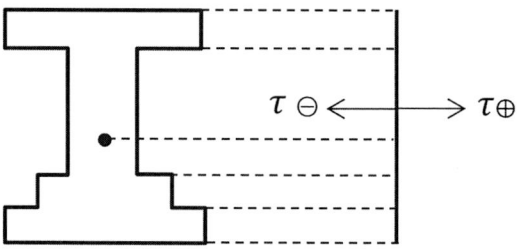

Figura 4.25 Convenio de signo para diagrama de tensión tangencial.

El signo de la tensión tangencial es adoptado del esfuerzo cortante.

EJEMPLO 98

Deducir la variación de tensión tangencial para una sección rectangular y determinar su tensión máxima.

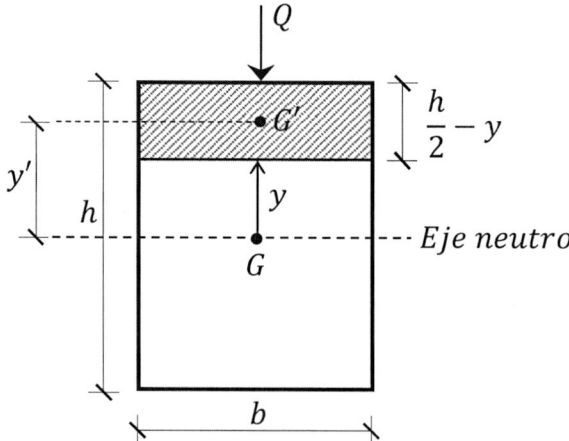

Figura 4.26 Sección rectangular sometida a Q.

Calculamos el área marcada.

$$A' = b \cdot \left(\frac{h}{2} - y \right)$$

Calculamos la distancia y´ desde G hasta G´.

$$y' = y + \frac{1}{2} \cdot \left(\frac{h}{2} - y \right)$$

$$y' = y + \frac{h}{4} - \frac{y}{2}$$

$$y' = \frac{y}{2} + \frac{h}{4}$$

$$y' = \frac{1}{2} \cdot \left(\frac{h}{2} + y \right)$$

Calculamos el momento estático del área marcada.

$$S_x = A' \cdot y'$$

$$S_x = b \cdot \left(\frac{h}{2} - y \right) \cdot \frac{1}{2} \cdot \left(\frac{h}{2} + y \right)$$

$$S_x = \frac{b}{2} \cdot \left(\frac{h^2}{4} - y^2 \right)$$

Reemplazamos Sx en la fórmula de tensión tangencial.

$$\tau = \frac{Q \cdot \frac{b}{2} \cdot \left(\frac{h^2}{4} - y^2 \right)}{b \cdot I_x}$$

$$\tau = \frac{Q \cdot \left(\frac{h^2}{4} - y^2 \right)}{2 \cdot I_x}$$

$$\tau = \frac{Q}{2 \cdot I_x} \cdot \left(\frac{h^2}{4} - y^2 \right) \quad (Función\ cuadrática)$$

Para encontrar su valor máximo, derivamos.

$$\frac{d\tau}{dy} = 0$$

$$\frac{Q}{2 \cdot I_x} \cdot (-2 \cdot y) = 0 \ \rightarrow y = 0$$

Reemplazamos $y = 0 \ \rightarrow \ \tau = \tau_{max}$

$$\tau = \frac{Q}{2 \cdot I_x} \cdot \left(\frac{h^2}{4} - 0^2\right) = \frac{Q \cdot h^2}{8 \cdot I_x}$$

$$\boxed{\tau_{max} = \frac{Q \cdot h^2}{8 \cdot I_x}}$$

IMPORTANTE: La máxima tensión tangencial se ubica en el centro de gravedad, mientras que en los bordes superior e inferior de la sección la tensión es nula.

EJEMPLO 99

Para la siguiente viga de sección rectangular hallar la ecuación de tensión tangencial y dibujar su diagrama para la sección s-s.

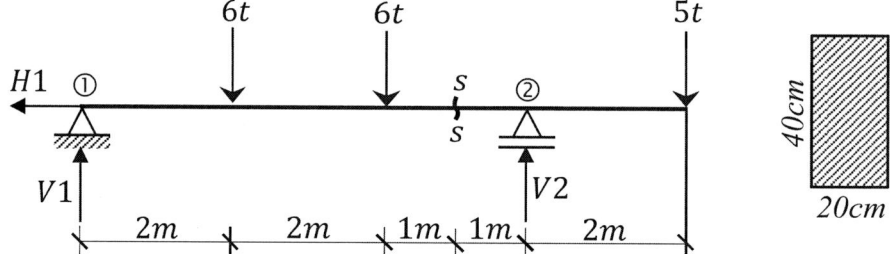

Figura 4.27 Viga de sección rectangular con voladizo.

Paso 1: Cálculo de reacciones

$$\Sigma M_1 = 0 \ \circlearrowleft \ \oplus$$

$$6 \cdot 2 + 6 \cdot 4 - V_2 \cdot 6 + 5 \cdot 8 = 0$$

$$V_2 = 12{,}667 \ t$$

$$\Sigma F_V = 0 \uparrow \oplus$$

$$V_1 - 6 - 6 + 12{,}667 - 5 = 0$$

$$V_1 = 4{,}333 \ t$$

Paso 2: Esfuerzos cortantes en s-s *(cargas a la derecha)*

$$\downarrow \oplus Q_{S-S} = 5 - 12{,}667\ t$$

$$Q_{S-S} = -7{,}667t = -7{,}667 \cdot 10^3\ kg$$

Importante: Cuando el esfuerzo de corte es negativo, la tensión tangencial también es negativa.

Paso 3: Cálculo de inercia

$$Ix = \frac{b \cdot h^3}{12}$$

$$Ix = \frac{20 \cdot 40^3}{12} = 106\ 666{,}667\ cm^4$$

Paso 4: Tensión tangencial

$$\tau = \frac{Q \cdot Sx}{b \cdot Ix}$$

$$A = 20 \cdot (20 - y) = 400 - 20 \cdot y$$

$$y_{G1} = y + \frac{1}{2} \cdot (20 - y) = \frac{y}{2} + 10$$

$$Sx = A \cdot y_{G1}$$

$$Sx = (400 - 20 \cdot y) \cdot \left(\frac{y}{2} + 10\right)$$

$$Sx = 20 \cdot (20 - y) \cdot \frac{1}{2} \cdot (20 + y)$$

$$Sx = 10 \cdot (400 - y^2)$$

Reemplazamos los datos en la fórmula de tensión tangencial.

$$\tau = \frac{-7{,}667 \cdot 10^3 \cdot 10 \cdot (400 - y^2)}{20 \cdot 106\ 666{,}667}$$

$$\tau = -14{,}376 + 0{,}03594 \cdot y^2$$

Adoptamos las siguientes escalas:

$$L \Rightarrow 10\ cm = 1\ cm$$

$$\tau \Rightarrow 10\ \frac{kg}{cm^2} = 2\ cm$$

y	τ
-20	0
-10	-10,782
0	-14,376
10	-10,782
20	0

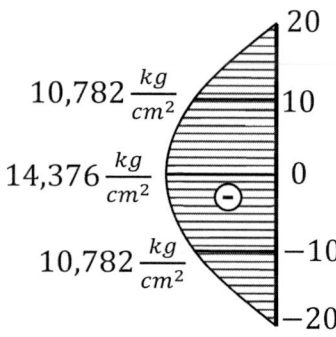

EJEMPLO 100

Para la siguiente viga de sección triangular, hallar la ecuación de tensión tangencial y dibujar su diagrama para la sección más solicitada.

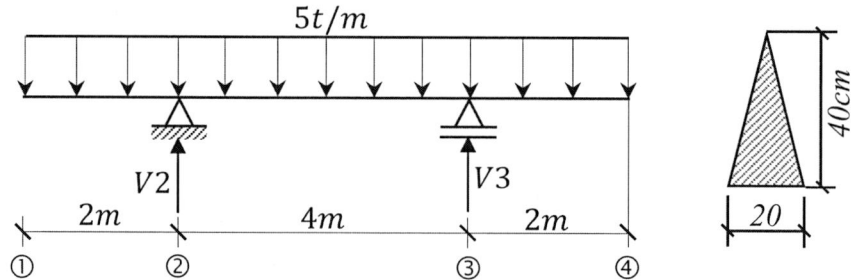

Figura 4.28 Viga de sección triangular con voladizos en ambos extremos.

Paso 1: Cálculo de reacciones

$$\Sigma M_3 = 0 \circlearrowright \oplus$$

$$-(5 \cdot 8) \cdot 2 + V_2 \cdot 4 = 0$$

$$V_2 = 20\ t$$

$$\Sigma F_V = 0 \uparrow \oplus$$

$$20 - 5 \cdot 8 + V_3 = 0$$

$$V_3 = 20\ t$$

Paso 2: Ecuaciones de esfuerzos cortantes

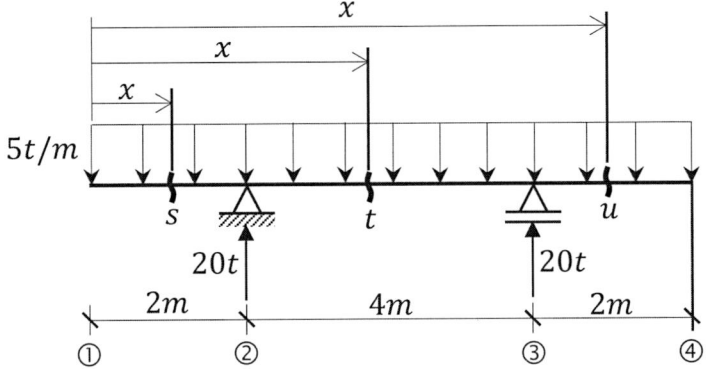

a) Tramo 1-2 $(0 \leq x \leq 2)$

Considerando las cargas a la izquierda de la sección s-s.

$$\uparrow Q_{1-2} = -5 \cdot x$$

b) Tramo 2-3 $(2 \leq x \leq 6)$

Considerando las cargas a la izquierda de la sección t-t.

$$\uparrow Q_{2-3} = -5 \cdot x + 20$$

c) Tramo 3-4 $(6 \leq x \leq 8)$

Considerando las cargas a la izquierda de la sección u-u.

$$\uparrow Q_{3-4} = -5 \cdot x + 20 + 20$$

$$Q_{3-4} = -5 \cdot x + 40$$

Paso 3: Máximo esfuerzo cortante

Tramo	x	Q
1-2	0	0
	2	-10
2-3	2	10
	6	-10
3-4	6	10
	8	0

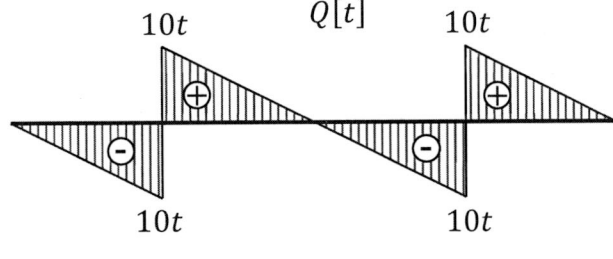

$$Q_{max} = 10 \, t = 10000 \, kg$$

Paso 4: Cálculo de Inercia

$$Ix = \frac{b \cdot h^3}{36}$$

$$Ix = \frac{20 \cdot 40^3}{36}$$

$$Ix = 35\,555{,}556 \; cm^4$$

Paso 5: Ecuación de tensión tangencial

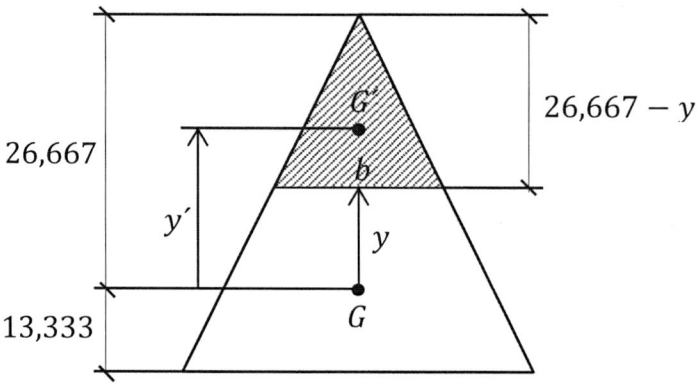

Primero calculamos la variación de la base b en función de y.

$b = m \cdot y + n$

$y = -13{,}333 \rightarrow b = 20 \; cm$

$20 = m \cdot (-13{,}333) + n$ ①

$y = 26{,}667 \quad b = 0$

$0 = m \cdot (26{,}667) + n$

$n = -26{,}667 \cdot m$ ②

Reemplazamos ② en ①:

$20 = -13{,}333\,m - 26{,}667\,m$

$m = -0{,}5$ ③

Reemplazamos ③ en ②:

$$n = -26,667 \cdot (-0,5) = 13,333$$

$$b = -0,5 \cdot y + 13,333$$

Calculamos el área sombreada en la sección.

$$A' = \frac{b \cdot (26,667 - y)}{2} = \frac{(-0,5 \cdot y + 13,333) \cdot (26,667 - y)}{2}$$

$$A' = \frac{(-0,5 \cdot y + 13,333) \cdot 2 \cdot (13,333 - 0,5 \cdot y)}{2} = (-0,5 \cdot y + 13,333)^2$$

Calculamos la distancia y´ desde G hasta G´.

$$y' = y + \frac{1}{3} \cdot (26,667 - y) = 0,667 \cdot y + 8,889$$

Calculamos la tensión tangencial.

$$\tau = \frac{Q \cdot Sx}{b \cdot Ix} = \frac{Q \cdot A' \cdot y'}{b \cdot Ix}$$

$$\tau = \frac{10000 \cdot (-0,5 \cdot y + 13,333)^2 \cdot (0.667 \cdot y + 8,889)}{(-0,5 \cdot y + 13,333) \cdot 35\,555,556}$$

$$\tau = -9,380 \cdot 10^{-2} \cdot y^2 + 1,251 \cdot y + 33,333$$

Adoptamos las siguientes escalas:

$$L \Rightarrow 8\ cm = 1\ cm$$

$$\tau \Rightarrow 10\ \frac{kg}{cm^2} = 1\ cm$$

y [cm]	τ [kg/cm₂]
-13,333	0
-10	11,443
0	33,333
10	36,463
20	20,833
26,667	0

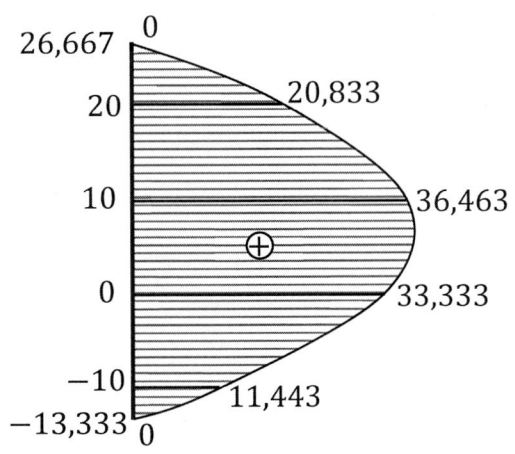

EJEMPLO 101

Obtener el diagrama de tensión tangencial para la sección con máximo cortante positivo.

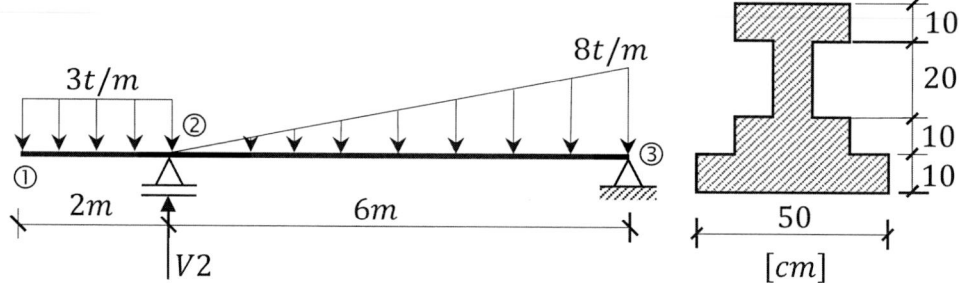

Figura 4.29 Viga con voladizo izquierdo.

Paso 1: Cálculo de reacción

Calculamos las reacciones necesarias para encontrar las ecuaciones del esfuerzo cortante.

$$\Sigma M_3 = 0 \circlearrowleft \oplus$$

$$V_2 \cdot 6 - \left(\frac{8 \cdot 6}{2}\right) \cdot 2 - (3 \cdot 2) \cdot 7 = 0$$

$$V_2 = 15 \, t$$

Paso 2: Cálculo de ecuaciones de corte

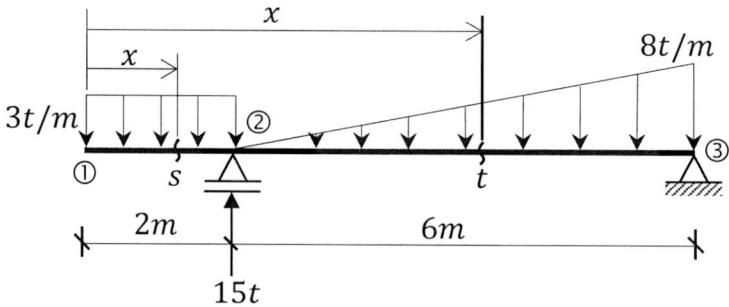

Consideramos las cargas a la izquierda de cada sección.

a) Tramo 1-2 (0 ≤ x ≤ 2)

$$\oplus \uparrow Q = -3 \cdot x$$

b) Tramo 2-3 (2 ≤ x ≤ 8)

Primero analizamos la variación de la carga distribuida triangular:

$$\frac{q'}{x-2} = \frac{8}{6} \rightarrow q' = \frac{4}{3} \cdot (x-2)$$

$$\oplus \uparrow Q = -6 + 15 - \frac{4}{3} \cdot (x-2) \cdot \frac{x-2}{2}$$

$$Q = -\frac{2}{3} \cdot x^2 + \frac{8}{3} \cdot x + \frac{19}{3}$$

Paso 3: Diagrama de corte.

Tramo	x	Q
1-2	0	0
	1	-3
	2	-6
2-3	2	9
	3	8,333
	4	6,333
	5	3
	6	-1,667
	7	-7,667
	8	-15

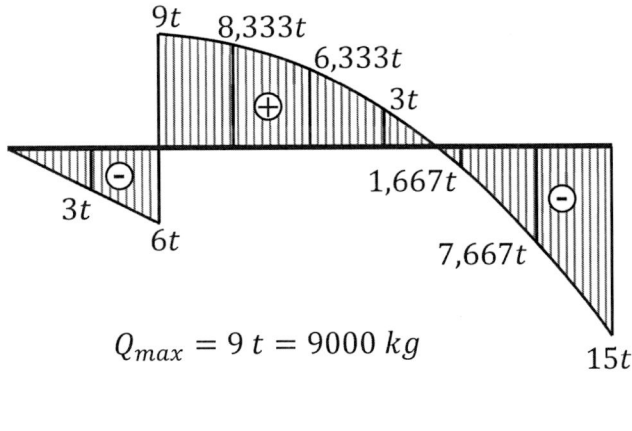

$$Q_{max} = 9\,t = 9000\,kg$$

Paso 4: Cálculo de coordenadas

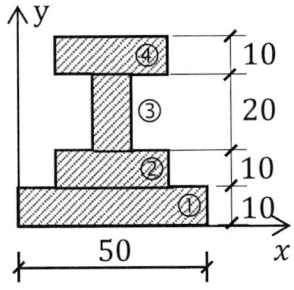

Figura	A	y	A·y
1	500	5	2500
2	300	15	4500
3	200	30	6000
4	300	45	13500
Σ	1300	Σ	26500

$$y_G = \frac{26500}{1300} = 20{,}385\ cm$$

Paso 5: Cálculo de I_x

$$I_x^{①} = \frac{50 \cdot 10^3}{12} + 500 \cdot (20{,}385 - 5)^2 = 122\,515{,}779\ cm^4$$

$$I_x^{②} = \frac{30 \cdot 10^3}{12} + 300 \cdot (20{,}385 - 15)^2 = 11\,199{,}4678\ cm^4$$

$$I_x^{③} = \frac{10 \cdot 20^3}{12} + 200 \cdot (20{,}385 - 30)^2 = 25\,156{,}312\ cm^4$$

$$I_x^{④} = \frac{30 \cdot 10^3}{12} + 300 \cdot (20{,}385 - 45)^2 = 184\,269{,}468\ cm^4$$

$$I_x = I_x^{①} + I_x^{②} + I_x^{③} + I_x^{④}$$

$$I_x = 343\,141{,}026\ cm^4$$

Paso 6: Cálculo de tensión tangencial

$$\tau = \frac{Q \cdot S_x}{b \cdot I_x}$$

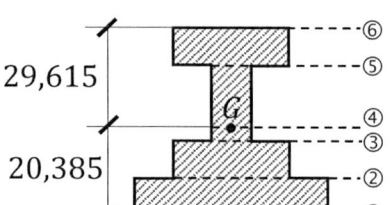

29,615

20,385

Cálculos desde G hacia abajo:

$$\tau_1 = 0$$

$$\tau_2^I = \frac{9 \cdot 10^3 \cdot (500 \cdot 15{,}385)}{50 \cdot 343\,141{,}027} = 4{,}035\ \frac{kg}{cm^2}$$

$$\tau_2^S = \frac{9 \cdot 10^3 \cdot (500 \cdot 15{,}385)}{30 \cdot 343141{,}027} = 6{,}725\ \frac{kg}{cm^2}$$

$$\tau_3^I = \frac{9 \cdot 10^3 \cdot (500 \cdot 15{,}385 + 300 \cdot 5{,}385)}{30 \cdot 343\,141{,}027} = 8{,}138\ \frac{kg}{cm^2}$$

$$\tau_3^S = \frac{9 \cdot 10^3 \cdot (500 \cdot 15{,}385 + 300 \cdot 5{,}385)}{10 \cdot 343\,141{,}027} = 24{,}413\ \frac{kg}{cm^2}$$

Cálculos desde G hacia arriba:

$$\tau_4 = \frac{9 \cdot 10^3 \cdot (300 \cdot 24{,}615 + 19{,}615 \cdot 10 \cdot 9{,}808)}{50 \cdot 343\,141{,}027} = 24{,}414\ \frac{kg}{cm^2}$$

$$\tau_5^I = \frac{9 \cdot 10^3 \cdot (300 \cdot 24{,}615)}{10 \cdot 343\,141{,}027} = 19{,}638\ \frac{kg}{cm^2}$$

$$\tau_5^S = \frac{9 \cdot 10^3 \cdot (300 \cdot 24{,}615)}{30 \cdot 343\ 141{,}027} = 6{,}456\ \frac{kg}{cm^2}$$

$$\tau_6 = 0$$

Paso 7: Diagrama de tensión tangencial

Adoptamos las siguientes escalas:

$$L \Rightarrow 6{,}667\ cm = 1\ cm$$

$$\tau \Rightarrow 10\ \frac{kg}{cm^2} = 1\ cm$$

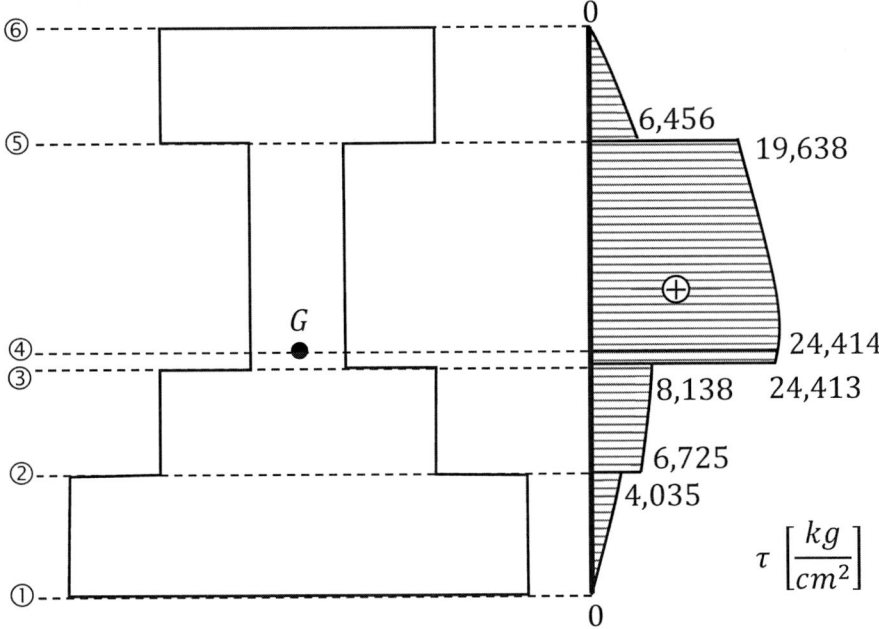

EJEMPLO 102

Para la sección s-s, obtener el diagrama de tensión tangencial.

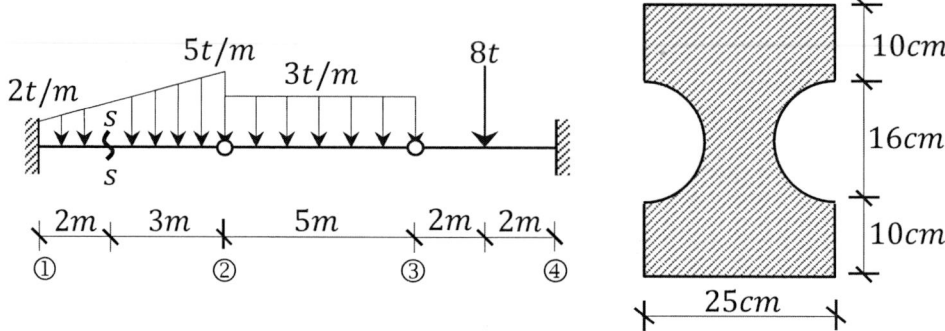

Figura 4.30 Viga con articulaciones.

Paso 1: Cálculo de reacciones

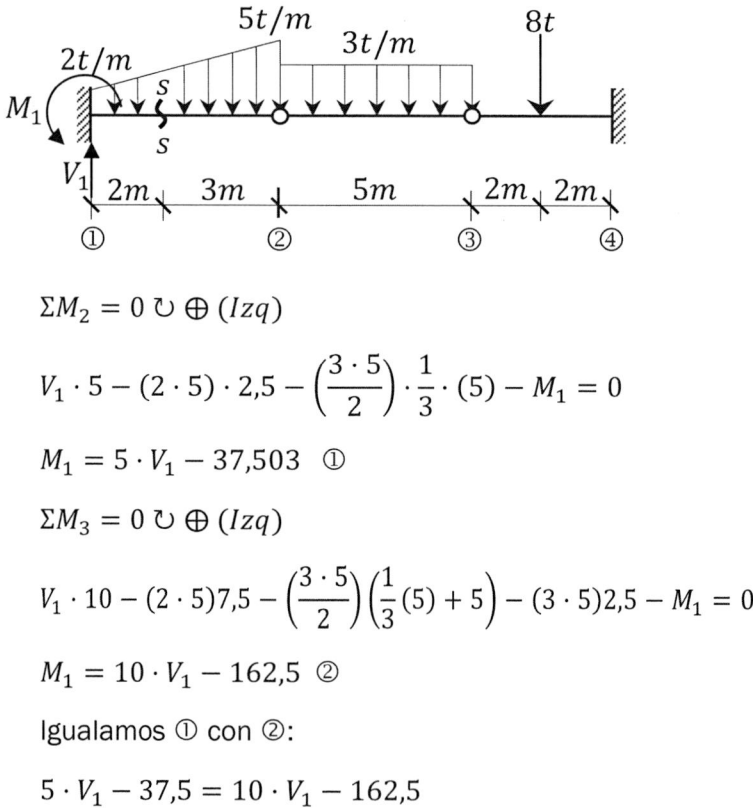

$\Sigma M_2 = 0 \circlearrowleft \oplus (Izq)$

$$V_1 \cdot 5 - (2 \cdot 5) \cdot 2,5 - \left(\frac{3 \cdot 5}{2}\right) \cdot \frac{1}{3} \cdot (5) - M_1 = 0$$

$M_1 = 5 \cdot V_1 - 37,503$ ①

$\Sigma M_3 = 0 \circlearrowleft \oplus (Izq)$

$$V_1 \cdot 10 - (2 \cdot 5)7,5 - \left(\frac{3 \cdot 5}{2}\right)\left(\frac{1}{3}(5) + 5\right) - (3 \cdot 5)2,5 - M_1 = 0$$

$M_1 = 10 \cdot V_1 - 162,5$ ②

Igualamos ① con ②:

$5 \cdot V_1 - 37,5 = 10 \cdot V_1 - 162,5$

$V1 = 25t$ ③

Sustituimos ③ en ①:

$$M_1 = 5 \cdot 25 - 37,5$$

$$M_1 = 87,5 \; tm$$

Paso 2: Esfuerzos cortantes

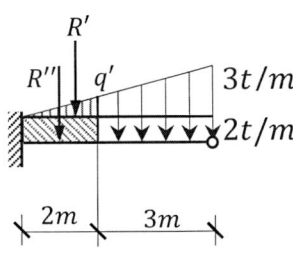

$$\frac{q'}{2} = \frac{3}{5} \Rightarrow q' = \frac{6}{5} \Rightarrow q' = 1,2$$

$$R' = \frac{(1,2 \cdot 2)}{2} \Rightarrow R' = 1,2 \; t$$

$$R'' = 2 \cdot 2 \Rightarrow R'' = 4 \; t$$

$$\oplus\uparrow Q = 25 - 1,2 - 4$$

$$Q = 19,8 \; t$$

Paso 3: Cálculo de I_x

$$I_x = \frac{25 \cdot 36^3}{12} - \frac{\pi \cdot 16^4}{64}$$

$$I_x = 93\,983,002 \; cm^4$$

Paso 4: Cálculo de tensiones

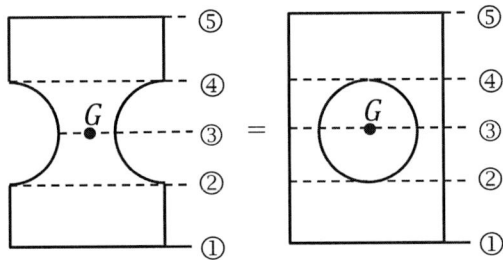

$$\tau_1 = 0$$

$$\tau_2 = \frac{19,8 \cdot 10^3 \cdot 250 \cdot 13}{25 \cdot 93\,983,002} = 27,388 \; kg/cm^3$$

$$\tau_3 = \frac{19,8 \cdot 10^3 \cdot \left(250 \cdot 13 + 200 \cdot 4 - \dfrac{\pi \cdot 8^2}{2} \cdot \dfrac{4 \cdot 8}{3 \cdot \pi}\right)}{9 \cdot 93\,983,002} = 86,814 \frac{kg}{cm^3}$$

Por simetría tenemos:

$\tau_4 = \tau_2 = 27{,}388 \; kg/cm^3$

$\tau_5 = \tau_1 = 0$

Paso 5: Diagrama de tensión tangencial

Adoptamos las siguientes escalas:

$L \Rightarrow 5 \; cm = 1 \; cm$

$\tau \Rightarrow 25 \; \dfrac{kg}{cm^2} = 1 \; cm$

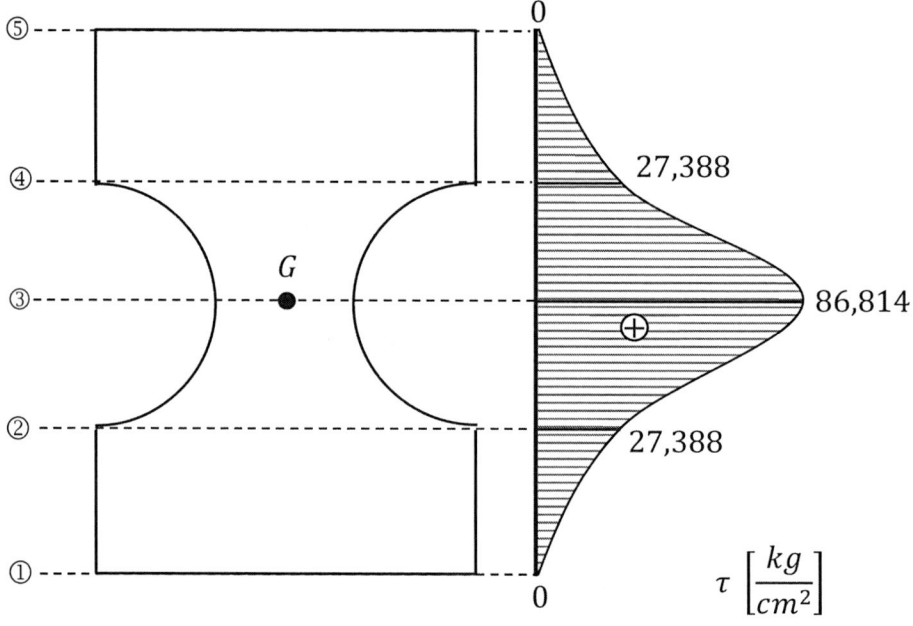

EJEMPLO 103

Obtener el diagrama de tensión tangencial en la sección donde el corte es máximo positivo.

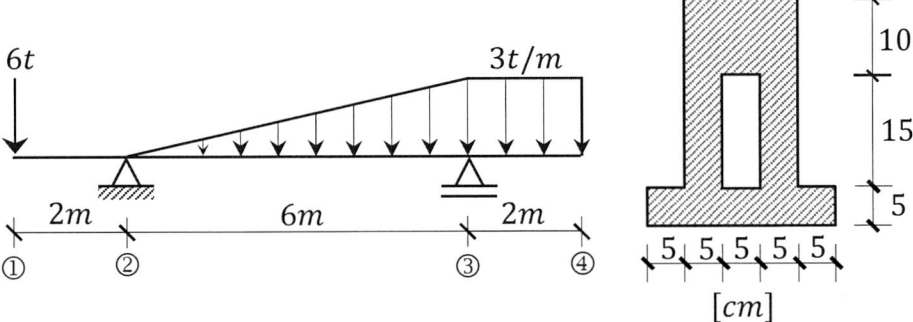

Figura 4.31 Viga con voladizos.

Paso 1: Cálculo de reacciones

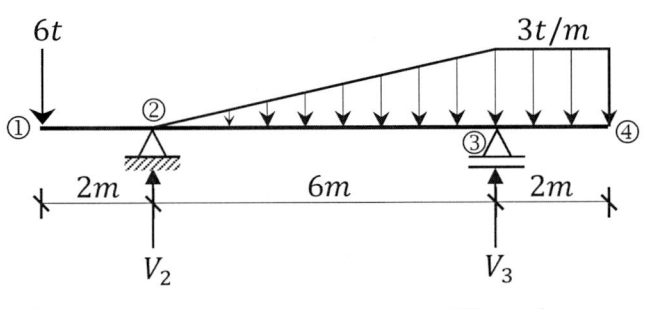

$\Sigma M_2 = 0 \circlearrowleft \oplus$ $\Sigma Fv = 0$

$-6 \cdot 2 + 9 \cdot 4 - V_3 \cdot 6 + 6 \cdot 7 = 0$ $-6 + V_2 - 9 + 11 - 6 = 0$

$V_3 = 11\ t$ $V_2 = 10\ t$

Paso 2: Ecuaciones de esfuerzo cortante

a) Tramo 1-2 $(0 \leq x \leq 2)$

$6t$
s
s
x

$Q = -6\ t$

b) Tramo 2-3 (2 ≤ x ≤ 8)

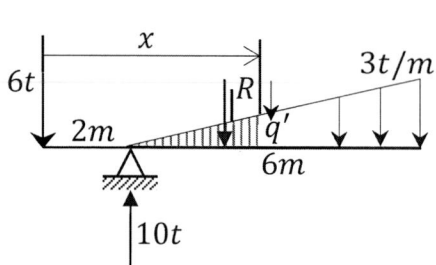

$$\frac{q'}{x-2} = \frac{3}{6}$$

$$q' = 0,5 \cdot x - 1$$

$$R = \frac{q' \cdot (x-2)}{2}$$

$$R = (0,5 \cdot x - 1) \cdot \frac{(x-2)}{2}$$

$$R = (0,5 \cdot x - 1)^2$$

$$R = 0,25 \cdot x^2 - x + 1$$

$$\uparrow Q = -6 + 10 - R$$

$$Q = 4 - 0,25 \cdot x^2 + x - 1$$

$$Q = -0,25 \cdot x^2 + x + 3$$

c) Tramo 3-4 (8 ≤ x ≤ 10)

Considerando las cargas a la derecha:

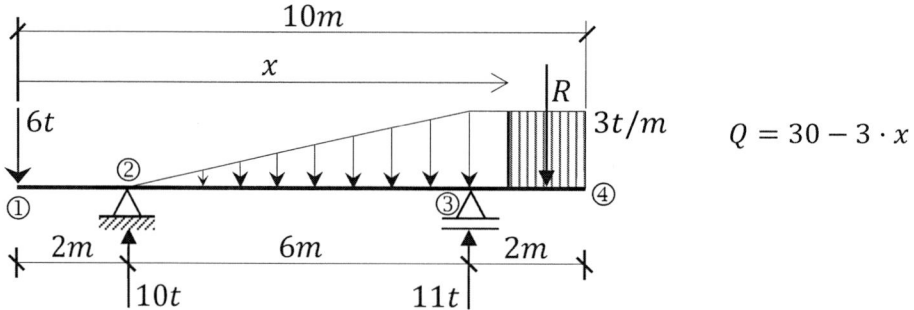

$$Q = 30 - 3 \cdot x$$

Paso 3: Diagrama de corte

Tramo	x	Q
1 -2	0	-6
	2	-6
2 -3	2	4
	5	1,75
	8	-5
3-4	8	6
	10	0

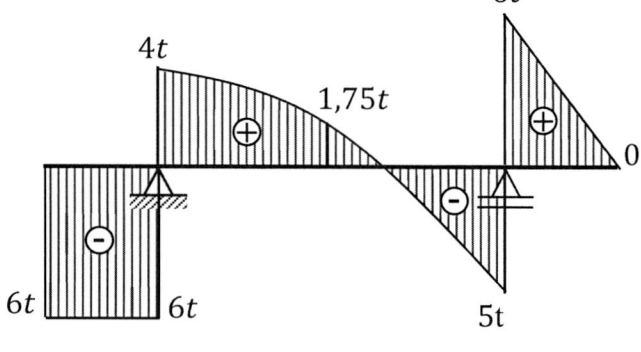

$$Qmax = 6t = 6000\,kg\ (en\ x = 8)$$

Paso 4: Cálculo de inercia en x

a) Baricentro

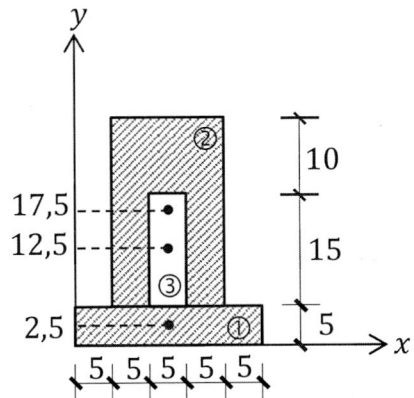

Figura	A	y	A·y
1	125	2,5	312,5
2	375	17,5	6562,5
3	-75	12,5	-937,5
Σ	425		5937,5

$$y_G = \frac{5937,5}{425} = 13,97 \; cm$$

b) Teorema de Steiner

$$Ix = \sum_{i=1}^{3}(Ixi + Ai \cdot (y_G - yi)^2)$$

$$I_x^{①} = \frac{25 \cdot 5^3}{12} + 125 \cdot (13,97 - 2,5)^2 = 16\,705,53$$

$$I_x^{②} = \frac{15 \cdot 25^3}{12} + 375 \cdot (13,97 - 17,5)^2 = 24\,204,09$$

$$I_x^{③} = -\left[\frac{5 \cdot 15^3}{12} + 75 \cdot (13,97 - 12,5)^2\right] = -1568,32$$

$$Ix = I_x^{①} + I_x^{②} - I_x^{③}$$

$$Ix = 16\,705,53 + 24\,204,09 - 1568,32$$

$$Ix = 39\,341,3 \; cm^4$$

Paso 5: Cálculo de tensión tangencial

$$\tau = \frac{Q \cdot Sx}{b \cdot Ix}$$

$$\tau = \frac{6000 \cdot Sx}{b \cdot 39\,341,3}$$

$$\tau = 1,525 \cdot 10^{-1} \cdot \frac{Sx}{b}$$

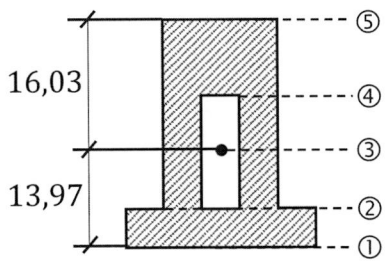

16,03

13,97

Realizamos los cálculos desde G hacia abajo.

$$\tau_1 = 1,525 \cdot 10^{-1} \cdot \frac{0}{25} = 0$$

$$\tau_2{}^I = 1,525 \cdot 10^{-1} \cdot \frac{(125 \cdot 11,471)}{25} = 8,746 \; kg/cm^2$$

$$\tau_2{}^S = 1,525 \cdot 10^{-1} \cdot \frac{(125 \cdot 11,471)}{10} = 21,865 \; kg/cm^2$$

$$\tau_3 = 1,525 \cdot 10^{-1} \cdot \frac{\left(125 \cdot 11,47 + 2 \cdot (8,97 \cdot 5 \cdot 4,485)\right)}{10}$$

$$\tau_3 = 28 \; kg/cm^2$$

Realizamos los cálculos desde G hacia arriba.

$$\tau_4{}^I = \frac{1,525 \cdot 10^{-1} \cdot (150 \cdot 11,03)}{10} = 25,231 \; kg/cm^2$$

$$\tau_4{}^I = \frac{1,525 \cdot 10^{-1} \cdot (150 \cdot 11,03)}{15} = 16,821 \; kg/cm^2$$

$$\tau_5 = 0$$

Paso 5: Diagrama de tensión tangencial

Adoptamos las siguientes escalas:

$$L \Rightarrow 5 \; cm = 1 \; cm$$

$$\tau \Rightarrow 10 \; \frac{kg}{cm^2} = 1 \; cm$$

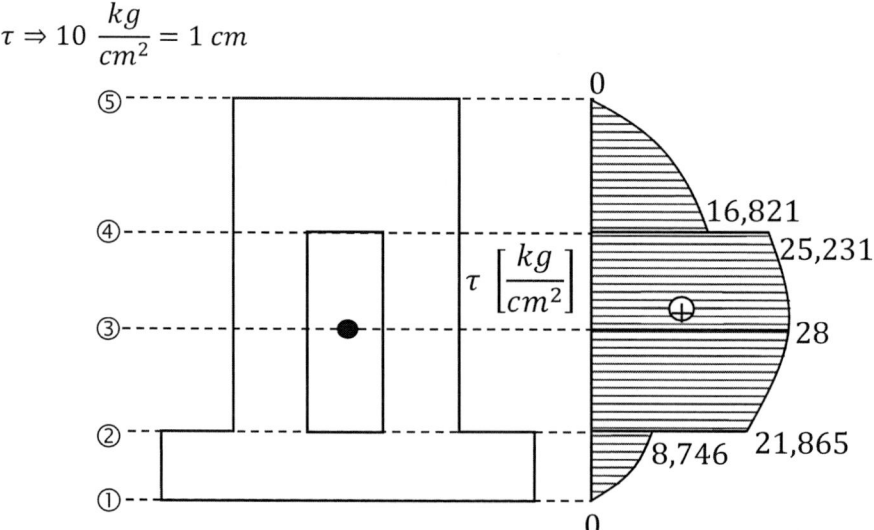

EJEMPLO 104

Obtener el diagrama de tensión axial y tangencial para la sección s-s.

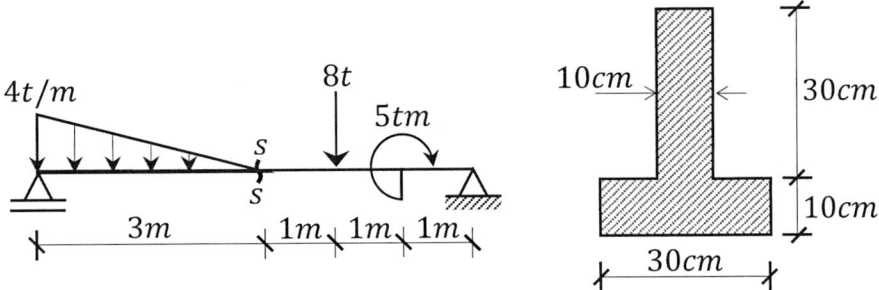

Figura 4.32 Viga de sección T invertida.

Paso 1: Cálculo de reacciones

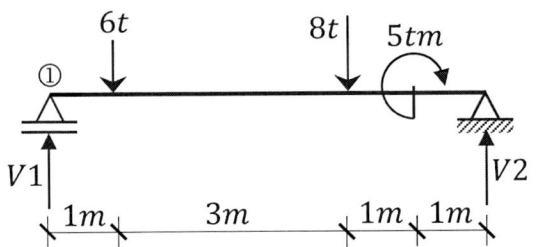

$\Sigma M_1 = 0 \circlearrowleft \oplus$

$6 \cdot 1 + 8 \cdot 4 + 5 - V2 \cdot 6 = 0$

$V2 = 7{,}167\ t$

$\Sigma F_V = 0 \uparrow \oplus$

$V1 - 6 - 8 + 7{,}167 = 0$

$V1 = 6{,}833\ t$

Paso 2: Esfuerzos internos en s-s

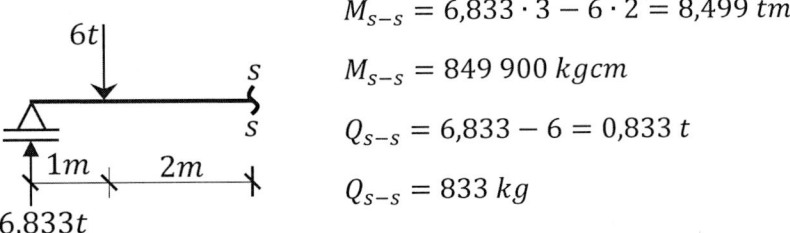

$M_{s-s} = 6{,}833 \cdot 3 - 6 \cdot 2 = 8{,}499\ tm$

$M_{s-s} = 849\ 900\ kgcm$

$Q_{s-s} = 6{,}833 - 6 = 0{,}833\ t$

$Q_{s-s} = 833\ kg$

Paso 3: Cálculo del baricentro

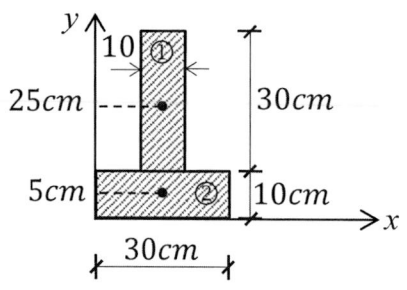

Figura	Ai	yi	Ai·yi
1	300	25	7500
2	300	5	1500
Σ	600		9000

$$y_G = \frac{9000}{600} = 15 \; cm$$

$$x_G = 15 \; cm \quad (por \; simetría)$$

Paso 4: Cálculo de Ix

$$I_x^{①} = \frac{10 \cdot 30^3}{12} + 300 \cdot (15 - 25)^2 = 52\,500 \; cm^4$$

$$I_x^{②} = \frac{30 \cdot 10^3}{12} + 300 \cdot (15 - 5)^2 = 32\,500 \; cm^4$$

$$I_x = I_x^{①} + I_x^{②} = 85\,000 \; cm^4$$

Paso 5: Tensión axial

$$\sigma_1 = \frac{849\,900 \cdot 15}{85\,000}$$

$$\sigma_1 = 149,98 \; kg/cm^2 \; (tracción)$$

$$\sigma_2 = \frac{849\,900 \cdot 25}{85\,000}$$

$$\sigma_2 = 249,97 \; kg/cm^2 \; (compresión)$$

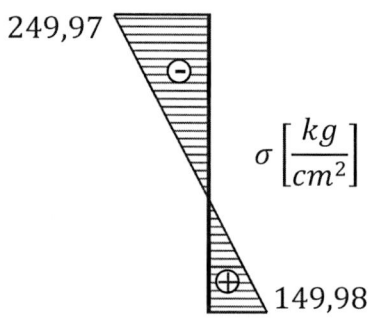

Adoptamos las siguientes escalas:

$$L \Rightarrow 10 \; cm = 1 \; cm$$

$$\tau \Rightarrow 200 \, \frac{kg}{cm^2} = 1 \; cm$$

Paso 6: Tensión tangencial

Realizamos los cálculos desde G hacia abajo.

$$\tau_1 = 0$$

$$\tau_2^a = \frac{833 \cdot 300(10)}{30 \cdot 85\,000} = 0,98\,kg/cm^2$$

$$\tau_2^d = \frac{833 \cdot 300 \cdot 10}{10 \cdot 85\,000} = 2,94\,kg/cm^2$$

Realizamos los cálculos desde G hacia arriba.

$$\tau_3 = \frac{833 \cdot 250 \cdot 12,5}{10 \cdot 85\,000}$$

$$\tau_3 = 3,063\,kg/cm^2$$

$$\tau_4 = 0$$

Adoptamos las siguientes escalas:

$$L \Rightarrow 8\,cm = 1\,cm$$

$$\tau \Rightarrow 1\frac{kg}{cm^2} = 1\,cm$$

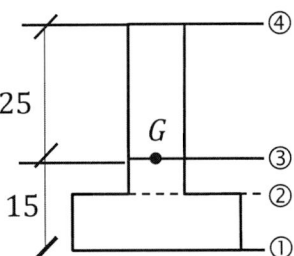

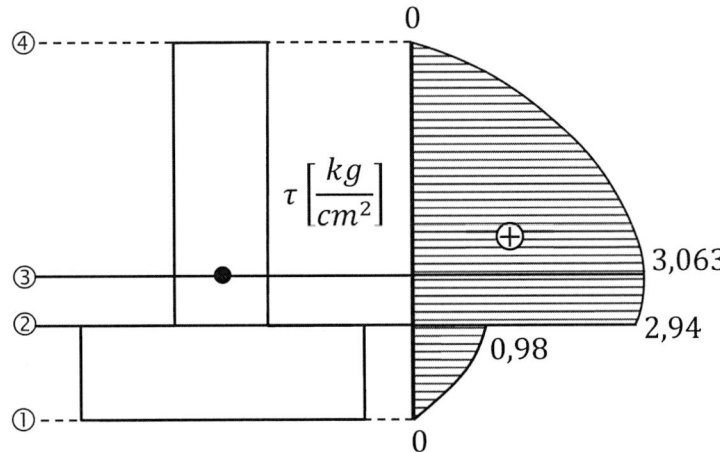

EJEMPLO 105

Diagramar la tensión por flexión y corte en la sección s-s (resultado en kg/cm²).

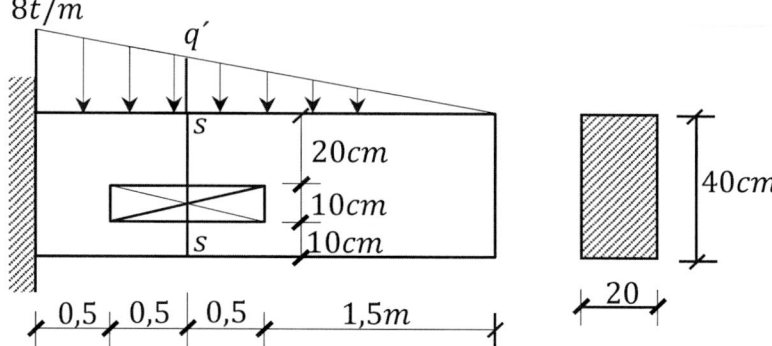

Figura 4.33 Viga en voladizo con perforación rectangular.

Paso 1: Cálculo de esfuerzos en la sección s-s *(cargas a la derecha)*

$$\frac{q'}{2} = \frac{8}{3} \quad \rightarrow \quad q' = 5,333 \ t/m$$

$$\downarrow \oplus Q = \frac{q' \cdot 2}{2} = \frac{5,333 \cdot 2}{2} = 5,333 \ t = 5333 \ kg$$

$$\circlearrowleft \oplus M = -\left(\frac{q' \cdot 2}{2}\right)\frac{1}{3}(2) = \left(\frac{5,333 \cdot 2}{2}\right)\frac{2}{3} = -3,555 \ tm = -3,555 \cdot 10^5 \ kgcm$$

Los momentos negativos comprimen el borde inferior (σ_1) y traccionan el borde superior (σ_2).

Paso 2: Cálculo de baricentro

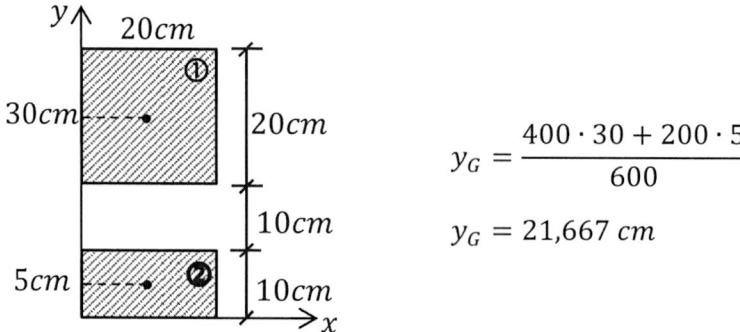

$$y_G = \frac{400 \cdot 30 + 200 \cdot 5}{600}$$

$$y_G = 21,667 \ cm$$

Paso 3: Cálculo de la inercia

$$I_x^{①} = \frac{20 \cdot 20^3}{12} + 400 \cdot (21,667 - 30)^2 = 41108,89 \ cm^4$$

$$I_x^{②} = \frac{20 \cdot 10^3}{12} + 200 \cdot (21,667 - 5)^2 = 57224,44 \ cm^4$$

$$I_x = I_x^{①} + I_x^{②} = 41108,89 + 57224,44$$

$$I_x = 98333,33 \ cm^4$$

Paso 4: Diagrama de tensión por flexión

$$\sigma_1 = \frac{3,555 \cdot 10^5 \cdot 21,667}{98\,333,33} = 78,33 \frac{kg}{cm^2} \ (compresión)$$

$$\sigma_2 = \frac{3,555 \cdot 10^5 \cdot (40 - 21,667)}{98\,333,33} = 66,28 \frac{kg}{cm^2} \ (tracción)$$

Adoptamos las siguientes escalas:

$$L \Rightarrow 10 \ cm = 1 \ cm$$

$$\sigma \Rightarrow 30 \frac{kg}{cm^2} = 1 \ cm$$

66,28

78,33

$$\sigma \left[\frac{kg}{cm^2} \right]$$

Paso 5: Diagrama de tensión cortante

$$\tau_1 = 0$$

$$\tau_2 = \frac{5333 \cdot 20 \cdot 10 \cdot 16,667}{20 \cdot 98\,333,33}$$

$$\tau_2 = 9,039 \ kg/cm^2$$

$$\tau_3 = \frac{5333 \cdot 20 \cdot 20 \cdot 8,333}{20 \cdot 98\,333,33}$$

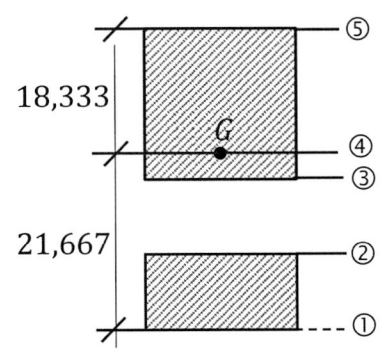

18,333

21,667

$\tau_3 = 9{,}039 \ kg/cm^2$

$\tau_4 = \dfrac{5333 \cdot 20 \cdot 18{,}333 \cdot 9{,}1665}{20 \cdot 98\,333{,}33}$

$\tau_4 = 9{,}114 \ kg/cm^2$

$\tau_5 = 0$

Adoptamos las siguientes escalas:

$L \Rightarrow 6{,}667 \ cm = 1 \ cm$

$\sigma \Rightarrow 3\,\dfrac{kg}{cm^2} = 1 \ cm$

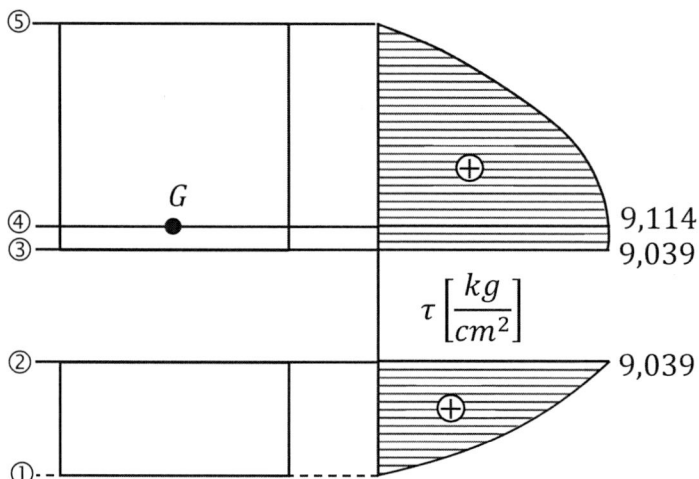

4.8. PROBLEMAS DE LA RESISTENCIA DE MATERIALES

Cuando diseñamos una nueva estructura debemos determinar las dimensiones mínimas que tendrán sus componentes (vigas, columnas, losas, etc.); en cambio, cuando la estructura es antigua y necesitamos realizar ampliaciones verticales, el problema radica en calcular la máxima carga que puede añadirse al sistema. Ambos tipos de problemas deberán garantizar un sistema estructural resistente, seguro y durable.

4.8.1. Verificación de resistencia

Para afirmar que una viga es resistente debemos verificar que sus máximas tensiones sean inferiores a las admisibles, es decir:

$$\sigma_{max} \le \sigma_{adm} \qquad\qquad \tau_{max} \le \tau_{adm}$$

$$\frac{M_{max} \cdot y}{I_X} \le \sigma_{adm} \qquad\qquad \frac{Q_{max} \cdot Sx}{b \cdot I_X} \le \tau_{adm}$$

4.8.2. Carga máxima resistente

Utilizando las condiciones de verificación de resistencia obtenemos los esfuerzos internos máximos y de ahí despejamos la carga máxima.

$$\frac{M_{max} \cdot y}{I_X} \le \sigma_{adm} \qquad\qquad \frac{Q_{max} \cdot Sx}{b \cdot I_X} \le \tau_{adm}$$

$$M_{max} \le \frac{I_X \cdot \sigma_{adm}}{y} \qquad\qquad Q_{max} \le \frac{b \cdot I_X \cdot \tau_{adm}}{Sx}$$

La máxima carga resistente es el menor valor obtenido de ambas condiciones.

4.8.3. Sección mínima resistente

De las condiciones de verificación de resistencia despejamos las dimensiones necesarias de la sección de la viga.

$$\frac{M_{max} \cdot y}{I_X} \le \sigma_{adm} \qquad\qquad \frac{Q_{max} \cdot Sx}{b \cdot I_X} \le \tau_{adm}$$

$$I_X \ge \frac{M_{max} \cdot y}{\sigma_{adm}} \qquad\qquad \frac{Sx}{b \cdot I_X} \le \frac{\tau_{adm}}{Q_{max}}$$

La mínima sección resistente es el máximo valor de los obtenidos.

EJEMPLO 106

En la siguiente viga, verificar la resistencia sabiendo lo siguiente:

Datos

$$\sigma_{adm}^{\oplus} = 200 \frac{kg}{cm^2}$$

$$\sigma_{adm}^{\ominus} = 100 \frac{kg}{cm^2}$$

$$\tau_{adm} = 50 \frac{kg}{cm^2}.$$

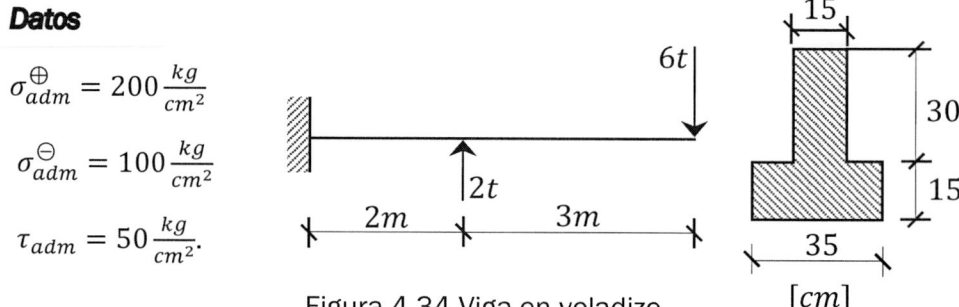

Figura 4.34 Viga en voladizo.

Paso 1: Diagrama de momento y corte

Utilizamos el método gráfico-numérico para diagramar directamente los esfuerzos internos.

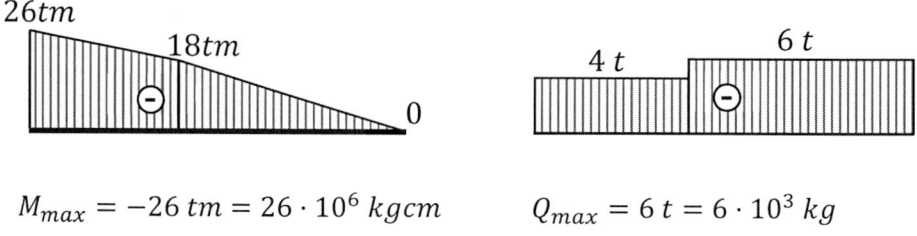

$$M_{max} = -26\ tm = 26 \cdot 10^6\ kgcm \qquad Q_{max} = 6\ t = 6 \cdot 10^3\ kg$$

Paso 2: Cálculo de la coordenada y_G (baricentro)

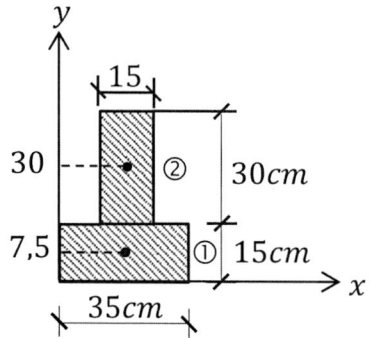

Figura	A	y	A·y
1	525	7,5	3937,5
2	450	30	13500
Σ	975	Σ	17437,5

$$y_G = \frac{17437,5}{975} = 17,885\ cm$$

Paso 3: Cálculo de I_x

$$I_{x1} = \frac{35 \cdot 15^3}{12} + 525 \cdot (17,885 - 7,5)^2 = 66\,464,068 \; cm^4$$

$$I_{x2} = \frac{15 \cdot 30^3}{12} + 450 \cdot (17,885 - 30)^2 = 99\,797,951 \; cm^4$$

$$I_x = I_{x1} + I_{x2} = 166\,262,019 \; cm^4$$

Paso 4: Cálculo de tensiones

a) Tensión axial

$$\sigma = \frac{M \cdot y}{I_x}$$

Los momentos flectores negativos comprimen el borde inferior (σ_1) de la sección y traccionan (σ_2) el borde superior.

$$\sigma_1 = \frac{26 \cdot 10^5 \cdot 17,885}{166\,262,019}$$

$$\sigma_1 = 279,685 \, \frac{kg}{cm^2} \; (Compresion)$$

$$\sigma_2 = \frac{26 \cdot 10^5 \cdot 27,115}{166\,262,019}$$

$$\sigma_2 = 424,023 \, \frac{kg}{cm^2} \; (Traccion)$$

b) Verificación de resistencia por tensión axial

$$\sigma_1 \le \sigma_{adm}^{\ominus}$$

$$279,685 \, \frac{kg}{cm^2} \le 100 \, \frac{kg}{cm^2} \quad No \; cumple \; \therefore Colapsa$$

$$\sigma_2 \le \sigma_{adm}^{\oplus}$$

$$424,023 \, \frac{kg}{cm^2} \le 200 \, \frac{kg}{cm^2} \quad No \; cumple \; \therefore Colapsa$$

c) Tensión Tangencial.

En el esfuerzo cortante la tensión tangencial máxima se da en el baricentro de la sección.

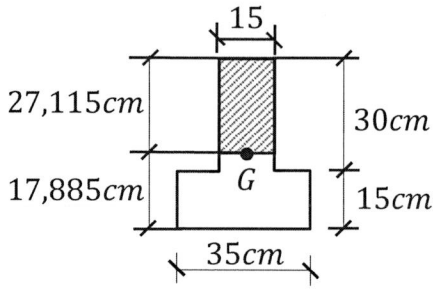

$$\tau_3 = \frac{6 \cdot 10^3 \cdot \left(15 \cdot 27{,}115 \cdot \frac{27{,}115}{2}\right)}{15 \cdot 166\,262{,}019}$$

$$\tau_3 = 13{,}266 \frac{kg}{cm^2}$$

d) Verificación de resistencia por tensión tangencial

$$\tau_3 \leq \tau_{adm}$$

$$13{,}226 \frac{kg}{cm^2} \leq 50 \frac{kg}{cm^2} \quad Cumple \; \therefore Resiste$$

∴ *La estructura no es resistente, colapsa por flexión.*

EJEMPLO 107

Determinar la máxima carga (q) que puede soportar la siguiente viga sabiendo que sus tensiones admisibles son estas:

Datos

$$\sigma_{adm}^{\oplus} = 2000 \frac{t}{m^2}$$

$$\sigma_{adm}^{\ominus} = 1500 \frac{t}{m^2}$$

$$\tau_{adm} = 1000 \frac{t}{m^2}$$

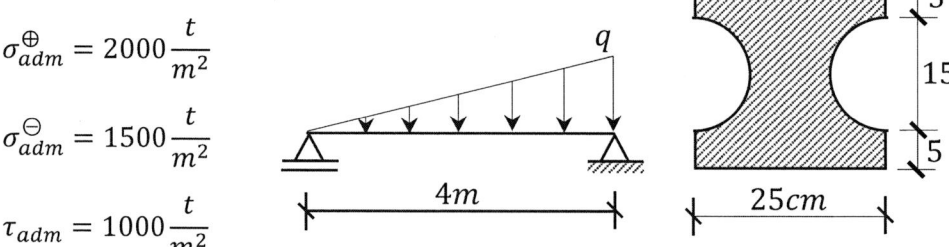

Figura 4.35 Viga simplemente apoyada.

Paso 1: Esfuerzos máximos

$$M_{max} = \frac{qL^2}{9\sqrt{3}} = \frac{q \cdot 4^2}{9\sqrt{3}} = 1{,}026 \cdot q$$

$$Q_{max} = -\frac{qL}{3} = -\frac{q \cdot 4}{3} = -1{,}333 \cdot q$$

Paso 2: Cálculo de Inercia

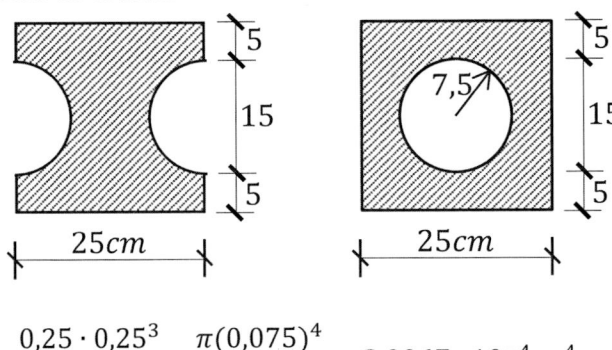

$$Ix = \frac{0{,}25 \cdot 0{,}25^3}{12} - \frac{\pi(0{,}075)^4}{4} = 3{,}0067 \cdot 10^{-4} \; m^4$$

Paso 3: Cálculo de carga q según la tensión axial

$$\sigma = \frac{M \cdot y}{I_x}$$

El valor de y es la mitad de la altura de la sección, es decir, 12,5 cm.

$$\sigma_1 = \frac{(1{,}026 \cdot q) \cdot 0{,}125}{3{,}0067 \cdot 10^{-4}} = 426{,}547 \cdot q \;\; (Tracción)$$

$$\sigma_2 = 426{,}547 \cdot q \;\; (Compresión)$$

Condición de resistencia a flexión:

$$\sigma_1 \leq \sigma_{adm}^{\oplus}$$

$$426{,}547 \cdot q \leq 2000$$

$$q \leq 4{,}689 \; t/m$$

$$\sigma_2 \leq \sigma_{adm}^{\ominus}$$

$$426{,}547 \cdot q \leq 1500$$

$$q \leq 3{,}517 \; t/m$$

Paso 4: Cálculo de carga q según la tensión tangencial

La máxima tensión tangencial se produce en el baricentro G.

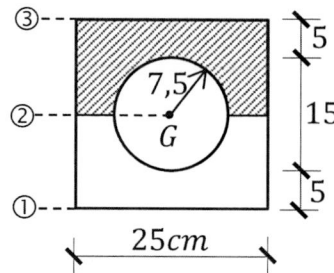

$$\tau_2 = \frac{1{,}333 \cdot q \cdot \left(0{,}25 \cdot 0{,}125 \cdot 0{,}0625 - \frac{\pi \cdot 0{,}075^2}{2} \cdot \frac{4 \cdot 0{,}075}{3\pi}\right)}{0{,}10 \cdot 3{,}0067 \cdot 10^{-4}}$$

$$\tau_2 = 74{,}121 \cdot q$$

Condición de resistencia a corte:

$$\tau \le \tau_{adm}$$

$$74{,}121 \cdot q \le 1000$$

$$q \le 13{,}491 \ t/m$$

De los valores obtenidos seleccionamos el menor, es decir:

$$q_{max} = 3{,}517 \ t/m$$

EJEMPLO 108

Calcular la dimensión (a) mínima para la sección, sabiendo que sus resistencias admisibles son las siguientes:

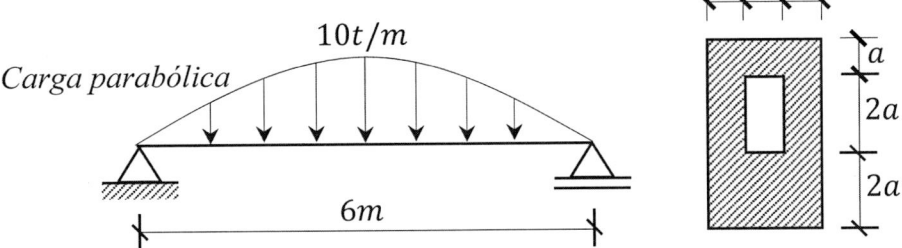

Figura 4.36 Viga con carga parabólica.

$$\sigma_{adm}^{\oplus} = 200\,\frac{kg}{cm^2}$$

$$\sigma_{adm}^{\ominus} = 150\,\frac{kg}{cm^2}$$

$$\tau_{adm} = 100\,\frac{kg}{cm^2}$$

Paso 1: Ecuación de la carga

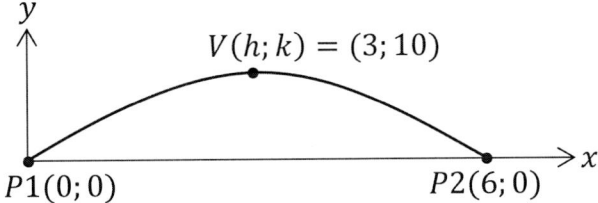

Ecuación de la parábola:

$$(x - h)^2 = -4 \cdot a \cdot (y - k)$$

Reemplazamos las coordenadas del vértice y el punto P1.

$$(0 - 3)^2 = -4 \cdot a \cdot (0 - 10)$$

$$a = \frac{9}{40}$$

Reemplazamos las coordenadas del vértice y el valor de a en la ecuación de la parábola:

$$(x-3)^2 = -4 \cdot \frac{9}{40} \cdot (y-10)$$

$$x^2 - 6 \cdot x + 9 = -\frac{9}{10} \cdot y + 9$$

$$q = y = -\frac{10}{9} \cdot x^2 + \frac{20}{3} \cdot x$$

Paso 2: Cálculo de reacciones

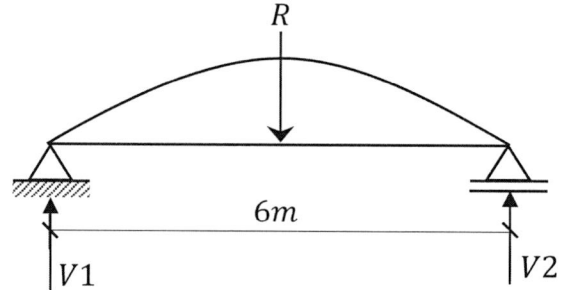

$$R = \int_0^L q \cdot dx = \int_0^6 \left(-\frac{10}{9} \cdot x^2 + \frac{20}{3} \cdot x\right) dx = 40\ t$$

La ubicación a de la resultante la encontramos con la siguiente formula:

$$a = \frac{1}{R} \cdot \int_0^L q \cdot x \cdot dx = \frac{1}{40} \cdot \int_0^6 \left(-\frac{10}{9} \cdot x^2 + \frac{20}{3} \cdot x\right) \cdot x \cdot dx = 3\ m$$

Por simetría, nuestras reacciones serán:

$$V1 = V2 = 20\ t$$

Paso 3: Esfuerzos internos máximos

Como la carga es simétrica, el máximo momento flector se producirá en el medio de la viga, es decir, a 3 m, y el máximo esfuerzo cortante, en los apoyos.

$$R' = \int_0^{L'} q \cdot dx = \int_0^3 \left(-\frac{10}{9} \cdot x^2 + \frac{20}{3} \cdot x\right) dx = 20\ t$$

La ubicación de R´ la calculamos con la siguiente expresión:

$$a' = \frac{1}{R'} \cdot \int_0^{L'} q \cdot x \cdot dx = \frac{1}{20} \int_0^3 \left(-\frac{10}{9} \cdot x^2 + \frac{20}{3} \cdot x \right) \cdot x \cdot dx = 1,875 \, m$$

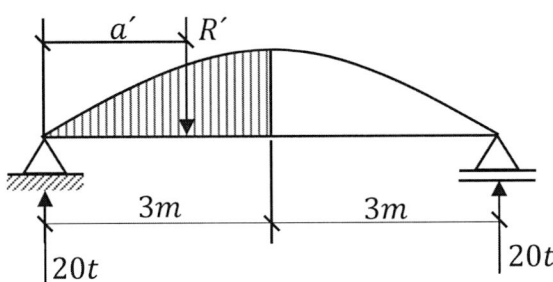

$$M = 20 \cdot 3 - R' \cdot (3 - a') = 60 - 20 \cdot (3 - 1,875) = 37,5 \, tm$$

$$M = 37,5 \cdot 10^5 \, kgcm$$

$$Q = V1 = 20 \, t = 20 \cdot 10^3 \, kg$$

Paso 4: Cálculo de inercia en x

Primero calculamos la coordenada y del centro de gravedad.

$$y_G = \frac{(3a \cdot 5a) \cdot 2,5a - (a \cdot 2a) \cdot 3a}{3a \cdot 5a - a \cdot 2a}$$

$$y_G = 2,423 \cdot a$$

Calculemos la inercia en x por Steiner.

$$I_x^{①} = \frac{3a \cdot (5a)^3}{12} + (3a \cdot 5a) \cdot (2,423a - 2,5a)^2 = 31,339 \cdot a^4$$

$$I_x^{②} = \frac{a \cdot (2a)^3}{12} + (a \cdot 2a) \cdot (2,423a - 3a)^2 = 1,333 \cdot a^4$$

$$I_x = I_x^{①} - I_x^{②} = 31,339 \cdot a^4 - 1,333 \cdot a^4 = 30,006 \cdot a^4$$

Paso 5: Cálculo de la longitud a de la sección

a) Debido a la tensión axial:

$$\frac{M \cdot y_1}{I_x} \leq \sigma_{adm}^{\oplus}$$

$$\frac{37,5 \cdot 10^5 \cdot 2,423 \cdot a}{30,006 \cdot a^4} \leq 200$$

$$a \geq 11,483 \; cm$$

$$\frac{M \cdot y_2}{I_x} \leq \sigma_{adm}^{\ominus}$$

$$\frac{37,5 \cdot 10^5 \cdot 2,577 \cdot a}{30,006 \cdot a^4} \leq 150$$

$$a \geq 12,901 \; cm$$

b) Debido a la tensión tangencial:

La máxima tensión tangencial se produce en el centro de gravedad G.

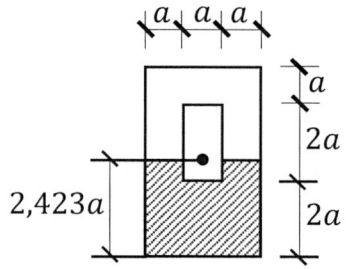

$$\frac{Q \cdot S_x}{b \cdot I_x} \leq \tau_{adm}$$

$$\frac{20 \cdot 10^3 \cdot \left[(3a \cdot 2,423a) \cdot \frac{2,423a}{2} - (a \cdot 0,423a) \cdot \frac{0,423a}{2}\right]}{2a \cdot (30,006 \cdot a^4)} \leq 100$$

$$a \geq 5,390 \; cm$$

De los tres valores de a obtenidos seleccionamos el de mayor valor numérico, es decir:

$$a_{min} = 12,901 \; cm$$

CAPÍTULO 5

DEFORMACIÓN EN VIGAS

5.1. INTRODUCCIÓN

Las vigas son elementos que forman parte de una estructura y que, por las características de su posición y cargas, se deforman por flexión, es decir, admiten como deformación una leve curvatura llamada deflexión. Estos cambios de forma deberán ser controlados por el ingeniero, pues cuando son excesivos suelen deteriorar los elementos que las vigas soportan, como, por ejemplo, las paredes de una vivienda, las cuales pueden terminar fisuradas. Véase la siguiente figura:

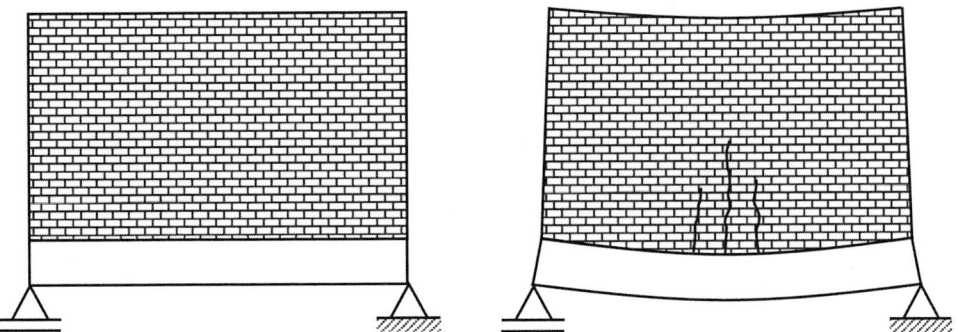

Figura 5.1 Viga deformada y viga sin deformar.

Las deformaciones en vigas son inevitables, sin embargo, sus magnitudes deberán estar dentro de lo admitido por el material y, además, las deformaciones no deberán ser percibidas a simple vista, porque producen una sensación de inseguridad en los usuarios.

En este capítulo analizaremos las deformaciones con los siguientes propósitos:

- Analizar las deformaciones flexionantes en vigas y deducirlas ecuaciones que las representan.
- Dimensionar la sección transversal de una viga a partir de una limitante en su deformación.
- Analizar vigas hiperestáticas determinando sus reacciones, diagramas de esfuerzos internos y deformaciones.

5.2. CONCEPTOS GENERALES

5.2.1. Partes de una viga deformada

Cuando una viga es sometida a un conjunto de cargas, esta se deforma y admite desplazamientos longitudinales y giros. Véase la siguiente figura:

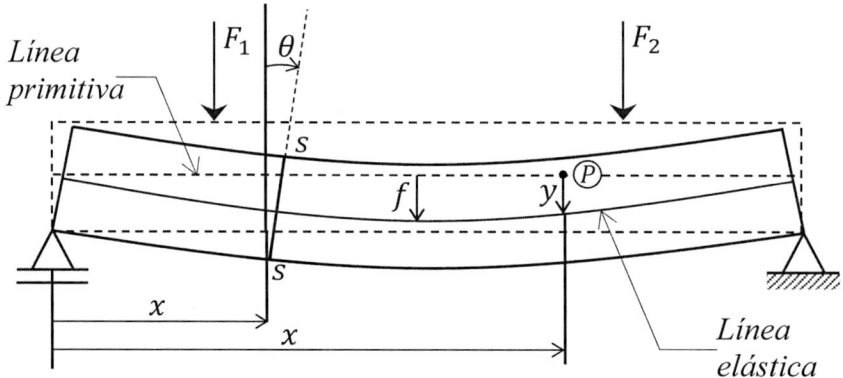

Figura 5.2 Partes de una viga deformada.

Las partes de una viga deformada son las siguientes:

a) _Línea primitiva o barra idealizada_: Línea baricéntrica de la viga sin deformar.

b) _Línea elástica o deformada:_ Línea baricéntrica de la viga deformada.

c) Flecha (f): Máximo desplazamiento vertical o transversal registrado en una viga. Los desplazamientos se miden desde la línea primitiva hacia la línea elástica.

d) Giro (θ): Es el ángulo o abertura (radianes) formado por una sección s-s de la viga sin deformar con la misma sección s-s de la viga deformada.

e) Desplazamiento (y): Es el vector que define la traslación vertical de un punto (P) de la línea primitiva cuando esta se deforma.

f) Deformación: Es el cambio de forma que experimenta una viga, representado a través de la ecuación de la línea elástica.

5.2.2. Convenio de signos para desplazamientos y giros

Los desplazamientos verticales hacia arriba y los giros en sentido antihorario son considerados positivos.

$$\uparrow y \oplus$$
$$\theta \oplus$$

Los desplazamientos verticales hacia abajo y los giros horarios se consideran negativos.

$$\theta \ominus$$
$$y \ominus$$

5.2.3. Condiciones de borde o contorno

Las condiciones de borde son puntos de la viga donde se conoce el valor de su desplazamiento o giro o se conoce una relación entre estos. Veamos el siguiente ejemplo:

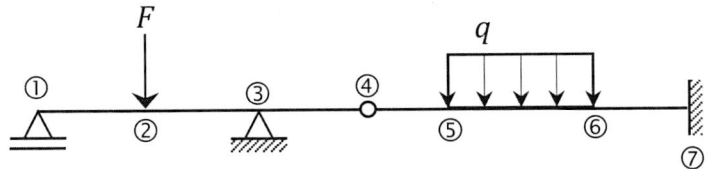

Figura 5.3 Viga con numeración de nudos.

En los apoyos

Apoyo móvil: $Cuando\ x = x_1 \rightarrow y_1 = 0$

Apoyo fijo: $Cuando\ x = x_3 \rightarrow y_3 = 0$

Apoyo empotrado: $Cuando\ x = x_7 \rightarrow y_7 = 0\ \wedge\ \theta_7 = 0$

En las uniones

Unión ②: $Cuando\ x = x_2 \rightarrow y_{2(izq)} = y_{2(der)}\ \wedge\ \theta_{2(izq)} = \theta_{2(der)}$

Unión ③: $Cuando\ x = x_3 \rightarrow y_{3(izq)} = y_{3(der)}\ \wedge\ \theta_{3(izq)} = \theta_{3(der)}$

Unión ④ (articulación): $Cuando\ x = x_4 \rightarrow y_{4(izq)} = y_{4(der)}$

Unión ⑤: $Cuando\ x = x_5 \rightarrow y_{5(izq)} = y_{5(der)}\ \wedge\ \theta_{5(izq)} = \theta_{5(der)}$

Unión ⑥: $Cuando\ x = x_6 \rightarrow y_{6(izq)} = y_{6(der)}\ \wedge\ \theta_{6(izq)} = \theta_{6(der)}$

5.3. DEDUCCIÓN DE LA ECUACIÓN DE LA LÍNEA ELÁSTICA

Supongamos que tenemos una viga afectada por un conjunto de cargas y en estado de equilibrio estático.

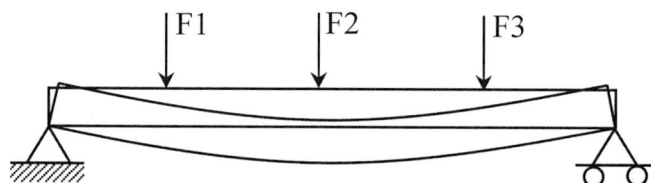

Figura 5.4 Viga deformada de altura real.

Si idealizamos la viga anterior, tenemos:

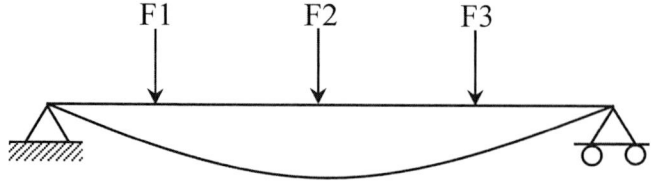

Figura 5.5 Viga deformada idealizada.

Analicemos un elemento diferencial dx.

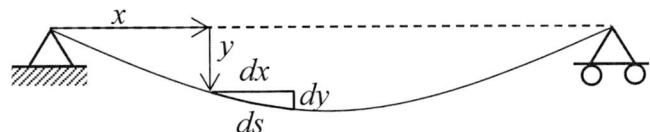

Figura 5.6 Segmento diferencial deformado.

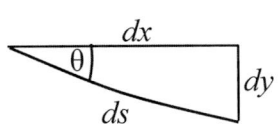

Figura 5.7 Elemento
diferencial.

$$Tag\theta = \frac{dy}{dx}$$

$$Cuando: \theta \to 0 \Rightarrow Tag\,\theta = \theta$$
$$(radianes)$$

$$\theta = \frac{dy}{dx} \quad ①$$

Derivar la ecuación ① con respecto a x.

$$\frac{d}{dx}(\theta) = \frac{d}{dx}\left(\frac{dy}{dx}\right)$$

$$\frac{d\theta}{dx} = \frac{d^2y}{dx^2} \quad ②$$

De la figura mostrada deducimos:

$$ds = r \cdot d\theta$$

$$\frac{1}{r} = \frac{d\theta}{ds} \quad ③$$

Aplicamos el teorema de Pitágoras.

$$ds^2 = dx^2 + dy^2$$

$$ds = \sqrt{dx^2 + dy^2}$$

$$ds = \sqrt{dx^2 \cdot \left[1 + \left(\frac{dy}{dx}\right)^2\right]}$$

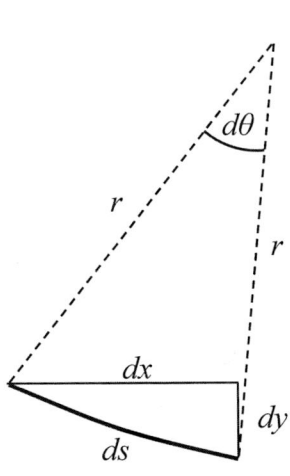

Figura 5.8 Segmento
diferencial deformado.

$$ds = dx \sqrt{1 + \left(\frac{dy}{dx}\right)^2}$$

La curvatura tiene una pendiente que tiende a cero ($dy/dx = 0$).

$$ds = dx\sqrt{1 + 0^2}$$

$$ds = dx \quad ④$$

Sustituir ④ en ③:

$$\frac{1}{r} = \frac{d\theta}{dx} \quad ⑤$$

Sustituir ⑤ en ②:

$$\frac{1}{r} = \frac{d^2y}{dx^2} \quad ⑥$$

Al aplicar la ley de Hooke:

$$\sigma = E \cdot \varepsilon \quad ⑦$$

Analizamos la tensión (ver figura).

$$\sigma = \frac{dF}{dA}$$

Despejamos dF.

$$dF = \sigma \cdot dA \quad ⑧$$

$$dM = dF \cdot y \quad ⑨$$

Sustituir ⑧ en ⑨:

$$dM = \sigma \cdot dA \cdot y$$

$$dM = \sigma \cdot y \cdot dA \quad ⑩$$

Analizamos la deformación unitaria (ver figura).

$$ds = r \cdot d\theta$$

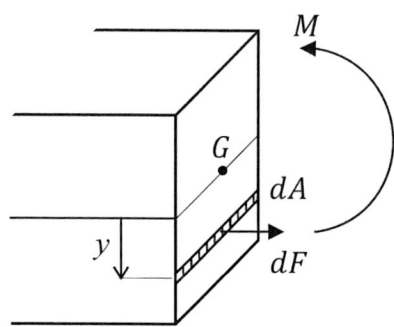

Figura 5.9 Análisis de tensión.

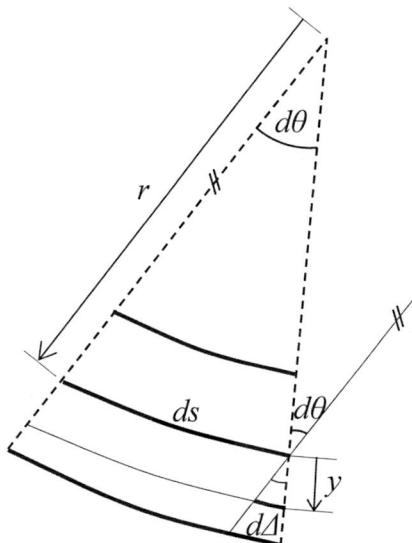

Figura 5.10 Deformación de segmento diferencial.

$$dΔ = y \cdot d\theta$$

$$\varepsilon = \frac{dΔ}{ds} = \frac{y \cdot d\theta}{r \cdot d\theta}$$

$$\varepsilon = \frac{y}{r}$$

Sustituimos ⑫ en ⑦:

$$\sigma = E \cdot \frac{y}{r}$$

Sustituimos ⑫ en ⑩:

$$dM = \left(E \cdot \frac{y}{r}\right) \cdot y^2 \cdot dA$$

Integramos:

$$M = \int \frac{E}{r} \cdot y^2 \cdot dA = \frac{E}{r} \cdot \int y^2 dA$$

Sabiendo que: $\int y^2 dA = I_x$

$$M = \frac{E \cdot I_x}{r}$$

$$\frac{M}{E \cdot I_x} = \frac{1}{r} \quad ⑬$$

Igualamos ⑬ con ⑥:

$$\frac{M}{E \cdot I_x} = \frac{d^2 y}{dx^2}$$

$$\boxed{\frac{d^2 y}{dx^2} = \frac{M}{E \cdot I_x}}$$

Donde:

y = Línea elástica o deformada

M = Ecuación de momento flector

E = Módulo de elasticidad

I_x = Inercia en x

La ecuación de la elástica o línea deformada se obtiene resolviendo la ecuación diferencial de segundo orden de variables separables. Para esto el método consiste en integrar dos veces dicha expresión. En el proceso de integración aparecerán dos constantes, las cuales serán deducidas a partir de las condiciones de borde en apoyos y en uniones específicas.

De la ecuación ① mostrada en la deducción anterior se obtiene que la ecuación de giros es equivalente a la primera derivada de la ecuación de la elástica.

$$\theta = \frac{dy}{dx}$$

Al resolver esta expresión los valores de giros se obtendrán en radianes.

5.4. FLECHA DE UNA VIGA

La flecha de una viga es el máximo desplazamiento vertical que presenta su línea deformada debido a una o más cargas.

La ubicación y magnitud de la flecha depende de la tipología de la viga y de las cargas que soporta: por ejemplo, en vigas simplemente apoyadas, la flecha se ubica próxima al segmento central de la viga; en cambio, en vigas empotradas en voladizo, la flecha se ubica en el extremo libre de la viga. Véanse las siguientes figuras:

Figura 5.11 Vigas con flecha (f).

Para determinar la flecha en una viga se sugiere deducir la ecuación de la elástica, para identificar a través de su representación gráfica la posición y valor de flecha. En el caso de una viga simplemente apoyada, se deberá realizar un análisis de máximos utilizando derivadas para encontrar la posición exacta de la flecha y, posteriormente, su magnitud. En cambio, en vigas empotradas en voladizo debemos sustituir la posición x del extremo libre del voladizo en la ecuación de la elástica para así encontrar la magnitud de la flecha.

5.5. COMPORTAMIENTO DE APOYOS Y UNIONES FRENTE A LA DEFORMACIÓN DE UNA VIGA

La curva de la línea deformada de una viga depende en su trayectoria del tipo de carga, pero también de sus diferentes tipos de apoyo y uniones. Analicemos el siguiente ejemplo:

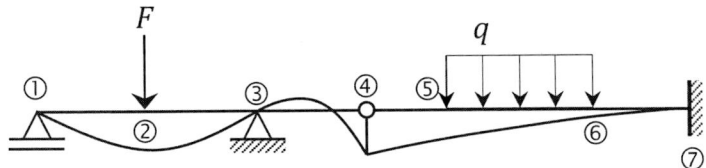

Figura 5.12 Viga con línea deformada o elástica.

Para dibujar la deformación de la viga debemos considerar las siguientes características en el comportamiento de sus nudos:

Nudo ①: Este apoyo móvil tiene una reacción que restringe cualquier traslación vertical. Sin embargo, horizontalmente puede desplazarse cuando es afectado por una carga también horizontal. Además, la barra puede girar libremente en torno a este punto; por eso se observa que su línea deformada flexiona desde el nudo 1.

Nudo ②: Se desplaza libremente manteniendo la continuidad de la línea elástica.

Nudo ③: Este apoyo no puede trasladarse ni horizontal ni verticalmente. Sin embargo, se observa que la línea elástica permanece continua debido a sus giros, los cuales son diferentes de cero.

Nudo ④: Se desplaza verticalmente de manera libre y, además, se observa que la línea deformada es discontinua en este punto. La discontinuidad de la línea elástica solo se produce en este tipo de uniones (articulaciones).

Nudo ⑤: Esta unión se desplaza libremente y, además, se observa la continuidad de la línea elástica.

Nudo ⑥: Se desplaza libremente y la curva elástica permanece continua.

Nudo ❼: Los apoyos empotrados restringen cualquier tipo de rotación y traslación, por eso se observa que la viga mantiene en este punto un pequeño segmento sin flexionar.

Matemáticamente decimos que dos curvas o funciones son continuas cuando se verifica que para la coordenada x = a las pendientes obtenidas en ambas funciones son la misma. Véase la siguiente figura:

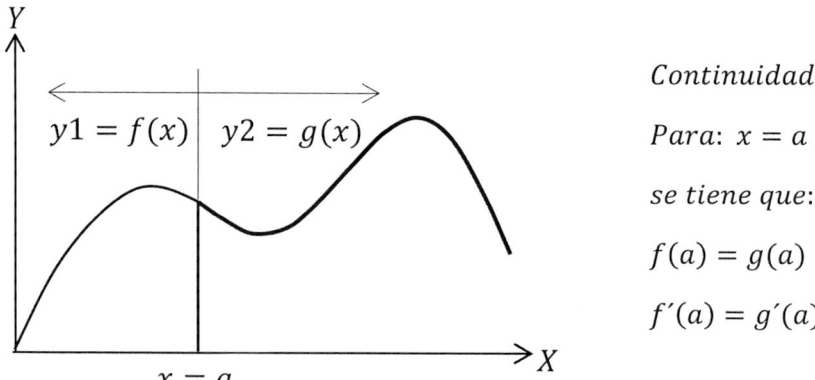

$Continuidad$:

$Para$: $x = a$

$se\ tiene\ que$:

$f(a) = g(a)$

$f'(a) = g'(a)$

Figura 5.13 Funciones de deformación.

EJEMPLO 109

Para la siguiente viga graficar su deformación, la variación de giros y calcular su flecha.

Datos

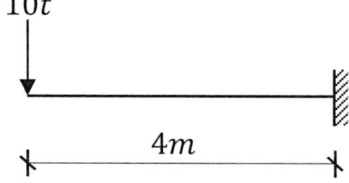

$E = 2 \cdot 10^6 \ t/m^2$

$\dfrac{b}{h} = \dfrac{20\ cm}{40\ cm}$

Figura 5.14 Viga en voladizo.

Paso 1: Ecuación de momento

$M = -10 \cdot x$

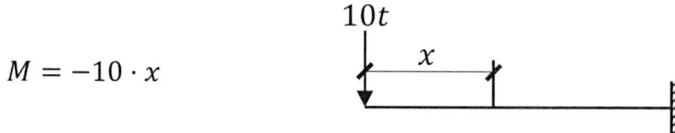

Paso 2: Ecuación de giros y la elástica

$$E \cdot I = 2 \cdot 10^6 \cdot \frac{0,2 \cdot 0,4^3}{12} = 2133,333$$

$$2133,333 \cdot \frac{d_y^2}{d_x^2} = -10 \cdot x$$

Si integramos:

$$2133,333 \cdot \frac{d_y}{d_x} = -5 \cdot x^2 + C_1 \quad (Giros)$$

$$2133,333 \cdot y = -\frac{5 \cdot x^3}{3} + C_1 \cdot x + C_2 \quad (Elástica)$$

Paso 3: Condiciones de borde

$$1.\, Cuando: x = 4\, m \implies \theta = \frac{dy}{dx} = 0$$

$$2133,333 \cdot 0 = -5 \cdot 4^2 + C_1$$

$$C_1 = 80$$

$$2.\, Cuando: x = 4\, m \implies y = 0$$

$$2133,333 \cdot 0 = -\frac{5}{3} \cdot 4^3 + 80 \cdot 4 + C_2$$

$$C_2 = -213,333$$

Por lo tanto, tenemos:

$$\theta = \frac{d_y}{d_x} = \frac{1}{2133,333} \cdot (-5 \cdot x^2 + 80)$$

$$y = \frac{1}{2133,333} \cdot (-\frac{5}{3} \cdot x^3 + 80 \cdot x - 213,333)$$

Paso 4: Diagramas de giros y desplazamientos

Adoptamos las siguientes escalas:

$Longitud$: $1\,m = 1\,cm$

$Giros$: $2 \cdot 10^{-2}\,rad = 1\,cm$

$Desplazamientos$: $50\,mm = 1\,cm$

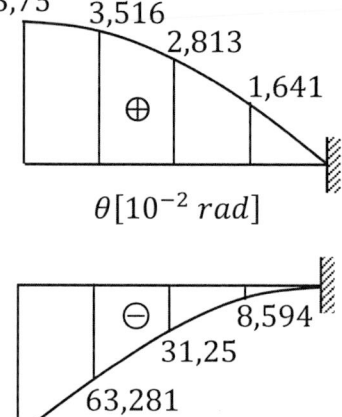

x	$\theta\,[10^{-2}]$	$y\,[10^{-3}]$
0	3,750	−100
1	3,516	−63,281
2	2,813	−31,250
3	1,641	−8,594
4	0	0

Paso 5: Cálculo de flecha

$Cuando$: $x = 0\,m \Rightarrow y = f$

$$y = \frac{1}{2133,333} \cdot \left(-\frac{5}{3} \cdot 0^3 + 80 \cdot 0 - 213,333\right) = 0,1\,m$$

EJEMPLO 110

Para la siguiente viga, graficar su deformación, la variación de giros y calcular su flecha.

Datos

$E = 2 \cdot 10^6\,\dfrac{t}{m^2}$

$b/h = 20\,cm/30cm$

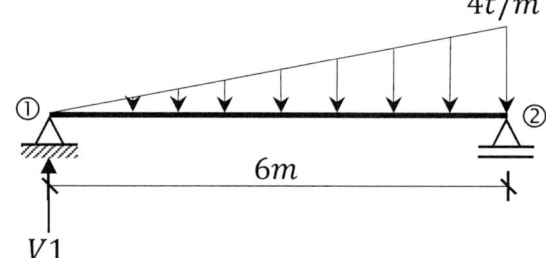

Figura 5.15 Viga biapoyada.

Paso 1: Cálculo de reacciones

$$\Sigma M_2 = 0 \circlearrowleft \oplus$$

$$V_1 \cdot 6 - 12 \cdot 2 = 0$$

$$V_1 = 4\,t$$

Paso 2: Ecuación de momentos de torsión

$$\frac{q'}{x} = \frac{4}{6} \rightarrow q' = \frac{2}{3} \cdot x$$

$$R' = \frac{q' \cdot x}{2} = \frac{x^2}{3}$$

$$\oplus\circlearrowleft M = 4 \cdot x - \frac{x^2}{3} \cdot \frac{x}{3}$$

$$M = 4 \cdot x - \frac{x^3}{9}$$

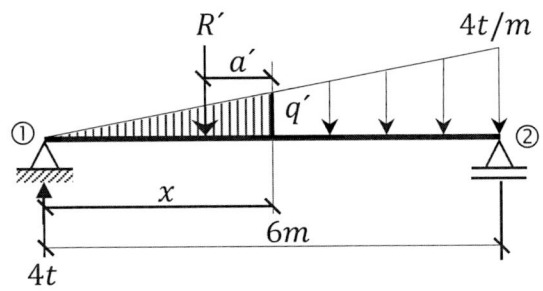

Paso 3: Ecuación de giros y elástica

$$EI = 2 \cdot 10^6 \cdot \frac{0,2 \cdot 0,3^3}{12} = 900$$

$$EI \cdot \frac{d^2y}{dx^2} = M$$

$$900 \cdot \frac{d^2y}{dx^2} = 4 \cdot x - \frac{x^3}{9}$$

Si integramos:

$$900 \cdot \frac{dy}{dx} = 2 \cdot x^2 - \frac{x^4}{36} + C_1 \quad (Giro)$$

$$900 \cdot y = \frac{2 \cdot x^3}{3} - \frac{x^5}{180} + C_1 \cdot x + C_2 \; (Desplazamiento)$$

Paso 4: Condiciones de borde

$$1.^{\underline{a}}\,condición: \; x = 0 \rightarrow y = 0$$

$$900 \cdot 0 = \frac{2 \cdot 0^3}{3} - \frac{0^5}{180} + C_1 \cdot 0 + C_2$$

$$C_2 = 0$$

$$2.^{\text{a}} \ condición: \ x = 6 \rightarrow y = 0$$

$$900 \cdot 0 = \frac{2 \cdot 6^3}{3} - \frac{6^5}{180} + C_1 \cdot 6$$

$$C_1 = -16,8$$

$$\therefore \theta = \frac{1}{900} \cdot \left(2 \cdot x^2 - \frac{x^4}{36} - 16,8\right)$$

$$\therefore y = \frac{1}{900} \cdot \left(\frac{2 \cdot x^3}{3} - \frac{x^5}{180} - 16,8 \cdot x\right)$$

Paso 5: Diagramas de giros y desplazamientos

Adoptamos las siguientes escalas:

Longitud: $1 \ m = 1 \ cm$

Giros: $10^{-2} \ rad = 1 \ cm$

Desplazamientos: $10^{-2} \ rad = 1 \ cm$

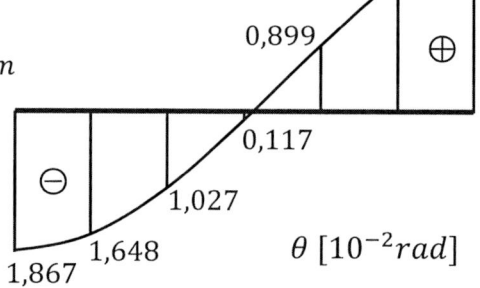

x	θ [10⁻²]rad	y [10⁻²]m
0	-1,867	0,000
1	-1,648	-1,793
2	-1,027	-3,160
3	-0,117	-3,750
4	0,899	-3,358
5	1,760	-2,003
6	2,133	0,000

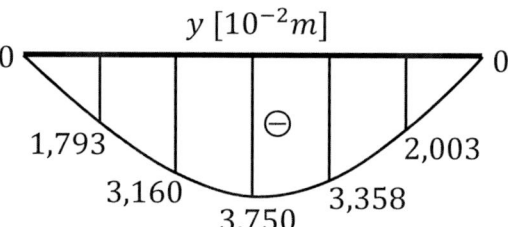

Paso 6: Cálculo de flecha

$$Cuando: \theta = 0 \rightarrow y = f$$

$$0 = \frac{1}{900} \cdot \left(2 \cdot x^2 - \frac{x^4}{36} - 16,8\right)$$

$$x_1 = \pm 3,116$$

$$x_2 = \pm 7,892$$

El valor de x que está dentro de la viga es x = 3,116 m.

$$f = \frac{1}{900} \cdot \left(\frac{2 \cdot 3,116^3}{3} - \frac{3,116^5}{180} - 16,8 \cdot 3,116 \right)$$

$$f = -3,757 \cdot 10^{-2} m$$

$\therefore La\ flecha\ es\ 3,757\ cm\ hacia\ abajo$

EJEMPLO 111

Para la siguiente viga graficar su deformación, la variación de giros y calcular su flecha.

Datos

$$E = 2912410 \frac{t}{m^2}$$

$$b = 15\ cm$$

$$h = 35\ cm$$

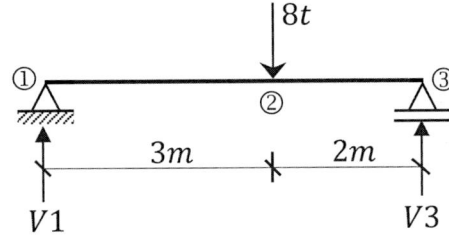

Figura 5.16 Viga con carga puntual.

Paso 1: Cálculo de reacciones

$$\Sigma M_1 = 0 \circlearrowright \oplus \qquad\qquad \Sigma F_V = 0 \uparrow \oplus$$

$$8 \cdot 3 - V_3 \cdot 5 = 0 \qquad\qquad V_1 - 8 + 4,8 = 0$$

$$V_3 = 4,8\ t \qquad\qquad\qquad V_1 = 3,2\ t$$

Paso 2: Ecuaciones de momentos

a) Tramo 1-2 (0≤x≤3)

$$M = 3,2 \cdot x$$

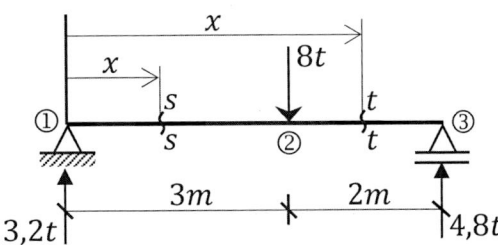

b) Tramo 2-3 (0≤x≤5)

$$M = 4,8 \cdot (5 - x)$$

$$M = 24 - 4,8 \cdot x$$

TOMÁS ALEMÁN

Paso 3: Ecuaciones de la elástica

$$\frac{d^2y}{dx^2} = \frac{M}{E \cdot I}$$

$$E \cdot I = 2912410 \cdot \frac{0{,}15 \cdot 0{,}35^3}{12} = 1560{,}87 \; tm^2$$

a) **Tramo 1-2 (0≤ x ≤ 3)**

$$\frac{d^2y}{dx^2} = \frac{3{,}2 \cdot x}{1560{,}87}$$

Integramos ambos miembros:

$$\frac{dy}{dx} = \frac{1{,}6 \cdot x^2}{1560{,}87} + C_1 \quad (Ec.\,de\,giro)$$

$$\frac{dy}{dx} = 1{,}025 \cdot 10^{-3} \cdot x^2 + C_1$$

Integramos ambos miembros:

$$y = \frac{3{,}2 \cdot x^3}{3 \cdot 2 \cdot 1560{,}87} + C_1 \cdot x + C_2$$

$$y = 3{,}417 \cdot 10^{-4} \cdot x^3 + C_1 \cdot x + C_2 \;(Ec.\,de\,la\,elástica)$$

b) **Tramo 2-3 (3 ≤ x ≤ 5)**

$$\frac{d^2y}{dx^2} = \frac{24 - 4{,}8 \cdot x}{1560{,}87}$$

Integramos ambos miembros:

$$\left(\frac{dy}{dx}\right) = \frac{24 \cdot x}{1560{,}87} - \frac{2{,}4 \cdot x^2}{1560{,}87} + C_3 \quad (Ec.\,de\,giros)$$

$$\left(\frac{dy}{dx}\right) = 1{,}538 \cdot 10^{-2} \cdot x - 1{,}538 \cdot 10^{-3} \cdot x^2 + C_3$$

Integramos ambos miembros:

$$y = \frac{12 \cdot x^2}{1560,87} - \frac{0,8 \cdot x^2}{1560,87} + C_3 \cdot x + C_4$$

$$y = 0,769 \cdot 10^{-2} \cdot x^2 - 0,5125 \cdot 10^{-3} \cdot x^3 + C_3 \cdot x + C_4$$

$(Ec.\,de\,la\,elastica)$

c) Condiciones de borde (dependen de las constantes)

$1.^{\underline{a}}$ *condición:* $x = 0 \rightarrow y = 0$

$$0 = 3,417 \cdot 10^{-4} \cdot 0^3 + C_1 \cdot 0 + C_2$$

$$\therefore C2 = 0$$

$2.^{\underline{a}}$ *condición:* $x = 5\,m \rightarrow y = 0$

$$0 = 0,769 \cdot 10^{-2} \cdot 5^2 - 0,5125 \cdot 10^{-3} \cdot 5^3 + C_3 \cdot 5 + C_4$$

$$5 \cdot C_3 + C_4 = -0,1282 \,\, ①$$

$3.^{\underline{a}}$ *condición:* $x = 3 \rightarrow y_{1-2} = y_{2-3}$

$$3,417 \cdot 10^{-4} \cdot 3^3 + C_1 \cdot 3 + 0 = 0,769 \cdot 10^{-2} \cdot 3^2 - 0,5127 \cdot 10^{-3} \cdot 3^3 + C_3 \cdot 3 + C_4$$

$$3 \cdot C_1 - 3 \cdot C_3 - C_4 = -3,417 \cdot 10^{-4} \cdot 3^3 - 0,5127 \cdot 10^{-3} \cdot 3^3 + 0,769 \cdot 10^{-2} \cdot 3^2$$

$$3 \cdot C_1 - 3 \cdot C_3 - C_4 = 0,04614 \,\, ②$$

$4.^{\underline{a}}$ *condición:* $x = 3 \rightarrow \theta_{1-2} = \theta_{2-3}$

$$\left(\frac{dy}{dx}\right)_{1-2} = \left(\frac{dy}{dx}\right)_{2-3}$$

$$1,025 \cdot 10^{-3} \cdot 3^2 + C_1 = 1,538 \cdot 10^{-2} \cdot 3 - 1,538 \cdot 10^{-3} \cdot 3^2 + C_3$$

$$C_1 - C_3 = 2,307 \cdot 10^{-2} \,\, ③$$

Resolvemos ①, ② y ③:

$$C_1 = -7,18 \cdot 10^{-3}$$
$$C_3 = -0,03025$$
$$C_4 = 0,02307$$

Resumen:

a) **Tramo 1-2 (0≤ x ≤ 3)**

$$\theta = \frac{dy}{dx} = 1{,}025 \cdot 10^{-3} \cdot x^2 - 7{,}18 \cdot 10^{-3}$$

$$y = 3{,}417 \cdot 10^{-4} \cdot x^3 - 7{,}18 \cdot 10^{-3} \cdot x$$

b) **Tramo 2-3 (3≤ x ≤ 5)**

$$\theta = \left(\frac{dy}{dx}\right) = 1{,}538 \cdot 10^{-2} \cdot x - 1{,}538 \cdot 10^{-3} \cdot x^2 - 0{,}03025$$

$$y = 0{,}769 \cdot 10^{-2} \cdot x^2 - 0{,}5125 \cdot 10^{-3} \cdot x^3 - 0{,}03025 \cdot x + 0{,}02307$$

Paso 4: Diagramas de giros y desplazamientos

Tramo	x (cm)	θ [10⁻³rad]	y [mm]
1-2	0	-7,18	0
	1	-6,155	-6,838
	2	-3,08	-11,626
	3	2,045	-12,314
2-3	3	2,045	-12,314
	4	6,662	-7,703
	5	8,20	0

Adoptamos las siguientes escalas:

Longitud: $1\,m = 1\,cm$

Giros: $3 \cdot 10^{-3}\,rad = 1\,cm$

Desplazamientos: $5\,mm = 1\,cm$

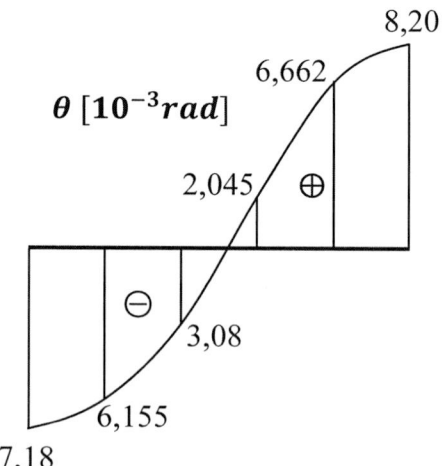

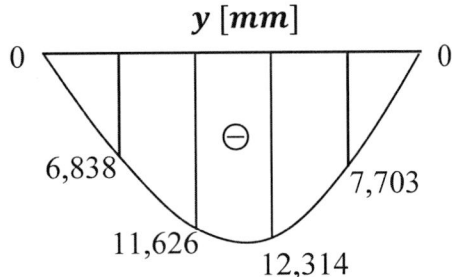

Paso 5: Cálculo de flecha

Calculamos la ubicación de la flecha en el tramo 1-2 y realizamos un análisis de máximos y mínimos:

$$\theta = 0 \;\Rightarrow\; y = f$$

$$\theta = 1{,}025 \cdot 10^{-3} \cdot x^2 - 7{,}18 \cdot 10^{-3} = 0 \quad \div\left(\mathbf{10^{-3}}\right)$$

$$1{,}025 \cdot x^2 - 7{,}17 = 0$$

$$x = \sqrt{\frac{7{,}18}{1{,}025}} = 2{,}647\ m$$

Reemplazamos x = 2,645 en y.

$$y = f = 3{,}417 \cdot 10^{-4} \cdot (2{,}647)^3 - 7{,}18 \cdot 10^{-3} \cdot (2{,}647)$$

$$f = -0{,}0127\ m$$

$$\therefore la\ flecha\ es - 12{,}7\ mm$$

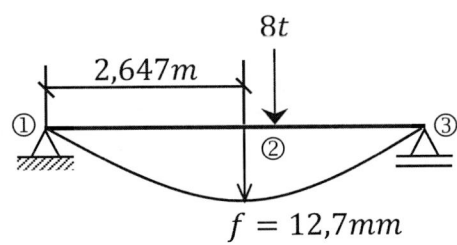

EJEMPLO 112

Diagramar la deformación de la siguiente viga y su ecuación de giros.

Datos

$E = 2912410 \dfrac{t}{m^2}$

$b = 20 \ cm$

$h = 40 \ cm$

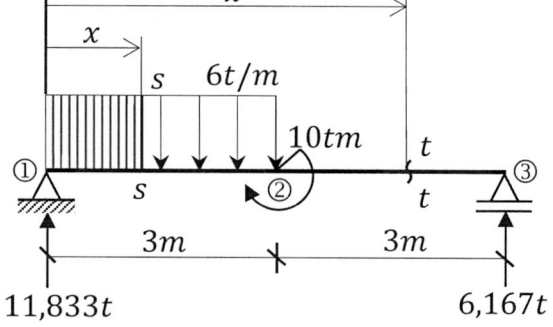

Figura 5.17 Viga con carga distribuida y momento puntual.

Paso 1: Cálculo de reacciones

$\Sigma M_1 = 0 \ \circlearrowleft \oplus$ $\Sigma F_V = 0 \ \uparrow \oplus$

$18 \cdot 1{,}5 + 10 - V_3 \cdot 6 = 0$ $V_1 - 18 + 6{,}167 = 0$

$V_3 = 6{,}167 \ t$ $V_1 = 11{,}833 \ t$

Paso 2: Ecuaciones de momentos

a) Tramo 1-2 (0≤ x ≤ 3)

Cargas a la izquierda:

$M = 11{,}833 \cdot x - 6 \cdot x \cdot \dfrac{x}{2}$

$M = 11{,}833 \cdot x - 3 \cdot x^2$

b) Tramo 2-3 (3 ≤ x ≤ 6)

Cargas a la derecha:

$M = 6{,}167 \cdot (6 - x)$

$M = 37 - 6{,}167 \cdot x$

Paso 3: Ecuaciones de la elástica

$$E \cdot I \cdot \frac{d^2y}{dx^2} = M$$

$$E \cdot I = 2912410 \cdot \frac{0,2 \cdot 0,4^3}{12} = 3106,571 \ tm^2$$

a) Tramo 1-2 (0≤ x ≤ 3)

$$3106,571 \cdot \frac{d^2y}{dx^2} = 11,833 \cdot x - 3 \cdot x^2$$

Integramos ambos miembros:

$$3106,571 \cdot \frac{dy}{dx} = 5,917 \cdot x^2 - x^3 + C_1 \quad (Ec.\,de\,giro)$$

Integramos ambos miembros:

$$3106,571 \cdot y = 1,972 \cdot x^3 - 0,25 \cdot x^4 + C_1 \cdot x + C_2$$

$(Ec.\,de\,la\,elasticidad)$

b) Tramo 2-3 (3 ≤ x ≤ 6)

$$3106,571 \cdot \frac{d^2y}{dx^2} = 37 - 6,167 \cdot x$$

Integramos ambos miembros:

$$3106,571 \cdot \frac{dy}{dx} = 37 \cdot x - 3,084 \cdot x^2 + C_3$$

$(Ecuación\,de\,giros)$

Integramos ambos miembros:

$$3106,571 \cdot y = 18,5 \cdot x^2 - 1,028 \cdot x^3 + C_3 \cdot x + C_4$$

$(Ecuación\,de\,la\,elástica)$

c) Condiciones de borde (dependen de las constantes)

1.ª *condición*: $x = 0 \rightarrow y = 0$

$$3106{,}571 \cdot 0 = 1{,}972 \cdot 0^3 - 0{,}25 \cdot 0^4 + C_1 \cdot 0 + C_2$$

$$\therefore C2 = 0$$

2.ª *condición*: $x = 6\,m \rightarrow y = 0$

$$3106{,}571 \cdot 0 = 18{,}5 \cdot 6^2 - 1{,}028 \cdot 6^3 + C_3 \cdot 6 + C_4$$

$$6 \cdot C_3 + C_4 = -443{,}952 \;①$$

3.ª *condición*: $x = 3 \rightarrow y_{1-2} = y_{2-3}$

$$1{,}972 \cdot 3^3 - 0{,}25 \cdot 3^4 + C_1 \cdot 3 = 18{,}5 \cdot 3^2 - 1{,}028 \cdot 3^3 + C_3 \cdot 3 + C_4$$

$$3 \cdot C_1 - 3 \cdot C_3 - C_4 = 105{,}75 \;②$$

4.ª *condición*: $x = 3 \rightarrow \theta_{1-2} = \theta_{2-3}$

$$\left(\frac{dy}{dx}\right)_{1-2} = \left(\frac{dy}{dx}\right)_{2-3}$$

$$5{,}917 \cdot 3^2 - 3^3 + C_1 = 37 \cdot 3 - 3{,}084 \cdot 3^2 + C_3$$

$$C_1 - C_3 = 56{,}991 \;③$$

Resolvemos ①, ② y ③:

$$C_1 = -27{,}872$$

$$C_3 = -84{,}863$$

$$C_4 = 65{,}223$$

Resumen:

a) Tramo 1-2 (0≤ x ≤ 3)

$$3106{,}571 \cdot \frac{dy}{dx} = 5{,}917 \cdot x^2 - x^3 - 27{,}872$$

$$\theta = \frac{1}{3106{,}571} \cdot (5{,}917 \cdot x^2 - x^3 - 27{,}872)$$

$$3106,571 \cdot y = 1,972 \cdot x^3 - 0,25 \cdot x^4 - 27,872 \cdot x$$

$$y = \frac{1}{3106,571} \cdot (1,972 \cdot x^3 - 0,25 \cdot x^4 - 27,872 \cdot x)$$

b) Tramo 2-3 (3≤ x ≤ 6)

$$3106,571 \cdot \frac{dy}{dx} = 37 \cdot x - 3,084 \cdot x^2 - 84,863$$

$$\theta = \frac{1}{3106,571} \cdot (37 \cdot x - 3,084 \cdot x^2 - 84,863)$$

$$3106,571 \cdot y = 18,5 \cdot x^2 - 1,028 \cdot x^3 - 84,863 \cdot x + 65,223$$

$$y = \frac{1}{3106,571} \cdot (18,5 \cdot x^2 - 1,028 \cdot x^3 - 84,863 \cdot x + 65,223)$$

Paso 4: Diagramas de giros y desplazamientos

Tramo	x (cm)	θ [10⁻³rad]	y [mm]
	0	-8,972	0
1-2	1	-7,389	-8,418
	2	-3,928	-14,153
	3	-0,521	-16,295
	3	-0,521	-16,295
2-3	4	4,440	-14,170
	5	7,416	-8,077
	6	8,406	0

Adoptamos las siguientes escalas:

Longitud: $1\,m = 1\,cm$

Giros: $5 \cdot 10^{-3}\,rad = 1\,cm$

Desplazamientos: $5\,mm = 1\,cm$

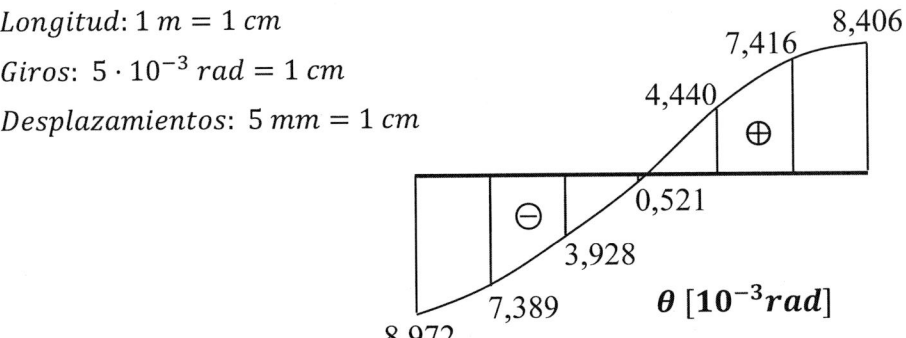

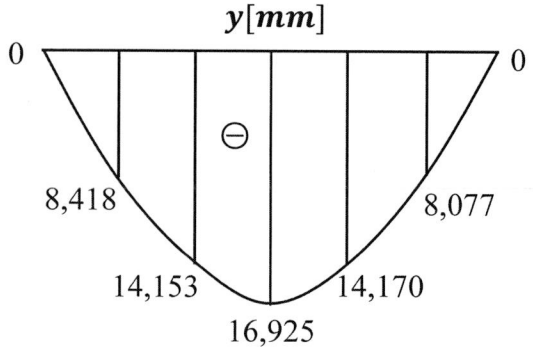

EJEMPLO 113

Diagramar la deformación de la siguiente viga y su ecuación de giros.

Datos

$$E = 2912410 \ \frac{t}{m^2}$$

$$b = 15 \ cm$$

$$h = 50 \ cm$$

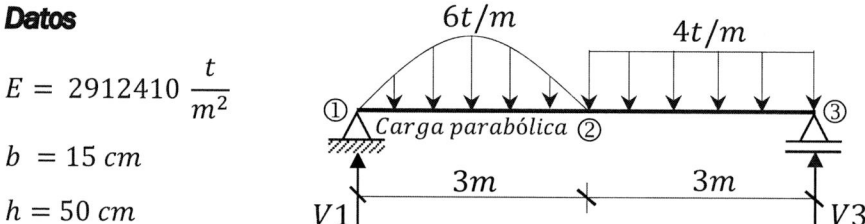

Figura 5.18 Viga con cargas distribuidas.

Paso 1: Ecuación de la carga y resultante

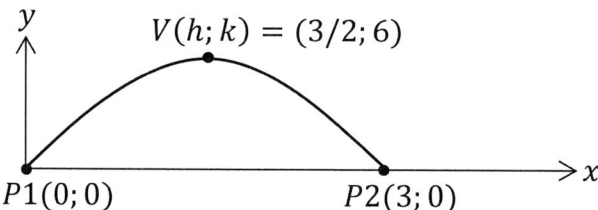

Ecuación de la parábola:

$$(x - h)^2 = -4 \cdot a \cdot (y - k)$$

Reemplazamos las coordenadas del vértice y el punto P1.

$$\left(0 - \frac{3}{2}\right)^2 = -4 \cdot a \cdot (0 - 6)$$

$$a = \frac{3}{32}$$

Reemplazamos las coordenadas del vértice y el valor de a en la ecuación de la parábola:

$$\left(x - \frac{3}{2}\right)^2 = -4 \cdot \frac{3}{32} \cdot (y - 6)$$

$$x^2 - 3 \cdot x + \frac{9}{4} = -\frac{3}{8} \cdot y + \frac{9}{4}$$

$$y = q = -\frac{8}{3} \cdot x^2 + 8 \cdot x$$

La resultante de la carga parabólica es:

$$R = \int_0^L q \cdot dx = \int_0^3 \left(-\frac{8}{3} \cdot x^2 + 8 \cdot x\right) dx$$

$$R = 12 \, t$$

La ubicación a de la resultante la encontramos con la siguiente formula:

$$a = \frac{1}{R} \int_0^L q \cdot x \cdot dx = \frac{1}{12} \cdot \int_0^3 \left(-\frac{8}{3} \cdot x^2 + 8 \cdot x\right) \cdot x \cdot dx$$

$$a = 1,5 \, m$$

Paso 2: Cálculo de reacciones

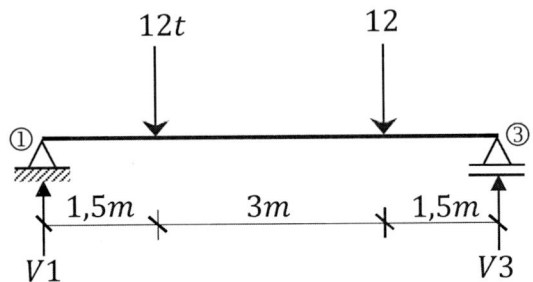

$$\Sigma M_1 = 0 \; \circlearrowleft \oplus$$

$$12 \cdot 1,5 + 12 \cdot 4,5 - V_3 \cdot 6 = 0$$

$$V_3 = 12 \, t$$

$$\Sigma F_V = 0 \uparrow \oplus$$

$$V_1 - 12 - 12 + 12 = 0$$

$$V_1 = 12 \, t$$

Paso 3: Ecuaciones de momento

a) Tramo 1-2 (0≤ x ≤ 3)

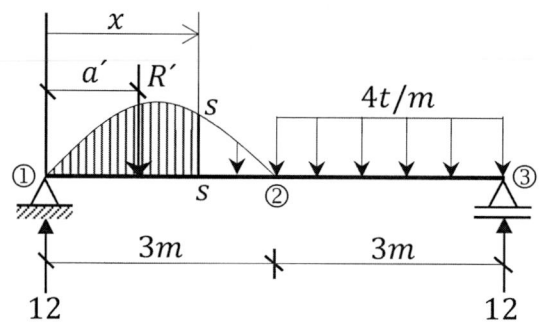

La resultante de la carga parabólica es:

$$R' = \int_0^L q \cdot dx = \int_0^x \left(-\frac{8}{3} \cdot x^2 + 8 \cdot x\right) dx$$

$$R' = \left[-\frac{8}{9} \cdot x^3 + 4 \cdot x^2\right]_0^x = -\frac{8}{9} \cdot x^3 + 4 \cdot x^2$$

La ubicación a de la resultante la encontramos con la siguiente formula:

$$a' = \frac{1}{R'} \cdot \int_0^x q \cdot x \cdot dx = \frac{1}{R'} \cdot \int_0^x \left(-\frac{8}{3} \cdot x^2 + 8 \cdot x\right) \cdot x \cdot dx$$

$$a' = \frac{1}{R'} \cdot \int_0^x \left(-\frac{8}{3} \cdot x^3 + 8 \cdot x^2\right) \cdot dx = \frac{1}{R'} \cdot \left[-\frac{2}{3} \cdot x^4 + \frac{8}{3} \cdot x^3\right]_0^x$$

$$R' \cdot a' = -\frac{2}{3} \cdot x^4 + \frac{8}{3} \cdot x^3$$

Cargas a la izquierda.

$$M = 12 \cdot x - R' \cdot (x - a') = 12 \cdot x - R' \cdot x + R' \cdot a'$$

Reemplazamos R´ y a´.

$$M = 12 \cdot x - \left(-\frac{8}{9} \cdot x^3 + 4 \cdot x^2\right) \cdot x + \left(-\frac{2}{3} \cdot x^4 + \frac{8}{3} \cdot x^3\right)$$

$$M = 12 \cdot x + \frac{8}{9} \cdot x^4 - 4 \cdot x^3 - \frac{2}{3} \cdot x^4 + \frac{8}{3} \cdot x^3$$

$$M = \frac{2}{9} \cdot x^4 - \frac{4}{3} \cdot x^3 + 12 \cdot x$$

b) Tramo 2-3 (3 ≤ x ≤ 6)

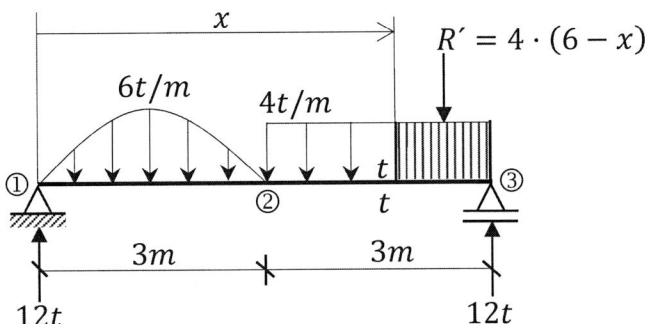

Cargas a la derecha:

$$M = 12 \cdot (6 - x) - 4 \cdot (6 - x) \cdot \frac{(6 - x)}{2}$$

$$M = 72 - 12 \cdot x - 2 \cdot (36 - 12 \cdot x + x^2) = -2 \cdot x^2 + 12 \cdot x$$

Paso 4: Ecuaciones de la elástica

$$E \cdot I \cdot \frac{d^2 y}{dx^2} = M$$

$$E \cdot I = 2912410 \cdot \frac{0,15 \cdot 0,5^3}{12} = 4550,641 \ t \cdot m^2$$

a) Tramo 1-2 (0 ≤ x ≤ 3)

$$4550,641 \cdot \frac{d^2 y}{dx^2} = \frac{2}{9} \cdot x^4 - \frac{4}{3} \cdot x^3 + 12 \cdot x$$

Integramos ambos miembros:

$$4550,641 \cdot \frac{dy}{dx} = \frac{2}{45} \cdot x^5 - \frac{1}{3} \cdot x^4 + 6 \cdot x^2 + C_1$$

Integramos ambos miembros:

$$4550,641 \cdot y = \frac{1}{135} \cdot x^6 - \frac{1}{15} \cdot x^5 + 2 \cdot x^3 + C_1 \cdot x + C_2$$

$$(Ec.\ de\ la\ elasticidad)$$

b) Tramo 2-3 ($3 \leq x \leq 6$)

$$4550{,}641 \cdot \frac{d^2y}{dx^2} = -2 \cdot x^2 + 12 \cdot x$$

Integramos ambos miembros:

$$4550{,}641 \cdot \frac{dy}{dx} = -\frac{2 \cdot x^3}{3} + 6 \cdot x^2 + C_3 \ (Ecuación\ de\ giros)$$

Integramos ambos miembros:

$$4550{,}641 \cdot y = -\frac{x^4}{6} + 2 \cdot x^3 + C_3 \cdot x + C_4$$

(Ecuación de la elástica)

c) Condiciones de borde (dependen de las constantes)

$1.^{\underline{a}}$ *condición:* $x = 0 \rightarrow y = 0$

$$4550{,}641 \cdot 0 = \frac{1}{135} \cdot 0^6 - \frac{1}{15} \cdot 0^5 + 2 \cdot 0^3 + C_1 \cdot 0 + C_2$$

$\therefore C2 = 0$

$2.^{\underline{a}}$ *condición:* $x = 6\,m \rightarrow y = 0$

$$4550{,}641 \cdot 0 = -\frac{6^4}{6} + 2 \cdot 6^3 + C_3 \cdot 6 + C_4$$

$6 \cdot C_3 + C_4 = -216$ ①

$3.^{\underline{a}}$ *condición:* $x = 3 \rightarrow y_{1-2} = y_{2-3}$

$$\frac{1}{135} \cdot 3^6 - \frac{1}{15} \cdot 3^5 + 2 \cdot 3^3 + C_1 \cdot 3 = -\frac{3^4}{6} + 2 \cdot 3^3 + C_3 \cdot 3 + C_4$$

$3 \cdot C_1 - 3 \cdot C_3 - C_4 = -2{,}7$ ②

$4.^{\underline{a}}$ *condición:* $x = 3 \rightarrow \theta_{1-2} = \theta_{2-3}$

$$\left(\frac{dy}{dx}\right)_{1-2} = \left(\frac{dy}{dx}\right)_{2-3}$$

$$\frac{2}{45} \cdot 3^5 - \frac{1}{3} \cdot 3^4 + 6 \cdot 3^2 + C_1 = -\frac{2 \cdot 3^3}{3} + 6 \cdot 3^2 + C_3$$

$C_1 - C_3 = -1{,}8$ ③

Resolvemos ①, ② y ③:

$$C_1 = -37,35$$

$$C_3 = -35,55$$

$$C_4 = -2,7$$

Resumen:

a) Tramo 1-2 (0≤ x ≤3)

$$4550,641 \cdot \frac{dy}{dx} = \frac{2}{45} \cdot x^5 - \frac{1}{3} \cdot x^4 + 6 \cdot x^2 - 37,35$$

$$\theta = \frac{1}{4550,641} \cdot \left(\frac{2}{45} \cdot x^5 - \frac{1}{3} \cdot x^4 + 6 \cdot x^2 - 37,35 \right)$$

$$4550,641 \cdot y = \frac{1}{135} \cdot x^6 - \frac{1}{15} \cdot x^5 + 2 \cdot x^3 - 37,35 \cdot x$$

$$y = \frac{1}{4550,641} \cdot \left(\frac{1}{135} \cdot x^6 - \frac{1}{15} \cdot x^5 + 2 \cdot x^3 - 37,35 \cdot x \right)$$

b) Tramo 2-3 (3≤ x ≤ 6)

$$4550,641 \cdot \frac{dy}{dx} = -\frac{2 \cdot x^3}{3} + 6 \cdot x^2 - 35,55$$

$$\theta = \frac{1}{4550,641} \cdot \left(-\frac{2 \cdot x^3}{3} + 6 \cdot x^2 - 35,55 \right)$$

$$4550,641 \cdot y = -\frac{x^4}{6} + 2 \cdot x^3 - 35,55 \cdot x - 2,7$$

$$y = \frac{1}{4550,641} \cdot \left(-\frac{x^4}{6} + 2 \cdot x^3 - 35,55 \cdot x - 2,7 \right)$$

Paso 5: Diagramas de giros y desplazamientos

Tramo	x (cm)	θ [10^{-3}rad]	y [mm]
1-2	0	-8,208	0
	1	-6,953	-7,781
	2	-3,793	-13,264
	3	0	-15,130
2-3	3	0	-15,130
	4	3,908	-13,090
	5	6,838	-7,607
	6	8,010	0

Adoptamos las siguientes escalas:

Longitud:

$1\,m = 1\,cm$

Giros:

$6 \cdot 10^{-3}\,rad = 1\,cm$

Desplazamientos:

$10\,mm = 1\,cm$

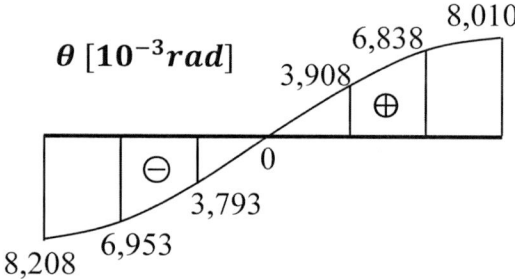

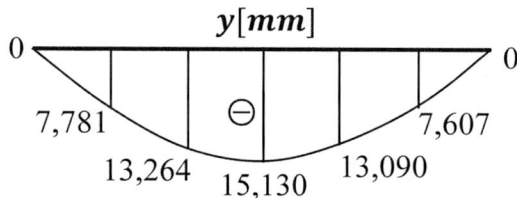

EJEMPLO 114

Graficar la deformación y la variación de giros en la siguiente viga.

Datos

$$E = 2912410 \frac{t}{m^2}$$

$$b = 20 \, cm$$

$$h = 50 \, cm$$

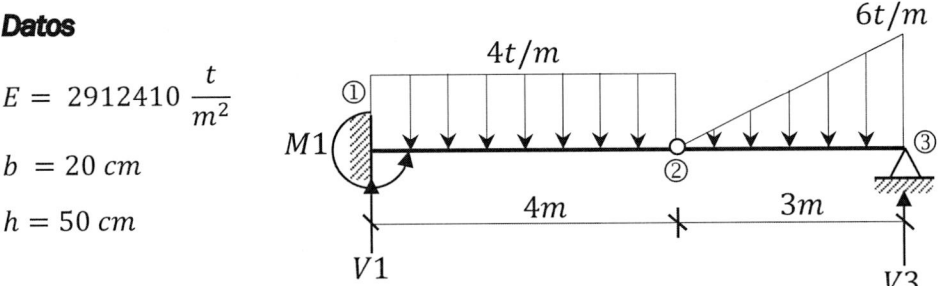

Figura 5.19 Viga con articulación.

Paso 1: Cálculo de reacciones

$\Sigma M_2 = 0 \circlearrowleft \oplus$ *(Derecha)*

$9 \cdot 2 - V_3 \cdot 3 = 0$

$V_3 = 6 \, t$

$\Sigma F_V = 0 \uparrow \oplus$

$V_1 - 16 - 9 + 6 = 0$

$V_1 = 19 \, t$

$\Sigma M_2 = 0 \circlearrowleft \oplus$ *(Izquierda)*

$19 \cdot 4 - 16 \cdot 2 - M_1 = 0$

$M_1 = 44 \, tm$

Paso 2: Ecuaciones de momento

a) Tramo 1-2 ($0 \le x \le 4$)

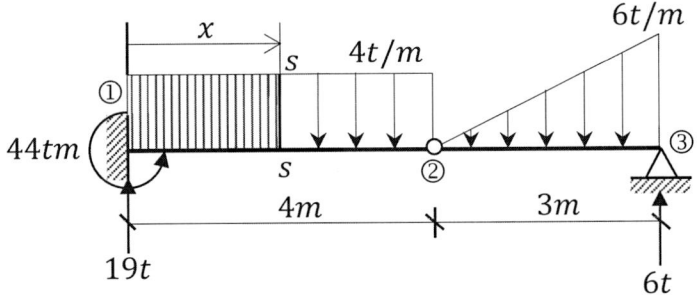

Cargas a la izquierda:

$$M = -44 + 19 \cdot x - 4 \cdot x \cdot \frac{x}{2}$$

$$M = -44 + 19 \cdot x - 2 \cdot x^2$$

b) Tramo 2-3 (4 ≤ x ≤ 7)

$$\frac{q'}{x-4} = \frac{6}{3}$$

$$q' = 2 \cdot (x-4)$$

$$R' = \frac{q' \cdot (x-4)}{2}$$

$$R' = (x-4)^2$$

$$a' = \frac{(x-4)}{3}$$

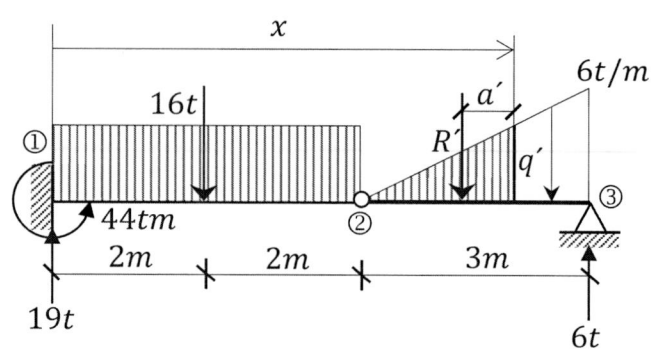

Cargas a la izquierda:

$$M = -44 + 19 \cdot x - 16 \cdot (x-2) - R' \cdot a'$$

$$M = -44 + 19 \cdot x - 16 \cdot x + 32 - (x-4)^2 \cdot \frac{(x-4)}{3}$$

$$M = -12 + 3 \cdot x - \frac{1}{3} \cdot (x^3 - 12 \cdot x^2 + 48 \cdot x - 64)$$

$$M = -12 + 3 \cdot x - \frac{x^3}{3} + 4 \cdot x^2 - 16 \cdot x + \frac{64}{3}$$

$$M = -\frac{x^3}{3} + 4 \cdot x^2 - 13 \cdot x + \frac{28}{3}$$

Paso 3: Ecuaciones de la elástica

$$E \cdot I \cdot \frac{d^2 y}{dx^2} = M$$

$$E \cdot I = 2912410 \cdot \frac{0,2 \cdot 0,5^3}{12} = 6067,521 \; t \cdot m^2$$

a) Tramo 1-2 (0 ≤ x ≤ 4)

$$6067,521 \cdot \frac{d^2 y}{dx^2} = -44 + 19 \cdot x - 2 \cdot x^2$$

Integramos ambos miembros:

$$6067,521 \cdot \frac{dy}{dx} = -44 \cdot x + \frac{19}{2} \cdot x^2 - \frac{2}{3} \cdot x^3 + C_1 \; (Ec.\, de\, giro)$$

Integramos ambos miembros:

$$6067{,}521 \cdot y = -22 \cdot x^2 + \frac{19}{6} \cdot x^3 - \frac{1}{6} \cdot x^4 + C_1 \cdot x + C_2$$

(*Ec. de la elasticidad*)

b) Tramo 2-3 (4 ≤ x ≤ 7)

$$6067{,}521 \cdot \frac{d^2 y}{dx^2} = -\frac{x^3}{3} + 4 \cdot x^2 - 13 \cdot x + \frac{28}{3}$$

Integramos ambos miembros:

$$6067{,}521 \cdot \frac{dy}{dx} = -\frac{x^4}{12} + \frac{4}{3} \cdot x^3 - \frac{13}{2} \cdot x^2 + \frac{28}{3} \cdot x + C_3$$

(*Ecuación de giros*)

Integramos ambos miembros:

$$6067{,}521 \cdot y = -\frac{x^5}{60} + \frac{1}{3} \cdot x^4 - \frac{13}{6} \cdot x^3 + \frac{14}{3} \cdot x^2 + C_3 \cdot x + C_4$$

(*Ecuación de la elástica*)

c) Condiciones de borde (dependen de las constantes)

1.ª *condición:* $x = 0 \rightarrow y = 0$

$$6067{,}521 \cdot 0 = -22 \cdot 0^2 + \frac{19}{6} \cdot 0^3 - \frac{1}{6} \cdot 0^4 + C_1 \cdot 0 + C_2$$

∴ $C2 = 0$

2.ª *condición:* $x = 0 \rightarrow \dfrac{dy}{dx} = 0$

$$6067{,}521 \cdot 0 = -44 \cdot 0 + \frac{19}{2} \cdot 0^2 - \frac{2}{3} \cdot 0^3 + C_1$$

∴ $C1 = 0$

3.ª *condición:* $x = 4 \rightarrow y_{1-2} = y_{2-3}$

$$-22 \cdot 4^2 + \frac{19}{6} \cdot 4^3 - \frac{1}{6} \cdot 4^4 = -\frac{4^5}{60} + \frac{1}{3} \cdot 4^4 - \frac{13}{6} \cdot 4^3 + \frac{14}{3} \cdot 4^2 + C_3 \cdot 4 + C_4$$

$$4 \cdot C_3 + C_4 = -196{,}267 \;\; ①$$

4.ª *condición:* $x = 7 \rightarrow y = 0$

$$6067{,}521 \cdot 0 = -\frac{7^5}{60} + \frac{1}{3} \cdot 7^4 - \frac{13}{6} \cdot 7^3 + \frac{14}{3} \cdot 7^2 + C_3 \cdot 7 + C_4$$

$$7 \cdot C_3 + C_4 = -5{,}717 \; ②$$

Resolvemos ① con ②:

$$C_3 = 63{,}517$$

$$C_4 = -450{,}334$$

a) Tramo 1-2 (0≤ x ≤ 4)

$$6067{,}521 \cdot \frac{dy}{dx} = -44 \cdot x + \frac{19}{2} \cdot x^2 - \frac{2}{3} \cdot x^3$$

$$\theta = \frac{1}{6067{,}521} \cdot \left(-44 \cdot x + \frac{19}{2} \cdot x^2 - \frac{2}{3} \cdot x^3 \right)$$

$$6067{,}521 \cdot y = -22 \cdot x^2 + \frac{19}{6} \cdot x^3 - \frac{1}{6} \cdot x^4$$

$$y = \frac{1}{6067{,}521} \cdot \left(-22 \cdot x^2 + \frac{19}{6} \cdot x^3 - \frac{1}{6} \cdot x^4 \right)$$

b) Tramo 2-3 (4 ≤ x ≤ 7)

$$6067{,}521 \cdot \frac{dy}{dx} = -\frac{x^4}{12} + \frac{4}{3} \cdot x^3 - \frac{13}{2} \cdot x^2 + \frac{28}{3} \cdot x + 63{,}517$$

$$\theta = \frac{1}{6067{,}521} \cdot \left(-\frac{x^4}{12} + \frac{4}{3} \cdot x^3 - \frac{13}{2} \cdot x^2 + \frac{28}{3} \cdot x + 63{,}517 \right)$$

$$6067{,}521 \cdot y = -\frac{x^5}{60} + \frac{1}{3} \cdot x^4 - \frac{13}{6} \cdot x^3 + \frac{14}{3} \cdot x^2 + 63{,}517 \cdot x - 450{,}334$$

$$y = \frac{1}{6067{,}521} \cdot \left(-\frac{x^5}{60} + \frac{1}{3} \cdot x^4 - \frac{13}{6} \cdot x^3 + \frac{14}{3} \cdot x^2 + 63{,}517 \cdot x - 450{,}334 \right)$$

Paso 4: Diagramas de giros y desplazamientos

Tramo	x (cm)	θ [10⁻³rad]	y [mm]
	0	0	0
	1	-5,796	-3,131
1-2	2	-9,120	-10,768
	3	-10,630	-20,766
	4	-10,987	-31,644
	4	10,029	-31,644
	5	10,262	-21,535
2-3	6	10,798	-11.015
	7	11,141	0

Adoptamos las siguientes escalas:

Longitud: $1\ m = 1\ cm$

Giros: $4 \cdot 10^{-3}\ rad = 1\ cm$

Desplazamientos: $10\ mm = 1\ cm$

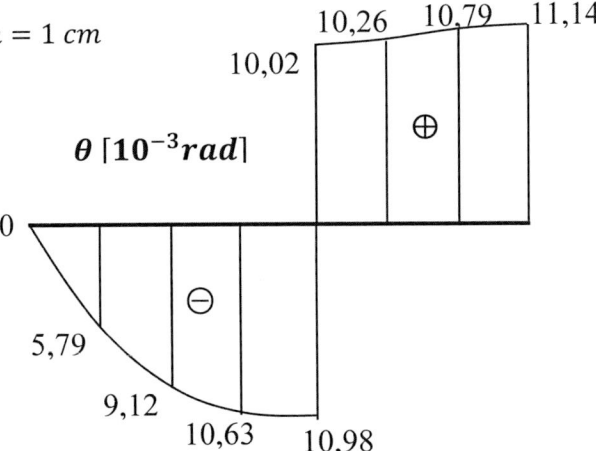

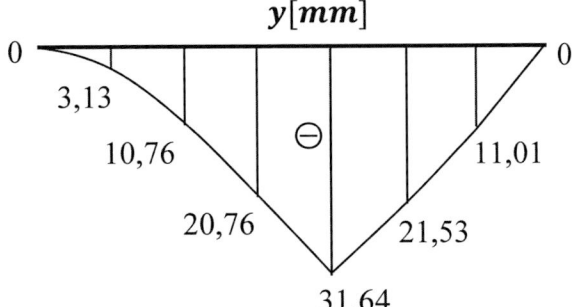

EJEMPLO 115

Graficar la deformación de la siguiente viga.

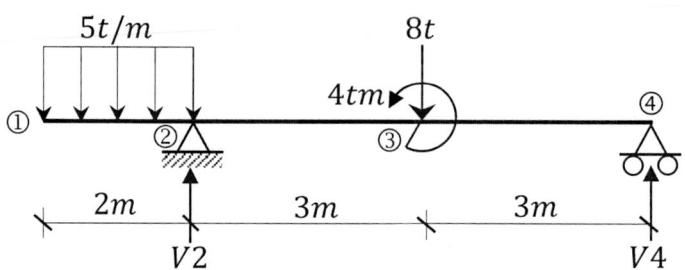

Figura 5.20 Viga con voladizo.

Datos

$$E = 2912410 \, \frac{t}{m^2}$$

$$b = 15 \, cm$$

$$h = 45 \, cm$$

Paso 1: Cálculo de reacciones

$\Sigma M_2 = 0 \, \circlearrowright \, \oplus$

$-10 \cdot 1 + 8 \cdot 3 - 4 - V_4 \cdot 6 = 0$

$V_4 = 1,667 \, t$

$\Sigma F_V = 0 \uparrow \oplus$

$-10 + V_2 - 8 + 1,667 = 0$

$V_2 = 16,333 \, t$

Paso 2: Ecuaciones de momento

a) Tramo 1-2 (0≤ x ≤ 2)

Cargas a la izquierda:

$$M = -5 \cdot x \cdot \frac{x}{2}$$

$$M = -\frac{5}{2} \cdot x^2$$

b) Tramo 2-3 (2 ≤ x ≤ 5)

Cargas a la izquierda:

$$M = -10 \cdot (x - 1) + 16,333 \cdot (x - 2)$$

$$M = -10 \cdot x + 10 + 16{,}333 \cdot x - 32{,}666$$

$$M = 6{,}333 \cdot x - 22{,}666$$

c) *Tramo 3-4 (5≤ x ≤ 8)*

Cargas a la derecha:

$$M = 1{,}667 \cdot (8 - x)$$
$$M = 13{,}336 - 1{,}667 \cdot x$$

Paso 3: Ecuaciones de la elástica

$$E \cdot I \cdot \frac{d^2 y}{dx^2} = M$$

$$E \cdot I = 2912410 \cdot \frac{0{,}15 \cdot 0{,}45^3}{12} = 3317{,}417 \ tm^2$$

a) *Tramo 1-2 (0≤ x ≤ 2)*

$$3317{,}417 \cdot \frac{d^2 y}{dx^2} = -\frac{5}{2} \cdot x^2$$

Integramos ambos miembros:

$$3317{,}417 \cdot \frac{dy}{dx} = -\frac{5}{6} \cdot x^3 + C_1 \quad (Ec.\ de\ giro)$$

Integramos ambos miembros:

$$3317{,}417 \cdot y = -\frac{5}{24} \cdot x^4 + C_1 \cdot x + C_2$$

$$(Ec.\ de\ la\ elasticidad)$$

b) *Tramo 2-3 (2 ≤ x ≤ 5)*

$$3317{,}417 \cdot \frac{d^2 y}{dx^2} = 6{,}333 \cdot x - 22{,}666$$

Integramos ambos miembros:

$$3317{,}417 \cdot \frac{dy}{dx} = 3{,}167 \cdot x^2 - 22{,}666 \cdot x + C_3$$

$$(Ecuación\ de\ giros)$$

Integramos ambos miembros:

$$3317,417 \cdot y = 1,056 \cdot x^3 - 11,333 \cdot x^2 + C_3 \cdot x + C_4$$

(Ecuación de la elástica)

c) Tramo 3-4 (5≤ x ≤ 8)

$$3317,417 \cdot \frac{d^2y}{dx^2} = 13,336 - 1,667 \cdot x$$

Integramos ambos miembros:

$$3317,417 \cdot \frac{dy}{dx} = 13,336 \cdot x - 0,834 \cdot x^2 + C_5$$

(Ecuación de giros)

Integramos ambos miembros:

$$3317,417 \cdot y = 6,668 \cdot x^2 - 0,278 \cdot x^3 + C_5 \cdot x + C_6$$

(Ecuación de la elástica)

d) Condiciones de borde (dependen de las constantes)

$1.^{\underline{a}}$ *condición:* $x = 2 \rightarrow y_{1-2} = 0$

$$3317,417 \cdot 0 = -\frac{5}{24} \cdot 2^4 + C_1 \cdot 2 + C_2$$

$$2 \cdot C_1 + C_2 = 3,333 \quad ①$$

$2.^{\underline{a}}$ *condición:* $x = 2 \rightarrow y_{2-3} = 0$

$$3317,417 \cdot 0 = 1,056 \cdot 2^3 - 11,333 \cdot 2^2 + C_3 \cdot 2 + C_4$$

$$2 \cdot C_3 + C_4 = 36,884 \quad ②$$

$3.^{\underline{a}}$ *condición:* $x = 2 \rightarrow \theta_{1-2} = \theta_{2-3}$

$$\left(\frac{dy}{dx}\right)_{1-2} = \left(\frac{dy}{dx}\right)_{2-3}$$

$$-\frac{5}{6} \cdot 2^3 + C_1 = 3,167 \cdot 2^2 - 22,666 \cdot 2 + C_3$$

$$C_1 - C_3 = -25,997 \quad ③$$

4.ª *condición*: $x = 5 \rightarrow y_{2-3} = y_{3-4}$

$1{,}056 \cdot 5^3 - 11{,}333 \cdot 5^2 + C_3 \cdot 5 + C_4 = 6{,}668 \cdot 5^2 - 0{,}278 \cdot 5^3 + C_5 \cdot 5 + C_6$

$5 \cdot C_3 + C_4 - 5 \cdot C_5 - C_6 = 283{,}275$ ④

5.ª *condición*: $x = 5 \rightarrow \theta_{2-3} = \theta_{3-4}$

$$\left(\frac{dy}{dx}\right)_{2-3} = \left(\frac{dy}{dx}\right)_{3-4}$$

$3{,}167 \cdot 5^2 - 22{,}666 \cdot 5 + C_3 = 13{,}336 \cdot 5 - 0{,}834 \cdot 5^2 + C_5$

$C_3 - C_5 = 79{,}985$ ⑤

6.ª *condición*: $x = 8 \rightarrow y_{3-4} = 0$

$3317{,}417 \cdot 0 = 6{,}668 \cdot 8^2 - 0{,}278 \cdot 8^3 + C_5 \cdot 8 + C_6$

$8 \cdot C_5 + C_6 = -284{,}416$ ⑥

Resolviendo ①, ②, ③, ④, ⑤ y ⑥ obtenemos:

$$C_1 = 7{,}658$$

$$C_2 = -11{,}983$$

$$C_3 = 33{,}655$$

$$C_4 = -30{,}426$$

$$C_5 = -46{,}330$$

$$C_6 = 86{,}224$$

Resumen:

a) Tramo 1-2 (0≤ x ≤2)

$$3317{,}417 \cdot \frac{dy}{dx} = -\frac{5}{6} \cdot x^3 + 7{,}658$$

$$\theta = \frac{1}{3317{,}417} \cdot \left(-\frac{5}{6} \cdot x^3 + 7{,}658\right)$$

$$3317{,}417 \cdot y = -\frac{5}{24} \cdot x^4 + 7{,}658 \cdot x - 11{,}983$$

$$y = \frac{1}{3317{,}417} \cdot \left(-\frac{5}{24} \cdot x^4 + 7{,}658 \cdot x - 11{,}983\right)$$

b) Tramo 2-3 (2≤ x ≤ 5)

$$3317,417 \cdot \frac{dy}{dx} = 3,167 \cdot x^2 - 22,666 \cdot x + 33,655$$

$$\theta = \frac{1}{3317,417} \cdot (3,167 \cdot x^2 - 22,666 \cdot x + 33,655)$$

$$3317,417 \cdot y = 1,056 \cdot x^3 - 11,333 \cdot x^2 + 33,655 \cdot x - 30,426$$

$$y = \frac{1}{3317,417} \cdot (1,056 \cdot x^3 - 11,333 \cdot x^2 + 33,655 \cdot x - 30,426)$$

c) Tramo 3-4 (5≤ x ≤ 8)

$$3317,417 \cdot \frac{dy}{dx} = 13,336 \cdot x - 0,834 \cdot x^2 - 46,330$$

$$\theta = \frac{1}{3317,417} \cdot (13,336 \cdot x - 0,834 \cdot x^2 - 46,330)$$

$$3317,417 \cdot y = 6,668 \cdot x^2 - 0,278 \cdot x^3 - 46,330 \cdot x + 86,224$$

$$y = \frac{1}{3317,417} \cdot (6,668 \cdot x^2 - 0,278 \cdot x^3 - 46,330 \cdot x + 86,224)$$

Paso 4: Diagramas de giros y desplazamientos

Tramo	x (cm)	θ [10^{-3}rad]	y [mm]
	0	2,308	-3,612
1-2	1	2,057	-1,367
	2	0,299	0,000
	2	0,299	0,000
	3	-1,760	-0,888
2-3	4	-1,910	-2,879
	5	-0,151	-4,062
	5	-0,151	-4,062
	6	1,104	-3,544
3-4	7	1,856	-2,022
	8	2,105	0,000

Adoptamos las siguientes escalas:

Longitud:

$1\ m = 1\ cm$

Giros:

$1 \cdot 10^{-3}\ rad = 1\ cm$

Desplazamientos:

$2\ mm = 1\ cm$

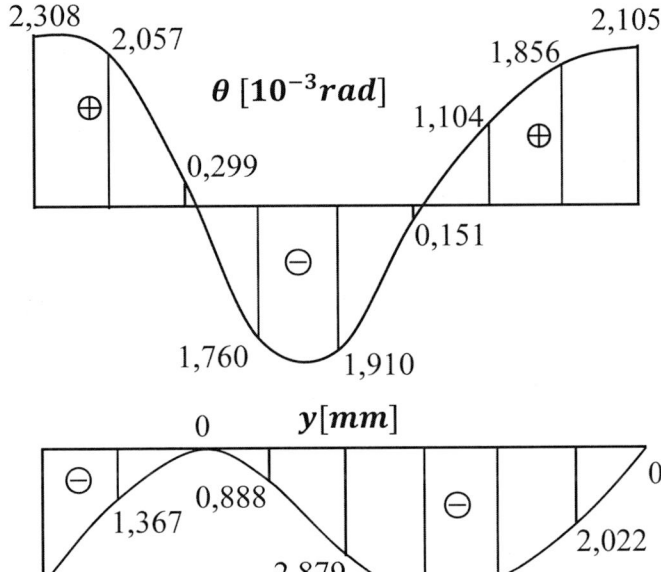

EJEMPLO 116

Graficar la deformación de la siguiente viga:

Datos

$E = 2 \cdot 10^{6}\ \dfrac{t}{m^{2}}$

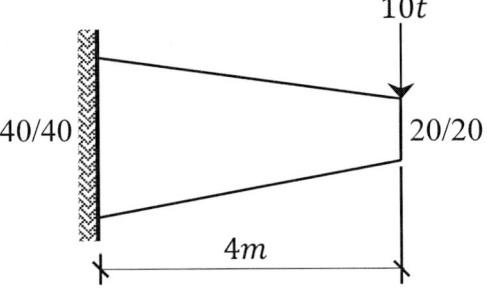

40/40

10t

20/20

4m

Figura 5.21 Viga de sección variable.

Paso 1: Ecuación de momento

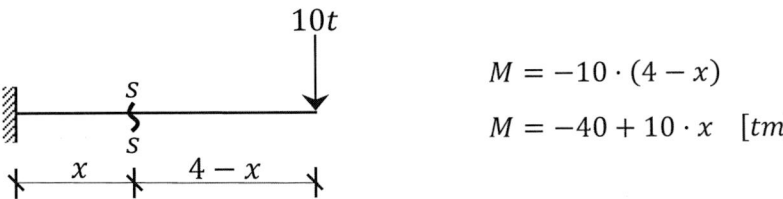

$$M = -10 \cdot (4 - x)$$

$$M = -40 + 10 \cdot x \quad [tm]$$

Paso 2: Ecuación de inercia

a) *Ecuación de la base y altura*

$$b = m \cdot x + n$$

$1.^{\underline{a}}$ *condición:* $x = 0 \rightarrow b = 0,4\,[m]$

$$0,4 = m \cdot 0 + n$$

$$n = 0,4$$

$2.^{\underline{a}}$ *condición:* $x = 4\,[m] \rightarrow b = 0,2\,[m]$

$$0,2 = m \cdot 4 + 0,4$$

$$m = -0,05$$

$$b = -0,05 \cdot x + 0,4$$

De manera análoga:

$$h = -0,05 \cdot x + 0,4$$

b) *Ecuación de inercia*

$$I_x = \frac{b \cdot h^3}{12} = \frac{(-0,05 \cdot x + 0,4) \cdot (-0,05 \cdot x + 0,4)^3}{12}$$

$$I_x = \frac{(-0,05 \cdot x + 0,4)^4}{12} = \frac{(-0,05)^4}{12}(x-8)^4 = 5,2083 \cdot 10^{-7}(x-8)^4$$

$$EI_x = 2 \cdot 10^6 \cdot 5,2083 \cdot 10^{-7} \cdot (x-8)^4 = 1,04166 \cdot (x-8)^4$$

Paso 3: Ecuación de la elástica

$$E \cdot I_x \cdot \frac{d^2y}{dx^2} = M$$

$$1,04166 \cdot (x-8)^4 \cdot \frac{d^2y}{dx^2} = -40 + 10 \cdot x$$

$$\frac{d^2y}{dx^2} = \frac{10 \cdot (x-4)}{1,04166 \cdot (x-8)^4}$$

$$\frac{d^2y}{dx^2} = 9,6 \cdot \frac{(x-4)}{(x-8)^4}$$

Realizamos la primera integral:

$$\int \frac{(x-4)}{(x-8)^4} dx \ \ cambio \ de \ variable \ \ x-8 = u \rightarrow x = u+8$$

$$dx = du$$

$$\int \left(\frac{u+8-4}{u^4}\right) du = \int \frac{u}{u^4} du + \int \frac{4}{u^4} du = -\frac{0,5}{u^2} - \frac{1,333}{u^3} + C_1$$

Volvemos a restituir la variable original:

$$\frac{dy}{dx} = 9,6 \cdot \left[-\frac{0,5}{(x-8)^2} - \frac{1,333}{(x-8)^3} + C_1 \right]$$

$$\frac{dy}{dx} = -\frac{4,8}{(x-8)^2} - \frac{12,797}{(x-8)^3} + C_1$$

Integramos:

$$y = \frac{4,8}{x-8} + \frac{6,399}{(x-8)^2} + C_1 x + C_2$$

Condiciones de borde:

$$1.^{a} \ Condición: \ x = 0 \rightarrow \frac{dy}{dx} = 0$$

$$0 = -\frac{4,8}{(0-8)^2} - \frac{12,797}{(0-8)^3} + C_1$$

$$C_1 = 0,05$$

$$2.^{a} \ Condición: \ x = 0 \rightarrow y = 0$$

$$0 = \frac{4,8}{0-8} + \frac{6,399}{(0-8)^2} + 0,05 \cdot (0) + C_2$$

$$C_2 = 0,5$$

La ecuación de la elástica es la siguiente:

$$y = \frac{4,8}{x-8} + \frac{6,399}{(x-8)^2} + 0,05 \cdot x + 0,5$$

Paso 4: Diagrama de deformación

Adoptamos las siguientes escalas:

Longitud: $1\ m = 1\ cm$

Desplazamientos: $5\ mm = 1\ cm$

x[m]	y[m]	y[cm]
0	0	0
1	−0,0051	-0,51
2	−0,0223	-2,23
3	−0,0540	-5,40
4	−0,1	-10

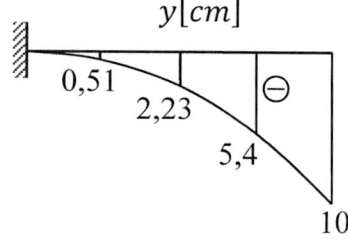

EJEMPLO 117

Graficar la deformación de la pieza 1-2 (resultado en cm).

Datos

Cable 1

$Ø1 = 2\ cm$

Cable 2

$Ø2 = 3\ cm$

Barra

$b/h = 20/35\ [cm]$

$E = 2 \cdot 10^6 \dfrac{t}{m^2}$

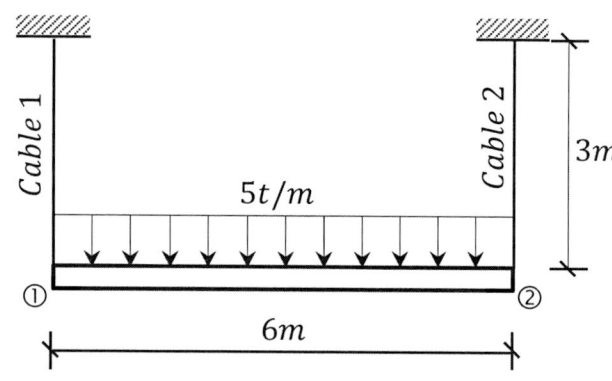

Figura 5.22 Sistema de viga y cables.

Paso 1: Cálculo de normal en cada cable

Por simetría: $N_1 = N_2 = \dfrac{5 \cdot 6}{2} = 15\ t$

Paso 2: Deformación en cada cable

$$\Delta L_1 = \frac{15 \cdot 3}{2 \cdot 10^6 \cdot \frac{\pi}{4} \cdot (0,02)^2} = 0,0716 \ m$$

$$\Delta L_2 = \frac{15 \cdot 3}{2 \cdot 10^6 \cdot \frac{\pi}{4} \cdot (0,03)^2} = 0,0318 \ m$$

Paso 3: Ecuación de momento

$$M = 15 \cdot x - 5 \cdot x \cdot \frac{x}{2}$$

$$M = 15 \cdot x - 2,5 \cdot x^2$$

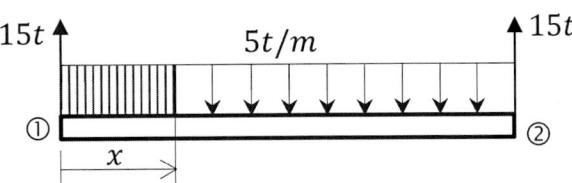

Paso 4: Ecuación de la elástica

$$E \cdot I_x \cdot \frac{d^2y}{dx^2} = 15 \cdot x - 2,5 \cdot x^2$$

$$E \cdot I_x \cdot \frac{dy}{dx} = 7,5 \cdot x^2 - 0,833 \cdot x^3 + c_1$$

$$E \cdot I_x \cdot y = 2,5 \cdot x^3 - 0,208 \cdot x^4 + c_1 \cdot x + c_2$$

Paso 5: Condiciones de borde

1.ª condición: $x = 0 \rightarrow y = -0,0716$

$$E \cdot I_x \cdot (-0,0716) = 2,5 \cdot (0)^2 - 0,208 \cdot (0)^4 + c_1 \cdot (0) + c_2$$

$$-E \cdot I_x \cdot 0,0716 = c_2$$

2.ª condición: $x = 6 \rightarrow y = -0,0318$

$$E \cdot I_x \cdot (-0,0318) = 2,5 \cdot (6)^3 - 0,208 \cdot (6)^4 + c_1 \cdot (6) - E \cdot I_x \cdot 0,0716$$

$$c_1 = 6,633 \cdot 10^{-3} \cdot E \cdot I_x - 45,072$$

$$E \cdot I_x = 2 \cdot 10^6 \cdot \left(\frac{0,2 \cdot 0,35^3}{12} \right) = 1429,167$$

$$E \cdot I_x \cdot y = 2,5 \cdot x^3 - 0,208 \cdot x^4 + (6,633 \cdot 10^{-3} \cdot E \cdot I_x - 45,072) \cdot x - E \cdot I_x \cdot 0,0716$$

$$y = \frac{2,5 \cdot x^3 - 0,208 \cdot x^4 - 45,072 \cdot x}{1429,167} + 6,633 \cdot 10^{-3} \cdot x - 0,0716$$

$$y = 1,749 \cdot 10^{-3} \cdot x^3 - 1,455 \cdot 10^{-4} \cdot x^4 - 2,49 \cdot 10^{-2} \cdot x - 0,0716$$

Ordenamos y transformamos a cm el valor de la ecuación y:

$$y = -0,01455 \cdot x^4 + 0,1749 \cdot x^3 - 2,49 \cdot x - 7,16$$

Paso 6: Diagrama de deformación

Longitud: $1\,m = 1\,cm$

Desplazamientos: $5\,cm = 1\,cm$

x (m)	y (cm)
0	-7,16
1	-9,49
2	-10,97
3	-11,09
4	-9,65
5	-6,84
6	-3,18

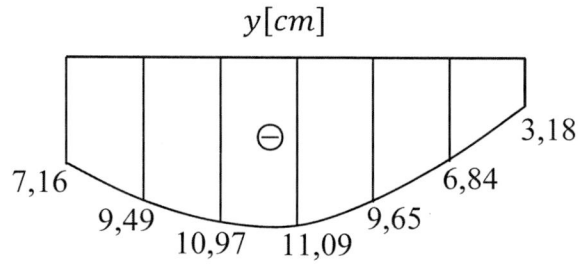

EJEMPLO 118

Deducir la flecha para la siguiente viga.

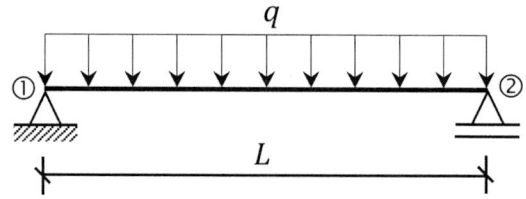

Figura 5.23 Viga biapoyada con carga distribuida.

Paso 1: Cálculo de reacciones

$$V_1 = \frac{1}{2} \cdot R = \frac{1}{2} \cdot (q \cdot L) = \frac{q \cdot L}{2}$$

$$V_2 = \frac{1}{2} \cdot R = \frac{1}{2} \cdot (q \cdot L) = \frac{q \cdot L}{2}$$

Paso 2: Ecuación de momento

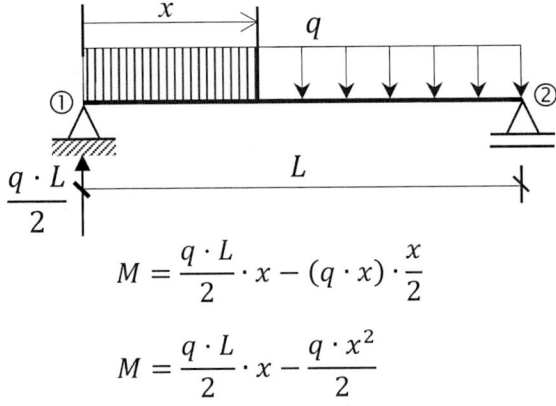

$$M = \frac{q \cdot L}{2} \cdot x - (q \cdot x) \cdot \frac{x}{2}$$

$$M = \frac{q \cdot L}{2} \cdot x - \frac{q \cdot x^2}{2}$$

Paso 3: Ecuación de la elástica

$$E \cdot I \cdot \frac{d^2 y}{dx^2} = M$$

$$E \cdot I \cdot \frac{d^2 y}{dx^2} = \frac{q \cdot L}{2} \cdot x - \frac{q \cdot x^2}{2}$$

$$E \cdot I \cdot \frac{dy}{dx} = \frac{q \cdot L \cdot x^2}{4} - \frac{q \cdot x^3}{6} + C_1 \quad (Ec.\,de\,giros)$$

$$E \cdot I \cdot y = \frac{q \cdot L \cdot x^3}{12} - \frac{q \cdot x^4}{24} + C_1 \cdot x + C_2 \ (Ec.\,de\,la\,elastica)$$

Paso 4: Condiciones de borde

$1.^{a}\,condición{:}\,x = 0 \;\rightarrow y = 0$

$$E \cdot I \cdot 0 = \frac{q \cdot L \cdot 0^3}{12} - \frac{q \cdot 0^4}{24} + C_1 \cdot 0 + C_2$$

$$C_2 = 0$$

$2.^{\underline{a}}\ condición: x = L \rightarrow y = 0$

$$E \cdot I \cdot 0 = \frac{q \cdot L \cdot L^3}{12} - \frac{q \cdot L^4}{24} + C_1 \cdot L + C_2$$

$$C_1 = -\frac{q \cdot L^3}{24}$$

$$E \cdot I \cdot y = \frac{q \cdot L}{12} \cdot x^3 - \frac{q}{24} \cdot x^4 - \frac{q \cdot L^3}{24} \cdot x$$

Paso 5: Cálculo de la flecha

$Debido\ a\ su\ simetría: x = \dfrac{L}{2} \rightarrow y = f$

$$f = y = \frac{1}{E \cdot I} \cdot \left[\frac{q \cdot L}{12} \cdot \left(\frac{L}{2}\right)^3 - \frac{q}{24} \cdot \left(\frac{L}{2}\right)^4 - \frac{q \cdot L^3}{24} \cdot \left(\frac{L}{2}\right) \right]$$

$$f = \frac{1}{E \cdot I} \cdot \left[\frac{q \cdot L^4}{96} - \frac{q \cdot L^4}{384} - \frac{q \cdot L^4}{48} \right]$$

$$f = \frac{-5 \cdot q \cdot L^4}{384 \cdot E \cdot I_x}$$

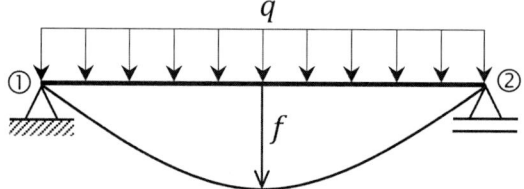

EJEMPLO 119

Deducir una fórmula para la flecha de la siguiente viga.

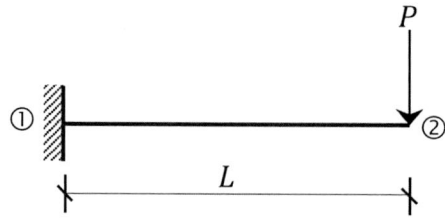

Figura 5.24 Viga en voladizo con carga puntual.

Paso 1: *Ecuación de momento*

$$M = -P \cdot (L - x)$$

$$M = -P \cdot L + P \cdot x$$

Paso 2: *Ecuación de la elástica*

$$E \cdot I \cdot \frac{d^2 y}{dx^2} = M$$

$$E \cdot I \cdot \frac{d^2 y}{dx^2} = -P \cdot L + P \cdot x$$

$$E \cdot I \cdot \frac{dy}{dx} = -P \cdot L \cdot x + \frac{P \cdot x^2}{2} + C_1 \quad (Ec.\, de\, giros)$$

$$E \cdot I \cdot y = -\frac{P \cdot L \cdot x^2}{2} + \frac{P \cdot x^3}{6} + C_1 \cdot x + C_2 \; (Ec.\, de\, la\, elástica)$$

Paso 3: *Condiciones de borde*

$1^{\underline{a}}\, condición: x = 0 \rightarrow y = 0$

$$E \cdot I \cdot 0 = -\frac{P \cdot L \cdot 0^2}{2} + \frac{P \cdot 0^3}{6} + C_1 \cdot 0 + C_2$$

$$C_2 = 0$$

$2^{\underline{a}}\, condición: x = 0 \rightarrow \theta = 0$

$$E \cdot I \cdot 0 = -P \cdot L \cdot 0 + \frac{P \cdot 0^2}{2} + C_1$$

$$C_1 = 0$$

Por lo tanto, la ecuación de la elástica es:

$$y = \frac{1}{E \cdot I} \cdot \left(-\frac{P \cdot L \cdot x^2}{2} + \frac{P \cdot x^3}{6} \right)$$

Paso 4: Cálculo de la flecha

La flecha se encuentra en el extremo libre del voladizo, es decir:

$$Cuando: x = L \quad \rightarrow \quad y = f$$

$$f = y = \frac{1}{E \cdot I} \cdot \left(-\frac{P \cdot L \cdot L^2}{2} + \frac{P \cdot L^3}{6} \right)$$

$$f = \frac{1}{E \cdot I} \cdot \left(-\frac{P \cdot L^3}{2} + \frac{P \cdot L^3}{6} \right)$$

$$f = -\frac{P \cdot L^3}{3 \cdot E \cdot I}$$

EJEMPLO 120

Deducir una fórmula para calcular la flecha en la siguiente viga.

Datos

$E \cdot I$

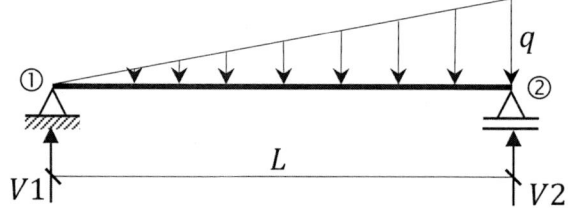

Figura 5.25 Viga biapoyada con carga triangular.

Paso 1: Cálculo de reacciones

$$V_1 = \frac{1}{3} \cdot R = \frac{1}{3} \cdot \left(\frac{q \cdot L}{2} \right) = \frac{q \cdot L}{6}$$

$$V_2 = \frac{2}{3} \cdot R = \frac{2}{3} \cdot \left(\frac{q \cdot L}{2} \right) = \frac{q \cdot L}{3}$$

Paso 2: Ecuación de momento

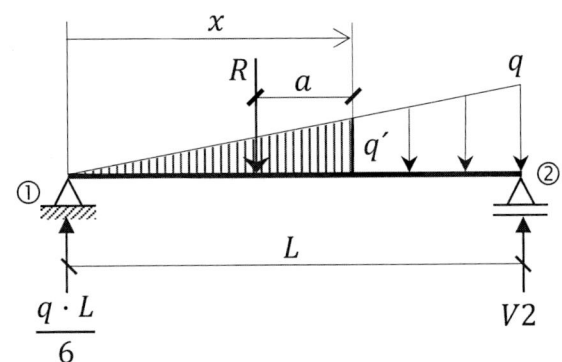

$$\frac{q'}{x} = \frac{q}{L} \rightarrow q' = \frac{q}{L} \cdot x$$

$$R' = \frac{q' \cdot x}{2} = \frac{q \cdot x^2}{2 \cdot L}$$

$$M = \frac{q \cdot L}{6} \cdot x - \frac{q \cdot x^2}{2 \cdot L} \cdot \frac{x}{3}$$

$$M = \frac{q \cdot L}{6} \cdot x - \frac{q \cdot x^3}{6 \cdot L}$$

Paso 3: Ecuación de la elástica

$$E \cdot I \cdot \frac{d^2 y}{dx^2} = M$$

$$E \cdot I \cdot \frac{d^2 y}{dx^2} = \left(\frac{q \cdot L}{6}\right) \cdot x - \left(\frac{q}{6 \cdot L}\right) \cdot x^3$$

$$E \cdot I \cdot \frac{dy}{dx} = \left(\frac{q \cdot L}{12}\right) \cdot x^2 - \left(\frac{q}{24 \cdot L}\right) \cdot x^4 + C_1 \quad (Ec.\,de\,giros)$$

$$E \cdot I \cdot y = \left(\frac{q \cdot L}{36}\right) \cdot x^3 - \left(\frac{q}{120 \cdot L}\right) \cdot x^5 + C_1 \cdot x + C_2 \;(Ec.\,de\,la\,elastica)$$

Paso 4: Condiciones de borde

$1^a\ condición: x = 0 \rightarrow y = 0$

$$E \cdot I \cdot 0 = \left(\frac{q \cdot L}{36}\right) \cdot 0^3 - \left(\frac{q}{120 \cdot L}\right) \cdot 0^5 + C_1 \cdot 0 + C_2$$

$$C_2 = 0$$

$2^a\ condición: x = L \rightarrow y = 0$

$$E \cdot I \cdot (0) = \left(\frac{q \cdot L}{36}\right) \cdot L^3 - \left(\frac{q}{120 \cdot L}\right) \cdot L^5 + C_1 \cdot L$$

$$C_1 = \frac{-q \cdot L^3}{36} + \frac{q \cdot L^3}{120}$$

$$C_1 = \frac{-7}{360} \cdot q \cdot L^3$$

Reemplazamos C_1 y C_2 en la ecuación de la elástica.

$$E \cdot I \cdot \frac{dy}{dx} = \left(\frac{q \cdot L}{12}\right) \cdot x^2 - \left(\frac{q}{24 \cdot L}\right) \cdot x^4 - \frac{7 \cdot q \cdot L^3}{360}$$

$$E \cdot I \cdot y = \left(\frac{q \cdot L}{36}\right) \cdot x^3 - \left(\frac{q}{120 \cdot L}\right) \cdot x^5 - \left(\frac{7 \cdot q \cdot L^3}{360}\right) \cdot x$$

Paso 5: *Cálculo de la flecha*

Cuando: $\theta = 0 \rightarrow y = f$ *(Flecha)*

$$0 = \left(\frac{q \cdot L}{12}\right) \cdot x^2 - \left(\frac{q}{24 \cdot L}\right) \cdot x^4 - \left(\frac{7 \cdot q \cdot L^3}{360}\right) \quad * \left(\frac{-360 \cdot L}{q}\right)$$

$$-(30 \cdot L^2) \cdot x^2 + (15) \cdot x^4 + 7 \cdot L^4 = 0$$

$$(15) \cdot x^4 - (30 \cdot L^2) \cdot x^2 + 7 \cdot L^4 = 0$$

$$15 \cdot (x^2)^2 - (30 \cdot L^2) \cdot (x^2) + 7 \cdot L^4 = 0$$

$$x^2 = \frac{-b \pm \sqrt{b^2 - 4 \cdot a \cdot c}}{2 \cdot a}$$

$$x^2 = \frac{30 \cdot L^2 \pm \sqrt{(-30 \cdot L^2)^2 - 4 \cdot 15 \cdot 7 \cdot L^4}}{2 \cdot 15}$$

$$x^2 = \frac{30 \cdot L^2 \pm \sqrt{480 \cdot L^4}}{30} = \left(\frac{30 \pm 21,909}{30}\right) \cdot L^2$$

$$x_1 = 0,5193 \cdot L$$

$$x_2 = 1,315 \cdot L$$

El valor de x que está dentro de la longitud de la viga es x_1.

$$E \cdot I \cdot f = \frac{q \cdot L}{36} \cdot (0,5193 \cdot L)^3 - \left(\frac{q}{120 \cdot L}\right) \cdot (0,5193 \cdot L)^5 - \left(\frac{7}{360} \cdot q \cdot L^3\right) \cdot 0,5193 \cdot L$$

$$f = \left(\frac{0,5193^3}{36} - \frac{0,5193^5}{120} - \frac{7 \cdot 0,5193}{360}\right) \cdot \frac{q \cdot L^4}{E \cdot I}$$

$$f = -6,522 \cdot 10^{-3} \cdot \frac{q \cdot L^4}{E \cdot I}$$

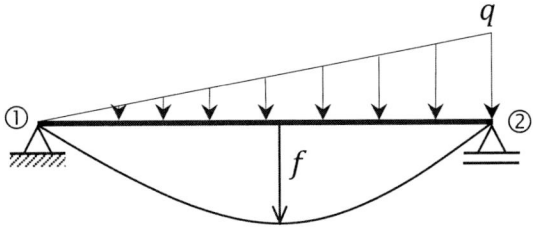

5.6. VIGAS HIPERESTÁTICAS

Una viga es hiperestática cuando el número de sus reacciones es superior a las ecuaciones de equilibrio que se pueden aplicar, por lo cual es necesario deducir ecuaciones adicionales a las de equilibrio que permitan resolver sus reacciones y demás solicitaciones. Las siguientes vigas son hiperestáticas:

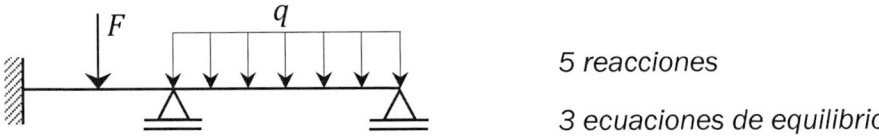

5 reacciones

3 ecuaciones de equilibrio

Figura 5.26 Viga hiperestática.

Para este caso se requiere de dos ecuaciones adicionales para resolver la viga.

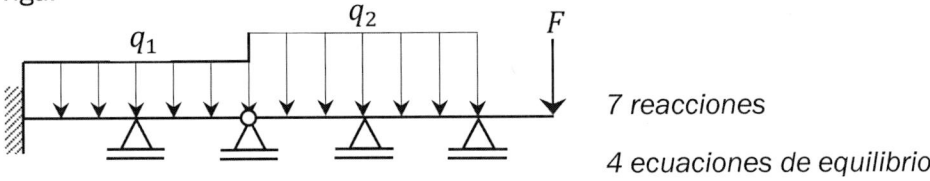

7 reacciones

4 ecuaciones de equilibrio

Figura 5.27 Viga hiperestática articulada.

Esta viga requiere de tres ecuaciones adicionales para calcular sus reacciones.

Cuando analizamos la deformación de una viga hiperestática, sus direcciones restringidas nos permiten aplicar un mayor número de condiciones de borde. Estas condiciones se traducen en ecuaciones vinculadas a su deformación cuyas incógnitas son reacciones de la viga. Por ejemplo, en la siguiente viga la línea elástica tiene dos constantes, C_1 y C_2; sin embargo, es posible aplicar cuatro condiciones de borde, por lo cual las dos condiciones extra se utilizarán para calcular las reacciones V1 y M1, con lo que el problema queda resuelto, pues las restantes reacciones pueden calcularse con las ecuaciones de equilibrio.

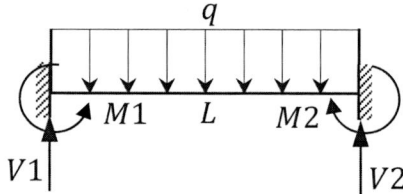

Figura 5.28 Viga.

$$1.^a \; condición: Cuando \; x = 0 \; \rightarrow \frac{dy}{dx} = 0$$

$$2.^a \; condición: Cuando \; x = 0 \; \rightarrow y = 0$$

$$3.^a \; condición: Cuando \; x = L \; \rightarrow \frac{dy}{dx} = 0$$

$$4.^a \; condición: Cuando \; x = L \; \rightarrow y = 0$$

EJEMPLO 121

Calcular reacciones y diagramar esfuerzos internos.

Datos

$$E = 2 \cdot 10^6 \; \frac{t}{m^2}$$

$$b/h = 20/40 \; [cm]$$

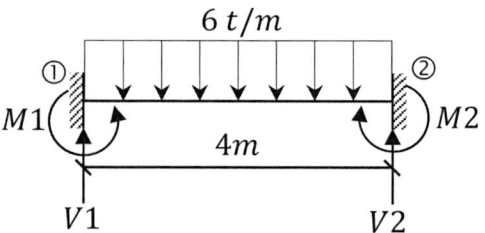

Figura 5.29 Viga biempotrada.

Paso 1: Ecuación de momento

Por simetría decimos que:

$$V_1 = V_2 = 12 \; t$$

Calculemos la ecuación de momento:

$$M = 12 \cdot x - M_1 - 6 \cdot x \cdot \frac{x}{2}$$

$$M = 12 \cdot x - M_1 - 3 \cdot x^2$$

$$M = 12 \cdot x - M_1 - 3 \cdot x^2$$

Paso 2: Ecuación de la elástica

$$E \cdot I \cdot \frac{d^2y}{dx^2} = M$$

$$E \cdot I \cdot \frac{d^2y}{dx^2} = 12 \cdot x - M_1 - 3 \cdot x^2$$

$$E \cdot I \cdot \frac{dy}{dx} = 6 \cdot x^2 - M_1 \cdot x - x^3 + C_1$$

$$E \cdot I \cdot y = 2 \cdot x^3 - \frac{M_1 \cdot x^2}{2} - \frac{x^4}{4} + C_1 \cdot x + C_2$$

$1.^{\underline{a}} \, condición{:} \, x = 0 \;\rightarrow\; y = 0$

$$E \cdot I \cdot 0 = 2 \cdot 0^3 - \frac{M_1 \cdot 0^2}{2} - \frac{0^4}{4} + C_1 \cdot 0 + C_2$$

$$C_2 = 0$$

$2.^{\underline{a}} \, condición{:} \, x = 0 \;\rightarrow\; \dfrac{dy}{dx} = 0$

$$E \cdot I \cdot 0 = 6 \cdot 0^2 - M_1 \cdot 0 - 0^3 + C_1$$

$$C_1 = 0$$

$3.^{\underline{a}} \, condición{:} \, x = 4 \;\rightarrow\; \dfrac{dy}{dx} = 0$

$$E \cdot I \cdot (0) = 6 \cdot 4^2 - M_1 \cdot 4 - 4^3$$

$$M_1 = 6 \cdot 4 - 4^2$$

$$M_1 = 8 \, tm$$

Paso 3: Cálculo de reacciones

Aplicamos ecuaciones de equilibrio:

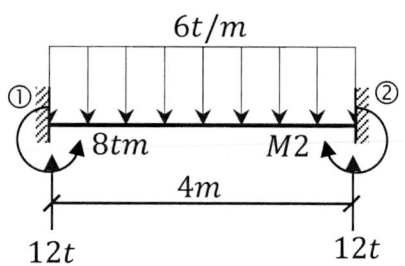

$\Sigma M_1 = 0 \circlearrowleft \oplus$

$-8 + 24 \cdot 2 + M_2 - 12 \cdot 4 = 0$

$M_2 = 8\ t$

Paso 4: Ecuaciones de esfuerzos internos

Reemplazamos M1 en la ecuación de momento.

$$M = 12 \cdot x - M_1 - 3 \cdot x^2$$

$$M = 12 \cdot x - 8 - 3 \cdot x^2$$

$$M = -3 \cdot x^2 + 12 \cdot x - 8$$

$$Q = \frac{dM}{dx} = -6 \cdot x + 12$$

Adoptamos las siguientes escalas:

$Longitud: 1\ m = 1\ cm$

$Cortante: 8\ t = 1\ cm$

$Momento: 5\ tm = 1\ cm$

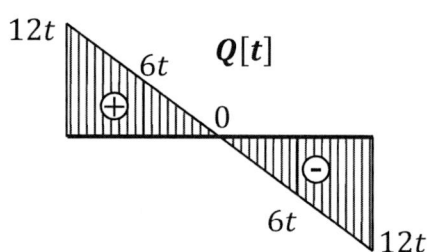

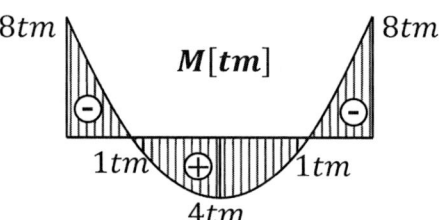

x	Q[t]	M[tm]
0	12	-8
1	6	1
2	0	4
3	-6	1
4	-12	-8

EJEMPLO 122

Para la siguiente viga:

- Calcular reacciones.
- Diagramar esfuerzos internos.
- Dibujar su deformación.
- Graficar la ecuación de giros.

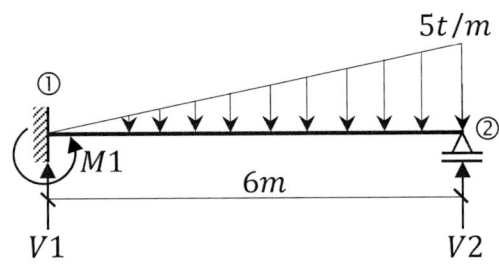

Figura 5.30 Viga hiperestática.

Datos

$$E = 2 \cdot 10^6 \frac{t}{m^2}$$

$$b/h = 20/40 \,[\text{cm}]$$

Paso 1: Ecuación de equilibrio

$\Sigma M_1 = 0 \circlearrowleft \oplus$

$-M_1 + 15 \cdot 4 - V_2 \cdot 6 = 0$

$6 \cdot V_2 + M_1 = 60$

$$V_2 = \frac{60 - M_1}{6} \quad ①$$

$\Sigma M_2 = 0 \circlearrowleft \oplus$

$V_1 \cdot 6 - 15 \cdot 2 - M_1 = 0$

$6 \cdot V_1 - M_1 = 30 \quad ②$

Paso 2: Ecuación de momento

$$\frac{q'}{x} = \frac{5}{6}$$

$$q' = \frac{5}{6} \cdot x$$

$$R' = \frac{q' \cdot x}{2} = \frac{5}{12} \cdot x^2$$

$$a_1 = \frac{x}{3}$$

$$M = V_1 \cdot x - M_1 - R' \cdot a'$$

$$M = -M_1 + V_1 \cdot x - \frac{5}{36} \cdot x^3$$

Paso 3: Ecuación de la elástica

$$E \cdot I \cdot \frac{d^2 y}{dx^2} = -M_1 + V_1 \cdot x - \frac{5}{36} \cdot x^3$$

$$E \cdot I \cdot \frac{dy}{dx} = -M_1 \cdot x + V_1 \cdot \frac{x^2}{2} - \frac{5}{144} \cdot x^4 + C_1$$

$$E \cdot I \cdot y = -M_1 \cdot \frac{x^2}{2} + V_1 \cdot \frac{x^3}{6} - \frac{x^5}{144} + C_1 \cdot x + C_2$$

1.ª *condición:* $x = 0 \;\to\; y = 0$

$$E \cdot I \cdot 0 = -M_1 \cdot \frac{0^2}{2} + V_1 \cdot \frac{0^3}{6} - \frac{0^5}{144} + C_1 \cdot 0 + C_2$$

$$C_2 = 0$$

2.ª *condición:* $x = 0 \;\to\; \dfrac{dy}{dx} = 0$

$$E \cdot I \cdot 0 = -M_1 \cdot 0 + V_1 \cdot \frac{0^2}{2} - \frac{5}{144} \cdot 0^4 + C_1$$

$$C_1 = 0$$

3.ª *condición:* $x = 6 \;\to\; y = 0$

$$E \cdot I \cdot (0) = -\frac{M_1 \cdot 6^2}{2} + \frac{V_1 \cdot 6^3}{6} - \frac{6^5}{144}$$

$$0 = -18 \cdot M_1 + 36 \cdot V_1 - 54 \qquad \div (\mathbf{18})$$

$$-M_1 + 2 \cdot V_1 = 3$$

$$2 \cdot V_1 - M_1 = 3 \;\;③$$

Resolvemos sistemas de ecuaciones ② y ③.

$$V_1 = 6{,}75 \; t$$

$$M_1 = 10{,}5 \; tm$$

Reemplazamos M_1 en ①.

$$V_2 = \frac{60 - 10{,}5}{6}$$

$$V_2 = 8{,}25 \; t$$

Paso 4: Ecuaciones de los esfuerzos internos

Reemplazamos M_1 y V_1 en la ecuación de momento flector.

$$M = -M_1 + V_1 \cdot x - \frac{5}{36} \cdot x^3$$

$$M = -10,5 + 6,75 \cdot x - \frac{5}{36} \cdot x^3$$

Para obtener el esfuerzo cortante derivamos la ecuación de momentos.

$$Q = \frac{dM}{dx} = 6,75 - \frac{15}{36} \cdot x^2$$

Paso 5: Diagrama de los esfuerzos internos

x	M	Q
0	-10,5	6,75
1	-3,889	6,333
2	1,889	5,083
3	6	3
4	7,611	0
5	5,889	-3,667
6	0	-8,25

Adoptamos las siguientes escalas:

Longitud: $1\ m = 1\ cm$

Momento: $5\ tm = 1\ cm$

Cortante: $4\ t = 1\ cm$

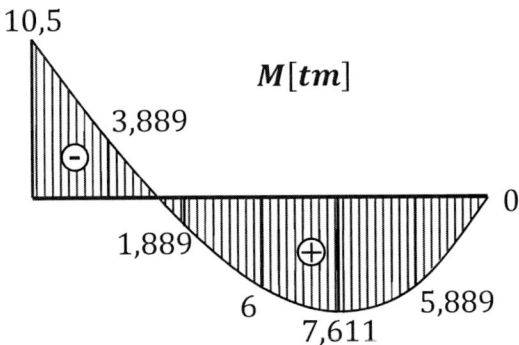

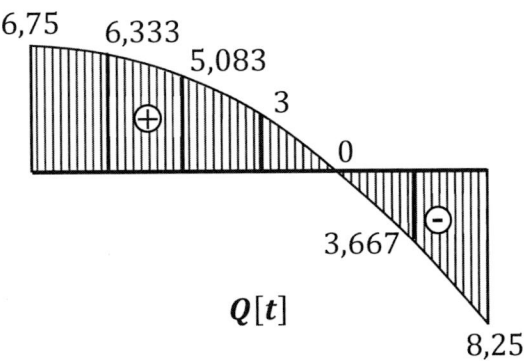

Paso 6: Deformación de la viga

$$E \cdot I = 2 \cdot 10^6 \cdot \frac{0,2 \cdot 0,4^3}{12} = 2133,333$$

Reemplazamos V_1, M_1, C_1 y C_2 en la ecuación de la elástica:

$$2133,333 \cdot y = \frac{-10,5}{2} \cdot x^2 + \frac{6,75}{6} \cdot x^3 - \frac{x^5}{144}$$

$$y = \frac{1}{2133,333} \cdot \left(\frac{-10,5}{2} \cdot x^2 + \frac{6,75}{6} \cdot x^3 - \frac{x^5}{144} \right)$$

Longitud: $1\ m = 1\ cm$

Desplazamientos: $5\ mm = 1\ cm$

x	y $[10^{-3}\text{m}]$
0	0
1	−1,937
2	−5,729
3	−8,701
4	−8,958
5	−5,778
6	0

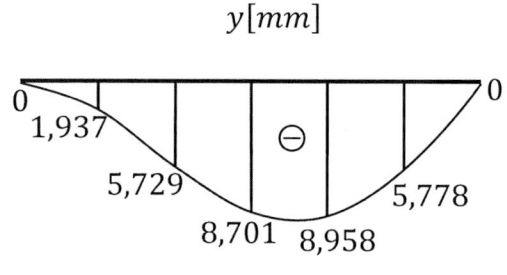

Paso 7: Variación de giros

$$2133,333 \cdot \theta = -10,5 \cdot x + \frac{6,75}{2} \cdot x^2 - \frac{5 \cdot x^4}{144}$$

$$\theta = \frac{1}{2133,333} \cdot \left(-10,5 \cdot x + \frac{6,75}{2} x^2 - \frac{5 \cdot x^4}{144} \right)$$

Longitud: $1\ m = 1\ cm$

Giros: $3 \cdot 10^{-3}\ rad = 1\ cm$

x	$\theta\,[10^{-3}\text{rad}]$
0	0
1	−3,356
2	−3,776
3	−1,846
4	1,458
5	4,769
6	6,328

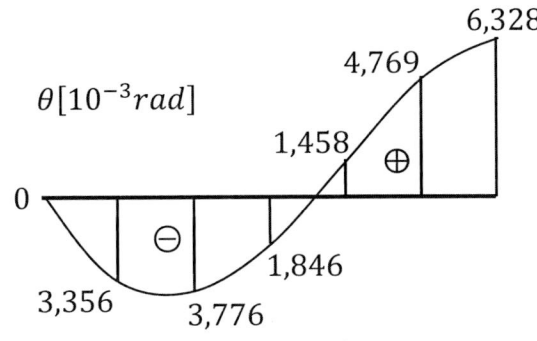

EJEMPLO 123

Para la siguiente viga, calcular reacciones y diagramar sus esfuerzos internos.

Datos

$EI = Constante$

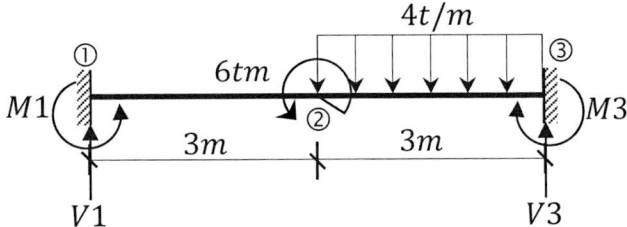

Figura 5.31 Viga hiperestática con carga distribuida y momento puntual.

Paso 1: Ecuación de momento

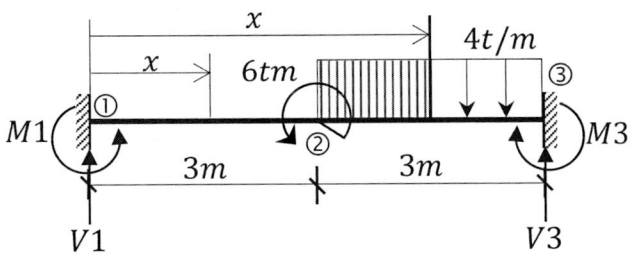

a) Tramo 1-2 ($0 \leq x \leq 3$)

Cargas a la izquierda:

$$M = V_1 \cdot x - M_1$$

b) Tramo 2-3 (3≤ x ≤ 6)

Cargas a la izquierda:

$$M = V_1 \cdot x - M_1 - 6 - 4 \cdot (x - 3) \cdot \frac{(x - 3)}{2}$$

$$M = V_1 \cdot x - M_1 - 6 - 2 \cdot (x^2 - 6 \cdot x + 9)$$

$$M = V_1 \cdot x - M_1 - 2 \cdot x^2 + 12 \cdot x - 24$$

Paso 2: Ecuación de la elástica

a) Tramo 1-2 (0 ≤ x ≤ 3)

$$E \cdot I \cdot \frac{d^2y}{dx^2} = V_1 \cdot x - M_1$$

$$E \cdot I \cdot \frac{dy}{dx} = \frac{V_1 \cdot x^2}{2} - M_1 \cdot x + C_1$$

$$E \cdot I \cdot y = \frac{V_1 \cdot x^3}{6} - \frac{M_1 \cdot x^2}{2} + C_1 \cdot x + C_2$$

b) Tramo 2-3 (3 ≤ x ≤ 6)

$$E \cdot I \cdot \frac{d^2y}{dx^2} = V_1 \cdot x - M_1 - 2 \cdot x^2 + 12 \cdot x - 24$$

$$E \cdot I \cdot \frac{dy}{dx} = \frac{V_1 \cdot x^2}{2} - M_1 \cdot x - \frac{2 \cdot x^3}{3} + 6 \cdot x^2 - 24 \cdot x + C_3$$

$$E \cdot I \cdot y = \frac{V_1 \cdot x^3}{6} - \frac{M_1 \cdot x^2}{2} - \frac{x^4}{6} + 2 \cdot x^3 - 12 \cdot x^2 + C_3 \cdot x + C_4$$

c) Condiciones de borde

$1.^{\underline{a}}\ condición:\ \ x = 0 \ \rightarrow y = 0$

$$E \cdot I \cdot 0 = \frac{V_1 \cdot 0^3}{6} - \frac{M_1 \cdot 0^2}{2} + C_1 \cdot 0 + C_2$$

$$C_2 = 0$$

$2.^{a}$ *condición*: $x = 0 \rightarrow \dfrac{dy}{dx} = 0$

$E \cdot I \cdot 0 = \dfrac{V_1 \cdot 0^2}{2} - M_1 \cdot 0 + C_1$

$C_1 = 0$

$3.^{a}$ *condición*: $x = 3 \rightarrow y_{1-2} = y_{2-3}$

$\dfrac{V_1 \cdot 3^3}{6} - \dfrac{M_1 \cdot 3^2}{2} = \dfrac{V_1 \cdot 3^3}{6} - \dfrac{M_1 \cdot 3^2}{2} - \dfrac{3^4}{6} + 2 \cdot 3^3 - 12 \cdot 3^2 + C_3 \cdot 3 + C_4$

$3 \cdot C_3 + C_4 = 67{,}5$ ①

$4.^{a}$ *condición*: $x = 3 \rightarrow \theta_{1-2} = \theta_{2-3}$

$\dfrac{V_1 \cdot 3^2}{2} - M_1 \cdot 3 = \dfrac{V_1 \cdot 3^2}{2} - M_1 \cdot 3 - \dfrac{2 \cdot 3^3}{3} + 6 \cdot 3^2 - 24 \cdot 3 + C_3$

$C_3 = 36$ ②

Sustituimos ② en ①.

$3 \cdot (36) + C_4 = 67{,}5$

$C_4 = -40{,}5$ ②

$5.^{a}$ *condición*: $x = 6 \rightarrow y = 0$.

$E \cdot I \cdot 0 = \dfrac{V_1 \cdot 6^3}{6} - \dfrac{M_1 \cdot 6^2}{2} - \dfrac{6^4}{6} + 2 \cdot 6^3 - 12 \cdot 6^2 + (36) \cdot 6 + (-40{,}5)$

$36 \cdot V_1 - 18 \cdot M_1 = 40{,}5$ ③

$6.^{a}$ *condición*: $x = 6 \rightarrow \dfrac{dy}{dx} = 0$

$E \cdot I \cdot 0 = \dfrac{V_1 \cdot 6^2}{2} - M_1 \cdot 6 - \dfrac{2 \cdot 6^3}{3} + 6 \cdot 6^2 - 24 \cdot 6 + 36$

$18 \cdot V_1 - 6 \cdot M_1 = 36$ ④

Resolvemos ③ con ④:

$V_1 = 3{,}75 \ t$

$M_1 = 5{,}25 \ tm$

7 ª condición de equilibrio:

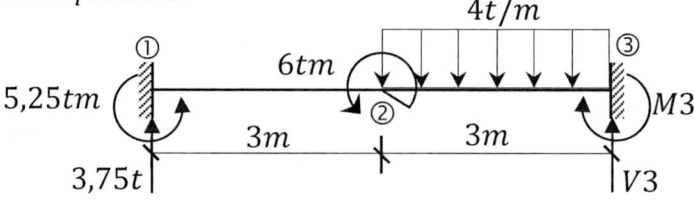

$$\Sigma F_V = 0 \uparrow \oplus$$

$$3{,}75 - (4 \cdot 3) + V_3 = 0$$

$$V_3 = 8{,}25 \ t$$

$$\Sigma M_1 = 0 \ \circlearrowleft \oplus$$

$$-5{,}25 - 6 + (4 \cdot 3) \cdot 4{,}5 - 8{,}25 \cdot 6 + M_3 = 0$$

$$M_3 = 6{,}75 \ tm \ ④$$

Paso 3: Ecuaciones de esfuerzos internos

a) Tramo 1-2 (0 ≤ x ≤ 3)

$$M = 3{,}75 \cdot x - 5{,}25$$

b) Tramo 2-3 (3 ≤ x ≤ 6)

$$M = 3{,}75 \cdot x - 5{,}25 - 2 \cdot x^2 + 12 \cdot x - 24$$

$$M = -2 \cdot x^2 + 15{,}75 \cdot x - 29{,}25$$

Para obtener el esfuerzo cortante derivamos la ecuación de momentos.

a) Tramo 1-2 (0 ≤ x ≤ 3)

$$Q = \frac{dM}{dx} = 3{,}75$$

b) Tramo 2-3 (3 ≤ x ≤ 6)

$$Q = \frac{dM}{dx} = -4 \cdot x + 15{,}75$$

Paso 4: Diagrama de esfuerzos internos

Tramo	x	M	Q
1-2	0	-5,25	3,75
	1	-1,50	3,75
	2	2,25	3,75
	3	6	3,75
2-3	3	0	3,75
	4	1,75	-0,25
	5	-0,5	-4,25
	6	-6,75	-8,25

Adoptamos las siguientes escalas:

Longitud: $1\ m = 1\ cm$

Momento: $3\ tm = 1\ cm$

Cortante: $4\ t = 1\ cm$

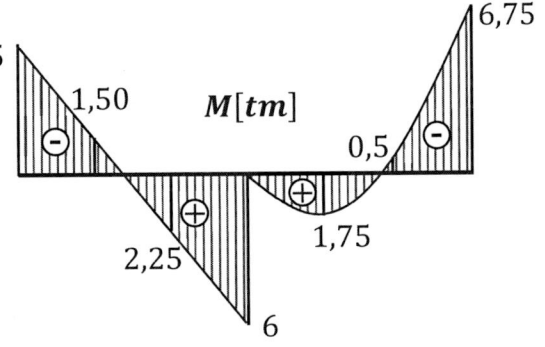

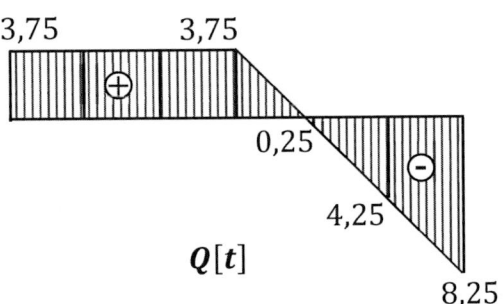

5.7. DEFORMACIONES CORTANTES

Las deformaciones cortantes son traslaciones transversales de cizallamiento que sufre un elemento tipo barra debido al esfuerzo cortante.

Su intensidad es mucho menor que la de las deformaciones producidas por el momento flector, por eso prácticamente en todos los casos suelen considerarse despreciables.

Para analizar la expresión matemática que representa esta deformación consideremos un elemento tipo barra sometido a un conjunto de fuerzas que lo mantienen en equilibrio, tal como se muestra en la figura siguiente:

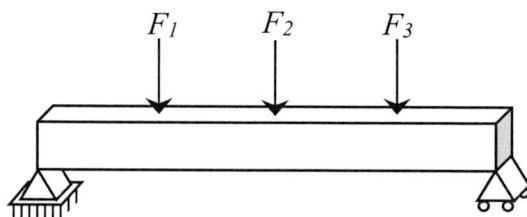

Figura 5.32 Viga de sección real con cargas puntuales.

Analicemos un elemento diferencial dx de la viga.

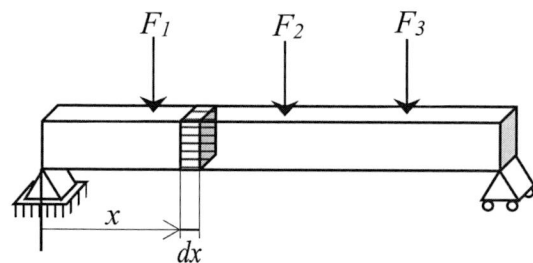

Figura 5.33 Segmento diferencial.

Deformación unitaria (ver imagen).

$$Tan(\gamma) = -\frac{d\Delta}{dx} \quad ①$$

Cuando los ángulos son muy pequeños (γ):

$$Tan(\gamma) = \gamma$$

$$\gamma = -\frac{d\Delta}{dx} \quad ②$$

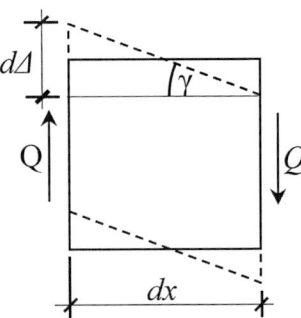

Figura 5.34 Deformación por corte.

Según la ley de Hooke para esfuerzo cortante:

$$\tau = G \cdot \gamma \quad ③$$

Sustituir ② en ③:

$$\tau = -G \cdot \frac{d\Delta}{dx} \quad ④$$

Analicemos las tensiones producidas (ver figura).

$$\tau = \frac{\kappa \cdot dQ}{dA}$$

El coeficiente k se incluye debido a la distribución no uniforme de las tensiones tangenciales.

$$dQ = \frac{\tau}{\kappa} dA \quad ⑤$$

Integramos ambos miembros:

$$Q = \int \frac{\tau}{\kappa} dA = \frac{\tau}{\kappa} \int dA$$

$$Q = \frac{\tau \cdot A}{\kappa}$$

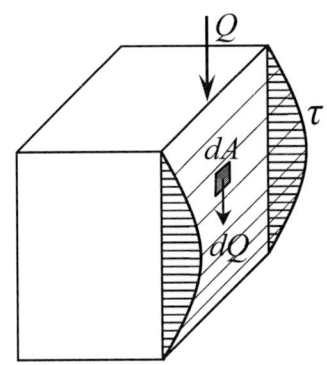

Figura 5.35 Diagrama de tensión.

Despejamos la variable τ:

$$\tau = \frac{\kappa \cdot Q}{A} \quad \text{⑥}$$

Igualamos ④ con ⑥ y despejamos dΔ:

$$-G \cdot \frac{d\Delta}{dx} = \frac{\kappa \cdot Q}{A}$$

$$d\Delta = -\frac{\kappa \cdot Q}{G \cdot A} dx$$

La ecuación diferencial que gobierna las deformaciones cortantes de un elemento tipo barra es esta:

$$\boxed{d\Delta = -\frac{\kappa \cdot Q}{G \cdot A} dx}$$

Donde:

k = Coeficiente debido a la distribución no uniforme de la tensión tangencial

Q = Esfuerzo cortante

G = Módulo de elasticidad transversal

A = Área de la sección

Para secciones rectangulares:

$$\kappa = \frac{12 + 11 \cdot \mu}{10 \cdot (1 + \mu)}$$

Donde:

μ = Coeficiente de Poisson (depende del tipo de material)

EJEMPLO 124

Para la siguiente viga, graficar sus deformaciones debidas al esfuerzo cortante.

Datos

$G = 9 \cdot 10^5 \; \dfrac{t}{m^2}$

$\mu = 0,2$

$b/h = 0,2/0,4 \; [m]$

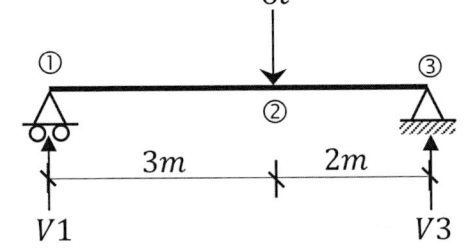

Figura 5.36 Viga simplemente apoyada.

Paso 1: Cálculo de reacciones

$\Sigma M_1 = 0 \; \circlearrowleft \oplus$

$6 \cdot 3 - V_3 \cdot 5 = 0$

$V_3 = 3,6 \; t$

$\Sigma F_V = 0 \uparrow \oplus$

$V_1 - 6 + 3,6 = 0$

$V_1 = 2,4 \; t$

Paso 2: Esfuerzos cortantes

$$Q_{1-2} = 2,4$$

$$Q_{2-3} = 2,4 - 6 = -3,6$$

Paso 3: Deformaciones cortantes

Cálculo del coeficiente k:

$$k = \frac{12 + 11 \cdot \mu}{10 \cdot (1 + \mu)} = \frac{12 + 11 \cdot 0,2}{10 \cdot (1 + 0,2)} = 1,183$$

Ecuación diferencial:

$$G \cdot A = 9 \cdot 10^5 \cdot (0,2 \cdot 0,4) = 72000$$

a) Tramo 1-2 $(0 \leq x \leq 3)$

$$d\Delta = -\frac{k \cdot Q}{G \cdot A} \cdot dx$$

$$d\Delta = -\frac{1{,}183 \cdot 2{,}4}{72000} \cdot dx$$

$$\Delta = -3{,}943 \cdot 10^{-5} \cdot x + C_1 \quad ①$$

b) Tramo 2-3 $(3 \leq x \leq 5)$

$$d\Delta = -\frac{1{,}183 \cdot (-3{,}6)}{72000} \cdot dx$$

$$\Delta = 5{,}915 \cdot 10^{-5} \cdot x + C_2 \quad ②$$

c) Condiciones de borde

$$1.^{\underline{a}} \; condición: x = 0 \;\rightarrow \Delta = 0$$

$$0 = -3{,}943 \cdot 10^{-5} \cdot 0 + C_1$$

$$\therefore C_1 = 0$$

$$2.^{\underline{a}} \; condición: x = 5 \;\rightarrow \Delta = 0$$

$$0 = 5{,}915 \cdot 10^{-5} \cdot 5 + C_2$$

$$\therefore C_2 = -2{,}958 \cdot 10^{-4}$$

d) Ecuaciones finales

Reemplazamos C_1 y C_2 en las ecuaciones ① y ②.

$$\Delta_{1-2} = -3{,}943 \cdot 10^{-5} \cdot x$$

$$\Delta_{2-3} = 5{,}915 \cdot 10^{-5} \cdot x - 2{,}958 \cdot 10^{-4}$$

Paso 4: Representación gráfica de la deformación

Adoptamos las siguientes escalas:

$Longitud: 1 \, m = 1 \, cm$

$Desplazamientos: 0{,}03 \, mm = 1 \, cm$

Tramo	x	Δ [m]	Δ [mm]
1-2	0	0	0
	1	-3,943·10⁻⁵	-0,03943
	2	-7,886·10⁻⁵	-0,07886
	3	-11,830·10⁻⁵	-0,1183
2-3	3	-11,830·10⁻⁵	-0,1183
	4	-5,92·10⁻⁵	-0,0592
	5	0	0

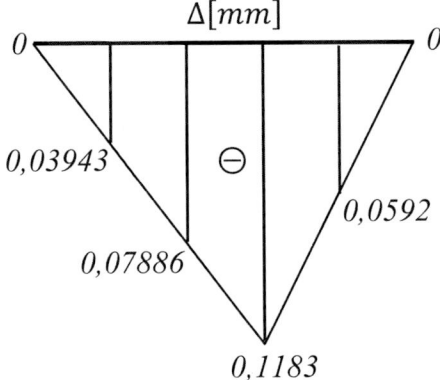

EJEMPLO 125

Para la siguiente viga, graficar sus deformaciones debidas al esfuerzo cortante.

Datos

$G = 8 \cdot 10^5 \ \dfrac{t}{m^2}$

$\mu = 0,25$

$b/h = 0,2/0,5 \ [m]$

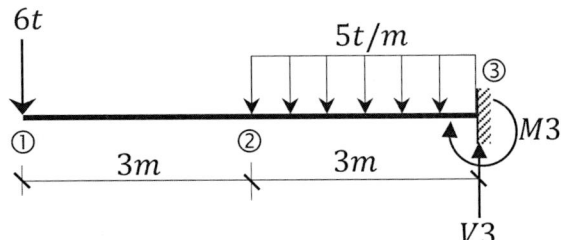

Figura 5.37 Viga en voladizo.

Paso 1: *Esfuerzos cortantes*

$$Q_{1-2} = -6$$

$$Q_{2-3} = -6 - 5 \cdot (x - 3) = -5 \cdot x + 9$$

Paso 2: *Deformaciones cortantes*

Cálculo del coeficiente k:

$$k = \frac{12 + 11 \cdot \mu}{10 \cdot (1 + \mu)} = \frac{12 + 11 \cdot 0{,}25}{10 \cdot (1 + 0{,}25)} = 1{,}18$$

Ecuación diferencial:

$$G \cdot A = 8 \cdot 10^5 \cdot (0{,}2 \cdot 0{,}5) = 80\,000$$

a) Tramo 1-2 (0 ≤ x ≤ 3)

$$d\Delta = -\frac{k \cdot Q}{G \cdot A} \cdot dx$$

$$d\Delta = -\frac{1{,}18 \cdot (-6)}{80\,000} \cdot dx$$

$$\Delta = 8{,}85 \cdot 10^{-5} \cdot x + C_1 \;\; ①$$

b) Tramo 2-3 (3 ≤ x ≤ 6)

$$d\Delta = -\frac{1{,}18 \cdot (-5 \cdot x + 9)}{80\,000} \cdot dx$$

$$d\Delta = (7{,}375 \cdot 10^{-5} \cdot x - 13{,}275 \cdot 10^{-5}) \cdot dx$$

$$\Delta = 3{,}6875 \cdot 10^{-5} \cdot x^2 - 13{,}275 \cdot 10^{-5} \cdot x + C_2 \;\; ②$$

c) Condiciones de borde

$1.^{a}\ condición\colon x = 6 \;\rightarrow\; \Delta = 0$

$$0 = 3{,}6875 \cdot 10^{-5} \cdot 6^2 - 13{,}275 \cdot 10^{-5} \cdot 6 + C_2$$

$$\therefore C_2 = -5{,}31 \cdot 10^{-4}$$

$2.^{a}\ condición\colon x = 3 \;\rightarrow\; \Delta_{1-2} = \Delta_{2-3}$

$$8{,}85 \cdot 10^{-5} \cdot 3 + C_1 = 3{,}6875 \cdot 10^{-5} \cdot 3^2 - 13{,}275 \cdot 10^{-5} \cdot 3 - 5{,}31 \cdot 10^{-4}$$

$$\therefore C_1 = -8{,}629 \cdot 10^{-4}$$

d) Ecuaciones finales

Reemplazamos C_1 y C_2 en las ecuaciones ① y ②.

$$\Delta = 8{,}85 \cdot 10^{-5} \cdot x - 8{,}629 \cdot 10^{-4}$$

$$\Delta = 3{,}6875 \cdot 10^{-5} \cdot x^2 - 13{,}275 \cdot 10^{-5} \cdot x - 5{,}31 \cdot 10^{-4}$$

Paso 3: Representación gráfica de la deformación

Adoptamos las siguientes escalas:

Longitud: $1\ m = 1\ cm$

Desplazamientos: $0{,}4\ mm = 1\ cm$

Tramo	x	Δ [m]	Δ [mm]
1-2	0	$-8{,}629 \cdot 10^{-4}$	-0,8629
	1	$-7{,}744 \cdot 10^{-4}$	-0,7744
	2	$-6{,}859 \cdot 10^{-4}$	-0,6859
	3	$-5{,}974 \cdot 10^{-4}$	-0,5974
2-3	3	$-5{,}974 \cdot 10^{-4}$	-0,5974
	4	$-4{,}72 \cdot 10^{-4}$	-0,472
	5	$-2{,}729 \cdot 10^{-4}$	-0,2729
	6	0	0

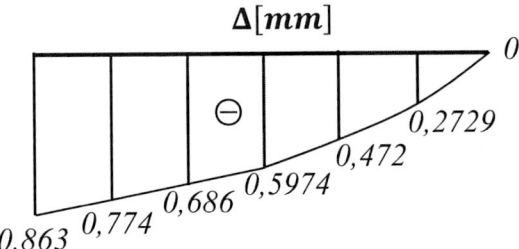

EJEMPLO 126

Calcular el máximo desplazamiento vertical según el esfuerzo cortante para la siguiente barra en voladizo. No considere el peso propio.

Datos

$G = 8,5 \cdot 10^5 \, \dfrac{t}{m^2}$

$\mu = 0,25$

$b/h = 0,2/0,3 \; [m]$

$B/H = 0,2/0,5 \; [m]$

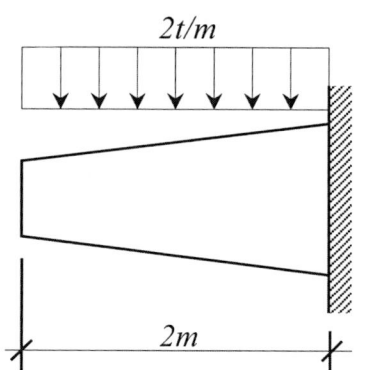

Figura 5.38 Viga de sección variable.

Paso 1: Esfuerzo cortante

$$Q = -2 \cdot x$$

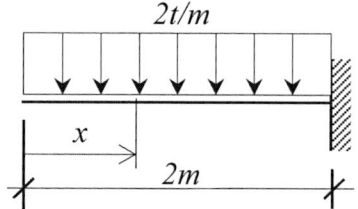

Paso 2: Cálculo de área variable

$$A_x = b \cdot h_x$$

La altura de la sección presenta una variación lineal:

$$h_x = m \cdot x + n$$

Aplicamos condiciones de contorno:

$1^{\underline{a}} \; condición: x = 0 \rightarrow h_x = 0,3$

$0,3 = m \cdot 0 + n$

$n = 0,3$

$2^{\underline{a}}$ *condición*: $x = 2 \rightarrow h_x = 0,5$

$0,5 = m \cdot 2 + 0,3$

$m = 0,1$

La altura variable de la sección es:

$$h_x = 0,1 \cdot x + 0,3$$

El área de la sección es:

$$\therefore A_x = 0,2 \cdot (0,1 \cdot x + 0,3) = 0,02 \cdot x + 0,06$$

Paso 3: Ecuación diferencial

$$d\Delta = \frac{k \cdot Q \cdot dx}{G \cdot A}$$

Cálculo del coeficiente k:

$$\kappa = \frac{12 + 11 \cdot \mu}{10 \cdot (1 + \mu)}$$

$$\kappa = \frac{12 + 11 \cdot 0.25}{10 \cdot (1 + 0.25)}$$

$$k = 1,18$$

Ecuación diferencial de los desplazamientos:

$$d\Delta = -\frac{1,18 \cdot (-2 \cdot x)}{8,5 \cdot 10^5 \cdot (0,02 \cdot x + 0,06)} dx$$

$$\Delta = \int \frac{1,18 \cdot (2 \cdot x)}{8,5 \cdot 10^5 \cdot (0,02 \cdot x + 0,06)} dx$$

$$\Delta = \frac{1,18 \cdot (2)}{8,5 \cdot 10^5 \cdot 0,02} \int \frac{x}{x + 3} dx$$

$$\Delta = \frac{1,18 \cdot 2}{8,5 \cdot 10^5 \cdot 0,02} \int \left(1 - \frac{3}{x + 3}\right) dx$$

$$\Delta = \frac{118}{8,5 \cdot 10^5} (x - 3 \cdot Ln|x + 3|) + c$$

Condiciones de borde:

$$Cuando \ \ x = 2 \ \rightarrow \Delta = 0$$

$$0 = \frac{118}{8,5 \cdot 10^5} \cdot \left(2 - 3 \cdot Ln|2 + 3|\right) + c$$

$$c = -\frac{118}{8,5 \cdot 10^5} \cdot \left(2 - 3 \cdot Ln|5|\right)$$

Ecuación de la deformada:

$$\Delta = \frac{118}{8,5 \cdot 10^5} \cdot \left(x - 3 \cdot Ln|x + 3|\right) - \frac{118}{8.5 \cdot 10^5} \cdot \left(2 - 3 \cdot Ln|5|\right)$$

$$\Delta = \frac{118}{8,5 \cdot 10^5} \cdot \left(x - 2 - 3 \cdot Ln|x + 3| + 3 \cdot Ln|5|\right)$$

$$\Delta = \frac{118}{8,5 \cdot 10^5} \cdot \left(x - 2 - 3 \cdot Ln\left|\frac{x + 3}{5}\right|\right)$$

Paso 4: Desplazamiento máximo

El máximo desplazamiento vertical se produce en x = 0.

$$\Delta = \frac{118}{8,5 \cdot 10^5} \cdot \left(0 - 2 - 3 \cdot Ln\left|\frac{0 + 3}{5}\right|\right)$$

$$\Delta = -6,5 \cdot 10^{-5}m \cdot \frac{1000 \ mm}{1 \ m} = -0,065mm$$

$$\Delta = -6,5 \cdot 10^{-5}m \cdot \frac{1000mm}{1m} = -0,065mm$$

Paso 5: Representación gráfica del resultado

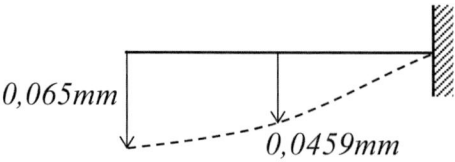

0,065mm

0,0459mm

CAPÍTULO 6

VIGAS HIPERESTÁTICAS CONTINUAS

6.1. INTRODUCCIÓN

Las vigas hiperestáticas continuas son elementos estructurales muy comunes y forman parte de muchas obras civiles, como, por ejemplo:

- Son parte importante del esqueleto resistente de los edificios; su función principal es servir de apoyo a losas y muros.
- Están en puentes, viaductos y pasos a desnivel; son parte fundamental de los elementos que sustentan la losa por donde circulan los vehículos.
- Están en naves industriales; se las encuentra como vigas de gran longitud que sirven de sustento a la viga móvil sobre la cual se desplaza el tren grúa.

La importancia que tienen estos elementos en diversos sistemas estructurales hace que pongamos mucha atención en el aprendizaje de métodos que nos permitan calcular sus reacciones y esfuerzos internos de una manera práctica y sencilla, por lo cual en este capítulo se estudiará la ecuación de los tres momentos como alternativa para su solución.

6.2. VIGA HIPERESTÁTICA CONTINUA

Una viga es hiperestática cuando el número de sus reacciones es superior al número de ecuaciones de equilibrio estático que pueden aplicase sobre ella. Una viga es continua cuando está afectada únicamente por cargas verticales, carece de articulaciones y posee una sección única y un solo material. Veamos los siguientes ejemplos de vigas hiperestáticas continuas.

Viga apoyada: Contiene únicamente apoyos fijos y móviles.

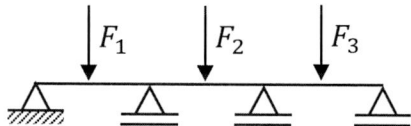

Figura 6.1 Viga hiperestática con apoyo fijo y móviles.

Viga empotrada: Admite uno o dos apoyos empotrados en sus extremos.

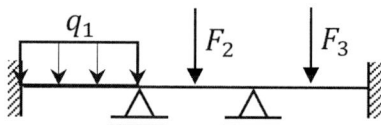

Figura 6.2 Viga hiperestática con apoyos empotrados.

Viga con voladiza: Admite uno o dos tramos en voladizos.

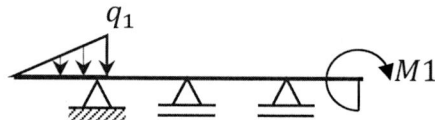

Figura 6.3 Viga hiperestática con voladizos.

6.3. CONCEPTOS PRELIMINARES

6.3.1. Desviación tangencial

Es la distancia vertical que existe entre el punto A de una curva y = f(x) con la tangente que pasa por un punto B de la misma función. Esta distancia es positiva cuando el punto A queda por encima de la tangente en B y negativa en caso contrario. Véanse las siguientes figuras:

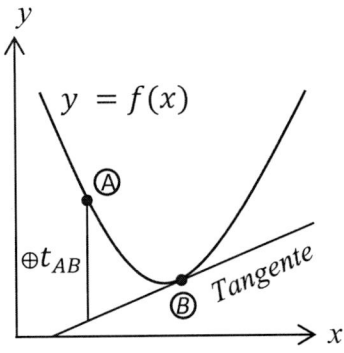
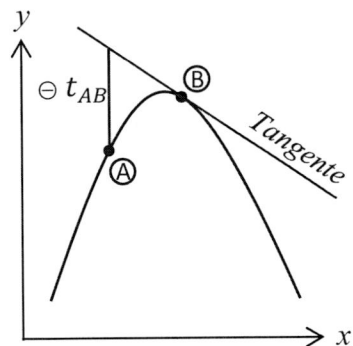

Figura 6.4 Signo de la desviación tangencial.

6.3.2. Coordenada x_G del centro de gravedad

La coordenada x_G del área debajo de una curva o función y = f(x) se determina a partir del análisis de momento estático con respecto al eje y, tal como se muestra a continuación.

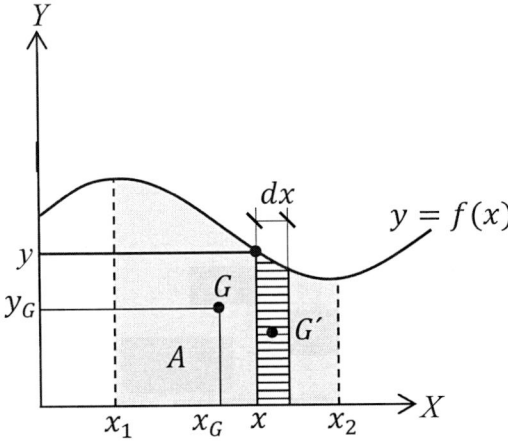

Figura 6.5 Centro de gravedad
bajo la curva y = f(x).

Momento estático en y de toda el área:

$$S_y = A \cdot x_G \quad ①$$

Momento estático en y del área diferencial:

$$dA = y \cdot dx \quad ②$$

$$dS_y = dA \cdot \left(x + \frac{dx}{2}\right)$$

$$dS_y = dA \cdot x + dA \cdot \frac{dx}{2}$$

El diferencial de segundo orden es despreciable frente al de primer orden:

$$dS_y = dA \cdot x \quad ③$$

Reemplazamos ② en ③:

$$dS_y = y \cdot dx \cdot x$$

Integramos ambos miembros:

$$\int dS_y = \int y \cdot dx \cdot x$$

$$S_y = \int_{x_1}^{x_2} y \cdot x \cdot dx$$

$$y = f(x)$$

$$S_y = \int_{x_1}^{x_2} f(x) \cdot x \cdot dx \quad ④$$

Igualamos ① con ④:

$$A \cdot x_G = \int_{x_1}^{x_2} f(x) \cdot x \cdot dx \quad ⑤$$

Las funciones donde se aplica esta fórmula son diagramas de momento, por lo tanto, la expresión anterior se transforma así:

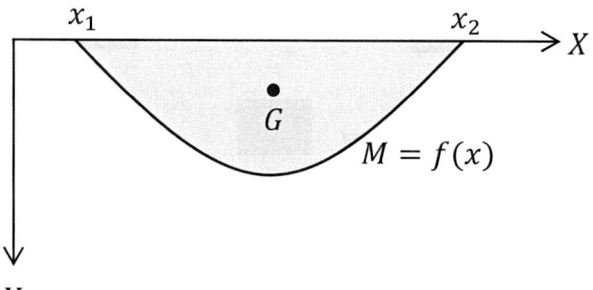

Figura 6.6 Diagrama de momento.

$$A_M \cdot x_G = \int_{x_1}^{x_2} M \cdot x \cdot dx$$

6.3.3. Teorema de área de momento para desviación tangencial

Se necesita calcular la desviación tangencial del punto A con respecto al punto B para la siguiente viga deformada, para lo cual analizaremos la deformación de una porción de la viga de longitud dx.

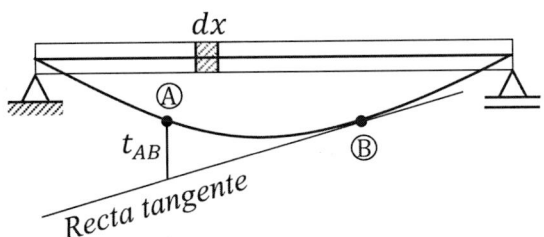

Figura 6.7 Desviación tangencial del punto A respecto a B.

La ley de Hooke:

$\sigma = E \cdot \varepsilon$ ①

Analizamos la deformación de la fibra central ds.

De la figura mostrada tenemos:

$\Delta L = y \cdot d\theta$ ②

La deformación unitaria es:

$\varepsilon = \dfrac{\Delta L}{ds}$ ③

Sustituir ② en ③:

$\varepsilon = y \cdot \dfrac{d\theta}{ds}$ ④

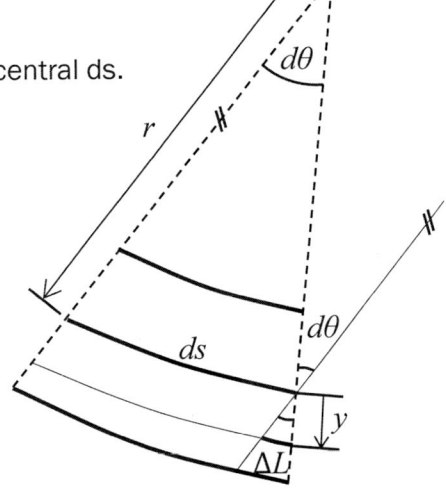

Figura 6.8 Segmento de viga deformado.

Si aplicamos el teorema de Pitágoras en la figura:

$ds^2 = dx^2 + dy^2$

Despejamos ds:

$ds = \sqrt{dx^2 + dy^2}$

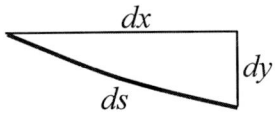

Figura 6.9 Elemento diferencial.

Factorizamos dx de la raíz:

$$ds = \sqrt{dx^2 \cdot \left[1 + \left(\frac{dy}{dx}\right)^2\right]} = dx\sqrt{1 + \left(\frac{dy}{dx}\right)^2}$$

La pendiente dy/dx tiende a cero:

$$ds \simeq dx\sqrt{1 + 0^2}$$

$$ds \simeq dx \quad ⑤$$

Sustituir ⑤ en ④:

$$\varepsilon = y \cdot \frac{d\theta}{dx} \quad ⑥$$

Analizamos la tensión axial debida al momento flector (ver figura).

$$\sigma = \frac{dF}{dA}$$

Despejamos dF:

$$dF = \sigma \cdot dA \quad ⑦$$

De la figura tenemos:

$$dM = dF \cdot y \quad ⑧$$

Sustituir ⑦ en ⑧:

$$dM = \sigma \cdot dA \cdot y \quad ⑨$$

Sustituir ① en ⑨:

$$dM = E \cdot \varepsilon \cdot y \cdot dA \quad ⑩$$

Sustituir ⑥ en ⑩:

$$dM = E \cdot y\frac{d\theta}{dx} \cdot y \cdot dA$$

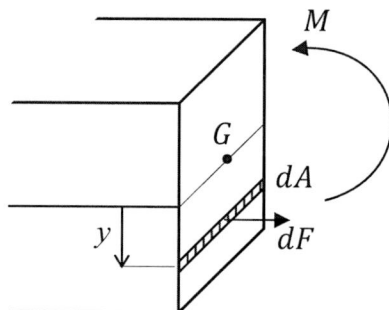

Figura 6.10 Análisis de tensión.

Integramos ambos miembros:

$$\int dM = \int E \cdot \frac{d\theta}{dx} \cdot y^2 \cdot dA$$

$$M = E \cdot \frac{d\theta}{dx} \cdot \int y^2 dA$$

Sabiendo que $I_X = \int y^2 dA$, tenemos:

$$M = E \cdot \frac{d\theta}{dx} \cdot I_X$$

Despejamos dθ:

$$d\theta = \frac{M}{E \cdot I_X} \cdot dx \quad \text{⑪}$$

Analicemos la desviación tangencial, t_{AB}, en la siguiente figura a partir de un elemento diferencial dx.

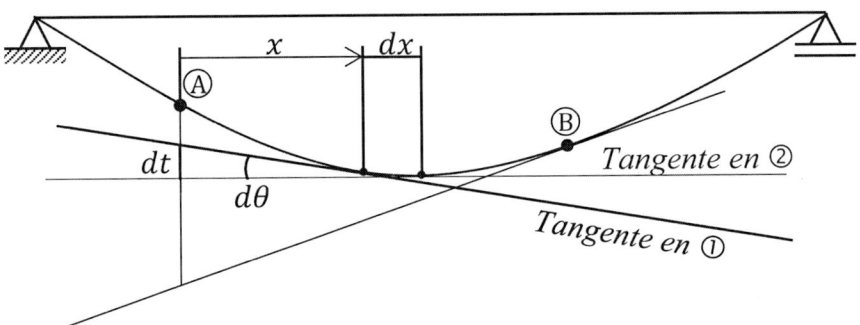

Figura 6.11 Análisis diferencial de la desviación tangencial.

$$Tag(d\theta) = \frac{dt}{x + \dfrac{dx}{2}}$$

Como $d\theta \to 0 \Rightarrow Tag(d\theta) = d\theta$

$$d\theta = \frac{dt}{x + \dfrac{dx}{2}}$$

$$d\theta \cdot \left(x + \frac{dx}{2}\right) = dt$$

$$dt = x \cdot d\theta + d\theta \cdot \frac{dx}{2}$$

Los diferenciales de segundo orden son despreciables frente a los diferenciales de primer orden.

$$dt = x \cdot d\theta \quad \text{⑫}$$

Sustituir ⑪ en ⑫:

$$dt = x \cdot \frac{M}{E \cdot I_X} \cdot dx$$

Integramos ambos miembros desde A hasta B.

$$\int dt = \int x \cdot \frac{M}{E \cdot I_X} \cdot dx$$

$$t_{AB} = \frac{1}{E \cdot Ix} \cdot \int_A^B M \cdot x \cdot dx$$

De la sección 3.2 de este capítulo obtenemos lo siguiente:

$$\int_A^B M \cdot x \cdot dx = (A_M)_{AB} \cdot X_A$$

Por lo tanto:

$$t_{AB} = \frac{1}{E \cdot Ix} \cdot [(A_M)_{AB} \cdot X_A]$$

$$\boxed{t_{AB} = \frac{(A_M)_{AB} \cdot X_A}{E \cdot Ix}}$$

Donde:

t_{AB} = Desviación tangencial del punto A con respecto a la tangente en B

$(A_M)_{AB}$ = Área de momento desde el punto A hasta el punto B

X_A = Coordenada x del baricentro de A_M desde el punto A

E = Módulo de elasticidad

I_X = Momento de inercia en x

EJEMPLO 127

Calcular la desviación tangencial AB y BA de la curva elástica.

Datos

$E = 2 \cdot 10^6 \ t/m^2$

$b/h = 20/40 \ [cm]$

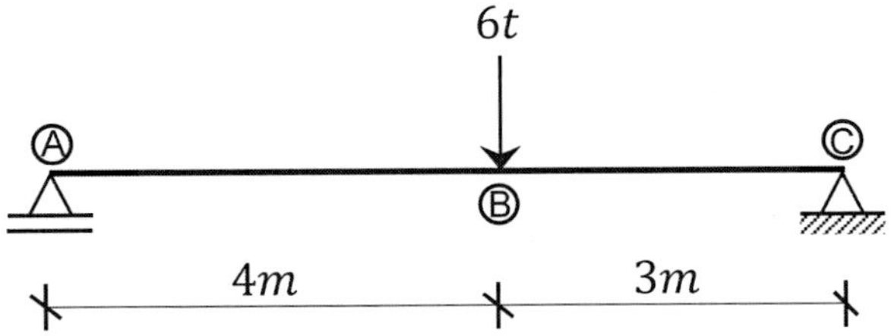

Figura 6.12 Viga simplemente apoyada.

Paso 1: Desviación tangencial AB

Diagrama de momento:

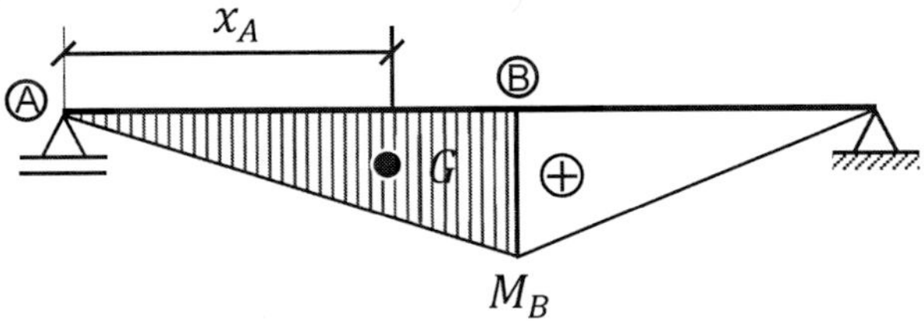

$$M_B = \frac{P \cdot a \cdot b}{L} = \frac{6 \cdot 4 \cdot 3}{7} = 10{,}286 \ tm$$

$$(A_M)_{AB} = \frac{4 \cdot 10{,}286}{2} = 20{,}572$$

$$x_A = \frac{2}{3} \cdot (4) = \frac{8}{3}$$

$$E \cdot I_x = 2 \cdot 10^6 \cdot \frac{0{,}2 \cdot 0{,}4^3}{12} = 2133{,}333$$

$$t_{AB} = \frac{(A_M)_{AB} \cdot X_A}{E \cdot Ix}$$

$$t_{AB} = \frac{20{,}572 \cdot \frac{8}{3}}{2133{,}333} = 0{,}0257 \ m$$

Representación gráfica:

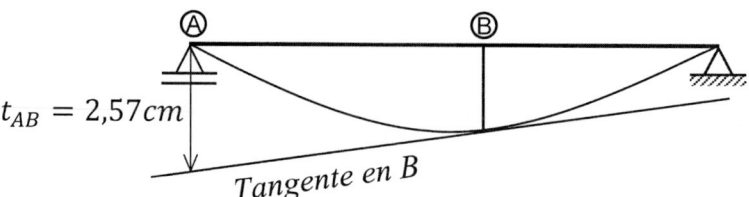

$t_{AB} = 2,57cm$

Tangente en B

Paso 2: Desviación tangencial BA

Diagrama de momento:

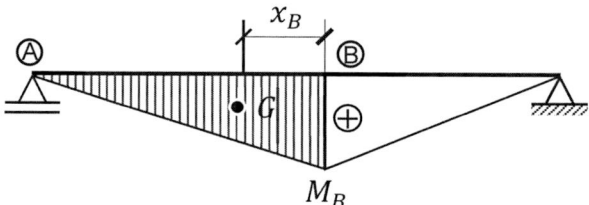

M_B

$$M_B = \frac{P \cdot a \cdot b}{L} = \frac{6 \cdot 4 \cdot 3}{7} = 10{,}286 \; tm$$

$$(A_M)_{BA} = \frac{4 \cdot 10{,}286}{2} = 20{,}572$$

$$x_B = \frac{1}{3} \cdot (4) = \frac{4}{3}$$

$$E \cdot I_x = 2 \cdot 10^6 \cdot \frac{0{,}2 \cdot 0{,}4^3}{12} = 2133{,}333$$

$$t_{BA} = \frac{(A_M)_{AB} \cdot X_B}{E \cdot Ix}$$

$$t_{BA} = \frac{20{,}572 \cdot \dfrac{4}{3}}{2133{,}333} = 0{,}0129 \; m$$

Representación gráfica:

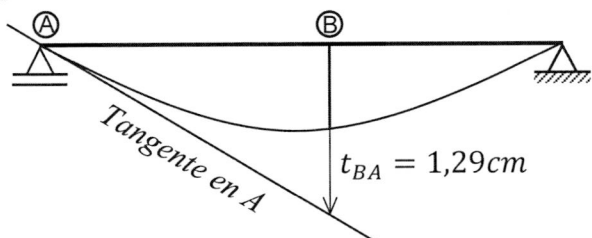

EJEMPLO 128

Calcular la desviación tangencial 1-2 y 2-1.

Datos

$E = 2 \cdot 10^6 \dfrac{t}{m^2}$

$b/h = 20\ cm/40\ cm$

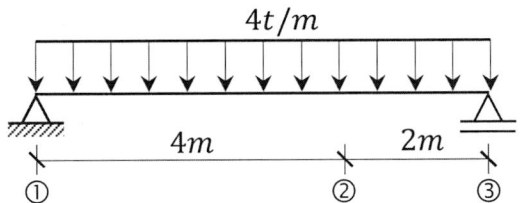

Figura 6.13 Viga con carga rectangular.

Paso 1: Ecuación de momento

Las reacciones por simetría son iguales.

$$V_1 = V_3 = \frac{4 \cdot 6}{2} = 12\ t$$

La ecuación de momento es esta:

$$M = 12 \cdot x - 2 \cdot x^2$$

Paso 2: Cálculo de la desviación tangencial t_{1-2}

$$(A_M)_{1-2} = \int_0^L M \cdot dx$$

$$(A_M)_{1-2} = \int_0^4 (12 \cdot x - 2 \cdot x^2)dx = 53,333\ m^2$$

$$x_{G1} = \frac{1}{A} \cdot \int_0^L (M \cdot x)dx$$

$$x_{G1} = \frac{1}{53,333} \cdot \int_0^4 [(12 \cdot x - 2 \cdot x^2) \cdot x]dx = 2,4\ m$$

$$E \cdot I_x = 2 \cdot 10^6 \cdot \frac{0,2 \cdot 0,4^3}{12} = 2133,333$$

$$t_{1-2} = \frac{(A_M)_{1-2} \cdot x_{G1}}{E \cdot Ix}$$

$$t_{1-2} = \frac{53,333 \cdot 2,4}{2133,333} = 0,06\ m = 6\ cm$$

Paso 3: Cálculo de la desviación tangencial t_{2-1}

$$x_{G2} = 4 - x_{G1}$$

$$x_{G2} = 4 - 2,4 = 1,6\ m$$

$$t_{2-1} = \frac{(A_M)_{1-2} \cdot x_{G2}}{E \cdot Ix}$$

$$t_{2-1} = \frac{53,333 \cdot 1,6}{2133,333} = 0,04\ m = 4\ cm$$

6.4. ECUACIÓN DE LOS TRES MOMENTOS PARA VIGAS HIPERESTÁTICAS CONTINUAS

Supongamos que tenemos una viga simplemente apoyada en estado de equilibrio y afectada por una carga cualquiera. Seleccione de esta viga tres puntos arbitrarios y analicemos su deformación. Véase la siguiente figura:

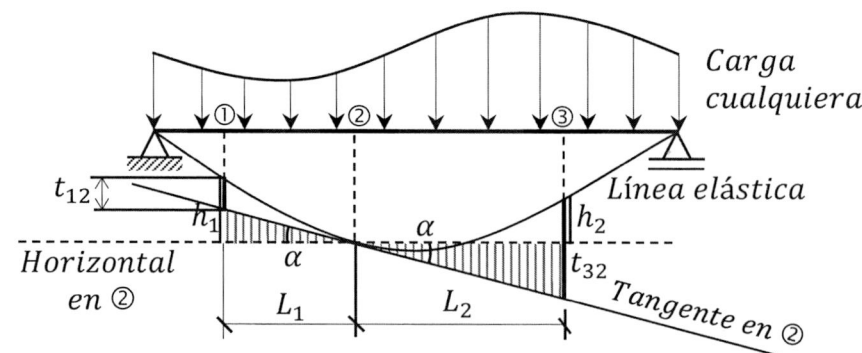

Figura 6.14 Desviación tangencial de ①, ② y ③.

$$tan\alpha = tan\alpha$$

$$\frac{h_1 - t_{12}}{L_1} = \frac{t_{32} - h_2}{L_2}$$

$$\frac{t_{12}}{L_1} + \frac{t_{32}}{L_2} = \frac{h_1}{L_1} + \frac{h_2}{L_2} \quad ①$$

Analicemos las desviaciones tangenciales t_{12} y t_{32}, para lo cual analizaremos los tramos 1-2 y 2-3 de manera aislada.

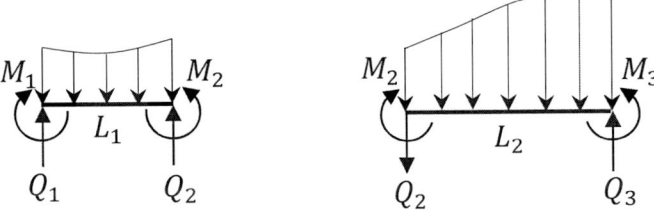

Figura 6.15 Segmentación de la viga.

Los esfuerzos cortantes se transforman en apoyos de primera especie.

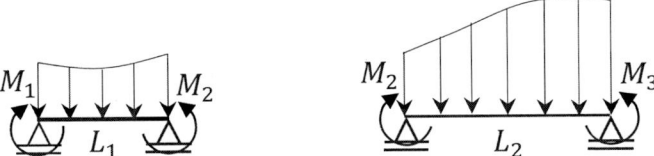

Figura 6.16 Representación de los esfuerzos de corte por apoyos móviles.

Descomponemos los sistemas anteriores según el principio de superposición de efectos:

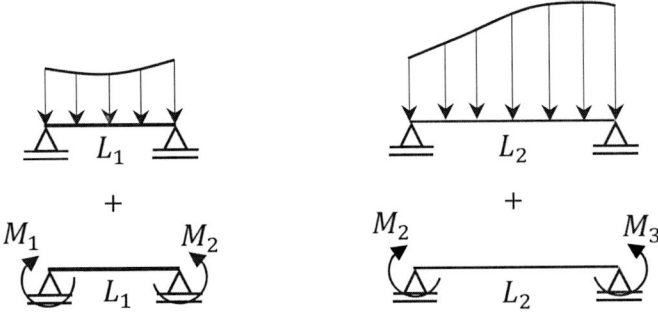

Figura 6.17 Descomposición de efectos.

Realizamos el diagrama de momentos de cada uno de los sistemas anteriores:

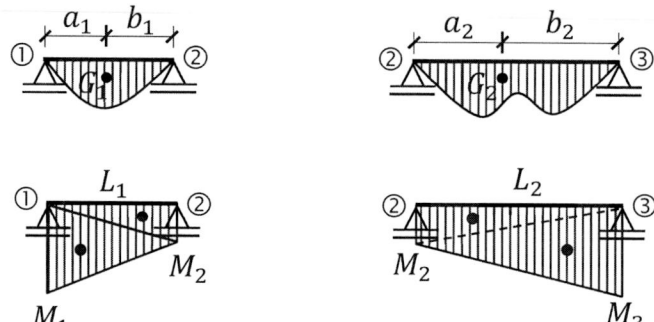

Figura 6.18 Diagramas de momento.

Aplicar el teorema de área de momento:

$$t_{AB} = \frac{(A_M)_{AB} \cdot X_A}{E \cdot Ix}$$

$$t_{12} = \frac{1}{E \cdot Ix} \cdot \left[A_1 \cdot a_1 + \left(\frac{M_2 \cdot L_1}{2} \right) \cdot \frac{2}{3} \cdot L_1 + \left(\frac{M_1 \cdot L_1}{2} \right) \cdot \frac{L_1}{3} \right] \quad \text{②}$$

$$t_{12} = \frac{1}{E \cdot Ix} \cdot \left[A_1 \cdot a_1 + \frac{M_1 \cdot L_1^2}{6} + \frac{M_2 \cdot L_1^2}{3} \right] \quad \text{③}$$

$$t_{32} = \frac{1}{E \cdot Ix} \cdot \left[A_2 \cdot b_2 + \left(\frac{M_2 \cdot L_2}{2} \right) \cdot \frac{2}{3} L_2 + \left(\frac{M_3 \cdot L_2}{2} \right) \cdot \frac{L_2}{3} \right] \quad \text{④}$$

$$t_{32} = \frac{1}{E \cdot Ix} \cdot \left[A_2 \cdot b_2 + \frac{M_2 \cdot L_2^2}{3} + \frac{M_3 \cdot L_2^2}{6} \right] \quad \text{⑤}$$

Sustituir ②, ③, ④ y ⑤ en ①:

$$\frac{1}{L_1} \cdot \frac{1}{E \cdot Ix} \cdot \left[A_1 \cdot a_1 + \frac{M_1 \cdot L_1^2}{6} + \frac{M_2 \cdot L_1^2}{3} \right] +$$

$$+ \frac{1}{L_2} \cdot \frac{1}{E \cdot Ix} \cdot \left[A_2 \cdot b_2 + \frac{M_2 \cdot L_2^2}{3} + \frac{M_3 \cdot L_2^2}{6} \right] = \left(\frac{h_1}{L_1} + \frac{h_2}{L_2} \right)$$

Multiplicamos por E · Ix.

$$\frac{A_1 \cdot a_1}{L_1} + \frac{M_1 \cdot L_1}{6} + \frac{M_2 \cdot L_1}{3} + \frac{A_2 \cdot b_2}{L_2} + \frac{M_2 \cdot L_2}{3} + \frac{M_3 \cdot L_2}{6} =$$

$$= E \cdot Ix \cdot \left(\frac{h_1}{L_1} + \frac{h_2}{L_2}\right)$$

Multiplicamos por 6.

$$\frac{6A_1 \cdot a_1}{L_1} + M_1 \cdot L_1 + 2M_2 \cdot L_1 + \frac{6A_2 \cdot b_2}{L_2} + 2M_2 \cdot L_2 + M_3 \cdot L_2 = 6EIx\left(\frac{h_1}{L_1} + \frac{h_2}{L_2}\right)$$

$$M_1 \cdot L_1 + 2M_2 \cdot (L_1 + L_2) + M_3 \cdot L_2 + \frac{6A_1 \cdot a_1}{L_1} + \frac{6A_2 \cdot b_2}{L_2} = 6EIx\left(\frac{h_1}{L_1} + \frac{h_2}{L_2}\right)$$

Si aplicamos la fórmula anterior a una viga hiperestática continua en los puntos de apoyos, entonces $h_1 = h_2 = 0$.

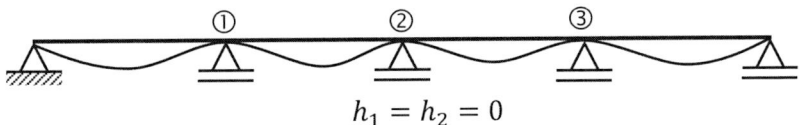

$$h_1 = h_2 = 0$$

Figura 6.19 Viga deformada por flexión.

La ecuación de los tres momentos para resolver vigas hiperestáticas continuas es la siguiente:

$$M_1 \cdot L_1 + 2 \cdot M_2 \cdot (L_1 + L_2) + M_3 \cdot L_2 + \frac{6 \cdot A_1 \cdot a_1}{L_1} + \frac{6 \cdot A_2 \cdot b_2}{L_2} = 0$$

EJEMPLO 129

Deducir para la siguiente carga las fórmulas:

$$\frac{6 \cdot Ai \cdot ai}{Li}$$

$$\frac{6 \cdot Ai \cdot bi}{Li}$$

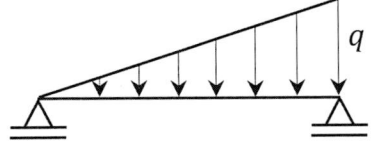

Figura 6.20 Viga con carga triangular.

Paso 1: Ecuación de momento

Primero calculamos las reacciones:

$$R = \frac{q \cdot L}{2}$$

$$\Sigma M_1 = 0 \circlearrowleft \oplus$$

$$R \cdot \frac{2 \cdot L}{3} - V_2 \cdot L = 0$$

$$V_2 = \frac{2}{3} \cdot R = \frac{2}{3} \cdot \left(\frac{q \cdot L}{2}\right) = \frac{q \cdot L}{3}$$

$$\Sigma F_V = 0 \uparrow \oplus$$

$$V_1 - R + V_2 = 0$$

$$V_1 = R - V_2 = \frac{q \cdot L}{2} - \frac{q \cdot L}{3} = \frac{q \cdot L}{6}$$

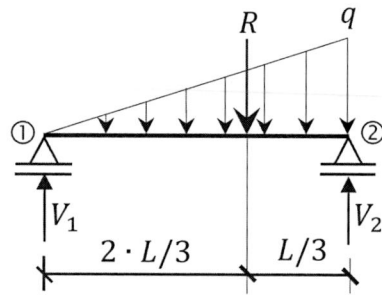

Interpolamos la carga distribuida para calcular la ecuación de momento:

$$\frac{q'}{x} = \frac{q}{L} \rightarrow q' = \frac{q \cdot x}{L}$$

$$R' = \frac{q' \cdot x}{2} = \frac{q \cdot x^2}{2 \cdot L}$$

$$a' = \frac{x}{3}$$

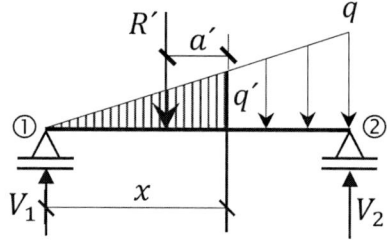

$$M = V_1 \cdot x - R' \cdot a' = \frac{q \cdot L}{6} \cdot x - \left(\frac{q \cdot x^2}{2 \cdot L}\right) \cdot \frac{x}{3} = \frac{q \cdot L \cdot x}{6} - \frac{q \cdot x^3}{6 \cdot L}$$

Paso 2: Cálculo de área y baricentro del diagrama de momento

$$A = \int_0^L \left(\frac{q \cdot L \cdot x}{6} - \frac{q \cdot x^3}{6 \cdot L}\right) dx$$

$$A = \left[\frac{q \cdot L \cdot x^2}{12} - \frac{q \cdot x^4}{24 \cdot L}\right]_0^L = \frac{q \cdot L^3}{24}$$

$$A \cdot x_G = \int_0^L \left(\frac{q \cdot L \cdot x}{6} - \frac{q \cdot x^3}{6 \cdot L} \right) \cdot x \cdot dx$$

$$\frac{q \cdot L^3}{24} \cdot x_G = \left[\frac{q \cdot L \cdot x^3}{18} - \frac{q \cdot x^5}{30 \cdot L} \right]_0^L$$

$$\frac{q \cdot L^3}{24} \cdot x_G = \frac{q \cdot L^4}{45}$$

$$x_G = \frac{8 \cdot L}{15}$$

$$a = x_G = \frac{8 \cdot L}{15}$$

$$b = L - x_G = \frac{7 \cdot L}{15}$$

Paso 3: Cálculo de los coeficientes $6\frac{Ai \cdot ai}{Li}$ **y** $6\frac{Ai \cdot bi}{Li}$

$$\frac{6 \cdot Ai \cdot ai}{Li} = \frac{6 \cdot \dfrac{q \cdot L^3}{24} \cdot \dfrac{8 \cdot L}{15}}{L} = \frac{2 \cdot q \cdot L^3}{15} \cdot \frac{4}{4} = \frac{8 \cdot q \cdot L^3}{60}$$

$$\frac{6 \cdot Ai \cdot bi}{Li} = \frac{6 \cdot \dfrac{q \cdot L^3}{24} \cdot \dfrac{7 \cdot L}{15}}{L} = \frac{7 \cdot q \cdot L^3}{60}$$

EJEMPLO 130

Para la siguiente viga demostrar que:

$$\frac{6 \cdot A_i \cdot a_i}{L_i} = \frac{q \cdot L^3}{4}$$

$$\frac{6 \cdot A_i \cdot b_i}{L_i} = \frac{q \cdot L^3}{4}$$

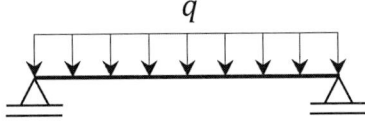

Figura 6.21 Viga con carga rectangular.

Paso 1: Ecuación de momento

Primero calculamos las reacciones:

$R = q \cdot L$

$\Sigma M_1 = 0 \circlearrowleft \oplus$

$R \cdot \dfrac{L}{2} - V_2 \cdot L = 0$

$V_2 = \dfrac{R}{2} = \dfrac{q \cdot L}{2}$

$\Sigma F_V = 0 \uparrow \oplus$

$V_1 - R + V_2 = 0$

$V_1 = R - V_2 = q \cdot L - \dfrac{q \cdot L}{2} = \dfrac{q \cdot L}{2}$

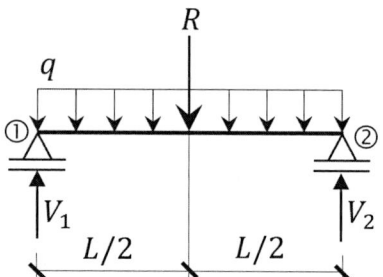

Calculamos la ecuación de momento:

$R' = q \cdot x$

$a' = \dfrac{x}{2}$

$M = V_1 \cdot x - R' \cdot a'$

$M = \dfrac{q \cdot L}{2} \cdot x - (q \cdot x) \cdot \dfrac{x}{2} = \dfrac{q \cdot L}{2} \cdot x - \dfrac{q \cdot x^2}{2}$

Paso 2: Cálculo de área y baricentro del diagrama de momento

$A = \displaystyle\int_0^L \left(\dfrac{q \cdot L}{2} \cdot x - \dfrac{q \cdot x^2}{2} \right) \cdot dx$

$A = \left[\dfrac{q \cdot L \cdot x^2}{4} - \dfrac{q \cdot x^3}{6} \right]_0^L = \dfrac{q \cdot L \cdot L^2}{4} - \dfrac{q \cdot L^3}{6} = \dfrac{q \cdot L^3}{12}$

$A \cdot x_G = \displaystyle\int_0^L \left(\dfrac{q \cdot L}{2} \cdot x - \dfrac{q \cdot x^2}{2} \right) \cdot x \cdot dx$

$$\frac{q \cdot L^3}{12} \cdot x_G = \left[\frac{q \cdot L \cdot x^3}{6} - \frac{q \cdot x^4}{8} \right]_0^L$$

$$\frac{q \cdot L^3}{12} \cdot x_G = \frac{q \cdot L^4}{24}$$

$$x_G = \frac{L}{2}$$

$$a = x_G = \frac{L}{2}$$

$$b = L - x_G = \frac{L}{2}$$

Paso 3: Cálculo de los coeficientes $6 \frac{Ai \cdot ai}{Li}$ **y** $6 \frac{Ai \cdot bi}{Li}$

$$\frac{6 \cdot Ai \cdot ai}{Li} = \frac{6 \cdot \dfrac{q \cdot L^3}{12} \cdot \dfrac{L}{2}}{L} = \frac{q \cdot L^3}{4}$$

$$\frac{6 \cdot Ai \cdot bi}{Li} = \frac{6 \cdot \dfrac{q \cdot L^3}{12} \cdot \dfrac{L}{2}}{L} = \frac{q \cdot L^3}{4}$$

EJEMPLO 131

Para la siguiente viga deducir los coeficientes: $\dfrac{6 \cdot A_i \cdot a_i}{L_i}$ y $\dfrac{6 \cdot A_i \cdot b_i}{L_i}$.

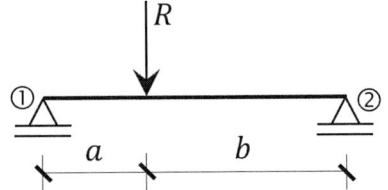

Figura 6.22 Viga con carga puntual.

Paso 1: Cálculo de área y baricentro del diagrama de momento

Diagrama de momento flector.

$$A = \frac{M \cdot (a + b)}{2}$$

$$A_1 = \frac{M \cdot a}{2}$$

$$A_2 = \frac{M \cdot b}{2}$$

$$x_1 = \frac{2 \cdot a}{3}$$

$$x_2 = a + \frac{b}{3}$$

$$M = \frac{P \cdot a \cdot b}{L}$$

Paso 2: Cálculo de área y baricentro del diagrama de momento

$$x_G = \frac{\frac{M \cdot a}{2} \cdot \frac{2 \cdot a}{3} + \frac{M \cdot b}{2} \cdot \left(a + \frac{b}{3}\right)}{\frac{M \cdot (a + b)}{2}} = \frac{\frac{M \cdot a^2}{3} + \frac{M \cdot a \cdot b}{2} + \frac{M \cdot b^2}{6}}{\frac{M \cdot (a + b)}{2}}$$

$$x_G = \frac{\frac{M}{6} \cdot (2 \cdot a^2 + 3 \cdot a \cdot b + b^2)}{\frac{M \cdot (a + b)}{2}} = \frac{2 \cdot a^2 + 3 \cdot a \cdot b + b^2}{3 \cdot (a + b)}$$

Al factorizar tenemos:

$$x_G = \frac{(a + b) \cdot (2 \cdot a + b)}{3 \cdot (a + b)} = \frac{2 \cdot a + b}{3}$$

$$a = x_G = \frac{2 \cdot a + b}{3}$$

$$b = L - x_G = (a + b) - \frac{2 \cdot a + b}{3} = \frac{a + 2 \cdot b}{3}$$

Paso 3: *Cálculo de los coeficientes* $6\frac{Ai \cdot ai}{Li}$ *y* $6\frac{Ai \cdot bi}{Li}$

$$\frac{6 \cdot Ai \cdot ai}{Li} = \frac{6 \cdot \frac{M \cdot (a + b)}{2} \cdot \left(\frac{2 \cdot a + b}{3}\right)}{a + b} = M \cdot (2 \cdot a + b)$$

$$\frac{6 \cdot Ai \cdot bi}{Li} = \frac{6 \cdot \frac{M \cdot (a + b)}{2} \cdot \left(\frac{a + 2 \cdot b}{3}\right)}{a + b} = M \cdot (a + 2 \cdot b)$$

Reemplazamos M.

$$\frac{6 \cdot Ai \cdot ai}{Li} = \frac{P \cdot a \cdot b}{L} \cdot (2 \cdot a + b) = \frac{P \cdot a \cdot (2 \cdot a \cdot b + b^2)}{L} =$$

$$= \frac{P \cdot a \cdot (a^2 + 2 \cdot a \cdot b + b^2 - a^2)}{L} = \frac{P \cdot a \cdot [(a + b)^2 - a^2]}{L}$$

$$\frac{6 \cdot Ai \cdot ai}{Li} = \frac{P \cdot a \cdot (L^2 - a^2)}{L}$$

$$\frac{6 \cdot Ai \cdot bi}{Li} = \frac{P \cdot a \cdot b}{L} \cdot (a + 2 \cdot b) = \frac{P \cdot b \cdot (a^2 + 2 \cdot a \cdot b)}{L} =$$

$$\frac{P \cdot b \cdot (a^2 + 2 \cdot a \cdot b + b^2 - b^2)}{L} = \frac{P \cdot b \cdot [(a + b)^2 - b^2]}{L}$$

$$\frac{6 \cdot Ai \cdot bi}{Li} = \frac{P \cdot b \cdot (L^2 - b^2)}{L}$$

IMPORTANTE: El siguiente cuadro fue deducido como se muestra en los ejemplos anteriores.

Tabla 2: Cálculo de coeficientes $\frac{6 \cdot A \cdot a}{L}$ **y** $\frac{6 \cdot A \cdot b}{L}$ **para diferentes tipos de cargas**

TIPO DE CARGA	$\dfrac{6 \cdot A \cdot a}{L}$	$\dfrac{6 \cdot A \cdot b}{L}$
	$\dfrac{3 \cdot P \cdot L^2}{8}$	$\dfrac{3 \cdot P \cdot L^2}{8}$
	$\dfrac{P \cdot a}{L} \cdot (L^2 - a^2)$	$\dfrac{P \cdot b}{L} \cdot (L^2 - b^2)$
	$-\dfrac{M}{L}(3 \cdot a^2 - L^2)$	$\dfrac{M}{L}(3 \cdot b^2 - L^2)$
	$\dfrac{M}{L}(3 \cdot a^2 - L^2)$	$-\dfrac{M}{L}(3 \cdot b^2 - L^2)$
	$\dfrac{q \cdot L^3}{4}$	$\dfrac{q \cdot L^3}{4}$
	$\dfrac{8 \cdot q \cdot L^3}{60}$	$\dfrac{7 \cdot q \cdot L^3}{60}$
	$\dfrac{7 \cdot q \cdot L^3}{60}$	$\dfrac{8 \cdot q \cdot L^3}{60}$
	$\dfrac{5 \cdot q \cdot L^3}{32}$	$\dfrac{5 \cdot q \cdot L^3}{32}$

6.4.1. Casos de vigas hiperestáticas continuas

La ecuación de los tres momentos ha sido deducida para resolver vigas hiperestáticas continuas conformadas de apoyos de primera y segunda especie, tal como se muestra en la siguiente figura:

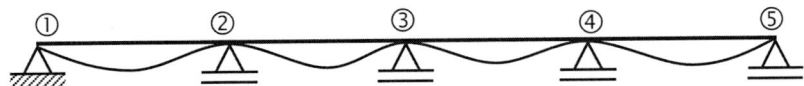

Figura 6.23 Viga con apoyos de primera y segunda especie.

También es posible aplicar la ecuación de los tres momentos en vigas continuas con tramos en voladizo, para lo cual deberán transformarse en vigas sin voladizo trasladando los momentos procedentes de los volados a el apoyo fijo o móvil más próximo.

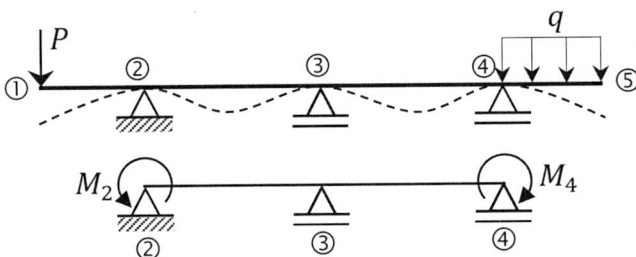

Figura 6.24 Viga con voladizos.

$$M_2 = P \cdot L_{1-2}$$

$$M_4 = \frac{q \cdot (L_{4-5})^2}{2}$$

En el caso de vigas con empotramientos se incluirá un tramo ficticio de longitud nula hacia el mismo lado del apoyo empotrado, tal como se muestra en la siguiente figura:

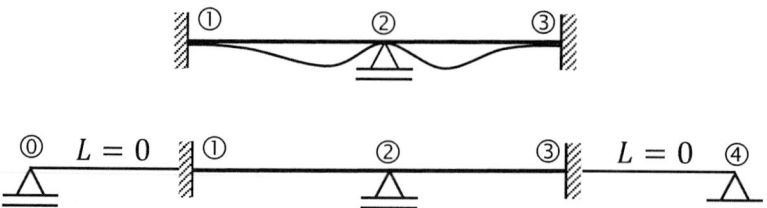

Figura 6.25 Viga empotrada en sus extremos.

La ecuación de los tres momentos se aplicará también a los tramos ficticios, sin olvidar que los momentos y las longitudes de estos tramos son nulas.

EJEMPLO 132

Para la siguiente viga hiperestática continua diagramar momento flector.

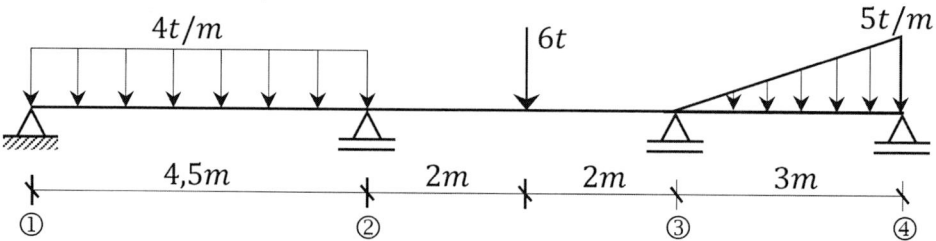

Figura 6.26 Viga hiperestática continua.

Paso 1: Aplicación de la ecuación de los tres momentos

$$M_1 \cdot L_1 + 2 \cdot M_2 \cdot (L_1 + L_2) + M_3 \cdot L_2 + \frac{6 \cdot A_1 \cdot a_1}{L_1} + \frac{6 \cdot A_2 \cdot b_2}{L_2} = 0$$

a) Nudos 1-2-3 (sabiendo que M_1=0)

$$M_1 \cdot 4{,}5 + 2 \cdot M_2 \cdot (4{,}5 + 4) + M_3 \cdot 4 + \frac{6 \cdot A_1 \cdot a_1}{L_1} + \frac{6 \cdot A_2 \cdot b_2}{L_2} = 0$$

$$17 \cdot M_2 + 4 \cdot M_3 + \frac{6 \cdot A_1 \cdot a_1}{L_1} + \frac{6 \cdot A_2 \cdot b_2}{L_2} = 0 \quad ①$$

b) *Nudos 2-3-4 (sabiendo que M₄=0)*

$$M_2 \cdot L_2 + 2 \cdot M_3 \cdot (L_2 + L_3) + M_4 \cdot L_3 + \frac{6 \cdot A_2 \cdot a_2}{L_2} + \frac{6 \cdot A_3 \cdot b_3}{L_3} = 0$$

$$M_2 \cdot 4 + 2 \cdot M_3 \cdot (4 + 3) + M_4 \cdot 3 + \frac{6A_2 \cdot a_2}{L_2} + \frac{6A_3 \cdot b_3}{L_3} = 0$$

$$4 \cdot M_2 + 14 \cdot M_3 + \frac{6 \cdot A_2 \cdot a_2}{L_2} + \frac{6 \cdot A_3 \cdot b_3}{L_3} = 0 \ ②$$

Paso 2: Cálculo de coeficientes

Estos coeficientes se obtienen de la tabla 2.

$$\frac{6 \cdot A_1 \cdot a_1}{L_1} = \frac{q \cdot L^3}{4} = \frac{4 \cdot 4.5^3}{4} = 91{,}125$$

$$\frac{6 \cdot A_2 \cdot a_2}{L_2} = \frac{3 \cdot P \cdot L^2}{8} = \frac{3 \cdot 6 \cdot 4^2}{8} = 36$$

$$\frac{6 \cdot A_2 \cdot b_2}{L_2} = \frac{3 \cdot P \cdot L^2}{8} = \frac{3 \cdot 6 \cdot 4^2}{8} = 36$$

$$\frac{6 \cdot A_3 \cdot b_3}{L_3} = \frac{7}{60} \cdot q \cdot L^3 = \frac{7}{60} \cdot 5 \cdot 3^3 = 15{,}75$$

Paso 3: Cálculo de momento

Reemplazamos los coeficientes en las ecuaciones ① y ②.

$$17 \cdot M_2 + 4 \cdot M_3 + 91{,}125 + 36 = 0$$

$$17 \cdot M_2 + 4 \cdot M_3 = -127{,}125 \ ③$$

$$4 \cdot M_2 + 14 \cdot M_3 + 36 + 15{,}75 = 0$$

$$4 \cdot M_2 + 14 \cdot M_3 = -51{,}75 \ ④$$

Resolvemos ③ con ④.

$$M_2 = -7{,}084 \ tm$$

$$M_3 = -1{,}672 \ tm$$

Signo en base al convenio para ecuaciones y diagrama de momento.

Paso 4: Diagrama de momentos *(adoptamos escalas)*

Longitud: $1\,m = 1\,cm$

Momento: $2\,tm = 1\,cm$

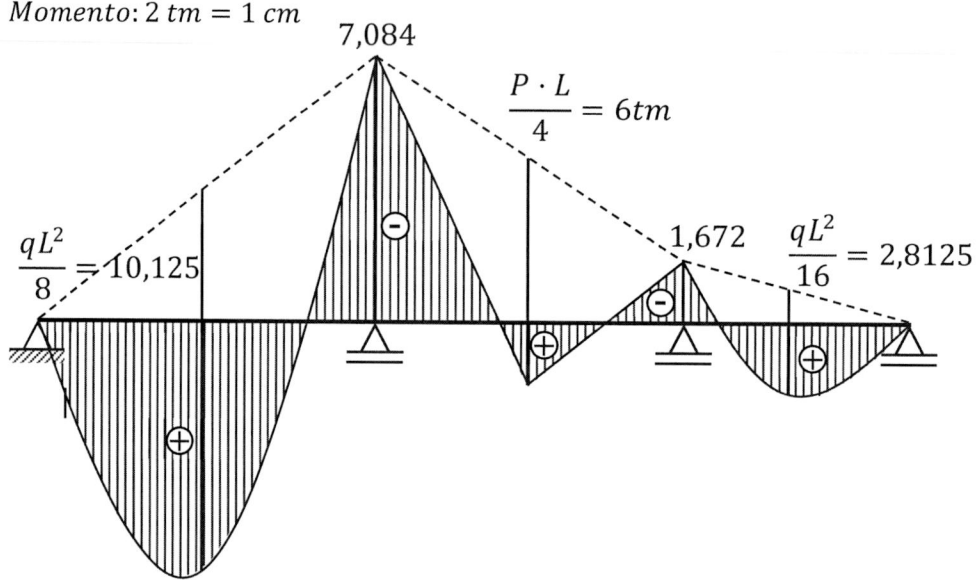

EJEMPLO 133

Diagramar momento flector.

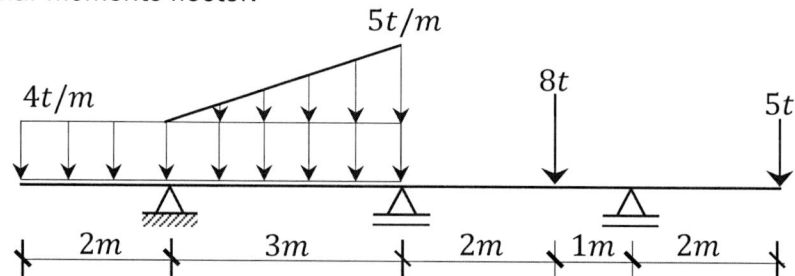

Figura 6.27 Viga hiperestática con voladizos.

Paso 1: Recortamos los voladizos

$$M_1 = -(4 \cdot 2) \cdot 1 = -8 \; tm$$

$$M_3 = -5 \cdot 2 = -10 \; tm$$

Paso 2: Ecuación de los tres momentos

$$M_1 \cdot 3 + 2 \cdot M_2 \cdot (3+3) + M_3 \cdot 3 + \frac{6 \cdot A_1 \cdot a_1}{L_1} + \frac{6 \cdot A_2 \cdot b_2}{L_2} = 0$$

$$(-8) \cdot 3 + 12 \cdot M_2 + (-10) \cdot 3 + \frac{6 \cdot A_1 \cdot a_1}{L_1} + \frac{6 \cdot A_2 \cdot b_2}{L_2} = 0$$

$$12 \cdot M_2 - 54 + \frac{6 \cdot A_1 \cdot a_1}{L_1} + \frac{6 \cdot A_2 \cdot b_2}{L_2} = 0 \quad ①$$

Paso 3: Cálculo de los coeficientes

a) Tramo 1-2

Estos coeficientes se obtienen de la tabla 2.

Carga rectangular:

$$\left(\frac{6 \cdot A_1 \cdot a_1}{L_1} \right)_1 = \frac{q \cdot L^3}{4} = \frac{4 \cdot 3^3}{4} = 27$$

Carga triangular:

$$\left(\frac{6 \cdot A_1 \cdot a_1}{L_1} \right)_2 = \frac{8}{60} \cdot q \cdot L^3 = \frac{8}{60} \cdot 5 \cdot 3^3 = 18$$

Total:

$$\frac{6 \cdot A_1 \cdot a_1}{L_1} = \left(\frac{6 \cdot A_1 \cdot a_1}{L_1} \right)_1 + \left(\frac{6 \cdot A_1 \cdot a_1}{L_1} \right)_2 = 27 + 18 = 45 \quad ②$$

b) Tramo 2-3

$$\frac{6 \cdot A_2 \cdot b_2}{L_2} = \frac{8 \cdot 1}{3}(3^2 - 1^2) = 21,333 \quad ③$$

Paso 4: Cálculo de momentos

Sustituir ② y ③ en ①:

$$12 \cdot M_2 - 54 + 45 + 21,333 = 0$$

$$M_2 = -1.028 \; tm$$

Paso 5: Diagrama de momentos

$Longitud: 1 \, m = 1 \, cm$

$Momento: 4 \, tm = 1 \, cm$

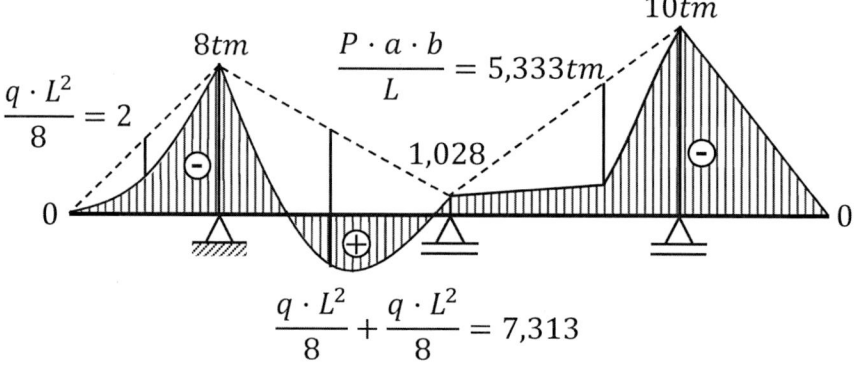

EJEMPLO 134

Para la siguiente viga:

- Calcular reacciones.
- Diagramar corte y momento.

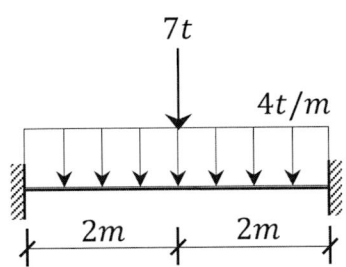

Figura 6.28 Viga biempotrada.

Paso 1: Transformación de la viga

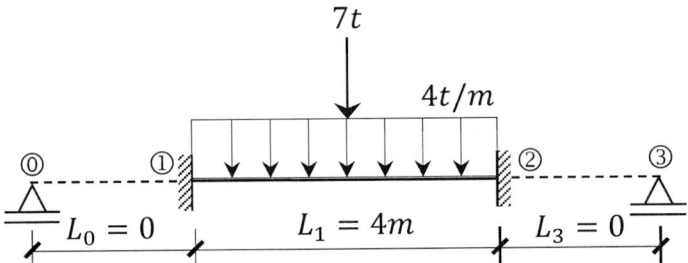

Paso 2: Aplicación de la ecuación de los tres momentos

a) Nudos 1-2-3 *(sabiendo que Mo = 0, Lo = 0, Ao = 0 y Ao = 0)*

$$M_0 \cdot L_0 + 2 \cdot M_1 \cdot (L_0 + L_1) + M_2 \cdot L_1 + \frac{6 \cdot A_0 \cdot a_0}{L_0} + \frac{6 \cdot A_1 \cdot b_1}{L_1} = 0$$

$$2 \cdot M_1 \cdot (4) + M_2 \cdot 4 + \frac{6 \cdot A_1 \cdot b_1}{L_1} = 0$$

$$8 \cdot M_1 + 4 \cdot M_2 + \frac{6 \cdot A_1 \cdot b_1}{L_1} = 0 \quad ①$$

b) Nudos 2-3-4 *(sabiendo que M3 = 0, L2 = 0, A2 = 0 y b2 = 0)*

$$M_1 \cdot L_1 + 2 \cdot M_2 \cdot (L_1 + L_2) + M_3 \cdot L_2 + \frac{6 \cdot A_1 \cdot a_1}{L_1} + \frac{6 \cdot A_2 \cdot b_2}{L_2} = 0$$

$$M_1 \cdot 4 + 2 \cdot M_2 \cdot (4) + \frac{6 \cdot A_1 \cdot a_1}{L_1} = 0$$

$$4 \cdot M_1 + 8 \cdot M_2 + \frac{6 \cdot A_1 \cdot a_1}{L_1} = 0 \quad ②$$

Paso 3: Cálculo de los coeficientes

Estos coeficientes se obtienen de la tabla 2.

Carga rectangular:

$$\left(\frac{6A_1 \cdot a_1}{L_1}\right)_1 = \frac{q \cdot L^3}{4} = \frac{4 \cdot 4^3}{4} = 64 \quad ③$$

Carga puntual:

$$\left(\frac{6A_1 \cdot a_1}{L_1}\right)_2 = \frac{3 \cdot P \cdot L^2}{8} = \frac{3 \cdot 7 \cdot 4^2}{8} = 42 \quad ③$$

Total:

$$\frac{6A_1 \cdot a_1}{L_1} = \left(\frac{6A_1 \cdot a_1}{L_1}\right)_1 + \left(\frac{6A_1 \cdot a_1}{L_1}\right)_2 = 106 \quad ③$$

De manera análoga calculamos el otro coeficiente:

$$\frac{6A_1 \cdot b_1}{L_1} = 106 \quad ④$$

Paso 4: Cálculo de momentos

Sustituir ③ y ④ en ① y ②.

$$8 \cdot M_1 + 4 \cdot M_2 + 106 = 0$$

$$4 \cdot M_1 + 8 \cdot M_2 + 106 = 0$$

Resolvemos el sistema de ecuaciones:

$$M1 = -8{,}833 \; tm$$

$$M2 = -8{,}833 \; tm$$

Paso 5: Diagrama de momentos

Longitud: $1\,m = 1\,cm$

Momento: $4\,tm = 1\,cm$

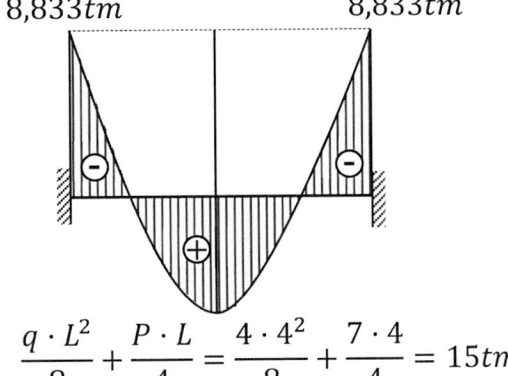

8,833tm   8,833tm

$$\frac{q \cdot L^2}{8} + \frac{P \cdot L}{4} = \frac{4 \cdot 4^2}{8} + \frac{7 \cdot 4}{4} = 15tm$$

Paso 6: Cálculo de reacciones

Por simetría:

$$V1 = V2 = \frac{1}{2} \cdot (7 + 4 \cdot 4)$$

$$V1 = V2 = 11,5\,t$$

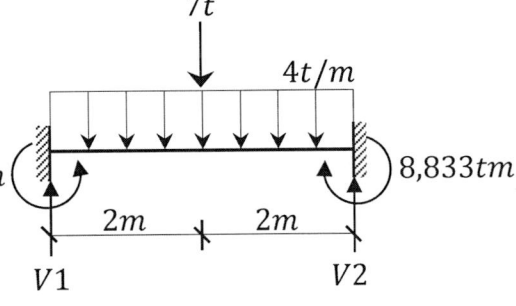

Paso 7: Diagrama de corte

Longitud: $1\,m = 1\,cm$

Cortante: $5\,t = 1\,cm$

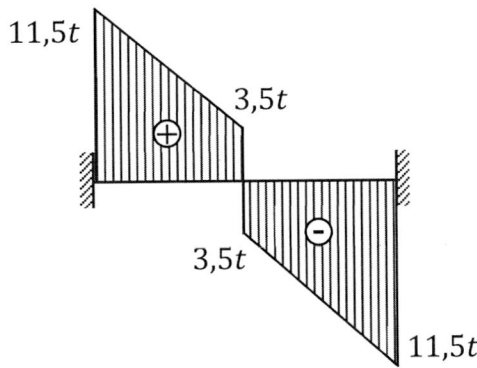

6.5. CÁLCULO DEL ESFUERZO CORTANTE

Para calcular los esfuerzos cortantes en los extremos de una barra i-j, debemos analizar la relación entre estos esfuerzos y los momentos flectores Mi y Mj, pero, también, con el momento que produce la carga que soporta dicho tramo. Véase la siguiente figura:

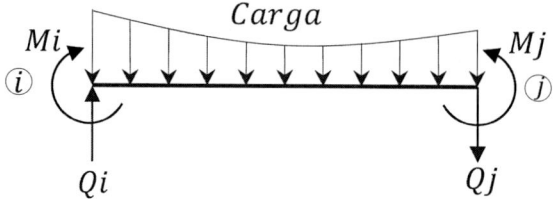

Figura 6.29 Segmento de viga.

Los esfuerzos cortantes y momentos flectores han sido dibujados considerando sus sentidos positivos.

Aplicamos la condición de equilibrio para momentos en el extremo j:

$$\Sigma Mj = 0 \; \circlearrowleft \; \oplus$$

$$Mi - Mj - Mcj + Qi \cdot L = 0$$

$$Qi = \frac{Mj - Mi + Mcj}{L}$$

Mcj = Momento debido a la carga desde el extremo j

Aplicamos la condición de equilibrio para momentos en el extremo i:

$$\Sigma Mi = 0 \; \circlearrowleft \; \oplus$$

$$Mi - Mj + Mci + Qj \cdot L = 0$$

$$Qj = \frac{Mj - Mi - Mci}{L}$$

Mci = Momento debido a la carga desde el extremo i

Los valores de Mci y Mcj para diferentes tipos de cargas se muestran en la tabla 3.

Tabla 3: Momentos Mci y Mcj para el cálculo del esfuerzo cortante

TIPO DE CARGA	Mci	Mcj
P $L/2 \quad \downarrow \quad L/2$	$\dfrac{P \cdot L}{2}$	$\dfrac{P \cdot L}{2}$
P $a \quad \downarrow \quad b$ L	$P \cdot a$	$P \cdot b$
M $a \quad b$ L	M	$-M$
M $a \quad b$ L	$-M$	M
q L	$\dfrac{q \cdot L^2}{2}$	$\dfrac{q \cdot L^2}{2}$
q L	$\dfrac{q \cdot L^2}{3}$	$\dfrac{q \cdot L^2}{6}$
q L	$\dfrac{q \cdot L^2}{6}$	$\dfrac{q \cdot L^2}{3}$
q $L/2 \quad L/2$	$\dfrac{q \cdot L^2}{4}$	$\dfrac{q \cdot L^2}{4}$

6.6. CÁLCULO DE REACCIONES

Para calcular las reacciones en los extremos de una barra i-j debemos analizar su relación con los momentos flectores Mi y Mj, pero también con el momento que produce la carga que soporta dicho tramo. Véase la siguiente figura:

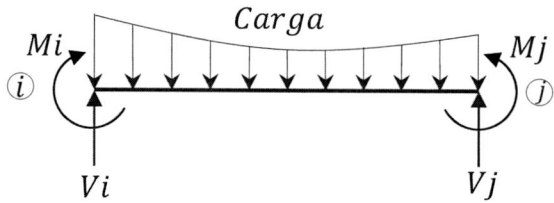

Figura 6.30 Segmento de viga.

Las reacciones (Vi y Vj) serán asumidas como positivas con sentido hacia arriba.

Aplicamos la condición de equilibrio para momentos en el extremo j:

$$\Sigma Mj = 0 \circlearrowleft \oplus$$

$$Mi - Mj - Mcj + Vi \cdot L = 0$$

$$Vi = \frac{Mj - Mi + Mcj}{L}$$

Aplicamos la condición de equilibrio para momentos en el extremo i:

$$\Sigma Mi = 0 \circlearrowleft \oplus$$

$$Mi - Mj + Mci - Vj \cdot L = 0$$

$$Vj = -\frac{Mj - Mi - Mci}{L}$$

Una vez calculados los valores de Vi y Vj de cada tramo, por superposición se sumarán las reacciones verticales de las barras que concurren en un mismo nudo.

En el caso de los tramos en voladizo, las reacciones V que concentran dependen de la carga que soportan. Para estos casos se calcularán las reacciones Vi y Vj utilizando las fórmulas de la siguiente tabla.

Tabla 4: Reacciones Vi y Vj para tramos en voladizos

TIPO DE CARGA	Vi	Vj
	0	P
	P	0
	0	0
	0	0
	0	$q \cdot L$
	$q \cdot L$	0
	0	$\dfrac{q \cdot L}{2}$
	$\dfrac{q \cdot L}{2}$	0

EJEMPLO 135

Obtener el diagrama de momentos flectores, esfuerzos cortantes y reacciones.

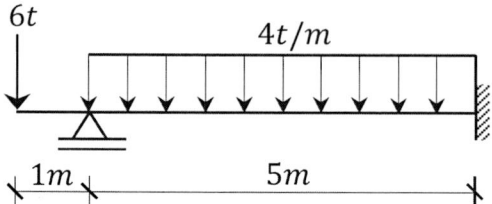

Figura 6.31 Viga hiperestática con voladizo izquierdo.

Paso 1: Eliminación del voladizo

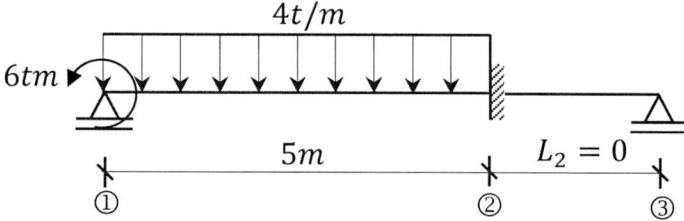

Paso 2: Cálculo de coeficientes

$$\frac{6 \cdot A_1 \cdot a_1}{L_1} = \frac{6 \cdot A_1 \cdot b_1}{L_1} = \frac{4 \cdot 5^3}{4} = 125$$

Paso 3: Ecuación de los tres momentos

Sabiendo que $M_3 = 0$, $L_2 = 0$, $A_2 = 0$, $b_2 = 0$, tenemos:

$$M_1 \cdot L_1 + 2 \cdot M_2 \cdot (L_1 + L_2) + M_3 \cdot L_2 + \frac{6 \cdot A_1 \cdot a_1}{L_1} + \frac{6 \cdot A_2 \cdot b_2}{L_2} = 0$$

$$-6 \cdot 5 + 2 \cdot M_2 \cdot (5 + 0) + 0 \cdot 0 + 125 + 0 = 0$$

$$-30 + 10 \cdot M_2 + 125 = 0$$

$$M_2 = -9,5 \ tm$$

Paso 4: Diagrama de momentos

Longitud: $1\ m = 0,5\ cm$

Momento: $4\ tm = 1\ cm$

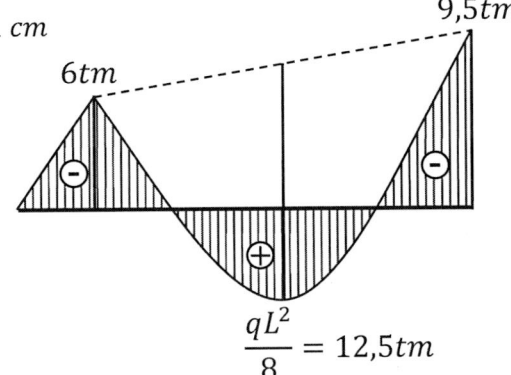

$$\frac{qL^2}{8} = 12,5tm$$

Paso 5: Cálculo de los esfuerzos cortantes

a) Voladizo Izquierdo

$Q_1 = -6\ t$ *(cortante en todo el voladizo)*

b) Tramo 1-2

Datos

$$M_1 = -6\ tm$$

$$M_2 = -9,5\ tm$$

$$Q1 = \frac{M2 - M1 + Mc2}{L} = \frac{-9,5 - (-6) + \left(\frac{4 \cdot 5^2}{2}\right)}{5} = 9,3\ t$$

$$Q2 = \frac{M2 - M1 - Mc1}{L} = \frac{-9,5 - (-6) - \left(\frac{4 \cdot 5^2}{2}\right)}{5} = -10,7\ t$$

Para diagramar los esfuerzos de corte adoptamos los siguientes valores de escala:

Longitud: $1\ m = 0,5\ cm$

Cortante: $6\ t = 1\ cm$

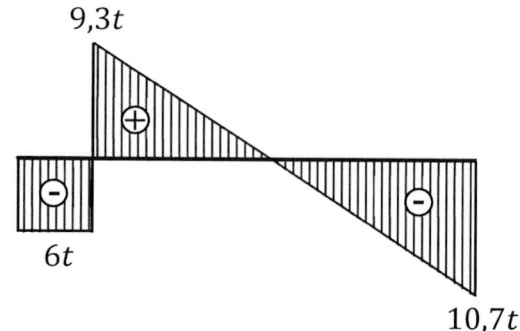

Paso 6: Cálculo de reacciones

a) Voladizo Izquierdo

$V_1 = 6$

b) Tramo 1-2

Datos

$M_1 = -6\ tm$

$M_2 = -9,5\ tm$

$$V1 = \frac{M2 - M1 + Mc2}{L} = \frac{-9,5 - (-6) + \left(\frac{4 \cdot 5^2}{2}\right)}{5} = 9,3\ t$$

$$V2 = -\frac{M2 - M1 - Mc1}{L} = -\frac{-9,5 - (-6) - \left(\frac{4 \cdot 5^2}{2}\right)}{5} = 10,7\ t$$

Reacciones finales:

$V1 = 6 + 9,3 = 15,3\ t$

$V2 = 10,7\ t$

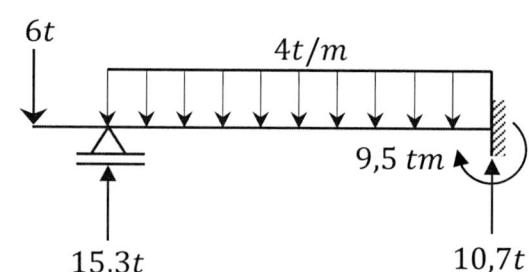

EJEMPLO 136

Resolver la siguiente viga hiperestática calculando reacciones y diagramando sus esfuerzos internos.

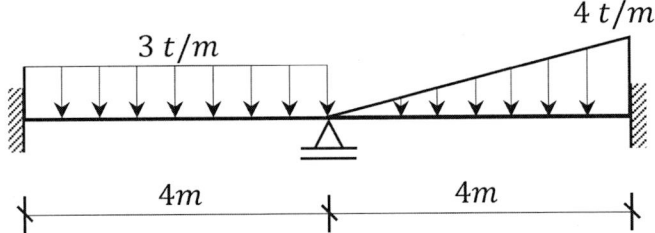

Figura 6.32 Viga hiperestática continua con extremos empotrados.

Paso 1: Trasformamos la viga

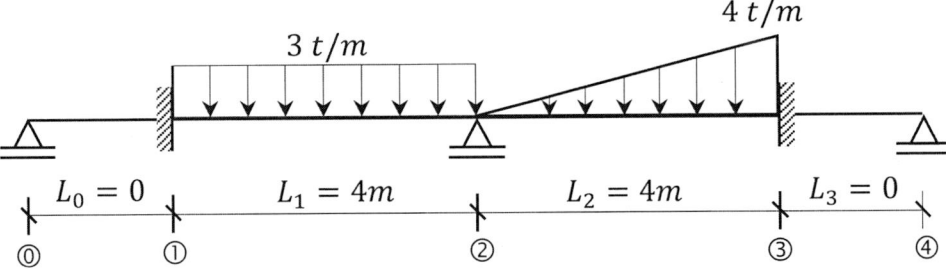

Paso 2: Ecuación de los tres momentos

a) Segmento 0-1-2 *(sabiendo que $M_0 = 0$, $L_0 = 0$, $A_0 = 0$ y $b_0 = 0$)*

$$M_0 \cdot L_0 + 2 \cdot M_1 \cdot (0 + 4) + M_2 \cdot 4 + \frac{6 \cdot A_0 \cdot a_0}{L_0} + \frac{6 \cdot A_1 \cdot b_1}{L_1} = 0$$

$$8 \cdot M_1 + 4 \cdot M_2 + \frac{6 \cdot A_1 \cdot b_1}{L_1} = 0 \quad ①$$

b) Segmento 1-2-3

$$M_1 \cdot 4 + 2 \cdot M_2 \cdot (4 + 4) + M_3 \cdot 4 + \frac{6 \cdot A_1 \cdot a_1}{L_1} + \frac{6 \cdot A_2 \cdot b_2}{L_2} = 0$$

$$4 \cdot M_1 + 16 \cdot M_2 + 4 \cdot M_3 + \frac{6 \cdot A_1 \cdot a_1}{L_1} + \frac{6 \cdot A_2 \cdot b_2}{L_2} = 0 \quad ②$$

c) Segmento 2-3-4 (sabiendo que $M_4 = 0$, $L_3 = 0$, $A_3 = 0$ y $b_3 = 0$)

$$M_2 \cdot 4 + 2 \cdot M_3 \cdot (4 + 0) + M_4 \cdot 0 + \frac{6 \cdot A_2 \cdot a_2}{L_2} + \frac{6 \cdot A_3 \cdot b_3}{L_3} = 0$$

$$4 \cdot M_2 + 8 \cdot M_3 + \frac{6 \cdot A_2 \cdot b_2}{L_2} = 0 \quad ③$$

Paso 3: Cálculo de coeficientes

$$\frac{6 \cdot A_1 \cdot a_1}{L_1} = \frac{q \cdot L^3}{4} = \frac{3 \cdot 4^3}{4} = 48 \quad ④$$

$$\frac{6 \cdot A_1 \cdot b_1}{L_1} = \frac{q \cdot L^3}{4} = \frac{3 \cdot 4^3}{4} = 48 \quad ⑤$$

$$\frac{6 \cdot A_2 \cdot a_2}{L_2} = \frac{8}{60} \cdot q \cdot L^3 = \frac{8}{60} \cdot 4 \cdot 4^3 = 34{,}133 \quad ⑥$$

$$\frac{6 \cdot A_2 \cdot b_2}{L_2} = \frac{7}{60} \cdot q \cdot L^3 = \frac{7}{60} \cdot 4 \cdot 4^3 = 29{,}867 \quad ⑦$$

Si sustituimos ④, ⑤, ⑥ y ⑦ en ①, ② y ③:

$$8 \cdot M_1 + 4 \cdot M_2 + 48 = 0$$

$$8 \cdot M_1 + 4 \cdot M_2 = -48 \quad ⑧$$

$$4 \cdot M_1 + 16 \cdot M_2 + 4 \cdot M_3 + 48 + 29{,}867 = 0$$

$$4 \cdot M_1 + 16 \cdot M_2 + 4 \cdot M_3 = -77{,}867 \quad ⑨$$

$$4 \cdot M_2 + 8 \cdot M_3 + 34{,}133 = 0$$

$$4 \cdot M_2 + 8 \cdot M_3 = -34{,}133 \quad ⑩$$

Resolvemos ⑧, ⑨ y ⑩:

$$M_1 = -4{,}467 \ tm$$

$$M_2 = -3{,}067 \ tm$$

$$M_3 = -2{,}733 \ tm$$

Paso 4: Diagrama de momentos

Longitud: $1\ m = 0,5\ cm$

Momento: $2\ tm = 1\ cm$

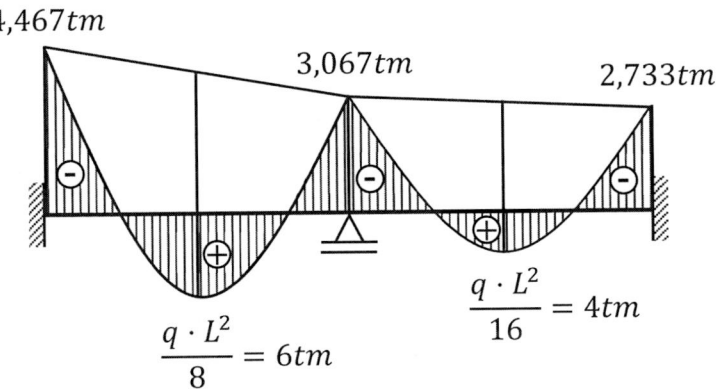

4,467tm

3,067tm

2,733tm

$$\frac{q \cdot L^2}{16} = 4tm$$

$$\frac{q \cdot L^2}{8} = 6tm$$

Paso 5: Cálculo de los esfuerzos cortantes

a) Tramo 1-2

$$Q1 = \frac{M2 - M1 + Mc2}{L} = \frac{-3,067 - (-4,467) + \left(\frac{3 \cdot 4^2}{2}\right)}{4} = 6,35\ t$$

$$Q2 = \frac{M2 - M1 - Mc1}{L} = \frac{-3,067 - (-4,467) - \left(\frac{3 \cdot 4^2}{2}\right)}{4} = -5,65\ t$$

b) Tramo 2-3

$$Q2 = \frac{M3 - M2 + Mc3}{L} = \frac{-2,733 - (-3,067) + \left(\frac{4 \cdot 4^2}{6}\right)}{4} = 2,75\ t$$

$$Q3 = \frac{M3 - M2 - Mc2}{L} = \frac{-2,733 - (-3,067) - \left(\frac{4 \cdot 4^2}{3}\right)}{4} = -5,25\ t$$

Para diagramar los esfuerzos de corte adoptamos las siguientes escalas:

$Longitud$: $1\,m = 0,5\,cm$

$Momento$: $3\,tm = 1\,cm$

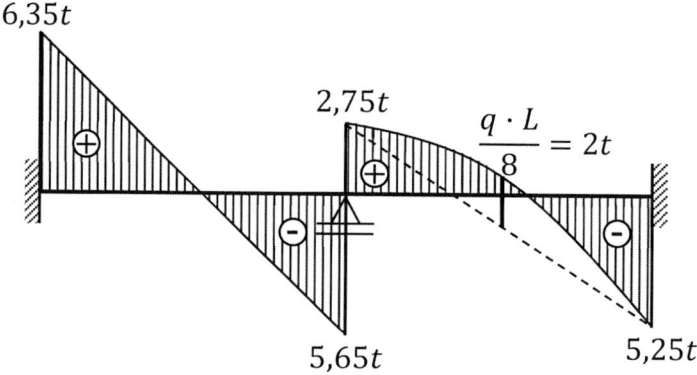

Paso 6: Cálculo de reacciones

a) Tramo 1-2

$$V1 = \frac{M2 - M1 + Mc2}{L} = \frac{-3,067 - (-4,467) + \left(\frac{3 \cdot 4^2}{2}\right)}{4} = 6,35\,t$$

$$V2 = -\frac{M2 - M1 - Mc1}{L} \quad \frac{-3,067 - (-4,467) - \left(\frac{3 \cdot 4^2}{2}\right)}{4} = 5,65\,t$$

b) Tramo 2-3

$$V2 = \frac{M3 - M2 + Mc3}{L} = \frac{-2,733 - (-3,067) + \left(\frac{4 \cdot 4^2}{6}\right)}{4} = 2,75\,t$$

$$V3 = -\frac{M3 - M2 - Mc2}{L} = -\frac{-2,733 - (-3,067) - \left(\frac{4 \cdot 4^2}{3}\right)}{4} = 5,25\,t$$

Reacciones finales:

$V1 = 6,35\,t$

$V2 = 5,65 + 2,75 = 8,4\,t$

$V3 = 5,25\,t$

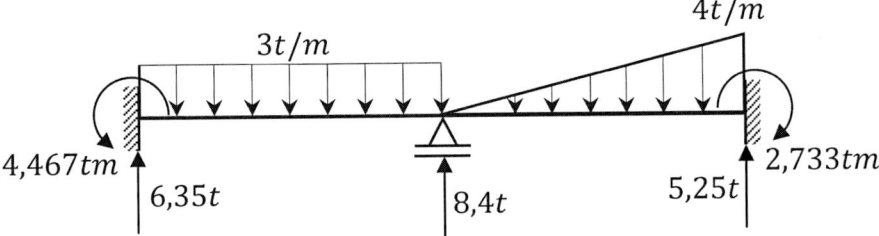

EJEMPLO 137

Para la siguiente viga obtener:

a) Diagrama de momento

b) Diagrama de corte

c) Reacciones

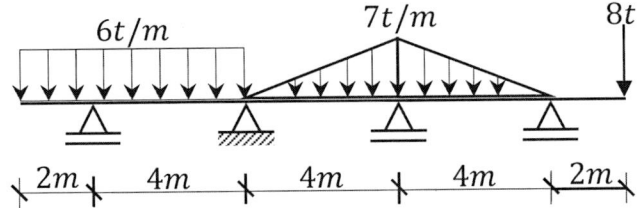

Figura 6.33 Viga hiperestática con voladizo en ambos extremos.

Paso 1: Eliminar voladizos

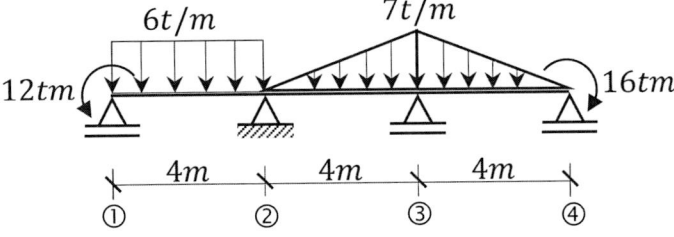

Paso 2: Ecuación de los tres momentos

a) Segmento 1-2-3

$$M_1 \cdot L_1 + 2 \cdot M_2 \cdot (L_1 + L_2) + M_3 \cdot L_2 + \frac{6 \cdot A_1 \cdot a_1}{L_1} + \frac{6 \cdot A_2 \cdot b_2}{L_2} = 0$$

$$\frac{6 \cdot A_1 \cdot a_1}{L_1} = \frac{q \cdot L^3}{4} = \frac{6 \cdot 4^3}{4} = 96$$

$$\frac{6 \cdot A_2 \cdot b_2}{L_2} = \frac{7 \cdot q \cdot L^3}{60} = \frac{7 \cdot 7 \cdot 4^3}{60} = 52{,}267$$

Reemplazamos los datos en la ecuación:

$$-12 \cdot 4 + 2 \cdot M_2 \cdot (4 + 4) + M_3 \cdot 4 + 96 + 52{,}267 = 0$$
$$16 \cdot M_2 + 4 \cdot M_3 = -100{,}267 \quad ①$$

b) Segmento 2-3-4

$$M_2 \cdot L_2 + 2 \cdot M_3 \cdot (L_2 + L_3) + M_4 \cdot L_3 + \frac{6 \cdot A_2 \cdot a_2}{L_2} + \frac{6 \cdot A_3 \cdot b_3}{L_3} = 0$$

$$\frac{6 \cdot A_2 \cdot a_2}{L_2} = \frac{8 \cdot q \cdot L^3}{60} = \frac{8 \cdot 7 \cdot 4^3}{60} = 59{,}773$$

$$\frac{6 \cdot A_3 \cdot b_3}{L_3} = \frac{8 \cdot q \cdot L^3}{60} = \frac{8 \cdot 7 \cdot 4^3}{60} = 59{,}773$$

Reemplazamos los datos:

$$M_2 \cdot 4 + 2 \cdot M_3 \cdot (4 + 4) + (-16) \cdot 4 + 59{,}733 + 59{,}733 = 0$$
$$4 \cdot M_2 + 16 \cdot M_3 = -55{,}466 \quad ②$$

Resolvemos el sistema de ecuaciones ① con ②.

$$M_2 = -5{,}760 \; tm$$
$$M_3 = -2{,}027 \; tm$$

Paso 3: Diagrama de momentos

$Longitud\!: 1 \; m = 0{,}5 \; cm$

$Momento\!: 6 \; tm = 1 \; cm$

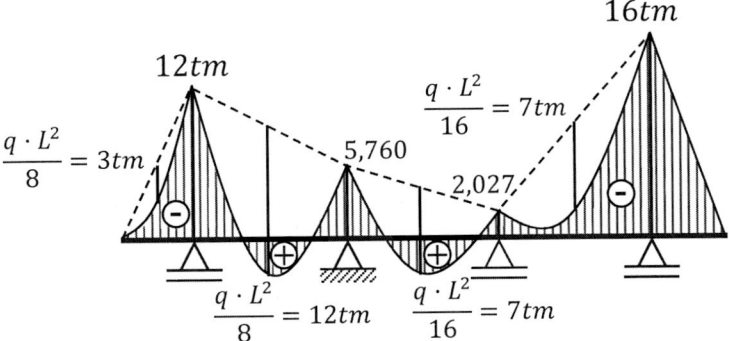

Paso 4: Cálculo de los esfuerzos cortantes

a) Voladizo Izquierdo

$Q_1 = -q \cdot L = -6 \cdot 2 = -12t$ *(variación lineal)*

b) Tramo 1-2

$$Q1 = \frac{M2 - M1 + Mc2}{L} = \frac{-5{,}760 - (-12) + \left(\frac{6 \cdot 4^2}{2}\right)}{4} = 13{,}56\ t$$

$$Q2 = \frac{M2 - M1 - Mc1}{L} = \frac{-5{,}760 - (-12) - \left(\frac{6 \cdot 4^2}{2}\right)}{4} = -10{,}44\ t$$

c) Tramo 2-3

$$Q2 = \frac{M3 - M2 + Mc3}{L} = \frac{-2{,}027 - (-5{,}760) + \left(\frac{7 \cdot 4^2}{6}\right)}{4} = 5{,}6\ t$$

$$Q3 = \frac{M3 - M2 - Mc2}{L} = \frac{-2{,}027 - (-5{,}760) - \left(\frac{7 \cdot 4^2}{3}\right)}{4} = -8{,}4\ t$$

d) Tramo 3-4

$$Q3 = \frac{M4 - M3 + Mc4}{L} = \frac{-16 - (-2{,}027) + \left(\frac{7 \cdot 4^2}{3}\right)}{4} = 5{,}84\ t$$

$$Q4 = \frac{M4 - M3 - Mc3}{L} = \frac{-16 - (-2{,}027) - \left(\frac{7 \cdot 4^2}{6}\right)}{4} = -8{,}16\ t$$

e) Voladizo derecho

$Q_4 = 8$ *(constante en todo el tramo)*

Para dibujar el diagrama de esfuerzo cortante adoptamos los siguientes valores de escala:

Longitud: $1m = 0,5\ cm$

Cortante: $6\ t = 1\ cm$

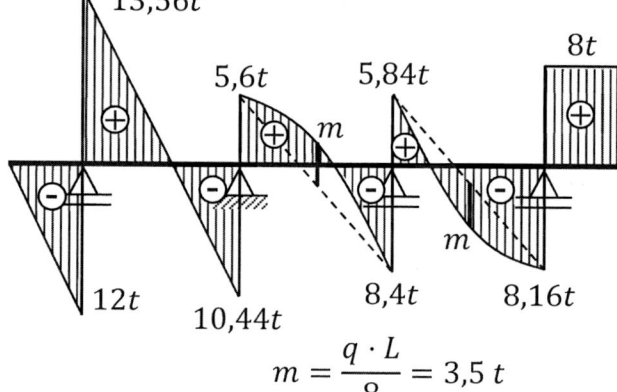

$$m = \frac{q \cdot L}{8} = 3,5\ t$$

Paso 5: Cálculo de reacciones

a) Voladizo Izquierdo

$$V_1 = q \cdot L = 6 \cdot 2 = 12\ t$$

b) Tramo 1-2

$$V1 = \frac{M2 - M1 + Mc2}{L} = \frac{-5,760 - (-12) + \left(\frac{6 \cdot 4^2}{2}\right)}{4} = 13,56\ t$$

$$V2 = -\frac{M2 - M1 - Mc1}{L} = -\frac{-5,760 - (-12) - \left(\frac{6 \cdot 4^2}{2}\right)}{4} = 10,44\ t$$

c) Tramo 2-3

$$V2 = \frac{M3 - M2 + Mc3}{L} = \frac{-2,027 - (-5,760) + \left(\frac{7 \cdot 4^2}{6}\right)}{4} = 5,6\ t$$

$$V3 = -\frac{M3 - M2 - Mc2}{L} = -\frac{-2,027 - (-5,760) - \left(\frac{7 \cdot 4^2}{3}\right)}{4} = 8,4\ t$$

d) Tramo 3-4

$$V3 = \frac{M4 - M3 + Mc4}{L} = \frac{-16 - (-2,027) + \left(\frac{7 \cdot 4^2}{3}\right)}{4} = 5,84\ t$$

$$V4 = -\frac{M4 - M3 - Mc3}{L} = -\frac{-16 - (-2,027) - \left(\frac{7 \cdot 4^2}{6}\right)}{4} = 8,16\ t$$

e) Voladizo derecho

$$V_4 = 8$$

Reacciones finales:

$$V1 = 12 + 13,56 = 25,56\ t$$

$$V2 = 10,44 + 5,6 = 16,04\ t$$

$$V3 = 8,4 + 5,84 = 14,24\ t$$

$$V4 = 8,16 + 8 = 16,16\ t$$

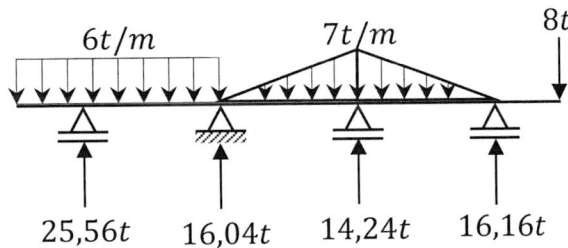

CAPÍTULO 7

ESFUERZOS COMBINADOS

7.1. INTRODUCCIÓN

Hasta el momento hemos analizado las tensiones debidas a los esfuerzos internos de manera aislada; sin embargo, en estructuras tridimensionales (ver figuras) estas tensiones aparecen de manera simultánea, lo que genera situaciones más complejas que las vistas hasta ahora.

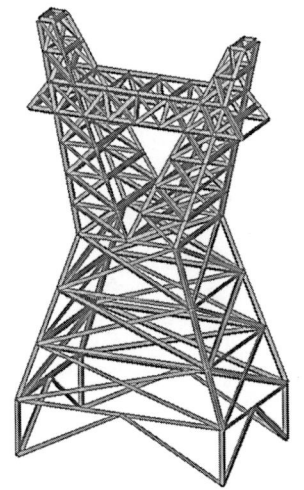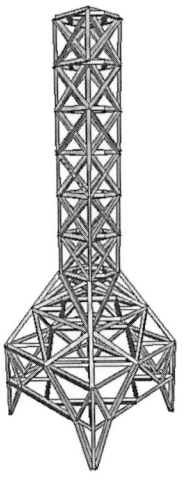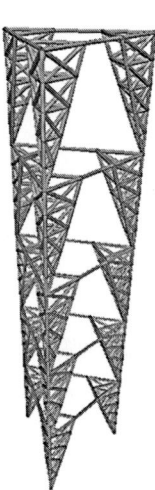

Figura 7.1 Estructuras 3D.

De manera general, las estructuras en el espacio, debido a su geometría, uniones y estados de cargas, pueden producir en sus elementos un máximo de seis esfuerzos internos: un esfuerzo normal, dos esfuerzos cortantes, dos momentos flectores y un momento de torsión. Las tensiones en los elementos de estas estructuras siguen siendo axiales y tangenciales, tal como se estudió en estructuras bidimensionales, sin embargo, se debe entender que los esfuerzos internos ahora son más y, por lo tanto, debemos aprender a distinguir qué esfuerzos internos aportan a cada tipo de tensión.

7.2. COMBINACIÓN DE ESFUERZOS

El esfuerzo normal y los momentos flectores se transforman en tensiones axiales, mientras que los esfuerzos cortantes y el momento de torsión, en tensiones tangenciales.

Las fórmulas deducidas en capítulos anteriores para analizar las tensiones de manera aislada y sus diferentes procedimientos serán también utilizados para analizar la combinación de tensiones debida a dos o más esfuerzos internos. A continuación, se muestran las expresiones que relacionan los esfuerzos internos y sus tensiones:

- *Tensión axial debida a esfuerzo normal*

$$\sigma = \frac{N}{A}$$

- *Tensión axial debida a momento flector*

$$\sigma = \frac{M \cdot y}{I_x}$$

- *Tensión tangencial debida al esfuerzo cortante*

$$\tau = \frac{Q \cdot S}{b \cdot I_x}$$

- *Tensión tangencial debida al momento de torsión*

$$\tau = \frac{T \cdot r}{I_P}$$

7.3. ESFUERZO NORMAL MÁS MOMENTO FLECTOR

En estructuras bidimensionales es muy común la presencia de un esfuerzo normal y un momento flector; ambos esfuerzos internos son responsables de generar tensiones axiales en las secciones de sus elementos.

La combinación de estos esfuerzos implica una suma aritmética asociada a un signo positivo cuando el esfuerzo es de tracción y negativo cuando es de compresión.

La combinación de estos esfuerzos puede generar los siguientes casos:

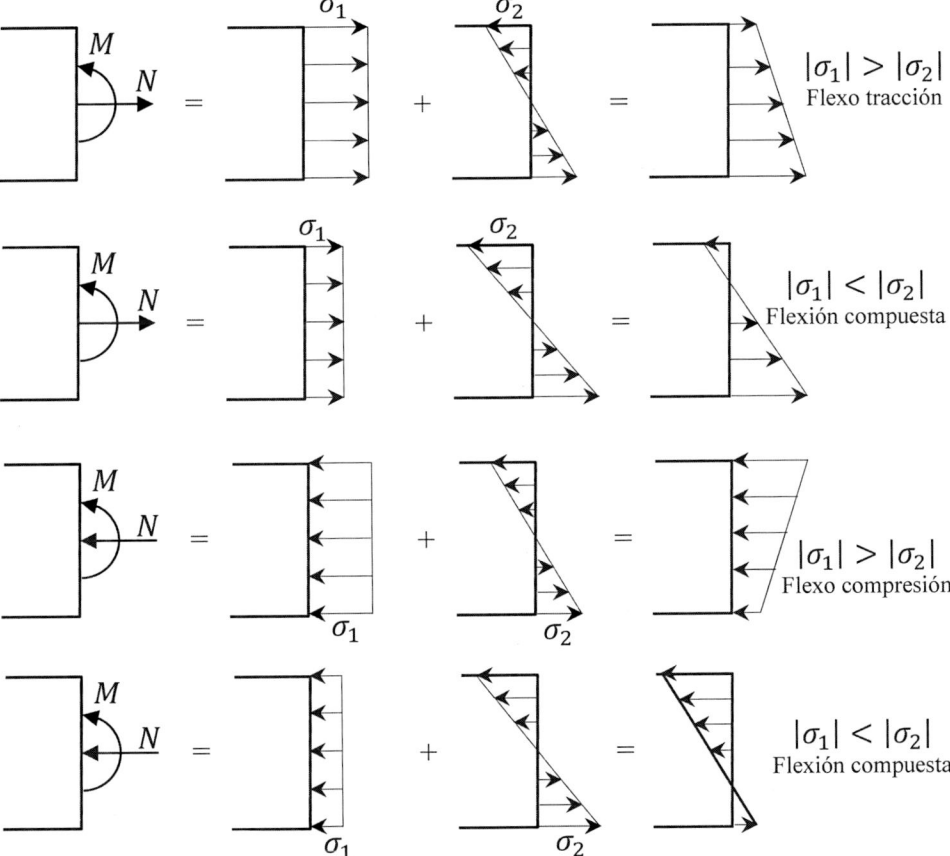

Figura 7.2 Combinaciones de esfuerzo normal y momento flector.

Para analizar los diagramas de tensión axial resultante podemos utilizar la siguiente expresión:

$$\sigma = \begin{smallmatrix}\oplus\\\ominus\end{smallmatrix} \frac{N}{A} \pm \frac{M \cdot y}{Ix}$$

Utilizaremos el signo positivo para tracción y el negativo para compresión.

La composición de signos de esta fórmula deberá entenderse como sigue:

Signos de disyunción: $\overset{\oplus}{\ominus}$ Pueden ser positivos o negativos, pero no ambos.

Signos de conjunción: $\pm$ Pueden ser positivos y negativos, es decir, uno no excluye al otro.

7.4. EXCENTRICIDAD DEL EJE NEUTRO

Cuando las tensiones del esfuerzo normal y el momento flector se combinan para determinar las tensiones axiales, el eje neutro se desplaza por encima o por debajo con respecto al baricentro de la sección.

Para calcular la magnitud de la excentricidad del eje neutro debemos igualar las tensiones debidas al esfuerzo normal y al momento flector, es decir, el eje neutro se ubicará donde ambas tensiones se anulan por ser de acción contraria.

$$\frac{N}{A} = \frac{M \cdot y}{I_x}$$

$$y = \frac{N \cdot I_x}{M \cdot A}$$

Sabiendo que y = e:

$$\boxed{e = \frac{N \cdot I_x}{M \cdot A}}$$

El eje neutro se desplazará hacia la zona de la sección donde el signo de la tensión del esfuerzo normal es contrario al signo de la tensión del momento flector. Para determinar el sentido en el cual se produce la excentricidad se presenta el siguiente cuadro:

Signo de N	Signo de M	Producto de signos	Posición del eje neutro con respecto a G
+	+	+	Hacia arriba
+	-	-	Hacia abajo
-	+	-	Hacia abajo
-	-	+	Hacia arriba

EJEMPLO 138

Obtener el diagrama de tensión para la sección s-s.

Datos

Sección rectangular:

$b = 20$ cm

$h = 40$ cm

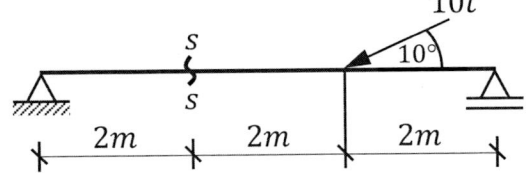

Figura 7.3 Viga simplemente apoyada.

Paso 1: Cálculo de reacciones

$$Fx = 10 \cdot cos(10) = 9,848$$

$$Fy = 10 \cdot sen(10) = 1,736$$

$$\Sigma Fx = 0 \rightarrow \oplus$$

$$H1 - 9,848 = 0$$

$$H1 = 9,848 \, t$$

$$\Sigma M1 = 0$$

$$1,736 \cdot 4 - V2 \cdot 6 = 0$$

$$V2 = 1,157$$

$$\Sigma Fy = 0 \uparrow \oplus$$

$$V1 - 1,736 + 1,157 = 0$$

$$V1 = 0,579 \, t$$

Paso 2: Esfuerzo normal y momento flector en la sección s-s

$$N_{s-s} = -9,848\ t$$

$$M_{s-s} = 0,579 \cdot 2 = 1,158\ tm$$

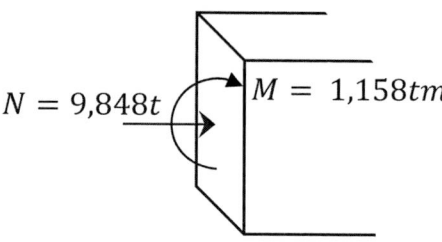

$$N = 9,848t \qquad M = 1,158tm$$

Paso 3: Cálculo de tensiones

$$\sigma 1 = -\frac{N}{A} + \frac{M \cdot y}{Ix}$$

$$\sigma 1 = -\frac{9,848}{0,2 \cdot 0,4} + \frac{1,158 \cdot 0,2}{\dfrac{0,2 \cdot 0,4^3}{12}}$$

$$\sigma 1 = 94,025\ t/m^2$$

$$\sigma 2 = -\frac{N}{A} - \frac{M \cdot y}{Ix}$$

$$\sigma 2 = -\frac{9,848}{0,2 \cdot 0,4} - \frac{1,158 \cdot 0,2}{\dfrac{0,2 \cdot 0,4^3}{12}}$$

$$\sigma 2 = -340,225\ t/m^2$$

$$e = \frac{N \cdot I_x}{M \cdot A} = \frac{9,848 \cdot \dfrac{0,2 \cdot 0,4^3}{12}}{1,158 \cdot 0,2 \cdot 0,4}$$

$$e = 0,1134\ m = 11,34\ cm$$

Como el momento es positivo y el esfuerzo normal negativo, la excentricidad se produce por debajo del baricentro.

Paso 4: Diagrama de tensión axial

Adoptamos las siguientes escalas:

$Longitud: 5\ cm = 1\ cm$

$Tensión: \dfrac{100\ t}{m^2} = 1\ cm$

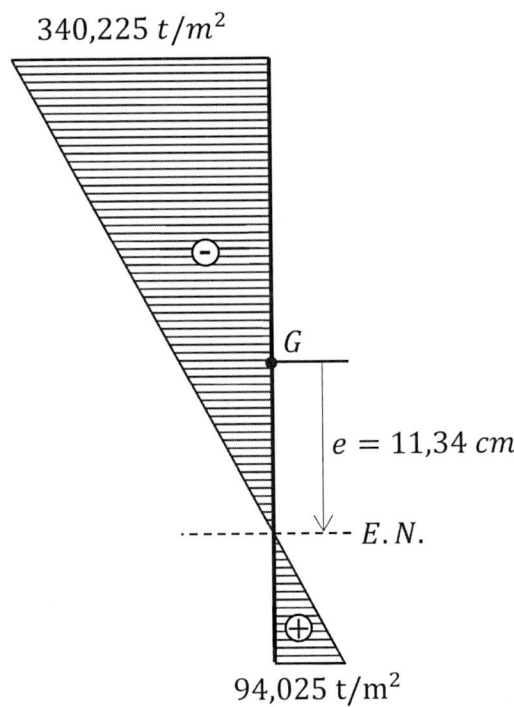

$340,225\ t/m^2$

G

$e = 11,34\ cm$

$E.N.$

$94,025\ t/m^2$

EJEMPLO 139

Diagramar la tensión axial de la siguiente viga.

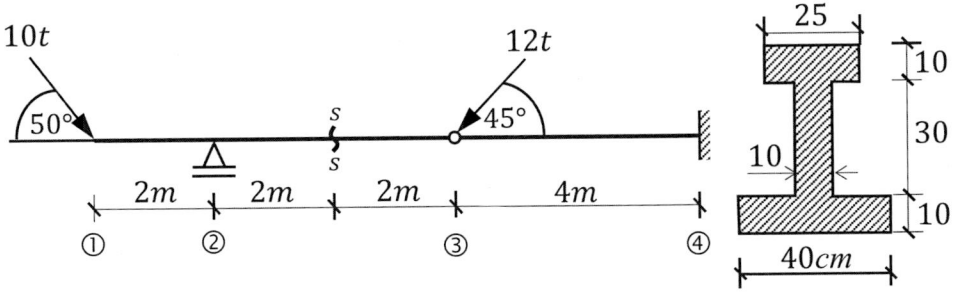

Figura 7.4 Viga articulada con voladizo.

Paso 1: Cálculo de reacción

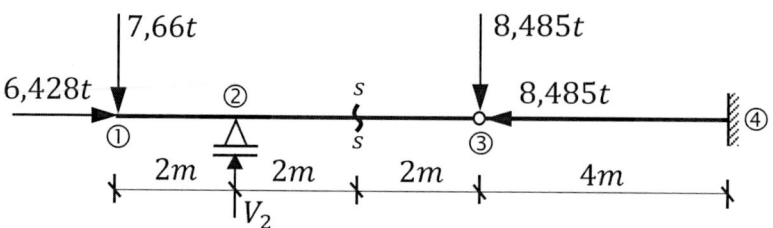

$$\Sigma M_3 = 0 \,\circlearrowleft\oplus$$
$$V \cdot 4 - 7{,}66 \cdot 6 = 0$$
$$V = 11{,}490 \ t$$

Paso 2: Cálculo de los esfuerzos N y M

$$\leftarrow N = -6{,}428 \ t = 6428 \ kg$$
$$\circlearrowleft\oplus M = -7{,}66 \cdot 4 + 11{,}491 \cdot 2 = -7{,}66 \ tm = -7{,}66 \cdot 10^5 \ kgcm$$

Paso 3: Cálculo de coordenada y_G

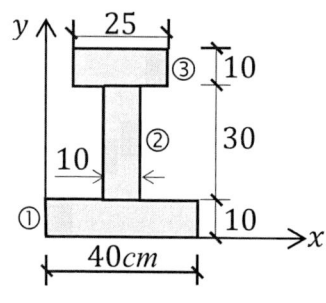

Figura	A	y	A · y
1	400	5	2000
2	300	25	7500
3	250	45	11 250
Σ	950	Σ	20 750

$$y_G = \frac{20750}{950} = 21{,}842 \ cm$$

Paso 4: Cálculo de I_x

$$I_x^{\textcircled{1}} = \frac{40 \cdot 10^3}{12} + 400 \cdot (21{,}842 - 5)^2 = 116794{,}519 \ cm^4$$

$$I_x^{\textcircled{2}} = \frac{10 \cdot 30^3}{12} + 300 \cdot (21{,}842 - 25)^2 = 25491{,}890 \ cm^4$$

$$I_x^{\textcircled{3}} = \frac{25 \cdot 10^3}{12} + 250 \cdot (21{,}842 - 45)^2 = 136156{,}574 \ cm^4$$

$$I_x = I_x^{\textcircled{1}} + I_x^{\textcircled{2}} + I_x^{\textcircled{3}} = 278442{,}983 \ cm^4$$

Paso 5: Cálculo de tensiones

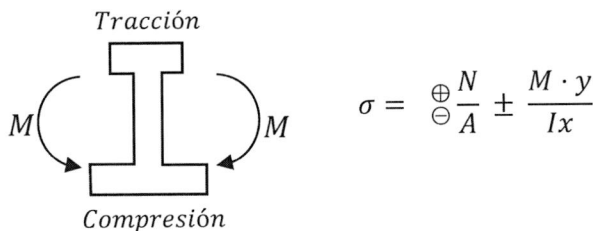

$$\sigma = \begin{matrix} \oplus \\ \ominus \end{matrix} \frac{N}{A} \pm \frac{M \cdot y}{Ix}$$

$$\sigma = \quad -\frac{6428}{950} \pm \frac{7{,}66 \cdot 10^5 \cdot (y_i)}{278\,442{,}983}$$

$$\sigma_1 = \quad -\frac{6428}{950} - \frac{7{,}66 \cdot 10^5 \cdot 21{,}842}{278\,442{,}983} = -66{,}854\, \frac{kg}{cm^2}$$

$$\sigma_2 = \quad -\frac{6428}{950} + \frac{7{,}66 \cdot 10^5 \cdot 28{,}158}{278\,442{,}983} = 70{,}697\, \frac{kg}{cm^2}$$

Paso 6: Cálculo de excentricidad

$$e = \frac{N \cdot I_x}{M \cdot A} = \frac{6428 \cdot 278\,442{,}983}{7{,}66 \cdot 10^5 \cdot 950}$$

$$e = 2{,}46\, cm$$

Como el momento es negativo y el esfuerzo normal negativo, la excentricidad se produce por encima del baricentro.

Paso 7: Diagrama de tensión

Adoptamos las siguientes escalas:

$Longitud: 10\ cm = 1\ cm$

$Tensión: 30\,\dfrac{t}{m^2} = 1\ cm$

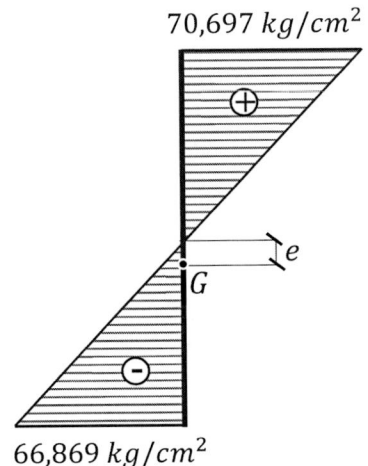

$70{,}697\ kg/cm^2$

$66{,}869\ kg/cm^2$

7.5. ESTADO BIAXIAL

Cuando trabajamos con estructuras espaciales generalmente aparecen un esfuerzo normal y dos momentos flectores, los cuales definen un diagrama de tensiones que se asimila a la ecuación de un plano oblicuo en el espacio. Véase la siguiente situación:

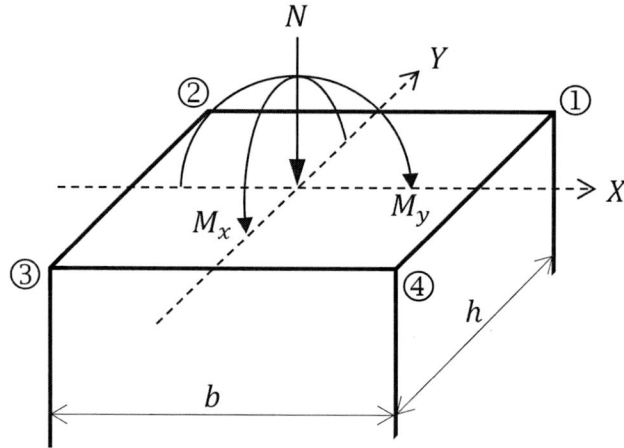

Figura 7.5 Sección sometida a esfuerzo normal y momento biaxial.

Para calcular tensiones en los puntos ①, ②, ③ y ④ utilizamos la siguiente expresión:

$$\sigma = \overset{\oplus}{\underset{\ominus}{}}\frac{N}{A} \pm \frac{M_x \cdot y}{Ix} \pm \frac{M_y \cdot x}{Iy}$$

Utilizaremos el signo positivo para el esfuerzo de tracción y el negativo para la compresión.

En la figura anterior, si analizamos de manera aislada el efecto que produce cada uno de los esfuerzos internos, llegaríamos a la siguiente conclusión:

Punto	N	Mx	My
①	compresión	tracción	compresión
②	compresión	tracción	tracción
③	compresión	compresión	tracción
④	compresión	compresión	compresión

Para las secciones rectangulares tenemos:

$$x = \frac{b}{2} \qquad y = \frac{h}{2} \qquad A = b \cdot h \qquad I_x = \frac{b \cdot h^3}{12} \qquad I_y = \frac{b^3 \cdot h}{12}$$

7.5.1. Ecuación del eje neutro

Para tensiones biaxiales, el eje neutro adopta el carácter de una recta oblicua a los ejes x e y.

La función de esta recta se puede calcular de la siguiente manera:

Paso 1: Identifique el cuadrante opuesto del punto que concentra mayor tensión absoluta. Por ejemplo, el cuadrante opuesto a ① es el cuadrante ③, y el cuadrante opuesto a ② es el ④.

En las siguientes figuras se muestran los cuadrantes donde se concentra la mayor tensión absoluta.

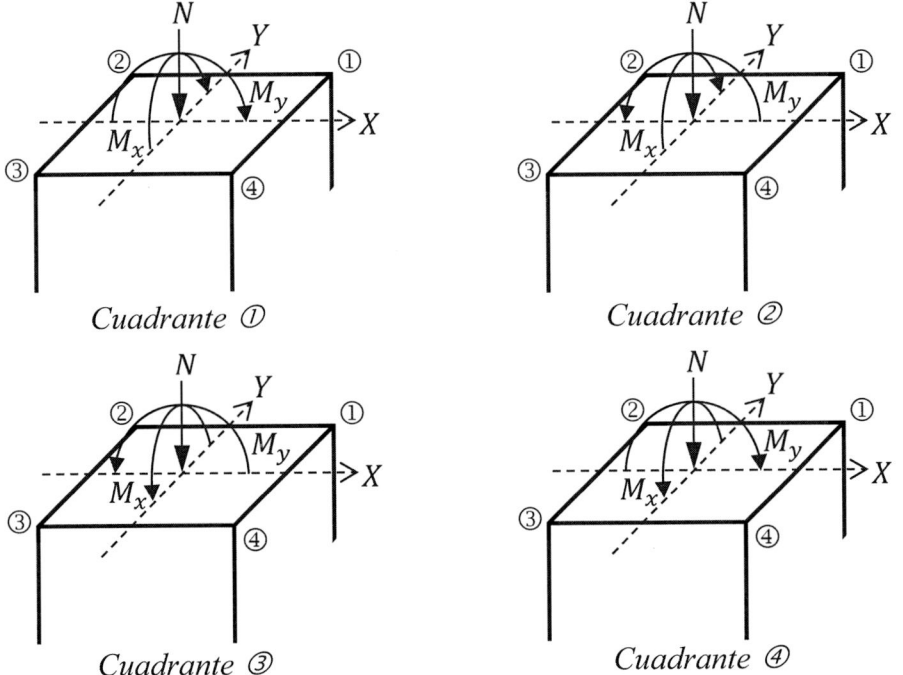

Figura 7.6 Cuadrantes de la sección donde se concentra la mayor tensión.

Paso 2: Adopte los signos del cuadrante opuesto para los términos que contienen x e y en la fórmula de tensión biaxial. Por ejemplo, si el cuadrante opuesto es el ④, el signo del eje x es positivo y el signo del eje y, negativo.

Punto de mayor tensión	Cuadrante opuesto	x	y
①	③	-	-
②	④	+	-
③	①	+	+
④	②	-	+

Paso 3: En la fórmula de tensión biaxial los términos de los momentos Mx y My con los signos obtenidos en el segundo paso se igualarán al término del esfuerzo normal, considerando para este último siempre el signo positivo, sin importar su efecto de tracción o compresión.

Bajo estas condiciones la ecuación del eje neutro dependerá de la siguiente expresión:

$$\pm \frac{M_x \cdot y}{Ix} \pm \frac{M_y \cdot x}{Iy} = \frac{N}{A}$$

El siguiente cuadro resume lo expuesto en los pasos anteriores:

Punto de mayor tensión	Ecuación del eje neutro
①	$-\left(\frac{M_x}{I_x}\right) \cdot y - \left(\frac{M_y}{I_y}\right) \cdot x = \frac{N}{A}$
②	$-\left(\frac{M_x}{I_x}\right) \cdot y + \left(\frac{M_y}{I_y}\right) \cdot x = \frac{N}{A}$
③	$\left(\frac{M_x}{I_x}\right) \cdot y + \left(\frac{M_y}{I_y}\right) \cdot x = \frac{N}{A}$
④	$\left(\frac{M_x}{I_x}\right) \cdot y - \left(\frac{M_y}{I_y}\right) \cdot x = \frac{N}{A}$

En la siguiente figura se muestra la posición del eje neutro habiendo identificado el punto o cuadrante de mayor tensión.

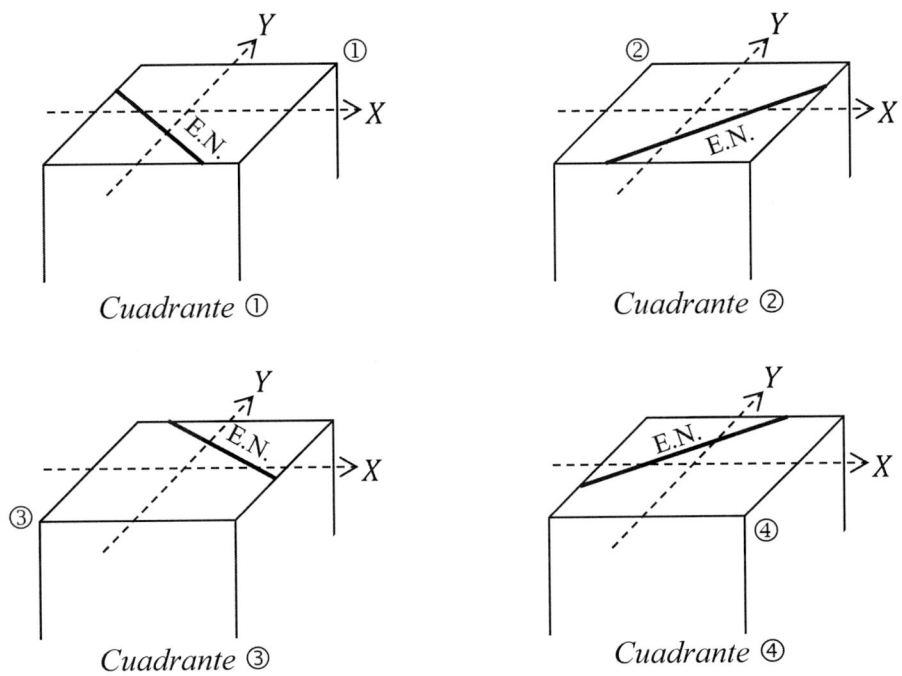

Figura 7.7 Eje neutro.

EJEMPLO 140

Para el siguiente caso diagramar la tensión axial y hallar la ecuación del eje neutro.

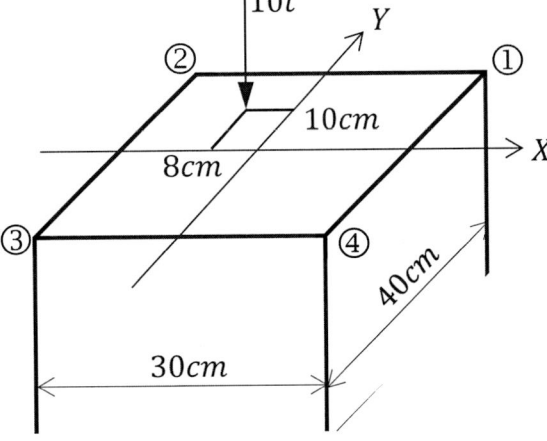

Figura 7.8 Sección con carga excéntrica.

Paso 1: Traslación de la fuerza excéntrica

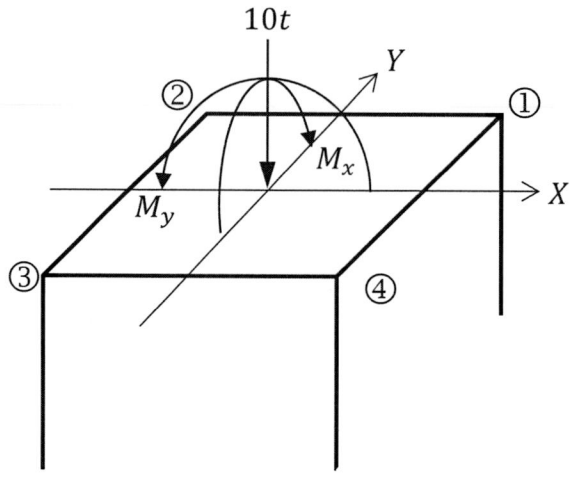

$$Mx = 10\,t \cdot 0,1\,m = 1\,tm$$

$$My = 10\,t \cdot 0,08\,m = 0,8\,tm$$

Paso 2: Cálculo de tensiones

Propiedades geométricas:

$$x = \frac{b}{2} = 15\,cm = 0,15\,m$$

$$y = \frac{h}{2} = 20\,cm = 0,2\,m$$

$$Ix = \frac{0,3 \cdot 0,4^3}{12} = 1,6 \cdot 10^{-3}\,m^4$$

$$Iy = \frac{0,4 \cdot 0,3^3}{12} = 9 \cdot 10^{-4}\,m^4$$

Tensiones según esfuerzos internos:

$$\frac{Mx \cdot y}{Ix} = \frac{1 \cdot 0,2}{1,6 \cdot 10^{-3}} = 125\,\frac{t}{m^2}$$

$$\frac{My \cdot x}{Iy} = \frac{0,8 \cdot 0,15}{9 \cdot 10^{-4}} = 133,333\,\frac{t}{m^2}$$

$$\frac{N}{A} = \frac{10}{0,3 \cdot 0,4} = 83,333\,\frac{t}{m^2}$$

Combinación de tensiones:

$$\sigma 1 = -83,333 - 125 + 133,333$$

$$\sigma 1 = -75\,\frac{t}{m^2}$$

$$\sigma 2 = -83,333 - 125 - 133,333$$

$$\sigma 2 = -341,666\,\frac{t}{m^2}$$

$$\sigma 3 = -83,333 + 125 - 133,333$$

$$\sigma 3 = -91,666\,\frac{t}{m^2}$$

$$\sigma 4 = -83,333 + 125 + 133,333$$

$$\sigma 4 = 175\,\frac{t}{m^2}$$

Paso 3: Ecuación del eje neutro

En el cuadrante ② se encuentra la máxima tensión, por lo tanto, utilizaremos la siguiente expresión para determinar la ecuación del eje neutro:

$$-\left(\frac{M_x}{I_x}\right) \cdot y + \left(\frac{M_y}{I_y}\right) \cdot x = \frac{N}{A}$$

$$-\left(\frac{1}{1,6 \cdot 10^{-3}}\right) \cdot y + \left(\frac{0,8}{9 \cdot 10^{-4}}\right) \cdot x = 83,33$$

$$-625 \cdot y + 888,889 \cdot x = 83,33$$

Paso 4: Diagrama de tensiones

Adoptamos la siguiente escala para las tensiones:

$$Tensión: 150\,\frac{t}{m^2} = 1\,cm$$

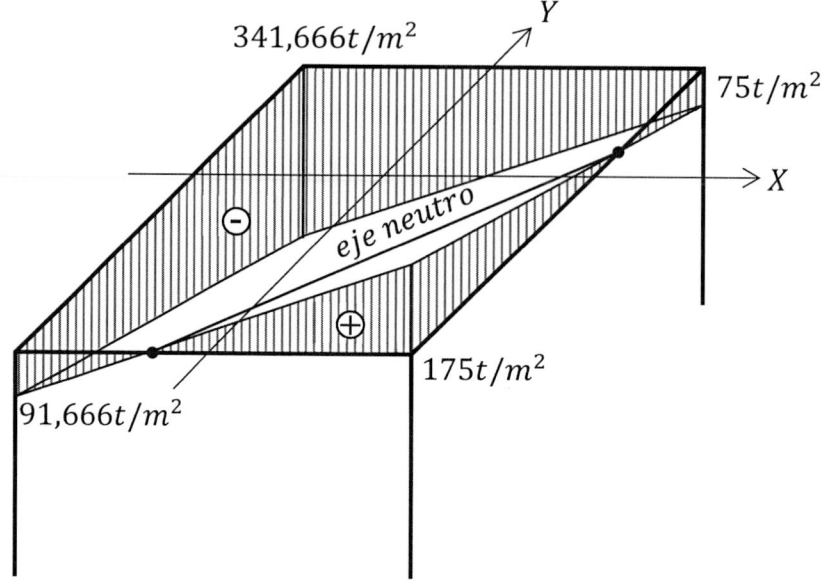

EJEMPLO 141

Obtener el diagrama de tensión axial y su eje neutro.

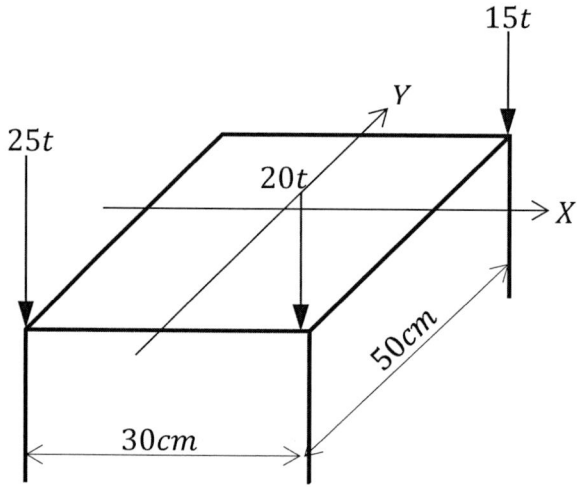

Figura 7.9 Sección con cargas puntuales excéntricas.

Paso 1: Cálculo de normal y momentos

$$\oplus \downarrow N = 25 + 15 + 20 = 60\ t$$

$$\oplus \twoheadrightarrow M_x = -15 \cdot 0{,}25 + 20 \cdot 0{,}25 + 25 \cdot 0{,}25 = 7{,}5\ tm$$

$$\oplus \nearrow M_y = 20 \cdot 0{,}15 + 15 \cdot 0{,}15 - 25 \cdot 0{,}15 = 1{,}5\ tm$$

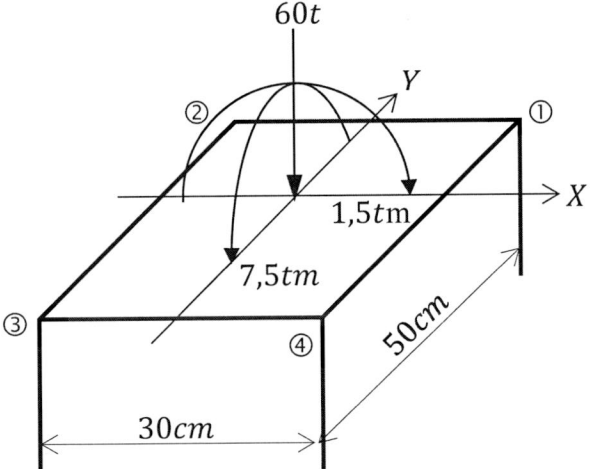

Paso 2: Cálculo de tensiones

Calculamos las tensiones según el esfuerzo interno:

$$\frac{N}{A} = \frac{60}{0{,}3 \cdot 0{,}5} = 400\,\frac{t}{m^2}$$

$$\frac{M_x \cdot y}{I_x} = \frac{7{,}5 \cdot 0{,}25}{\dfrac{0{,}3 \cdot 0{,}5^3}{12}} = 600\,\frac{t}{m^2}$$

$$\frac{M_y \cdot x}{I_y} = \frac{1{,}5 \cdot 0{,}15}{\dfrac{0{,}3^3 \cdot 0{,}5}{12}} = 200\,\frac{t}{m^2}$$

Combinamos las tensiones tangenciales para cada punto:

$$\sigma_1 = -400 + 600 - 200 = 0\,\frac{t}{m^2}\ \ (Nulo)$$

$$\sigma_2 = -400 + 600 + 200 = 400\,\frac{t}{m^2}\ \ (Tracción)$$

$$\sigma_3 = -400 - 600 + 200 = -800\,\frac{t}{m^2} \quad (Compresión)$$

$$\sigma_4 = -400 - 600 - 200 = -1200\,\frac{t}{m^2} \quad (Compresión)$$

Paso 3: Ecuación del eje neutro

En el cuadrante ④ se encuentra la máxima tensión, por lo tanto, utilizaremos la siguiente expresión para determinar la ecuación del eje neutro:

$$\left(\frac{M_x}{I_x}\right)\cdot y - \left(\frac{M_y}{I_y}\right)\cdot x = \frac{N}{A}$$

$$\left(\frac{7,5}{\frac{0,3\cdot 0,5^3}{12}}\right)\cdot y - \left(\frac{1,5}{\frac{0,3^3\cdot 0,5}{12}}\right)\cdot x = 400$$

$$2400\cdot y - 1333,333\cdot x = 400$$

Paso 4: Diagrama de tensiones

Adoptamos la siguiente escala para las tensiones:

$$Tensión:\ 400\,\frac{t}{m^2} = 1\ cm$$

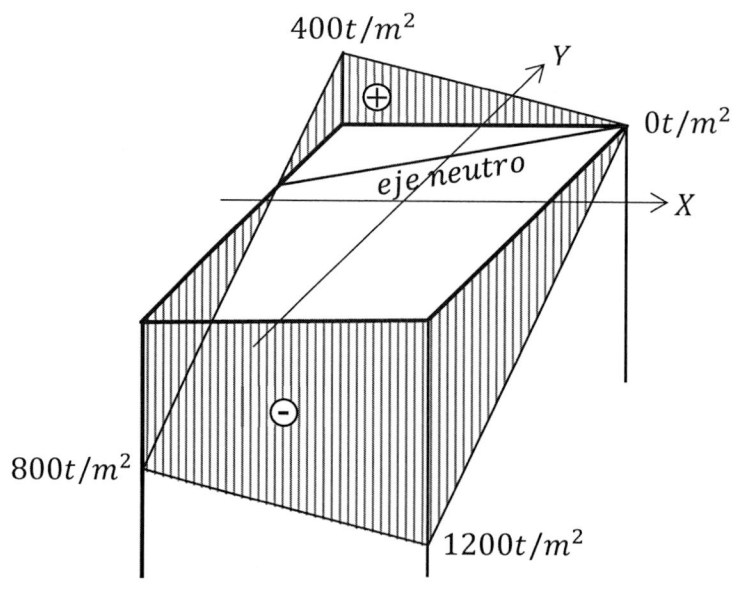

EJEMPLO 142

Graficar las tensiones biaxiales en la sección s-s (resultado en t/m²) y hallar la ecuación del eje neutro.

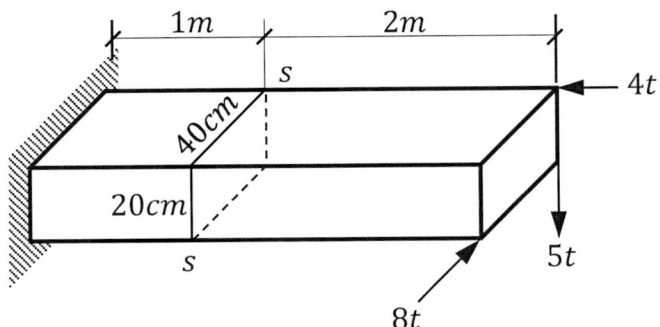

Figura 7.10 Viga en voladizo con carga excéntrica.

Paso 1: Esfuerzos internos en s-s

Según los ejes definidos en la sección, tenemos:

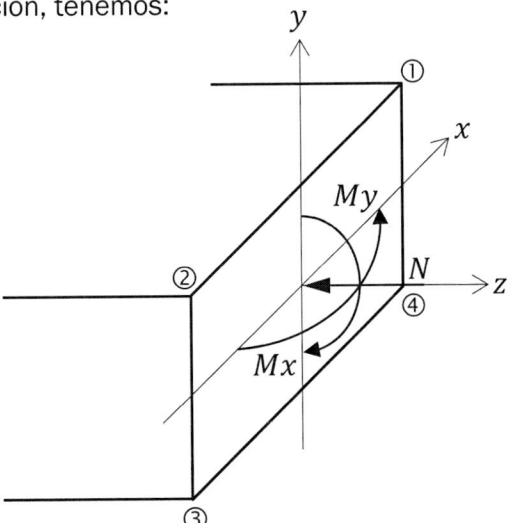

$Fx = 8\ t$ *(cortante)*

$Fy = -5\ t$ *(cortante)*

$Fz = -4\ t$ *(Normal)*

$Mx = -4 \cdot 0,1 + 5 \cdot 2$

$Mx = 9,6\ tm$ *(flector)*

$My = 4 \cdot 0,2 + 8 \cdot 2$

$My = 16,8\ tm$ *(flector)*

$Mz = 8 \cdot 0,1 - 5 \cdot 0,2$

$Mz = -0,2\ tm$ *(torsión)*

Paso 2: Combinación de tensiones

$$\sigma_1 = \frac{-4}{0,2 \cdot 0,4} + \frac{9,6 \cdot 0.1}{\dfrac{0,4 \cdot 0,2^3}{12}} - \frac{16,8 \cdot 0,2}{\dfrac{0,2 \cdot 0,4^3}{12}}$$

$$\sigma_1 = -50 + 3600 - 3150 = 400\ t/m^2$$

$$\sigma_2 = -50 + 3600 + 3150 = 6700 \ t/m^2$$

$$\sigma_3 = -50 - 3600 + 3150 = -500 \ t/m^2$$

$$\sigma_4 = -50 - 3600 - 3150 = -6800 \ t/m^2$$

Paso 3: Ecuación del eje neutro

El cuadrante de máxima tensión es el ④, por lo tanto, utilizaremos la siguiente fórmula:

$$\frac{M_x \cdot y}{I_x} - \frac{M_y \cdot x}{I_y} = \frac{N}{A}$$

$$\frac{9,6 \cdot y}{\dfrac{0,4 \cdot 0,2^3}{12}} - \frac{16,8 \cdot x}{\dfrac{0,2 \cdot 0,4^3}{12}} = \frac{4}{0,2 \cdot 0,4}$$

$$36000 \cdot y - 15750 \cdot x = 50 \ \div (\mathbf{50})$$

$$720 \cdot y - 315 \cdot x = 1$$

Paso 4: Diagrama de tensiones

Adoptamos la siguiente escala para las tensiones:

$$Tensión: 5000 \frac{t}{m^2} = 1 \ cm$$

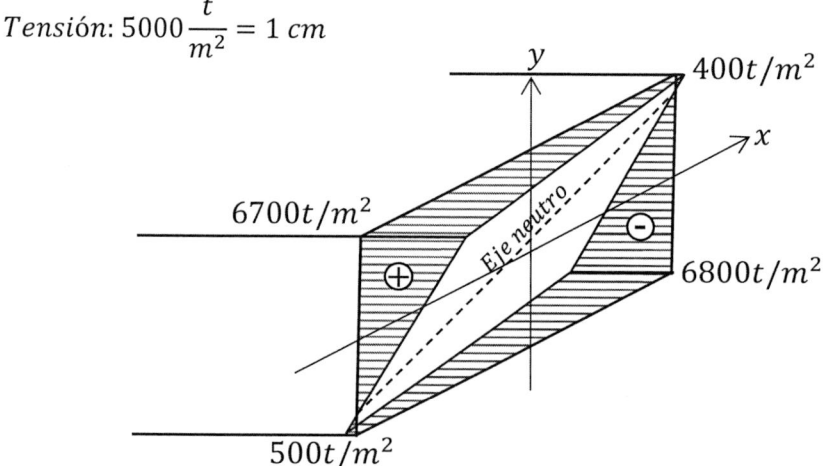

EJEMPLO 143

Obtener el diagrama de tensión axial y la ecuación de su eje neutro para la sección s-s.

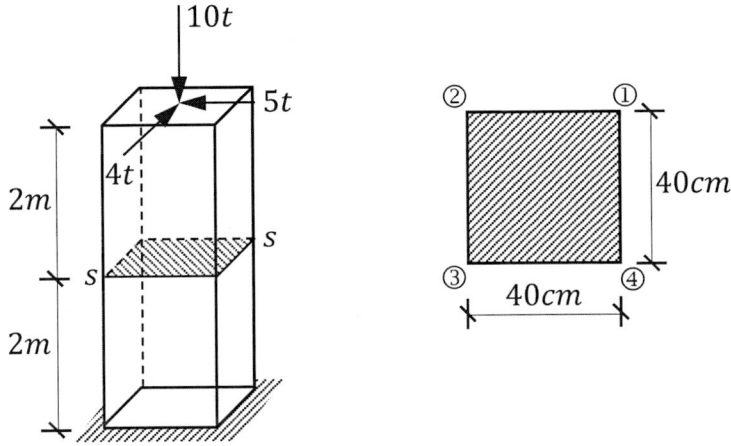

Figura 7.11 Columna con cargas puntuales en X, Y y Z.

Paso 1: Esfuerzos internos en la sección s-s

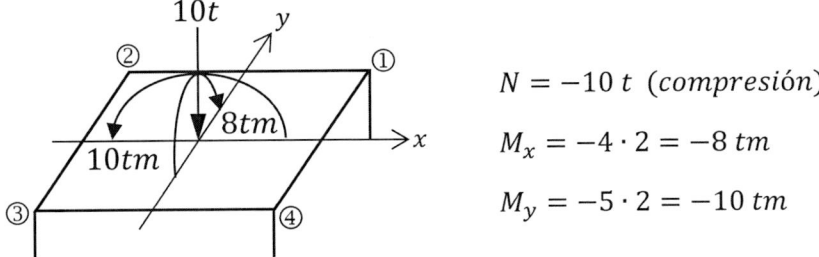

$N = -10 \, t \, (compresión)$

$M_x = -4 \cdot 2 = -8 \, tm$

$M_y = -5 \cdot 2 = -10 \, tm$

Paso 2: Cálculo de tensiones

$$\frac{M_x \cdot y}{I_x} = \frac{8 \cdot 0,2}{\frac{0,4 \cdot 0,4^3}{12}} = 750 \, t/m^2$$

$$\frac{M_y \cdot x}{I_y} = \frac{10 \cdot 0,2}{\frac{0,4 \cdot 0,4^3}{12}} = 937,5 \, t/m^2$$

$$\frac{N}{A} = \frac{10}{0,4 \cdot 0,4} = 62,5 \, t/m^2$$

Combinación de tensiones:

$$\sigma_1 = -62,5 - 750 + 937,5 = 125 \, t/m^2$$

$$\sigma_2 = -62,5 - 750 - 937,5 = -1750 \, t/m^2$$

$$\sigma_3 = -62,5 + 750 - 937,5 = -250 \, t/m^2$$

$$\sigma_4 = -62,5 + 750 + 937,5 = 1625 \, t/m^2$$

Paso 3: Ecuación del eje neutro

En el cuadrante ② se encuentra la máxima tensión, por lo tanto, utilizaremos la siguiente expresión para determinar el eje neutro:

$$-\left(\frac{M_x}{I_x}\right) \cdot y + \left(\frac{M_y}{I_y}\right) \cdot x = \frac{N}{A}$$

$$-\left(\frac{8}{\frac{0,4 \cdot 0,4^3}{12}}\right) \cdot y + \left(\frac{10}{\frac{0,4 \cdot 0,4^3}{12}}\right) \cdot x = \frac{10}{0,4 \cdot 0,4}$$

$$-3750 \cdot y + 4687,5 \cdot x = 62,5 \div \mathbf{62,5}$$

$$-60 \cdot y + 75 \cdot x = 1$$

Paso 4: Diagrama de tensiones axiales

Adoptamos la siguiente escala para las tensiones:

$$Tensión: 1500\,\frac{t}{m^2} = 1 \, cm$$

EJEMPLO 144

Obtener el diagrama de tensión axial para la sección marcada. Encontrar la ecuación de la línea neutra.

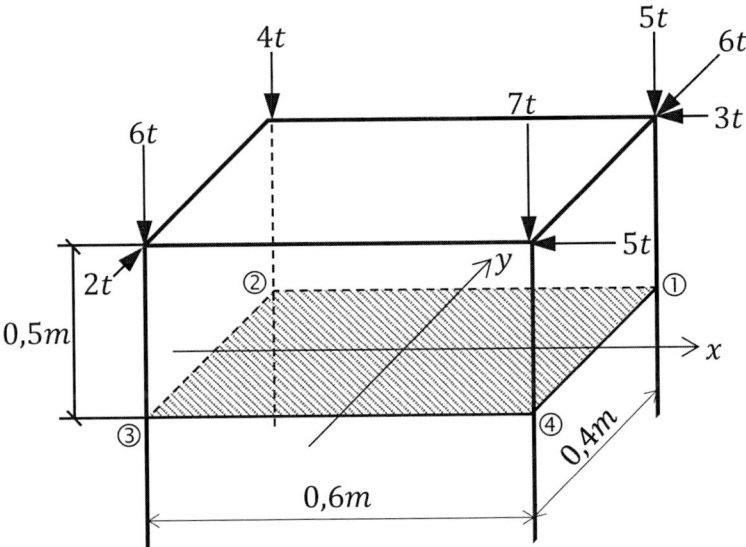

Figura 7.12 Columna con carga excéntrica.

Paso 1: Normal y momentos en s-s

$\uparrow \oplus N = -6 - 4 - 5 - 7 = -22\ t\ (compresión)$

$\twoheadrightarrow \oplus M_x = 6 \cdot 0,2 + 7 \cdot 0,2 - 4 \cdot 0,2 - 5 \cdot 0,2 + 6 \cdot 0,5 - 2 \cdot 0,5 = 2,8\ tm$

$\nearrow M_y = 5 \cdot 0,3 + 7 \cdot 0,3 - 4 \cdot 0,3 - 6 \cdot 0,3 - 3 \cdot 0,5 - 5 \cdot 0,5 = -3,4\ tm$

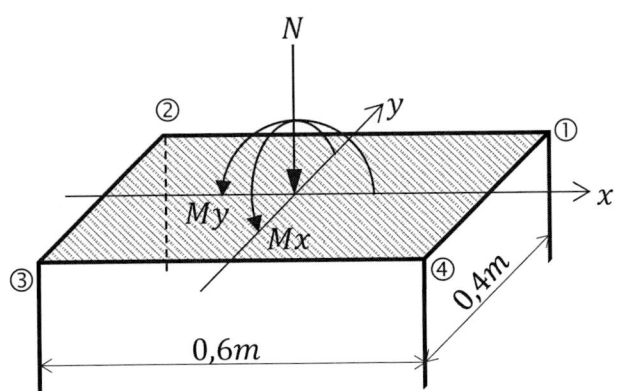

Paso 2: Cálculo de tensiones

Características geométricas:

$$A = 0,6 \cdot 0,4 = 0,24 \; m^2$$

$$I_x = \frac{0,6 \cdot 0,4^3}{12} = 0,0032 \; m^4$$

$$I_y = \frac{0,6^3 \cdot 0,4}{12} = 0,0072 \; m^4$$

$$x = 0,3 \; m$$

$$y = 0,2 \; m$$

Combinación de tensiones:

$$\sigma = \; {\oplus \atop \ominus} \frac{N}{A} \pm \frac{M_x \cdot y}{Ix} \pm \frac{M_y \cdot x}{Iy}$$

$$\sigma_1 = -\frac{22}{0,24} + \frac{2,8 \cdot 0,2}{0,0032} + \frac{3,4 \cdot 0,3}{0,0072}$$

$$\sigma_1 = -91,667 + 175 + 141,667 = 225 \; t/m^2$$

$$\sigma_2 = -91,667 + 175 - 141,667 = -58,334 \; t/m^2$$

$$\sigma_3 = -91,667 - 175 - 141,667 = -408,334 \; t/m^2$$

$$\sigma_4 = -91,667 - 175 + 141,667 = -125 \; t/m^2$$

Paso 3: Ecuación de la línea neutra

El cuadrante de máxima tensión es el ③, por lo tanto, utilizamos la siguiente expresión para determinar la ecuación del eje neutro:

$$\left(\frac{M_x}{I_x}\right) \cdot y + \left(\frac{M_y}{I_y}\right) \cdot x = \frac{N}{A}$$

$$\left(\frac{2,8}{0,0032}\right) \cdot y + \left(\frac{3,4}{0,0072}\right) \cdot x = \frac{22}{0,24}$$

$$875 \cdot y + 472,222 \cdot x = 91,667$$

Paso 4: Representación gráfica

Adoptamos la siguiente escala para las tensiones:

$$Tensión: 200\frac{t}{m^2} = 1\ cm$$

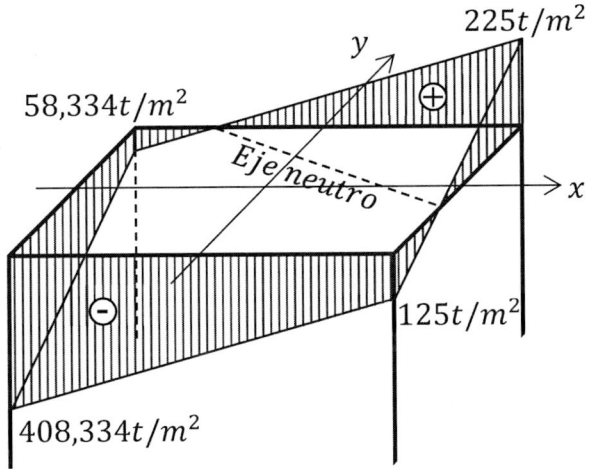

EJEMPLO 145

Para la sección s-s calcular y graficar el diagrama de tensiones axiales.

Datos

$r = 30\ cm$

$\alpha = 25°$

$\gamma = 2,5\ \dfrac{t}{m^3}$

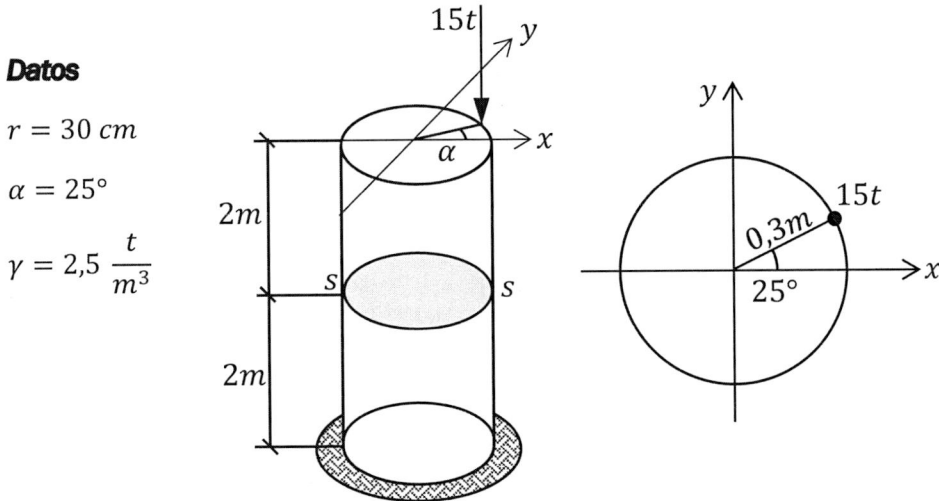

Figura 7.13 Columna de sección circular con carga excéntrica.

Paso 1: Normal y momentos en s-s

$\downarrow \oplus N = -15 - P$

$N = -15 - \gamma \cdot (\pi \cdot r^2 \cdot h) = -15 - 2,5 \cdot (\pi \cdot 0,3^2 \cdot 2)$

$N = -16,414\, t = 16414\, kg$

$\twoheadrightarrow \oplus M_x = -15 \cdot 0,3 \cdot Sen(25°) = -1,902\, tm = -190200\, kgcm$

$\nearrow M_y = 15 \cdot 0,3 \cdot Cos(25°) = 4,078\, tm = 407800\, kgcm$

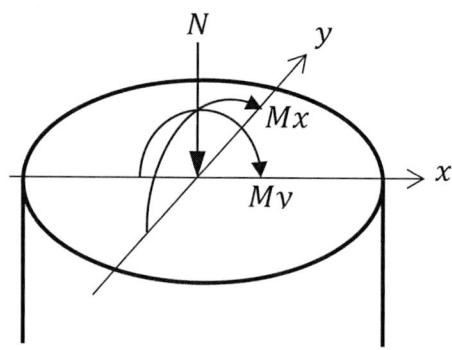

Paso 2: Cálculo de tensiones

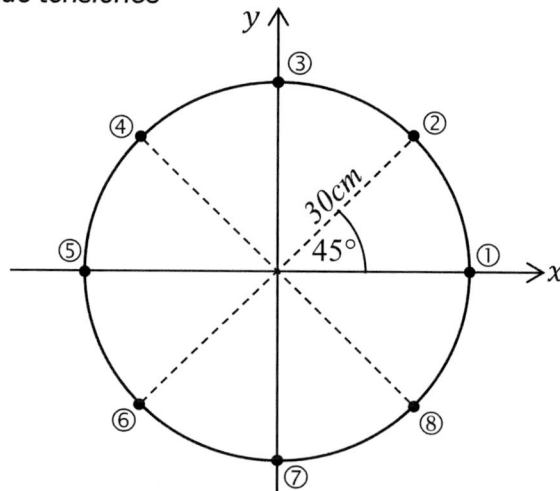

Características geométricas:

$$A = \pi \cdot 30^2 = 2827,44\, cm^2$$

$$I_x = I_y = \frac{\pi \cdot 30^4}{4} = 636174\, cm^4$$

Los valores de x e y se calculan como sigue:

$$x_i = |30 \cdot Cos(\theta)|$$

$$y_i = |30 \cdot Sen(\theta)|$$

Punto	x	y
①	30	0
②	21,213	21,213
③	0	30
④	21,213	21,213
⑤	30	0
⑥	21,213	21,213
⑦	0	30
⑧	21,213	21,213

Combinación de tensiones:

$$\sigma = \begin{matrix}\oplus\\\ominus\end{matrix}\frac{N}{A} \pm \frac{M_x \cdot y}{Ix} \pm \frac{M_y \cdot x}{Iy}$$

$$\sigma = -\frac{16414}{2827,44} \pm \left(\frac{190\,200}{636\,174}\right) \cdot y \pm \left(\frac{407\,800}{636\,174}\right) \cdot x$$

$$\sigma = -5,805 \pm 0,299 \cdot y \pm 0,641 \cdot x$$

Reemplazamos los valores de x e y.

$$\sigma_1 = -5,805 + 0,299 \cdot 0 - 0,641 \cdot 30 = -25,035\,kg/cm^2$$

$$\sigma_2 = -5,805 - 0,299 \cdot 21,213 - 0,641 \cdot 21,213 = -25,745\ kg/cm^2$$

$$\sigma_3 = -5,805 - 0,299 \cdot 30 + 0,641 \cdot 0 = -14,775\ kg/cm^2$$

$$\sigma_4 = -5,805 - 0,299 \cdot 21,213 + 0,641 \cdot 21,213 = 1,45\,kg/cm^2$$

$$\sigma_5 = -5,805 + 0,299 \cdot 0 + 0,641 \cdot 30 = 13,425\ kg/cm^2$$

$$\sigma_6 = -5,805 + 0,299 \cdot 21,213 + 0,641 \cdot 21,213 = 14,135\ kg/cm^2$$

$$\sigma_7 = -5,805 + 0,299 \cdot 30 + 0,641 \cdot 0 = 3,165\,kg/cm^2$$

$$\sigma_8 = -5,805 + 0,299 \cdot 21,213 - 0,641 \cdot 21,213 = -13,060\,kg/cm^2$$

Paso 3: Ecuación de la línea neutra

El cuadrante de máxima tensión es el ②, por lo tanto, utilizamos la siguiente expresión para determinar la ecuación del eje neutro:

$$-\left(\frac{M_x}{I_x}\right) \cdot y - \left(\frac{M_y}{I_y}\right) \cdot x = \frac{N}{A}$$

$$-\left(\frac{190\,200}{636\,174}\right) \cdot y - \left(\frac{407\,800}{636\,174}\right) \cdot x = \frac{16\,414}{2827,44}$$

$$-0,299 \cdot y - 0,641 \cdot x = 5,805$$

Paso 4: Representación gráfica

Adoptamos la siguiente escala para las tensiones:

$$Tensión: 10\frac{t}{m^2} = 1\ cm$$

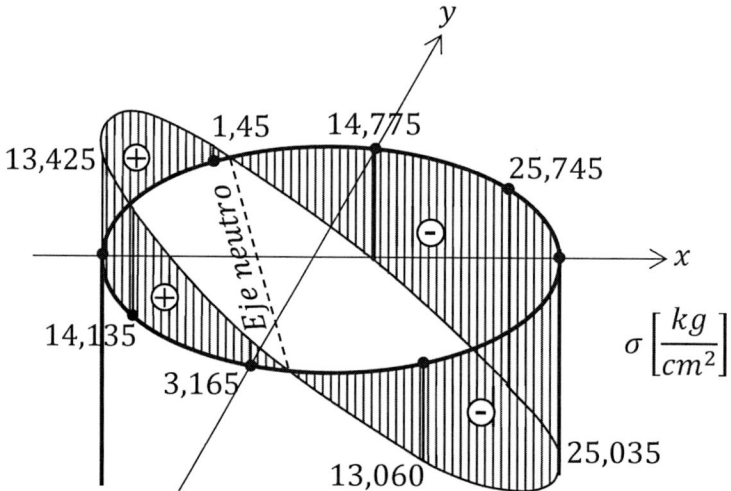

7.6. NÚCLEO CENTRAL

Para una carga P de excentricidades e_x y e_y ubicada en el cuadrante x, y, su eje neutro se posesionará cortando los ejes $-x$ y $-y$ correspondientes al tercer cuadrante, tal como se muestra a continuación:

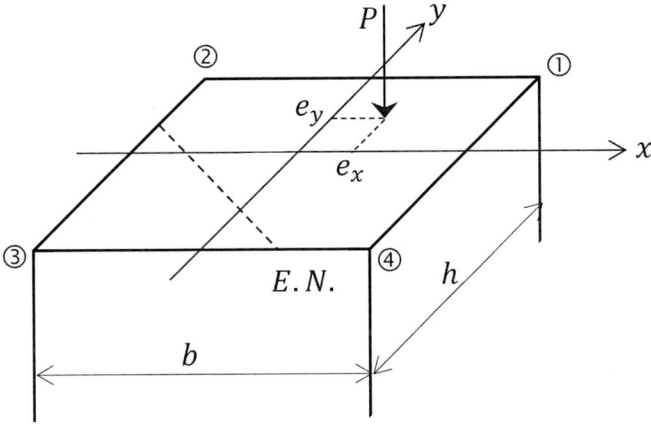

Figura 7.14 Columna de sección rectangular con carga excéntrica.

Dependiendo de la posición de la carga P, el eje neutro oscilará en el tercer cuadrante, pudiendo ubicarse sobre el vértice ③, tal como se muestra a continuación:

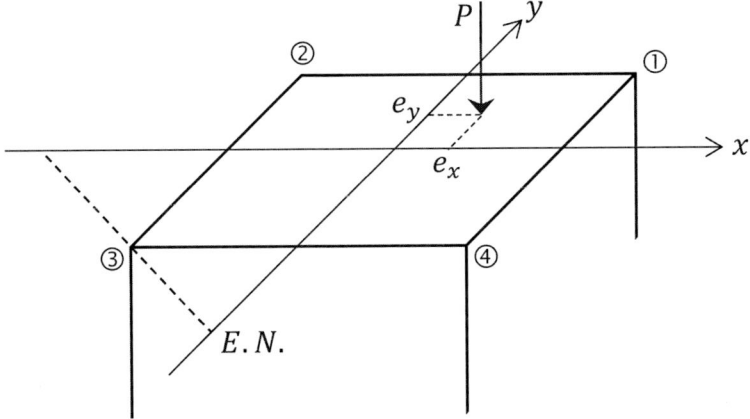

Figura 7.15 Eje neutro al límite de la sección.

El diagrama de tensión axial en esta situación se encuentra sometido a un solo tipo de esfuerzos, en este caso, de compresión.

Para determinar los límites de la carga P, en la que se produce esta situación, analizaremos la ecuación del eje neutro estudiado en el apartado 6 del presente capítulo.

$$-\left(\frac{M_x}{I_x}\right) \cdot y - \left(\frac{M_y}{I_y}\right) \cdot x = \frac{N}{A} \quad ①$$

Para esta ecuación tenemos lo siguiente:

$$M_x = P \cdot e_y \qquad x = -\frac{b}{2} \qquad I_x = \frac{b \cdot h^3}{12}$$

$$M_y = P \cdot e_x \qquad y = -\frac{h}{2} \qquad I_y = \frac{b^3 \cdot h}{12} \quad \Bigg\} ②$$

$$N = P \qquad\qquad\qquad A = b \cdot h$$

Si sustituimos ② en ①:

$$-\left(\frac{P \cdot e_y}{\frac{b \cdot h^3}{12}}\right) \cdot \left(-\frac{h}{2}\right) - \left(\frac{P \cdot e_x}{\frac{b^3 \cdot h}{12}}\right) \cdot \left(-\frac{b}{2}\right) = \frac{P}{b \cdot h}$$

Si reducimos a la mínima expresión, tenemos:

$$\left(\frac{e_y}{h/6}\right) + \left(\frac{e_x}{b/6}\right) = 1$$

En caso de que la fuerza excéntrica P se encuentre sobre el eje x, su excentricidad en y será nula, es decir:

$$\left(\frac{0}{h/6}\right) + \left(\frac{e_x}{b/6}\right) = 1$$

$$e_x = \frac{b}{6}$$

De igual manera sucede cuando la carga P se encuentre sobre el eje y.

$$\left(\frac{e_y}{h/6}\right) + \left(\frac{0}{b/6}\right) = 1$$

$$e_y = \frac{h}{6}$$

Si hacemos el mismo análisis para los otros tres cuadrantes, tendremos una región en el interior de la sección a la que denominaremos núcleo.

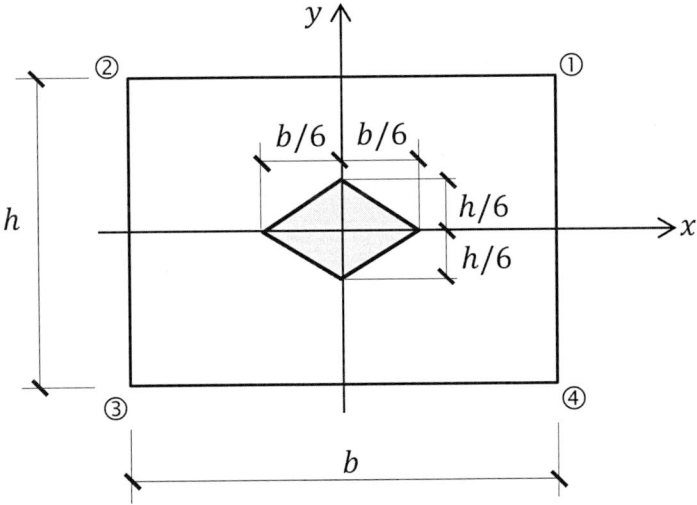

Figura 7.16 Núcleo en sección rectangular.

Los límites del núcleo central estarán definidos por las siguientes ecuaciones:

Cuadrante	Ecuación	Carga dentro del núcleo
①	$\dfrac{6 \cdot x}{b} + \dfrac{6 \cdot y}{h} = 1$	$\dfrac{6 \cdot e_x}{b} + \dfrac{6 \cdot e_y}{h} \leq 1$
②	$-\dfrac{6 \cdot x}{b} + \dfrac{6 \cdot y}{h} = 1$	$-\dfrac{6 \cdot e_x}{b} + \dfrac{6 \cdot e_y}{h} \leq 1$
③	$-\dfrac{6 \cdot x}{b} - \dfrac{6 \cdot y}{h} = 1$	$-\dfrac{6 \cdot e_x}{b} - \dfrac{6 \cdot e_y}{h} \leq 1$
④	$\dfrac{6 \cdot x}{b} - \dfrac{6 \cdot y}{h} = 1$	$\dfrac{6 \cdot e_x}{b} - \dfrac{6 \cdot e_y}{h} \leq 1$

Para verificar que una carga P se encuentra dentro del núcleo central, se deben reemplazar sus excentricidades e_x y e_y en las coordenadas x e y de la ecuación de la recta que limita dicho núcleo en su respectivo cuadrante. Si el resultado obtenido es mayor que 1, la carga está fuera del núcleo central; pero si es menor que 1, estará dentro del núcleo central y, por lo tanto, la sección estará completamente comprimida.

EJEMPLO 146

Para la siguiente carga P, verificar si se encuentra dentro de su núcleo central.

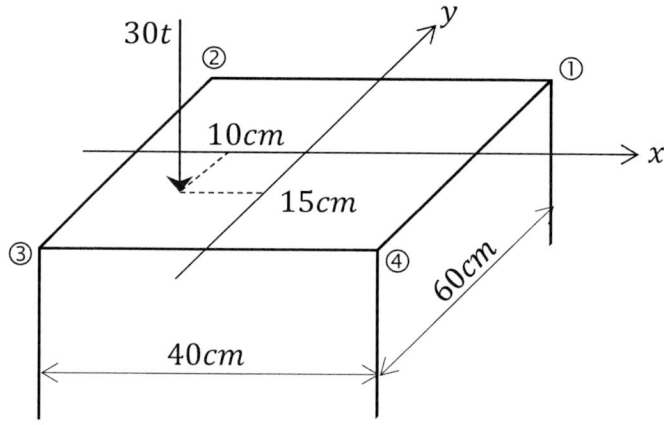

Figura 7.17 Sección de columna con carga excéntrica.

Reemplazamos sus datos en la siguiente condición:

$$-\frac{6 \cdot e_x}{b} - \frac{6 \cdot e_y}{h} \leq 1$$

$$-\frac{6 \cdot (-10)}{40} - \frac{6 \cdot (-15)}{60} \leq 1$$

$$1,5 + 1,5 \leq 1$$

$$3 \nleq 1$$

La carga P no se encuentra dentro del núcleo central.

EJEMPLO 147

Para la sección mostrada determinar las ecuaciones que delimitan su núcleo central y graficar sus tensiones axiales.

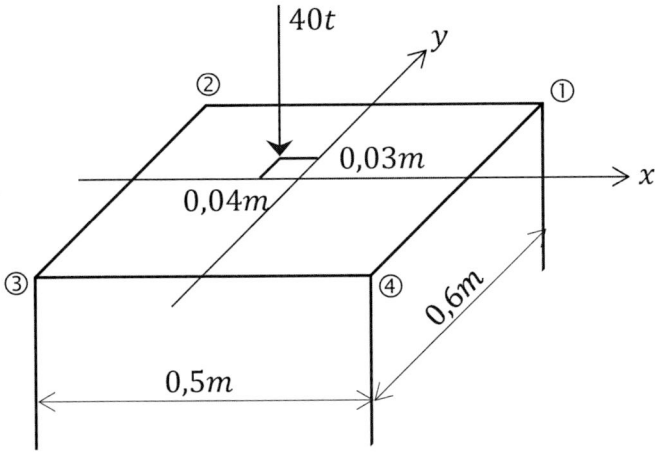

Figura 7.18 Columna con carga excéntrica.

Paso 1: Ecuación del núcleo central

a) Cuadrante ①

$$\frac{6 \cdot x}{b} + \frac{6 \cdot y}{h} = 1$$

$$\frac{6 \cdot x}{0,5} + \frac{6 \cdot y}{0,6} = 1$$

$$12 \cdot x + 10 \cdot y = 1$$

b) Cuadrante ②

$$-12 \cdot x + 10 \cdot y = 1$$

c) Cuadrante ③

$$-12 \cdot x - 10 \cdot y = 1$$

d) Cuadrante ④

$$12 \cdot x - 10 \cdot y = 1$$

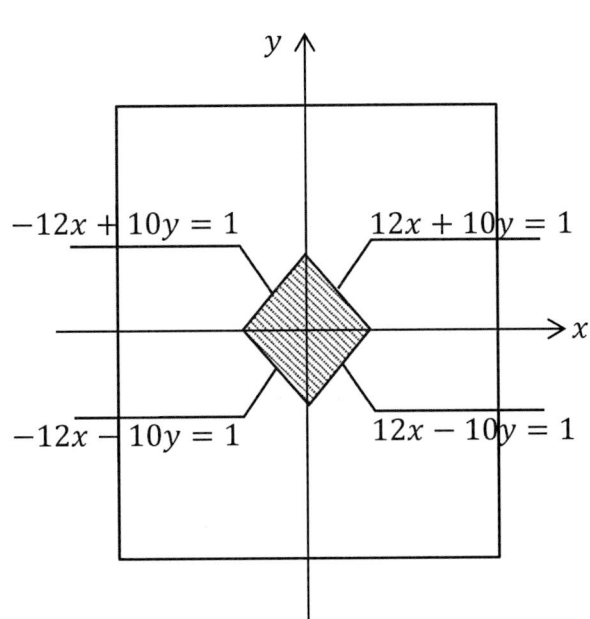

Paso 2: Cálculo de tensiones

Características geométricas:

$A = 0,5 \cdot 0,6 = 0,3 \ m^2$

$I_x = \dfrac{0,5 \cdot 0,6^3}{12} = 0,009 \ m^4$

$I_y = \dfrac{0,5^3 \cdot 0,6}{12} = 0,00625 \ m^4$

$x = 0,25 \ m$

$y = 0,3 \ m$

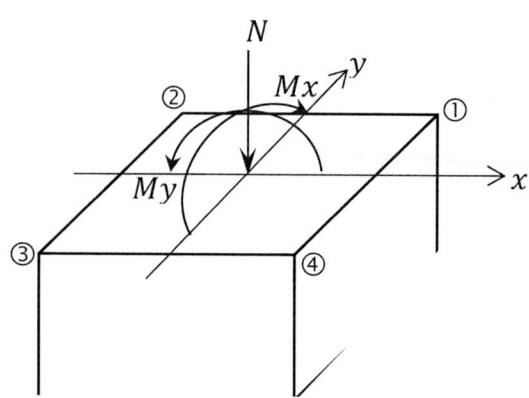

Combinación de tensiones:

$$\sigma = \begin{matrix}\oplus\\\ominus\end{matrix}\dfrac{N}{A} \pm \dfrac{M_x \cdot y}{Ix} \pm \dfrac{M_y \cdot x}{Iy}$$

$$\sigma_1 = -\dfrac{40}{0,3} - \dfrac{(40 \cdot 0,03) \cdot 0,3}{0,009} + \dfrac{(40 \cdot 0,04) \cdot 0,25}{0,00625}$$

$$\sigma_1 = -133,333 - 40 + 64 = -109,333 \ t/m^2$$

$$\sigma_2 = -133,333 - 40 - 64 = -237,333 \ t/m^2$$

$$\sigma_3 = -133,333 + 40 - 64 = -157,333 \ t/m^2$$

$$\sigma_4 = -133,333 + 40 + 64 = -29,333 \ t/m^2$$

Paso 3: Diagrama de tensiones

$Escala: 200 \ t/m^2 = 1 \ cm$

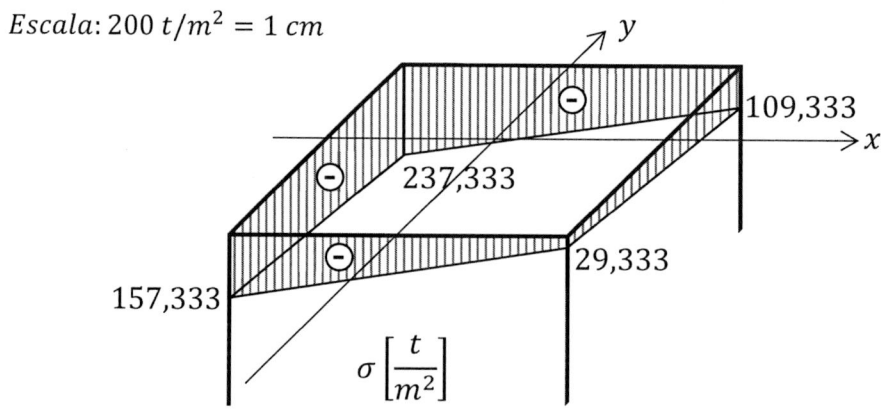

7.6.1. Sección circular

Para una sección circular el núcleo central es otro círculo cuyo radio es equivalente a R/4. Veamos cómo llegar a esta conclusión:

Considerando que la carga P se encuentra en el primer cuadrante:

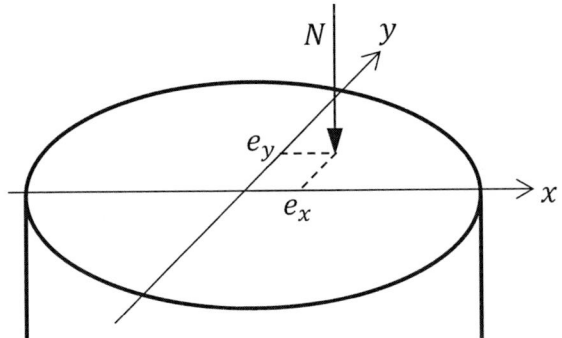

Figura 7.19 Sección circular con carga excéntrica.

El punto de máxima tensión se encuentra en el primer cuadrante, por lo tanto, el eje neutro corta a los ejes − x y −y, y su ecuación es como sigue:

$$-\left(\frac{M_x}{I_x}\right) \cdot y - \left(\frac{M_y}{I_y}\right) \cdot x = \frac{N}{A} \quad ①$$

Los esfuerzos internos son:

$$\left.\begin{array}{l} M_x = P \cdot e_y \\ M_y = P \cdot e_x \\ N = P \end{array}\right\} ②$$

Las características geométricas de la sección son:

$$\left.\begin{array}{l} A = \pi \cdot R^2 \\ I_x = I_y = \dfrac{\pi \cdot R^4}{4} = A \cdot \left(\dfrac{R^2}{4}\right) \end{array}\right\} ③$$

Las coordenadas x e y son:

$$\left.\begin{aligned} x &= -R \cdot cos\theta \\ y &= -R \cdot sen\theta \end{aligned}\right\} ④$$

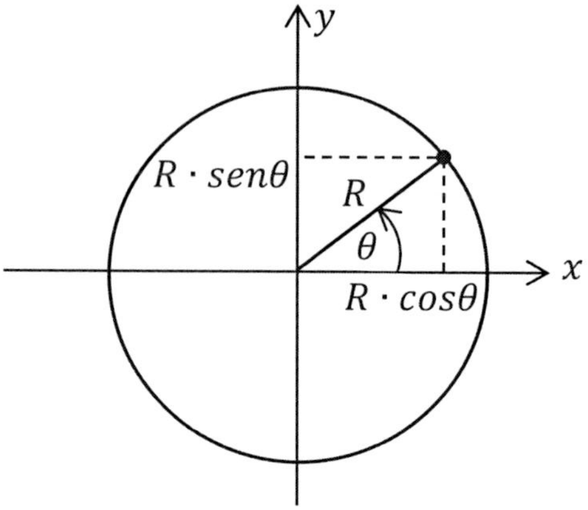

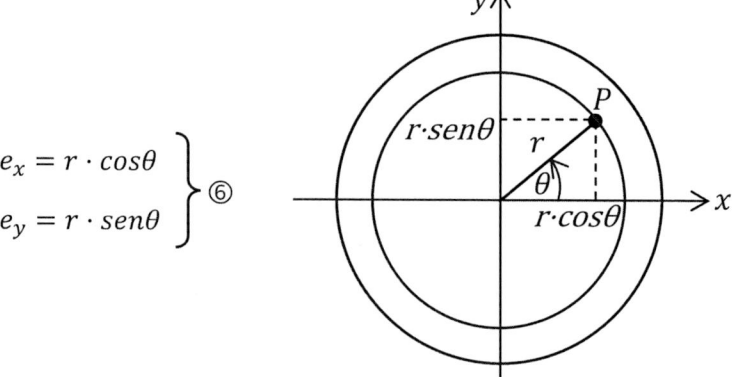

Figura 7.20 Sección circular.

Reemplazamos ②, ③ y ④ en ①.

$$-\left(\frac{P \cdot e_y}{A \cdot \left(\frac{R^2}{4}\right)}\right) \cdot (-R \cdot sen\theta) - \left(\frac{P \cdot e_x}{A \cdot \left(\frac{R^2}{4}\right)}\right) \cdot (-R \cdot cos\theta) = \frac{P}{A}$$

Si reducimos a la mínima expresión, tenemos:

$$\left(\frac{4 \cdot e_y}{R}\right) \cdot sen\theta + \left(\frac{4 \cdot e_x}{R}\right) \cdot cos\theta = 1 \quad ⑤$$

Analicemos la posición de la carga P en un punto cualquiera en el interior de la sección:

$$\left.\begin{aligned} e_x &= r \cdot cos\theta \\ e_y &= r \cdot sen\theta \end{aligned}\right\} ⑥$$

Figura 7.21 Punto P en sección circular.

Reemplazamos ⑥ en ⑤.

$$\left(\frac{4 \cdot r \cdot sen\theta}{R}\right) \cdot sen\theta + \left(\frac{4 \cdot r \cdot cos\theta}{R}\right) \cdot cos\theta = 1 \quad ⑦$$

$$\frac{4 \cdot r}{R} \cdot (sen^2\theta + cos^2\theta) = 1$$

Si consideramos que $sen^2\theta + cos^2\theta = 1$:

$$r = \frac{R}{4}$$

Este resultado nos confirma que el núcleo central para una sección circular está delimitado por una circunferencia de $R/4$.

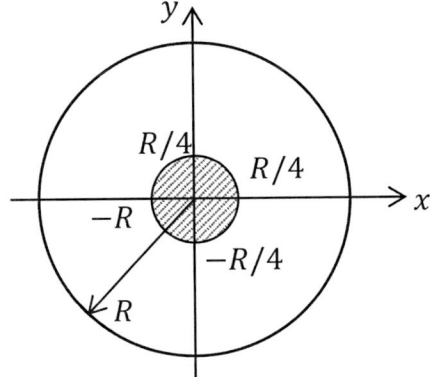

Figura 7.22 Núcleo central en sección circular.

La ecuación del núcleo central es:

$$x^2 + y^2 = \frac{R^2}{16}$$

Para determinar si una carga P de excentricidades e_x y e_y está dentro del núcleo central, deberá verificarse el cumplimiento de la siguiente condición:

$$(e_x)^2 + \left(e_y\right)^2 \leq \frac{R^2}{16}$$

7.7. COMBINACIÓN DE ESFUERZO CORTANTE Y MOMENTO DE TORSIÓN

La única forma de combinar las tensiones tangenciales del esfuerzo cortante y el momento de torsión resulta de la suma vectorial de sus tensiones asociadas a un mismo punto.

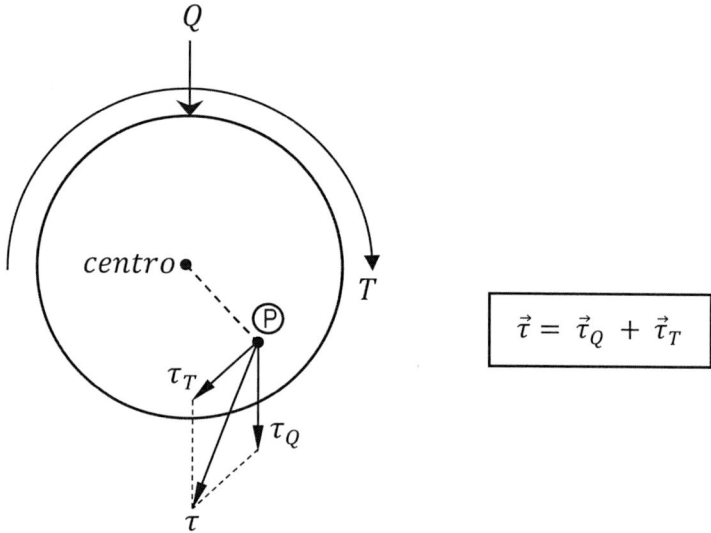

$$\vec{\tau} = \vec{\tau}_Q + \vec{\tau}_T$$

Figura 7.23 Tensiones tangenciales.

Para esta combinación y por el alcance del presente libro nos limitaremos a trabajar con secciones circulares y, por lo tanto, haremos uso de las siguientes fórmulas:

a) Tensión tangencial debida a corte

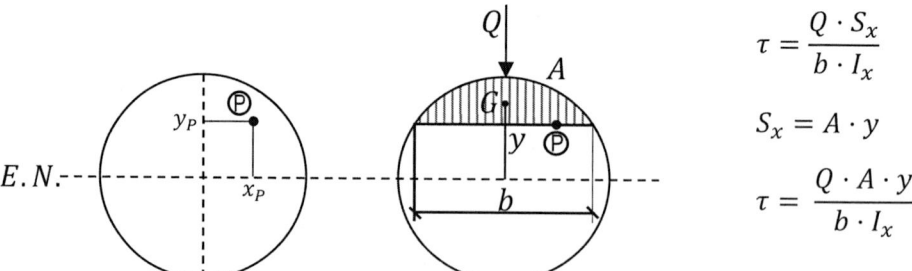

$$\tau = \frac{Q \cdot S_x}{b \cdot I_x}$$

$$S_x = A \cdot y$$

$$\tau = \frac{Q \cdot A \cdot y}{b \cdot I_x}$$

Figura 7.24 Área de corte.

Si deducimos el área A y las distancias y y b tenemos:

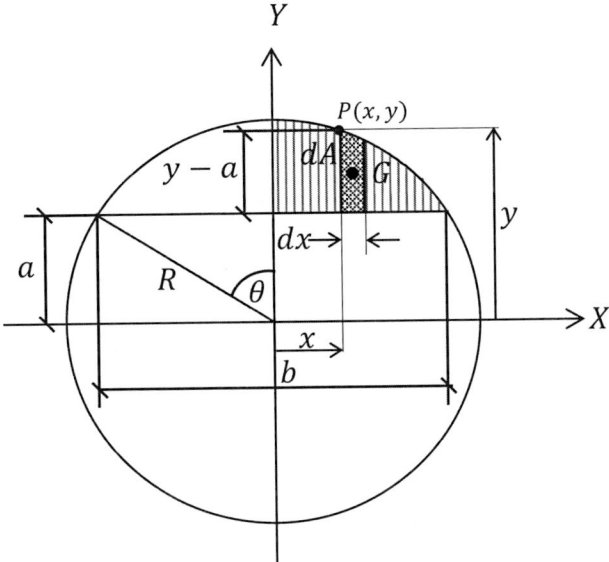

Figura 7.25 Análisis diferencial de área de corte.

$$dA = (y - a) \cdot dx \quad \text{①}$$

$$dSx = dA \cdot \left(a + \frac{1}{2} \cdot (y - a) \right) \quad \text{②}$$

Reemplazamos ① en ②:

$$dSx = (y - a) \cdot dx \cdot \left(\frac{y}{2} + \frac{a}{2} \right)$$

$$dSx = \frac{1}{2} \cdot (y^2 - a^2) \cdot dx$$

$$Sx = \frac{1}{2} \cdot \int_0^{R \cdot Sen\theta} (y^2 - a^2) \cdot dx \quad \text{③}$$

La ecuación de la circunferencia es:

$$x^2 + y^2 = R^2$$

$$y^2 = R^2 - x^2 \quad \text{④}$$

Sustituimos ④ en ③:

$$Sx = \frac{1}{2} \cdot \int_0^{R \cdot Sen\theta} (R^2 - x^2 - a^2) \cdot dx$$

$$Sx = \frac{1}{2} \cdot \left[(R^2 - a^2) \cdot x - \frac{x^3}{3} \right]_0^{R \cdot Sen\theta}$$

$$Sx = \frac{1}{2} \cdot \left[(R^2 - a^2) \cdot R \cdot Sen\theta - \frac{R^3 \cdot Sen^3\theta}{3} \right]$$

Multiplicamos por 2 para completar el lado izquierdo del segmento circular.

$$Sx = (R^2 - a^2) \cdot R \cdot Sen\theta - \frac{R^3 \cdot Sen^3\theta}{3} \quad ⑤$$

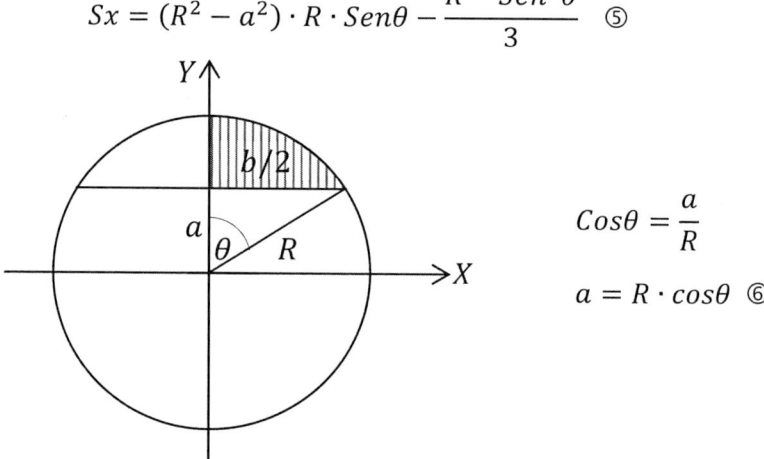

$$Cos\theta = \frac{a}{R}$$

$$a = R \cdot cos\theta \quad ⑥$$

Figura 7.26 Análisis de la distancia a.

Sustituir ⑥ en ⑤:

$$Sx = (R^2 - R^2 \cdot cos^2\theta) \cdot R \cdot Sen\theta - \frac{R^3 \cdot Sen^3\theta}{3}$$

$$Sx = R^2 \cdot (1 - cos^2\theta) \cdot R \cdot Sen\theta - \frac{R^3 \cdot Sen^3\theta}{3}$$

$$Sx = R^2 \cdot Sen^2\theta \cdot R \cdot Sen\theta - \frac{R^3 \cdot Sen^3\theta}{3}$$

$$Sx = \frac{2 \cdot R^3 \cdot Sen^3\theta}{3} \quad ⑦$$

De la figura anterior deducimos el valor de b.

$$Sen\theta = \frac{b}{2 \cdot R} \quad ⑧$$

$$b = 2 \cdot R \cdot sen\theta \quad ⑨$$

Reemplazamos ⑦ y ⑨ en la ecuación de tensión tangencial:

$$\tau = \frac{Q \cdot Sx}{b \cdot Ix} = \frac{Q \cdot \dfrac{2 \cdot R^3 \cdot Sen^3\theta}{3}}{2 \cdot R \cdot sen\theta \cdot Ix} = \frac{Q \cdot R^2 \cdot sen^2\theta}{3 \cdot Ix} \quad ⑩$$

En la figura anterior aplicamos el teorema de Pitágoras:

$$R^2 = a^2 + \left(\frac{b}{2}\right)^2$$

Despejamos b².

$$b^2 = 4 \cdot (R^2 - a^2) \quad ⑪$$

Elevamos al cuadrado la ecuación ⑧ y luego reemplazamos ⑩.

$$Sen^2\theta = \frac{b^2}{4 \cdot R^2} = \frac{4 \cdot (R^2 - a^2)}{4 \cdot R^2} = \frac{R^2 - a^2}{R^2}$$

$$\tau = \frac{Q \cdot R^2 \cdot \left(\dfrac{R^2 - a^2}{R^2}\right)}{3 \cdot Ix} = \frac{Q \cdot (R^2 - a^2)}{3 \cdot Ix}$$

Por lo tanto, la tensión debida a corte será la siguiente:

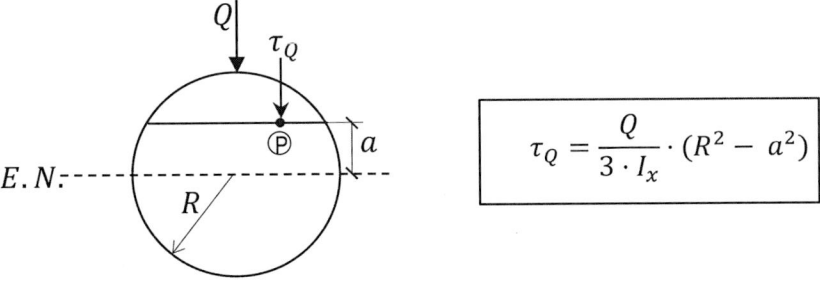

$$\boxed{\tau_Q = \frac{Q}{3 \cdot I_x} \cdot (R^2 - a^2)}$$

Figura 7.27 Variables para el análisis de τ_Q.

Donde:

τ_Q = Tensión tangencial debida al esfuerzo cortante

Q = Esfuerzo cortante

R = Radio de la sección circular

a = Distancia en la dirección del corte desde el centro del círculo hasta la secante que pasa por el punto P

I_x = Momento de inercia en x

b) Tensión tangencial debida a torsión

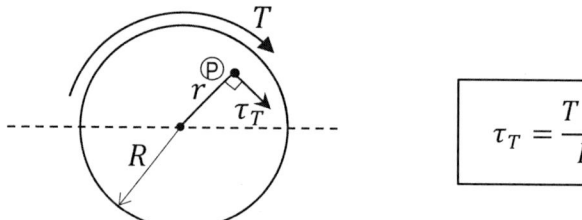

Figura 7.28 Tensión tangencial τ_T.

Donde:

τ_T = Tensión tangencial debida al momento de torsión

T = Momento de torsión

R = Radio de la sección circular

r = Distancia del punto P al baricentro de la sección

I_P = Momento de inercia en polar

$$I_P = \frac{\pi \cdot R^4}{2} = \frac{\pi \cdot D^4}{32} \quad (Para\ sección\ circular)$$

EJEMPLO 148

Calcular el vector de tensión tangencial para el punto P de la sección s-s.

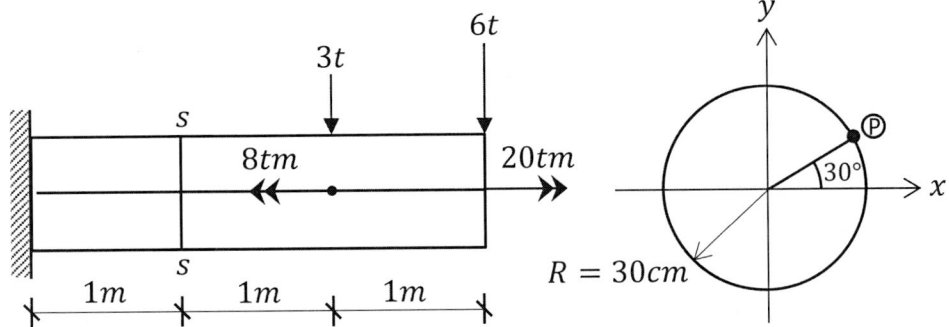

Figura 7.29 Viga con esfuerzo de corte y torsión.

Paso 1: Cálculo de esfuerzos en la sección s-s

Considerando el lado derecho:

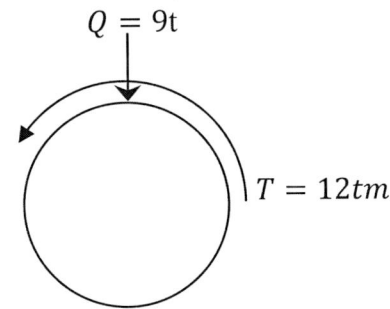

$$\downarrow Q = 6 + 3 = 9\ t$$

$$\twoheadrightarrow T = 20 - 8 = 12\ tm$$

Paso 2: Tensiones tangenciales

a) Debida a corte

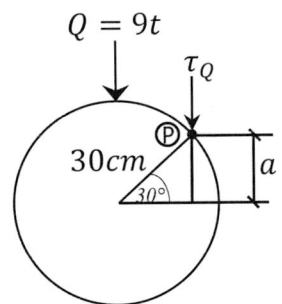

$$Sen(30) = \frac{a}{30}$$

$$a = 30 \cdot Sen(30) = 15\ cm$$

$$\tau_Q = \frac{Q}{3 \cdot I_x} \cdot (R^2 - a^2)$$

$$\tau_Q = \frac{9}{\dfrac{3 \cdot \pi \cdot 0{,}3^4}{4}} \cdot (0{,}3^2 - 0{,}15^2)$$

$$\tau_Q = 31{,}831\ t/m^2$$

b) Debida a torsión

$$\tau_T = \frac{T \cdot r}{I_p} = \frac{12 \cdot 0,3}{\dfrac{\pi \cdot 0,3^4}{2}}$$

$$\tau_T = 282,941 \ t/m^2$$

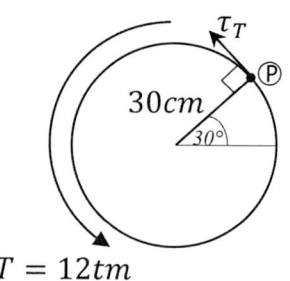

$$T = 12tm$$

Paso 3: Tensión total

Primero descomponemos la tensión τ_T.

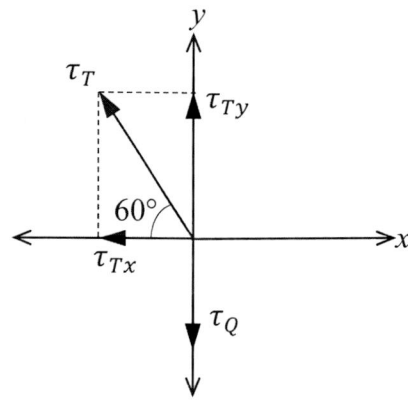

$$\tau_{Tx} = 282,941 \cdot \cos(60°)$$

$$\tau_{Tx} = 141,471 \ t/m^2$$

$$\tau_{Ty} = 282,941 \cdot sen(60°)$$

$$\tau_{Ty} = 245,034 \ t/m^2$$

$$\tau_x = \tau_{Tx} = -141,471 \ t/m^2$$

$$\tau_y = \tau_{Ty} - \tau_Q = 245,034 - 31,83$$

$$\tau_y = 213,203 \ t/m^2$$

$$\tau = \sqrt{(\tau_x)^2 + (\tau_y)^2}$$

$$\tau = \sqrt{(-141,471)^2 + (213,203)^2}$$

$$\tau = 255,870 \ t/m^2$$

$$\theta = arctag\left(\frac{\tau_y}{\tau_x}\right)$$

$$\theta = arctag\left(\frac{213,203}{141,471}\right) = 56,4°$$

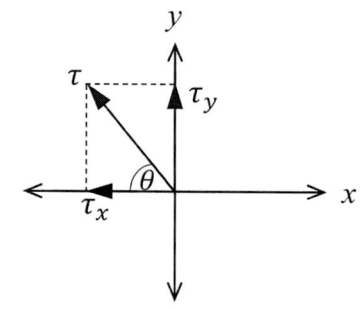

EJEMPLO 149

Calcular el vector de tensión tangencial para el punto P de la sección s-s.

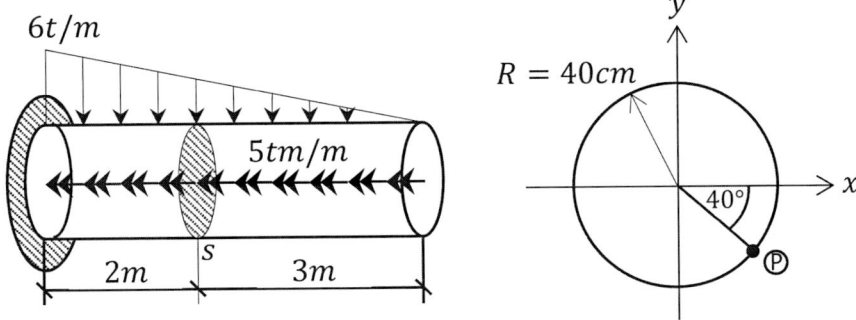

Figura 7.30 Viga con cargas distribuidas de corte y torsión.

Paso 1: Cálculo de esfuerzos en la sección "s-s"

Considerando el lado derecho de s-s:

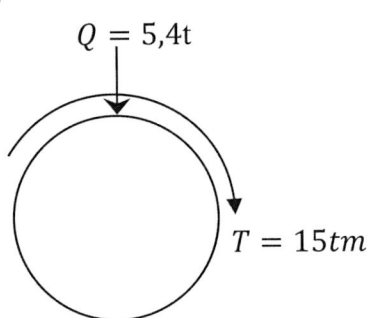

$$\frac{q'}{3} = \frac{6}{5} \quad \Rightarrow \quad q' = 3,6 \ t/m$$

$$\downarrow Q = \frac{3,6 \cdot 3}{2} = 5,4 \ t$$

$$\twoheadrightarrow T = -5 \cdot 3 = -15 \ tm$$

Paso 2: Tensiones tangenciales

a) Debida a corte

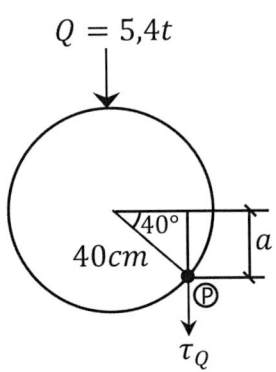

$$Sen(40°) = \frac{a}{40}$$

$$a = 40 \cdot Sen(40°) = 25,711 \ cm$$

$$\tau_Q = \frac{Q}{3 \cdot I_x} \cdot (R^2 - a^2)$$

$$\tau_Q = \frac{5,4}{\dfrac{3 \cdot \pi \cdot 0,4^4}{4}} \cdot (0,4^2 - 0,2571^2)$$

$$\tau_Q = 8,406 \ t/m^2$$

b) Debida a torsión

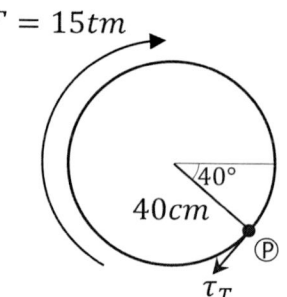

$$\tau_T = \frac{15 \cdot 0,4}{\frac{\pi \cdot 0,4^4}{2}}$$

$$\tau_T = 149,207 \ t/m^2$$

Paso 3: Tensión total

Primero descomponemos la tensión τ_T.

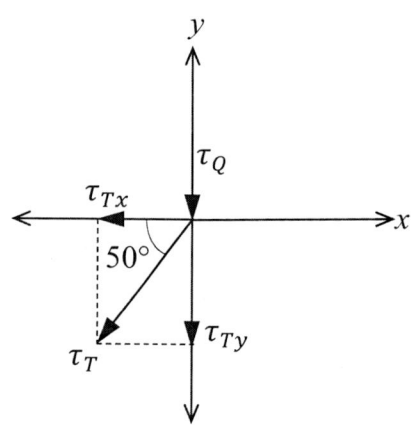

$\tau_{Tx} = 149,207 \cdot \cos(50°)$

$\tau_{Tx} = 95,908 \ t/m^2$

$\tau_{Ty} = 149,207 \cdot \text{sen}(50°)$

$\tau_{Ty} = 114,299 \ t/m^2$

$\tau_x = -\tau_{Tx} = -95,908 \ t/m^2$

$\tau_y = -\tau_{Ty} - \tau_Q = -114,299 - 8,406$

$\tau_y = -122,705 \ t/m^2$

$$\tau = \sqrt{(\tau_x)^2 + (\tau_y)^2}$$

$$\tau = \sqrt{(-95,908)^2 + (-122,705)^2}$$

$\tau = 155,740 \ t/m^2$

$$\theta = arctag\left(\frac{\tau_y}{\tau_x}\right)$$

$$\theta = arctag\left(\frac{122,705}{95,908}\right)$$

$\theta = 51,99°$

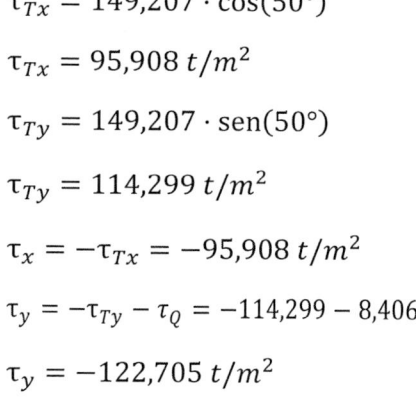

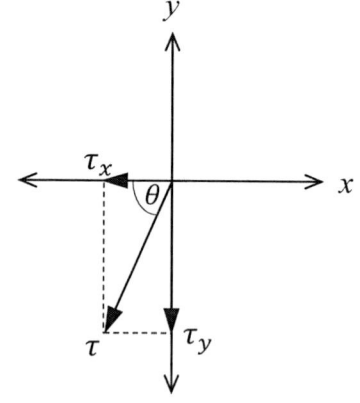

7.8. TENSIONES EN UN PUNTO

Imaginemos una viga afectada por un conjunto de cargas con apoyos que la mantienen en equilibrio, tal como se muestra a continuación:

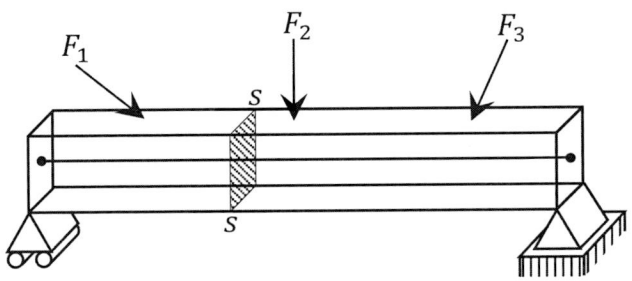

Figura 7.31 Sección s-s en viga simplemente apoyada.

En la viga definimos su línea baricéntrica, llamada eje axial, y una sección transversal, s-s, cuya principal característica es ser perpendicular al eje axial.

Efectuamos un corte imaginario en la sección s-s de modo que podamos observar sus esfuerzos internos (N, Q y M).

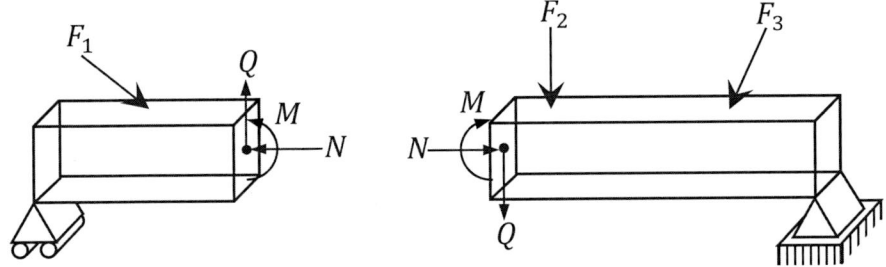

Figura 7.32 Esfuerzos internos en la sección s-s.

Los esfuerzos internos mencionados generan, para un punto P arbitrario de la sección s-s, tensiones de tipo axial y tangencial (σ, τ). La tensión axial es producida por el esfuerzo normal y el momento flector, mientras que la tensión tangencial la genera el esfuerzo cortante.

Obsérvese que el punto P se representa a través de un paralelepípedo diferencial de aristas dx, dy y dz. Véase la siguiente figura.

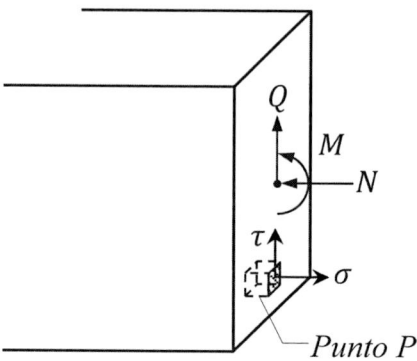

Figura 7.33 Punto P contenido en la sección s-s.

Aislamos el punto P y asociamos su geometría y la notación de sus tensiones a un sistema de ejes ortogonales (x, y, z), tal como se muestra en la siguiente figura.

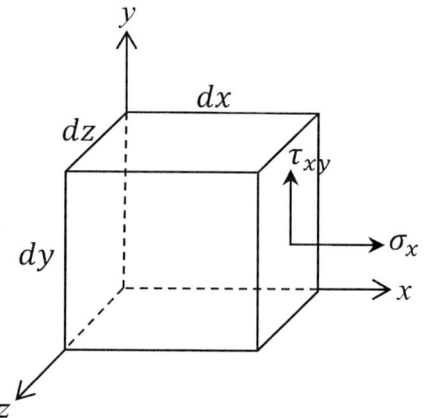

Figura 7.34 Punto P expresado como un diferencial de volumen.

Notación:

σ_x = Tensión normal o axial paralela al eje x

τ_{xy} = Tensión tangencial contenida en una cara ortogonal al eje x cuya dirección es paralela al eje y

Este paralelepípedo diferencial, al formar parte de un cuerpo que se encuentra en equilibrio, deberá también estar en equilibrio, es decir, se deberán cumplir las condiciones de equilibrio por traslación y rotación.

$$\Sigma Fx = 0 \qquad \Sigma Fy = 0 \qquad \Sigma M = 0$$

En la siguiente figura se observa que las tensiones en la cara izquierda son iguales a las de la cara derecha. También se observa una cupla de tensiones en la cara inferior y superior cuya función es mantener el equilibrio rotacional del elemento diferencial.

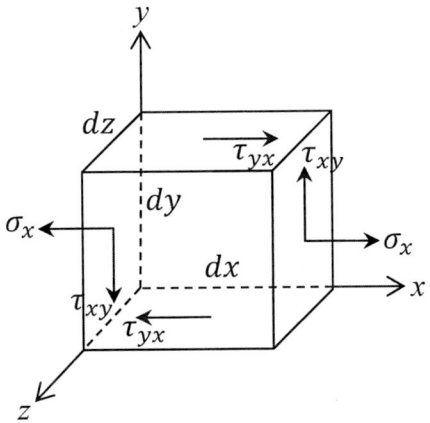

Figura 7.35 Tensiones en el punto P.

Las tensiones axiales son perpendiculares a las caras del paralelepípedo y su notación es σ_i, donde el subíndice i representa el eje que es paralelo a la tensión. En cambio, las tensiones tangenciales se encuentran contenidas en las caras del paralelepípedo y su notación es τ_{ij}, donde el subíndice i es el eje perpendicular a la cara que contiene a la tensión tangencial y el eje j es el eje paralelo a dicha tensión.

Para garantizar el equilibrio rotacional del paralelepípedo diferencial debemos verificar el cumplimiento de la siguiente hipótesis:

Hipótesis: $\tau_{xy} = \tau_{yx}$

$\sum M_z = 0 \circlearrowleft \oplus$

$$\left(\tau_{xy} \cdot dy \cdot dz\right)dx - \left(\tau_{yx} \cdot dx \cdot dz\right)dy + (\sigma_x \cdot dy \cdot dz)\frac{dy}{2} - (\sigma_x \cdot dy \cdot dz)\frac{dy}{2} = 0$$

$$\left(\tau_{xy} \cdot dy \cdot dz\right) \cdot dx - \left(\tau_{yx} \cdot dx \cdot dz\right) \cdot dy = 0$$

$\tau_{xy} = \tau_{yx}$

IMPORTANTE:

Es una regla general el hecho de que las tensiones tangenciales siempre convergen o divergen de las aristas del paralelepípedo diferencial.

7.8.1. Generalización y convenio de signos

Para facilitar la representación gráfica del punto P y sus tensiones, dibujaremos el paralelepípedo diferencial a partir de su cara frontal, es decir, representado como un elemento diferencial de área (dx · dy), pero, además con el propósito de generalizar las tensiones que puedan darse en este punto P, incluiremos tensiones axiales en la dirección y. Esto es debido a que en elementos verticales (tipo columnas) aparecen tensiones en esta dirección. Véase la siguiente figura:

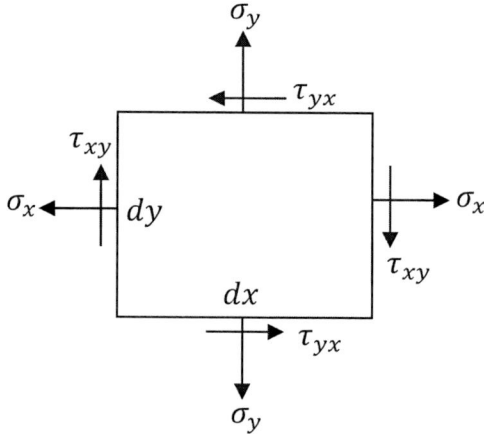

Figura 7.36 Estado biaxial de tensiones.

Convenio de signos:

σ = serán $\oplus$ cuando traccionan

τ = serán $\oplus$ cuando tengan sentido horario

Además, considere que: $|\tau_{xy}| = |\tau_{yx}|$

En vigas, las tensiones axiales en y son nulas $(\sigma_y = 0)$, mientras que en columnas las tensiones axiales en x son nulas $(\sigma_x = 0)$.

EJEMPLO 150

Calcular las tensiones para el punto P de la sección s-s (desperdicie el P.P).

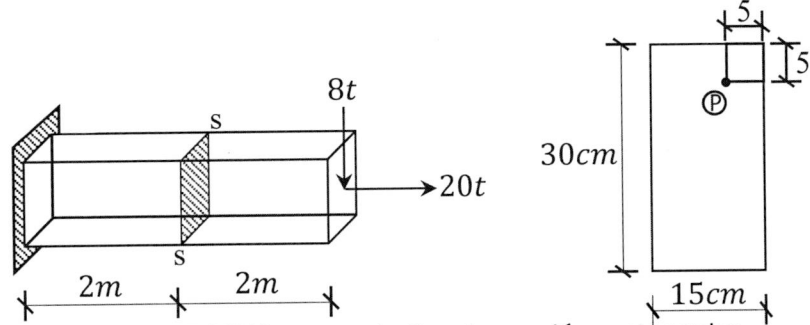

Figura 7.37 Viga en voladizo de sección rectangular.

Paso 1: Cálculos de esfuerzos en s-s

Si consideramos las cargas a la derecha de la sección s-s:

$\rightarrow N = 20\ t$

$\downarrow Q = 8\ t$

$\circlearrowleft M = -8 \cdot 2 = -16\ tm$

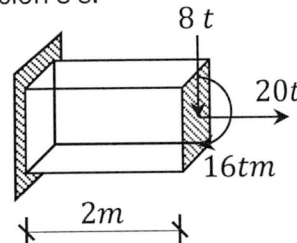

Paso 2: Cálculo de tensiones

a) Debido a esfuerzo normal

$$\sigma_N = \frac{N}{A} = \frac{20}{0,15 \cdot 0,3} = 444,444\ \frac{t}{m^2}\ (tracción)$$

b) Debido a momento flector

$$\sigma_M = \frac{M \cdot y}{I_x} = \frac{16 \cdot 0,1}{\dfrac{0,15 \cdot 0,3^3}{12}}$$

$$\sigma_M = 4740,741\ \frac{t}{m^2}\ (tracción)$$

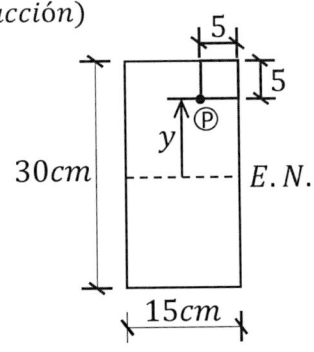

La tensión axial resultante es:

$$\sigma = \sigma_N + \sigma_M = 444,444 + 4740,741 = 5185,185\ \frac{t}{m^2}\ (tracción)$$

c) Debido al esfuerzo cortante

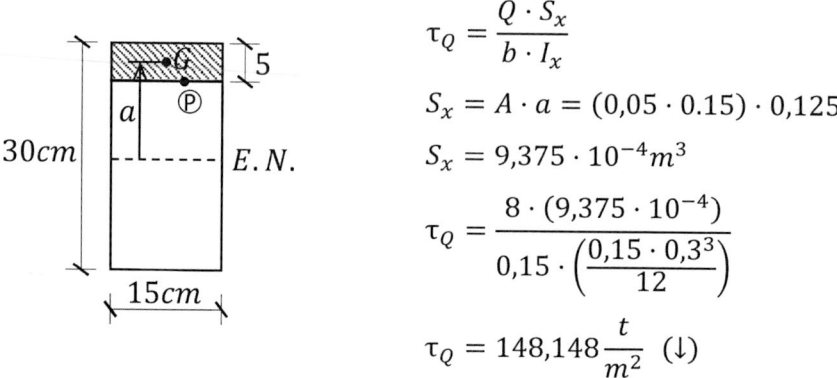

$$\tau_Q = \frac{Q \cdot S_x}{b \cdot I_x}$$

$$S_x = A \cdot a = (0,05 \cdot 0.15) \cdot 0,125$$

$$S_x = 9,375 \cdot 10^{-4} m^3$$

$$\tau_Q = \frac{8 \cdot (9,375 \cdot 10^{-4})}{0,15 \cdot \left(\frac{0,15 \cdot 0,3^3}{12}\right)}$$

$$\tau_Q = 148,148 \frac{t}{m^2} \ (\downarrow)$$

Paso 3: Representación gráfica de las tensiones en el punto P

Empezamos graficando las tensiones en la cara derecha del punto diferencial.

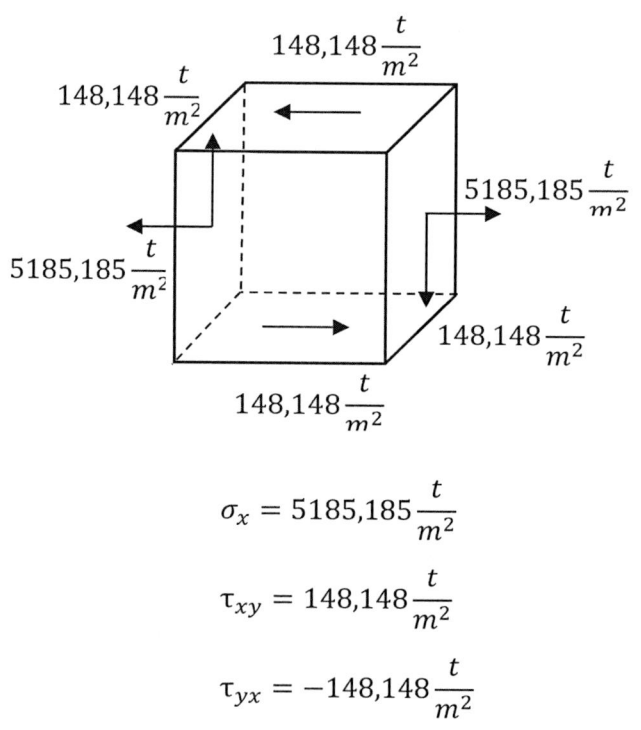

$$\sigma_x = 5185,185 \frac{t}{m^2}$$

$$\tau_{xy} = 148,148 \frac{t}{m^2}$$

$$\tau_{yx} = -148,148 \frac{t}{m^2}$$

EJEMPLO 151

Calcular las tensiones para el punto P de la sección s-s (desperdicie el P.P).

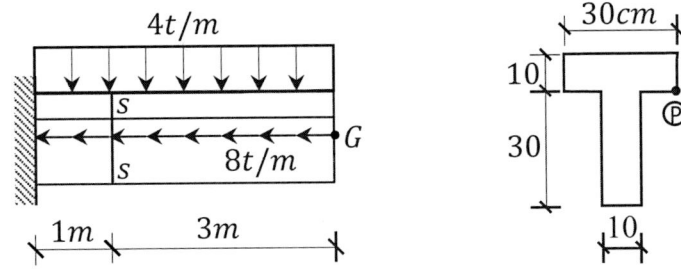

$G = Centro\ de\ gravedad\ de\ la\ sección.$

Figura 7.38 Viga en voladizo de sección T.

Paso 1: Cálculos de esfuerzos en s-s

Si consideramos las cargas a la derecha de la sección s-s:

$\rightarrow N = -8 \cdot 3 = -24\ t$

$\downarrow Q = 4 \cdot 3 = 12\ t$

$\circlearrowleft M = -(4 \cdot 3) \cdot 1,5 = -18\ tm$

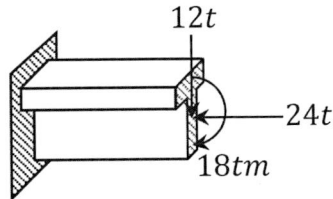

Paso 2: Características geométricas de la sección

a) Centro de gravedad

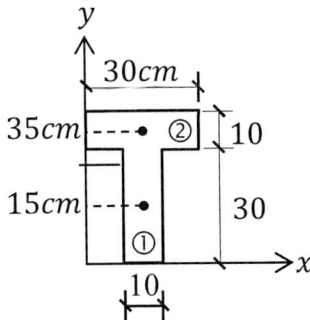

Figura	A	y	A·y
1	0,03	0,15	0,0045
2	0,03	0,35	0,0105
Σ	0,06	Σ	0,015

$$y_G = \frac{0,015}{0,06} = 0,25\ m$$

b) Momento de inercia

$$I_x = \sum_{i=1}^{2}\left[I_{x_i} + A_i(y_G - y_i)^2\right]$$

$$I_x^{①} = \frac{0,1 \cdot (0,3)^3}{12} + 0,03 \cdot (0,25 - 0,15)^2 = 0,000525$$

$$I_x^{②} = \frac{0,3 \cdot (0,1)^3}{12} + 0,03 \cdot (0,25 - 0,35)^2 = 0,000325$$

$$I_x = I_x^{①} + I_x^{②} = 0,00085 \; m^4$$

Paso 3: Cálculo de tensiones

a) Debido a esfuerzo normal

$$\sigma_N = \frac{N}{A} = \frac{-24}{0,06} = -400 \frac{t}{m^2} \; (compresión)$$

b) Debido a momento flector.

$$\sigma_M = \frac{M \cdot y}{I_x} = \frac{18 \cdot 0,05}{0,00085}$$

$$\sigma_M = 1058,824 \frac{t}{m^2} (tracción)$$

La tensión axial resultante es:

$$\sigma = \sigma_N + \sigma_M = -400 + 1058,824 = 658,824 \frac{t}{m^2} \;(tracción)$$

c) Debido al esfuerzo cortante

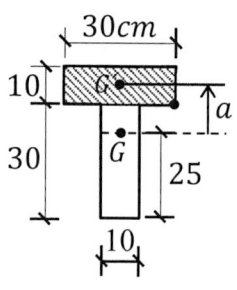

$$\tau_Q = \frac{Q \cdot S_x}{b \cdot I_x}$$

$$S_x = A \cdot a = (0,3 \cdot 0,1) \cdot 0,1$$

$$S_x = 0,003$$

$$\tau_Q = \frac{12 \cdot (0,003)}{0,3 \cdot (0,00085)}$$

$$\tau_Q = 141,176 \frac{t}{m^2} \; (↓)$$

Paso 4: Representación gráfica de las tensiones en el punto P

Empezamos graficando las tensiones en la cara derecha del elemento diferencial.

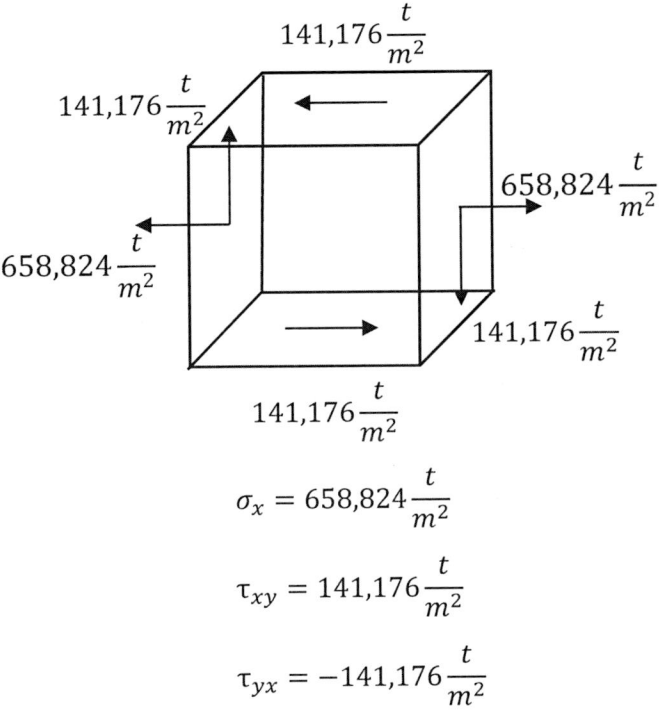

$$\sigma_x = 658{,}824\frac{t}{m^2}$$

$$\tau_{xy} = 141{,}176\frac{t}{m^2}$$

$$\tau_{yx} = -141{,}176\frac{t}{m^2}$$

EJEMPLO 152

Calcular las tensiones para el punto P de la sección s-s (desperdicie el P.P).

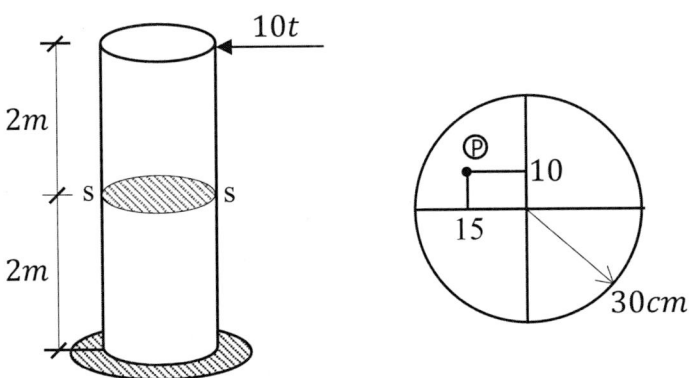

Figura 7.39 Columna de sección circular.

Paso 1: Cálculos de esfuerzos en s-s

Si consideramos las cargas por encima de la sección s-s:

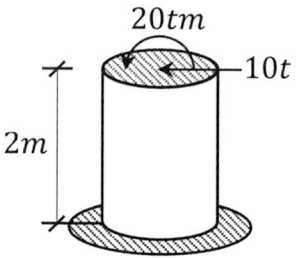

$\uparrow N = 0$

$\rightarrow Q = -10\ t$

$\circlearrowleft M = 10 \cdot 2 = 20\ tm$

Paso 2: Cálculo de tensiones

a) Debido a momento flector

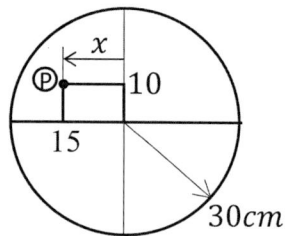

$$\sigma_M = \frac{M \cdot x}{I_y} = \frac{20 \cdot 0,15}{\dfrac{\pi \cdot 0,3^4}{4}}$$

$$\sigma_M = 471,569\ \frac{t}{m^2}\ (compresión)$$

b) Debido al esfuerzo cortante

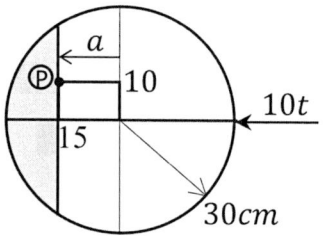

$$\tau_Q = \frac{Q}{3 \cdot I_y} \cdot (R^2 - a^2)$$

$$\tau_Q = \frac{10}{3 \cdot \left(\dfrac{\pi \cdot 0,3^4}{4}\right)} \cdot (0,3^2 - 0,15^2)$$

$$\tau_Q = 35,368\ \frac{t}{m^2}\ (\leftarrow)$$

Paso 3: Representación gráfica de las tensiones en el punto P

Empezamos graficando las tensiones en la cara superior del punto P.

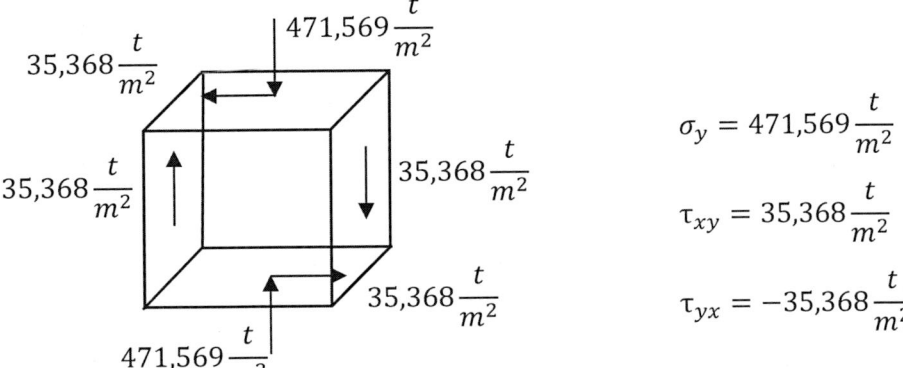

$$\sigma_y = 471,569 \frac{t}{m^2}$$

$$\tau_{xy} = 35,368 \frac{t}{m^2}$$

$$\tau_{yx} = -35,368 \frac{t}{m^2}$$

7.9. TENSIONES EN UN PUNTO ASOCIADO A UN PLANO OBLICUO

Supongamos que tenemos un elemento tipo barra (viga o columna) afectado por un conjunto de cargas y en estado de equilibrio. En este cuerpo definimos una sección s-s y, en su interior, un punto P, tal como se muestra a continuación:

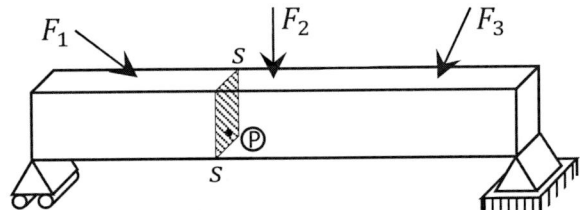

Figura 7.40 Punto P sobre la sección s-s.

Supongamos que se conocen las tensiones que afectan al punto P.

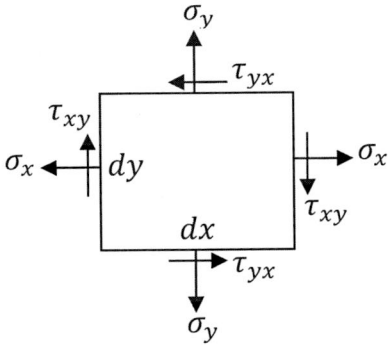

Figura 7.41 Estado biaxial de tensiones.

Pasemos un plano oblicuo que corte el punto P de manera prismática y genere una sección oblicua r-r.

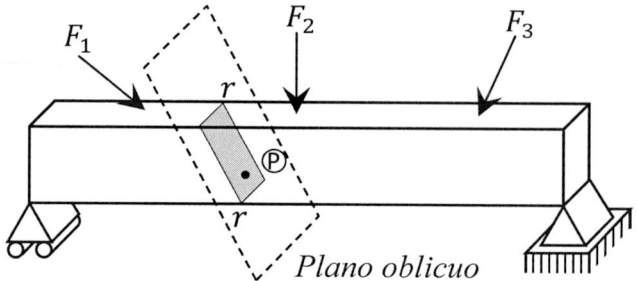

Figura 7.42 Punto P cortado por plano oblicuo.

En la cara oblicua del paralelepípedo diferencial se producirá un par de tensiones (σ_n y τ_{nt}) definido a partir del eje normal (n) y tangencial (t). Se muestra en la siguiente figura:

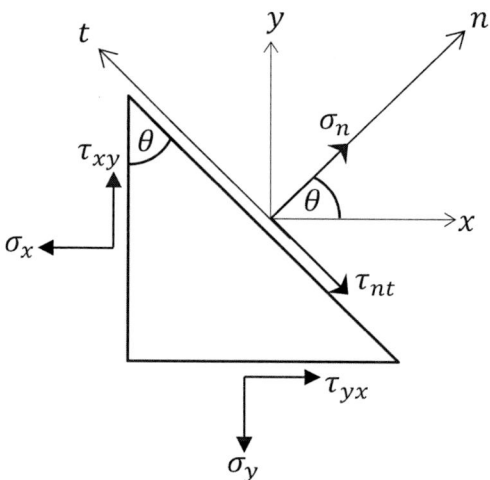

Figura 7.43 Punto P seccionado por plano oblicuo.

θ = ángulo desde x hasta n

Las tensiones σ_n y τ_{nt} se asumen con sentido positivo.

Para determinar las tensiones oblicuas σ_n y τ_{nt} se realizará una sumatoria de fuerzas con respecto a los ejes n y t.

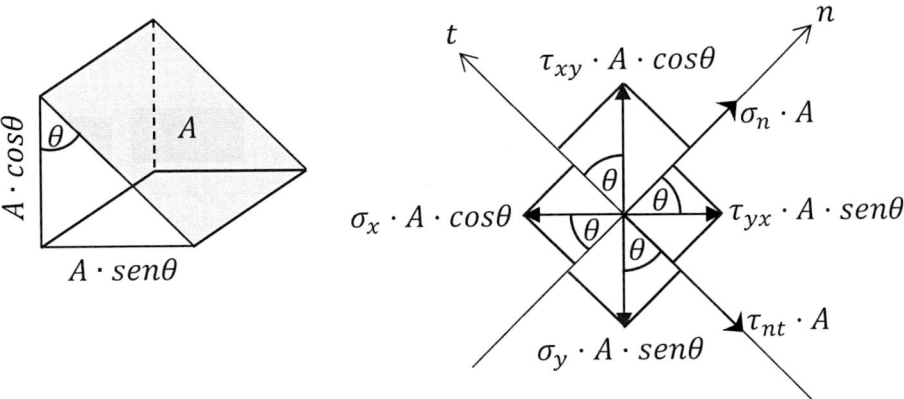

Figura 7.44 Equilibrio de tensiones.

$\Sigma Fn = 0 \nearrow \oplus$

$$\sigma_n \cdot A - \sigma_x \cdot A \cdot cos\theta \cdot cos\theta - \sigma_y \cdot A \cdot sen\theta \cdot sen\theta + \tau_{xy} \cdot A \cdot cos\theta \cdot sen\theta$$
$$+ \tau_{yx} \cdot A \cdot sen\theta \cdot cos\theta = 0$$

Es posible simplificar el área A de la ecuación anterior y reemplazar la tensión τ_{yx} por τ_{xy}.

$$\sigma_n - \sigma_x \cdot cos^2\theta - \sigma_y \cdot sen^2\theta + 2 \cdot \tau_{xy} \cdot sen\theta \cdot cos\theta = 0$$

Despejamos σ_n:

$$\sigma_n = \sigma_x \cdot cos^2\theta + \sigma_y \cdot sen^2\theta - 2 \cdot \tau_{xy} \cdot sen\theta \cdot cos\theta \quad ①$$

Analizamos las siguientes identidades:

$$cos^2\theta + sen^2\theta = 1 \quad ②$$

$$cos^2\theta - sen^2\theta = Cos2\theta \quad ③$$

$$sen2\theta = 2 \cdot sen\theta \cdot cos\theta \quad ④$$

Sumando ② con ③:

$$cos^2\theta = \frac{1 + cos2\theta}{2} \quad ⑤$$

Restando ② con ③:

$$sen^2\theta = \frac{1 - cos2\theta}{2} \quad ⑥$$

Reemplazamos ④, ⑤ y ⑥ en ①.

$$\sigma_n = \sigma_x \cdot \left(\frac{1 + cos2\theta}{2}\right) + \sigma_y \cdot \left(\frac{1 - cos2\theta}{2}\right) - \tau_{xy} \cdot sen2\theta$$

Si realizamos operaciones tenemos:

$$\sigma_n = \left(\frac{\sigma_x + \sigma_y}{2}\right) + \left(\frac{\sigma_x - \sigma_y}{2}\right) \cdot cos(2\theta) - \tau_{xy} \cdot sen(2\theta)$$

$\Sigma Ft = 0 \nwarrow \oplus$

$$-\tau_{nt} \cdot A + \sigma_x \cdot A \cdot cos\theta \cdot sen\theta - \sigma_y \cdot A \cdot sen\theta \cdot cos\theta + \tau_{xy} \cdot A \cdot cos\theta \cdot cos\theta$$
$$- \tau_{yx} \cdot A \cdot sen\theta \cdot sen\theta = 0$$

Es posible simplificar el área A de la ecuación anterior y reemplazar la tensión τ_{yx} por τ_{xy}.

$$\text{-}\tau_{nt} + \sigma_x \cdot sen\theta \cdot cos\theta - \sigma_y \cdot sen\theta \cdot cos\theta + \tau_{xy} \cdot (cos^2\theta - sen^2\theta) = 0$$

Despejamos τ_{nt}.

$$\tau_{nt} = \left(\sigma_x - \sigma_y\right) \cdot sen\theta \cdot cos\theta + \tau_{xy} \cdot (cos^2\theta - sen^2\theta) \quad ⑦$$

Reemplazamos ③ y ④ en ⑦.

$$\tau_{nt} = \left(\frac{\sigma_x - \sigma_y}{2}\right) \cdot sen(2\theta) + \tau_{xy} \cdot cos(2\theta)$$

Para completar nuestro análisis debemos considerar que el paralelepípedo que representa el punto P sobre el plano oblicuo tiene otras caras que no han sido analizadas pero que se definen como sigue:

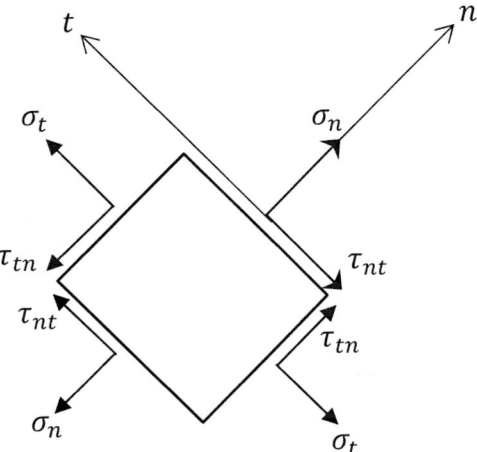

Figura 7.45 Tensiones definidas en los ejes n y t.

Para calcular las tensiones σ_t y τ_{tn} se realizará el mismo análisis anterior, pero considerándose una posición distinta para el plano oblicuo, tal como se muestra en la figura siguiente:

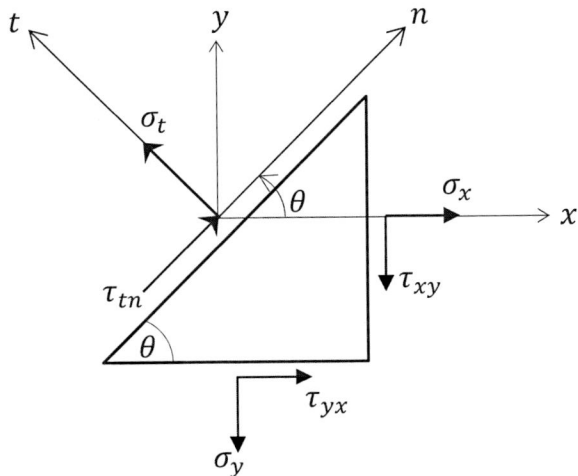

Figura 7.46 Punto P seccionado por plano oblicuo.

θ = ángulo medido desde el eje x hasta el eje n (positivo ↻ y negativo ↺).

Las tensiones σ_t y τ_{tn} se asumen positivas.

Para determinar las tensiones oblicuas σ_t y τ_{tn} se realizará una sumatoria de fuerzas con respecto a los ejes n y t.

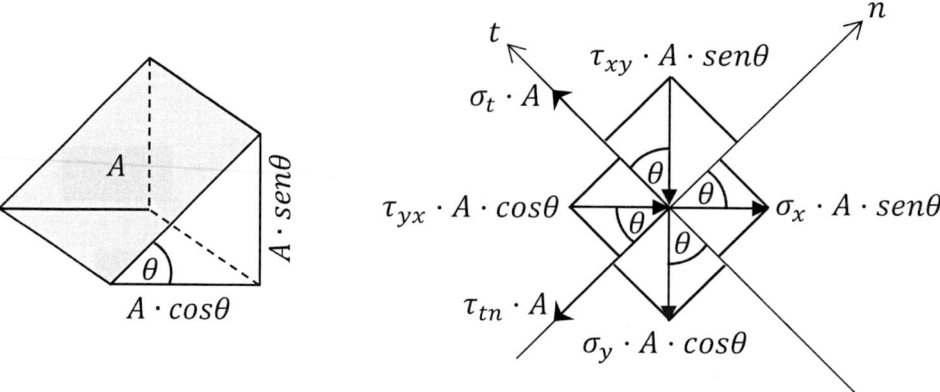

Figura 7.47 Equilibrio de tensiones.

$\Sigma Ft = 0 \nwarrow \oplus$

$$\sigma_t \cdot A - \sigma_x \cdot A \cdot sen\theta \cdot sen\theta - \sigma_y \cdot A \cdot cos\theta \cdot cos\theta - \tau_{xy} \cdot A \cdot sen\theta \cdot cos\theta$$
$$- \tau_{yx} \cdot A \cdot cos\theta \cdot sen\theta = 0$$

Es posible simplificar el área A de la ecuación anterior y reemplazar la tensión τ_{yx} por τ_{xy}.

$$\sigma_t - \sigma_x \cdot sen^2\theta - \sigma_y \cdot cos^2\theta - 2 \cdot \tau_{xy} \cdot sen\theta \cdot cos\theta = 0$$

Despejamos σ_t:

$$\sigma_t = \sigma_x \cdot sen^2\theta + \sigma_y \cdot cos^2\theta + 2 \cdot \tau_{xy} \cdot sen\theta \cdot cos\theta \quad ⑧$$

Sustituimos las siguientes identidades:

$$cos^2\theta + sen^2\theta = 1 \quad ⑨$$

$$cos^2\theta - sen^2\theta = Cos2\theta \quad ⑩$$

$$sen2\theta = 2 \cdot sen\theta \cdot cos\theta \quad ⑪$$

Sumando ⑨ con ⑩:

$$cos^2\theta = \frac{1 + cos2\theta}{2} \quad ⑫$$

Restando ⑨ con ⑩:

$$sen^2\theta = \frac{1 - cos2\theta}{2} \quad ⑬$$

Reemplazamos ⑪, ⑫ y ⑬ en ⑧:

$$\sigma_t = \sigma_x \cdot \left(\frac{1 - cos2\theta}{2}\right) + \sigma_y \cdot \left(\frac{1 + cos2\theta}{2}\right) + \tau_{xy} \cdot sen2\theta \quad ⑭$$

Si realizamos operaciones tenemos:

$$\boxed{\sigma_t = \left(\frac{\sigma_x + \sigma_y}{2}\right) - \left(\frac{\sigma_x - \sigma_y}{2}\right) \cdot cos(2\theta) + \tau_{xy} \cdot sen(2\theta)}$$

$\Sigma Fn = 0 \nearrow \oplus$

$$\tau_{tn} \cdot A + \sigma_x \cdot A \cdot sen\theta \cdot cos\theta - \sigma_y \cdot A \cdot cos\theta \cdot sen\theta - \tau_{xy} \cdot A \cdot sen\theta \cdot sen\theta$$
$$+ \tau_{yx} \cdot A \cdot cos\theta \cdot cos\theta = 0$$

Es posible simplificar el área A de la ecuación anterior y reemplazar la tensión τ_{yx} por τ_{xy}.

$$\tau_{tn} + \sigma_x \cdot sen\theta \cdot cos\theta - \sigma_y \cdot cos\theta \cdot sen\theta + \tau_{xy} \cdot (cos^2\theta - sen^2\theta) = 0$$

Despejamos τ_{nt}.

$$\tau_{tn} = -\left(\sigma_x - \sigma_y\right) \cdot sen\theta \cdot cos\theta - \tau_{xy} \cdot (cos^2\theta - sen^2\theta) \quad ⑮$$

Reemplazamos ⑩ y ⑪ en ⑮.

$$\boxed{\tau_{tn} = -\left(\frac{\sigma_x - \sigma_y}{2}\right) \cdot sen(2\theta) - \tau_{xy} \cdot cos(2\theta)}$$

7.10. TENSIONES MÁXIMAS

De los infinitos planos oblicuos que pueden atravesar al punto P existe uno en particular donde las tensiones σ_n alcanzan su máximo valor. Para encontrar este plano recurrimos a las operaciones con derivadas.

$$\frac{d\sigma_n}{d\theta} = 0$$

$$\sigma_n = \left(\frac{\sigma_x + \sigma_y}{2}\right) + \left(\frac{\sigma_x - \sigma_y}{2}\right) \cdot cos(2\theta) - \tau_{xy} \cdot sen(2\theta)$$

$$\frac{d\sigma_n}{d\theta} = -2 \cdot \left(\frac{\sigma_x - \sigma_y}{2}\right) \cdot sen(2\theta) - 2 \cdot \tau_{xy} \cdot cos(2\theta) = 0$$

$$\frac{sen(2\theta)}{cos(2\theta)} = -\frac{2 \cdot \tau_{xy}}{\sigma_x - \sigma_y}$$

$$tag(2\theta) = -\frac{2 \cdot \tau_{xy}}{\sigma_x - \sigma_y} \quad ①$$

$\theta =$ *Ángulo donde* σ_n *es máximo.*

Realizamos la misma operación con τ_{nt}.

$$\frac{d\tau_{nt}}{d\theta} = 0$$

$$\tau_{nt} = \left(\frac{\sigma_x - \sigma_y}{2}\right) \cdot sen(2\theta) + \tau_{xy} \cdot cos(2\theta)$$

$$\frac{d\tau_{nt}}{d\theta} = 2 \cdot \left(\frac{\sigma_x - \sigma_y}{2}\right) \cdot cos(2\theta) - 2 \cdot \tau_{xy} \cdot sen(2\theta) = 0$$

$$\frac{sen(2\theta)}{cos(2\theta)} = \frac{\sigma_x - \sigma_y}{2 \cdot \tau_{xy}}$$

$$tag(2\theta) = \frac{\sigma_x - \sigma_y}{2 \cdot \tau_{xy}} \quad ②$$

$\theta =$ *Ángulo donde* τ_{nt} *es máximo.*

Comparando las ecuaciones ① y ② del presente apartado, podemos observar que la pendiente del plano donde σ_n es máximo corresponde al inverso negativo del plano donde τ_{nt} alcanza su máximo valor. Esta relación se produce en planos que son ortogonales entre sí.

Ahora analicemos en qué caso la tensión τ_{nt} se anula.

$$\tau_{nt} = \left(\frac{\sigma_x - \sigma_y}{2}\right) \cdot sen(2\theta) + \tau_{xy} \cdot cos(2\theta)$$

$$0 = \left(\frac{\sigma_x - \sigma_y}{2}\right) \cdot sen(2\theta) + \tau_{xy} \cdot cos(2\theta)$$

$$\frac{sen(2\theta)}{cos(2\theta)} = -\frac{2 \cdot \tau_{xy}}{\sigma_x - \sigma_y}$$

$$tag(2\theta) = -\frac{2 \cdot \tau_{xy}}{\sigma_x - \sigma_y} \quad ③$$

Comparando ① con ③ llegamos a la conclusión de que, en el plano oblicuo donde la tensión σ_n es máxima, la tensión τ_{nt} se anula.

Para calcular las tensiones máximas para σ_n y τ_{nt} procedemos como sigue:

a) Para la tensión axial σ_n calculamos σ_{max}

$$tag(2\theta) = -\frac{2 \cdot \tau_{xy}}{\sigma_x - \sigma_y} = \frac{-\tau_{xy}}{\dfrac{\sigma_x - \sigma_y}{2}}$$

Este valor lo representamos en un triángulo rectángulo:

$$sen(2\theta) = \frac{-\tau_{xy}}{\sqrt[2]{\left(\dfrac{\sigma_x - \sigma_y}{2}\right)^2 + \tau_{xy}{}^2}} \quad ④$$

$$cos(2\theta) = \frac{\sigma_x - \sigma_y}{2 \cdot \sqrt[2]{\left(\dfrac{\sigma_x - \sigma_y}{2}\right)^2 + \tau_{xy}{}^2}} \quad ⑤$$

Reemplazamos ④ y ⑤ en la ecuación de σ_n (del apartado 7.9) para determinar σ_{max}.

$$\sigma_n = \left(\frac{\sigma_x + \sigma_y}{2}\right) + \left(\frac{\sigma_x - \sigma_y}{2}\right) \cdot cos(2\theta) - \tau_{xy} \cdot sen(2\theta)$$

$$\sigma_{max} = \left(\frac{\sigma_x + \sigma_y}{2}\right) + \left(\frac{\sigma_x - \sigma_y}{2}\right) \cdot \left(\frac{\sigma_x - \sigma_y}{2 \cdot \sqrt[2]{\left(\dfrac{\sigma_x - \sigma_y}{2}\right)^2 + \tau_{xy}{}^2}}\right) - \tau_{xy} \cdot \left(\frac{-\tau_{xy}}{\sqrt[2]{\left(\dfrac{\sigma_x - \sigma_y}{2}\right)^2 + \tau_{xy}{}^2}}\right)$$

$$\sigma_{max} = \left(\frac{\sigma_x + \sigma_y}{2}\right) + \left(\frac{\left(\dfrac{\sigma_x - \sigma_y}{2}\right)^2 + \tau_{xy}{}^2}{\sqrt[2]{\left(\dfrac{\sigma_x - \sigma_y}{2}\right)^2 + \tau_{xy}{}^2}}\right)$$

Racionalizamos el denominador:

$$\sigma_{max} = \left(\frac{\sigma_x + \sigma_y}{2}\right) + \left(\frac{\left(\frac{\sigma_x - \sigma_y}{2}\right)^2 + \tau_{xy}^2}{\sqrt[2]{\left(\frac{\sigma_x - \sigma_y}{2}\right)^2 + \tau_{xy}^2}}\right) \cdot \frac{\sqrt[2]{\left(\frac{\sigma_x - \sigma_y}{2}\right)^2 + \tau_{xy}^2}}{\sqrt[2]{\left(\frac{\sigma_x - \sigma_y}{2}\right)^2 + \tau_{xy}^2}}$$

$$\boxed{\sigma_{max} = \left(\frac{\sigma_x + \sigma_y}{2}\right) \pm \sqrt[2]{\left(\frac{\sigma_x - \sigma_y}{2}\right)^2 + \tau_{xy}^2}}$$

Las tensiones obtenidas con la fórmula anterior se conocen como tensiones principales, σ_1 y σ_2.

b) Para la tensión axial τ_{nt} calculamos τ_{max}

$$tag(2\theta) = \frac{\sigma_x - \sigma_y}{2 \cdot \tau_{xy}} = \frac{\dfrac{\sigma_x - \sigma_y}{2}}{\tau_{xy}}$$

Este valor lo representamos en un triángulo rectángulo:

$$sen(2\theta) = \frac{\sigma_x - \sigma_y}{2 \cdot \sqrt[2]{\left(\frac{\sigma_x - \sigma_y}{2}\right)^2 + \tau_{xy}^2}} \quad ⑥$$

$$cos(2\theta) = \frac{\tau_{xy}}{\sqrt[2]{\left(\frac{\sigma_x - \sigma_y}{2}\right)^2 + \tau_{xy}^2}} \quad ⑦$$

Reemplazamos ⑥ y ⑦ en la ecuación de t_{nt} para determinar τ_{max}.

$$\tau_{nt} = \left(\frac{\sigma_x - \sigma_y}{2}\right) \cdot sen(2\theta) + \tau_{xy} \cdot cos(2\theta)$$

$$\tau_{max} = \left(\frac{\sigma_x - \sigma_y}{2}\right) \cdot \left(\frac{\sigma_x - \sigma_y}{2 \cdot \sqrt[2]{\left(\frac{\sigma_x - \sigma_y}{2}\right)^2 + \tau_{xy}{}^2}}\right) + \tau_{xy} \cdot \left(\frac{\tau_{xy}}{\sqrt[2]{\left(\frac{\sigma_x - \sigma_y}{2}\right)^2 + \tau_{xy}{}^2}}\right)$$

$$\tau_{max} = \left(\frac{\left(\frac{\sigma_x - \sigma_y}{2}\right)^2 + \tau_{xy}{}^2}{\sqrt[2]{\left(\frac{\sigma_x - \sigma_y}{2}\right)^2 + \tau_{xy}{}^2}}\right)$$

Racionalizamos el denominador:

$$\tau_{max} = \left(\frac{\left(\frac{\sigma_x - \sigma_y}{2}\right)^2 + \tau_{xy}{}^2}{\sqrt[2]{\left(\frac{\sigma_x - \sigma_y}{2}\right)^2 + \tau_{xy}{}^2}}\right) \cdot \frac{\sqrt[2]{\left(\frac{\sigma_x - \sigma_y}{2}\right)^2 + \tau_{xy}{}^2}}{\sqrt[2]{\left(\frac{\sigma_x - \sigma_y}{2}\right)^2 + \tau_{xy}{}^2}}$$

$$\boxed{\tau_{max} = \pm \sqrt[2]{\left(\frac{\sigma_x - \sigma_y}{2}\right)^2 + \tau_{xy}{}^2}}$$

7.11. CÍRCULO DE MOHR PARA TENSIONES

Las tensiones asociadas a un plano oblicuo σ_n y τ_{nt} pueden sintetizarse a través del contorno o perímetro del círculo de Mohr, presentado por el ingeniero civil Christian Otto Mohr en el año 1882 en Alemania.

Para deducir las fórmulas que gobiernan este método partiremos de las fórmulas deducidas en el apartado 9 del presente capítulo.

$$\sigma_n = \left(\frac{\sigma_x + \sigma_y}{2}\right) + \left(\frac{\sigma_x - \sigma_y}{2}\right) \cdot cos(2\theta) - \tau_{xy} \cdot sen(2\theta) \quad \text{①}$$

$$\tau_{nt} = \left(\frac{\sigma_x - \sigma_y}{2}\right) \cdot sen(2\theta) + \tau_{xy} \cdot cos(2\theta) \quad \text{②}$$

Escribimos la fórmula ① tal como se muestra a continuación:

$$\sigma_n - \left(\frac{\sigma_x + \sigma_y}{2}\right) = \left(\frac{\sigma_x - \sigma_y}{2}\right) \cdot cos(2\theta) - \tau_{xy} \cdot sen(2\theta) \quad \text{③}$$

Elevamos al cuadrado las ecuaciones ③ y ②.

$$\left[\sigma_n - \left(\frac{\sigma_x + \sigma_y}{2}\right)\right]^2 = \left[\left(\frac{\sigma_x - \sigma_y}{2}\right) \cdot cos(2\theta) - \tau_{xy} \cdot sen(2\theta)\right]^2 \quad ⑤$$

$$[\tau_{nt}]^2 = \left[\left(\frac{\sigma_x - \sigma_y}{2}\right) \cdot sen(2\theta) + \tau_{xy} \cdot cos(2\theta)\right]^2 \quad ⑥$$

Sumamos las ecuaciones ⑤ y ⑥.

$$\left[\sigma_n - \left(\frac{\sigma_x + \sigma_y}{2}\right)\right]^2 + [\tau_{nt}]^2 = \left[\left(\frac{\sigma_x - \sigma_y}{2}\right) \cdot cos(2\theta) - \tau_{xy} \cdot sen(2\theta)\right]^2 +$$

$$+ \left[\left(\frac{\sigma_x - \sigma_y}{2}\right) \cdot sen(2\theta) + \tau_{xy} \cdot cos(2\theta)\right]^2$$

Desarrollamos el segundo miembro de la ecuación anterior:

$$\left[\sigma_n - \left(\frac{\sigma_x + \sigma_y}{2}\right)\right]^2 + [\tau_{nt}]^2 = \left(\frac{\sigma_x - \sigma_y}{2}\right)^2 \cdot cos^2(2\theta) -$$

$$-2 \cdot \left(\frac{\sigma_x - \sigma_y}{2}\right) \cdot cos(2\theta) \cdot \tau_{xy} \cdot sen(2\theta) + \tau_{xy}^2 \cdot sen^2(2\theta) +$$

$$+ \left(\frac{\sigma_x - \sigma_y}{2}\right)^2 \cdot sen^2(2\theta) + 2 \cdot \left(\frac{\sigma_x - \sigma_y}{2}\right) \cdot sen(2\theta) \cdot \tau_{xy} \cdot cos(2\theta) +$$

$$+ \tau_{xy}^2 \cdot cos^2(2\theta)$$

Factorizamos y aplicamos identidades:

$$\left[\sigma_n - \left(\frac{\sigma_x + \sigma_y}{2}\right)\right]^2 + [\tau_{nt}]^2 = \left(\frac{\sigma_x - \sigma_y}{2}\right)^2 \cdot [cos^2(2\theta) + sen^2(2\theta)] +$$

$$+ \tau_{xy}^2 \cdot [sen^2(2\theta) + cos^2(2\theta)]$$

$$\left[\sigma_n - \left(\frac{\sigma_x + \sigma_y}{2}\right)\right]^2 + [\tau_{nt} - 0]^2 = \left(\frac{\sigma_x - \sigma_y}{2}\right)^2 + \tau_{xy}^2 \quad ⑦$$

Comparamos la ecuación ⑦ con la ecuación de la circunferencia:

$$[\sigma_n - h]^2 + [\tau_{nt} - k]^2 = R^2$$

De esta analogía llegamos a la siguiente conclusión:

a) Coordenadas del centro del círculo

$$h = \frac{\sigma_x + \sigma_y}{2} \quad ; \quad k = 0$$

b) Radio del círculo

$$R = \sqrt[2]{\left(\frac{\sigma_x - \sigma_y}{2}\right)^2 + {\tau_{xy}}^2}$$

IMPORTANTE:

La ecuación ⑦ fue deducida a partir de las ecuaciones ① y ②, las cuales contienen expresiones con ángulos dobles. Estos ángulos pueden observarse en la construcción del círculo de Mohr en el desdoblamiento del ángulo θ, el cual se duplica en el proceso constructivo del mismo y en la obtención de las diversas tensiones.

7.11.1 Procedimiento para construir el círculo de Mohr

Al aplicar este método gráfico podemos deducir las siguientes tensiones:

a) Tensiones $\sigma_n, \tau_{nt}, \sigma_t,$ y τ_{tn} asociadas a un plano oblicuo.

b) Tensiones principales σ_1 y σ_2, denominadas también tensiones axiales máximas, y el ángulo del plano oblicuo que contiene dichas tensiones. A este plano se lo conoce como plano principal.

c) Tensiones tangenciales máximas positivas y negativas τ_{max} y el ángulo del plano que contiene dichas tensiones.

Para elaborar el círculo de Mohr procederemos del siguiente modo:

Paso 1: Calcule las tensiones del punto P.

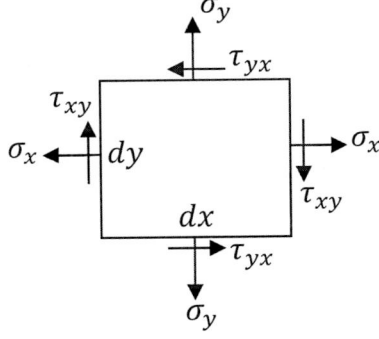

Figura 7.48 Estado biaxial de tensiones.

Es importante recordar que el convenio de signos para las tensiones es:

a) Tensiones axiales: tracción $\oplus$ y compresión $\ominus$.

b) Tensiones tangenciales: horario $\oplus$ y antihorario $\ominus$.

Paso 2: En un sistema de ejes cartesianos (σ, τ) grafique los siguientes puntos:

$A(\sigma_x, \tau_{xy})$

$B(\sigma_y, \tau_{yx})$

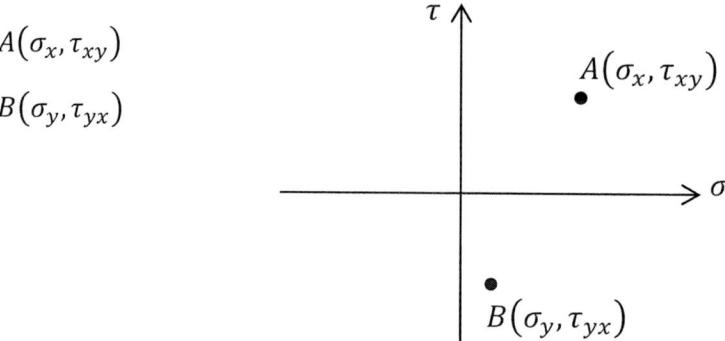

Figura 7.49 Puntos A y B para trazo de círculo de Mohr.

Paso 3: Vincule los puntos A y B con un segmento de recta que represente el diámetro del círculo de Mohr cuyo punto medio es su centro.

$h = \dfrac{\sigma_x + \sigma_y}{2}$

$k = 0$

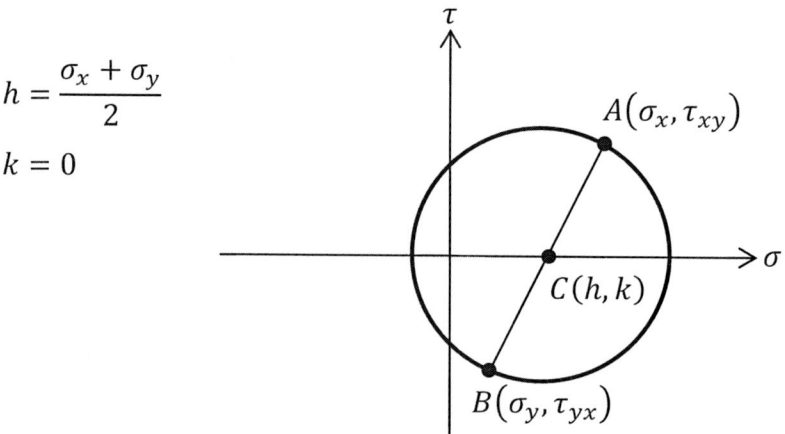

Figura 7.50 Trazo del círculo de Mohr.

El centro del círculo se ubica sobre el eje de tensiones axiales σ.

Paso 4: Dibuje el eje x que pasa por el punto A y luego el eje y que pasa por el punto B. Ambos ejes están direccionados diametralmente y forman 180 grados entre sí.

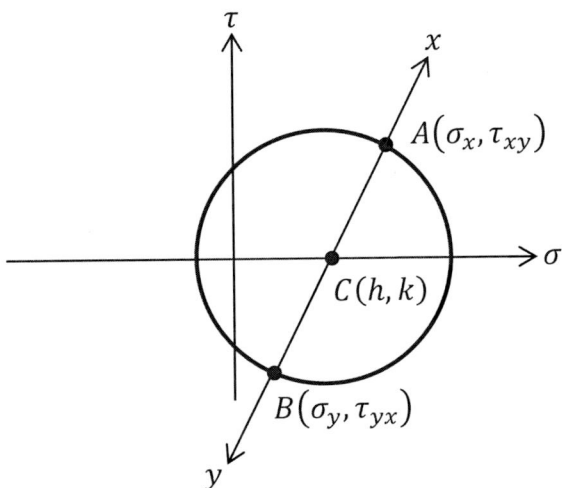

Figura 7.51 Ubicación de los ejes x e y.

Paso 5: Dibuje a partir del eje x la posición del eje n teniendo como dato el ángulo 2θ (↻ ⊕ y ↺⊖) y luego defina el eje t a 180°. Estos ejes, al intersecarse con la circunferencia, definen las tensiones σ_n, τ_{nt}, σ_t, y τ_{tn}.

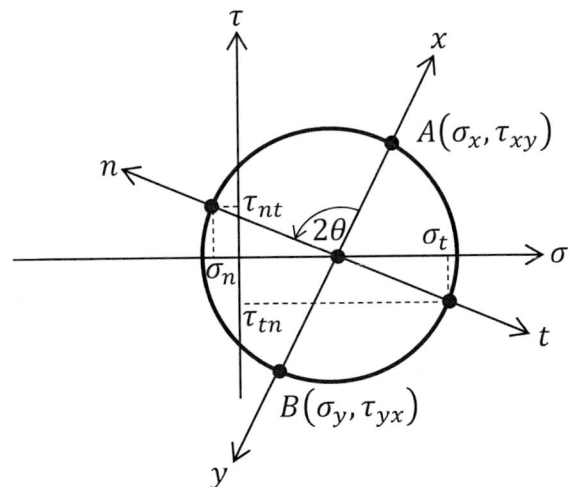

Figura 7.52 Ubicación de los ejes n y t.

Obsérvese que el ángulo θ que define el plano oblicuo se duplica en la construcción del círculo de Mohr.

Paso 6: Las tensiones σ_1 y σ_2 son los puntos de la circunferencia que se intersecan con el eje σ.

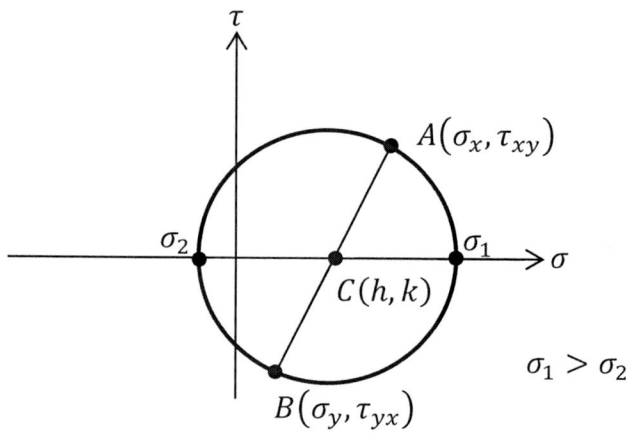

Figura 7.53 Tensiones σ1 y σ2.

Paso 7: Las tensiones $\tau_{\max}$ se identifican como el punto más alto y más bajo de la circunferencia, proyectados en el eje τ.

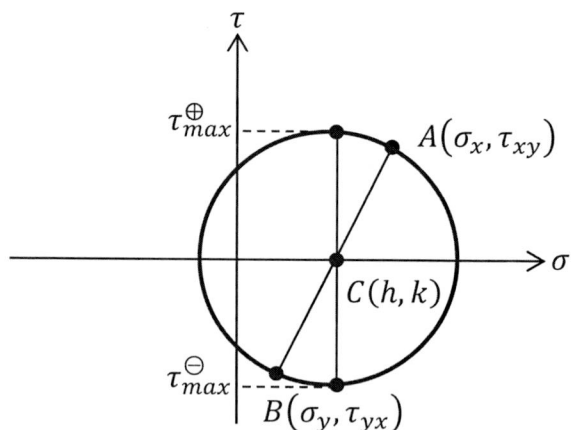

Figura 7.54 Tensiones $\tau_{\max}^{\oplus}$ y $\tau_{\max}^{\ominus}$.

EJEMPLO 153

Para el punto P de la sección s-s, determinar de manera analítica y gráfica:

a) Tensiones oblicuas $\sigma_n, \tau_{nt}, \sigma_t,$ y τ_{tn} para un ángulo $\theta = 30°$.

b) Tensiones principales σ_1 y σ_2.

c) Tensiones tangenciales máximas $\tau_{max}^{\oplus}$ y $\tau_{max}^{\ominus}$.

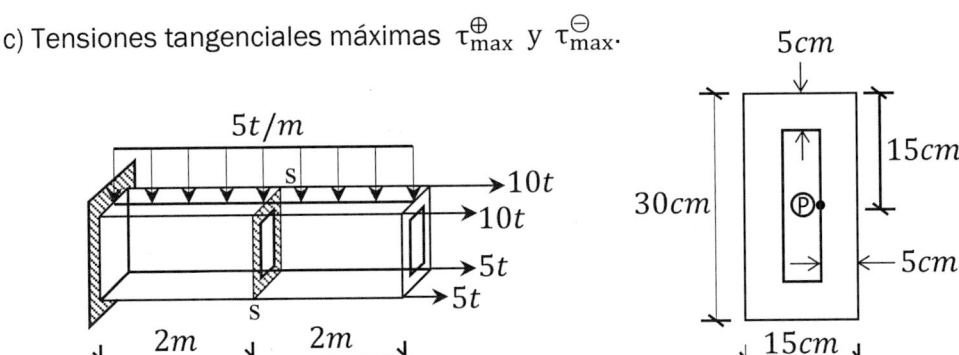

Figura 7.55 Viga tubular de sección rectangular.

Paso 1: Cálculos de esfuerzos internos en s-s

Consideramos las cargas a la derecha de la sección s-s.

$\rightarrow N = 10 + 10 + 5 + 5 = 30\ t$

$\downarrow Q = 5 \cdot 2 = 10\ t$

$\circlearrowleft M = -(5 \cdot 2) \cdot 1 - (10 + 10) \cdot 0{,}15 + (5 + 5) \cdot 0{,}15 = -11{,}5\ tm$

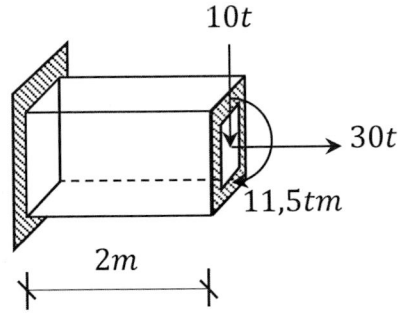

Paso 2: Cálculo de tensiones

a) Debido a esfuerzo normal

$$\sigma_N = \frac{N}{A} = \frac{30}{0,15 \cdot 0,3 - 0,05 \cdot 0,2}$$

$$\sigma_N = 857,143 \frac{t}{m^2} \ (tracci\acute{o}n)$$

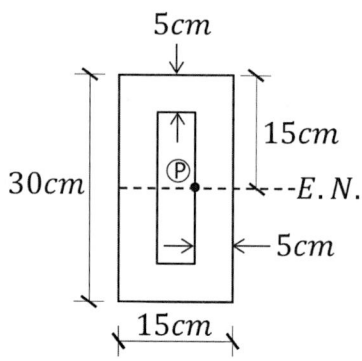

b) Debido a momento flector

Para el punto P, y = 0.

$$\sigma_M = \frac{M \cdot y}{I_x} = \frac{11,5 \cdot 0}{\dfrac{0,15 \cdot 0,3^3}{12} - \dfrac{0,05 \cdot 0,2^3}{12}} = 0$$

$$\sigma_M = 0 \frac{t}{m^2}$$

La tensión axial resultante es:

$$\sigma = \sigma_N + \sigma_M = 857,143 + 0 = 857,143 \frac{t}{m^2} \ (tracci\acute{o}n)$$

c) Debido al esfuerzo cortante

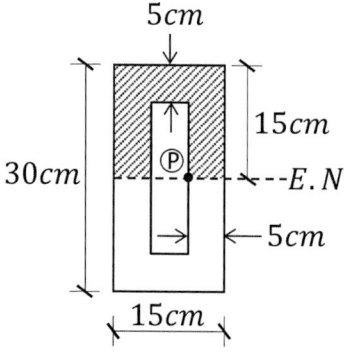

$$\tau_Q = \frac{Q \cdot S_x}{b \cdot I_x}$$

$$S_x = (0,15 \cdot 0,15) \cdot 0,075 -$$
$$-(0,05 \cdot 0,1) \cdot 0,05$$

$$S_x = 1,438 \cdot 10^{-3} m^3$$

$$\tau_Q = \frac{10 \cdot (1,438 \cdot 10^{-3})}{0,10 \cdot \left(\dfrac{0,15 \cdot 0,3^3}{12} - \dfrac{0,05 \cdot 0,2^3}{12}\right)}$$

$$\tau_Q = 472,767 \frac{t}{m^2} \ (\downarrow)$$

Paso 3: Representación gráfica de las tensiones en el punto P

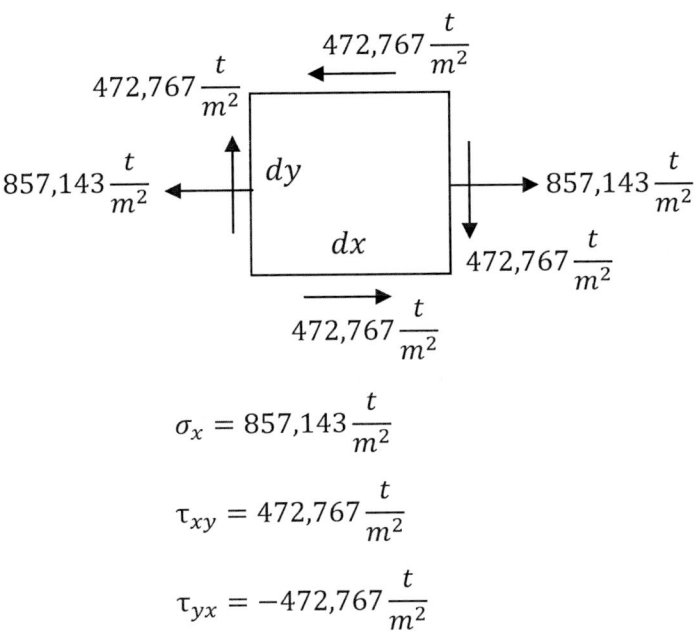

$$\sigma_x = 857,143 \frac{t}{m^2}$$

$$\tau_{xy} = 472,767 \frac{t}{m^2}$$

$$\tau_{yx} = -472,767 \frac{t}{m^2}$$

Paso 4: Solicitaciones

a) Tensiones oblicuas

$$\sigma_n = \left(\frac{\sigma_x + \sigma_y}{2}\right) + \left(\frac{\sigma_x - \sigma_y}{2}\right) \cdot cos(2\theta) - \tau_{xy} \cdot sen(2\theta)$$

$$\sigma_n = \left(\frac{857,143 + 0}{2}\right) + \left(\frac{857,143 - 0}{2}\right) \cdot cos(2 \cdot 30) - 472,767 \cdot sen(2 \cdot 30)$$

$$\sigma_n = 233,429 \frac{t}{m^2}$$

$$\tau_{nt} = \left(\frac{\sigma_x - \sigma_y}{2}\right) \cdot sen(2\theta) + \tau_{xy} \cdot cos(2\theta)$$

$$\tau_{nt} = \left(\frac{857,143 - 0}{2}\right) \cdot sen(2 \cdot 30) + 472,767 \cdot cos(2 \cdot 30)$$

$$\tau_{nt} = 607,537 \frac{t}{m^2}$$

$$\sigma_t = \left(\frac{\sigma_x + \sigma_y}{2}\right) - \left(\frac{\sigma_x - \sigma_y}{2}\right) \cdot cos(2\theta) + \tau_{xy} \cdot sen(2\theta)$$

$$\sigma_t = \left(\frac{857,143 + 0}{2}\right) - \left(\frac{857,143 - 0}{2}\right) \cdot cos(2 \cdot 30) + 472,767 \cdot sen(2 \cdot 30)$$

$$\sigma_t = 623,714 \frac{t}{m^2}$$

$$\tau_{tn} = -\left(\frac{\sigma_x - \sigma_y}{2}\right) \cdot sen(2\theta) - \tau_{xy} \cdot cos(2\theta)$$

$$\tau_{tn} = -\left(\frac{857,143 - 0}{2}\right) \cdot sen(2 \cdot 30) - 472,767 \cdot cos(2 \cdot 30)$$

$$\tau_{tn} = -607,537 \frac{t}{m^2}$$

b) Tensiones principales

$$\sigma_{max} = \left(\frac{\sigma_x + \sigma_y}{2}\right) \pm \sqrt[2]{\left(\frac{\sigma_x - \sigma_y}{2}\right)^2 + \tau_{xy}^2}$$

$$\sigma_{max} = \left(\frac{857,143 + 0}{2}\right) \pm \sqrt[2]{\left(\frac{857,143 - 0}{2}\right)^2 + 472,767^2}$$

$$\sigma_1 = 1066,680 \frac{t}{m^2}$$

$$\sigma_2 = -209,537 \frac{t}{m^2}$$

c) Tensiones tangenciales máximas

$$\tau_{max} = \pm \sqrt[2]{\left(\frac{\sigma_x - \sigma_y}{2}\right)^2 + \tau_{xy}^2}$$

$$\tau_{max} = \pm \sqrt[2]{\left(\frac{857,143 - 0}{2}\right)^2 + 472,767^2}$$

$$\tau_{max}^{\oplus} = 638{,}108 \frac{t}{m^2}$$

$$\tau_{max}^{\ominus} = -638{,}108 \frac{t}{m^2}$$

Paso 5: Aplicación del círculo de Mohr

Datos de entrada:

$$\sigma_x = 857{,}143 \frac{t}{m^2}$$

$$\sigma_y = 0 \; \frac{t}{m^2}$$

$$\tau_{xy} = 472{,}767 \frac{t}{m^2}$$

$$\tau_{yx} = -472{,}767 \frac{t}{m^2}$$

$$\theta = 30°$$

Las coordenadas de entrada son:

$$A(\sigma_x; \tau_{xy}) = A(857{,}143; 472{,}767)$$

$$B(\sigma_y; \tau_{yx}) = B(0; -472{,}767)$$

$$Escala: 150 \frac{t}{m^2} = 1 \; cm$$

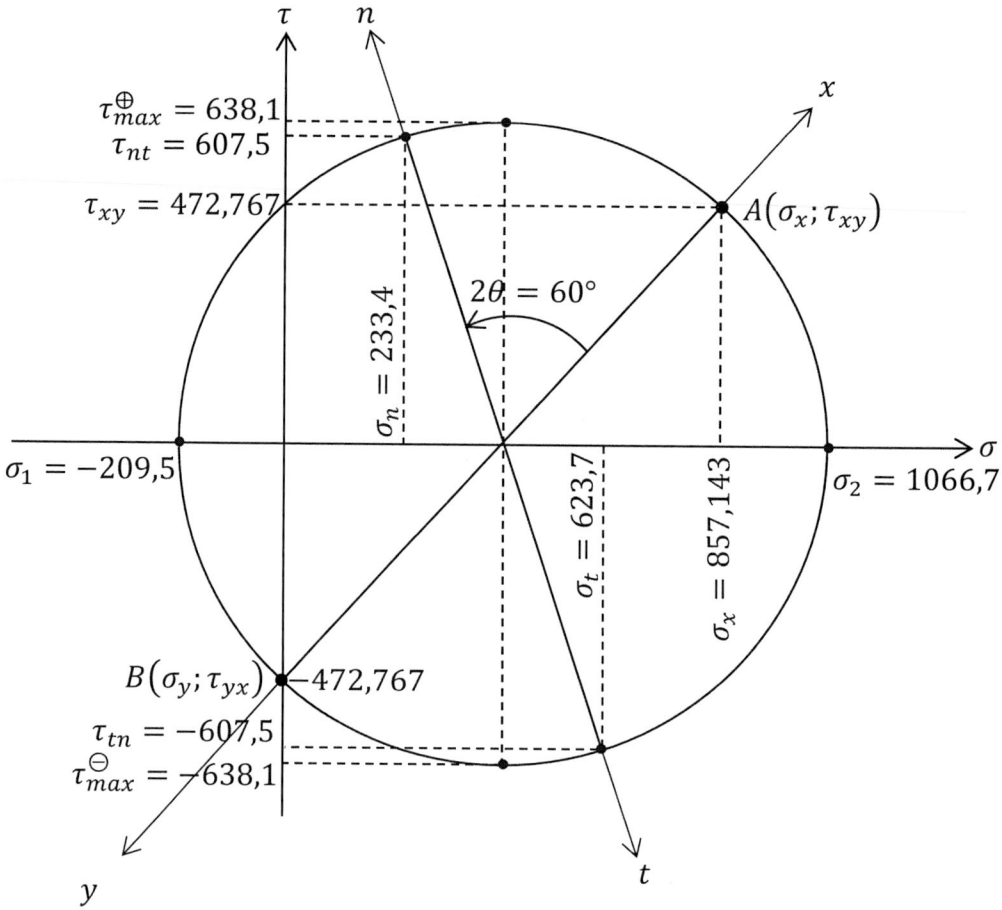

Para obtener los valores de tensión se mide con una regla la coordenada de cada tensión y luego se multiplica por la escala adoptada, por ejemplo:

$$\sigma_n = 1,56 \, cm \cdot 150 \frac{t/m^2}{cm} = 234 \frac{t}{m^2}$$

$$\tau_{nt} = 4,05 \, cm \cdot 150 \frac{t/m^2}{cm} = 607,5 \frac{t}{m^2}$$

EJEMPLO 154

Para el punto P de la sección s-s, determinar de manera analítica y gráfica:

a) Tensiones oblicuas σ_n, τ_{nt}, σ_t, y τ_{tn} para un ángulo θ = -45°.

b) Tensiones principales σ_1 y σ_2.

c) Tensiones tangenciales máximas $\tau_{max}^{\oplus}$ y $\tau_{max}^{\ominus}$.

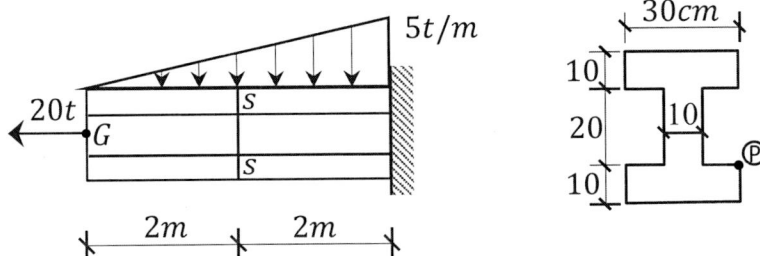

$G = Centro\ de\ gravedad\ de\ la\ sección.$

Figura 7.56 Viga en voladizo con sección tipo I.

Paso 1: Cálculos de esfuerzos en s-s

Consideramos las cargas a la izquierda de la sección s-s.

$\leftarrow \oplus N = 20\ t\ (tracción)$

$\uparrow \oplus Q = -\dfrac{2,5 \cdot 2}{2} = -2,5\ t$

$\circlearrowleft \oplus M = -\left(\dfrac{2,5 \cdot 2}{2}\right) \cdot \dfrac{1}{3} \cdot 2 = -1,667\ tm$

Paso 2: Características geométricas de la sección

a) Centro de gravedad y área

$y_G = \dfrac{0,4}{2} = 0,2\ m$

$A = 2 \cdot (0,3 \cdot 0,1) + 0,1 \cdot 0,2 = 0,08\ m^2$

b) Momento de inercia

$$I_x = \frac{0.3 \cdot (0.4)^3}{12} - 2 \cdot \left(\frac{0.1 \cdot (0.2)^3}{12}\right)$$

$$I_x = 1.467 \cdot 10^{-3} \ m^4$$

Paso 3: Cálculo de tensiones

a) Debido a esfuerzo normal

$$\sigma_N = \frac{N}{A} = \frac{20}{0.08}$$

$$\sigma_N = 250 \frac{t}{m^2} \ (tracción)$$

b) Debido a momento flector

$$\sigma_M = \frac{M \cdot y}{I_x}$$

$$\sigma_M = \frac{1.667 \cdot 0.10}{1.467 \cdot 10^{-3}}$$

$$\sigma_M = 113.633 \frac{t}{m^2} \ (compresión)$$

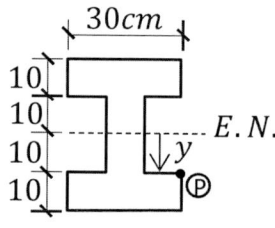

La tensión axial resultante es:

$$\sigma = \sigma_N - \sigma_M$$

$$\sigma = 250 - 113.633$$

$$\sigma = 136.367 \frac{t}{m^2} \ (tracción)$$

d) Debido al esfuerzo cortante

$$\tau_Q = \frac{Q \cdot S_x}{b \cdot I_x}$$

$$S_x = A \cdot a = (0.3 \cdot 0.1) \cdot 0.15$$

$$S_x = 0.0045$$

$$\tau_Q = \frac{2.5 \cdot (0.0045)}{0.3 \cdot (1.467 \cdot 10^{-3})} = 25.562 \frac{t}{m^2} \ (\downarrow)$$

Paso 4: Representación gráfica de las tensiones en el punto P

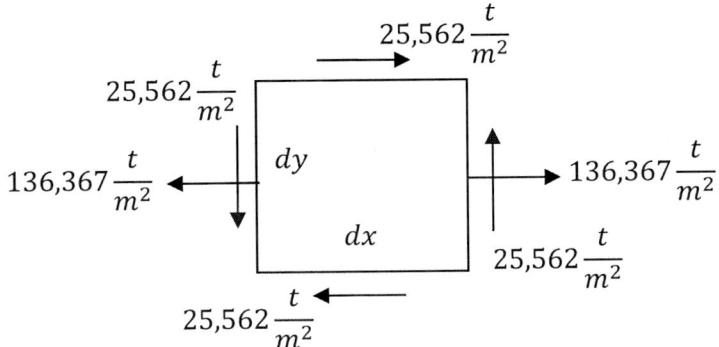

$$\sigma_x = 136{,}367\,\frac{t}{m^2}$$

$$\tau_{xy} = -25{,}562\,\frac{t}{m^2}$$

$$\tau_{yx} = 25{,}562\,\frac{t}{m^2}$$

$$\theta = -45°$$

Paso 5: Solicitaciones

a) Tensiones oblicuas para el eje n

$$\sigma_n = \left(\frac{\sigma_x + \sigma_y}{2}\right) + \left(\frac{\sigma_x - \sigma_y}{2}\right) \cdot cos(2\theta) - \tau_{xy} \cdot sen(2\theta)$$

$$\sigma_n = \left(\frac{136{,}367 + 0}{2}\right) + \left(\frac{136{,}367 - 0}{2}\right) \cdot cos\big(2 \cdot (-45)\big) - (-25{,}562) \cdot sen\big(2 \cdot (-45)\big)$$

$$\sigma_n = 42{,}6215\,\frac{t}{m^2}$$

$$\tau_{nt} = \left(\frac{\sigma_x - \sigma_y}{2}\right) \cdot sen(2\theta) + \tau_{xy} \cdot cos(2\theta)$$

$$\tau_{nt} = \left(\frac{136{,}367 - 0}{2}\right) \cdot sen\big(2 \cdot (-45)\big) + (-25{,}562) \cdot cos\big(2 \cdot (-45)\big)$$

$$\tau_{nt} = -68{,}1835\,\frac{t}{m^2}$$

b) Tensiones oblicuas para el eje t

$$\sigma_t = \left(\frac{\sigma_x + \sigma_y}{2}\right) - \left(\frac{\sigma_x - \sigma_y}{2}\right) \cdot cos(2\theta) + \tau_{xy} \cdot sen(2\theta)$$

$$\sigma_t = \left(\frac{136{,}367 + 0}{2}\right) - \left(\frac{136{,}367 - 0}{2}\right) \cdot cos\big(2 \cdot (-45)\big) + (-25{,}562) \cdot sen\big(2 \cdot (-45)\big)$$

$$\sigma_t = 93{,}7455\frac{t}{m^2}$$

$$\tau_{tn} = -\left(\frac{\sigma_x - \sigma_y}{2}\right) \cdot sen(2\theta) - \tau_{xy} \cdot cos(2\theta)$$

$$\tau_{tn} = -\left(\frac{136{,}367 - 0}{2}\right) \cdot sen\big(2 \cdot (-45)\big) - (-25{,}562) \cdot cos\big(2 \cdot (-45)\big)$$

$$\tau_{tn} = 68{,}1835\frac{t}{m^2}$$

c) Tensiones principales

$$\sigma_{max} = \left(\frac{\sigma_x + \sigma_y}{2}\right) \pm \sqrt[2]{\left(\frac{\sigma_x - \sigma_y}{2}\right)^2 + \tau_{xy}^2}$$

$$\sigma_{max} = \left(\frac{136{,}367 + 0}{2}\right) \pm \sqrt[2]{\left(\frac{136{,}367 - 0}{2}\right)^2 + (-25{,}562)^2}$$

$$\sigma_1 = 141\frac{t}{m^2}$$

$$\sigma_2 = -4{,}634\frac{t}{m^2}$$

La tensión uno siempre es mayor a la tensión dos.

d) Tensiones tangenciales máximas

$$\tau_{max} = \pm\sqrt[2]{\left(\frac{\sigma_x - \sigma_y}{2}\right)^2 + \tau_{xy}^{\;2}}$$

$$\tau_{max} = \pm\sqrt[2]{\left(\frac{136{,}367 - 0}{2}\right)^2 + (-25{,}562)^2}$$

$$\tau_{max}^{\oplus} = 72{,}818\,\frac{t}{m^2}$$

$$\tau_{max}^{\ominus} = -72{,}818\,\frac{t}{m^2}$$

Paso 6: Aplicación del círculo de Mohr

Datos de entrada:

$$\sigma_x = 136{,}367\,\frac{t}{m^2}$$

$$\tau_{xy} = -25{,}562\,\frac{t}{m^2}$$

$$\tau_{yx} = 25{,}562\,\frac{t}{m^2}$$

$$\theta = -45°$$

Las coordenadas de entrada son:

$$A\left(\sigma_x;\tau_{xy}\right) = A(136{,}367\,;-25{,}562)$$

$$B\left(\sigma_y;\tau_{yx}\right) = B(0\,;\,25{,}562)$$

Adoptamos la siguiente escala:

$$Escala:\,15\,\frac{t}{m^2} = 1\,cm$$

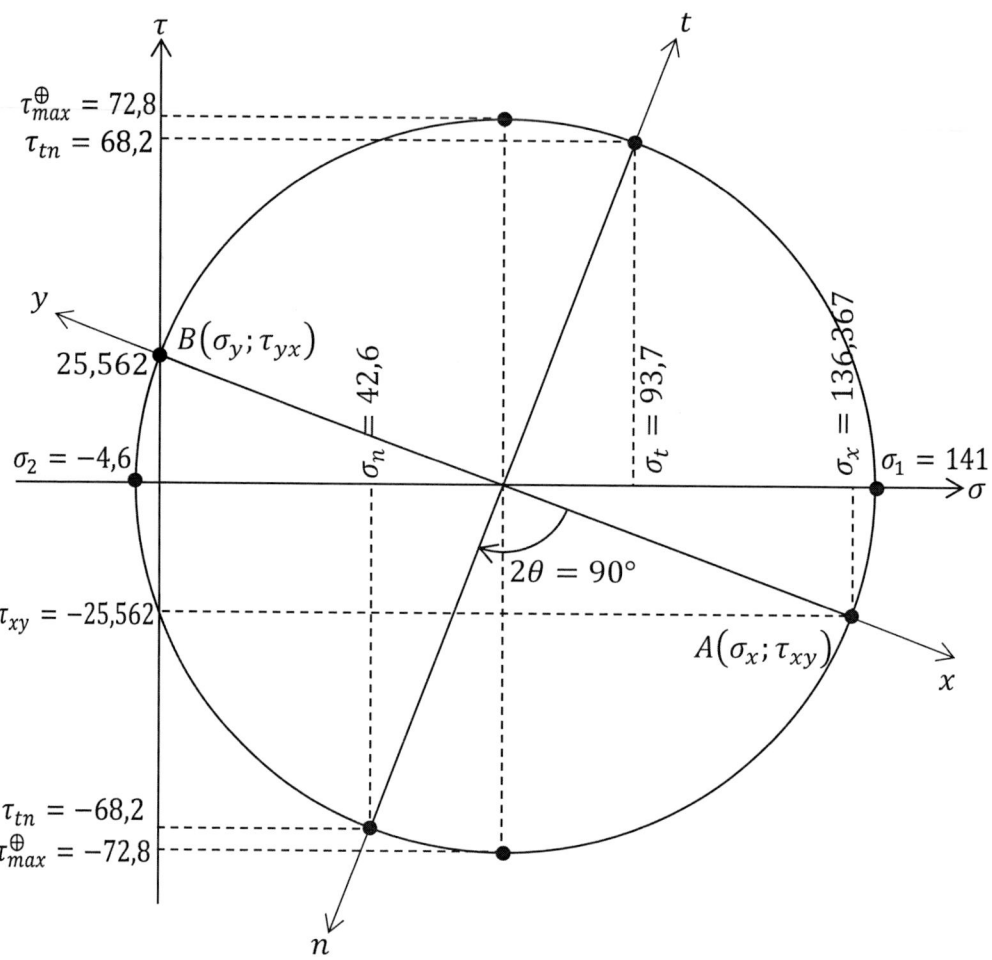

Para obtener los valores de tensión se mide con una regla la coordenada de cada tensión y luego se multiplica por la escala adoptada. Por ejemplo, para la tensión máxima σ_1, su longitud en centímetros es 9,4 cm, por lo tanto, el valor de su tensión es:

$$\sigma_1 = 9{,}4 \ cm \cdot 15\frac{t/m^2}{cm} = 141\frac{t}{m^2}$$

EJEMPLO 155

Para el siguiente punto diferencial, determinar de manera analítica y gráfica:

a) Tensiones oblicuas σ_n, τ_{nt}, σ_t, y τ_{tn} para un ángulo $\theta = 60°$.

b) Tensiones principales σ_1 y σ_2 y los ángulos de sus planos principales.

c) Tensiones tangenciales máximas $\tau_{max}^{\oplus}$ y $\tau_{max}^{\ominus}$ y el ángulo del plano que contiene a cada tensión.

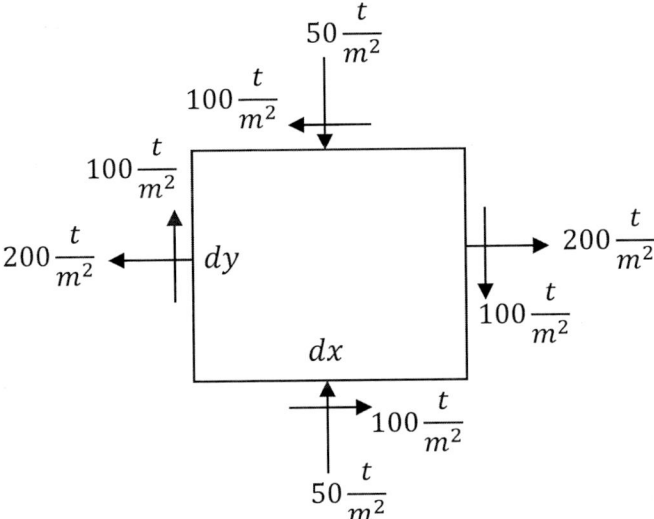

Figura 7.57 Tensiones concentradas en un punto P.

Paso 1: Método analítico

Los datos de entrada son:

$$\sigma_x = 200\,\frac{t}{m^2}$$

$$\sigma_y = -50\,\frac{t}{m^2}$$

$$\tau_{xy} = 100\,\frac{t}{m^2}$$

$$\tau_{yx} = -100\,\frac{t}{m^2}$$

$$\theta = 60°$$

a) Tensiones oblicuas

$$\sigma_n = \left(\frac{\sigma_x + \sigma_y}{2}\right) + \left(\frac{\sigma_x - \sigma_y}{2}\right) \cdot \cos(2\theta) - \tau_{xy} \cdot sen(2\theta)$$

$$\sigma_n = \left(\frac{200 + (-50)}{2}\right) + \left(\frac{200 - (-50)}{2}\right) \cdot \cos(2 \cdot 60) - 100 \cdot sen(2 \cdot 60)$$

$$\sigma_n = -74{,}103 \frac{t}{m^2}$$

$$\tau_{nt} = \left(\frac{\sigma_x - \sigma_y}{2}\right) \cdot sen(2\theta) + \tau_{xy} \cdot \cos(2\theta)$$

$$\tau_{nt} = \left(\frac{200 - (-50)}{2}\right) \cdot sen(2 \cdot 60) + 100 \cdot \cos(2 \cdot 60)$$

$$\tau_{nt} = 58{,}253 \frac{t}{m^2}$$

$$\sigma_t = \left(\frac{\sigma_x + \sigma_y}{2}\right) - \left(\frac{\sigma_x - \sigma_y}{2}\right) \cdot \cos(2\theta) + \tau_{xy} \cdot sen(2\theta)$$

$$\sigma_t = \left(\frac{200 + (-50)}{2}\right) - \left(\frac{200 - (-50)}{2}\right) \cdot \cos(2 \cdot 60) + 100 \cdot sen(2 \cdot 60)$$

$$\sigma_t = 224{,}103 \frac{t}{m^2}$$

$$\tau_{tn} = -\left(\frac{\sigma_x - \sigma_y}{2}\right) \cdot sen(2\theta) - \tau_{xy} \cdot \cos(2\theta)$$

$$\tau_{tn} = -\left(\frac{200 - (-50)}{2}\right) \cdot sen(2 \cdot 60) - 100 \cdot \cos(2 \cdot 60)$$

$$\tau_{tn} = -58{,}253 \frac{t}{m^2}$$

Las tensiones calculadas se muestran de la siguiente forma en el punto P.

$$\sigma_n = -74{,}103 \frac{t}{m^2} \qquad\qquad \tau_{nt} = 58{,}253 \frac{t}{m^2}$$

$$\sigma_t = 224{,}103 \frac{t}{m^2} \qquad\qquad \tau_{tn} = -58{,}253 \frac{t}{m^2}$$

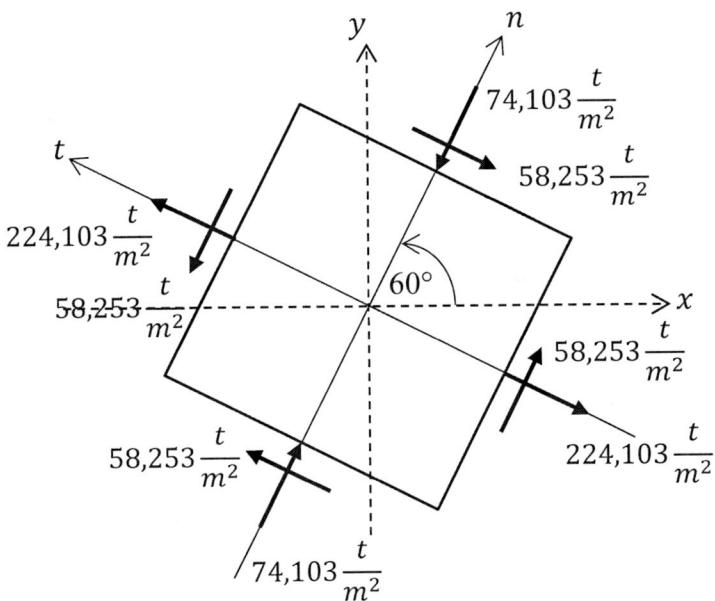

b) Tensiones principales

$$\sigma_{max} = \left(\frac{\sigma_x + \sigma_y}{2}\right) \pm \sqrt[2]{\left(\frac{\sigma_x - \sigma_y}{2}\right)^2 + \tau_{xy}^2}$$

$$\sigma_{max} = \left(\frac{200 + (-50)}{2}\right) \pm \sqrt[2]{\left(\frac{200 - (-50)}{2}\right)^2 + 100^2}$$

$$\sigma_1 = 235{,}078 \frac{t}{m^2}$$

$$\sigma_2 = -85{,}078 \frac{t}{m^2}$$

$$tag(2\theta) = -\frac{2 \cdot \tau_{xy}}{\sigma_x - \sigma_y}$$

$$tag(2\theta) = -\frac{2 \cdot 100}{200 - (-50)} = -0{,}8$$

$$\theta = -19{,}33°$$

Las tensiones calculadas se muestran de la siguiente forma en el punto P:

$$\sigma_1 = 235{,}078 \frac{t}{m^2}$$

$$\sigma_2 = -85{,}078 \frac{t}{m^2}$$

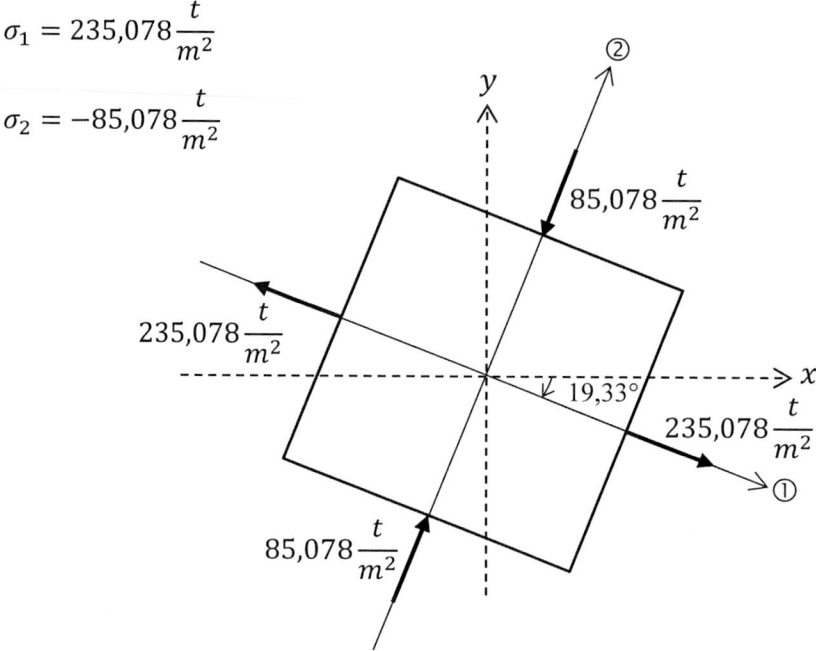

c) Tensiones tangenciales máximas

$$\tau_{max} = \pm \sqrt[2]{\left(\frac{\sigma_x - \sigma_y}{2}\right)^2 + \tau_{xy}^2}$$

$$\tau_{max} = \pm \sqrt[2]{\left(\frac{200 - (-50)}{2}\right)^2 + 100^2}$$

$$\tau_{max}^{\oplus} = 160{,}078 \frac{t}{m^2}$$

$$\tau_{max}^{\ominus} = -160{,}078 \frac{t}{m^2}$$

$$tag(2\theta) = \frac{\sigma_x - \sigma_y}{2 \cdot \tau_{xy}} = \frac{200 - (-50)}{2 \cdot 100} = 1{,}25$$

$$\theta = 25{,}67°$$

Las tensiones calculadas se muestran de la siguiente forma en el punto P.

$$\tau_{max}^{\oplus} = 160{,}078\,\frac{t}{m^2}$$

$$\tau_{max}^{\ominus} = -160{,}078\,\frac{t}{m^2}$$

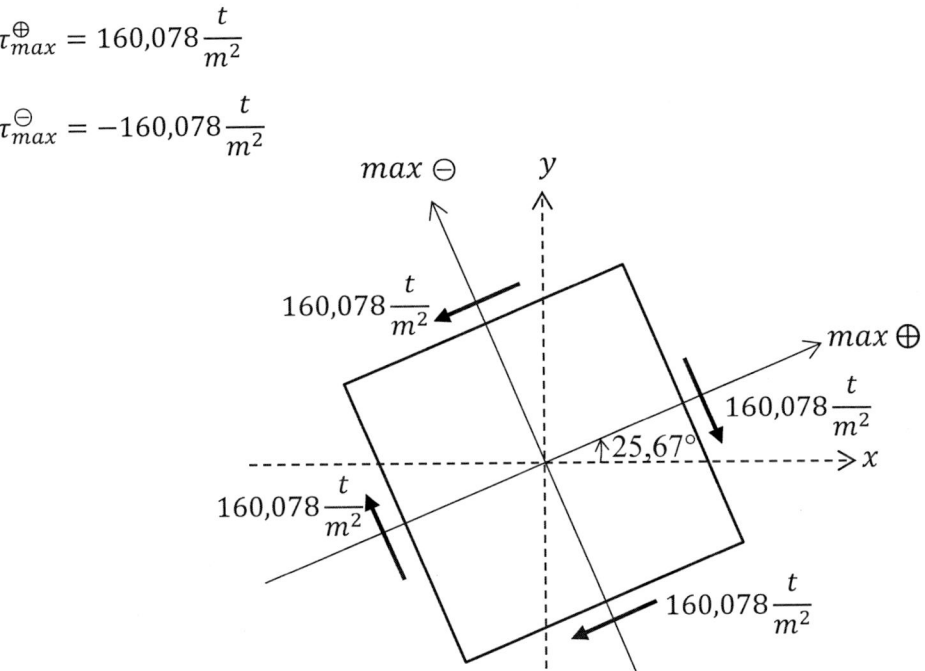

Paso 2: Aplicación del círculo de Mohr

Datos de entrada:

$$\sigma_x = 200\,\frac{t}{m^2} \qquad\qquad \tau_{xy} = 100\,\frac{t}{m^2} \qquad\qquad \theta = 60°$$

$$\sigma_y = -50\,\frac{t}{m^2} \qquad\qquad \tau_{yx} = -100\,\frac{t}{m^2}$$

Las coordenadas de entrada son:

$$A\big(\sigma_x;\tau_{xy}\big) = A(200;100) \qquad\qquad B\big(\sigma_y;\tau_{yx}\big) = B(-50;-100)$$

Para obtener los valores de tensión se mide con una regla la coordenada de cada tensión y luego se multiplica por la escala adoptada.

$$Escala\!: 35\,\frac{t}{m^2} = 1\ cm$$

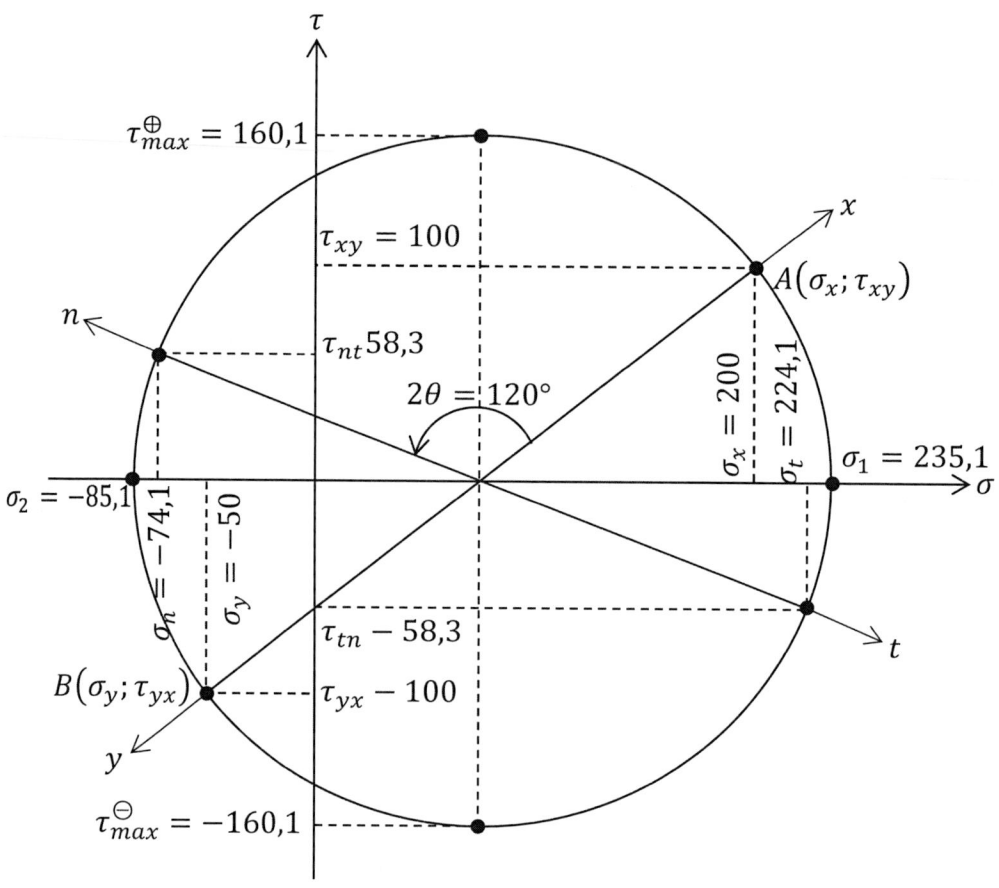

CAPÍTULO 8

ESTABILIDAD EN COLUMNAS

8.1. INTRODUCCIÓN

Llamadas también pilares o soportes, las columnas son piezas fundamentales de las estructuras porque transmiten las cargas procedentes de cada piso para luego descargarlas en el suelo. Las columnas están, por lo general, direccionadas de manera vertical y concentran grandes fuerzas de compresión, aunque en muchos casos pueden admitir flexión en menor intensidad.

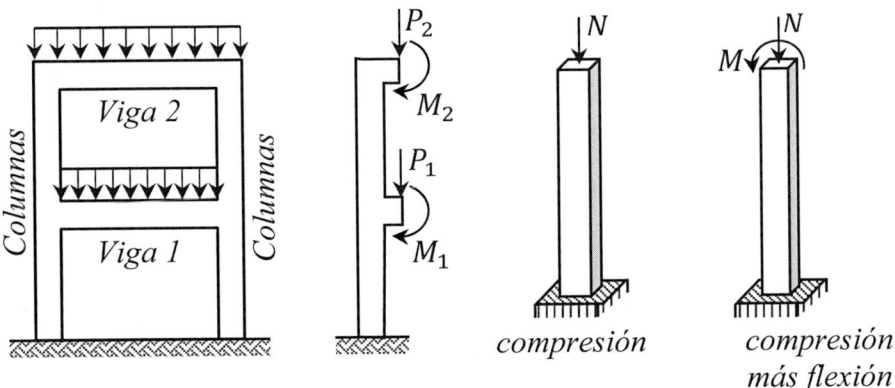

Figura 8.1 Esfuerzos internos N y M en columnas.

En la figura anterior los vectores Pi y Mi son las fuerzas y momentos que cada piso descarga en los diferentes niveles de las columnas. También se observan las reacciones R_F y R_M que ejerce el suelo al recibir las cargas procedentes de la estructura.

8.2. CONCEPTOS PREVIOS

8.2.1. Pandeo

Cuando aplicamos una fuerza de compresión sobre una columna es lógico pensar que esta sufrirá una deformación por acortamiento; sin embargo, cuando la columna es geométricamente esbelta y, además, su carga presenta una intensidad conocida como crítica, se producen deformaciones repentinas de flexión que ponen en riesgo la estabilidad parcial o total de una estructura. Véase la siguiente figura.

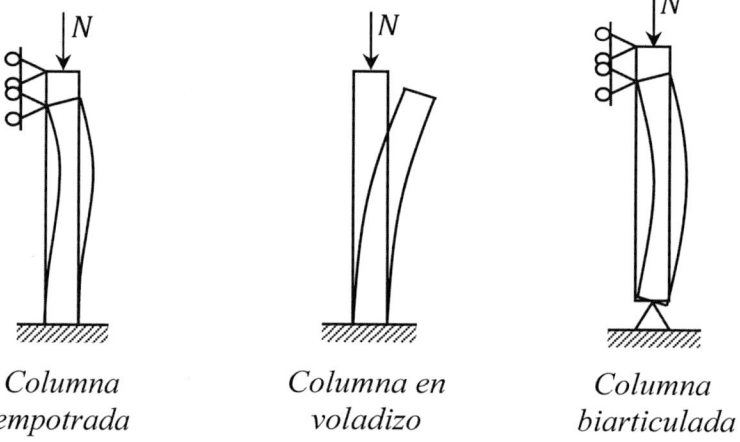

Columna
empotrada

Columna en
voladizo

Columna
biarticulada

Figura 8.2 Tipos de columnas.

8.2.2. Inestabilidad

Decimos que un cuerpo es estable cuando al ser perturbado por una o más cargas permanece en equilibrio o reposo. Una columna es inestable cuando se interrumpe su condición de equilibrio o se muestra afectada por daños significativos en su constitución por consecuencia de una carga axial crítica que le provoca pandeo.

8.2.3. Fuerza crítica de pandeo

Es la fuerza límite a partir de la cual se produce el pandeo en una columna.

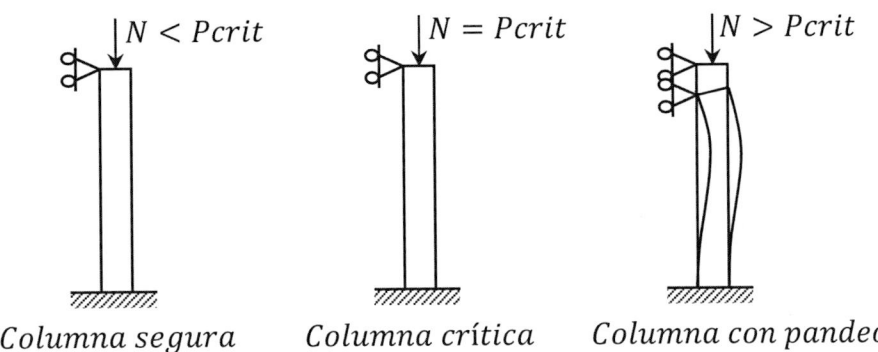

Figura 8.3 Fuerza crítica que produce pandeo.

8.3. CLASIFICACIÓN DE LAS COLUMNAS

Según el motivo de su colapso, las columnas se clasifican del siguiente modo:

a) Columnas cortas

Estas columnas fallan por tensión de compresión, es decir, la tensión generada en el interior del elemento ha superado la tensión admisible del material.

$$\sigma > \sigma_{adm}$$

b) Columnas Intermedias

Estas columnas colapsan por una combinación de tensión y pandeo. Dicho de otro modo, la tensión y la fuerza normal en la columna son mayores que la tensión admisible y la fuerza crítica de pandeo.

$$\sigma > \sigma_{adm}$$

$$N > P_{crit}$$

c) Columnas largas o esbeltas

Su esbeltez hace que estas columnas fallen por pandeo, es decir, que el esfuerzo normal de la columna supera en magnitud a la fuerza crítica.

$$N > P_{crit}$$

8.4. CARGA CRÍTICA DE EULER

El matemático, físico y filósofo suizo Leonhard Paul Euler publicó, en el año 1757, una fórmula para calcular la carga crítica de pandeo en columnas que sean perfectamente rectas, constituidas de un material homogéneo y de sección constante.

Para concluir en esta expresión denominada carga crítica de Euler, el matemático procedió de la siguiente manera:

Paso 1: Coloque una viga simplemente apoyada direccionada verticalmente, tal como se muestra en la siguiente figura:

Figura 8.4 Columna biarticulada.

Paso 2: En el punto medio de la viga coloque una fuerza horizontal que produzca su flexión.

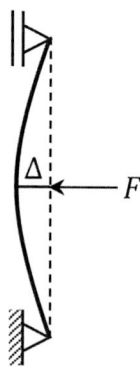

Figura 8.5 Columna flexionada por F.

Paso 3: En la parte superior de la viga introduzca una fuerza normal muy pequeña (P→0) que no modifique su configuración deformativa.

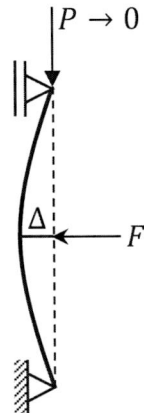

Figura 8.6 Introducción de carga P.

Paso 4: Paulatinamente aumente la fuerza P y disminuya la fuerza F, manteniendo la deformación de la barra.

Paso 5: Cuando la fuerza F llegue al valor cero, la carga P se denominará crítica.

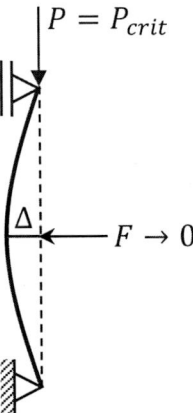

Figura 8.7 Carga crítica en su máxima intensidad.

8.5. FÓRMULA DE EULER

La fórmula para analizar la carga crítica de pandeo propuesta por Euler presenta un coeficiente que depende de las condiciones de apoyo de la columna. Los casos más comunes son:

- Articulado – Articulado

- Empotrado – Libre

- Empotrado – Empotrado

- Empotrado – Articulado

8.5.1. Apoyo de la columna: Articulado - Articulado

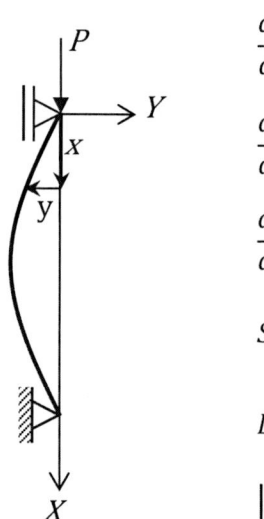

Figura 8.8 Deformación de columna biarticulada.

$$\frac{d^2y}{dx^2} = \frac{M}{E \cdot I}$$

Ecuación lineal homogénea de orden superior con coeficientes constantes

$$\frac{d^2y}{dx^2} = \frac{P \cdot (-y)}{E \cdot I}$$

$$\frac{d^2y}{dx^2} + \frac{P \cdot y}{EI} = 0$$

$$Sustituir \ \frac{d}{dx} = D$$

$$D^2y + \left(\frac{P}{E \cdot I}\right) \cdot y = 0$$

$$\left[D^2 + \frac{P}{E \cdot I}\right] \cdot y = 0$$

$$D^2 + \frac{P}{EI} = 0$$

$$D = \pm\sqrt{-\frac{P}{EI}} = \pm\sqrt{\frac{P}{EI}} \cdot i \quad (Número \ imaginario)$$

$$y = C_1 \cdot \cos\left(\sqrt{\frac{P}{EI}} \cdot x\right) + C_2 \cdot \text{sen}\left(\sqrt{\frac{P}{EI}} \cdot x\right)$$

Condiciones de borde:

$$x = 0 \Rightarrow y = 0$$

$$0 = C_1 \cdot \cos\left(\sqrt{\frac{P}{EI}} \cdot 0\right) + C_2 \cdot \text{sen}\left(\sqrt{\frac{P}{EI}} \cdot 0\right)$$

$$0 = C_1 \cdot 1 + C_2 \cdot 0$$

$$C_1 = 0$$

$$x = L \Rightarrow y = 0$$

$$0 = 0 \cdot \cos\left(\sqrt{\frac{P}{EI}} \cdot L\right) + C_2 \cdot \text{sen}\left(\sqrt{\frac{P}{EI}} \cdot L\right)$$

$$0 = C_2 \cdot \text{sen}\left(\sqrt{\frac{P}{EI}} \cdot L\right)$$

Analicemos la función seno:

Para garantizar que la función seno sea cero, su argumento debe ser equivalente a n veces π, donde n = 1, 2, 3, etc.

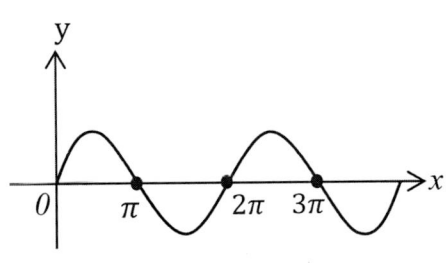

Figura 8.9 Función seno.

$$\sqrt{\frac{P}{EI}} \cdot L = n \cdot \pi, \qquad n = 1, 2, 3, \dots$$

Despejando P:

$$\left(\sqrt{\frac{P}{EI}} \cdot L\right)^2 = (n \cdot \pi)^2$$

$$\frac{P}{E \cdot I} \cdot L^2 = n^2 \cdot \pi^2$$

$$\boxed{Pcrit = \frac{n^2 \cdot E \cdot I \cdot \pi^2}{L^2}}$$

$$Pcrit = \frac{E \cdot I \cdot \pi^2}{\left(\frac{L}{n}\right)^2}$$

Reemplazando: $\dfrac{1}{n} = k$

$$Pcrit = \frac{E \cdot I \cdot \pi^2}{(k \cdot L)^2};$$

Reemplazando: $k \cdot L = Le$

$$Pcrit = \frac{E \cdot I \cdot \pi^2}{(Le)^2}$$

Donde:

Le = Longitud efectiva de pandeo

K = Coeficiente de longitud efectiva de pandeo

El valor de n depende de la cantidad de tramos de la columna.

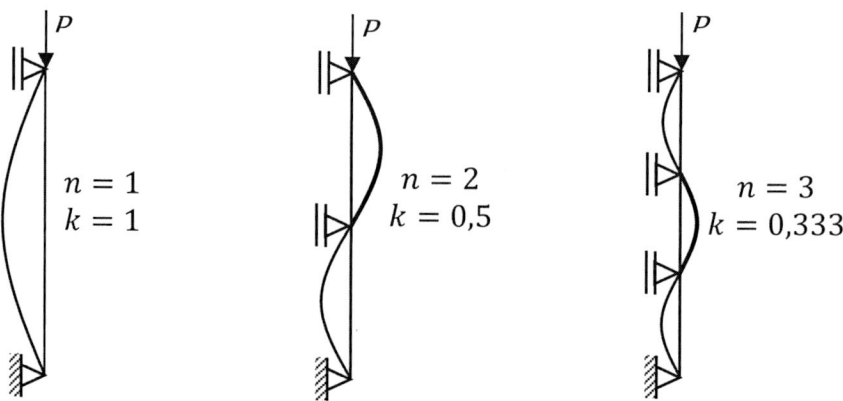

Figura 8.10 Columna de varios tramos.

8.5.2. Apoyo de la columna: Empotrado - Libre

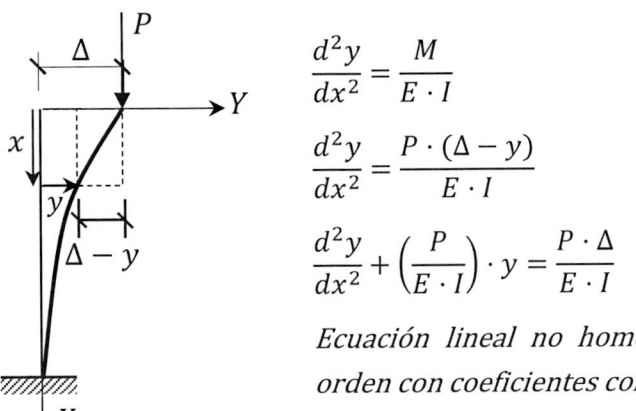

$$\frac{d^2 y}{dx^2} = \frac{M}{E \cdot I}$$

$$\frac{d^2 y}{dx^2} = \frac{P \cdot (\Delta - y)}{E \cdot I}$$

$$\frac{d^2 y}{dx^2} + \left(\frac{P}{E \cdot I}\right) \cdot y = \frac{P \cdot \Delta}{E \cdot I} \quad ①$$

Ecuación lineal no homogénea de segundo orden con coeficientes constantes

Figura 8.11 Deformación
de columna en voladizo.

a) Solución complementaria

$$\frac{d^2 y}{dx^2} + \left(\frac{P}{E \cdot I}\right) y = 0$$

$$Sustituir \; \frac{d}{dx} = D$$

$$D^2 y + \left(\frac{P}{E \cdot I}\right) \cdot y = 0$$

$$\left(D^2 + \frac{P}{E \cdot I}\right) \cdot y = 0$$

$$D^2 + \frac{P}{E \cdot I} = 0 \Rightarrow D^2 = \pm \sqrt{\frac{P}{E \cdot I}} \cdot L$$

$$y_c = C_1 \cdot \cos\left(\sqrt{\frac{P}{E \cdot I}} \cdot x\right) + C_2 \cdot sen\left(\sqrt{\frac{P}{E \cdot I}} \cdot x\right)$$

b) Solución particular

Como el segundo miembro de la ecuación ① es una constante, proponemos una solución también constante.

$$y_p = a \quad ② \text{ (constante)}$$

$$y'_p = 0 \quad ③$$

$$y''_p = 0 \quad ④$$

Sustituimos ② y ④ en ①.

$$0 + \left(\frac{P}{EI}\right) a = \frac{P\Delta}{EI}$$

Por comparación tenemos:

$$a = \Delta \quad ⑤$$

Sustituimos ⑤ en ②:

$$y_p = \Delta$$

Solución: $y = y_c + y_p$

$$y = C_1 \cdot cos\left(\sqrt{\frac{P}{EI}} \cdot x\right) + C_2 \cdot sen\left(\sqrt{\frac{P}{EI}} \cdot x\right) + \Delta$$

1.ª condición: $x = 0 \Rightarrow y = \Delta$

$$\Delta = C_1 \cdot \cos(0) + C_2 \cdot sen(0) + \Delta$$

$$C_1 = 0$$

2.ª condición: $x = L \Rightarrow y = 0$

$$0 = 0 \cdot cos\left(\sqrt{\frac{P}{EI}} \cdot L\right) + C_2 \cdot sen\left(\sqrt{\frac{P}{EI}} \cdot L\right) + \Delta$$

$$0 = C_2 \cdot sen\left(\sqrt{\frac{P}{E \cdot I}} \cdot L\right) + \Delta$$

$$C_2 \cdot sen\left(\sqrt{\frac{P}{E \cdot I}} \cdot L\right) = -\Delta \quad ①$$

3.ª condición: $x = L \Rightarrow y' = 0$

$$y' = -C_1 \cdot \sqrt{\frac{P}{E \cdot I}} \cdot \text{sen}\left(\sqrt{\frac{P}{E \cdot I}} \cdot x\right) + C_2 \cdot \sqrt{\frac{P}{E \cdot I}} \cdot \cos\left(\sqrt{\frac{P}{E \cdot I}} \cdot x\right)$$

$$0 = C_2 \cdot \sqrt{\frac{P}{E \cdot I}} \cdot \cos\left(\sqrt{\frac{P}{E \cdot I}} \cdot L\right) \quad ②$$

Dividir ② con ①:

$$\frac{C_2 \cdot \sqrt{\frac{P}{E \cdot I}} \cdot \cos\left(\sqrt{\frac{P}{E \cdot I}} \cdot L\right)}{C_2 \cdot \text{sen}\left(\sqrt{\frac{P}{E \cdot I}} \cdot L\right)} = \frac{0}{-\Delta}$$

$$\sqrt{\frac{P}{E \cdot I}} \cdot \text{Ctag}\left(\sqrt{\frac{P}{E \cdot I}} \cdot L\right) = 0$$

Analizamos la función cotangente:

$$\text{Ctag}\left(\sqrt{\frac{P}{E \cdot I}} \cdot L\right) = 0$$

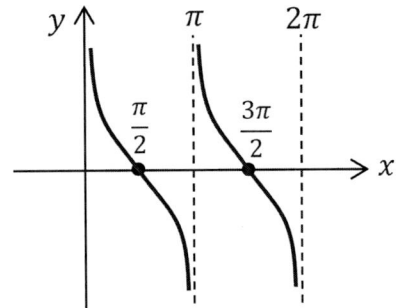

Analizamos el argumento:

$$\left(\sqrt{\frac{P}{E \cdot I}} \cdot L\right)^2 = \left(\frac{\pi}{2}\right)^2$$

Figura 8.12 Función cotangente.

Despejamos P.

$$\frac{P}{E \cdot I} \cdot L^2 = \frac{\pi^2}{2^2}$$

$$P = \frac{E \cdot I \cdot \pi^2}{2^2 \cdot L^2}$$

$$P = \frac{E \cdot I \cdot \pi^2}{(2 \cdot L)^2}$$

$$P = \frac{E \cdot I \cdot \pi^2}{(k \cdot L)^2}; \quad k = 2$$

$$P = \frac{E \cdot I \cdot \pi^2}{(Le)^2}; \quad Le = k \cdot L$$

$$\boxed{Pcrit = \frac{E \cdot I \cdot \pi^2}{(Le)^2}}$$

8.5.3. Apoyo de la columna: Empotrado - Empotrado

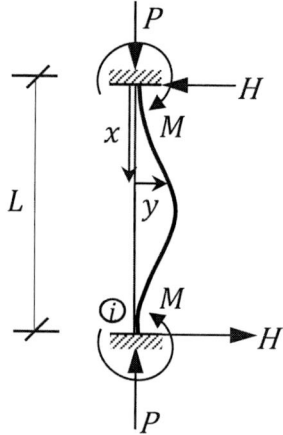

Figura 8.13 Deformación
de columna biempotrada.

$\Sigma FV = 0 \uparrow \oplus$

$p - p = 0$ *(cumple)*

$\Sigma M_i = 0 \circlearrowleft \oplus$

$-H \cdot L + M - M = 0$

$H = 0$

$\Sigma FH = 0 \rightarrow \oplus$

$0 = 0$

Ecuación de momento:

$Mx = -P \cdot y + M$

$$\frac{d^2y}{dx^2} = \frac{-P \cdot y + M}{E \cdot I}$$

$$\frac{d^2y}{dx^2} + \left(\frac{P}{E \cdot I}\right) \cdot y = \frac{M}{E \cdot I} \quad ①$$

a) Solución complementaria

$$\frac{d^2y}{dx^2} + \left(\frac{P}{E \cdot I}\right) \cdot y = 0$$

Es igual que la solución complementaria del apartado 5.2.

$$y_c = C_1 \cdot \cos\left(\sqrt{\frac{P}{E \cdot I}} \cdot x\right) + C_2 \cdot \text{sen}\left(\sqrt{\frac{P}{E \cdot I}} \cdot x\right)$$

b) Solución particular

Como el segundo miembro de la ecuación ① es una constante, proponemos una solución también constante.

$$y_p = a \quad ②$$

$$y'_p = 0 \quad ③$$

$$y''_p = 0 \quad ④$$

Sustituir ② y ④ en ①:

$$0 + \left(\frac{P}{E \cdot I}\right) \cdot a = \frac{M}{E \cdot I}$$

Despejamos a:

$$a = \frac{M}{P} \quad ⑤$$

Reemplazamos ⑤ en ②:

$$y_p = \frac{M}{P}$$

c) Solución final

$$y = y_c + y_p$$

$$y = C_1 \cdot cos\left(\sqrt{\frac{P}{E \cdot I}} \cdot x\right) + C_2 \cdot sen\left(\sqrt{\frac{P}{E \cdot I}} \cdot x\right) + \frac{M}{P}$$

$$y' = -C_1 \cdot \sqrt{\frac{P}{E \cdot I}} \cdot sen\left(\sqrt{\frac{P}{E \cdot I}} \cdot x\right) + C_2 \cdot \sqrt{\frac{P}{E \cdot I}} \cdot cos\left(\sqrt{\frac{P}{E \cdot I}} \cdot x\right)$$

1.ª condición: $x = 0 \Rightarrow y = 0$

$$0 = C_1 \cdot cos(0) + C_2 \cdot sen(0) + \frac{M}{P}$$

$$C_1 = -\frac{M}{P}$$

2.ª condición: $x = 0 \Rightarrow y' = 0$ y sabiendo que $C_1 = -\dfrac{M}{P}$

$$0 = \frac{M}{P} \cdot \sqrt{\frac{P}{E \cdot I}} \cdot sen(0) + C_2 \cdot \sqrt{\frac{P}{E \cdot I}} \cdot cos(0)$$

$$C_2 = 0$$

3.ª condición: $x = L \Rightarrow y = 0$ y sabiendo que $C_1 = -\dfrac{M}{P}$

$$0 = -\frac{M}{P} \cdot cos\left(\sqrt{\frac{P}{E \cdot I}} \cdot L\right) + 0 \cdot sen\left(\sqrt{\frac{P}{E \cdot I}} \cdot L\right) + \frac{M}{P}$$

$$0 = -\frac{M}{P} \cdot cos\left(\sqrt{\frac{P}{E \cdot I}} \cdot L\right) + \frac{M}{P}$$

$$cos\left(\sqrt{\frac{P}{E \cdot I}} \cdot L\right) = 1$$

Analicemos la función coseno:

El argumento de esta función debe ser:

$$\sqrt{\frac{P}{E \cdot I}} \cdot L = n \cdot \pi$$

Donde:

n = 0, 2, 4, 6, 8, ...

Despejamos P:

$$\left(\sqrt{\frac{P}{E \cdot I}} \cdot L\right)^2 = (2 \cdot \pi)^2$$

$$\frac{P}{E \cdot I} \cdot L^2 = 2^2 \cdot \pi^2$$

$$P = \frac{2^2 \cdot \pi^2 \cdot E \cdot I}{L^2} = \frac{E \cdot I \cdot \pi^2}{k^2 \cdot L^2}$$

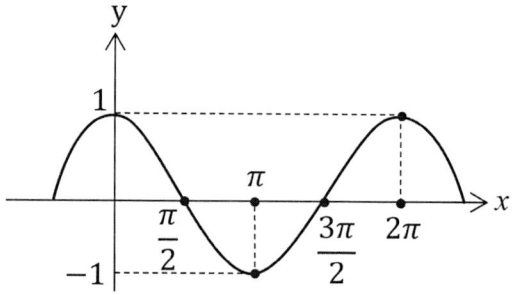

Figura 8.14 Función coseno.

$$2^2 = \frac{1}{K^2}$$

$$k = 0,5$$

$$Pcrit = \frac{E \cdot I \cdot \pi^2}{(k \cdot L)^2} = \frac{E \cdot I \cdot \pi^2}{(0,5 \cdot L)^2}$$

$$\boxed{Pcrit = \frac{E \cdot I \cdot \pi^2}{(Le)^2}} \quad Donde\ k{=}0,5$$

8.5.4. Apoyo de la columna: Empotrado – Articulado

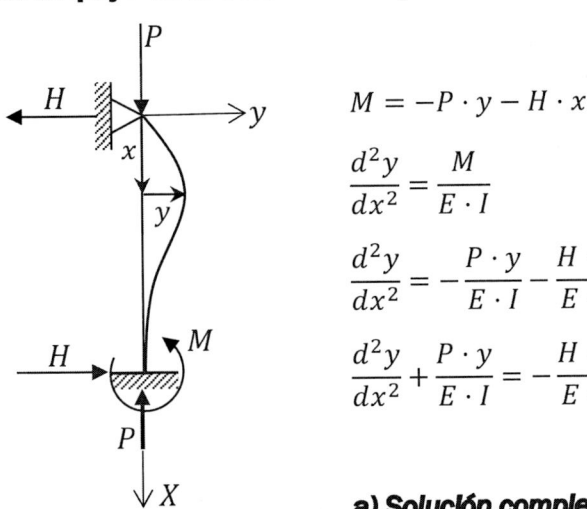

$$M = -P \cdot y - H \cdot x$$

$$\frac{d^2y}{dx^2} = \frac{M}{E \cdot I}$$

$$\frac{d^2y}{dx^2} = -\frac{P \cdot y}{E \cdot I} - \frac{H \cdot x}{E \cdot I}$$

$$\frac{d^2y}{dx^2} + \frac{P \cdot y}{E \cdot I} = -\frac{H \cdot x}{E \cdot I} \quad ①$$

Figura 8.15 Deformación de columna empotrada-articulada.

a) Solución complementaria

$$\frac{d^2y}{dx^2} + \frac{P \cdot y}{E \cdot I} = 0$$

Es igual que la solución del apartado 5.2.

$$y_c = C_1 \cdot cos\left(\sqrt{\frac{P}{E \cdot I}} \cdot x\right) + C_2 \cdot sen\left(\sqrt{\frac{P}{E \cdot I}} \cdot x\right)$$

b) Solución particular

Como el segundo miembro de la ecuación ① es una función lineal, proponemos como solución particular también una función lineal.

$y_p = ax$ ②

$y' = 0$ ③

$y'' = 0$ ④

Reemplazamos ② y ④ en ①:

$$0 + \frac{P}{EI}(a \cdot x) = -\frac{H}{EI} \cdot x$$

Despejamos el valor de a:

$$a = -\frac{H}{P} \quad ⑤$$

Reemplazamos ⑤ en ②:

$$y_p = -\frac{H}{P} \cdot x$$

Por lo tanto, la solución final será: $y = y_c + y_p$

$$y = C_1 \cos\left(\sqrt{\frac{P}{E \cdot I}} \cdot x\right) + C_2 \, sen\left(\sqrt{\frac{P}{E \cdot I}} \cdot x\right) - \frac{H}{P} \cdot x$$

$$y' = -C_1 \cdot \sqrt{\frac{P}{E \cdot I}} \cdot sen\left(\sqrt{\frac{P}{E \cdot I}} \cdot x\right) + C_2 \cdot \sqrt{\frac{P}{E \cdot I}} \cos\left(\sqrt{\frac{P}{E \cdot I}} \cdot x\right) - \frac{H}{P}$$

1.ª condición: $x = 0 \Rightarrow y = 0$

$$0 = C_1 . \cos(0) + C_2 \cdot sen(0) - \frac{H}{P}$$

$$C_1 = 0$$

2.ª condición: $x = L \Rightarrow y = 0$

$$0 = C_2 \cdot sen\left(\sqrt{\frac{P}{E \cdot I}} \cdot L\right) - \frac{H}{P} \cdot L$$

$$C_2 = \frac{H \cdot L}{P \cdot sen\left(\sqrt{\frac{P}{E \cdot I}} \cdot L\right)} \quad ⑥$$

3.ª condición: $x = L \Rightarrow y' = 0$

$$0 = -0 \cdot \sqrt{\frac{P}{E \cdot I}} \cdot sen\left(\sqrt{\frac{P}{E \cdot I}} \cdot L\right) + C_2 \cdot \sqrt{\frac{P}{E \cdot I}} cos\left(\sqrt{\frac{P}{E \cdot I}} \cdot L\right) - \frac{H}{P}$$

$$0 = C_2 \cdot \sqrt{\frac{P}{E \cdot I}} \cdot cos\left(\sqrt{\frac{P}{E \cdot I}} \cdot L\right) - \frac{H}{P} \quad ⑦$$

Reemplazamos ⑥ en ⑦

$$0 = \frac{H \cdot L \cdot \sqrt{\frac{P}{E \cdot I}} \cdot cos\left(\sqrt{\frac{P}{E \cdot I}} \cdot L\right)}{P \cdot sen\left(\sqrt{\frac{P}{E \cdot I}} \cdot L\right)} - \frac{H}{P}$$

$$L \cdot \sqrt{\frac{P}{E \cdot I}} \cdot Ctag\left(\sqrt{\frac{P}{E \cdot I}} \cdot L\right) = 1$$

$$\frac{L \cdot \sqrt{\frac{P}{E \cdot I}}}{tan\left(\sqrt{\frac{P}{E \cdot I}} \cdot L\right)} = 1$$

$$tan\left(\sqrt{\frac{P}{E \cdot I}} \cdot L\right) = \sqrt{\frac{P}{E \cdot I}} \cdot L, \; para \; cumplir \; esta \; igualdad: \; tan(x) = x$$

Esta ecuación trigonométrica será resuelta (método numérico) con un error de 0,0001.

$$x = 4,4934$$

$$\left(\sqrt{\frac{P}{E \cdot I}} \cdot L\right)^2 = (4,4934)^2$$

$$\frac{P}{E \cdot I} \cdot L^2 = 20,1906$$

$$P = \frac{20,1906 \cdot E \cdot I}{L^2} = \frac{\pi^2 \cdot E \cdot I}{k^2 \cdot L^2}$$

$$k = \sqrt{\frac{\pi^2}{20,1906}} = 0,7$$

$$Pcrit = \frac{E \cdot I \cdot \pi^2}{(0,7 \cdot L)^2}$$

$$\boxed{Pcrit = \frac{E \cdot I \cdot \pi^2}{(Le)^2}} \quad Donde\ k=0,7$$

Resumiendo, con los análisis realizados tenemos:

Coeficiente k para longitud efectiva de pandeo			
Articulado - Articulado	**Empotrado - Libre**	**Empotrado - Empotrado**	**Empotrado - Articulado**
$Le = L$	$Le = 2 \cdot L$	$Le = 0,5 \cdot L$	$Le = 0,7 \cdot L$
$k = 1$	$k = 2$	$k = 0,5$	$k = 0,7$

Donde:

Pcrit = Carga crítica de Euler

E = Módulo de elasticidad

I = Momento de inercia

Le = Longitud efectiva de pandeo

k = Coeficiente para longitud efectiva de pandeo

8.6. CRITERIOS DE VERIFICACIÓN DE RESISTENCIA Y ESTABILIDAD EN COLUMNAS

Una columna, para ser resistente y estable, deberá cumplir las siguientes condiciones:

1.ª condición: La máxima tensión por compresión deberá ser menor o igual a la tensión admisible del material. La siguiente expresión resume lo anteriormente expuesto:

$$\frac{N}{A} \leq \sigma_{adm}$$

Donde:

N = Máximo esfuerzo normal en la columna

A = Área de la sección transversal

σ_{adm} = Tensión admisible por compresión

2.ª condición: La fuerza de compresión en la columna no deberá superar a la fuerza crítica de pandeo propuesta por Euler. La siguiente expresión resume lo expuesto anteriormente:

$$c \cdot P \leq Pcrit$$

$$c \cdot P \leq \frac{E \cdot I \cdot \pi^2}{(k \cdot L)^2}$$

Donde:

c = Coeficiente de seguridad que depende del material y las circunstancias de uso

P = Fuerza de compresión

E = Módulo elástico

I = Momento de inercia

L = Longitud de columnas

k = Coeficiente de longitud efectiva.

EJEMPLO 156

Verificar la resistencia de la siguiente columna:

Datos

$\sigma_{adm} = 250 \ kg/cm^2$

$E = 291241 \ kg/cm^2$

$\gamma = 2,5 \ t/m^3$

$b/h = 20/40 \ [cm]$

$c = 1,5$

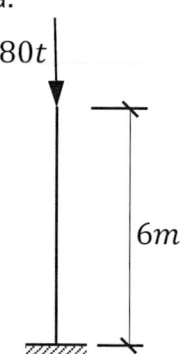

Figura 8.16 Columna empotrada en volado.

Paso 1: Condición de tensión

$$\frac{N}{A} \le \sigma_{adm}$$

$$N = P + Peso \ propio$$

$$N = 80 + 2,5 \cdot (0,2 \cdot 0,4 \cdot 6) = 81,2 \ t$$

$$N = 81200 Kg$$

$$\frac{81200}{20 \cdot 40} \le 250 \frac{kg}{cm^2}$$

$$101,5 \frac{kg}{cm^2} \le 250 \frac{kg}{cm^2} \quad (cumple)$$

Paso 2: Condición de pandeo

$$c \cdot P \le \frac{E \cdot I \cdot \pi^2}{(k \cdot L)^2}, \quad k = 2 \ (emp - libre)$$

La columna estará siempre predispuesta a flexionarse en la dirección de la menor inercia.

$$1,5 \cdot 80\,000 \ kg \le \frac{291\,241 \cdot \dfrac{40 \cdot 20^3}{12} \cdot \pi^2}{(2 \cdot 600)^2} \ kg$$

$$120\,000 \ kg \le 5393,35 \ kg \quad (no \ cumple)$$

La columna falla por pandeo.

EJEMPLO 157

Calcular la sección mínima que soporta la siguiente carga. Desprecie el peso propio.

Datos

$\sigma_{adm} = 200 \ kg/cm^2$

$E = 2{,}9 \cdot 10^5 \ kg/cm2$

$c = 1{,}4$

Sección

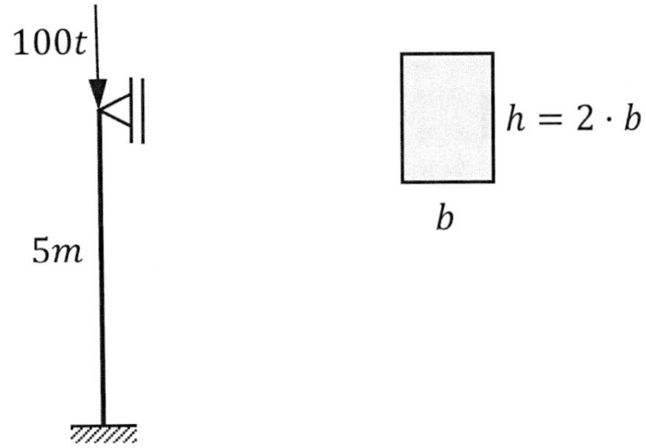

Figura 8.17 Columna empotrada-articulada.

Paso 1: Condición de tensión

$$\frac{N}{A} \le \sigma_{adm}$$

$$\frac{N}{b \cdot (2 \cdot b)} \le \sigma_{adm}$$

Despejamos b:

$$b \ge \sqrt{\frac{N}{2 \cdot \sigma_{adm}}}$$

$$b \ge \sqrt{\frac{100000}{2 \cdot 200}}$$

$$b \ge 15{,}811 \ cm$$

Paso 2: Condición de pandeo

$$c \cdot P \le \frac{E \cdot I \cdot \pi^2}{(k \cdot L)^2}, \qquad k = 0{,}7 \ (emp - art)$$

La columna estará siempre predispuesta a flexionarse en la dirección de la menor inercia.

$$c \cdot P \leq \frac{E \cdot \left[\frac{(2 \cdot b) \cdot b^3}{12}\right] \cdot \pi^2}{(k \cdot L)^2}$$

$$b \geq \sqrt[4]{\frac{6 \cdot c \cdot P \cdot (k \cdot L)^2}{\pi^2 \cdot E}}$$

Reemplazamos los datos:

$$b \geq \sqrt[4]{\frac{6 \cdot 1,4 \cdot 100000 \cdot (0,7 \cdot 500)^2}{\pi^2 \cdot 2,9 \cdot 10^5}}$$

$$b \geq 13,770 \; cm$$

Solución: De las dos soluciones, por seguridad se debe elegir la mayor. También es importante redondear las medidas con fines prácticos.

Por lo tanto, la solución es:

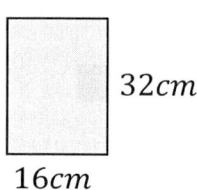

32cm

16cm

EJEMPLO 158

Determinar la máxima carga que puede soportar la siguiente columna.

Datos

$E = 2 \cdot 10^5 \dfrac{kg}{cm^2}$

$b/h = 20 \; cm/40cm$

$\sigma_{adm} = 400 \dfrac{kg}{cm^2}$

$\gamma = 0,002 \; kg/cm^3$

$c = 1,6$

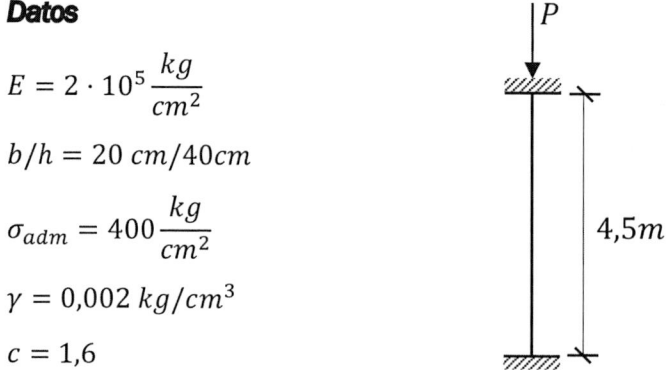

Figura 8.18 Columna biempotrada.

Paso 1: Condición de tensión

$$\frac{N}{A} \leq \sigma_{adm}$$

$$\frac{P + \gamma \cdot A \cdot L}{A} \leq \sigma_{adm}$$

$$P \leq (\sigma_{adm} - \gamma \cdot L) \cdot A$$

$$P \leq (400 - 0,002 \cdot 450) \cdot 20 \cdot 40$$

$$P \leq 319280 \ kg$$

Paso 2: Condición de pandeo

$$P \leq \frac{E \cdot I \cdot \pi^2}{c \cdot (k \cdot L)^2}, \quad k = 0,5 \ (emp - emp)$$

Utilizamos la inercia menor por ser una situación crítica:

$$P \leq \frac{2 \cdot 10^5 \cdot \frac{40 \cdot 20^3}{12} \cdot \pi^2}{1,6 \cdot (0,5 \cdot 450)^2}$$

$$P \leq 649\,853,535 \ kg$$

Por razones de seguridad, de los dos resultados elegimos el menor, es decir:

$$P = 319280 \ Kg = 319,28 \ t$$

EJEMPLO 159

Verificar la resistencia de la siguiente columna:

Datos

$\sigma adm = 200 \ kg/cm^2$

$E = 291241 \ kg/cm^2$

$\gamma = 2,5 \ t/m^3$

$b/h = 20/40 \ [cm]$

$c = 1,3$

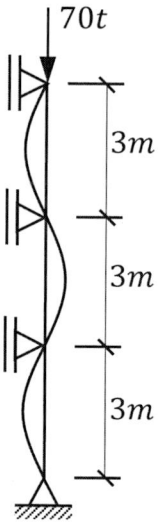

Figura 8.19 Columna de varios tramos.

Paso 1: Condición de tensión

$$\frac{N}{A} \leq \sigma_{adm}$$

Calculamos el esfuerzo normal máximo:

$$N = P + Peso\ propio$$

$$N = 70 + 2,5 \cdot (0,2 \cdot 0,4 \cdot 9) = 71,8\ t$$

$$N = 71800\ kg$$

Reemplazamos datos en la condición inicial:

$$\frac{71800}{20 \cdot 40} \leq 200\ \frac{kg}{cm^2}$$

$$89,75\ \frac{kg}{cm^2} \leq 200\ \frac{kg}{cm^2}\quad (cumple)$$

Paso 2: Condición de pandeo

$$c \cdot P \leq \frac{n^2 \cdot E \cdot I \cdot \pi^2}{L^2}$$

La columna estará siempre predispuesta a flexionarse en la dirección de la menor inercia.

El valor de n es equivalente a 3 debido a los tres tramos que tiene el problema.

$$1{,}3 \cdot 70\,000\ kg \le \dfrac{3^2 \cdot 291241 \cdot \dfrac{40 \cdot 20^3}{12} \cdot \pi^2}{(900)^2}\ kg$$

$$91\,000\ kg \le 851\,687{,}97\ Kg \quad (cumple)$$

La columna resiste por tensión y pandeo.

ANEXO

GLOSARIO TÉCNICO

Admisible: Magnitud que permanece dentro de ciertos límites de referencia.

Aplastamiento: Estado de tensión por contacto superficial entre dos cuerpos.

Arriostrado: Elementos que proporcionan estabilidad lateral a una estructura o cuerpo.

Articulación: Unión entre dos o más elementos donde el momento es nulo.

Asimétrico: Cuerpo con características diferentes con respecto a un eje que lo divide en dos porciones.

Baricentro: Coordenada de una sección o cuerpo donde se considera concentrado el total de su peso.

Barra: Cuerpo cuya longitud predomina frente a sus otras dimensiones.

Biaxial: Composición de dos ejes de referencia para describir algún comportamiento.

Borde o contorno: Puntos o sección de una viga donde se conocen sus desplazamientos.

Cable: Elemento longitudinal flexible que soporta únicamente esfuerzos de tracción.

Carga: Fuerza o agente externo que acciona sobre un cuerpo y es capaz de producir tensiones y deformaciones.

Coeficiente de Poisson: Valor adimensional que relaciona las deformaciones transversales con las deformaciones longitudinales de un mismo cuerpo.

Colapso: Pérdida de resistencia o estabilidad de un cuerpo cuando ha sobrepasado sus capacidades mecánicas.

Columna: Elemento tipo barra, generalmente vertical, que soporta sobre todo grandes esfuerzos de compresión.

Compresión: Fuerza axial convergente que comprime o acorta un cuerpo tipo barra.

Concurrentes: Vectores que convergen o divergen a un mismo punto.

Contracción: Acortamiento de un cuerpo tipo barra cuando su temperatura desciende.

Cortante: En elementos tipo barra es una fuerza interior que actúa en una sección de manera tangencial o perpendicular a su eje axial.

Deducción: Demostración físico-matemática de una fórmula que define el comportamiento mecánico de un cuerpo.

Deformación: Cambio de forma que experimenta un cuerpo cuando es afectado por una o más cargas.

Desplazamiento: Cambio de posición de una sección o punto que pertenece a un cuerpo deformable.

Desviación tangencial: Distancia vertical entre un punto A y la recta tangente que pasa por un punto B, considerando que ambos puntos pertenecen a una misma curva.

Diagrama: Esquema gráfico que describe un comportamiento y que es dibujado a escala.

Dilatación: Alargamiento de un elemento tipo barra cuando su temperatura asciende.

Distorsión: Deformación tipo rosca debida al momento de torsión.

Durabilidad: Permanencia significativa de las cualidades resistentes de un cuerpo a través del tiempo.

Ecuación: Expresión matemática que a través de una variable define el comportamiento de un cuerpo.

Eje axial: Sucesión continua de puntos definidos a lo largo de una barra a partir de los baricentros de sus infinitas secciones transversales.

Eje neutro: Parte de la sección donde las tensiones axiales son nulas debido al momento flector.

Elasticidad: Capacidad de un cuerpo para revertir sus deformaciones cuando la carga que las produce es retirada.

Empotrado: Restricción de los desplazamientos longitudinales y angulares de una sección perteneciente a una estructura.

Equilibrio: Estado de reposo de un cuerpo.

Esbeltez: Concepto perteneciente a elementos tipo columnas que relacionan las dimensiones de su sección con su propia longitud, pero también con la carga de compresión que intente romper su estabilidad.

Escala: Valor que permite la representación gráfica de una magnitud física o mecánica en una determinada proporción.

Esfuerzo interno: Fuerzas internas que actúan en una determinada sección de un elemento tipo barra cuando es afectado por un conjunto de cargas.

Estabilidad: Capacidad de los cuerpos para mantenerse firmes (sin dejarse caer) frente a la acción de una o más cargas.

Estructura: Conjunto de elementos rígidos o flexibles que forman un esqueleto resistente capaz de soportar cargas para luego transmitirlas al suelo.

Excentricidad: Distancia que existe entre una fuerza y un punto de referencia.

Fisura: Deterioro visualizado a través de la abertura que experimenta un cuerpo cuando sus tensiones han superado valores admisibles.

Flecha: Máximo desplazamiento vertical producido en una viga que se encuentra deformada.

Flexión: Curvatura producida en una viga debido al momento flector.

Fundaciones: Parte de una estructura que transmite las fuerzas procedentes de su esqueleto al suelo.

Giro: Cambio angular que experimenta la sección de un elemento tipo barra cuando sufre deformación.

Hiperestático: Sistema estructural restringido de manera superabundante cuyo comportamiento no puede conocerse directamente cuando aplicamos las ecuaciones de equilibrio estático.

Homogeneidad: Distribución uniforme de las moléculas de un cuerpo que hacen que sus propiedades físicas permanezcan constantes.

Idealización: Representación simplificada de un cuerpo o carga con la finalidad de facilitar su análisis.

Indeformable: Cuerpo que no admite deformaciones.

Inercia: Característica geométrica de la sección de una viga que definen su capacidad flexionante.

Isostático: Sistema estructural con restricciones que pueden determinarse con la aplicación de las ecuaciones de equilibrio estático.

Isotropía: Material con iguales cualidades mecánicas.

Línea neutra: Sucesión de puntos de una sección donde las tensiones axiales son nulas.

Losa: Cuerpo de geometría plana horizontal cuyo espesor es pequeño en comparación a sus otras dimensiones.

Momento: Cupla o par de fuerzas que definen el equilibrio rotacional de un cuerpo.

Montaje: Ensamblado de un conjunto de barras para formar un esqueleto resistente.

Normal: Esfuerzo interno que es perpendicular a la sección transversal de una barra o paralelo a su eje axial. Este esfuerzo puede ser de tracción o de compresión.

Núcleo central: Área de una sección transversal que define los límites donde puede actuar una fuerza normal de compresión para mantener la sección completamente comprimida.

Nudo: Idealización o esquematización de una unión. Estas pueden ser rígidas o articuladas.

Oblicuo: Recta que no es paralela a ningún eje de referencia.

Pandeo: Flexión en un elemento tipo barra producida por grandes fuerzas de compresión.

Paralelo: Recta o vector que permanece equidistante de un eje de referencia.

Perno: Pieza que forma parte de la unión de dos o más elementos en sistemas estructurales de madera o metal.

Plasticidad: Cuerpo que no tiene la cualidad de revertir su deformación cuando sus cargas actuantes son retiradas del sistema.

Pórtico: Conjunto de elementos tipo barra que forma un marco tipo portal.

Presión: Fuerzas distribuidas en una superficie producidas por un gas o fluido.

Probeta: Pieza de un material de dimensiones estandarizadas que se utiliza para analizar propiedades físicas y mecánicas.

Punzonamiento: Tensión tangencial producida entre un cuerpo plano y otro tipo barra cuando este último intenta perforarlo.

Reacción: Fuerzas y momentos concentrados en los apoyos de una estructura que cumplen la función de mantener su equilibrio.

Resistencia: Capacidad que tienen los cuerpos para soportar cargas sin colapsar.

Reticulado: Sistema estructural constituido de figuras triangulares con uniones articuladas que se utiliza para cubrir grandes espacios.

Rígido: Cuerpo que no admite deformaciones.

Sección: Forma de un elemento tipo barra cuando es cortado por un plano transversal a su eje axial.

Simetría: Cuerpo con características geométricas, físicas y mecánicas iguales con respecto a un eje de referencia que divide al cuerpo en dos porciones.

Solicitación: Comportamiento mecánico de un cuerpo que se requiere conocer.

Tangencial: Que pasa por una curva o plano en algún punto sin llegar a cortarlo.

Tensión: Distribución de los esfuerzos internos en la sección donde actúan.

Tensión axial: Distribución del esfuerzo normal y/o del momento flector en la sección donde actúan.

Tensión tangencial: Distribución del esfuerzo cortante y/o del momento de torsión en la sección donde actúan.

Tensiones principales: Máximas tensiones axiales producidas en un punto material o elemento diferencial perteneciente a un cuerpo.

Torsión: Momento que gira alrededor del eje axial de una barra, lo que produce sobre este un efecto tipo rosca.

Tracción: Fuerzas axiales divergentes que incrementan la longitud de un cuerpo.

Transversal: Eje o plano perpendicular al eje axial de una barra.

Unión: Tipo de conexión real entre dos o más barras.

Vector: Forma de representar un fenómeno físico cuando además de su magnitud se requiere conocer su dirección, sentido y punto de aplicación.

Viga: Elemento generalmente horizontal que soporta grandes fuerzas de flexión.

Viga continua: Viga de gran longitud definidas por un mismo material, una única sección y carente de articulaciones

Voladizo: Segmento de una barra donde un extremo se encuentra libre y el otro equilibrado por uno o más apoyos.